Springer-Lehrbuch

Peter Stahlknecht

Einführung in die Wirtschaftsinformatik

Fünfte, aktualisierte und überarbeitete Auflage

Mit 152 Abbildungen

Springer-Verlag

Berlin Heidelberg New York
London Paris Tokyo
Hong Kong Barcelona
Budapest

Professor Dr. Peter Stahlknecht
Universität Osnabrück
Fachbereich Wirtschaftswissenschaften
Postfach 44 69
D-4500 Osnabrück

Die erste bis dritte Auflage erschien als Heidelberger Taschenbuch
Band 231
1. Auflage 1983: 1.- 4. Tausend
2. Auflage 1985: 5.-14. Tausend
3. Auflage 1987: 15.-29. Tausend
4. Auflage 1989: 30.-59. Tausend
5. Auflage 1991: 60.-72. Tausend

ISBN 3-540-54431-3 Springer-Verlag Berlin Heidelberg New York Tokyo
ISBN 3-540-51221-7 4. Auflage Springer-Verlag Berlin Heidelberg New York Tokyo

Druck und Bindearbeiten: J. Ebner Ulm
2142/7130-543210 - Gedruckt auf säurefreiem Papier

Vorwort zur fünften Auflage

Wer ein Lehrbuch über das Gesamtgebiet der Wirtschaftsinformatik schreibt, muß von vornherein die Notwendigkeit zur permanenten Aktualisierung einkalkulieren. Nachdem ständige Neuentwicklungen bei der Hardware schon seit jeher die Regel sind, hat gegenwärtig das Gebiet der Kommunikationssysteme die vielleicht höchste Innovations- und Veränderungsrate. Man denke an Begriffe wie Mobil- und Datenfunk, Client-Server-Architektur oder FDDI-Hochgeschwindigkeitsnetz. Die seit Jahrzehnten geltende Obergrenze von 4.800 Bit/s für die Übertragungsrate im öffentlichen Telefonnetz ist überwunden. Und schließlich ist die erst seit dem 1. Januar 1988 geltende Telekommunikationsordnung der Deutschen Bundespost seit dem 30. Juni 1991 bereits wieder außer Kraft getreten. Selbst das DV-Recht schließt sich der allgemeinen Mobilität an: Das Bundesdatenschutzgesetz (BDSG) ist seit Ende 1990 novelliert, die Besonderen Vertragsbedingungen (BVB) der öffentlichen Verwaltung für die Überlassung von DV-Programmen sind vom Bundesgerichtshof teilweise für unwirksam erklärt worden. Die vorliegende Neuauflage berücksichtigt in allen Kapiteln die für die Wirtschaftsinformatik wichtigsten Veränderungen seit dem Erscheinen der 4. Auflage.

Auf strukturelle Überarbeitungen ist bis auf zwei Ausnahmen verzichtet worden: In Abschnitt 5.4.2 ist der Behandlung der drei Datenbankmodelle jetzt ein Abschnitt über das semantische Datenmodell vorangestellt. In den Abschnitten 6.5 und 6.6 sind die Ausführungen über den System- und den Programmentwurf systematischer gestaltet und ergänzt.

Zum besseren Verständnis und zur Festigung des mit dem vorliegenden Lehrbuch vermittelten Stoffs wird auf das im Juni dieses Jahres erschienene *Arbeitsbuch Wirtschaftsinformatik* verwiesen, das mehr als 300 Fragen und 200 Aufgaben mit zugehörigen Antworten und Musterlösungen zu den einzelnen Kapiteln des Lehrbuchs enthält.

Mein besonderer Dank gilt bei dieser Auflage

- meinen wissenschaftlichen Mitarbeitern Dipl.Math. Wieland Appelfeller, Dipl.Kfm. Andreas Drasdo, Dipl.Kfm. Hubertus Meier und Dipl.Kfm. Stefan Nieland für die Unterstützung in zahlreichen Detailfragen,
- den studentischen Mitarbeitern Ulrich Gerke, Martin Müllmann und Claudia Witt für die Überarbeitung bzw. Neuanfertigung von Grafiken und für das Korrekturlesen und wie immer
- Frau Barbara Meierkord und Frau Ingrid Riemann für das Schreiben des Textes und der Tabellen.

Osnabrück, im August 1991 Peter Stahlknecht

Vorwort zur vierten Auflage (gekürzt)

Gegenüber der dritten Auflage ist das Buch wiederum völlig überarbeitet und aktualisiert. Die Aktualisierungen betreffen neben den üblichen Veränderungen bei der Hardware vor allem die durch die neue Telekommunikationsordnung eingeführten Begriffe, den elektronischen Datenaustausch, den Stand der Softwareentwicklung und generell alle betrieblichen Anwendungssysteme. Der Inhalt orientiert sich weitgehend an dem von einer gemeinsamen Kommission der Schmalenbach-Gesellschaft/Deutsche Gesellschaft für Betriebswirtschaft und des Verbands der Hochschullehrer für Betriebswirtschaft in diesem Jahr neu erarbeiteten Anforderungsprofil für die Hochschulausbildung in Wirtschaftsinformatik.

Aufgrund von Empfehlungen aus dem Kollegenkreis, aber auch von Vorschlägen meiner Mitarbeiter und von Studenten habe ich - unter Beibehaltung der Kapiteleinteilung - alle Abschnitte nochmals aus didaktischer Sicht überarbeitet und mich dabei bemüht, die Verständlichkeit durch eine Reihe zusätzlicher Abbildungen zu erhöhen. Einigen bisher schon behandelten Themen sind jetzt eigene Abschnitte gewidmet Nicht gefolgt bin ich dem Wunsch einer Nürnberger Studentin, bei allen Berufsbezeichnungen zusätzlich die weibliche Form aufzunehmen. Es bleibt also weiterhin beim Endbenutzer, beim Wissensingenieur und beim DV-Kontaktmann.

Osnabrück, im Juni 1989 Peter Stahlknecht

Vorwort zur ersten Auflage (gekürzt)

Innerhalb der Angewandten Informatik hat die Wirtschaftsinformatik in den vergangenen Jahren einen intensiven Entwicklungs- und Wachstumsprozeß durchlebt, und zwar sowohl in der betrieblichen Praxis als auch in der Forschung und Lehre. Der Zustrom von Studierenden zum Fach Betriebs- und Wirtschaftsinformatik hält - vor allem angesichts der nach wie vor guten Berufsaussichten für qualifizierte Absolventen - unvermindert an. Das vorliegende Buch wurde in erster Linie für Studenten der Wirtschaftswissenschaften und des integrierten Studiengangs Wirtschaftsinformatik an Universitäten, wissenschaftlichen Hochschulen und Fachhochschulen geschrieben, ferner für Studierende anderer Fachrichtungen (z.B. Mathematik oder Informatik), die Wirtschaftsinformatik als Nebenfach gewählt haben. Darüber hinaus kann es die Ausbildung im Fach Betriebliche Datenverarbeitung an inner- und außerbetrieblichen Bildungseinrichtungen unterstützen.

Eine genaue Definition des Begriffs Wirtschaftsinformatik gibt es noch nicht. Neben den Grundlagen der EDV (Hardware-Komponenten, Systemsoftware, Datenfernverarbeitung, Datenorganisation) werden pragmatisch unter Wirtschaftsinformatik

- die Einsatzmöglichkeiten betrieblicher Administrations-, Dispositions-, Planungs- und Informationssysteme,
- die Prinzipien der Entwicklung von Computerprogrammen für diese Anwendungen,
- die Methoden zur Auswahl und zur Beschaffung von Hardware und von Standard- bzw. Branchensoftware für EDV-Anwendungen im betriebswirtschaftlichen Bereich und
- die Verfahren zur Beurteilung der Wirtschaftlichkeit des betrieblichen EDV-Einsatzes

verstanden.

Der Inhalt des Buches basiert auf dem Stoff von Lehrveranstaltungen, die der Verfasser von 1976 bis heute - unter ständiger Aktualisierung - an den wirtschaftswissenschaftlichen Fachbereichen der Freien Universität Berlin und der Universität Osnabrück durchgeführt hat. Er deckt sich weitgehend mit dem Anforderungsprofil, das von der Schmalenbach-Gesellschaft/Deutsche Gesellschaft für Betriebswirtschaft e.V. in Kooperation mit dem Verband der Hochschullehrer für Betriebswirtschaft e.V. für die Hochschulausbildung in Datenverarbeitung erarbeitet worden ist.

Eine "Einführung in die Wirtschaftsinformatik" kann das erforderliche Wissen zwar annähernd in der Breite, auf keinen Fall aber in der Tiefe vermitteln. Der Lehrstoff muß daher

- durch die Beteiligung an Übungen, Fallstudien und Projektgruppen,
- durch die aktive Mitwirkung in Seminarveranstaltungen,
- durch die Teilnahme an Programmierkursen und Computerpraktika und
- durch das Studium der Fachliteratur und der Veröffentlichungen von EDV-Firmen

ergänzt und vertieft werden. Weiterhin zu empfehlen sind

- die Beschäftigung mit Produktbeschreibungen von Hardware-Herstellern und von Software-Unternehmen,
- der Besuch der Hannover-Messe und anderer Ausstellungen und
- nach Möglichkeit praxisorientierte Tätigkeiten in der Systemanalyse und Programmierung.

In Anbetracht der Innovationsfreudigkeit auf dem Gebiet der Datenverarbeitung ist es bei der Stoffauswahl schwierig, Ausgewogenheit zwischen dem Ist-Zustand der betrieblichen Gegenwart und den mittel- und langfristigen Perspektiven des zukünftigen EDV-Einsatzes zu finden. Man erwiese Studierenden einen schlechten Dienst, würde man sich in einer Einführung nur am neuesten Stand der Informatik in der Hardware-Technologie (z.B. Nicht-von Neumann-Architekturen), in der Softwareentwicklung (z.B. Endbenutzerkonzepte und Expertensysteme) oder in der Kommunikationstechnik (z.B. Büroautomation und Lokale Netzwerke) orientieren, ohne auf die aktuelle Realität einzugehen. In der Darstellung wird daher generell von der Situation ausgegangen, die der Absolvent heute in der betrieblichen Praxis vorfindet; zusätzlich werden dann neue Konzepte und Entwicklungen vorgestellt.

Osnabrück, im August 1983 Peter Stahlknecht

Inhaltsverzeichnis

1 Einleitung

1.1 Was ist Wirtschaftsinformatik?

Ein Kraftfahrzeughändler, der Neu- und Gebrauchtwagen verkauft und mehrere Reparaturwerkstätten betreibt, will sein Unternehmen "voll auf Datenverarbeitung" umstellen. Bislang hat er lediglich maschinell Rechnungen geschrieben ("fakturiert") und für die Finanzbuchhaltung die Dienste eines Service-Rechenzentrums in Anspruch genommen. Er steht jetzt vor folgenden Fragen:

1) Welche betrieblichen Arbeitsgebiete sollen neben der Fakturierung und der Finanzbuchhaltung auf das DV-System übernommen werden? In Betracht kommen hauptsächlich die Auftragsbearbeitung im Kfz-Verkauf, die Verwaltung des Ersatzteillagers einschließlich des Teileverkaufs, die Abwicklung der Werkstattaufträge und die Lohn-/Gehaltsabrechnung für die Mitarbeiter. In welcher Reihenfolge soll die Umstellung vorgenommen werden?
2) Welche Aufgaben sollen die DV-Programme im Detail übernehmen? In der Finanzbuchhaltung: Empfiehlt es sich, zunächst nur das Kontokorrent (Debitoren- und Kreditorenbuchhaltung) umzustellen, die Sachkonten (Hauptbuchhaltung) aber vorerst zurückzustellen? Kann der bestehende Kontenplan beibehalten werden? Wie weit soll das Mahnwesen automatisiert werden? Im Vertrieb: Sollen die Kunden regelmäßig über neue Fabrikate mit individuell gestalteten Werbeschreiben informiert werden? Sollen dem Kunden alternativ zum Kauf auch Leasing-Angebote vorgerechnet werden? In der Lagerverwaltung: Sollen periodisch oder bei Erfordernis Bedarfsprognosen aufgestellt werden? Sind automatische Bestellvorschläge gewünscht?
3) Wie soll in den zu übernehmenden Arbeitsgebieten der Dialogbetrieb organisiert werden, damit es möglich wird, Daten sowohl direkt zu erfassen (Beispiel: Ersatzteilverkauf) als auch ständig aktuell abzurufen

(Beispiel: Liefertermine im Vertrieb)? Lohnt es sich, für den Werkstattleiter einen (elektronischen) Leitstand einzurichten und in den Werkstätten Terminals zur Betriebsdatenerfassung (BDE) aufzustellen?

4) Werden von Hardware-Herstellern oder von Software-Firmen geeignete Programmpakete in Form von Standardsoftware (z.B. für die Finanzbuchhaltung) oder Branchensoftware (z.B. als "Kfz-Pakete" speziell für die Kfz-Branche) angeboten, mit denen die vorgesehenen Aufgaben zu lösen sind? Wer bietet eine dem Tarifvertrag angepaßte branchenspezifische Lohn-/Gehaltsabrechnung?
5) Wie viele Bildschirm-Arbeitsplätze sollen für welche Arbeitsgebiete in der Werkstatt, im Lager und in der Verwaltung eingerichtet werden? Soll die angestrebte Lösung durch ein Mehrplatzsystem oder (im schrittweisen Aufbau) durch vernetzte Einzelplatzsysteme realisiert werden? Welche Kapazitäten müssen die Massenspeicher (Platten) besitzen? Wie viele Drucker werden für den Papier-Output (Rechnungen, Bestellungen, Arbeitspapiere) gebraucht? Welche Schriftzeichen, -arten und -qualitäten werden dabei verlangt?
6) Welche DV-Anlage (Hersteller, Modell) und welche Programme sollen angeschafft werden? Gibt es DV-Unternehmen, die Hardware und Software zusammen ("aus einer Hand") anbieten? Welche Anbieter erfüllen am besten die Forderungen des Kfz-Händlers? Wer garantiert schnelle und zuverlässige Unterstützung, vor allem bei Ausfällen der Hardware und bei Fehlern in der Anwendungssoftware? Soll die Anlage gekauft, gemietet oder geleast werden?
7) Sind einige der Anforderungen so speziell (Beispiele: Importgeschäft, Bearbeitung von Reklamationen), daß die angebotene Standard- bzw. Branchensoftware erst angepaßt werden muß oder daß sogar Anwendungsprogramme noch individuell zu entwickeln sind? Welches Beratungsunternehmen und/oder welche Software-Firma sollen dann hinzugezogen werden?
8) Welche Daten, die bisher in Listen und Karteien stehen oder noch gar nicht vorhanden sind, müssen in Zukunft für die einzelnen Arbeitsgebiete fortlaufend erfaßt und in der DV-Anlage in Form von Dateien gespeichert werden? Welche Ordnungsbegriffe bzw. Schlüssel (Kunden-, Lieferanten- und Personalnummern, Schlüssel für Zubehör, Ersatzteile, Kostenstellen usw.) lassen sich weiterhin verwenden, welche sind neu einzuführen?
9) Lassen sich aus den für die einzelnen Arbeitsgebiete zu speichernden Daten Führungsinformationen für die Geschäftsleitung gewinnen, z.B. Prognosen über die Zahlungseingänge und die Liquiditätsentwicklung, Verkaufsübersichten nach Kunden und Kundengruppen getrennt für Neu- und Gebrauchtwagen, Kostenvergleiche zwischen den Werkstät-

ten, Kennzahlen über die Lieferbereitschaft des Ersatzteillagers und die Kapazitätsauslastung der Werkstätten? Würde sich dafür ein Tabellenkalkulationsprogramm eignen oder wäre der Einsatz eines relationalen Datenbanksystems sinnvoller?

10) Sind durch den DV-Einsatz Einsparungen zu erwarten, und wie ist die Wirtschaftlichkeit der DV-Lösung insgesamt zu beurteilen? Verspricht der DV-Einsatz Wettbewerbsvorteile gegenüber der Konkurrenz? Welcher weitere Nutzen (z.B. verbesserter Kundenservice, schnellere Auftragsbearbeitung) ist langfristig zu erwarten?

Der Kraftfahrzeughändler beauftragt einen jungen Betriebswirt, alternative Lösungsvorschläge zu erarbeiten und zur Entscheidung vorzulegen. Welches Wissen braucht der betreffende Mitarbeiter?

a) Er muß wissen, aus welchen Komponenten (Zentraleinheit, periphere Geräte) sich ein DV-System zusammensetzt, wie die Hardware funktioniert und welche alternativen Konfigurationsmöglichkeiten bestehen.

b) Er muß die verschiedenen Betriebsarten und Nutzungsformen von DV-Systemen (Stapel-/Dialogbetrieb, Einbenutzer-/Mehrbenutzersystem u.a.) kennen und deren Vor- und Nachteile zu bewerten wissen.

c) Er muß wissen, welche Daten in den einzelnen Bereichen des Unternehmens vorkommen und wie sie zusammenhängen, d.h. welche "Datenstrukturen" bestehen (logische Datenorganisation). Er sollte wissen, welche Alternativen existieren, diese Daten zu speichern (physische Datenorganisation).

d) Er muß wissen, in welchen Schritten Arbeitsabläufe analysiert und DV-Anwendungssysteme konzipiert und eingeführt ("implementiert") werden. Auch wenn er die Anwendungssoftware nicht selbst erstellt, sollte er wissen, wie ein Computerprogramm entworfen, angefertigt und getestet wird und Kenntnisse in einer gängigen Programmiersprache wie COBOL und in einer Endbenutzersprache der 4. Generation wie SQL besitzen.

e) Er muß wissen, nach welchen Kriterien Standard- bzw. Branchensoftware ausgewählt und beurteilt wird.

f) Er muß den Unterschied zwischen Administrationssystemen und Informationssystemen kennen und wissen, welche betriebswirtschaftlichen Arbeitsgebiete für einen DV-Einsatz in Betracht kommen und in welcher Reihenfolge sie zweckmäßigerweise auf das DV-System übernommen werden sollten.

g) Er muß wissen, wie man Kosten-/Nutzen-Analysen durchführt und Wirtschaftlichkeitsvergleiche anstellt.

Selbstverständlich muß auch derjenige, der sich mit mathematisch-technischen DV-Anwendungen befaßt, wissen, wie ein Computer arbeitet, aus welchen Komponenten die Hardware besteht und wie ein Programm entwickelt wird. Wer als Informatiker am Entwurf von Hardware-Systemen mitarbeitet, muß detaillierte Kenntnisse über Computer-Architekturen und über diejenigen Programme, die das Zusammenspiel der einzelnen Hardware-Komponenten regeln, d.h. die Betriebssysteme, besitzen. Typisch für das Gebiet *Wirtschaftsinformatik* sind jedoch:

- die Beschäftigung mit betriebswirtschaftlichen Administrations-, Dispositions-, Planungs- und Informationssystemen,
- die Entwicklung von Computerprogrammen für diese Anwendungen unter Nutzung der Prinzipien, Methoden und Verfahren des Software Engineering und der Regeln des Projektmanagements,
- die Aufstellung von Kriterien zur Auswahl geeigneter Hardware und Standardsoftware für DV-Anwendungen im betriebswirtschaftlichen Bereich und
- alle Verfahren zur Untersuchung der Wirtschaftlichkeit des DV-Einsatzes.

Die Wirtschaftsinformatik befaßt sich generell mit den Aufgaben des Informationsmanagements, dem es obliegt, allen Stellen im Unternehmen die benötigten Informationen mit den Mitteln der modernen Informationstechnik aktuell und in wirtschaftlicher Weise zur Verfügung zu stellen.

Ihre Hauptaufgabe sieht die Wirtschaftsinformatik in der Entwicklung von Konzepten zur Integration aller betrieblichen Daten und Arbeitsabläufe unter Einbezug aller kaufmännischen und technischen Arbeitsplätze und zunehmend der gesamten außerbetrieblichen Umwelt (Lieferanten, Kunden usw.).

Die Punkte a) bis g) umfassen das Grundwissen des Wirtschaftsinformatikers. Daß darüber hinaus noch weitere Kenntnisse erforderlich sind, zeigen die folgenden Beispiele:

Beispiel 1:
Um die gesamte Materialwirtschaft einschließlich des Bestellwesens wirtschaftlich zu betreiben, ist eine zentrale Bestandsverwaltung unumgänglich. Dazu ist es erforderlich, in allen, auch den räumlich entfernten Ersatzteillagern Mikrocomputer oder Datenstationen aufzustellen und diese an die zentrale DV-Anlage anzuschließen. Benötigt werden Kenntnisse über Datenübertragungsverfahren, über die öffentlichen Netze der Bundespost und über Rechnernetze.

Beispiel 2:
Der Kraftfahrzeughändler will Mahnbriefe und Werbeschreiben verschikken. Dabei müssen Daten aus der Debitorenbuchhaltung bzw. aus dem

Vertrieb mit Texten kombiniert werden. Der Wirtschaftsinformatiker muß dazu wissen, was man unter Textverarbeitung versteht und an welchen Stellen Text- und Datenverarbeitung "zusammenwachsen". Er sollte darüber hinaus Kenntnisse über die modernen Techniken der Bürokommunikation (Computer-Korrespondenz, Mail-Box-Systeme, Telefax u.a.), über lokale Netzwerke (LAN) und über digitale (Telefon-) Nebenstellenanlagen (PBX), sogenannte (Tele-)Kommunikationssysteme besitzen.

Beispiel 3:
Die Kundenberatung hinsichtlich Finanzierung oder Leasing von Kraftfahrzeugen ist weitgehend unabhängig von den anderen DV-Anwendungen. Der Wirtschaftsinformatiker muß wissen, ob man dafür autonome Mikrocomputer anschafft und mit Tabellenkalkulationsprogrammen ausstattet und welche weiteren Verwendungsmöglichkeiten (z.B. Erstellung von Geschäftsgrafiken) diese Geräte bieten. Generell hat er die Frage zu beantworten, an welchen Stellen im Unternehmen PCs oder Workstations für spezifische ("dedizierte") Anwendungen installiert werden sollen. Er sollte in der Lage sein, selbst mit Tabellenkalkulationsprogrammen und relationalen Datenbanksystemen umzugehen und die Nutzungsmöglichkeiten von Expertensystemen, z.B. zur Kundenberatung, kennen.

Beispiel 4:
Der Kraftfahrzeughändler wird vor die Entscheidung gestellt, ob er Informationen der Kfz-Hersteller (Liefertermine, Teiledienst) als Mitglied einer "geschlossenen Benutzergruppe" über Bildschirmtext (Btx) beziehen und darüber hinaus die Ersatzteilbeschaffung über Btx vornehmen will. Gleichzeitig überlegt er, als "Anbieter" selbst regional Werbung über Btx zu betreiben. Der Wirtschaftsinformatiker muß daher die Techniken und die Kosten des Btx-Systems kennen und wissen, wie (oder wo) man Bildschirmseiten aufbereitet ("editiert"). Er sollte außerdem wissen, welche weiteren Informationen (z.B. über Lieferanten, die Konkurrenz, die Branche oder die Wirtschaft allgemein) sich über Btx oder direkt aus sogenannten Online-Datenbanken abrufen lassen.

Beispiel 5:
Persönliche Daten aus dem Personalbereich und andere vertrauliche Informationen über Kunden, Konstruktionsbeschreibungen, Reklamationen u.a. sind vor unbefugtem Zugriff zu schützen. Dazu werden Kenntnisse über die Anforderungen des Datenschutzes und über Maßnahmen zur Datensicherung benötigt.

Beispiel 6:
Die Lagerverwalter befürchten, daß wegen der Helligkeitsunterschiede, die zwischen den Lagerräumen und den Materialausgabeschaltern bestehen, Schwierigkeiten beim Lesen der Bildschirmanzeigen auftreten wer-

den. Sie haben den Betriebsrat eingeschaltet. Der Wirtschaftsinformatiker muß also wissen,

- welche ergonomischen Anforderungen an die Arbeitsplätze einschließlich der Hardware und teilweise auch der Software gestellt werden und
- welche Mitbestimmungsrechte zu organisatorischen Maßnahmen und Veränderungen im Betriebsverfassungsgesetz und in Tarifverträgen vorgeschrieben sind und welche sich in Betriebsvereinbarungen festlegen lassen.

Der Aufbau des vorliegenden Buches trägt den Anforderungen an den Wirtschaftsinformatiker konsequent Rechnung. Nach einer Erläuterung grundlegender Begriffe im folgenden Abschnitt 1.2 dieses Kapitels werden

- in Kapitel 2 die Funktionen der Computer-Hardware und die zu ihrer Realisierung verfügbaren Geräte,
- in Kapitel 3 der Systembetrieb, d.h. die verschiedenen Betriebsarten und Nutzungsformen von DV-Systemen, sowie die Bestandteile der Systemsoftware,
- in Kapitel 4 die Grundlagen der Kommunikationssysteme, d.h. die Verfahren der Datenübertragung sowie Rechnerfernnetze und lokale Rechnernetze,
- in Kapitel 5 die Verfahren der Datenorganisation und die Vorgehensweise beim Entwurf von Datenbanksystemen,
- in Kapitel 6 die Prinzipien, Methoden, Verfahren und Werkzeuge der System- und Programmentwicklung einschließlich der Kriterien für die Auswahl von Standard- und Branchensoftware,
- in Kapitel 7 die typischen betriebswirtschaftlichen Einsatzgebiete der Informatik nach Funktionen (Administrations-, Dispositions-, Planungs- und Informationssysteme) und Branchen (Fertigung, Handel, Banken, Versicherungen) und
- in Kapitel 8 die strategischen und operativen Aufgaben des Informationsmanagements

behandelt. Kapitel 9 rundet mit einem kurzen Abriß der Geschichte der Datenverarbeitung und der Wirtschaftsinformatik die Darstellung ab.

1.2 Definitionen und Abgrenzungen

Information bedeutet

- im Sinne der *Umgangssprache* Wissen (Kenntnisse) über Sachverhalte und Vorgänge,

- im Sinne der *Betriebswirtschaftslehre* zweckorientiertes bzw. zielgerichtetes Wissen.

Beispielsweise bildet die Zeitungsmeldung, daß die Königin von England in Kürze abdanken wird, nach dieser Definition keine Information für den Kraftfahrzeughändler, wohl aber die Mitteilung, daß die Werkstätten nur zu 70% ausgelastet sind, weil er dadurch zu organisatorischen Maßnahmen gezwungen wird.

Elemente zur Darstellung von Informationen heißen *Zeichen*. Zur Darstellung der Phasen einer Verkehrsampel sind die Elemente rot, grün und gelb vereinbart; sie bilden den *Zeichenvorrat*, d.h. die Menge verschiedener Elemente. Ein nach einer vereinbarten Reihenfolge geordneter Zeichenvorrat wird als *Alphabet* bezeichnet. Am gebräuchlichsten sind das Buchstaben-Alphabet A, B, C, ..., Y, Z und das Ziffern-Alphabet 0, 1, 2, ..., 9. Die Kombination von Buchstaben ergibt Text, die von Ziffern ergibt Zahlen. Aus Zeichen zum Zweck der Verarbeitung gebildete Informationen heißen *Daten*, zum Zweck der Weitergabe gebildete Informationen *Nachrichten*.

Diese und viele weitere Grundbegriffe der Datenverarbeitung sind in den 9 Teilen der Norm DIN 44300 vom November 1988 definiert. DIN ist die Bezeichnung für Normen, die vom Deutschen Institut für Normung, Berlin, erlassen werden. Die Erarbeitung erfolgt durch den Fachnormenausschuß Informationsverarbeitung (FNI) unter Berücksichtigung internationaler Normen, insbesondere der der amerikanischen Normengesellschaft ANSI (American National Standard Institute, New York) und der der 1947 gegründeten internationalen Dachorganisation ISO (International Standardization Organization, Genf). Weitere Normungsorganisationen befassen sich mit der Datenkommunikation, und zwar auf internationaler Ebene CCITT (Comité Consultatif International Télégraphique et Téléphonique, Genf) und auf europäischer Ebene CEPT (Conférence Européenne des Administrations des Postes et des Télécommunications, Bern). Das Problem jeder Normung besteht darin, daß sie der technischen Entwicklung immer hinterherläuft.

Anhang 2 bringt eine Zusammenstellung aller DIN-Normen zur Informationsverarbeitung, soweit sie sich auf den in diesem Buch behandelten Stoff beziehen.

Der Begriff *Informatik* wurde Ende der 60er Jahre als deutsche Übersetzung der amerikanischen Fachbezeichnung *Computer Science* eingeführt und zunächst im wörtlichen Sinn als "Wissenschaft vom Computer" verstanden. Nach dem 1976 beschlossenen "Fächerkatalog Informatik" befaßt sich die (Kern-)Informatik an den deutschen wissenschaftlichen Hochschulen vorrangig

- als "Theoretische Informatik" mit Automatentheorie, Schaltwerktheorie und formalen Sprachen,

- als "Praktische Informatik" mit Programmiertechnologie, Übersetzerbau und Betriebssystemen und
- als "Technische Informatik" mit Schaltungstechnologie, Mikroprogrammierung und Rechnerorganisation.

In den 1985 von der Gesellschaft für Informatik e.V., der Standesvertretung der deutschen Informatiker, gegebenen Empfehlungen zur Ausbildung von Diplom-Informatikern wird die Informatik zutreffender als die "Wissenschaft von der systematischen und automatischen Verarbeitung von Informationen" definiert.

Nach diesen Empfehlungen befaßt sich die Informatik

a) mit den Strukturen, den Eigenschaften und den Beschreibungsmöglichkeiten von Information und Informationsverarbeitung,
b) mit dem Aufbau, der Arbeitsweise und den Konstruktionsprinzipien von Rechnersystemen,
c) mit der Entwicklung sowohl experimenteller als auch produktorientierter informationsverarbeitender Systeme moderner Konzeption,
d) mit den Möglichkeiten der Strukturierung, der Formalisierung und der Mathematisierung von Anwendungsgebieten in Form spezieller Modelle und Simulationen und
e) mit der ingenieurmäßigen Entwicklung von Softwaresystemen für verschiedenste Anwendungsbereiche unter besonderer Berücksichtigung der hohen Anpassungsfähigkeit und der Mensch-Computer-Interaktion solcher Systeme.

In einem 1987 verfaßten Grundsatzpapier der Gesellschaft für Informatik wird schließlich der Anwendungsbezug der Informatik noch deutlicher herausgestellt. Als Gegenstände der Informatik werden, wie Abbildung 1.1 zeigt,

- die Informationstechnik (Computer-Hardware, Methoden der Softwareentwicklung, Verfahren der Nachrichtentechnik),
- die Informatik-Anwendungen in allen Fachgebieten und
- die Informatik-Auswirkungen auf Anwender und Benutzer

verstanden.

Dabei werden (in einer uneinheitlich gehandhabten und nicht konsequent einzuhaltenden Abgrenzung)

- als *Anwender* diejenigen Personen, die die Informatik-Anwendungen veranlassen und über die Entwicklung und Einführung von DV-Systemen entscheiden, und
- als *Benutzer* diejenigen Personen, die entweder in der DV- bzw. Informatik-Abteilung als Systemanalytiker und Programmierer oder in den Fachabteilungen als sogenannte *Endbenutzer* aktiv (und kreativ) mit Geräten und Programmen umgehen,

bezeichnet. Im negativen Sinne werden unter der Bezeichnung *Betroffene* diejenigen Benutzer verstanden, die routinemäßig mit bestimmten Geräten (Datenkassen,

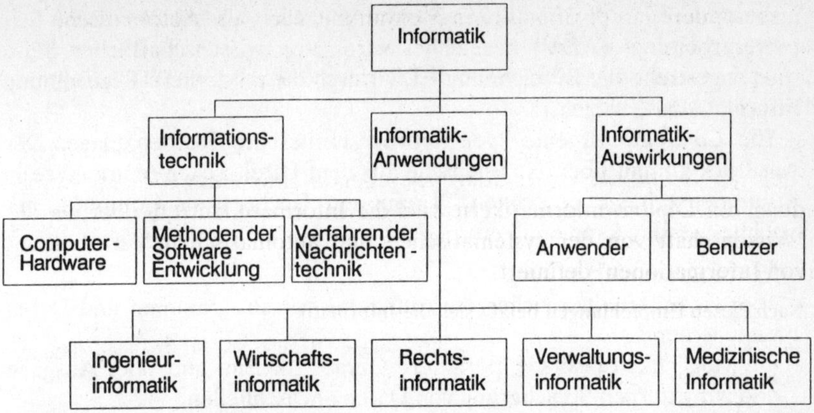

Abb. 1.1: *Gegenstände der Informatik*

Schalterterminals, Betriebsdatenerfassungsgeräte usw.) arbeiten müssen und dabei negative Aspekte in den Vordergrund stellen.

Die *Wirtschaftsinformatik* (alte Bezeichnung: Betriebsinformatik) gehört, wie aus Abbildung 1.1 ebenfalls zu ersehen ist, als "Angewandte Informatik" zu den sogenannten Bindestrich-Informatiken. Die anderen in Abbildung 1.1 aufgeführten Informatik-Anwendungen lassen sich durch ihre Hauptarbeitsgebiete wie folgt skizzieren:

- Ingenieur-Informatik: Statik, Vermessungstechnik, Verkehrswesen und alle anderen Ingenieur-Wissenschaften; computergestütztes Konstruieren (CAD = computer aided design), computergestützte Fertigung (CAM = computer aided manufacturing) einschließlich numerisch gesteuerter Werkzeugmaschinen (NC = numerical control), Prozeßautomatisierung, Robotik;
- Rechtsinformatik: Juristische Informations- und Dokumentationssysteme, Datenschutzgesetzgebung, Vertragsgestaltung bei Hardware- und Softwarebeschaffung, Urheberschutz für Software;
- Verwaltungsinformatik: Einwohner-Meldewesen, Finanzverwaltung, Polizei, Haushaltswesen, Liegenschaftsverwaltung, Bevölkerungsstatistik;
- Medizinische Informatik: Befunderhebung und -auswertung (Diagnostik), Therapieplanung, EKG-Analyse, Computer-Tomographie.

Datenverarbeitung betreibt eigentlich schon jeder, der mit dem Bleistift auf einem Blatt Papier zwei Zahlen addiert oder eine Skatrunde abrechnet. Heute versteht man unter Datenverarbeitung (DV) die mit Computern ausgeführte "Elektronische Datenverarbeitung" (EDV), die gelegentlich, insbesondere in der öffentlichen Verwaltung, auch als "Automatische Datenverarbeitung" (ADV) bezeichnet wird. Von wissenschaftlicher Seite wird angestrebt, die Bezeichnung EDV durch die modernere Bezeichnung Informatik zu ersetzen.

Ein *Computer* ist eine speicherprogrammierbare Rechenanlage. Der Ausdruck kommt über das Englische aus dem Lateinischen (computare = zusammenrechnen, berechnen). Damit ein Rechner als Computer bezeichnet werden kann, muß er

- frei programmierbar sein,
- über einen Arbeitsspeicher zur Aufnahme von Programmen und Daten verfügen und
- die Möglichkeit besitzen, periphere Geräte zur Ein- und/oder Ausgabe und zur externen Speicherung von Daten anzuschließen.

Ein einfacher elektronischer Taschenrechner ist daher noch kein Computer.

Jedes *DV-System* besteht aus den drei Teilsystemen

- (Computer-)Hardware,
- Systemsoftware und
- Anwendungssoftware.

Unter der *Hardware* versteht man alle Geräte, die zusammen die jeweilige *DV-Anlage* bilden. *Software* ist die Gesamtheit aller Programme. Diejenigen Programme, die das Zusammenspiel der Hardware-Komponenten bei der Programmabwicklung steuern oder bestimmte Grundsatzaufgaben erfüllen (Codeübersetzung, Datenbankverwaltung u.a.), bilden die *Systemsoftware*. Als *Anwendungssoftware* werden alle Programme, die spezielle Anwendungen (Buchhaltung, Materialwirtschaft usw.) übernehmen, bezeichnet. Der Begriff DV-System wird häufig auf die DV-Anlage beschränkt.

Kommunikation bezeichnet den Austausch von Informationen

- zwischen Menschen (Beispiele: Gespräch, Konferenz),
- zwischen Menschen und Maschinen, insbesondere Computern (Beispiel: Bildschirm-Dialog zum Zweck einer Abfrage oder Buchung), und
- zwischen Maschinen (Beispiel: Rechnerverbund).

Technisch wird beispielsweise die Kommunikation zwischen Menschen durch das Telefonnetz, zwischen Menschen und Maschinen durch Transaktionssysteme (siehe Abschnitt 3.2) und zwischen Computern durch Rechnernetze (siehe Abschnitt 4.4) realisiert.

Erstreckt sich die Kommunikation über räumliche Entfernungen (und nicht nur über ein Gebäude oder Betriebsgelände), spricht man von *Tele-*

kommunikation. Die Telekommunikation integriert Datenverarbeitung und Nachrichtentechnik. Gelegentlich wird hierfür das 1978 in Frankreich geprägte Schlagwort *Telematik* benutzt.

2 Computer-Hardware

2.1 Grundbegriffe und Voraussetzungen

2.1.1 Grundfunktionen von DV-Anlagen

Der prinzipielle Arbeitsablauf jeder DV-Anlage besteht darin, daß

- Daten in die DV-Anlage eingegeben werden (Eingabedaten oder Input),
- die eingegebenen Daten (meistens zusammen mit bereits in der DV-Anlage gespeicherten Daten) durch Programme verarbeitet werden und
- die Ergebnisse als neue Daten von der DV-Anlage ausgegeben werden (Ausgabedaten oder Output).

Den Grundablauf der drei DV-technischen Funktionen

- **E**ingabe,
- **V**erarbeitung und
- **A**usgabe

bezeichnet man als das *EVA-Prinzip* der Datenverarbeitung. Hinzu kommt als weitere DV-technische Funktion die (externe) *Speicherung* von Daten und Programmen (Abb. 2.1). Unter Verarbeitung wird auch der bloße Zugriff auf gespeicherte Daten zum Zweck des Lesens (z.B. bei Auskunfts- oder Buchungssystemen) verstanden.

Die Verarbeitung erfolgt immer im zentralen Teil der DV-Anlage, dem eigentlichen *Rechner* (Zentraleinheit). Dagegen gibt es bei der Eingabe, der Ausgabe und der Speicherung

- Geräte **nur** für die Eingabe von Daten, z.B. Lesepistolen oder Formularleser,
- Geräte **nur** für die Ausgabe von Daten, z.B. Drucker oder Sprachausgabegeräte,
- Geräte für die Eingabe **und** für die Ausgabe von Daten, z.B. Bildschirm-Terminals (bestehend aus Bildschirm plus Tastatur),

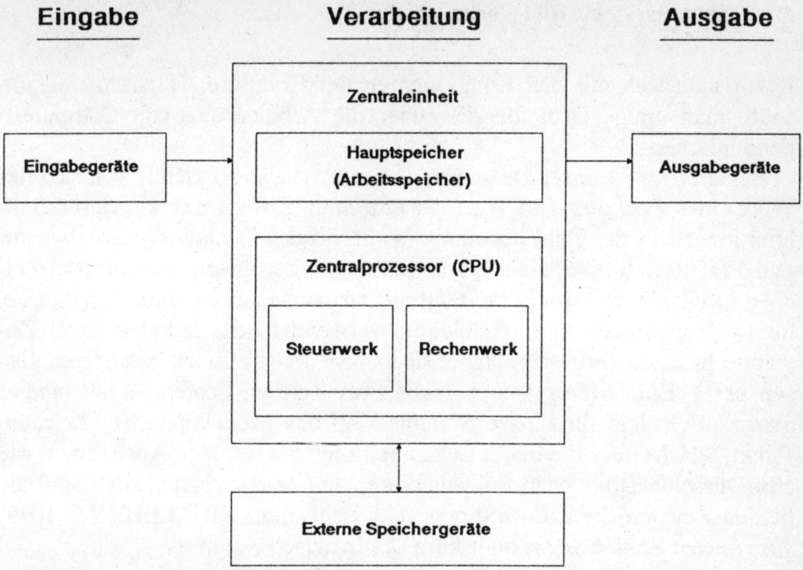

Abb. 2.1: *EVA-Prinzip der Datenverarbeitung*

- Geräte **nur** für die Speicherung von Daten, z.B. (Magnet-)Plattenlaufwerke, und
- Geräte für die Ein- und Ausgabe **und** für die Speicherung von Daten, z.B. Magnetbandeinheiten oder Diskettenlaufwerke.

Die Geräte für die Eingabe, die Ausgabe und die Speicherung der Daten werden als *periphere Geräte* bezeichnet. Zusammen mit der Zentraleinheit bilden sie die *Komponenten* einer DV-Anlage. Die einzelnen Komponenten werden in den nächsten Abschnitten dieses Kapitels beschrieben und gegenübergestellt. Dabei wird nach den Funktionen des EVA-Prinzips vorgegangen, und zwar in der Reihenfolge

- Verarbeitung (in der Zentraleinheit),
- Dateneingabe,
- Datenspeicherung und
- Datenausgabe.

Möglich wäre auch die in anderen Lehrbüchern angewandte Vorgehensweise nach Geräten. Überschneidungen und Wiederholungen sind bei beiden Darstellungsformen nicht zu vermeiden.

2.1.2 Zahlensysteme und Codes

Bevor man sich mit den Komponenten der Computer-Hardware befaßt, sollte man einige Grundbegriffe über die Arbeitsweise von Computern kennenlernen.

Bekanntlich ist unser Dezimalsystem ein *Stellenwertsystem*, weil sich der Wert einer Zahl aus dem Wert der einzelnen Ziffern **und** aus deren Stellung innerhalb der Zahl bestimmt. Während das Dezimalsystem aber auf den 10 Ziffern 0 bis 9 basiert, arbeiten Computer intern nur mit zwei Zeichen, weil sie elektronische Bauteile (früher Röhren und Ferritkerne, heute Transistoren bzw. Halbleiter) verwenden, die lediglich zwei Zustände besitzen (an/aus, magnetisiert/nicht magnetisiert, offen/geschlossen usw.). Eine Menge, die nur aus zwei Zeichen besteht, heißt *binäres System*. Beispiele für binäre Systeme sind das Morsealphabet (Zeichen: Punkt, Strich) oder die in deutschen Städten (mit wenigen Ausnahmen wie z.B. Düsseldorf) üblichen Fußgängerampeln (Zeichen: grün, rot). Sind die beiden Zeichen die Ziffern 0 oder 1, spricht man (nach LEIBNIZ, 1679) vom *dualen Zahlensystem* oder kurz *Dualsystem*.

Dual ist also ein Spezialfall von binär, und das Dualsystem ist ein Stellenwertsystem auf der Basis 2. Beispielsweise wird die Dezimalzahl 409

im Dezimalsystem: $409_{10} = 4 \cdot 10^2 + 0 \cdot 10^1 + 9 \cdot 10^0$

im Dualsystem: $110011001_2 = 1 \cdot 2^8 + 1 \cdot 2^7 + 0 \cdot 2^6 + 0 \cdot 2^5 + 1 \cdot 2^4 + 1 \cdot 2^3 + 0 \cdot 2^2 + 0 \cdot 2^1 + 1 \cdot 2^0$

dargestellt. Für das Zeichen 1 wird im Dualsystem manchmal L geschrieben. LOLLO ist also 22. Als Faustformel bei wertmäßigen Umrechnungen gilt

$$2^{10} \approx 10^3.$$

Der in der Datenverarbeitung gebräuchliche Begriff *Bit* (Abkürzung für "binary digit") bezeichnet ein zweiwertiges Zeichen, das nur die Werte 0 oder 1 annimmt. Weil Dualzahlen unübersichtlich zu lesen sind, faßt man

- entweder drei duale Ziffern zu einem Stellenwertsystem auf der Basis 8 mit den Dezimalziffern 0 bis 7 (*Oktalsystem*)
- oder vier duale Ziffern zu einem Stellenwertsystem auf der Basis 16 mit den Dezimalziffern 0 bis 9 und den Zeichen A für 10 bis F für 15 (*Hexadezimalsystem*)

zusammen. Beispielsweise ist

$$2741_{10} = 5265_8 = AB5_{16}.$$

Abbildung 2.2 zeigt die Darstellung der Dezimalzahlen 1 bis 20 in dualer, oktaler und hexadezimaler Schreibweise. Zu beachten ist dabei, daß die

Dezimal-system	Dual-system	Oktal-system	Hexadezimal-system
1	00001	01	01
2	00010	02	02
3	00011	03	03
4	00100	04	04
5	00101	05	05
6	00110	06	06
7	00111	07	07
8	01000	10	08
9	01001	11	09
10	01010	12	0A
11	01011	13	0B
12	01100	14	0C
13	01101	15	0D
14	01110	16	0E
15	01111	17	0F
16	10000	20	10
17	10001	21	11
18	10010	22	12
19	10011	23	13
20	10100	24	14

Abb. 2.2: *Zahlendarstellung in Stellenwertsystemen*

oktale bzw. hexadezimale Schreibweise nur der besseren Lesbarkeit (z.B. beim Drucken eines "Speicherabzugs") dient. Die interne Darstellung der Zahl selbst ist, weil der Computer nur mit zwei Zeichen arbeitet, unverändert dual.

Als bisheriges Ergebnis läßt sich also feststellen, daß sich (ganze) Dezimalzahlen intern als sogenannte "echte" Dualzahlen darstellen lassen, wobei zusätzlich ein Bit für das Vorzeichen vorzusehen ist. Die Länge der Dualzahl hängt von der Anzahl der Dezimalstellen ab. Der Computer hat aber nicht nur Zahlen, sondern auch Buchstaben (A, B, ..., Z) und Sonderzeichen (+, -, :, &, !, ? usw.) zu verarbeiten, die deswegen ebenfalls in die duale Form umgesetzt (codiert) werden müssen. Dafür werden Codes benötigt. Allgemein versteht man unter einem *Code* die eindeutige Zuordnung der Zeichen eines Zeichenvorrats zu den Zeichen eines anderen Zeichenvorrats. In der Datenverarbeitung übernehmen Codes die Aufgabe, neben den Ziffern auch die Buchstaben und die Sonderzeichen zu verschlüsseln. Benötigt werden Codes

- für die interne Speicherung und Verarbeitung von Daten und Programmbefehlen (als sogenannte Maschinencodes),

- für die Ein- und Ausgabe von Daten auf Datenträgern (z.B. auf Magnetbändern oder Disketten) und für den damit zusammenhängenden Datenträgeraustausch, d.h. den Transport von Daten auf Datenträgern, sowie
- für die Datenübertragung auf Leitungen.

Die meisten Maschinen- oder Rechnercodes basieren auf den BCD (binary coded decimals)-Codes, bei denen die Dezimalziffern, die Buchstaben und die Sonderzeichen *einzeln* durch eine Bit-Folge (oder Bit-"Kette") fester Länge dargestellt werden. Bei den reinen BCD-Codes beträgt diese Länge 4 Bit (= eine *Tetrade*). Weil damit nur $2^4 = 16$ verschiedene Darstellungen möglich sind, verwendet man Erweiterungen, und zwar hauptsächlich

- den ASCII-Code (American Standard Code for Information Interchange) und
- den als "IBM-Code" bezeichneten EBCDI-Code (Extended Binary Coded Decimals Interchange Code),

die beide Folgen von je 8 Bit verwenden.

Die Zusammenfassung von 8 Bit ergibt ein *Byte*, d.h. es gilt:

8 Bit = 1 Byte.

Mit den 8-Bit-Codes können $2^8 = 256$ verschiedene Kombinationen gebildet werden. Damit lassen sich alle 10 Ziffern, alle 26 Buchstaben in Groß- und Kleinschreibweise sowie alle gebräuchlichen Sonderzeichen darstellen. Abbildung 2.3 zeigt die Darstellung einiger Ziffern, Buchstaben und Sonderzeichen im ASCII- und im EBCDI-Code.

Zeichen	ASCII-Code		EBCDI-Code	
1	0011 0001	(49)	1111 0001	(241)
5	0011 0101	(53)	1111 0101	(245)
9	0011 1001	(57)	1111 1001	(249)
A	0100 0001	(65)	1100 0001	(193)
a	0110 0001	(97)	1000 0001	(129)
R	0101 0010	(82)	1101 1001	(217)
r	0111 0010	(114)	1001 1001	(153)
T	0101 0100	(84)	1110 0011	(227)
t	0111 0100	(116)	1010 0011	(163)
+	0010 1011	(43)	0100 1110	(78)
?	0011 1111	(63)	0110 1111	(111)

Abb. 2.3: *ASCII- und EBCDI-Code*

Die Codes für den Austausch und für die Übertragung von Daten sind verständlicherweise Gegenstand internationaler Normungsgremien. Der ASCII-Code wurde zunächst mit 7 Bit für die Datenübertragung eingeführt. Nach der Erweiterung auf 8 Bit wird er auch als Maschinencode, insbesondere bei Mikrocomputern (siehe Abschnitt 2.4.3), benutzt. Er ist weitgehend mit dem von der ISO definierten 7- bzw. 8-Bit-Code identisch. Die deutsche Referenz-Version (mit Umlauten) ist als 7-Bit-Code in DIN 66003 festgelegt, die Regeln zur Erweiterung auf 8 Bit werden dann in DIN 66203 definiert. Insgesamt enthält der ASCII-Code 95 Schrift- und 33 Sonderzeichen ("Zeichensatz").

ASCII- und EBCDI-Code stellen, wie gezeigt, Ziffern, Buchstaben und Sonderzeichen einheitlich als Folgen von je 8 Bit dar. Bei der Darstellung von Dezimalzahlen spricht man dabei von "unechten" Dualzahlen, weil - im Gegensatz zu den "echten" Dualzahlen - jede Dezimalziffer einzeln als Dualzahl codiert wird. Die Codierung von Dezimalzahlen als unechte Dualzahlen ist bei allen DV-Anwendungen im betriebswirtschaftlichen Bereich gebräuchlich, weil dort die Anzahl der Dezimalstellen von vornherein begrenzt ist. Die Verwendung von 8 Bit je Ziffer hat allerdings den Nachteil, daß Speicherplatz verschenkt wird und die Verarbeitungszeiten unnötig verlängert werden, weil zur Darstellung einer Dezimalziffer bereits 4 Bit ausreichen. Intern wird deswegen für Zahlen statt der Darstellungsform mit 8 Bit ("ungepackte Darstellung") unter Verzicht auf die ersten 4 Bit des ASCII- bzw. EBCDI-Codes ("Zonenteil") die sogenannte gepackte Darstellung benutzt, die lediglich die letzten 4 Bit ("Ziffernteil") der beiden Codes verwendet. Hinzugefügt wird noch je Zahl eine Tetrade zur Darstellung des Vorzeichens.

Der bisher besprochenen Darstellungsform von Dezimalzahlen (als echte Dualzahl oder als ungepackte bzw. als gepackte unechte Dualzahl) liegen die im betriebswirtschaftlichen Bereich üblichen Festkommazahlen (fixed point numbers) zugrunde, bei denen das Komma immer an derselben Stelle steht, im Prinzip also weggelassen werden kann. Im mathematisch-technischen Anwendungsbereich dominieren dagegen Gleitkommazahlen (floating point numbers) mit variabler Position des

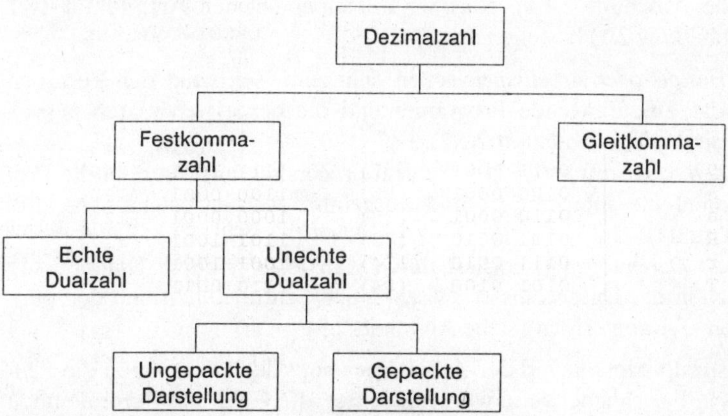

Abb. 2.4: *Darstellungsformen für Dezimalzahlen*

Kommas. Intern wird dafür eine Darstellung benutzt, die auf der halblogarithmischen Schreibweise

$$Z = \pm M \cdot B^e$$

beruht (M = Mantisse, B = Basis, e = Exponent bzw. bei Normierung auf positive Werte Charakteristik). Im Dezimalsystem wäre z.B.

$$589{,}47 = 0{,}58947 \cdot 10^3.$$

Entsprechende halblogarithmische Darstellungen gelten für die anderen Zahlensysteme. Die einmal festgelegte Basis wird intern nicht gespeichert. Üblicherweise werden für das Vorzeichen 1 Bit, für die Charakteristik 7 Bit und für die Mantisse 24 Bit (einfache Genauigkeit) oder 56 Bit (doppelte Genauigkeit) verwendet.

Abbildung 2.4 faßt die verschiedenen Darstellungsformen für Dezimalzahlen zusammen.

2.2 Zentraleinheit

2.2.1 Architektur und Technik

Unter der Architektur eines Rechners versteht man seinen inneren Aufbau, die Organisation der internen Arbeitsabläufe und sein funktionelles Verhalten, d.h. die Arbeitsweise aus der Sicht des Benutzers. Die meisten der heute gebräuchlichen Rechner verwenden die nach dem österreichisch-ungarischen Mathematiker J. VON NEUMANN (1903-1957) benannte klassische "von Neumann-Architektur" (wegen neuerer Architekturen siehe Abschnitt 2.4.4). Rechner mit einer solchen Architektur (vgl. auch Abbildung 2.1) bestehen aus

- dem *Haupt- oder Arbeitsspeicher*, in dem zum Zeitpunkt der Verarbeitung das auszuführende Programm und die benötigten Daten gespeichert sind (siehe Abschnitt 2.2.2),
- dem *Zentralprozessor* (CPU = central processing unit), in dem die Programmbefehle interpretiert und ausgeführt werden (siehe Abschnitt 2.2.3), und
- *internen Datenwegen* (realisiert durch Kanäle oder durch Datenbusse), auf denen der Datentransfer zwischen der Zentraleinheit und den peripheren Geräten erfolgt (siehe Abschnitt 2.3).

Der Zentralprozessor und der Arbeitsspeicher bilden zusammen die *Zentraleinheit*. Fälschlicherweise werden die Begriffe CPU und Zentraleinheit häufig synonym verwendet. Der Zentralprozessor wiederum hat die bei-

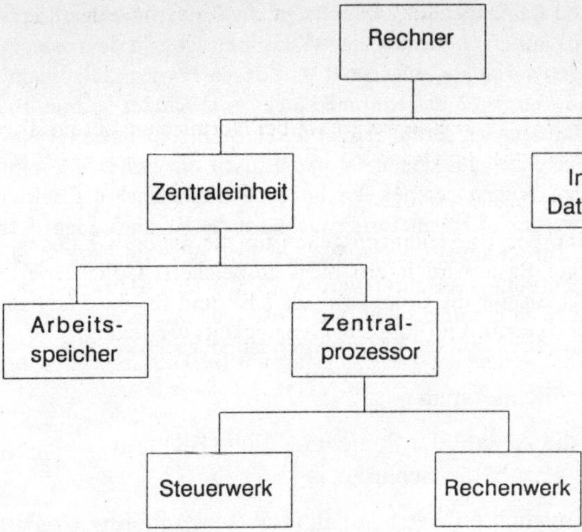

Abb. 2.5: *von Neumann-Architektur*

den Bestandteile *Steuerwerk* und *Rechenwerk*. Abbildung 2.5 zeigt die hierarchische Struktur der von Neumann-Architektur. Den Datenfluß zwischen dem Arbeitsspeicher und dem Zentralprozessor bzw. den internen Datenwegen steuert ein spezieller Prozessor, die sogenannte *Speichersteuerung* (oder Systemsteuerung).

Die technischen Bausteine der Zentraleinheit sind die sogenannten *Chips*, und zwar

- Speicherchips für den Arbeitsspeicher und
- Logikchips für den Zentralprozessor.

Bei den Chips handelt es sich um Siliziumplättchen von 50 bis 100 mm^2 Fläche, in die durch ein Leitungsnetz verbundene elektronische Bauelemente (Widerstände, Kondensatoren, Transistoren) eingebettet sind. Die Grundlage aller Bauelemente bildet die Halbleiterbauweise, die auch als MOS(metal oxide semiconductor)-Technik bezeichnet wird (mit den Varianten NMOS, PMOS und CMOS). Die Fertigung der Chips erfolgt vollautomatisch.

Aus stangenförmigen, in einem Schmelzprozeß gewonnenen Siliziumkristallen werden etwa einen Millimeter dicke, runde Plättchen (wafer) von ca. 10 bis 20 cm Durchmesser geschnitten. Auf diese Plättchen werden in mehreren aufeinanderfolgenden chemisch-physikalischen Prozessen Schaltungen (IC = integrated circuit) aus Metall- oder Metalloxidschichten aufgebracht. Der Entwurf der Schaltungen erfolgt vorher am Bildschirm mit Hilfe der CAD-Technik (siehe Abschnitt 7.3.1.2).

Die Plättchen werden dann in quadratische *Chips* zersägt. In der Großrechner-Fertigung werden mehrere Chips auf einen Mehrschicht-Keramikträger, in dem waagerecht und senkrecht Leitungen verlaufen, aufgesetzt und durch Erwärmen aufgelötet. Die Chips sind durch die Leitungen des Keramikblocks miteinander verbunden. Die Verbindung der Keramikträger wiederum erfolgt durch Mehrschicht-Leiterplatten aus papierdünnen Kupferfolien, aus denen fotolitografisch die Leitungsverbindungen herausgearbeitet sind. Wegen der aus der hohen Packungsdichte resultierenden Wärmeentwicklung werden in Hochleistungsrechnern die Keramikträger fest mit Kühlplatten verbunden. Zur Kühlung werden Wasser, Luft oder flüssiger Stickstoff verwendet. Das ganze Fertigungsverfahren wird als "Integrierte Bauweise" bezeichnet. Eine (platzsparende) Alternative bildet die SMD (surface mounted device)-Technik, bei der die Chips direkt auf die Leiterplatten aufgebracht werden.

Als Integrationsdichte bezeichnet man

- bei den Speicherchips die Anzahl der Speicherstellen (Bit) und
- bei den Logikchips die Anzahl der Schaltkreise

pro Chip. Die Integrationsdichten betragen derzeit serienmäßig 1 MBit bzw. 4 MBit bei Speicherchips und ca. 50.000 Schaltkreise bei Logikchips (siehe auch Abschnitt 2.4.4). Ein MBit entspricht ungefähr dem Inhalt von 50 Seiten dieses Buches.

2.2.2 Hauptspeicher

Wie schon erwähnt, besteht die Zentraleinheit aus

- dem Hauptspeicher (Arbeitsspeicher) und
- dem Zentralprozessor (CPU).

Der *Hauptspeicher* wird auch als Zentralspeicher, interner Speicher oder *Primärspeicher* bezeichnet. Er darf nicht mit den externen Speichergeräten wie Magnetband- oder Magnetplattenlaufwerken verwechselt werden, die *Sekundärspeicher* heißen (siehe Abschnitte 2.6.2 und 2.6.3). Gegenüber den externen Speichern grenzt sich der Hauptspeicher durch zwei signifikante Merkmale ab:

- Jeder Speicherplatz des Hauptspeichers ist fortlaufend adressiert und enthält ein Byte bzw. ein Wort als kleinste für den Benutzer zugängliche Einheit.
- Zur Ausführung müssen alle Programme und zur Verarbeitung alle Daten in den Hauptspeicher geholt werden bzw. dort bereitstehen.

Der Hauptspeicher muß

- die in Aktion befindlichen Programme aufnehmen und die Befehle für die CPU bereithalten sowie

- die während der Verarbeitung benötigten Eingabedaten, mögliche Zwischenresultate und die als Ergebnisse der Verarbeitung entstehenden Ausgabedaten speichern.

Rechner, bei denen das Byte die kleinste Speichereinheit ist, auf die zugegriffen werden kann, heißen *Bytemaschinen*. Hierzu gehören beispielsweise alle Großrechner der Firmen IBM und Siemens. Rechner, bei denen die kleinste Speichereinheit aus einer Bit-Kette anderer (in der Regel größerer) Länge als 8 besteht, heißen *Wortmaschinen*. Als Wortlänge werden z.B. 36 Bit bei einigen Anlagen von Bull oder 64 Bit bei den Cyber-Anlagen von CDC (Control Data Corporation) verwendet. Wortmaschinen sind für mathematisch-technische Anwendungen besser geeignet als vergleichbare Bytemaschinen. Bei Mikrocomputern unterscheidet man je nach der Anzahl Bit der kleinsten Verarbeitungseinheit zwischen 8-, 16- und 32-Bit-Prozessoren (siehe Abschnitt 2.4.3). Bytemaschinen können auch als Wortmaschinen arbeiten, indem mehrere Byte zu einem Wort zusammengefaßt werden (2 Byte = Halbwort, 4 Byte = Ganzwort, 8 Byte = Doppelwort).

Die *Hauptspeichergröße* wird im allgemeinen in Kilobyte (KB), in Megabyte (MB) oder bei modernen Großrechnern (Super-Computer) in Gigabyte (GB) gemessen, wobei die Relationen

1 KB	=	1.024 Byte
1 MB	=	1.024 KB
1 GB	=	1.024 MB

gelten.

Ein Maß für die Arbeitsgeschwindigkeit von Zentraleinheiten ist die *Zugriffszeit* zum Hauptspeicher. Sie gibt die Zeit an, die benötigt wird, um den Inhalt eines Speicherplatzes (d.h. ein Byte bzw. ein Wort) zu lesen. Die Zugriffszeiten heutiger Computer liegen im Bereich von Nanosekunden (10^{-9} Sekunden). Zum Vergleich: Selbst das Licht legt in einer Nanosekunde nur einen Weg von 30 cm zurück.

Der häufig für die Zugriffszeit synonym verwendete Ausdruck *Zykluszeit* stammt von den früheren Ferritkernspeichern (siehe Abschnitt 9.1), weil bei diesen im Anschluß an jeden Lesevorgang der Inhalt des Speicherplatzes durch Wiedereinschreiben regeneriert werden mußte. Ein Zyklus setzte sich daher aus dem Lesen und aus dem Regenerieren zusammen. Bei statischen Halbleiterspeichern sind jedoch Zugriffs- und Zykluszeit identisch; bei dynamischen Halbleiterspeichern (DRAM) muß der Inhalt ebenfalls neu eingeschrieben werden.

Zur Verkürzung der Zugriffszeit wird in Großrechnern beim Lesevorgang gleichzeitig der Inhalt mehrerer Speicherplätze (z.B. 8, 16 oder 64 Byte) gelesen. Die Anzahl der gleichzeitig im Zugriff befindlichen Byte wird als Datenwegbreite, Datenpfadbreite oder *Zugriffsbreite* bezeichnet.

Parallel zur Entwicklung der Halbleitertechnik wird ständig nach weiteren Wegen gesucht,

- die Zugriffszeit zum Hauptspeicher zu verkürzen und
- die Hauptspeichergröße zu erweitern.

Solche Wege bilden u.a.

- der Cache Memory (Pufferspeicher),
- die virtuelle Speicherung und
- der Erweiterungsspeicher.

Der *Cache Memory* ist ein Hardware-Bestandteil, und zwar ein kleiner Speicher (Größenordnung KB) mit besonders schnellem Zugriff. Er übernimmt die Funktion eines Puffers. Puffer werden in DV-Anlagen (wie in anderen technischen Einrichtungen) immer dann verwendet, wenn unterschiedliche Geschwindigkeiten auszugleichen sind. Der Cache Memory nimmt eine Anpassung zwischen der Verarbeitungszeit im Zentralprozessor (CPU) und der (längeren) Zugriffszeit zum Hauptspeicher vor. Im Cache Memory werden vorsorglich ("look ahead-Mechanismus") diejenigen Speicherinhalte des Hauptspeichers bereitgestellt, die zu den gerade benötigten Speicherinhalten im Hauptspeicher "benachbart" sind. Nach Erfahrungswerten stehen dadurch mit einer "Trefferrate" von 90 - 95% der Fälle die benötigten Daten bzw. Programmbefehle schon im Pufferspeicher bereit, nur in den restlichen 5 - 10% der Fälle muß noch auf den Hauptspeicher selbst zugegriffen werden.

Die *virtuelle Speicherung* ist (im Gegensatz zum Cache Memory) keine spezielle Hardware-Einrichtung, sondern ein vom Betriebssystem (siehe Abschnitt 3.3.1) gesteuertes Speicherungsverfahren. Der ("reale") Hauptspeicher wird dabei (scheinbar) vergrößert, indem der Inhalt bestimmter Speicherbereiche auf Magnetplatten (siehe Abschnitt 2.6.3) ausgelagert wird. Die Größe des virtuellen Speichers ist unabhängig von der vorhandenen Hauptspeichergröße. Die Zuordnung zwischen Hauptspeicher und virtuellem Speicher geschieht in Form einer "Abbildung", bei der eine Adressenzuordnung ("Adreßumsetzung") zwischen Hauptspeicher und peripherem Speicher vorgenommen wird. Die Abbildung erfolgt seitenweise (z.B. eine Seite = 4096 Byte) und segmentweise (z.B. ein Segment = 32 Seiten). Die Anzahl der pro Zeiteinheit ausgetauschten Seiten heißt *Paging-Rate*. Vorteile bringt die virtuelle Speicherung in erster Linie für die Programmierung, bei der auf Hauptspeicherbegrenzungen nicht mehr Rücksicht genommen werden muß. Die Nachteile liegen u.a.

- in dem höheren Bedarf an (realem) Hauptspeicherplatz für das jetzt kompliziertere Betriebssystem und
- möglicherweise in längeren Programmlaufzeiten durch den ständigen Transfer zwischen realem und virtuellem Speicher (hohe Paging-Raten).

Das schon seit längerer Zeit in Großanlagen realisierte Prinzip der virtuellen Speicherung war, wie beschrieben, zunächst für die Auslagerung auf Platten konzipiert. Eine Möglichkeit, den Paging-Vorgang wesentlich zu verkürzen, bietet der *Erweiterungsspeicher*. Dabei handelt es sich um eine Erweiterung des Hauptspeichers um einen Halbleiterspeicher. Aufgrund der rationelleren Chip-Fertigung und des damit verbundenen Preisverfalls für Speicherchips ist die Anschaffung solcher Speicher wirtschaftlich geworden. Die Auslagerung kann jetzt auf einen Erweiterungsspeicher anstatt auf Platten erfolgen. Die Übertragung zwischen Haupt- und Erweiterungsspeicher erfolgt wieder in Blöcken bzw. Seiten, beispielsweise von 4 KB Größe.

Weitere interne Speicher neben dem Hauptspeicher und dem Erweiterungsspeicher sind die *Registerspeicher*. Sie dienen zum kurzzeitigen Speichern jeweils weniger Bit und werden u.a. vom Zentralprozessor als Indexregister und als Instruktionsregister (Befehlszähler) verwendet (siehe Abschnitt 2.2.3).

Die Gesamtheit aller vom Zentralprozessor benutzten internen Speicher, d.h.

- Hauptspeicher,
- Pufferspeicher (Cache),
- Erweiterungsspeicher und
- Registerspeicher

sowie diejenigen Speicherbereiche auf Platten, die in das virtuelle Speicherkonzept einbezogen sind, nennt man *Speicherhierarchie* (Abb. 2.6). Dabei werden Hauptspeicher und virtueller Speicher als *Prozessorspeicher* bezeichnet. Die Organisation des Datentransfers zwischen diesen Speicherbereichen ist Aufgabe der schon erwähnten Speicher- oder Systemsteuerung (vgl. Abschnitt 2.2.1).

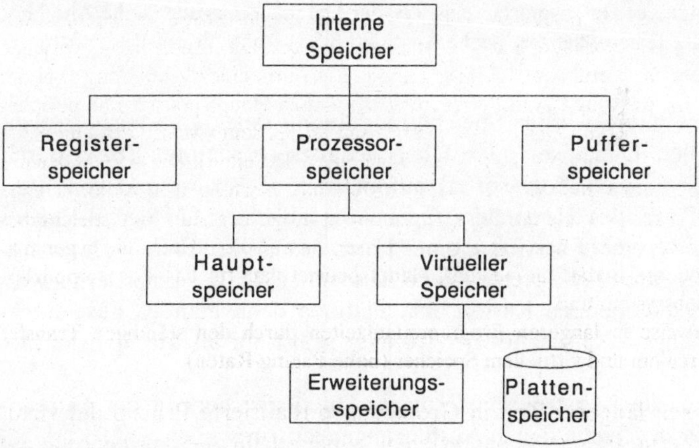

Abb. 2.6: *Speicherhierarchie*

Technisch besteht der Hauptspeicher, wie in Abschnitt 2.2.1 beschrieben, aus Speicherchips in Halbleiterbauweise. Halbleiterspeicher sind sogenannte flüchtige ("volatile") Speicher. Das bedeutet, daß beim Abschalten oder bei Unterbrechung der Stromzufuhr die gespeicherte Information verlorengeht. Wenn die Information unbedingt permanent im Hauptspeicher erhalten bleiben soll, muß Batteriestrom zugeführt werden. Mit besonders niedrigem Energieverbrauch kommen dabei Chips in der Bauweise CMOS (complementary metal oxide semiconductor) aus.

Nicht zu vermeiden ist das Auftreten von *Speicherdefekten*, d.h. der technische Ausfall einer oder mehrerer Speicherstellen. Zum Erkennen von Speicherdefekten dient das sogenannte *Paritätsbit* (parity bit). Jedes Byte bzw. Wort wird durch ein zusätzliches Bit so ergänzt, daß die Anzahl aller dualen Einsen entweder immer ungerade (odd parity) oder immer gerade (even parity) ist. Beispielsweise würde im EBCDI-Code der Buchstabe

F = 1100 0110

bei ungerader Parität um das Paritätsbit zu

F = 1 1100 0110

erweitert. Ist die Gesamtzahl der Einsen gerade, muß ein Speicherdefekt vorliegen. Das Paritätsbit versagt, wenn gleichzeitig eine gerade Anzahl Bit defekt ist. Außerdem zeigt es zwar an, daß ein Bit ausgefallen ist, jedoch nicht, welches. Es gibt Computer-Codes (ECC = error correction code bzw. error checking and correction), bei denen drei oder mehr zusätzliche Bit mitgeführt werden, um defekte Speicherstellen nicht nur anzuzeigen, sondern auch zu lokalisieren. Den Überschuß zwischen der in einem Code verwendeten Anzahl von Speicherstellen und der Anzahl der zur Darstellung aller Zeichen minimal benötigten Speicherstellen bezeichnet man als *Redundanz* (Weitschweifigkeit). Mit dem Paritätsbit wird - wie auch auf anderen Gebieten der Datenverarbeitung, z.B. der Datenübertragung (siehe Abschnitt 4.2.1) oder der Datensicherung (siehe Abschnitt 8.5.1) - bewußt mit Redundanz gearbeitet.

In Großrechnern werden Speichermodule mit defekten Speicherstellen von speziellen Diagnose- oder Überwachungsprogrammen (bzw. durch selbständige Service-Prozessoren) automatisch registriert und von Wartungstechnikern des Herstellers regelmäßig abgefragt, in der Regel als Fernwartung (remote service), einer Form des elektronischen Datenaustauschs über öffentliche Netze (siehe Abschnitt 7.4). Bei Erfordernis werden die entsprechenden Karten bzw. Platinen dann manuell ausgewechselt. Übergangsweise schaltet der Rechner selbst auf intakte Speichermodule um.

Eine spezielle Konstruktionsform des Hauptspeichers ist der *Festwertspeicher*, der in verschiedenen Ausführungen auftritt:

ROM = read only memory (Festwert- oder Nur-Lesespeicher): Teil des Hauptspeichers, dessen Inhalt sich nur lesen, aber nicht verändern läßt. Verwendung hauptsächlich für Mikroprogramme des Steuer- und Rechenwerks (siehe Abschnitt 2.2.3) und für unveränderliche

Anwendungsprogramme des Kunden (z.B. in der Prozeßsteuerung). Anfertigung beim Hardware-Hersteller.

PROM = programmable read only memory: Festwertspeicher, der vom Kunden selbst mit Hilfe spezieller Geräte programmiert werden kann, dessen Inhalt dann aber nicht mehr zu verändern ist.

EPROM = erasable programmable read only memory: Programmierbarer Festwertspeicher, der sich durch Bestrahlung mit UV-Licht oder - als sogenannter EEPROM (electrically erasable programmable read only memory) - durch elektrische Impulse wieder löschen läßt.

Nach DIN 44476 bezeichnet man als RAM (random access memory) generell alle Speicher mit wahlfreiem Zugriff, d.h. alle Speicher, bei denen der Zugang zu jedem Element in jeder gewünschten Reihenfolge möglich ist. Üblicherweise wird diese Bezeichnung jedoch nur für Schreib-/Lesespeicher benutzt, d.h. Speicher, die gelesen und - im Gegensatz zum Festwertspeicher - beliebig verändert werden können.

Nach der Bauweise unterscheidet man zwischen statischem und dynamischem RAM. Wie schon erwähnt, behalten statische Speicher ihren Inhalt (solange die Stromversorgung nicht unterbrochen wird) ständig bei, bei dynamischen Speichern (DRAM = dynamic random access memory) muß dagegen der Inhalt nach dem Lesen neu eingeschrieben ("refreshed") werden. Wegen der kompakteren Bauweise und des niedrigeren Preises werden dynamische Speicher bevorzugt. Statische Speicher gestatten einen schnelleren Zugriff. Beispielsweise werden statische Speicher für den Cache Memory, dynamische Speicher für den Erweiterungsspeicher benutzt.

2.2.3 Zentralprozessor

Der Zentralprozessor besteht, wie schon in den vorangegangenen Abschnitten erwähnt, bei der klassischen von Neumann-Architektur aus genau zwei Teilen, nämlich

- dem Steuerwerk und
- dem Rechenwerk.

Das *Steuerwerk*, auch als Leitwerk, Instruktionswerk, Instruktionselement oder Befehlsaufbereitungsprozessor bezeichnet, ist (nach DIN 44300, Teil 5) eine Funktionseinheit, welche

- die Reihenfolge steuert, in der die Befehle eines Programms ausgeführt werden,
- die Befehle entschlüsselt und dabei gegebenenfalls modifiziert und
- die für ihre Ausführung erforderlichen digitalen Signale abgibt.

Um die Arbeitsweise des Steuerwerks besser zu verstehen, muß man wissen, wie die Programmbefehle aufgebaut sind. Jeder Befehl (Instruktion) enthält im Maschinencode (vgl. Abschnitt 2.1.2)

- einen Operationsteil, in dem steht, welche Operation (WAS?) auszuführen ist, und
- einen Operandenteil, in dem die (Speicherplatz-)Adressen derjenigen Daten stehen, mit denen (WOMIT?) diese Operation auszuführen ist.

Je nachdem, wie viele Adressen im Operandenteil stehen, spricht man von Ein-, Zwei- oder Drei-Adreßmaschinen. Für den Benutzer ist diese Einteilung ohne Bedeutung.

Die Arbeit des Steuerwerks läßt sich wie folgt beschreiben: Das Steuerwerk veranlaßt das Rechenwerk, die im Operationsteil des Befehls angegebene Operation mit den im Operandenteil angegebenen Operanden auszuführen.

Damit ist gleichzeitig die Arbeitsweise des Rechenwerks beschrieben: Das *Rechenwerk*, für das es auch die Bezeichnungen Ausführungswerk, Ausführungselement oder Befehlsausführungsprozessor gibt, übernimmt die vom Steuerwerk entschlüsselten Befehle und führt sie aus. Die Befehle sind entweder arithmetische oder logische Operationen. Das Rechenwerk besteht aus Verknüpfungsschaltungen (Arithmetikwerken) und Registern. Ein Teil der Operationen, z.B. Multiplikation und Division, wird durch Mikroprogramme ausgeführt, die als Festwertspeicher (ROM) Bestandteil des Rechenwerks sind. Die Anzahl der verfügbaren Befehle im Maschinencode heißt *Befehlsvorrat* (oder Befehlssatz). Sie beträgt bei mittleren und großen DV-Anlagen üblicherweise 150 - 300 Instruktionen (siehe aber auch Abschnitt 2.4.4). Bei Mikrocomputern wird das Rechenwerk ALU (arithmetic and logic unit) genannt (siehe Abschnitt 2.4.3).

Steuerwerk und Rechenwerk arbeiten nach dem sogenannten *Pipeline-Prinzip*. Die einzelnen Arbeitsphasen, die zusammen als *von Neumann-Zyklus* bezeichnet werden, sind:

1) Befehl aus Hauptspeicher holen;
2) Befehl decodieren,
   Operanden-Adressen oder Sprungziel errechnen;
3) Operanden holen;
4) Befehl ausführen, d.h. Operanden verarbeiten,
   ggf. Ergebnis speichern (Mehr-Adreßmaschinen);
5) Befehlszähler erhöhen.

Die Phasen 1 bis 3 (Befehlsaufbereitung) und 5 übernimmt das Steuerwerk, die Phase 4 (Befehlsausführung) das Rechenwerk. Das Pipeline-Prinzip hat zwei Aspekte:

a) Ein Befehl wird nacheinander (wie in einer Pipeline) zunächst vom Steuerwerk und anschließend vom Rechenwerk abgearbeitet.
b) Während das Rechenwerk einen Befehl ausführt, bereitet das Steuerwerk zeitlich parallel dazu ("überlappt") schon die nächsten Befehle

auf. Da auch innerhalb derjenigen Phasen, die dem Steuerwerk übertragen sind, durch Zerlegung der Befehle überlappt gearbeitet wird, ist das Steuerwerk dem Rechenwerk je nach Rechnertyp um einen oder mehrere Befehle voraus.

Das vorsorgliche Holen der sequentiell nachfolgenden Befehle (in der Regel aus dem Pufferspeicher) heißt "prefetching". Als kurzzeitige Zwischenspeicher bei den Operationen der Phasen 1 bis 5 werden vom Steuerwerk und vom Rechenwerk die in Abschnitt 2.2.2 genannten Register benutzt.

Die Arbeit der CPU wird durch einen zentralen Taktgeber (Quarzkristall) gesteuert (synchroner Betrieb). Die Taktzeit, auch als Prozessor-Zykluszeit oder *Grundzyklus* bezeichnet, liegt im Bereich von Nanosekunden. Der Kehrwert der Taktzeit, die Taktfrequenz, liegt entsprechend in der Größenordnung von MHz (MegaHertz).

Die Verarbeitungsleistung des Zentralprozessors hängt in erster Linie
- von der Zykluszeit und
- von der pro Befehl benötigten Anzahl von Zyklen (Takten)

ab. Dabei werden die Zykluszeit von der Hardware-Technologie (u.a. der Schaltkreisdichte auf den Logikchips) und die Anzahl der pro Befehl benötigten Takte von der Rechnerarchitektur bestimmt.

Zur Leistungsbeurteilung wird häufig die *Instruktionsrate* mit der umstrittenen Maßzahl MIPS (million instructions per second) herangezogen. Zugrundegelegt wird eine durchschnittliche Anzahl von Befehlen (Instruktionen), die aus typischen technischen und kommerziellen DV-Anwendungen gemischt sind. Ein Großrechner mit einer Zykluszeit von 20 ns (Nanosekunden), d.h. einer Taktfrequenz von 50 MHz, und einer Instruktionsrate von 25 MIPS würde genau 2 Zyklen pro Instruktion brauchen. Ein mit 16 MHz "getakteter" Mikroprozessor 80386 benötigt bei einer Leistung von 4 MIPS 4 Zyklen pro Befehl (siehe Abschnitt 2.4.3). Allgemein gilt die Formel

$$\text{Rechnerleistung (MIPS)} = \frac{\text{Taktfrequenz (MHz)}}{\text{Anzahl Takte pro Befehl}} .$$

Neuere Prozessoren, z.B. Varianten des 80486, arbeiten im "Eintakt-Zyklus", d.h. benötigen für einen Befehl genau einen Takt.

2.3 Interne Datenwege

Interne Datenwege werden für den Datentransfer innerhalb der Zentraleinheit und zwischen dem Hauptspeicher und den peripheren Geräten benötigt. Zu unterscheiden sind

- das Kanal-Konzept und
- das Bus-Konzept.

Beim *Kanal-Konzept*, das bei den meisten DV-Großanlagen benutzt wird, übernehmen Kanäle den Datentransfer zwischen dem Hauptspeicher und den peripheren Geräten. Dabei handelt es sich um selbständig arbeitende Einheiten mit eigenen Prozessoren, die ihre Befehle (als "Kanalprogramm") parallel zur Arbeit der CPU ausführen. Die Kanäle können (als "integrierte Kanäle") in die Zentraleinheit eingebaut sein oder - wie bei Großanlagen üblich - getrennte technische Einheiten darstellen.

Je nach Arbeitsweise, die alternativ von entsprechender Software festgelegt und gesteuert wird, unterscheidet man den Betrieb als

- Selektorkanal,
- Multiplexkanal oder
- Blockmultiplexkanal.

Bei der Betriebsart *Selektorkanal* besteht für die Dauer der gesamten Übertragung (genauer: des gesamten Kanalprogramms) eine feste Verbindung zwischen der Zentraleinheit und **einem** peripheren Gerät (burst mode = Stoßbetrieb). Mehrere angeschlossene Geräte können nur nacheinander bedient werden.

Bei der Betriebsart *Multiplexkanal* - bei Bytemaschinen als *Bytemultiplexkanal* bezeichnet - können mehrere periphere Geräte gleichzeitig (simultan) bedient werden, wobei jedes angeschlossene periphere Gerät immer nur wort- bzw. byteweise versorgt wird. Das Multiplex-Prinzip der ineinander verschachtelten Übertragung von Daten zu oder von verschiedenen Stellen kommt auch bei der Datenübertragung in Rechnernetzen (siehe Abschnitt 4.4.2) zur Anwendung. Multiplexkanäle werden für "langsame" Peripheriegeräte wie Drucker oder Bildschirm-Terminals verwendet.

Die Betriebsart *Blockmultiplexkanal* funktioniert im Prinzip wie die Betriebsart Bytemultiplexkanal, jedoch erfolgt die Datenübertragung zu den angeschlossenen Geräten blockweise. Der Kanal wird in der nichtproduktiven Zeit eines Gerätes, d.h. in der Zeit, in der zwar ein Kanalprogramm abläuft, aber keine Datenübertragung stattfindet, für ein anderes Gerät freigemacht. Blockmultiplexkanäle werden für "schnelle" Peripheriegeräte, insbesondere Plattenlaufwerke benutzt.

Die peripheren Geräte sind an die Kanäle direkt oder über *Steuereinheiten* (control units), die sogenannten Gerätesteuerungen, angeschlossen, die je nach Gerätetyp verschieden sind (Bandsteuereinheiten, Plattensteuereinheiten usw.). Steuereinheiten haben die Aufgabe, die Arbeit der

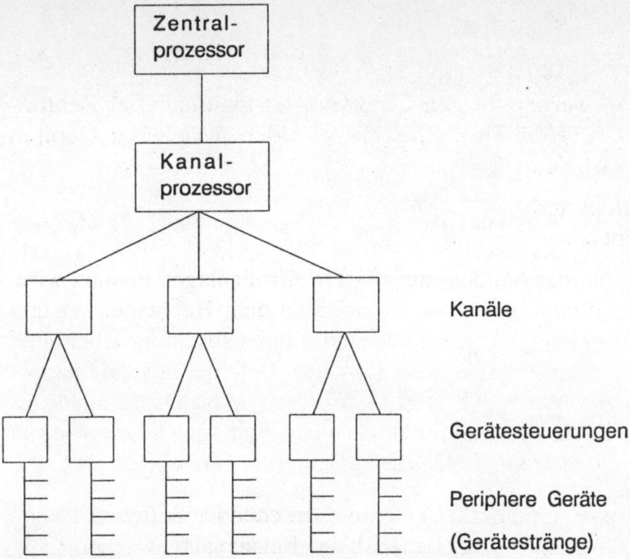

Abb. 2.7: *Kanal-Konzept*

jeweils in Kette (als "Gerätestrang") angeschlossenen peripheren Geräte zu steuern. Sie sind entweder getrennte technische Einheiten oder in angeschlossene Geräte integriert.

Das hier skizzierte Kanal-Konzept wird in vielen DV-Großanlagen wie folgt realisiert:

- Zur Steuerung sämtlicher Kanäle ist ein selbständiger Prozessor, der als "Eingabe-/Ausgabe-Prozessor" (*E/A-Prozessor*) oder "Kanal(subsystem)prozessor" bezeichnet wird, vorhanden. Dieser kann eine RISC-Architektur besitzen (siehe Abschnitt 2.4.4). Er arbeitet unter der Steuerung des in der CPU ablaufenden Betriebssystems.
- Der E/A-Prozessor steuert eine große Anzahl selbständiger Kanäle, deren Arbeit wiederum jeweils von einem eigenen (Mikro-)Prozessor ausgeführt wird.
- Wahlweise können alle Kanäle als Blockmultiplexkanal (Übertragungsraten bis 4,5 MB/s) und ein Teil der Kanäle als Bytemultiplexkanäle (Übertragungsraten bis 300 KB/s) arbeiten. Der Betrieb als Selektorkanal ist nicht mehr gebräuchlich.

Abbildung 2.7 zeigt das Kanal-Konzept in vereinfachter Form.

Im Gegensatz zum Kanal-Konzept, bei dem jeweils einzelne Gerätegruppen über die zugeordneten Kanäle direkt mit der Zentraleinheit verbunden sind, werden beim *Bus-Konzept* alle peripheren Geräte über spezielle, für einzelne Gerätegruppen zuständige Peripherie-Prozessoren

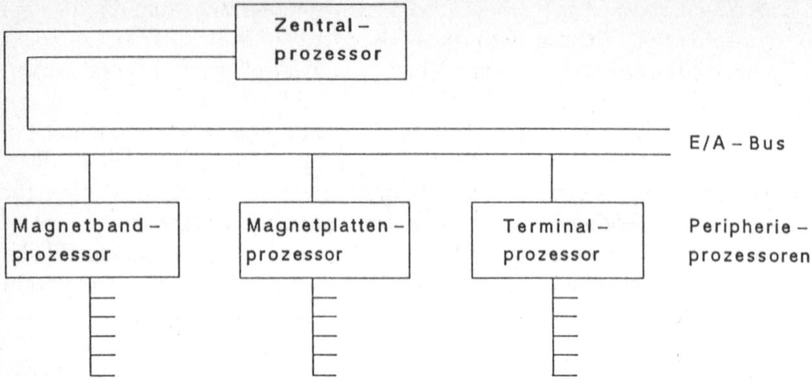

Abb. 2.8: *Bus-Konzept*

gleichrangig an eine gemeinsam genutzte Sammelschiene, den *Eingabe-/Ausgabe-Bus* (E/A-Bus), angeschlossen, über die der Datentransport vom und zum Hauptspeicher erfolgt (Abb. 2.8). Der E/A-Bus wird - ebenso wie der Kanalprozessor beim Kanal-Prinzip - vom Betriebssystem im Zentralprozessor gesteuert. Das Bus-Konzept kommt vorwiegend dann zur Anwendung, wenn die Anzahl der angeschlossenen Peripheriegeräte begrenzt ist. Es ist deswegen bei vielen Minicomputern und bei den meisten Mikrocomputern realisiert. Inzwischen wird aber mit dem Mikrokanal (siehe Abschnitt 2.4.3) das Kanal-Konzept auch im Mikrocomputer-Bereich angewandt.

2.4 Rechnerkriterien und -klassen

2.4.1 Technische Beurteilungskriterien

Technische Beurteilungs- (und teilweise Klassifizierungs-)kriterien für Rechner, d.h. Zentraleinheiten und interne Datenwege, ergeben sich zwangsläufig aus den technischen Merkmalen der einzelnen Komponenten. Prinzipiell sollte man allerdings nur Rechner derselben Größenklasse untereinander vergleichen. Die Größenklasse ergibt sich wiederum weitgehend aus dem *Einsatztyp*. Rechner werden eingesetzt

- als *Zentralrechner* in Rechenzentren zur gemeinsamen Nutzung für eine große Anzahl - häufig entfernter - Benutzer und für ein breites Spektrum teilweise völlig verschiedener (z.B. kaufmännischer oder technischer) DV-Anwendungen,
- als *Filial-* oder *Abteilungsrechner* für die gemeinsame Nutzung einer begrenzten Anzahl von DV-Anwendungen innerhalb einer Filiale bzw. Niederlassung (z.B. in einer Bank bzw. in einem Supermarkt) oder für alle DV-Anwendungen in einem mittelständischen Unternehmen und
- als *Personal Computer* oder als *Arbeitsplatzrechner* für die ausschließliche Nutzung durch einen oder wenige Benutzer mit einer kleinen Anzahl von arbeitsplatzbezogenen DV-Anwendungen.

Als problematisch erweist sich die oft vorgenommene Klassifizierung der Rechner nach der schon erwähnten *Instruktionsrate* in MIPS, nachdem inzwischen Mikrocomputer mit den Instruktionsraten bis in die Leistungsbereiche von Großrechnern vordringen. Unabhängig davon muß auf die beschränkte Aussagefähigkeit der Größe MIPS hingewiesen werden. Diese Maßzahl hängt u.a. stark

- von der Architektur des Rechners,
- von dem im Rechner verfügbaren Befehlssatz,
- von der jeweiligen Nutzung der Programmbefehle und
- vom eingesetzten Betriebssystem

ab und ignoriert völlig die zum Einsatz kommenden Betriebsarten und Nutzungsformen (siehe Abschnitt 3.2). Viele Anbieter von DV-Anlagen verzichten deswegen auf die (offizielle) Angabe einer MIPS-Zahl.

Bei vorwiegend mathematisch-technisch genutzten Rechnern, insbesondere bei Vektor- und Parallelrechnern (siehe Abschnitt 2.4.4), wird die Instruktionsrate in FLOPS (floating point operations per second) gemessen. Als "Supercomputer" ("number cruncher") bezeichnet man Rechner mit einer Leistung über 200 MFLOPS.

In Abbildung 2.9 sind die wichtigsten technischen Beurteilungskriterien für Rechner zusammengestellt. Zur Kenngröße "Maximale Ausbaustufe des Hauptspeichers" ist anzumerken, daß das Problem nicht in der Konstruktion der Speicher liegt, sondern in der Adressierbarkeit der einzelnen Speicherplätze. Ausschlaggebend ist beispielsweise bei Mikrocomputern die Breite des Adreßbusses (siehe Abschnitt 2.4.3). Ein 8-Bit-Prozessor könnte eigentlich nur $2^8 = 256$ Speicherplätze adressieren. Durch Zusammensetzung einer Adresse aus $2 \cdot 8$ Bit, die hintereinander über den Bus transportiert werden, kommt man jedoch auf 64 KB. Ein 20-Bit-Adreßbus ermöglicht 1 MB, ein 24-Bit-Adreßbus 16 MB Arbeitsspeicher. Dabei handelt es sich stets um das theoretische Maximum des physischen Arbeitsspeichers.

Zentralprozessor
- Integrationsdichte (Logikchips)
- Architektur
- Zykluszeit bzw. Taktfrequenz
- Instruktionsrate (MIPS, FLOPS)
- Zahlendarstellungen (Fest-, Gleitkomma)
- Rechengenauigkeit
- Befehlsvorrat

Interne Speicher
- Integrationsdichte (Speicherchips)
- Speichereinheit (Byte, Wort)
- Zugriffszeit zum Hauptspeicher
- Maximale Ausbaustufe des Hauptspeichers
- Fehlerbehandlung (parity, ECC)
- Größe des Cache Memory
- Maximale Größe des virtuellen Adreßraums, insbesondere des Erweiterungsspeichers
- Pagingrate
- Anzahl Register

Interne Datenwege
- Übertragungskonzept (Kanal, Bus)
- Maximalzahl verfügbarer Kanäle
- Kanaltypen (Byte-, Blockmultiplex)
- Übertragungsraten

Abb. 2.9: *Technische Beurteilungskriterien für Rechner*

Bei Mikrocomputern wird häufig noch neben dem RAM-Teil des Hauptspeichers die Größe des ROM-Speichers, der z.B. Teile des Betriebssystems (siehe Abschnitt 3.3.2) und den BASIC-Interpreter (siehe Abschnitt 3.4) enthält, angegeben.

2.4.2 Benutzerorientierte Beurteilungskriterien

Bei der Auswahl einer DV-Anlage entscheiden in der betrieblichen Praxis Art und Intensität der mit dem Rechner beabsichtigten Nutzung, wobei immer auch ein Zuwachs sowohl durch ein höheres Verarbeitungsvolumen bei bestehenden DV-Anwendungen als auch durch neue DV-Anwendungen zu berücksichtigen ist. Bei den Einsatztypen Zentralrechner und Abteilungsrechner (vgl. Abschnitt 2.4.1) bestimmen zunächst die folgenden Fragen die Auswahlentscheidung:

- Wie teilen sich die Anwendungen in die Nutzungsformen Stapel- und Dialogbetrieb (siehe Abschnitt 3.2) auf?
- Für den Stapelbetrieb: Welcher Durchsatz (Programme bzw. Jobs pro Tag) wird verlangt?
- Für den Dialogbetrieb: Wird vorwiegend im Teilnehmerbetrieb (z.B. Programmentwicklung) oder im Teilhaberbetrieb (z.B. Platzbuchungssysteme) gearbeitet (siehe ebenfalls Abschnitt 3.2)?
- Für den Teilhaberbetrieb: Wie hoch ist die Anzahl von Transaktionen (Bearbeitungsvorgängen) pro Zeiteinheit (z.B. pro Sekunde), insbesondere bei Spitzenbelastungen?
- Steht ein Betriebssystem (siehe Abschnitt 3.3.1) zur Verfügung, das **alle** gewünschten Nutzungsformen unterstützt?

Theoretisch besteht die Möglichkeit, vor der Neuanschaffung einer DV-Anlage die Leistungsfähigkeit der angebotenen Zentraleinheit durch einen *Benchmark-Test*, d.h. einen Mix repräsentativer Anwendungsprogramme, zu prüfen. Die praktische Durchführung solcher Tests scheitert jedoch meistens an der mangelnden Portabilität (siehe Abschnitt 6.6.6) der vorhandenen Programme.

Im betriebswirtschaftlichen Anwendungsbereich wird - im Gegensatz zu mathematisch-technischen Anwendungen - eine hohe Rechnerleistung nicht für komplizierte numerische Berechnungen, sondern für die Verarbeitung großer Mengen von Daten ("Massendaten") mit vorwiegend elementaren Rechneroperationen benötigt. Entscheidend für die Rechnerauswahl sind daher folgende Fragen:

- Wie viele Datenstationen (Bildschirm-Arbeitsplätze, Drucker, Spezialgeräte wie Datenkassen oder Bankenterminals usw.) lassen sich realistisch (d.h. Verfügbarkeit über die gesamte Arbeitszeit, kurze Antwortzeiten im Dialogbetrieb) anschließen?
- Wie viele periphere Speichergeräte, insbesondere Plattenlaufwerke, mit welchen Kapazitäten können zur Speicherung der permanent benötigten Dateien und Datenbanken angeschlossen werden?

Selbstverständlich entscheidet auch der Kaufpreis über die Anschaffung. In der von der Firma DIEBOLD Deutschland GmbH 25 Jahre lang (bis 1990) zunächst zweimal, später einmal jährlich herausgegebenen Statistik der in der Bundesrepublik Deutschland installierten DV-Anlagen wurde der Kaufpreis zu einer Klassifizierung in folgende Größenklassen benutzt:

Große Systeme	:	über	500.000 DM	
Mittlere Systeme	:	über	100.000 DM	bis 500.000 DM
Kleine Systeme	:	über	25.000 DM	bis 100.000 DM
Mikrocomputer	:			bis 25.000 DM

Als *System* wurde dabei die Zentraleinheit einer DV-Anlage zusammen mit einer "durchschnittlichen" Peripherie-Ausstattung verstanden. Grundsätzlich macht die Zentraleinheit bei mittleren und großen Systemen höchstens 50%, bei kleinen Systemen und Mikrocomputern oft nur 30% oder weniger vom Gesamtpreis aus. Die Abgrenzungen zwischen den Größenklassen sind fließend. Dieselbe Klasseneinteilung wird jetzt den von DIEBOLD regelmäßig veröffentlichten "Konjunkturverläufen in der informationstechnischen Industrie" zugrundegelegt.

Man versteht die Klasseneinteilung nach DIEBOLD besser, wenn man einige Einzelheiten aus der Entstehungsgeschichte der Rechner kennt. Die klassische Form der DV-Anlagen bilden die großen Systeme oder *Großanlagen* ("Jumbos"), an denen sich alle Stufen der technologischen Entwicklung (Röhren, Transistoren, integrierte Schaltkreise) vollzogen haben (siehe Abschnitt 9.1) und die früher häufig als *Universalrechner* bezeichnet worden sind, weil sie sowohl für betriebswirtschaftlich-administrative als auch für mathematisch-technische Anwendungen eingesetzt werden. Anbieter sind heute auf dem deutschen Markt hauptsächlich die Firmen Amdahl, Bull, CDC, IBM, NAS, Siemens und UNISYS.

Die *mittleren* und *kleinen Systeme*, meistens als *Minicomputer* bezeichnet, sind auf zwei Wegen, nämlich

- auf dem "deutschen" Weg über die "Mittlere Datentechnik" (MDT) und
- auf dem "amerikanischen" Weg über "Small Business Systems"

entstanden. Der früher gebräuchliche Begriff *Mittlere Datentechnik* stammte aus den 60er Jahren und bezeichnete eine spezielle Gruppe von Rechnern, die aus elektromechanischen und später elektronischen Buchungsmaschinen und Fakturierautomaten hervorgegangen waren. Kennzeichen waren:

- direkte Dateneingabe über eine Tastatur,
- fest verdrahtete Verarbeitungsprogramme und
- Magnetkontenkarten (Karteikarten mit einem magnetisierbaren Randstreifen zur Saldenfortschreibung) als einziges externes Speichermedium.

Im Laufe der Jahre wurde es möglich, diese Anlagen frei zu programmieren und periphere Geräte, insbesondere Platten- und Bandlaufwerke, anzuschließen. Damit wurde die Bezeichnung MDT-Anlage allmählich aufgegeben. Mit diesem (indirekten) Weg zum Minicomputer sind Herstellernamen wie CTM (Computertechnik Müller), Diehl, Kienzle, Nixdorf, Olivetti, Philips, Taylorix und Triumph-Adler verbunden.

Unabhängig davon wurden von amerikanischen Firmen wie Data General, DEC (Digital Equipment Corporation), HP (Hewlett Packard), MAI (Management Assistance Inc.), Wang u.a. kleine, frei programmierbare DV-Anlagen für abgegrenzte technische und kommerzielle Anwendungen gebaut, zunächst häufig in der Form von Einzelplatzsystemen, d.h. Computern mit einem einzigen Arbeitsplatz für die Systembedienung und die Dateneingabe. In Verbindung mit Anwendungsprogrammen aus dem kommerziellen Bereich wurden diese DV-Anlagen als Small Business Systems (*Bürocomputer*) bezeichnet.

Die *Mikrocomputer* sind aus der Mikroprozessor-Technik hervorgegangen, die als die entscheidende Entwicklung der 70er Jahre auf dem Gebiet der Datenverarbeitung anzusehen ist. Unter einem *Mikroprozessor* versteht man einen vollständig auf einem einzigen Chip untergebrachten Prozessor (Chip-Prozessor). Als Mikrocomputer im strengen Sinn wurde früher ein

- um einen internen Speicher,
- um Eingabe-/Ausgabe-Bausteine (Sensoren, Anzeigeeinrichtungen) und
- um ein Programm für eine fixierte Anwendung

ergänzter Mikroprozessor mit fester Wortlänge bezeichnet. Heute versteht man darunter frei programmierbare Rechner, die wie jeder Computer von einer CPU (in diesem Fall dem Mikroprozessor), einem Arbeitsspeicher und Anschlußmöglichkeiten für periphere Ein-/Ausgabegeräte (z.B. Bildschirme mit Tastatur, Drucker) sowie für externe Speichergeräte (z.B. Disketten- oder Plattenlaufwerke) gebildet werden. Falls Prozessor **und** Arbeitsspeicher auf einem einzigen Chip untergebracht sind, spricht man von einem "Einchip-Mikrocomputer". Das komplette Betriebssystem (siehe Abschnitt 3.3.2) ist dann oft als ROM integriert.

Die führenden Anbieter von Mikrocomputern waren zuerst die Firmen Apple, Commodore und Tandy. Später sind dann die Hersteller von mittleren DV-Anlagen (NCR, Nixdorf, Olivetti, Philips, Triumph-Adler u.a.) und von Großanlagen (Bull, IBM, Siemens u.a.) in diesen Markt eingestiegen. Inzwischen wird der Mikrocomputer-Markt stark von der Vertriebspolitik der Firma IBM beeinflußt, deren Aktivitäten von den anderen Anbietern aufmerksam verfolgt werden mit der Absicht, kompatibel zu bleiben*). Als Konsequenz daraus sind auch die zahlreichen voll kompatiblen Nachbauten aus südostasiatischer Produktion (sogenannte *Clones*) anzusehen, die unter Firmennamen wie Pertron, Tandon u.a. angeboten werden.

Durch die Entwicklung von Prozessoren mit größerer Wortlänge, durch höhere Taktfrequenzen und damit größeren Instruktionsraten, durch größere Arbeitsspeicher mit kürzeren Zugriffszeiten, durch erweiterte Anschlußmöglichkeiten für periphere Geräte, insbesondere für Speichereinheiten mit hohen Kapazitäten, durch leistungsfähige Betriebssysteme (siehe Abschnitt 3.3.2) und vor allem durch die Möglichkeit, im Mehrprogramm- und Mehrbenutzerbetrieb zu arbeiten, dringen Mikrocomputer immer stärker in die bisherigen Anwendungsgebiete der kleinen und mittleren Systeme vor. Abschnitt 2.4.3 befaßt sich im Detail mit den Mikrocomputern.

Die Hardware-Preise wiesen in den letzten Jahren eine stark fallende Tendenz auf, insbesondere bei den Hauptspeichern und bei den Zentralprozessoren. Der in diesem Zusammenhang vielbenutzte Ausdruck "Preis-/Leistungsverhältnis" ist allerdings ein schwammiger und für konkrete Vergleiche völlig ungeeigneter Begriff. Eine gewisse Hilfestellung für Grundsatzentscheidungen, beispielsweise, ob man vorzuhaltende Rechnerleistungen (gemessen in MIPS) auf einen einzigen Rechner konzentrieren oder auf mehrere Rechner verteilen soll, bietet das *Grosch'sche Gesetz*. Während früher zwischen Verarbeitungsgeschwindigkeit und Kaufpreis ungefähr ein quadratischer Zusammenhang bestand, resultiert heute aus

---

*) Unter *Kompatibilität* versteht man die beliebige Austauschbarkeit von Komponenten und Geräten (Hardware-Kompatibilität) oder von Programmen (Software-Kompatibilität).

der Preispolitik der Hersteller annähernd eine lineare Abhängigkeit der Form

$$v = a + b \cdot P \quad (v = \text{Anzahl MIPS}, P = \text{Kaufpreis})$$

mit unterschiedlichen Koeffizienten a und b für kleine, mittlere und große DV-Anlagen.

In der betrieblichen Praxis gibt es Beurteilungskriterien für Rechner, die viel wichtiger sind als alle bisher genannten. Sie basieren auf der verfügbaren System- und Anwendungssoftware und lassen sich durch folgende Fragen charakterisieren:

- Gibt es für die Betriebssysteme (siehe Abschnitt 3.3), die auf den in Betracht kommenden Rechnern zum Einsatz gelangen, entweder durch die Hardware-Anbieter selbst oder auf dem Softwaremarkt in zufriedenstellender Qualität
  - Standardsoftware für die fundamentalen betriebswirtschaftlichen Anwendungen des Unternehmens (Fakturierung, Finanzbuchhaltung, Kostenrechnung, Lohn-/Gehaltsabrechnung u.a.),
  - auf das Unternehmen zugeschnittene Branchensoftware (z.B. für Fertigungsbetriebe, den Handel oder für Banken und Versicherungen) und
  - die wesentliche systemnahe Software wie Datenbankverwaltungssysteme (siehe Abschnitt 5.4.4) oder Software-Entwicklungswerkzeuge (siehe Abschnitt 6.6.5)?
- Lassen sich die in die engere Auswahl genommenen Rechner problemlos in Vernetzungskonzepte (siehe Abschnitt 4.4), auch unter Einbezug von Hardware anderer Hersteller und des elektronischen Datenaustauschs mit fremden Unternehmen (siehe Abschnitt 7.4), einbinden?
- Welche Unterstützung bieten die Anbieter der Hardware und der Anwendungssoftware vor und nach der Installation bzw. Implementierung?

Dabei ist zu beachten, daß sich das Marktangebot für Fremdsoftware verständlicherweise auf die Betriebssysteme mit der stärksten Verbreitung konzentriert. Befragungen von Personalleitern haben gezeigt, daß die Berufschancen für Wirtschaftsinformatiker steigen, wenn sie sich schon während ihres Studiums mit den "gängigen" Betriebssystemen (für Großsysteme MVS und VM von IBM sowie BS 2000 von Siemens, für universelle Systemgrößen UNIX und für Mikrocomputer vorläufig noch MS-DOS) und mit der dafür angebotenen Anwendungssoftware beschäftigt haben.

2.4.3 Mikrocomputer

Jeder Mikrocomputer basiert auf einem Mikroprozessor, der die CPU bildet (vgl. Abschnitt 2.4.2). Die führenden Hersteller von Mikroprozessoren sind die amerikanischen Firmen Intel (als IBM-Lieferant), Motorola, Natsemi (National Semiconductor) und Zilog (Exxon). Je nach Wortlänge unterscheidet man folgende Prozessorgenerationen:

1. Generation:	4 Bit, z.B. Intel 4000, 4004;
2. Generation:	8 Bit, z.B. Intel 8080; Motorola 6800; Zilog Z80, Z80A;
3. Generation:	16 Bit (einschl. 8/16 Bit), z.B. Intel 8086, 8088, 80186, 80286; Zilog Z8000, Z8001;
4. Generation:	32 Bit (einschl. 16/32 Bit), z.B. Intel 80386, 80486; Motorola 68000, 68020, 68030, 68040; Natsemi 32032, 32332, 32532; Zilog Z80000, Z320.

Bereits angeboten werden die ersten 64-Bit-Prozessoren (z.B. Intel 860). Vorteile größerer Wortlänge sind u.a.:

- größerer Befehlsvorrat (vgl. Abschnitt 2.2.3),
- kürzere Verarbeitungszeiten,
- höhere Rechengenauigkeit,
- Adressierbarkeit größerer Arbeitsspeicher.

Mikroprozessoren der 1. Generation werden teilweise noch für Steuerungen (Autoradios, Fahrkartenautomaten, Registrierkassen, Taxameter, Waschmaschinen, Zapfsäulen) eingesetzt und spielen bei den Mikrocomputern keine Rolle. Nachdem die ersten Mikrocomputer mit 8-Bit-Prozessoren ausgestattet waren (Apple II, Commodore u.a.), dominieren gegenwärtig noch 16-Bit-Prozessoren, jedoch mit einer zunehmenden Verdrängung durch 32-Bit-Prozessoren. Für später wird eine Ablösung durch 64-Bit-Prozessoren vorausgesagt.

Mikrocomputer haben folgende Bestandteile (Abb. 2.10):

- Mikroprozessor (CPU), bestehend aus Steuerwerk, Rechenwerk (ALU = arithmetic and logic unit) und Registern,
- interner und externer Bus,
- Hauptspeicher, bestehend aus Arbeitsspeicher (RAM) und Nur-Lesespeicher (ROM),
- ein oder mehrere Massenspeicher (z.B. Disketten- und/oder Winchesterplatten-Laufwerke) und
- Ein-/Ausgabegeräte (Tastatur, Bildschirm mit/ohne Zusatzeinrichtungen, Drucker).

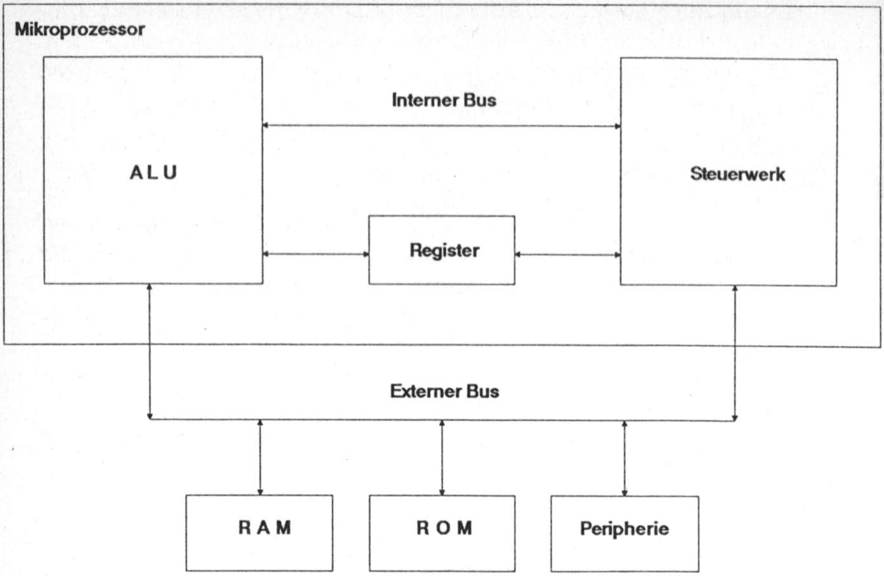

Abb. 2.10: *Prinzipieller Aufbau von Mikrocomputern*

Zur Ausführung mathematischer Operationen kann der Prozessor durch einen zusätzlich installierten *mathematischen Coprozessor* unterstützt werden, der Leistungssteigerungen bis zum Faktor 100 bringt.

Datentransporte innerhalb der CPU (zwischen Steuerwerk und Rechenwerk) besorgt der interne Bus, den Datenaustausch zwischen der CPU, dem Arbeitsspeicher und (über Schnittstellen) den externen Geräten der externe Bus. Bei "echten" 32-Bit-Prozessoren (z.B. Intel 80386) übertragen sowohl der interne als auch der externe Bus 32 Bit parallel (gleichzeitig). Bei "unechten" 32-Bit-Prozessoren, den sogenannten 16/32-Bit-Zwittern (z.B. Motorola 68000), hat der externe Bus nur eine Breite von 16 Bit. Die Wortlänge bei der Verarbeitung beträgt in beiden Fällen 32 Bit. Entsprechendes galt für 8/16-Bit-Zwitter.

Jeder Bus hat die logisch, aber nicht unbedingt physisch getrennten Bestandteile Steuerbus, Adreßbus und Datenbus. Beispielsweise werden beim Lesen eines Speicherplatzinhalts

- zuerst auf dem Steuerbus von der CPU zum Arbeitsspeicher das Signal "Lesen",
- dann auf dem Adreßbus von der CPU zum Arbeitsspeicher die Adresse des Speicherplatzes und
- schließlich auf dem Datenbus vom Arbeitsspeicher zu den Registern der CPU der Inhalt des Speicherplatzes

übertragen.

Anstelle eines Busses wird für neuere Mikrocomputer-Modelle (bei Intel ab dem Prozessor 80286) der *Mikrokanal* (microchannel) angeboten. Dieser arbeitet asynchron, d.h. unabhängig vom Prozessor, so daß die Übertragungsrate nicht mehr von der Prozessorgeschwindigkeit, sondern von den an der Übertragung beteiligten Komponenten bestimmt wird. Dabei kann auch im burst mode (vgl. Selektorkanal, Abschnitt 2.3) gearbeitet werden. Der Mikrokanal ermöglicht den Multi-Tasking-Betrieb (gleichzeitiger Ablauf mehrerer Programmteile bzw. -funktionen). An den Mikrokanal können zusätzliche Prozessoren angeschlossen werden, die den Zentralprozessor unterstützen. Als Industriestandard für den Mikrokanal wird von IBM MCA (microchannel architecture), von der Konkurrenz EISA (extended industry standard architecture) propagiert.

Die Nutzungsmöglichkeiten von Mikrocomputern lassen sich durch den Einbau sogenannter *Karten* (Zusatzplatinen) erweitern. Karten gibt es u.a. für

- Hauptspeichererweiterung,
- Grafikfähigkeit (je nach Bildschirm monochrom oder farbig),
- Vernetzung, und zwar u.a. für den Anschluß an einen Großrechner, für die Einbindung in ein lokales Netz (siehe Abschnitt 4.4.3), für die Nutzung des Bildschirmtextsystems (siehe Abschnitt 4.3.4) oder für die Ankopplung an den Telefax-Dienst (siehe Abschnitt 4.3.3),
- Echtzeituhr und Kalenderfunktion,
- Sprachausgabe.

Teilweise werden einige dieser Erweiterungen zusammengefaßt in Form von "Multifunktionskarten" angeboten.

Hauptspeichererweiterungen können zu Schwierigkeiten bei der direkten Adressierung führen (vgl. Abschnitt 2.4.1). Sie lassen sich aber dazu nutzen, die Daten wie auf einer Diskette (siehe Abschnitt 2.6.4) zu organisieren und block- bzw. sektorweise abzurufen. Dieses sogenannte *RAM disk-Prinzip* entspricht der Funktion des Erweiterungsspeichers bei der virtuellen Speicherung (vgl. Abschnitt 2.2.2).

Zusammengefaßt ergeben sich neben dem Kaufpreis die folgenden wesentlichen Merkmale für Mikrocomputer:

- Prozessor (Typ, Wortlänge),
- Taktfrequenz (z.T. umschaltbar),
- Prozessorleistung (in MIPS),
- Größe und maximale Ausbaustufe des Hauptspeichers (RAM),
- Größe des Festwertspeichers (ROM),
- Anzahl Steckplätze für den Anschluß peripherer Geräte und für Zusatzkarten,
- Schnittstellen (seriell/parallel) für die Kommunikation,
- Kapazitäten der Massenspeicher (Diskette, Festplatte).

Für die Aussagefähigkeit der von der Taktfrequenz abhängigen Instruktionsrate in MIPS gelten dieselben Einschränkungen wie bei Großrechnern (vgl. Abschnitt 2.4.1). Mikrocomputer können eingesetzt werden

- "Stand alone" als Einzel- oder - falls geeignet - als Mehrplatzsysteme (siehe Abschnitt 2.8),
- als "intelligente" Datenstationen (siehe Abschnitt 4.2.1) eines Großrechners,
- vernetzt über ein lokales Netzwerk (siehe Abschnitt 4.4.3),
- generell als Rechner in einem aus mehreren unterschiedlichen Rechnern (Großrechner, Prozeßrechner u.a.) bestehenden System der verteilten Verarbeitung (siehe Abschnitt 4.4.2) oder
- als Bildschirmtext-Stationen (siehe Abschnitt 4.3.4).

Bei der Nutzung von Mikrocomputern gibt es je nach Prozessor und Betriebssystem (siehe Abschnitt 3.3.2) die einfachen Betriebsarten (siehe Abschnitt 3.2) *Single-Using* und *Single-Tasking* (zu einer bestimmten Zeit kann nur **ein** Benutzer arbeiten und nur **eine** Programmfunktion ablaufen) sowie als erweiterte Betriebsarten das schon erwähnte *Multi-Tasking* (gleichzeitiger Ablauf mehrerer Programme oder Programmfunktionen) und *Multi-Using* (gleichzeitige Benutzung des Systems durch mehrere Benutzer).

Typische Anwendungsgebiete für Mikrocomputer sind:

- Textverarbeitung (siehe Abschnitt 7.2.4.2),
- Erstellung von Präsentationsgrafik (business graphics) aus Balken, Säulen, Sektoren ("Torten") u.a.,
- Tabellenkalkulation mit sogenannten Spreadsheet-Programmen und
- Datenverwaltung (z.B. Adressen, Buchbestände, Verzeichnisse) mit Hilfe von Datenbanksystemen (siehe Abschnitt 5.4.4.3).

Für diese Anwendungen gibt es weltweit bewährte Standardsoftware wie z.B. WORD für Textverarbeitung, MULTIPLAN für Tabellenkalkulation, dBASE für Datenbanksysteme sowie FRAMEWORK, OPEN ACCESS und SYMPHONY als geschlossene Pakete für mehrere der genannten Anwendungen. Neue Programmprodukte kommen laufend hinzu.

Da die genannten Anwendungsgebiete vorwiegend dem persönlichen Arbeitsbereich zuzuordnen sind, werden Mikrocomputer auch als *Personal Computer* (PC) bezeichnet. Während also der Begriff Mikrocomputer technisch begründet ist, erklärt sich die Bezeichnung PC aus der hauptsächlichen Nutzung der Mikrocomputer (siehe auch die Definition des Begriffs *Individuelle Datenverarbeitung* in Abschnitt 6.1). Für eine Reihe von Anwendungen (Beratung, Schulung, Vorführungen, Außendienst) empfiehlt sich die Verwendung von tragbaren Mikrocomputern (Portables, Laptops im Aktentaschen- bzw. Notebooks im Taschenrechnerformat).

Als *Arbeitsplatzrechner* (Workstations) werden besonders leistungsfähige Mikrocomputer bezeichnet, die - meistens ausschließlich - für bestimmte, sehr anspruchsvolle arbeitsplatzbezogene Anwendungen eingesetzt werden. Dazu gehören hauptsächlich

- technische Konstruktion (CAD, siehe Abschnitt 7.3.1.2),
- Anwendungen auf dem Gebiet der Künstlichen Intelligenz, insbesondere Expertensysteme (siehe Abschnitt 7.7),
- objektorientierte Systementwicklung und Programmierung (siehe Abschnitt 6.6.7) und
- Simulation (siehe Abschnitt 7.5).

Grundvoraussetzungen für Arbeitsplatzrechner sind:

- hohe Prozessorleistung (32-Bit-Prozessor),
- hochauflösender grafischer Bildschirm mit mindestens 1 Million Bildpunkten in Verbindung mit komfortabler grafischer Benutzeroberfläche,
- Betriebssystem mit mindestens Multi-Tasking-, zweckmäßigerweise aber mit Multi-Using-Fähigkeit (UNIX oder Derivat),
- Einbindung in lokale Netze (siehe Abschnitt 4.4.3) mit hohen Übertragungsraten (mindestens 10 MBit/s),

Arbeitsplatzrechner werden zunehmend mit der RISC-Architektur und teilweise als Mehrprozessorsysteme realisiert (siehe Abschnitt 2.4.4).

2.4.4 Rechner-Entwicklungstendenzen

Die technologische Entwicklung bei den Rechnern (Zentraleinheiten) geht permanent dahin,

- Arbeitsspeicher mit höherer Kapazität und schnellerem Zugriff zu entwickeln und
- höhere Verarbeitungsgeschwindigkeiten der CPU zu erzielen.

Erreicht wird das

- in quantitativer Hinsicht durch die Vergrößerung der Chip-Kapazität (Erhöhung der Anzahl Speicherstellen bzw. Schaltungen pro mm^2) und durch die Verkürzung der Taktzeit,
- in qualitativer Hinsicht durch neuartige Speichermedien und durch Rechnerarchitekturen, die von der klassischen von Neumann-Architektur (vgl. Abschnitt 2.2.1) abweichen ("Non-von-Projekte").

Speicher- und Logikchips werden mittels fotolithografischer Verfahren in Planartechnik gefertigt (vgl. Abschnitt 2.2.1). Bei den Speicherchips hat sich allein im Zeitraum von 1975 bis 1985 die Integrationsdichte um den

Faktor 1.000 (von 1 KBit auf 1 MBit) erhöht. Der Entwicklungsstand läßt sich wie folgt kennzeichnen:

- Gegenwärtig werden die Rechner teilweise noch mit 256 KBit-, vorwiegend jedoch mit 1 MBit- und 4 MBit-Chips ausgestattet.
- Für 16 MBit-Chips gibt es Testfertigungen.
- Im Projektierungsstadium befinden sich 64 MBit-Chips (JESSI = Joint European Submicron Silicon Initiative).
- Mit einer weiterentwickelten CMOS-Technologie lassen sich bis zu 256 MBit pro Chip erreichen.
- In Laborversuchen ist schon ein 1 GBit-Chip entwickelt worden.

Bei den Logikchips liegen die Integrationsdichten gegenwärtig in der Größenordnung von 50.000 Schaltkreisen pro Chip (VLSI = very large scale integration), die Entwicklung geht zu Integrationsdichten von mehreren Millionen Schaltkreisen pro Chip (ULSI = ultra large scale integration).

Möglicherweise kommen in Zukunft andere Materialien (Gallium-Arsenid anstatt Silizium) oder völlig neue Technologien zum Einsatz, insbesondere die *Gentechnologie* mit dem *Biochip*, bei dem Proteine als Stromleiter Verwendung finden sollen. Ernsthaft befaßt sich aber gegenwärtig noch kein Hardware-Hersteller mit organischen Halbleitern.

Hauptmerkmal der von Neumann-Architektur ist der Aufbau des Rechners (Zentraleinheit) aus **einem** Speicher und **einem** Prozessor (CPU), der wiederum von **einem** Steuerwerk und **einem** Rechenwerk gebildet wird. Wesentlich höhere CPU-Geschwindigkeiten sind nur durch sogenannte *parallelverarbeitende Maschinen* zu erzielen. Unter Parallelverarbeitung versteht man dabei entweder die simultane (gleichzeitige) Ausführung mehrerer Befehle bzw. Befehlsteile und/oder die simultane Bearbeitung mehrerer Daten. Die Parallelität kann realisiert werden

- entweder innerhalb desselben Prozessors, indem z.B. einem Steuerwerk mehrere parallele Rechenwerke zugeordnet und die Befehle zur Verarbeitung zerlegt werden,
- oder durch mehrere, miteinander gekoppelte parallele Prozessoren.

Zur ersten Kategorie gehören u.a. Vektor- und Feldrechner. Der Vektorrechner ist praktisch eine konsequente Weiterführung des Pipeline-Prinzips im Zentralprozessor (vgl. Abschnitt 2.2.3). Beispielsweise werden dem Steuerwerk anstatt eines einzigen Rechenwerks jetzt

- ein Rechenwerk für Additionen, Subtraktionen, Vergleiche und logische Operationen sowie
- ein weiteres Rechenwerk für Multiplikationen und Divisionen

zugeordnet. Der Vektorrechner-Betrieb kann auch alternativ durch ergänzende Vektoreinrichtungen realisiert werden. Voraussetzung für die Nutzung des Vektorrechners ist, daß die auszuführenden Rechenoperationen

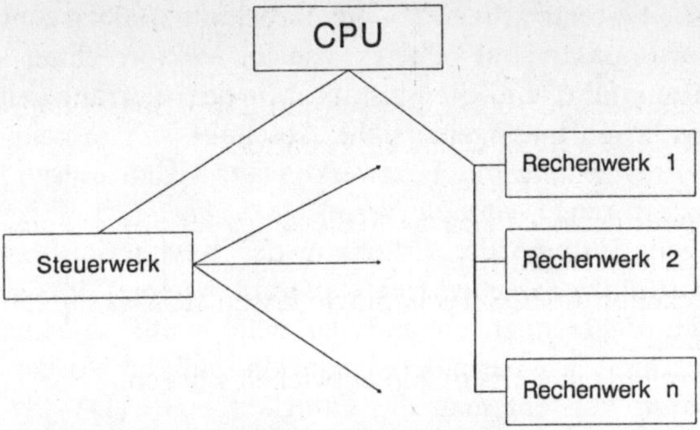

Abb. 2.11: *Prinzip des Vektorrechners*

in vektorieller Form vorliegen oder sich in eine solche bringen ("vektorisieren") lassen (siehe Abbildung 2.11). Feldrechner (Array-Prozessoren) bestehen im Prinzip aus einer gitterförmigen (rechteckigen) Anordnung von Rechenwerken.

Multiprozessor-Systeme enthalten zwei oder mehrere Zentralprozessoren, die ganz oder teilweise gemeinsam dieselben peripheren Geräte (z.B. Plattenlaufwerke) und häufig auch denselben Hauptspeicher benutzen ("shared storage"). Als Vorläufer gehören in diese Kategorie alle Systeme mit Service-Prozessoren wie z.B. der Speichersteuerung (vgl. Abschnitt 2.2.1) oder den E/A-Prozessoren bzw. Kanälen (vgl. Abschnitt 2.3).

Bei den Multiprozessor-Systemen unterscheidet man
- homogene Multiprozessoren, wenn alle Prozessoren hardwaremäßig gleich sind,
- inhomogene Multiprozessoren, wenn verschiedene Prozessoren verwendet werden,
- asymmetrische Multiprozessoren, wenn eine Aufgabe unter der Steuerung eines Prozessors auf alle Prozessoren verteilt wird, und
- symmetrische Multiprozessoren, wenn jeder Prozessor in der Lage ist, gleichberechtigt jede Aufgabe auszuführen. Die Programme sind dazu in voneinander unabhängige Teile zu zerlegen. Das geschieht durch spezielle Compiler (siehe Abschnitt 3.4) oder eine besondere Form der Programmentwicklung ("Paralleles Programmieren").

Arbeiten alle Prozessoren zwar mit verschiedenen Daten, aber nach demselben Programm, spricht man nach einer schon 1972 von FLYNN vorgenommenen Klassifizierung von SIMD (single instruction, multiple data)-Rechnern; führen die Prozessoren unabhängig voneinander verschiedene Prozesse aus, wird die Bezeichnung MIMD (multiple instruction, multiple data)-Rechner benutzt.

Heutige Multiprozessor-Systeme arbeiten in der Regel mit zwei bis acht Prozessoren. Einsatzschwerpunkte sind - ebenso wie für Vektorrechner - die Meteorologie, die Raumfahrt und die Seismik. Mit dem vorrangigen Ziel, Aufgaben der Künstlichen Intelligenz (siehe Abschnitt 7.7) zu bearbeiten, befaßt sich die Entwicklung mit Netzwerken aus vielen tausend parallel arbeitenden Prozessoren (*Neuronale Netze*).

Während Multiprozessor-Systeme der Erhöhung der Rechnerleistung dienen, steht bei *fehlertoleranten Systemen* (fault tolerant systems) die Systemsicherheit, die beim Echtzeitbetrieb und bei dem heute üblichen Dialogbetrieb (siehe Abschnitt 3.2) besonders hoch sein muß, im Vordergrund. Unter *Fehlertoleranz* versteht man die Fähigkeit eines (DV-)Systems, auch mit einer begrenzten Anzahl fehlerhafter Subsysteme (z.B. bei Ausfall von Prozessoren oder Hauptspeicherteilen) die vorgegebene Funktion korrekt zu erfüllen. In fehlertoleranten Systemen sind die wichtigsten Komponenten mindestens doppelt vorhanden (z.B. Platten mit "gespiegelten" Dateien). Je nachdem, ob die zusätzlichen Funktionseinheiten ständig oder erst bei einem Ausfall aktiv sind, spricht man von statischer bzw. dynamischer Redundanz.

Zwei gegenläufige Entwicklungen lassen sich durch die Abkürzungen

- CISC (complex instruction set computer) und
- RISC (reduced instruction set computer)

charakterisieren. Beim *CISC-Prinzip* wird der fest in der Hardware implementierte Befehlsvorrat (vgl. Abschnitt 2.2.3) vergrößert, z.B. durch die Aufnahme von Sprachelementen höherer Programmiersprachen oder von Programmen für komplette Anwendungen (ASIC = application specific integrated circuit = anwendungsspezifischer Chip, Gegensatz: Standard-Chip).

Das *RISC-Prinzip* geht von Messungen aus, wonach bei vielen Programmabläufen in 80% der CPU-Zeit nur 20% des Befehlsvorrats in Form einfacher Lade-, Speicher- und Verzweigungsoperationen genutzt werden. Einige Hersteller bauen daher Rechner mit geringerem Befehlsvorrat (nur 20 - 40, maximal 50 Grundbefehle), für die die nicht ganz zutreffende Bezeichnung "RISC-Architektur" benutzt wird. Weitere Merkmale der RISC-Rechner sind:

- einfache Befehle mit fester (und wegen der geringeren Befehlsanzahl kleinerer) Länge und gleichem Format,
- große Anzahl (bis 32.000) von Registern zur Optimierung des Pipeline-Prinzips.

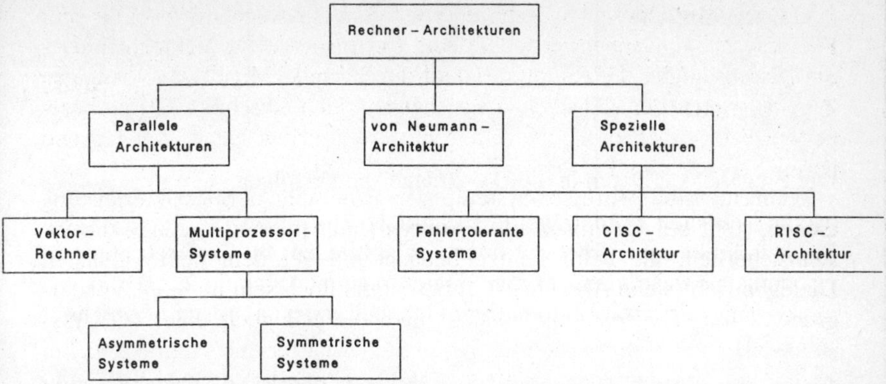

Abb. 2.12: *Rechner-Architekturen*

RISC-Rechner sind meistens so konzipiert, daß pro Befehl nur ein Prozessorzyklus gebraucht wird.

Eine Kombination der Multiprozessor- mit der RISC-Architektur auf Mikroprozessor-Ebene bildet das *Transputer*-Konzept der englischen Computer-Firma Inmos. Die Leistung wächst proportional zur Anzahl der gekoppelten (32 Bit-) Prozessoren.

Eine zusammenfassende Darstellung aller gegenwärtig bekannten Rechner-Architekturen zeigt Abbildung 2.12.

Auch in der Datenverarbeitung sind technische Entwicklungen oft sprunghaft und nicht immer wirtschaftlich zu realisieren. Ein Beispiel dafür bietet die Supraleitfähigkeit. Darunter versteht man die 1911 von dem holländischen Physiker KAMMERLINGK-ONNES (Nobelpreisträger 1913) entdeckte Eigenschaft einiger Metalle, in der Nähe des absoluten Nullpunkts (-273^0C) durch Abbau des elektrischen Widerstands supraleitfähig zu werden. Mit dem darauf beruhenden Josephson-Effekt wird seit längerem versucht, bei den Verarbeitungsgeschwindigkeiten der Prozessoren vom Bereich der Nanosekunden (10^{-9}) in den der Picosekunden (10^{-12}) zu gelangen. Da einer wirtschaftlichen Nutzung die Schwierigkeit entgegensteht, die erforderlichen tiefen Temperaturen permanent zu erzeugen, hatte die Firma IBM Ende 1983 die jahrelangen Entwicklungen an dem Josephson-Projekt offiziell eingestellt. 1986 machten die IBM-Forscher MÜLLER und BEDNORZ die - im darauffolgenden Jahr mit dem Nobelpreis ausgezeichnete - Entdeckung, daß einige Keramikoxide bereits bei Temperaturen weit oberhalb des absoluten Nullpunkts (schon bei -250^0C) supraleitfähig werden. Inzwischen wird weltweit an der Realisierung der Supraleitfähigkeit durch spezielle Mischoxide bei noch höheren Temperaturen (Stand: -148^0C) gearbeitet. Eine direkte Nutzung für den Rechnerbau steht aber noch aus.

2.5 Dateneingabe

2.5.1 Übersicht

Die Eingabe von Daten in die DV-Anlage kann erfolgen

a) indirekt über Datenträger (Abschnitt 2.5.2),
b) halbdirekt vom *Urbeleg**) oder von speziellen, für konkrete Anwendungen entwickelten (Primär-)Datenträgern (Abschnitt 2.5.3) und
c) direkt, und zwar automatisch, manuell oder akustisch (Abschnitt 2.5.4).

Unter dem Begriff *Datenträger* versteht man physische Substanzen, auf denen Daten festgehalten werden, und zwar

- aus Karton bzw. Papier (Lochkarten, Lochstreifen),
- aus einer magnetisierbaren Schicht (Magnetband, -platte, Magnetstreifen auf Scheckkarten oder Sparbüchern),
- aus einer Plastikkarte mit einem Chip in LSI-Bauweise (Chipkarten),
- aus einer mit Laserstrahlen optisch behandelbaren Schicht (optische Speicherplatte) oder
- aus einer Filmschicht (Mikrofilm, -fiche).

Insgesamt dienen Datenträger den folgenden Funktionen:

- Erfassung und Eingabe,
- (Zwischen-)Speicherung,
- Aufbewahrung (Archivierung),
- Datensicherung ("back up") und
- Transport (Datenträgeraustausch).

Eine tabellarische Übersicht über die verschiedenen Verfahren zur Dateneingabe und die zugehörigen Geräte gibt Abbildung 2.13.

Unabhängig vom Eingabeverfahren ist noch grundsätzlich zwischen

- interpretierender Dateneingabe und
- nicht-interpretierender Dateneingabe

zu unterscheiden. *Interpretierende Dateneingabe* bezeichnet den Normalfall, in dem die eingegebenen Daten (einschließlich Texten) für eine anschließende Verarbeitung vom Rechner inhaltlich zu interpretieren sind. Die *nicht-interpretierende Dateneingabe* dagegen speichert bzw. übermittelt

---

*) Unter einem *Urbeleg* (Originalbeleg) versteht man einen Beleg, auf dem ein betrieblicher Vorgang (Materialentnahme, Warenverkauf, Buchung usw.) erstmalig festgehalten wird.

Verfahren	Gerät	Datenträger
indirekt	Magnetbandgerät Kassettenlaufwerk Diskettenlaufwerk	Magnetband Magnetbandkassette Diskette
halbdirekt	Klarschriftleser Formularleser Dokumentleser Handleser Scanner, Handscanner Scanner (interpretierend) Geldautomat, Kasse	Urbeleg Formular Schriftstück Etikett Ware (Strichcode) Text Scheckkarte, Chipkarte
direkt - automatisch - manuell - akustisch	 Meßgeräte, Sensoren Tastatur, Lichtstift, Maus Spracheingabegerät	 - - - -

Abb. 2.13: *Verfahren und Geräte der Dateneingabe*

die Eingabe unverändert. Sie ist typisch für einige moderne Verfahren der Büroautomation und -kommunikation (siehe Abschnitt 7.2.4.2) wie Desktop Publishing, elektronische Ablage, elektronische Post oder Sprachspeicherung. Die Eingabe kann dabei auch *nicht-codierte* Informationen (NCI = non coded informations) wie Zeichnungen, Bilder, Musiknoten, Briefköpfe, Warenzeichen usw. als sogenannte *Bildpunkte* enthalten (Gegensatz: CI = coded informations, d.h. Daten, Texte und geometrisch erzeugte Grafik).

2.5.2 Indirekte Dateneingabe

Bei der *indirekten Dateneingabe* geht der eigentlichen Dateneingabe eine manuelle *Datenerfassung* auf sogenannte Sekundärdatenträger voraus, und zwar auf gelochte Datenträger (Lochkarte, Lochstreifen) oder auf magnetische Datenträger (Magnetband, Magnetbandkassette, Diskette). In der betrieblichen Praxis spielt die indirekte Dateneingabe kaum noch eine Rolle, weil sie in den letzten Jahren sukzessive durch die halbdirekte oder die direkte Dateneingabe abgelöst worden ist. Das damit verbundene Verschwinden der Datentypistinnen aus den Betrieben ist bezeichnend für den ständigen Wandel in der Datenverarbeitung, der auch die Berufsbilder einschließt (siehe Abschnitt 8.3.2).

Völlig beendet ist die Dateneingabe über *Lochkarten*, die über Jahrzehnte den Ablauf der Massendatenverarbeitung bestimmt hat. Die Daten wurden von einer Datentypistin mit dem Kartenlocher in Lochkarten erfaßt ("gelocht"), von einer zweiten Datentypistin mit dem Kartenprüfer (bzw. einem Prüflocher) auf Richtigkeit geprüft und anschließend mit dem an die DV-Anlage angeschlossenen Kartenleser fotoelektrisch eingelesen.

Die *Lochkarte* selbst soll hier noch aus historischen (und nostalgischen) Gründen erwähnt werden. Sie hatte ihre Vorläufer bei den gelochten Karten für die Steuerung der Jacquard-Webstühle (siehe Abschnitt 9.1) und wurde im Jahr 1885 als Datenträger bei den von HOLLERITH in den USA für Volkszählungen entwickelten Lochkartenmaschinen (Hollerith-Anlagen) eingeführt. (Standard-)Lochkarten haben die Abmessungen der damaligen Eindollar-Note, nämlich 187,32 mm x 82,55 mm. Diese Maße und weitere Anforderungen sind in DIN 66018 festgelegt.

Die sogenannte *Ziffernlochkarte* hat 80 Spalten und 12 Zeilen (siehe Abbildung 9.1). Informationen werden durch Löcher dargestellt, und zwar pro Spalte ein Zeichen (Ziffer, Buchstabe oder Sonderzeichen). Die Codierung ist in DIN 66204 festgelegt. Nebeneinanderliegende Spalten, die zusammen eine Information darstellen, bilden ein *Lochfeld*, von dem sich die Bezeichnung *Datenfeld* ableitet (siehe Abschnitt 5.1). Die Spaltenzahl 80 der Lochkarte ist heute noch als Datensatzlänge in vielen betrieblichen Dateien und vor allem als Anzahl der Positionen pro Zeile bei alphanumerischen Bildschirmen (siehe Abschnitt 2.5.4.2) anzutreffen.

Gelegentliche Verwendung für die Dateneingabe findet noch der *Lochstreifen* (z.B. bei älteren NC-Maschinen, siehe Abschnitt 7.3.1.2). Die Datenerfassung erfolgt mit sogenannten Streifenlochern, das Einlesen fotoelektrisch mit Lochstreifenlesern.

Ursprünglich wurde der *Lochstreifen* zur Übermittlung von Telegrammen entwickelt. Er wurde 1846 erstmals benutzt. Es handelt sich um einen 17,32 bis 25,48 mm breiten Endlosstreifen aus elektrisch nichtleitendem Spezialpapier (DIN 66016). Die Informationen werden von "Sprossen" gebildet, die aus Lochungen senkrecht zur Transportrichtung bestehen. Pro Sprosse werden je nach Code 5 bis 8 Kanäle (Spuren) benutzt. Hinzu kommt eine Taktspur als Transportlochung.

In der Datenverarbeitung wurde der Lochstreifen zunächst zur Datenerfassung im mathematisch-technischen Bereich und später zur Steuerung von Werkzeugmaschinen benutzt. Als Nebenprodukt von Buchungsmaschinen, Fakturierautomaten oder automatischen Waagen ("Paralleldatenerfassung") spielte er die Rolle eines Zwischendatenträgers für eine anschließende Weiterverarbeitung der Daten. Die Bedeutung der Lochkarte hat er nie erlangt.

Magnetbänder (siehe Abschnitt 2.6.2) gibt es seit Anfang der 50er Jahre. Unter der Bezeichnung "Magnetbandverarbeitung" bestimmten sie in der Nutzungsform Stapelverarbeitung (siehe Abschnitt 3.2) gekoppelt mit der programmintegrierten Verarbeitung (siehe Abschnitt 5.1) während der

60er Jahre die Arbeitsabläufe in den Rechenzentren. Zwangsläufig ergab sich daraus auch ihre Verwendung als Datenträger für die Datenerfassung der indirekten Dateneingabe. Geräte zur Datenerfassung auf Magnetband wurden seit 1975 angeboten, und zwar als

- Einzelplatzsysteme oder
- Datensammelsysteme.

Ein *Einzelplatzsystem* besteht aus einer Magnetbandeinheit, einer Tastatur, einem Bildschirm als Anzeigeeinheit und einer Steuereinheit. Die möglichen Arbeitsgänge sind Erfassen, Prüfen (entweder unmittelbar im Anschluß an die Erfassung des Satzes oder später), Suchen (durch gezieltes Ansteuern eines Satzes) und Ändern.

Beim *Datensammelsystem* sind mehrere (bis zu 60) Erfassungsplätze (bestehend aus Tastatur und Bildschirm) an eine gemeinsame Zentraleinheit angeschlossen. Die erfaßten Daten werden erst auf einer Platte gesammelt und dann auf ein Magnetband geschrieben. Die Zentraleinheit besteht wie bei jedem Computer aus Zentralprozessor und Hauptspeicher, so daß gegenüber dem Einzelplatzsystem mehrere Vorteile bestehen. So ist es möglich,

- die Prüfziffernrechnung für die Eingabedaten zu übernehmen (siehe Abschnitt 8.5.1) und damit die zentrale DV-Anlage zu entlasten und
- mit dem angeschlossenen Drucker Fehlerprotokolle und Statistiken zu liefern.

Ein Nachteil liegt darin, daß bei einer Störung in der Zentraleinheit alle Erfassungsplätze ausfallen.

Nach dem gleichen Prinzip wie bei der Datenerfassung auf Magnetband arbeiteten Einzelplatzsysteme (teilweise als Tandem-Doppelplätze) für die Datenerfassung auf Magnetbandkassette (siehe Abschnitt 2.6.2) oder auf Diskette (siehe Abschnitt 2.6.4).

Da die indirekte Dateneingabe, wie schon erwähnt, in den letzten Jahren zunehmend durch die halbdirekte und die direkte Dateneingabe (letztere entweder in Form einer Dialog-Eingabe durch den Sachbearbeiter oder einer Online-Datenerfassung durch Datentypistinnen) verdrängt worden ist, beschränkt sich die Verwendung der Datenträger Magnetband, Magnetbandkassette und Diskette hauptsächlich auf die Speicherung (und die Sicherung) von Daten. Die Beschreibung erfolgt deswegen in Verbindung mit der Funktion *Datenspeicherung* (siehe Abschnitt 2.6).

2.5.3 Halbdirekte Dateneingabe

Bei der *halbdirekten Dateneingabe* werden Urbelege aus Papier, auf denen Daten mit Handschrift oder Maschinenschrift aufgezeichnet sind (z.B. Bestellformulare, Banküberweisungen), unmittelbar in die DV-Anlage eingelesen. Das Verfahren heißt deshalb *maschinelle Beleglesung*. Im weiteren Sinn kann das hierbei verwendete Papier als Datenträger angesehen werden.

Zur halbdirekten Dateneingabe gehört ferner die Dateneingabe über spezielle Eingabegeräte wie Stechuhren, Ausweisleser (z.B. an Zeiterfassungsgeräten) und Scanner an Datenkassen oder über Leseeinrichtungen für Magnetstreifen- bzw. Chipkarten an Tanksäulen, Geldausgabeautomaten, Telefonapparaten, Hotelzimmer- und Sicherheitstüren, also über Geräte, die codierte Angaben auf entsprechenden Eingabemedien ("Primärdatenträger") lesen.

Die *maschinelle Beleglesung* verwendet als Schriften:

- (optisch lesbare) Markierungen und
- Klarschriften.

Bei den *Markierungen* unterscheidet man:

- Markierungen von Hand und
- vorgedruckte Strichcodes.

Bei den Markierungen von Hand werden Striche in vorgegebene Felder eines Formulars ("Markierungsbeleg") eingetragen. Die Bedeutung der Striche ergibt sich aus der Position auf dem Formular. Handmarkierungen kommen beispielsweise bei Fragebogen, Inventuraufzeichnungen und diversen TÜV-Prüfberichten (Abb. 2.14) zum Einsatz. Sie wurden auch bei der Volkszählung 1987 benutzt. Die Bedeutung des Verfahrens geht zurück, und zwar vor allem deswegen, weil auf einem Formularbogen nur wenige Angaben unterzubringen sind. Beispielsweise sind schon bei nur rein numerischen Angaben für jede Ziffer 10 Markierungspositionen vorzusehen.

Vorgedruckte Strichcodes (engl. barcodes) finden vorzugsweise für Waren im Handel Verwendung, jedoch auch für Bücher in Bibliotheken, für Kleinteile in Materiallagern und für Ausweiskarten. Die üblichen Strichcodes basieren auf Folgen von schmalen und breiten Strichen und Lücken. Durch optische Lesung werden diese Folgen als numerische oder als alphanumerische Information interpretiert. Häufig benutzt werden die sogenannten 2/5-Codes, d.h. numerische Codes aus 5, und zwar 2 breiten und 3 schmalen Strichen. Am bekanntesten ist der 13-stellige numerische *EAN-Code* für die *Europäische Artikelnummer* (DIN 66236), der vom Hersteller der Ware auf die Verpackung (Schachtel, Tube, Dose, Flasche) direkt oder per Etikett aufgedruckt wird (Abb. 2.15). Der Aufbau der EAN wird in Abschnitt 7.3.2 beschrieben.

Unter *Klarschriften* versteht man

- die OCR (optical character recognition)-Schriften,
- Maschinenschriften und
- Handblockschrift.

Bei den OCR-Schriften gibt es zwei genormte Schriften (Abb. 2.16), und zwar:

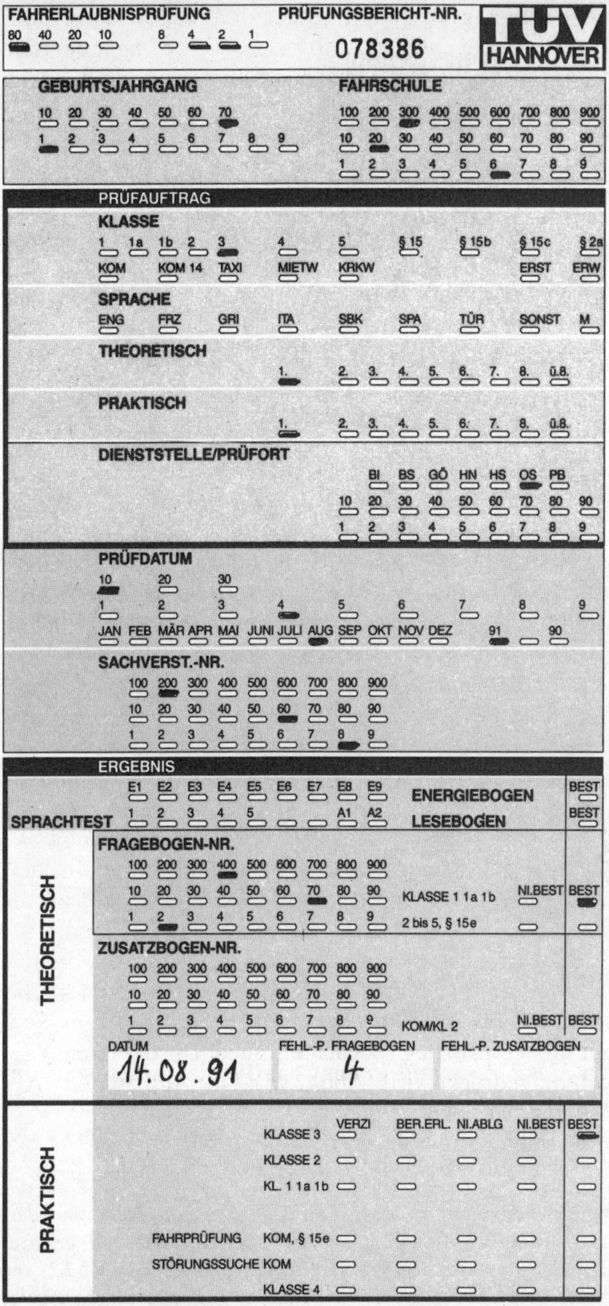

FAHRERLAUBNISPRÜFUNG 80 40 20 10 8 4 2 1
PRÜFUNGSBERICHT-NR. 078386
TÜV HANNOVER

GEBURTSJAHRGANG
10 20 30 40 50 60 70
1 2 3 4 5 6 7 8 9

FAHRSCHULE
100 200 300 400 500 600 700 800 900
10 20 30 40 50 60 70 80 90
1 2 3 4 5 6 7 8 9

PRÜFAUFTRAG

KLASSE
1 1a 1b 2 3 4 5 § 15 § 15b § 15c § 2a
KOM KOM 14 TAXI MIETW KRKW ERST ERW

SPRACHE
ENG FRZ GRI ITA SBK SPA TÜR SONST M

THEORETISCH
1. 2. 3. 4. 5. 6. 7. 8. ü.8.

PRAKTISCH
1. 2. 3. 4. 5. 6. 7. 8. ü.8.

DIENSTSTELLE/PRÜFORT
BI BS GÖ HN HS OS PB
10 20 30 40 50 60 70 80 90
1 2 3 4 5 6 7 8 9

PRÜFDATUM
10 20 30
1 2 3 4 5 6 7 8 9
JAN FEB MÄR APR MAI JUNI JULI AUG SEP OKT NOV DEZ 91 90

SACHVERST.-NR.
100 200 300 400 500 600 700 800 900
10 20 30 40 50 60 70 80 90
1 2 3 4 5 6 7 8 9

ERGEBNIS
E1 E2 E3 E4 E5 E6 E7 E8 E9 ENERGIEBOGEN BEST
SPRACHTEST 1 2 3 4 5 A1 A2 LESEBOGEN BEST

THEORETISCH

FRAGEBOGEN-NR.
100 200 300 400 500 600 700 800 900
10 20 30 40 50 60 70 80 90 KLASSE 1 1a 1b NI.BEST BEST
1 2 3 4 5 6 7 8 9 2 bis 5, § 15e

ZUSATZBOGEN-NR.
100 200 300 400 500 600 700 800 900
10 20 30 40 50 60 70 80 90
1 2 3 4 5 6 7 8 9 KOM/KL 2 NI.BEST BEST

DATUM 14.08.91
FEHL.-P. FRAGEBOGEN 4
FEHL.-P. ZUSATZBOGEN

PRAKTISCH
VERZI BER.ERL. NI.ABLG NI.BEST BEST
KLASSE 3
KLASSE 2
KL. 1 1a 1b
FAHRPRÜFUNG KOM, § 15e
STÖRUNGSSUCHE KOM
KLASSE 4

Abb. 2.14: *Strichmarkierungen von Hand (Originalgröße DIN A4)*

4 026600 140201	9 001398 701303	7 310870 087463
Rasierwasser (Deutschland)	Watte (Österreich)	Tabak (Schweden)

Abb. 2.15: *Strichcode am Beispiel der Europäischen Artikelnummer (EAN)*

- OCR-A (DIN 66008) und
- OCR-B (DIN 66009).

Die Schrift OCR-A besteht aus stilisierten Buchstaben und Ziffern und kennt nur Großbuchstaben. Die Schrift OCR-B lehnt sich an die Normalschrift an und enthält Groß- und Kleinbuchstaben. Die OCR-A-Schrift wird bei den Scheck- und Überweisungsformularen der deutschen Banken verwendet. In OCR-B-Schrift ist die Internationale Standard-Buchnummer (ISBN; siehe auch Abschnitte 5.2 und 8.5.1) auf der Rückseite dieses Buches gedruckt.

0123456789	1234567890
⑀⑂⑃|	ABCDEFGHIJKLM
ABCDEFGHIJKLM	NOPQRSTUVWXYZ
NOPQRSTUVWXYZ	*+-=/.,<>|
..,,=+--/*▌—	

Abb. 2.16: *Schriften OCR-A und OCR-B*

Die Eingabe von *Maschinenschrift* kommt u.a. für das Lesen von Formularen in Betracht, die mit Schreibmaschinenschrift ausgefüllt sind (z.B. Meldescheine bei Behörden oder Krankenscheine). Inzwischen gibt es Geräte, die bis zu 150 verschiedene Schriftarten automatisch lesen.

Die Leserate (Anteil der eindeutig zu identifizierenden Zeichen) hängt bei Klarschriften wesentlich von der Schriftqualität ab. Der Druck maschinell lesbarer Schriften kann mit den meisten Arten von DV-Druckern (siehe Abschnitt 2.7.2) wie Typenrad-, Matrix- oder Laserdruckern erfolgen. Bei den Schnelldruckern gibt es spezielle Druckketten bzw. -bänder mit dem Zeichensatz der OCR-Schriften. Bei

Kreditinstituten werden spezielle Codiergeräte, sogenannte Belegcodierer, eingesetzt, um die auf dem Scheck- oder Überweisungsformular nicht vorgedruckten Informationen in OCR-A-Schrift nachzutragen.

Beim Lesen von *Handschrift* wurde früher die Einhaltung strenger Vorschriften über die Schreibweise gefordert, die unter dem Begriff *Handblockschrift* in DIN 66225 zusammengefaßt sind: Alle Zeichen mußten (wegen der Lesetechnik, die das Zeichen "umkreiste") geschlossen sein, durften keine Schnörkel besitzen und nicht miteinander verbunden werden. So ließen sich z.B. die Formulare der Einkommensteuererklärung und des Lohnsteuerjahresausgleichs nicht auf das maschinelle Lesen von Handschrift umstellen, weil man nicht alle Steuerzahler im Schönschreiben trainieren konnte. Eingesetzt wurde das Verfahren dagegen u.a. bei betrieblichen Zeiterfassungen, bei Vertreterberichten, bei Zählerablesungen und beim Belegen von Lehrveranstaltungen durch Studenten. Neuartige Lesetechniken gestatten Abweichungen von der strengen Norm. Dadurch ist es beispielsweise möglich geworden, bei den Überweisungsvordrucken der Banken Handblockschrift zuzulassen (Abb. 2.17).

Überweisungsauftrag an 265 500 01
Stadtsparkasse Osnabrück
14.08.91 F. Krösus
Datum
Unterschrift für nachstehenden Auftrag
Empfänger: Name, Vorname/Firma (max. 27 Stellen)
UNIVERSITÄT OSNABRÜCK
Konto-Nr. des Empfängers
+ 28405010
Bankleitzahl
28400000
bei (Kreditinstitut)
LANDESZENTRALBANK EMDEN
Betrag: DM, Pf
850
Verwendungszweck – z. B. Kunden-Referenznummer – (nur für Empfänger) max. 2 Zeilen à 27 Stellen
AKTION HELFT NIEDERSACHSENS
noch Verwendungszweck
WIRTSCHAFTSINFORMATIK
Auftraggeber: Name, Vorname/Firma, Ort (max. 27 Stellen)
FRANZ KRÖSUS UNIX-DORF
Konto-Nr. des Auftraggebers
9876543210
20
1
Mehrzweckfeld X Konto-Nr. X Betrag X Bankleitzahl X Text
111402/420 207 · Fixform-Verlag · 7800 Freiburg 07 61/4 23 91
26550001 20
Bitte dieses Feld nicht beschriften und nicht bestempeln

Abb. 2.17: *Überweisungsformular der Banken und Sparkassen (Originalgröße DIN A6)*

Geräte für die halbdirekte Dateneingabe sind:

- Markierungsleser,
- Klarschriftleser (als Beleg-, Seiten- oder Formularleser),
- Handleser und
- Scanner.

Der *Markierungsleser* liest nur Strichmarkierungen von Hand. Die anderen Geräte können Schriften wie folgt lesen:

- Klarschriftleser: Handmarkierung, OCR-Schrift, Maschinenschrift, Handblockschrift;
- Handleser: OCR-Schrift, Strichcode;
- Scanner: Strichcode, Maschinenschrift.

Das Erkennen der Schriften geschieht

- bei Markierungen aufgrund der Helligkeitsunterschiede,
- bei Klar-, Maschinen- und Handschriften durch optisches Abtasten der Zeichen.

Der *Belegleser* liest nur eine Zeile je Beleg und Lesevorgang. Position und Anzahl der Zeichenfelder müssen bei allen Belegen gleich sein. Der Einsatz erfolgt vorwiegend im Kreditgewerbe.

Universeller sind die *Seitenleser* (Blattleser) bzw. *Formularleser*. Das Belegformular hat in der Regel die Abmessungen DIN A4, DIN A5 oder DIN A6. Die Daten können unformatiert an beliebigen Stellen des Formulars stehen. Moderne Formularleser lesen Maschinenschrift und Handblockschrift alternativ oder gemischt auf demselben Formular. Einsatzgebiete bestehen, wie schon erwähnt, bei den Überweisungsformularen der Banken (Abb. 2.17), ferner bei den Sozialversicherungs-Nachweisen, den sogenannten DEVO-Belegen (siehe Abschnitt 7.2.2) und bei Briefsortieranlagen (Lesen der Anschriften).

Klarschriftleser sind meistens mit einer Sortiervorrichtung (und entsprechenden Ablagefächern) ausgestattet. Belege werden zurückgewiesen, wenn das Gerät ein Zeichen nicht erkennt oder falsch interpretiert (und das z.B. durch eine Prüfziffernrechnung - siehe Abschnitt 8.5.1 - nachgewiesen wird). Neuere Geräte zeigen zur schnelleren Korrektur durch den Bediener die nicht lesbare Position auf einem Bildschirm und das fehlerhafte Zeichen vergrößert auf einem zusätzlichen Monitor an. Wirtschaftlichkeit ist bei vielen Gerätetypen nur gegeben, wenn ein gleichmäßig hoher Beleganfall besteht.

Handleser sind spezielle, handgeführte Lesegeräte für Strichcodes und OCR-Schriften. Sie haben die äußerliche Form von Lesestiften oder "Lesepistolen" und finden vorwiegend im Handel Verwendung, insbesondere zum Lesen der EAN.

Als *Scanner* bezeichnet man generell Geräte, die Zeichen oder Bilder fotoelektrisch abtasten (Punkt-Scanner). Die abgetasteten Bildpunkte heißen *Bildelemente* oder *Pixel* (= picture elements). Die Intensität der Reflexion des von dem Scanner ausgesandten Lichtstrahls wird von einer Fotozelle erfaßt und bildpunktweise - als Abbild (Kopie) des Originals - gespeichert. Scanner, die die gespeicherten Abbilder nicht interpretieren, sondern lediglich ausdrucken oder für die Anfertigung von Dokumenten benutzen, werden beim Desktop Publishing (siehe Abschnitt 7.2.4.2) verwendet. Der Scanner an Datenkassen ist entweder eine fest in den Kassentisch (oft als Leseschlitz) eingebaute Leseeinrichtung (stationärer Scanner) oder ein Hand-Scanner in Form einer Lesepistole. Er liest nur den EAN-Code (Linien-Scanner). Für Scanner mit hoher Auflösungsrate wird (Lese-)Software angeboten, mit der sich bestimmte Schrifttypen erkennen und zeichenweise in ASCII-Code umwandeln lassen. Die Erkennungsrate kann dabei im Dialogbetrieb sukzessive gesteigert werden.

Die Zeichenerkennung erfolgt im Prinzip nach zwei unterschiedlichen Methoden. Beim *Matrix-Matching* werden die vom Scanner übertragenen Grauwertmuster in eine Matrix übertragen und anhand abgespeicherter Muster klassifiziert. Bei der *Feature Analysis* werden die Zeichen anhand ihrer geometrischen Merkmale (z.B. Anzahl waagerechte, senkrechte oder diagonale Linien, Anzahl Endpunkte) identifiziert.

Die Lesbarkeit kann durch Verwendung einer "Interpretationsdatei" häufiger Begriffe wie Beitrag, Bestellung, Miete, Rechnung usw. erhöht werden.

Magnetstreifenkarten sind Plastikkarten (Standardabmessung 85,6 mm x 54,0 mm x 0,76 mm), die auf der Rückseite einen 0,5 Zoll (=12,7 mm) breiten Magnetstreifen enthalten. In diesem Streifen sind in drei parallelen Spuren Informationen codiert (Normierung in DIN 9785). Sie finden vor allem als Scheck-, Kredit- und Ausweiskarten (z.B. ab 1992 als Krankenversichertenkarte) Verwendung. Zum Lesen sind entsprechende Leseeinrichtungen (z.B. an Geldausgabeautomaten oder Betriebsdatenerfassungsgeräten) vorhanden. Magnetstreifen finden auch auf Sparbüchern und (nur noch selten) bei Warenetiketten Verwendung.

Da der Magnetstreifen keine ausreichende Fälschungssicherheit garantiert, wird im Zusammenhang mit dem POS-Banking, d.h. der bargeldlosen Bezahlung mit Scheckkarten an Datenkassen (siehe Abschnitte 7.3.2 und 7.3.3), die Einführung der *Chipkarte* erwogen. Dabei handelt es sich um eine Plastikkarte, in die ein Chip integriert ist. Die Abmessungen der Karte sind dieselben wie die der Magnetstreifenkarte. Der Chip enthält einen Mikroprozessor und einen Arbeitsspeicher mit einem RAM- und einem ROM-Bereich (in EEPROM-Ausführung, vgl. Abschnitt 2.2.2), in dem sich nicht überschreib- oder löschbare Informationen (z.B. über den Kartenbesitzer) speichern lassen. Die Energiezufuhr zur Aktivierung des

Prozessors erfolgt über Kontakte durch das Lesegerät. Verwendet werden Chipkarten bei den Telefonkarten der Deutschen Bundespost.

Aus wirtschaftlichen Gründen nicht durchgesetzt haben sich bisher
- Hybridkarten, die sowohl einen Magnetstreifen als auch einen Chip enthalten, und
- Laserkarten (optische Speicherkarten), bei denen ein festgelegter Streifenbereich nach dem Prinzip der optischen Speicherplatten (siehe Abschnitt 2.6.5) mit einem Laserstrahl beschriftet wird.

Kontaktlose Chipkarten (mit eigener Energieversorgung) sind wegen der vorgeschriebenen Kartenstärke von 0,76 mm problematisch in der Herstellung. In Erprobung befinden sich *Superchipkarten*, die zusätzlich mit einer Anzeigeeinrichtung und einer Tastatur ausgestattet sind.

2.5.4 Direkte Dateneingabe

2.5.4.1 Übersicht

Die *direkte Dateneingabe* wird danach unterschieden, ob sie
- automatisch,
- manuell oder
- akustisch

erfolgt.

Bei der *automatischen Direkteingabe* werden die Eingabedaten von Sensoren (= Meßwertaufnehmer) an Meßgeräten (z.B. Druckmesser, Thermometer) erfaßt und direkt der DV-Anlage zugeleitet. Verwendet wird dieses Verfahren hauptsächlich bei Prozeßrechnern, d.h. DV-Anlagen, die zeitkritische chemische oder physikalische Prozesse steuern, ferner in der Raumfahrt, bei Robotern in der Fertigungsindustrie (siehe Abschnitt 7.3.1.2) und bei Laborauswertungen.

Die *manuelle Direkteingabe* erfolgt
- über Tastaturen (möglicherweise mit Zusatzgeräten wie Maus, Digitalisiertablett u.a.), z.B. an Klein- und Mikrocomputern, Bildschirm-Terminals, Datenkassen und Betriebsdatenerfassungsgeräten,
- mit dem Lichtstift an grafischen Bildschirmen (optische Dateneingabe) oder
- durch Berührung mit dem Finger an dafür geeigneten Datensichtgeräten, sogenannten touch screens.

Die Datensichtgeräte als wichtigstes Werkzeug der manuellen Direkteingabe werden in Abschnitt 2.5.4.2 behandelt. Gelegentlich wird die halbdirekte Dateneingabe mit Scannern an Datenkassen oder mit Ausweis- bzw. Scheckkarten (vgl. Abschnitt 2.5.3) ebenfalls der manuellen Direkteingabe zugerechnet.

Die *akustische Direkteingabe* (Spracheingabe) erfolgt über Mikrofon, möglicherweise in Verbindung mit einer Funkübertragung. Der DV-Anlage müssen spezielle Geräte zur Sprachumwandlung und -erkennung vorgeschaltet werden. Die Besprechung erfolgt in Abschnitt 2.5.4.3.

2.5.4.2 Datensichtgeräte

Die direkte Dateneingabe an Datensichtgeräten wird auf zwei verschiedene Arten genutzt, und zwar

a) als sogenannte *Online-Datenerfassung* (oder *Stapel-Datenerfassung*), bei der die Daten durch Datentypistinnen im Stapel eingegeben und vor der Verarbeitung in der DV-Anlage zwischengespeichert werden, und

b) als *Dialog-Eingabe* an den Sachbearbeiter-Arbeitsplätzen der betrieblichen Funktionsbereiche (Buchhaltung, Fakturierung, Kalkulation, Lohnbüro usw.).

Die Online-Datenerfassung ist praktisch eine Ablösung der früheren indirekten Dateneingabe mit vorheriger Datenerfassung auf Datenträger (vgl. Abschnitt 2.5.2).

Mit der Dialog-Eingabe hat sich die Dateneingabe an den Arbeitsplatz des Sachbearbeiters verlagert. Der Eingabe schließt sich in vielen Fällen die sofortige Verarbeitung (z.B. Verbuchung) der eingegebenen Daten an (siehe Abschnitt 7.2.1).

Die Online-Datenerfassung ist rückläufig, muß aber nicht zwangsläufig durch die Dialog-Eingabe abgelöst werden. Für die Eingabe vieler Arten von Massendaten (z.B. Kraftfahrzeugsteuer-Anmeldungen, Bankbelege, Fragebogen, Krankenscheine, Prüfberichte) ist nicht das Fachwissen des Sachbearbeiters erforderlich. Als wirtschaftlichste Form der Dateneingabe kommen hierfür Verfahren der halbdirekten Dateneingabe (vgl. Abschnitt 2.5.3) in Betracht.

Datensichtgeräte (Bildschirmgeräte) werden für die direkte Dateneingabe

- als Datenendgeräte (Terminals) an DV-Großsystemen sowie
- als Arbeits- und Bedienungsplätze an Einzel- und Mehrplatzsystemen im Bereich der mittleren und kleinen DV-Anlagen und der Mikrocomputer

eingesetzt.

Die erste Verwendung von Bildschirmgeräten erfolgte Anfang der 70er Jahre in den DV-Abteilungen selbst, und zwar zunächst am Bedienungspult (Konsole) der DV-Anlagen, dann bei der Datenerfassung auf Magnetband oder Diskette und schließlich bei der interaktiven Programmierung. Die nächste Anwendung fanden sie bei Auskunfts- und Buchungssystemen, z.B. bei Fluggesellschaften, Reisebüros oder Meldeämtern. Mit dem Übergang von der Stapel- zur Dialogverarbeitung (siehe Abschnitt 3.2) hielten sie Einzug in den Fachabteilungen (Finanz- und Rechnungswesen, Vertrieb, Personalwesen, Konstruktion, Arbeitsvorbereitung, Lagerverwaltung usw.) und in den Sekretariaten. Der Bildschirm ist zu einem selbstverständlichen Arbeitsgerät für breite Benutzerkreise geworden.

Bildschirmgeräte bestehen aus

- dem Bildschirm (display) oder Monitor und
- der Tastatur (keyboard).

Hinzu kommt in der Regel eine Steuereinheit (Mikroprozessor) für die Steuerung des Bildschirms, der Tastatur und des Anschlusses für die Datenübertragung. Die Tastatur kann durch Zusatzgeräte ergänzt werden.

Bei der Technik und der Arbeitsweise von Bildschirmen gibt es zahlreiche Varianten. Vorwiegend benutzt werden bis heute Kathodenstrahlröhren (CRT = cathode ray tube). Je nachdem, ob der Bildschirminhalt auf dem Bildschirm gespeichert oder ständig neu aufgebaut wird, unterscheidet man dabei Speicherbildröhren und Bildwiederholungsröhren. Letztere benötigen einen Pufferspeicher (Bildwiederholungsspeicher), der vielfach fest zum Bildschirmgerät gehört. Aus Kostengründen dominieren Bildwiederholungsröhren.

Zukünftig ist mit einer stärkeren Verwendung von Flachbildschirmen zu rechnen. Dafür gibt es zwei Techniken, nämlich

- die "aktiven" Techniken, z.B. das LED (light emitting diode)-Verfahren, die auf der Lumineszenz, d.h. dem Aufleuchten von Stoffen bei äußerer Anregung, beruhen, und
- die "passiven" Techniken, z.B. das LCD (liquid crystal display)-Verfahren mit Anzeige durch Flüssigkristalle, die die Reflexion oder den Durchlaß des auftreffenden Lichts beeinflussen.

Beide Techniken kommen u.a. bei Taschenrechnern zur Anwendung, wobei die LED-Technik wegen des höheren Energieverbrauchs von der LCD-Technik verdrängt worden ist. Zu den aktiven Techniken gehört auch der Plasmabildschirm, bei dem ein Gasgemisch (z.B. aus Neon und Argon) durch Ionisation zum Aufleuchten gebracht wird. Plasmabildschirme werden bei einigen Kassenterminals der Banken benutzt, Plasma- und LCD-Bildschirme bei tragbaren Mikrocomputern.

Nach den Darstellungstechniken unterscheidet man

- alphanumerische (nichtgrafische) und grafische Bildschirme sowie
- Monochrom- und Farb-Bildschirme.

Bei *alphanumerischen Bildschirmen* lassen sich auf dem Bildschirm - üblicherweise in 24 oder 25 Zeilen à 80 Stellen - nur ganze Zeichen (Buchstaben, Ziffern, Sonderzeichen) darstellen (Text-Modus). Bei Mikrocomputern kann durch den Einbau von Grafikkarten (vgl. Abschnitt 2.4.3) für den angeschlossenen Bildschirm mit der Darstellungsmöglichkeit für sogenannte Vektor-Grafik (Bildaufbau aus Linien oder Blöcken) eine eingeschränkte Grafikfähigkeit erreicht werden. *Grafische Bildschirme* sind dagegen "voll grafikfähig", d.h. sie gestatten die sogenannte Matrix-Darstellung, bei der sich jeder einzelne Bildpunkt (Pixel) bis zu einer Auflösung von ca. 800 Zeilen à 1.000 Punkten einzeln ansteuern läßt (Bit-Raster- oder Bit-Mapper-Technik). Als Standard für "hochauflösende" Bildschirme gilt die VGA (Vector Grafik Adapter)-Karte mit 768 x 1024 Bildpunkten und 256 Farben.

Nur geringe Verwendung für die Dateneingabe haben die *berührungsempfindlichen Bildschirme* (touch screens) gefunden. Sie kommen vorwiegend bei den Informationsservice-Einheiten (Einsatzgebiete: Immobilienmakler, Kreditinstitute, Reisebüros u.a.) zum Einsatz. Dabei handelt es sich um Bildschirme, bei denen sich entweder auf dem Bildschirm dünne, elektrisch leitende Streifen befinden oder dicht vor dem Bildschirm ein Lichtvorhang aus horizontalen und vertikalen Streifen aufgebaut ist. Funktionen werden ausgelöst, indem durch Berühren mit dem Finger oder einem spitzen Gegenstand im ersten Fall elektrische Spannungen verändert, im zweiten Fall Lichtstrahlen unterbrochen werden. Ein Nachteil der berührungsempfindlichen Bildschirme ist die rasche Verschmutzung.

Die wichtigsten Beurteilungskriterien für Bildschirme sind in Abbildung 2.18 zusammengefaßt, wobei die einzelnen Merkmale entweder hardware- oder softwaremäßig realisiert werden. Unter dem in dieser Abbildung verwendeten Begriff *Font* versteht man eine durch bestimmte Gestaltungsmerkmale gekennzeichnete Schriftart (z.B. Times regular oder Courier bold).

Der *Cursor* (andere Bezeichnungen: Positionsanzeiger, Blinker, Lauter) zeigt die aktuelle Arbeitsposition an. Die Anzeige kann oberhalb, unterhalb oder auf der betreffenden Stelle erfolgen. Die Cursor-Steuerung erfolgt in der Regel über die Tastatur.

Für Sehbehinderte gibt es Zusatzeinrichtungen, die es ermöglichen, die optische Bildschirmanzeige entweder als tastbare Information in Blindenschrift (Braille-Zeilen) zu lesen ("taktile" Anzeige) oder zeichenweise (durch vollsynthetische Sprachausgabe, siehe Abschnitt 2.7.1) zu hören ("auditive" Anzeige, "sprechender Bildschirm").

Tastaturen werden beurteilt

- nach der Anzahl der vorhandenen Tasten (Standard: 83 bzw. 102) und Zeichen,
- nach der Aufteilung der Tastenfelder und
- nach der Anordnung der Tasten.

- Bildschirmgröße
  Länge der Bildschirmdiagonale (Standards: 12, 14 oder 15 Zoll), evtl. Ganzseiten-Bildschirm für DIN A4-Seiten (15 bis 17 Zoll).

- Grafikfähigkeit
  Alphanumerischer Bildschirm mit Grafik-Modus oder Grafik-Bildschirm

- Schrift-/Hintergrund-Darstellung bei Monochrom-Bildschirmen
  Positiv (Zeichen dunkel, Hintergrund hell) oder negativ (Zeichen hell, Hintergrund dunkel). Farben: weiß, schwarz, grün, bernstein.

- Darstellungskapazität (Bildschirm-Font)
  Bei alphanumerischen Bildschirmen Anzahl der darstellbaren Zeichen (z.B. ASCII-Zeichensatz, ohne Umlaute), bei grafischen Bildschirmen Anzahl der ansteuerbaren Pixel.

- Farbauswahl ("Palette")
  Anzahl der verfügbaren Farben bei Farb-Bildschirmen.

- Roll-Modus (Scrolling)
  Möglichkeit, den Bildschirminhalt zu verschieben (shiften), und zwar nach oben (roll up) und nach unten (roll down).

- Fenstertechnik (Windowing)
  Verfügbarkeit von Software, die es ermöglicht, den Bildschirminhalt zur Darstellung paralleler Vorgänge (z.B. zusammengehörige Texte, Tabellen und Grafiken) in mehrere Bereiche (Fenster) aufzuteilen.

- Anschluß-Möglichkeiten (über Schnittstellen)
  - an Zentraleinheiten (auch anderer Hersteller),
  - an Datenübertragungseinrichtungen (siehe Abschnitt 4.2),
  - für einen Filmrecorder, mit dem der Bildschirminhalt abfotografiert werden kann (Hardcopy-Einrichtung).

Abb. 2.18: *Beurteilungskriterien für Bildschirme*

Sie bestehen im allgemeinen aus drei Blöcken, nämlich

- der alphanumerischen Tastatur mit Buchstaben, Ziffern und Sonderzeichen,
- dem Ziffernblock (*abgesetzter* oder *ausgelagerter Zehnerblock*) und
- den Funktionstasten.

Für die Anordnung der Tasten gibt es mehrere Normen, so

- DIN 2139: Tastenanordnung für die Dateneingabe bei alphanumerischen Tastaturen,
- DIN 2145: Anordnung und Zuordnung von Funktionstasten,
- DIN 9753: Numerische Tastaturen (Zehner-Blocktastatur).

Für die alphanumerischen Tastaturen sind ferner in DIN 2137 genormt:
- in Teil 1: die deutsche Schreibmaschinentastatur,
- in Teil 2: die deutsche Tastatur für Dateneingabe,
- in Teil 3: die internationale Tastatur für Dateneingabe.

Nach der Anordnung der ersten 6 Tasten auf der obersten Buchstabenzeile werden deutsche Tastaturen auch als QWERTZ-, internationale als QWERTY-Tastaturen bezeichnet. Die amerikanische ASCII-Tastatur besitzt keine Umlaute. Abbildung 2.19 zeigt die internationale Zehner-Blocktastatur gemäß DIN 9753 (Basis: ISO-Standard von 1974) und die davon abweichenden Tastaturen an Telefonapparaten (Basis: CCITT-Empfehlungen von 1968). Für 1992 wird vom Commitee for European Norms (CEN) eine EG-einheitliche Norm für Tastaturen angestrebt. Die Funktionstasten dienen der schnellen Eingabe von Systembefehlen zur Gerätebedienung. Tastaturschablonen oder aufsetzbare Tastenkappen ermöglichen die Anpassung an unterschiedliche Nutzungsarten.

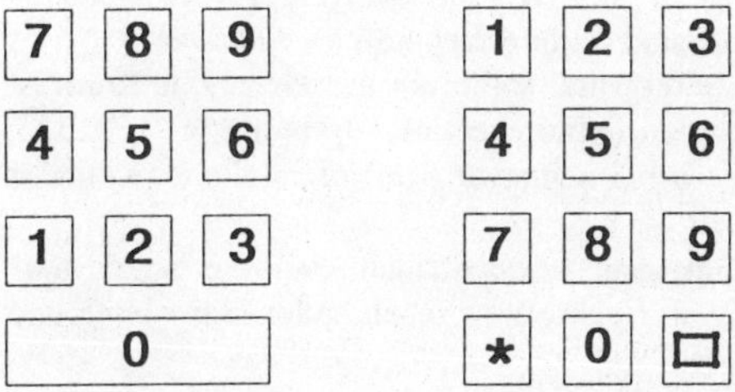

Abb. 2.19: *Zehner-Blocktastaturen nach ISO/DIN und nach CCITT*

Zusatzgeräte zur direkten Ansteuerung von Bildschirmpositionen bzw. zur Cursor-Positionierung sind:

- Maus (als Rollkugel oder mit Fotodioden),
- Digitalisiertablett,
- Steuerknüppel (joystick) zur Fadenkreuzsteuerung,
- Lichtstift (light pen).

Die genannten Zusatzgeräte bzw. -einrichtungen zur Tastatur finden Verwendung:

- für die Menü-Auswahl (siehe Abschnitt 3.2),
- zur Auslösung programmierter Funktionen und
- für die grafische Datenverarbeitung, z.B. zur Eingabe von Kurven oder Zeichnungen zwecks Weiterverarbeitung.

Mit dem *Digitalisiertablett* können Zeichnungsvorlagen (in digitalisierter

Form) eingegeben werden. Zum Abtasten der Zeichnungen dienen Taststifte oder Fadenkreuzlupen.

Die Eingabe mit dem (fotoelektrisch arbeitenden) *Lichtstift* an speziell dafür geeigneten grafischen Bildschirmen wird auch als *optische Dateneingabe* bezeichnet. Das Verfahren wird vorzugsweise in der Konstruktion eingesetzt, beispielsweise beim Entwurf von Bauteilen nach dem CAD-Verfahren.

Die Einrichtung von Bildschirm-Arbeitsplätzen hat - insbesondere durch die Mitbestimmungsrechte der Arbeitnehmer (siehe Abschnitt 8.7) - zu *ergonomischen Forderungen* geführt*) . Als Vorbild gelten die schwedischen Standards. In Deutschland sind allgemeine Vorschriften in DIN 33400 und DIN 66234 festgelegt. Forderungen an Bildschirme sind in erster Linie:

- Blendfreiheit (keine Spiegelung): Wird erreicht durch Schwenkbarbeit des Bildschirms um eine vertikale Achse bzw. Neigbarkeit um eine horizontale Achse, Antiblendfilter oder Antiblendbeschichtung.
- Flimmerfreiheit: Wird bei Bildwiederholungsröhren durch eine ausreichende Bildwiederholungsrate (Refresh-Rate) des im Bildwiederholspeicher gespeicherten Bildschirminhalts (mindestens 70 Hz, d.h. Wiederholungen pro Sekunde) erreicht. Plasma- und LCD-Bildschirme sind flimmerfrei.
- Kontrast: Zwischen Zeichen und Hintergrund sollte ein ausreichender Kontrast (Verhältnis der Leuchtdichten) bestehen (Minimum 3:1, Optimum 6:1 bis 10:1), und zwar sowohl bei positiver als auch bei negativer Schriftdarstellung. Kontrast und Helligkeit müssen regulierbar sein.
- Positivdarstellung: Die Positivdarstellung ist zu bevorzugen, weil die Negativdarstellung das Auge wegen des ständigen Wechsels zwischen heller Umgebung und dunklem Bildschirm schneller ermüdet.
- Mindestzeichengröße: Die Schrifthöhe sollte mindestens 2,6 mm betragen.
- Beschränkung der Farbauswahl: Das Auge kann bei Dauerbelastung nicht mehr als 7 bis 8 Farben unterscheiden.
- Lichtverhältnisse der Umgebung: Der Satz "Mehr Licht gibt höhere Leistung" gilt nicht für Bildschirm-Arbeitsplätze. Als Kompromiß zwischen den optimalen Sehleistungen beim Lesen von Druckvorlagen (800 bis 1.200 Lux) und von Bildschirminhalten (100 bis 300 Lux) werden 500 Lux gefordert.

Ergonomische Forderungen an Tastaturen sind u.a.

- Beweglichkeit (vom Bildschirm "abgesetzt"),
- Neigbarkeit,
- Vorrichtung zur Handauflage,
- leichter Anschlag,
- niedrige Geräuschentwicklung,
- hygienischer Schutz bei Schmutzarbeiten.

---

*) Unter *Ergonomie* versteht man die Wissenschaft von der Anpassung der Arbeit (Arbeitsorganisation und Arbeitsplatzgestaltung) an die Fähigkeiten und die Bedürfnisse der Menschen.

2.5.4.3 Mobile und akustische Dateneingabe

Eine spezielle Form der direkten Dateneingabe ist die *mobile Datenerfassung*. Die Daten werden zunächst über eine Tastatur in ein tragbares Erfassungsgerät eingegeben und dort in einem Halbleiterspeicher zwischengespeichert. Die Eingabe in die DV-Anlage kann dann entweder über Telefonleitungen, z.B. durch Anschluß des Erfassungsgeräts mit der Gummimuffe eines sogenannten *Akustikkopplers* an die Sprechkapsel eines normalen Telefonhörers, oder über Funk erfolgen. Beispiele für Einsatzmöglichkeiten der mobilen Datenerfassung sind Inventuren, Bestellannahmen durch Verkaufsfahrer, Verkehrszählungen, Interviews.

Unter *akustischer Direkteingabe* versteht man die Eingabe von Daten per (gesprochener) Sprache in den Computer (Spracheingabe). Das in ein Mikrofon gesprochene Wort wird durch Spracheingabegeräte, die dem Computer vorgeschaltet sind, in ein Bitmuster umgesetzt. Dieses Muster wird mit zuvor eingegebenen und gespeicherten Mustern ("Referenzmuster") verglichen (voice bzw. speech recognition = automatische Spracherkennung). Bei ausreichender Übereinstimmung gilt das Wort als erkannt. Man unterscheidet

- sprecherabhängige Spracherkennung und
- sprecherunabhängige Spracherkennung.

Sprecherabhängige Spracheingabesysteme besitzen trotz Problemen mit der Eliminierung störender Nebengeräusche bereits eine Erkennungssicherheit bis zu 99% bei allerdings begrenztem Wortschatz (maximal 500 Wörter mit "Wortlängen" bis zu 2 Sekunden). Solche Systeme werden als Einschubkarten und ergänzende Software für Mikrocomputer angeboten. Von Geräten, die sprecherabhängig bis zu 20.000 Einzelwörter mit einer Sicherheit von 97% erkennen, gibt es Prototypen. Noch im Anfangsstadium befindet sich die Entwicklung *sprecherunabhängiger Systeme*.

Vorteile der Spracheingabe sind u.a., daß

- die Einarbeitung in kurzer Zeit möglich ist,
- die Hände für andere Tätigkeiten, z.B. das Wiegen von Waren, frei bleiben,
- auch bei Schmutzarbeiten eine problemlose Dateneingabe erfolgen kann und
- die Augen für die Wahrnehmung anderer Einflüsse zur Verfügung stehen.

Anwendungen von sprecherabhängigen Systemen gibt es an Arbeitsplätzen, an denen mit geringem Wortschatz Zähl- oder Registriervorgänge (z.B. Auslieferung im Handel, Qualitätskontrolle in der Fertigung) vorzunehmen sind.

Eine spezielle Anwendung bildet die *Sprechererkennung*, bei der eine Person anhand der Stimme zu erkennen ist (WER spricht?). Je nachdem, ob es sich um einen bereits bekannten oder um einen anonymen Sprecher handelt, spricht man von Sprecherverifizierung oder -identifizierung.

Von den bisher realisierten Spracheingabesystemen werden immer nur isoliert gesprochene Wörter (Einzelwörter) erkannt. Die Entwicklung befaßt sich mit Systemen, die in der Lage sind,

- zusammenhängende Einzelwörter (Wortketten) und
- kontinuierlich gesprochene Sprache

zu erkennen. Ein Anwendungsziel sind sprachgesteuerte Schreibmaschinen (voice type systems). Prototypen (noch auf der Basis der Einzelworterkennung) sind bereits auf dem Markt. Generell hat die akustische Direkteingabe von Daten noch keine starke Verbreitung gefunden.

Nicht zu verwechseln mit den Spracheingabesystemen, die die Aufgabe haben, Sprache zu erkennen, sind die *Sprachspeichersysteme* (speech filing systems), bei denen keine Erkennung erforderlich ist. Die Sprachsignale (gesprochene Sprache) werden ohne Betrachtung des Inhalts, also nichtinterpretierend, digitalisiert und anschließend als Datensatz oder Datei gespeichert. Der gespeicherte Text wird in unveränderter Form zeitversetzt wieder ausgegeben, z.B. als telefonische Mitteilung nach dem Prinzip des Anrufbeantworters (Sprachnachrichtensysteme, siehe Abschnitt 7.2.4.2). Keine Nutzung hat die Wiedergabe solcher Texte als Kommentar im Zusammenhang mit der Datenausgabe gefunden (Sprachannotationssysteme).

Von der Forschung auf dem Gebiet der Künstlichen Intelligenz (siehe Abschnitt 7.7) erwartet man Systeme, die in der Lage sind, Sprache nicht nur zu erkennen, sondern auch inhaltlich zu verstehen (Sprachanalyse und -interpretation). Dabei ist es unwesentlich, ob die vorangehende Spracheingabe in gesprochener Form (speech processing) oder in geschriebener Form (language processing, z.B. durch Scanner in Verbindung mit Lese-Software) erfolgt.

2.5.5 Wirtschaftlichkeit der Dateneingabe

Lange Zeit das einzige und bis in die 70er Jahre das vorherrschende Verfahren, die Massendaten der administrativen Arbeitsgebiete (Fakturierung, Buchhaltung, Lohnabrechnung u.a.) in die DV-Anlage einzugeben, war die *indirekte Dateneingabe* mit vorheriger Datenerfassung auf Lochkarten durch Datentypistinnen. Mehrere Nachteile der Lochkarte, insbesondere die fehlende Wiederverwendbarkeit, und ergonomische Gründe (hoher Geräuschpegel im Lochsaal) führten dazu, für die Datenerfassung ab Mitte der 60er Jahre verstärkt das Magnetband und später auch Magnetbandkassetten sowie Disketten als beliebig oft verwendbare Datenträger mit großer Speicherkapazität und hoher Sicherheit gegenüber Informationsverlust zu verwenden.

Sofern heute überhaupt noch bei Massendaten die indirekte Dateneingabe Verwendung findet, werden dafür als Datenträger vorwiegend Disketten, in geringerem Umfang Magnetbänder und Magnetbandkassetten benutzt.

Die Datenerfassung auf Datenträger wurde als "Engpaß" der Datenverarbeitung bezeichnet. Ein Beispiel: Bei einer Leistung von 12.000 Anschlägen pro Stunde wird die Monatsleistung einer Datentypistin vom Magnetbandgerät in nur 9,5 Sekunden gelesen (siehe Abschnitt 2.6.2).

Diese Diskrepanz führte Ende der 60er Jahre zu den ersten Beleglesern, die die Möglichkeit brachten, Massendaten *halbdirekt* vom Urbeleg einzulesen. Genereller Vorteil der halbdirekten Dateneingabe ist der Wegfall des Datenerfassungsvorgangs auf Datenträgern und damit die Einsparung von Personal und Zeit. Das direkte Einlesen *handschriftlich* ausgefüllter Belege erlangte allerdings bis in die 80er Jahre keine hohe Bedeutung. Gründe dafür waren:

- hohe Gerätekosten,
- relativ hohe Rückweisungsquoten der Geräte,
- beschränkter Zeichenvorrat (nur Ziffern und Buchstabe X),
- aufwendige Umgestaltung des Belegwesens und
- zeitraubende Mitarbeiterunterweisung im exakten Ausfüllen der Belege.

Die halbdirekte Dateneingabe vom Urbeleg setzte sich erst stärker durch, als Geräte mit neuartigen Lesetechniken in der Lage waren, Handblockschrift (z.B. auf Banküberweisungen und vielen Arten von Anmeldeformularen) mit einer hohen Erkennungsrate zu lesen. Für die Eingabe betrieblicher Daten kommt die halbdirekte Dateneingabe vom Urbeleg aus Wirtschaftlichkeitsgründen (kein gleichmäßig hoher Beleganfall) allerdings nur in Ausnahmefällen (z.B. Lohnbelege) in Betracht. Zunehmende Bedeutung erlangten gleichzeitig diejenigen Verfahren der halbdirekten Dateneingabe, bei denen Warenetiketten, Ausweis-, Scheck- und Kreditkarten usw. zur Dateneingabe benutzt werden, in Industrieunternehmen z.B. bei der Arbeitszeit- oder Betriebsdatenerfassung (vgl. Abschnitt 2.5.3).

Ein monetäres Maß für die Beurteilung von Leistungen der indirekten Dateneingabe und der halbdirekten Dateneingabe vom Urbeleg, das auch bei der Weiterbelastung der DV-Kosten eine Rolle spielt, sind die Kosten pro Leistungseinheit. Sie errechnen sich wie folgt:

$$\frac{\text{Kosten}}{\text{Leistungseinheit}} = \frac{\text{Arbeitsplatzkosten}}{\text{verfügbare Arbeitszeit} \cdot \text{Leistung pro Zeiteinheit}} .$$

Die Arbeitsplatzkosten enthalten bei Vollkostenrechnung: Gehalt zuzüglich Nebenkosten (z.B. Sozialleistungen), Gerätemieten bzw. -abschreibungen, Raumkosten, Kosten für Energieverbrauch der Geräte, Heizung, Telefon und Büromaterial sowie Verwaltungsgemeinkosten. Die Leistung pro Zeiteinheit hängt u.a. ab

- bei der indirekten Dateneingabe von der Qualifikation der Datentypistinnen, dem Schwierigkeitsgrad der Erfassungsbelege und von Belastungsschwankungen,
- bei der halbdirekten Dateneingabe von der Vollständigkeit und Korrektheit der ausgefüllten Urbelege und von der Geräteleistung.

Die verfügbare Arbeitszeit errechnet sich aus der Kalenderzeit abzüglich Wochenenden, Feiertagen, Urlaub sowie Durchschnittswerten für Ausfallzeiten (Krankheit, Schulung, Besprechungen).

Aus betriebswirtschaftlicher Sicht darf man die Dateneingabe nie isoliert sehen und nicht allein monetär bewerten. Der Wirtschaftsinformatiker sollte von vornherein immer folgende Fragen stellen (*W-Kriterien*):

- WO fallen die Daten an?
  (Büro, Werk, Kasse, Schalter; zentral/dezentral)
- WIE fallen die Daten an?
  (Originalbelege, z.B. Eingangsrechnungen; Durchschläge, z.B. bei Ausgangsrechnungen; spezielle Erfassungsbelege; automatisch, z.B. durch Betriebsdatenerfassungsgeräte)
- WANN und WIE OFT fallen die Daten an?
  (periodisch, unregelmäßig, auf Anforderung)
- WELCHE MENGEN von Daten fallen an?
  (gleichmäßiger/ungleichmäßiger, hoher/niedriger Anfall; Spitzenbelastungen)
- WIE schnell müssen WELCHE Daten verarbeitet werden und WO zur Verfügung stehen?

Hauptsächlich die letzte Frage führte zu den Verfahren der *direkten Dateneingabe*, bei denen die Daten ohne jede vorherige Erfassung oder Aufzeichnung unmittelbar in die DV-Anlage eingegeben werden. In erster Linie erfolgt dabei die Eingabe über die Tastaturen von Bildschirm-Terminals. Dabei muß man im wesentlichen zwei Alternativen unterscheiden (vgl. Abschnitt 2.5.4.2):

a) Die Daten werden in derselben Weise wie an den früheren Datenerfassungssystemen eingegeben, in der DV-Anlage zwischengespeichert und zu einem späteren Zeitpunkt verarbeitet (*Online-* oder *Stapel-Datenerfassung*). Programmierte Prüfungen beschränken sich auf die formale Richtigkeit. Diese Tätigkeit kann weiterhin von Datentypistinnen ausgeübt werden. Die Online-Datenerfassung ist immer dann angebracht, wenn die Eingabe kein Sachwissen verlangt. Als wirtschaftliche Alternative kommen hierfür nur Verfahren der halbdirekten Dateneingabe in Betracht.

b) Die Daten werden eingegeben, per Programm formal **und** inhaltlich geprüft (Fehleranzeige am Bildschirm), falls erforderlich sofort korrigiert und unmittelbar anschließend verarbeitet (*Dialog-Eingabe*). Diese Art der Eingabe erfordert das Wissen des Sachbearbeiters der Fachabteilung. Sie ist heute typisch für die meisten kaufmännischen Abrechnungssysteme wie z.B. die Finanzbuchhaltung.

Der wirtschaftliche Vorteil der manuellen Direkteingabe am Datensichtgerät besteht zunächst im Wegfall jeder Art von Datenträgern und im Fall b) zusätzlich von speziellem Erfassungspersonal. Hinzu kommt im Fall b), daß die Daten bei der Eingabe im Dialog mit sofortiger anschließender Verarbeitung jederzeit aktuell und auskunftsbereit in der DV-Anlage zur Verfügung stehen.

Die im Fall b) vor allem in den 80er Jahren vollzogene Verlagerung der Dateneingabe an die Arbeitsplätze in den Fachabteilungen bedeutete keine Degradierung der Sachbearbeiter zu Datenerfassern. Der Übergang von der Stapel- zur Dialogverarbeitung (siehe Abschnitt 3.2) hat vielmehr Barrieren abgebaut, die früher lange Zeit zwischen der DV-Abteilung und den Fachabteilungen bestanden. Er hat gleichzeitig den Sachbearbeitern althergebrachte Arbeitsmittel in neuer Gestalt (z.B. als "elektronisches Kontoblatt") wieder in die Hand gegeben.

Bei der zweckmäßigsten Verteilung der DV-Ressourcen (siehe Abschnitt 8.2.1) spielt zusätzlich zu den genannten Fragen über die Form der Dateneingabe noch die Verantwortlichkeit für die Daten eine wesentliche Rolle, von der es u.a. abhängt, WO und WIE OFT die Daten aktualisiert ("gepflegt") werden müssen.

Zum besseren Verständnis der Dateneingabe sollte der Leser einmal einen praktischen Fall theoretisch "durchspielen": Ein Handelsunternehmen versucht, Verkäufe "an der Haustür" zu organisieren. Teilzeitkräfte nehmen in den Wohnungen Bestellungen oder Wünsche (z.B. nach schriftlicher Detail-Information oder Fachberatung) entgegen. Die Daten sind im festgelegten Rhythmus (z.B. täglich, wöchentlich) an die Zentrale zu übermitteln.

Die Verkäufer könnten die Daten handschriftlich, mit Schreibmaschine oder mit einem PC-Drucker auf Belege erfassen und

- die (möglicherweise maschinell lesbaren) Belege per Briefpost an die Zentrale schicken oder
- bei nur handschriftlicher Erfassung den Inhalt der Belege
  - telefonisch an die Zentrale (Entgegennahme durch den Sachbearbeiter oder ein Sprachspeichersystem) melden,
  - am eigenen PC auf Diskette erfassen und den Datenträger an die Zentrale schicken,

- am eigenen PC erfassen und per Datenübertragung über ein öffentliches Netz (siehe Abschnitt 4.3.2) an die Zentrale überspielen oder
- mit dem Bildschirmtext-System (siehe Abschnitt 4.3.4) an die Zentrale übermitteln.

Sofern den Verkäufern portable Mikrocomputer (Laptops, Notebooks) zur Verfügung stünden, könnte (unter Wegfall von Erfassungsbelegen) eine direkte Dateneingabe unmittelbar "vor Ort" erfolgen (Voraussetzung: geeignete Eingabeprogramme und -masken).

Die Verkäufer könnten auch mit tragbaren Datenerfassungsgeräten ausgestattet werden mit der Auflage, die Daten mit Hilfe eines Akustikkopplers über das Telefonnetz an die Zentrale zu senden.

Für die Fälle, bei denen in der Zentrale Belege ankommen oder beim Sachbearbeiter entstehen, ist dort wieder die zweckmäßigste Form der Dateneingabe (indirekt über Datenträger, maschinelle Beleglesung, direkte Dateneingabe am Bildschirmgerät) zu finden. Die insgesamt wirtschaftlichste Lösung ergibt sich

- unter Zugrundelegung der genannten "W-Kriterien",
- anhand aller zentralen **und** dezentralen Kosten für Geräte (einschließlich Software), Postgebühren (Porto, Leitungsgebühren), Datenträger, Personal (einschließlich Schulung) usw.

2.6 Datenspeicherung

2.6.1 Übersicht

Aus einer Reihe von Gründen müssen Daten und Programme innerhalb oder außerhalb der DV-Anlage auf Datenträgern gespeichert werden. Solche Gründe sind:

- Über Datenträger eingelesene oder direkt eingegebene Daten (Online-Datenerfassung) werden vor der Verarbeitung (auf Platte) zwischengespeichert*).
- Im Laufe einer Verarbeitung entstehende Zwischenergebnisse werden temporär (auf Platte) gespeichert.
- Ergebnisse einer Verarbeitung werden vor dem späteren Druck, der im Offline-Betrieb oder im SPOOL-Betrieb erfolgen soll, (auf Magnetband oder Diskette bzw. auf Platte) zwischengespeichert (siehe Abschnitt 3.2).
- Daten, die einer größeren Anzahl von Benutzern für die laufende Arbeit mit Platzbuchungssystemen zur Verfügung stehen müssen (z.B. in Rei-

---

*) Unter der Kurzbezeichnung *Platte* wird im allgemeinen eine *Magnetplatte* verstanden.

sebüros), werden (auf Platte) als Datei oder Datenbank für den direkten Zugriff bereitgehalten.

- Die aktuellen Daten der betrieblichen Abrechnungssysteme (Fakturierung, Finanzbuchhaltung) werden den Sachbearbeitern für den ständigen Zugriff (auf Platte) zur Verfügung gestellt.
- Die Ergebnisse einer Abrechnungsperiode (Beispiel: Gehaltsabrechnung) werden (auf Magnetband) gespeichert, im Datenträgerarchiv aufbewahrt und bei der nächsten Abrechnungsperiode für kumulative Zwecke wieder mit eingelesen.
- Für fremde Empfänger (z.B. Banken, Bausparkassen, Krankenversicherungen, Verbände) bestimmte Auswertungen werden zum Zweck des Datenträgeraustauschs (auf Diskette oder Magnetband) gespeichert.
- Verkaufsdaten, die täglich an der Datenkasse eines Filialgeschäfts anfallen, werden nach Geschäftsschluß (auf Diskette) an die Zentrale geschickt.
- Alle Produktions- und alle Testprogramme werden vom Rechenzentrum in zwei getrennten Bibliotheken (auf Platte) verwaltet.
- Alle auf Direktzugriffsspeichern (Platten) befindlichen Daten und Programme werden im Rechenzentrum täglich bei Schichtende zum Schutz vor Verlust oder Zerstörung auf Datenträger (Magnetbänder) geschrieben und außerhalb der DV-Anlage aufbewahrt (Datensicherung). Im PC (auf einer Winchesterplatte) gespeicherte Dateien werden (auf Disketten) gesichert.
- Programme für Mikrocomputer werden auf Disketten zum Kauf angeboten.
- Alle Daten über Geschäftsvorfälle der Finanzbuchhaltung werden für spätere Rückfragen oder für Betriebsprüfungen in regelmäßigen Abständen auf Datenträger (Magnetband, Mikrofiche) geschrieben und archiviert.
- Dokumente (z.B. Bausparverträge, Versicherungspolicen) werden in digitalisierter Form (auf Platten oder optischen Speicherplatten) "aktenlos" aufbewahrt (siehe Abschnitt 7.2.4.2).
- Allgemein interessierende Texte (z.B. die Bibel) oder Verzeichnisse (z.B. Lieferantennachweise, Literaturdokumentationen) werden auf optischen Speicherplatten vom Typ CD-ROM vertrieben.
- Beim Computer Mailing (siehe Abschnitt 7.2.4.2) werden Informationen, die der Empfänger nicht sofort entgegennehmen kann, (auf Platte) zwischengespeichert.

Für die Speicherung von Massendaten werden benutzt:

- als *magnetische Datenspeicher*: Magnetbänder und Magnetbandkassetten (Abschnitt 2.6.2), Platten (Abschnitt 2.6.3) und Disketten (Abschnitt 2.6.4) sowie
- als *optische Datenspeicher*: optische Speicherplatten (Abschnitt 2.6.5).

Diese Speicher werden - zusammen mit den entsprechenden Laufwerken - auch als *Massenspeicher* bezeichnet. Entscheidend für die Nutzung ist, ob die Massenspeicher

- als *sequentielle Speicher* nur den fortlaufenden Zugriff, d.h. den Zugriff in der gespeicherten Reihenfolge, oder
- als *Direktzugriffsspeicher* auch den direkten (wahlfreien) Zugriff

auf einzelne Datensätze gestatten (siehe Abschnitt 5.1). Eine Übersicht, die diese Unterscheidung berücksichtigt, gibt Abbildung 2.20.

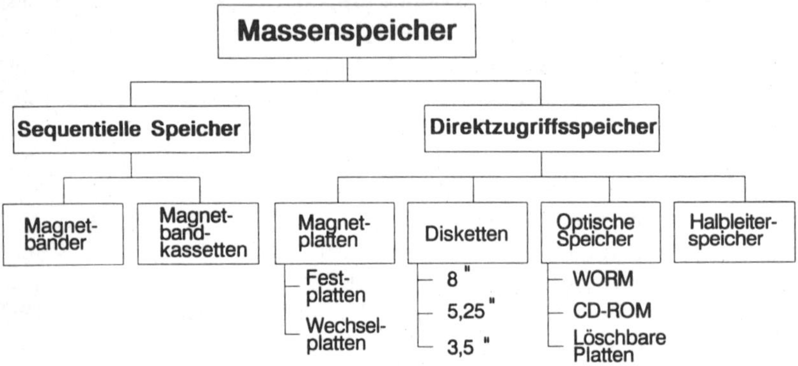

Abb. 2.20: *Massenspeicher*

Im Verlauf der Hardware-Entwicklung hat es eine Reihe von Datenträgern und Geräten gegeben, die jeweils eine Zeit lang Verwendung gefunden haben, dann aber aus technischen und wirtschaftlichen Gründen abgelöst worden sind. Hierzu zählen u.a.

- der Magnettrommelspeicher aus den Anfängen der Computerzeit,
- die Magnetkontenkarten der Mittleren Datentechnik,
- die Magnetkarten als Datenträger für Kleincomputer der 60er Jahre und
- die Massenspeicherkassettensysteme (von CDC und IBM) in Gestalt bienenhausförmiger Bibliotheken (Kassetten) für Zylinder mit kurzen, breiten Magnetbandstreifen als Hintergrundspeicher für die damals im Vergleich teureren Magnetplatten.

In Zukunft ist mit einer stärkeren Verwendung von (DRAM-)*Halbleiterspeichern* (EDAS = electronic direct access storage) zu rechnen, insbesondere in Form der schon mehrmals erwähnten Erweiterungsspeicher zum Hauptspeicher. Gegenüber allen anderen Massenspeichern haben sie den Vorteil kurzer Zugriffszeiten, allerdings den Nachteil, daß die gespeicherten Informationen bei Unterbrechung der Stromzufuhr verloren gehen.

Da sie bei der virtuellen Speicherung die frühere Rolle der Platten übernehmen, werden sie etwas irreführend auch als Halbleiterplatten (SSD = solid state disk) bezeichnet. Als auswechselbare Halbleiterspeicher werden inzwischen *Chipkarten* (vgl. Abschnitt 2.5.3) angeboten.

2.6.2 Magnetbänder

Magnetbänder werden ausschließlich bei großen und mittleren DV-Anlagen eingesetzt, jedoch nicht bei Mikrocomputern. Sie bestehen aus einer 0,5 Zoll (= 12,7 mm) breiten Kunststoff-Folie mit einer einseitig aufgebrachten magnetisierbaren Schicht aus Eisen- bzw. Chromdioxid. Technisch unterscheiden sich Magnetbänder - in Verbindung mit den zugehörigen Magnetbandgeräten (oder -laufwerken) - hauptsächlich

- in der Aufnahmekapazität der Bänder,
- in der Verarbeitungszeit für das Schreiben (Laden) bzw. Lesen (Entladen) des Bandinhalts und
- in der Aufbewahrungsart (Spule bzw. Rolle oder Kassette).

Je nach Typ arbeiten Magnetbandgeräte in den Betriebsarten

- Start-/Stop-Modus (start/stop mode),
- Datenstrom-Modus (streaming mode) oder
- wahlweise in beiden Betriebsarten.

Die Codierung der Daten auf dem Magnetband erfolgt in *Spuren* (Kanälen) *bitparallel* zur Laufrichtung des Bandes, wobei ein Zeichen jeweils von einer Bandsprosse dargestellt wird. Eine Bandsprosse ist dabei (nach DIN 66010) die Gesamtheit aller Spurelemente, die gleichzeitig beschrieben oder gelesen werden.

Magnetbänder wurden erstmals 1952 in der Datenverarbeitung verwendet. Als Magnetbandgeräte wurden von 1962 bis 1984 fast ausschließlich sogenannte Vakuumschacht-Laufwerke mit Magnetbändern in Spulen von 10,5 Zoll (= 26,7 cm) Durchmesser und der Standardlänge 730 m benutzt (DIN 66011, 66012). Technische Bestandteile dieser Laufwerke sind zwei Bandspulen (eine auswechselbare Vorratsspule, eine feste Aufnahmespule) mit getrenntem Antrieb (Capstan-Antrieb), eine Transporteinrichtung, Schreib-/Leseköpfe und zwei Vakuumschächte zur Aufnahme je einer Pufferschleife, um die Trägheit der Wickelmechanik abzufangen (Abb. 2.21). Das Einfädeln des Bandanfangs erfolgt automatisch. Beim Schreibvorgang wird das Magnetband am *Schreibkopf* vorbeigeführt, wobei die Magnetschicht durch Erzeugung eines Magnetfelds magnetisiert wird. Der Schreibkopf wird - entsprechend der Anzahl Spuren - von mehreren Magnetköpfen gebildet. Gebräuchlich sind 9-Spur-Bänder (ein Byte plus Paritätsbit). Den Lesevorgang führt der *Lesekopf* aus, der sich unmittelbar hinter dem Schreibkopf befindet. Das Schreiben ist nur vorwärts möglich, das Lesen vor- und rückwärts. Schreiben und Lesen von Datenbeständen sind aber stets zwei getrennte Arbeitsgänge.

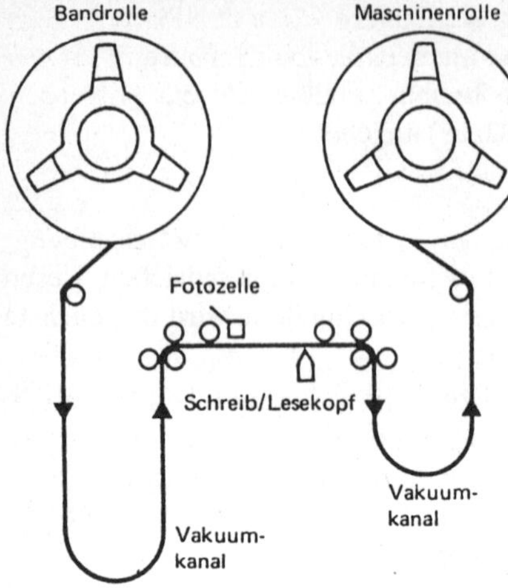

Abb. 2.21: *Vakuumschacht-Magnetbandgerät*

Zum Schutz vor unbeabsichtigtem Löschen oder Überschreiben ist ein Beschreiben des Bandes nur möglich, wenn auf der Rückseite der Magnetbandspule der sogenannte *Schreibring* (DIN 66017) eingelegt wird. Dieser Plastikring löst im Magnetbandgerät einen Schalter aus und ermöglicht dadurch erst den Schreibvorgang.

Der *Start-/Stop-Modus* ist durch blockweise Aufzeichnung gekennzeichnet: Das Band wird zunächst vom Stillstand auf die Schreib- bzw. Lesegeschwindigkeit beschleunigt, dann wird ein Datenblock geschrieben bzw. gelesen, anschließend wird das Band wieder bis zum Stillstand abgebremst. Zwischen zwei Vorgängen liegt also immer eine Stop-/Startzeit; auf dem Band entsteht dadurch zwischen jedem Datenblock ein Blockzwischenraum (Kluft), der sich aus einer Bremszone und einer Anlaufzone zusammensetzt (Abb. 2.22).

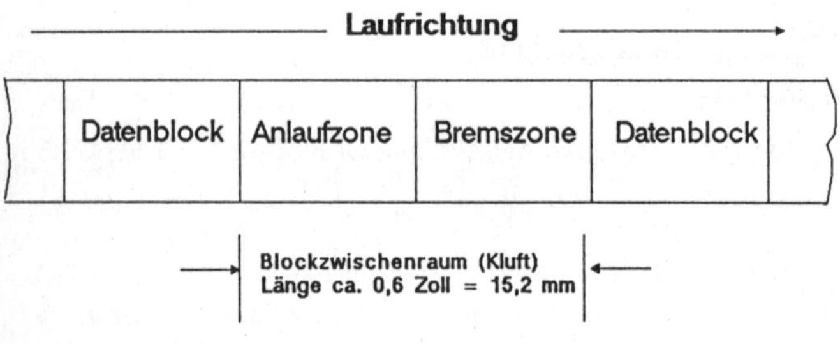

Abb. 2.22: *Start-/Stop-Modus der Magnetbandverarbeitung*

Dem Start-/Stop-Modus war die im Stapelbetrieb übliche *Fortschreibung* von Dateien (siehe Abschnitt 6.6.3) angepaßt. Ein Beispiel: In der Debitorenbuchhaltung (siehe Abschnitt 7.2.1) wird der Kontostand eines Kunden von einem Magnetband in den Hauptspeicher gelesen. Von einem zweiten Magnetband werden alle Bewegungen (Rechnungsausgänge, Zahlungseingänge) der letzten Periode, die dieses Konto betreffen, ebenfalls in den Hauptspeicher gelesen. Nach der Verarbeitung (Fortschreibung) wird der neue Kontostand auf ein drittes Magnetband geschrieben. Lesen und Schreiben erfolgen jeweils blockweise. Anschließend wird das nächste Konto in gleicher Weise bearbeitet.

Inzwischen sind die meisten kaufmännischen DV-Anwendungen auf die Dialogverarbeitung im Online-Betrieb umgestellt worden. Das Magnetband wird nicht mehr zur eigentlichen Verarbeitung, sondern nur noch zur Datensicherung (siehe Abschnitt 8.5.1) benutzt. Dabei muß der Bandinhalt nicht interpretiert werden. Aus dieser Überlegung ist der *Datenstrom-Modus* entstanden. Bei dieser Betriebsart werden die Daten

- entweder kontinuierlich ohne Blockzwischenräume
- oder mit Blockzwischenräumen, aber ohne zwischenzeitliches Anhalten des Bandes,

auf das Magnetband geschrieben.

Zunächst wurden zu Vakuumschacht-Laufwerken Zusatzeinrichtungen angeboten, die alternativ zum Start-/Stop-Modus auch den Betrieb im Datenstrom-Modus ermöglichten. Parallel dazu wurden dann Magnetbandgeräte entwickelt, die ohne Vakuumschächte und Capstan-Motoren auskommen und das Magnetband durch mikroprozessorgesteuerte Bandantriebe direkt von Rolle zu Rolle transportieren. Die Kombination dieser Technik mit dem Übergang von der Spulen- zur Kassettenform führte 1985 zur sogenannten *3480-Technik* (benannt nach der IBM-Gerätebezeichnung) mit chromdioxid-beschichteten 0,5-Zoll-Bändern in Dünnfilmtechnologie.

Technische Kenngrößen von Magnetbändern bzw. Magnetbandgeräten sind:

- die Schreibdichte,
- die Schreib-/Lesegeschwindigkeit und
- die Übertragungsrate.

Die *Schreibdichte* (oder Zeichen- bzw. Aufzeichnungsdichte) wird üblicherweise in bpi (Bit per inch) gemessen (1 inch = 25,4 mm). Korrekter wäre es, von "Zeichen per inch" oder bei 9-Spur-Bändern von "Byte per inch" zu sprechen, weil immer alle Spuren einer Sprosse gemeint sind. Die *Schreib-/Lesegeschwindigkeit* wird in inch/s oder m/s gemessen.

Die *Übertragungsrate* gibt in KB/s (K hier in der ursprünglichen Bedeutung 1.000) die Anzahl Zeichen an, die pro Sekunde zum oder vom Hauptspeicher übertragen werden können. Sie ergibt sich aus der Formel

$$\text{Übertragungsrate (KB/s)} = \frac{\text{Schreibdichte (bpi)} \cdot \text{Bandgeschwindigkeit (inch/s)}}{1000} .$$

Die wichtigsten Merkmale gebräuchlicher Magnetbandgeräte sind in Abbildung 2.23 zusammengestellt.

Merkmal	Start-/Stop-Modus	Datenstrom-Modus
Aufbewahrungsart	Spule (Rolle)	Kassette (3480)
Bandlänge	ca. 730 m	ca. 170 m
Anzahl Spuren pro Sprosse	9	18
Schreibdichten	1.600, 6250 bpi	38.000 Byte/inch
Schreib-/Lesegeschwindigkeiten	75, 125, 200 inch/s (ca. 2, 3, 5 m/s)	2 m/s
Übertragungsraten	1.000 bpi: bis 320 KB/s/ 6.250 bpi: bis 1.250 KB/s	3 MB/s

Abb. 2.23: *Technische Merkmale von Magnetbandgeräten*

Beispiel:
Zum besseren Verständnis der technischen Kenngrößen soll ein Zahlenbeispiel dienen, das gleichzeitig die Bezeichnung der Datenerfassung als "Engpaß" der Datenverarbeitung (vgl. Abschnitt 2.5.5) erklärt. Eine Datentypistin hat eine Leistung von 12.000 Anschlägen pro Stunde. Sie arbeitet 7 Stunden pro Arbeitstag und 22 Arbeitstage pro Monat. Die Monatsleistung wird auf ein 9-Spur-Magnetband der Schreibdichte 1.600 bpi (nutzbare Länge 715 m, Kluftlänge 15,2 mm) in Datenblöcken à 20 Sätzen zu je 80 Byte erfaßt. Die Übertragungsrate beträgt 320 KB/s bei einer Kluftzeit von 3,2 ms.

a) Zu wieviel Prozent ist das Band mit der Monatsleistung belegt?
b) Wie lange dauert das Einlesen der Monatsleistung?

Lösung zu a)

$$\text{Anzahl Zeichen} = 12.000 \cdot 7 \cdot 22 = 1\,848\,000$$

$$\text{Anzahl Datenblöcke} = \frac{1\,848\,000}{80 \cdot 20} = 1\,155$$

$$\text{Blocklänge} = \frac{20 \cdot 80}{1\,600} \cdot 25{,}4 + 15{,}2 = 25{,}4 + 15{,}2 = 40{,}6 \text{ mm}$$

$$\text{Belegung (absolut)} = 1\,155 \cdot 40{,}6 = 46\,893 \text{ mm}$$

$$\text{Belegung (prozentual)} = \frac{46\,893}{715\,000} \cdot 100 = 6{,}6\%$$

Lösung zu b)

$$\text{Blocklesezeit} = \frac{20 \cdot 80}{320} + 3{,}2 = 5{,}0 + 3{,}2 = 8{,}2 \text{ ms}$$

$$\text{Gesamtlesezeit} = 1\,155 \cdot 8{,}2 = 9\,471 \text{ ms} \approx 9{,}5 \text{ s}$$

In vielen Rechenzentren werden inzwischen Magnetbandgeräte mit der neuen Technik eingesetzt. Da die früheren 10,5-Zoll-Magnetbandspulen und die neuen Magnetbandkassetten nicht gegenseitig austauschbar sind, läßt sich jedoch eine völlige Umstellung aus folgenden Gründen nicht ohne weiteres durchführen:

- In den Magnetbandarchiven der Unternehmen lagern Millionen von Magnetbändern in der herkömmlichen Spulenform mit Daten (z.B. aus der Finanzbuchhaltung), die an gesetzliche Aufbewahrungsfristen gebunden sind.
- Der Datenträgeraustausch mit Kassetten ist erst dann möglich, wenn **alle** Beteiligten umgestellt haben.
- Im Offline-Betrieb (siehe Abschnitt 3.2) arbeitende Einrichtungen wie beispielsweise Mikroverfilmungsanlagen (siehe Abschnitt 2.7.3) gestatten gegenwärtig nur die Verarbeitung der herkömmlichen Magnetbandspulen.

In großen Rechenzentren werden neuerdings *Bandroboter* eingesetzt, die einen völlig operatorlosen Magnetband-Betrieb ermöglichen. Ein Roboter lädt automatisch eine Kassette aus dem Archiv, wenn das entsprechende Magnetband vom Programm angefordert wird. Die durchschnittliche Zugriffszeit auf eine Kassette beträgt ca. 10 Sekunden.

Mit den Kassetten der 3480-Technik dürfen nicht die schon seit längerer Zeit auf dem Markt befindlichen *Magnetbandkassetten* für Klein- und Mikrocomputer verwechselt werden. Die gebräuchlichsten sind

- die ECMA 34-Kassette mit den äußeren Abmessungen der handelsüblichen Musikkassetten und
- 1/4-Zoll-Kassetten.

Dabei wird der englische Ausdruck *(tape) cartridge* für Magnetbandkassetten generell für alle Typen der Magnetbandkassette, gelegentlich aber auch nur für die 1/4-Zoll-Kassette verwendet.

Die ECMA 34-Kassette wird vorwiegend bei Kleincomputern, bei Datenkassen und zur Datenerfassung eingesetzt. Ihre Abmessungen sind in der ECMA-Norm 31/41 festgelegt (ECMA = European Computer Manufacturer Association): Kassettenabmessungen 10 cm x 5 cm x 2 cm, Bandlänge 90 m (davon 84 m nutzbar),

Bandbreite 0,15 Zoll = 3,81 mm. Die entsprechende deutsche Norm ist DIN 66211. Die Aufzeichnung erfolgt *bitseriell* mit einer Dichte von 32 bit/mm = 800 bpi. Die Kapazität beträgt demzufolge 328 KB. Eine Verdopplung ist durch doppelseitiges Beschreiben möglich.

1/4-Zoll-Kassetten gibt es seit Anfang der 70er Jahre für den Start-/Stop-Modus. Mit Beginn der 80er Jahre kamen Laufwerke für den Datenstrom-Modus auf den Markt (*Streamer*). Seitdem werden diese Kassetten hauptsächlich zur Datensicherung ("back up") bei Mikrocomputern verwendet. Wesentliche Teile des Antriebs und der Bandführung sind dabei in die Kassette integriert. Die Kapazität beträgt bis zu 60 MB. Standards sind ECMA 46 und das QIC 40-Format der "Quarter Inch Cartridge" Group.

2.6.3 Magnetplatten

Die *Magnetplatte*, kurz *Platte*, ist ein runder Datenträger aus Aluminium, bei dem die Daten beidseitig auf magnetisierbaren Schichten durch Magnetisierung aufgebracht werden. Im Normalfall sind mehrere Platten auf einer rotierenden Achse fest übereinander zu einem *Plattenstapel* verbunden. Eine oder beide äußeren Oberflächen dienen als Abdeckplatten und sind daher nicht nutzbar. Die Datenaufzeichnung erfolgt bitseriell in konzentrischen Spuren auf den Plattenoberflächen.

Die Gesamtheit aller direkt übereinanderliegenden Spuren bezeichnet man als *Zylinder*. Ein Zylinder enthält also so viele Spuren wie es (nutzbare) Plattenoberflächen gibt (*logische Spuren*). Die gebräuchlichen Platten für DV-Großanlagen haben Dicken von 1,5 bis 3,9 mm und einen Durchmesser von 14 Zoll (35,6 cm). Einzelheiten sind in verschiedenen DIN-Normen (66205, 66206 und 66207) festgelegt. Die Unterschiede zur Schallplatte sind offensichtlich: die Spuren sind aufmagnetisiert, nicht eingerillt; sie sind konzentrische Kreise und keine Spiralen. Der Hauptunterschied zum Magnetband besteht darin, daß auf Datensätze direkt zugegriffen werden kann.

Die Platten rotieren im *Plattenlaufwerk* mit konstanter Geschwindigkeit (60 Umdrehungen pro Sekunde). Das Schreiben und Lesen der Daten übernehmen Schreib-/Leseköpfe, die sich in geringem Abstand (ca. 0,0005 mm) von der Plattenoberfläche befinden. Dazwischen liegt ein Luftpolster. Ein gefürchteter Plattenfehler ist der "head crash" (Kopflandung), der bei unterbrochenem Luftpolster auftritt. Durch die Berührung zwischen dem Schreib-/Lesekopf und der Plattenoberfläche kommt es dabei zur Beschädigung der Schreib-/Leseköpfe und/oder des Plattenstapels.

Die bei DV-Großanlagen gebräuchlichen Plattenlaufwerke besitzen einen, zwei oder vier Zugriffsmechanismen (*Zugriffskämme*). An jedem Zugriffskamm (*Positioniereinrichtung*) befindet sich für jede nutzbare Plattenoberfläche ein Schreib-/

Lesekopf (Abb. 2.24). Zum Schreiben oder Lesen muß der zuständige Schreib-/ Lesekopf zur gewünschten Spur bewegt werden. Das Gerät enthält dazu Antriebe für die Zugriffsmechanismen und eine Steuerelektronik. Die Zugriffszeit (*Suchzeit*) zu einem Datensatz setzt sich zusammen aus

- der Zugriffsbewegungszeit oder Positionierungszeit (Bewegung der Schreib-/Leseköpfe auf den gewünschten Zylinder) und
- der Drehwartezeit (Suchen innerhalb der Spur nach dem gewünschten Datensatz), die im Mittel gleich der halben Umdrehungszeit ist.

Die mittleren Zugriffszeiten liegen bei ca. 15 Millisekunden, bei Platten für Mikrocomputer zwischen 16 und 65 Millisekunden. Zur Minimierung der Zugriffszeiten empfiehlt es sich, zusammengehörige Daten **zylinderweise** zu speichern. Die (theoretische) Kapazität eines Plattenstapels errechnet sich wie folgt:

Kapazität pro Laufwerk =
Byte pro Spur x Spuren pro Zylinder x Zylinder pro Zugriffsmechanismus x Zugriffsmechanismen pro Laufwerk.

Beispiel: Festplattenspeicher IBM 3380, Modell AJ 4
47476 • 15 • 885 • 2 ≈ 1,26 Mrd. Byte ≈ 1,2 GB.

Jede Spur enthält die gleiche Anzahl Byte. Die Schreibdichte ist also bei den inneren Spuren höher als bei den äußeren. Auf jeder Oberfläche befinden sich einige Ersatzspuren, auf die bei Ausfall von Normalspuren automatisch ausgewichen wird.

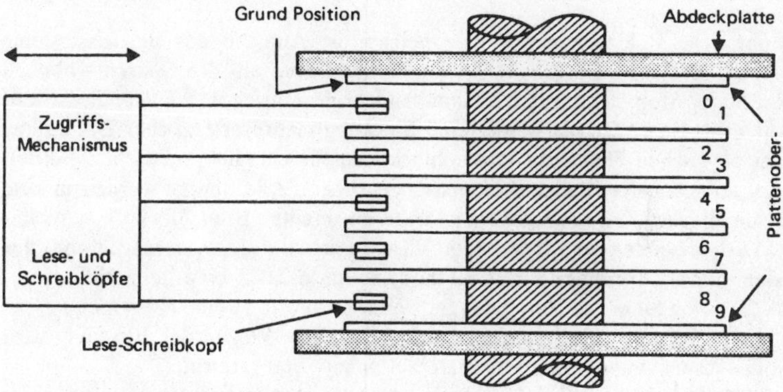

Abb. 2.24: *Prinzip des Magnetplattenspeichers*

Plattenspeicher werden danach unterschieden, ob die Platten bzw. Plattenstapel im Laufwerk auswechselbar oder fest sind (Wechselplatten- oder Festplattenspeicher).

Bei *Wechselplattenspeichern* kann der gesamte Plattenstapel ausgetauscht werden. Die Kapazitäten reichen bis zu 300 MB pro Stapel. Bei *Festplattenspeichern* ist der Plattenstapel fest im Laufwerk montiert. Festplattenspeicher für Großanlagen gibt es mit Kapazitäten von mehreren GB je Laufwerk. In der betrieblichen Praxis sind die Wechselplattenlaufwerke inzwischen durch Festplattenlaufwerke ersetzt worden,

- weil sich die Datenbestände für den Dialog-Betrieb ohnehin ständig im direkten Zugriff befinden müssen und
- weil sich Magnetplatten mit sehr hohen Kapazitäten technisch nur als Festplattenspeicher realisieren lassen.

Eine spezielle Konstruktionsform besitzen *Winchesterplatten-Laufwerke*: Die Schreib-/Leseköpfe sind zwar auch positionierbar, jedoch zusammen mit den Platten und der Positioniereinrichtung fest in ein luftdicht abgeschlossenes versiegeltes Laufwerk eingebaut. Wegen des extrem kleinen Abstands der Schreib-/Leseköpfe von den Plattenoberflächen sind besonders hohe Schreibdichten möglich. Die Winchester-Technologie wurde 1973 von IBM für Platten im Bereich der DV-Großanlagen entwickelt. Für Klein- und Mikrocomputer gibt es Winchesterplatten seit 1979, und zwar mit 8 Zoll, 5,25 Zoll und 3,5 Zoll Durchmesser. Nachdem zuerst 5,25-Zoll-Plattenlaufwerke dominierten, setzen sich inzwischen 3,5-Zoll-Plattenlaufwerke mit Kapazitäten bis zu mehreren 100 MB je Laufwerk immer mehr durch. Mittlerweile gibt es auch Platten mit nur 2,5 Zoll Durchmesser.

Die physische Belegung der Plattenspeicher ist Aufgabe des Betriebssystems (siehe Abschnitt 3.3.1). Da die Aufzeichnung der Daten auf den Spuren - ähnlich wie beim Start-/Stop-Betrieb der Magnetbandgeräte - durch ungenutzte Zwischenräume unterbrochen wird, ist wieder eine Blockung mehrerer logischer Datensätze zu einem physischen Datensatz (Datenblock) angebracht. Im praktischen Betrieb wird dazu im sogenannten *Festblockmodus* gearbeitet. Alle Spuren werden in eine Anzahl von Blöcken fest vorgegebener Länge eingeteilt; z.B. in Blöcke von Vielfachen à 512 Byte bei der Zugriffsmethode VSAM (virtual storage access method) der IBM oder in PAM (primary access method)-Seiten à 2.048 Byte beim Betriebssystem BS 2000 von Siemens. Durch das Betriebssystem erfolgt eine *Formatierung*, bei der auf jeder Spur die Blockgrenzen markiert werden. Wegen der Blockung wird keine volle Ausnutzung der theoretischen Plattenkapazität erreicht.

Der Wirtschaftsinformatiker hat häufig grobe Kapazitätsabschätzungen wie folgt vorzunehmen (Beispiel Debitorenbuchhaltung, siehe Abschnitt 7.2.1):

15.000 Kundenstammsätze	à 400 Stellen	6 Mio Byte
15.000 Offene Posten	à 100 Stellen	1,5 Mio Byte
40.000 Buchungssätze	à 120 Stellen	4,8 Mio Byte
		12,3 Mio Byte
Reserve (50% Zuschlag)		6,2 Mio Byte
Kapazitätsbedarf für Debitorenbuchhaltung:		ca. 18,5 MB

2.6.4 Disketten

Disketten sind dünne, runde Magnetplatten, die sich fest in einem Schutzumschlag aus Plastik befinden. Es gibt zwei gebräuchliche Durchmesser, und zwar biegsame Disketten (floppy disks) zu 5,25 Zoll (Minidisketten) sowie starre Disketten zu 3,5 Zoll (Mikrodisketten). Die bei Mikrocomputern zunächst verbreiteten 5,25-Zoll-Disketten werden zunehmend durch 3,5-Zoll-Disketten, die sich nicht knicken lassen und durch einen automatischen Verschluß geschützt sind, abgelöst. Nicht mehr benutzt wird das als erstes (im wesentlichen für die Datenerfassung) eingeführte (Standard-) Format 8 Zoll. Angeboten werden inzwischen auch Laufwerke mit 2,5-Zoll-Disketten. In Entwicklung befinden sich 1,8-Zoll-Disketten.

Disketten werden benutzt

- hauptsächlich für die Programm- und Datenspeicherung bei Klein- und Mikrocomputern einschließlich des Datenträgeraustauschs und
- gelegentlich noch als Datenträger für die indirekte Dateneingabe unter Verwendung entsprechender Datenerfassungsgeräte (vgl. Abschnitt 2.5.2).

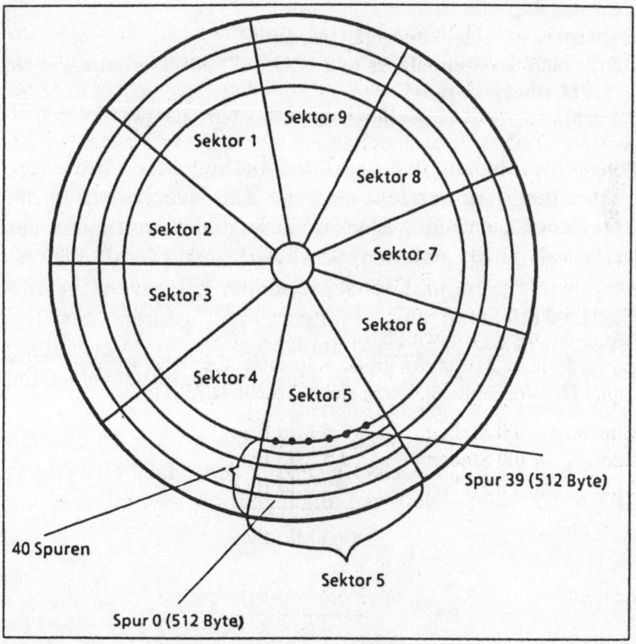

Abb. 2.25: *Datenaufzeichnung bei Disketten*

Die Aufzeichnung erfolgt bitseriell in konzentrischen Spuren, die in Sektoren mit einer gleichgroßen Anzahl von Byte je Spurabschnitt aufgeteilt sind (Abb. 2.25). Die (radial gemessene) Spurdichte beträgt maximal 96 tpi (tracks per inch) tpi bei Minidisketten und 135 tpi bei Mikrodisketten. In der Regel haben 5,25-Zoll-Disketten 40 oder 80 Spuren und 3,5-Zoll-Disketten 80 Spuren. Die Sektoreinteilung (*Formatierung*) erfolgt entweder hardwaremäßig (Einstanzen von Löchern) oder im Regelfall softwaremäßig.

Zu unterscheiden sind noch:

- einseitig/doppelseitig beschreibbar (SS = single sided/DS = double sided): Aufzeichnung nur auf einer bzw. auf beiden Seiten;
- einfache/doppelte Schreibdichte (SD = single density/DD = double density): gängig sind 2.768/5.536 bpi bei 5,25-Zoll- und 8.650 bpi (nur doppelt) bei 3,5-Zoll-Disketten (jeweils für die innerste Spur). Ferner gibt es noch höhere Schreibdichten (HD = high density).

Die Kapazität einer Diskette errechnet sich wie folgt:

Anzahl Spuren x Anzahl Sektoren x Anzahl Byte pro Sektor und Spur.

Beispiele:
5,25 Zoll, DS/DD : 40 • 9 • 512 • 2 = 360 KB
3,5 Zoll, DS/HD : 80 • 18 • 512 • 2 = 1,4 MB

In der Hülle befinden sich folgende Löcher:

- Mittelloch: zum Einspannen in das Laufwerk (Hardhole),
- Indexloch: zum Erkennen des Spuranfangs (ein Loch bei Softsektorierung, je ein Loch pro Sektor bei Hardsektorierung),
- Kopffenster: zum Schreiben bzw. Lesen durch den Schreib-/Lesekopf.

Die Umdrehungsgeschwindigkeit der Disketten beträgt 300 Umdrehungen/min. Unter der *Zugriffszeit* versteht man die Zeitdauer zwischen der Befehlsabgabe und dem Lesen eines Blocks. Sie setzt sich zusammen aus der Zeit, die erforderlich ist, um den Schreib-/Lesekopf auf die gewünschte Spur zu positionieren, und der sogenannten Latenzzeit, die vergeht, bis sich die Diskette zum ausgewählten Sektor gedreht hat. Die mittleren Zugriffszeiten liegen zwischen 150 und 250 ms. Zur Verkürzung der Zugriffszeit werden zusammengehörige Daten nicht in benachbarten Sektoren, sondern versetzt gespeichert (*interleaving*).

Die derzeitigen Disketten-Kapazitäten reichen bis 1,6 GB (5,25-Zoll-Disketten) bzw. 400 MB (3,5-Zoll-Disketten). Auf dem Hardware-Markt gibt es fast ständig spektakuläre Neuankündigungen mit wesentlich höheren Kapazitäten.

2.6.5 Optische Datenspeicher

Bei den *optischen Speichermedien* werden die Informationen mit einem Laserstrahl längs einer Spur in die aus Tellur, Rhodium oder einer Legierung aus beiden bestehende Oberfläche einer Platte eingebrannt und zum Lesen wieder mit einem Laserstrahl abgetastet. Im Prinzip arbeiten sie wie die von der Unterhaltungsindustrie her bekannten Bildplatten (optical video disk) und Schallplatten (CD-Platten). Vorteile sind außerordentlich hohe Kapazitäten, geringe Störanfälligkeit und lange Lebensdauer. Man unterscheidet

- WORM (write once, read multiple)-Platten,
- CD (compact disk)-ROM-Platten und
- ELOD (erasable laser optical disk)-Platten.

Die *WORM-Platte* wurde unter der Bezeichnung DOR (digital optical recording) von Philips und anderen Firmen auf der Basis der Bildplatte, jedoch mit digitaler (anstatt analoger) Aufbereitung, entwickelt. Der Standard-Durchmesser beträgt 12 Zoll (= 30,4 cm). Die Aufzeichnung erfolgt ein- oder beidseitig in konzentrischen Spuren, die Kapazitäten betragen bis 8 GB je Plattenseite. WORM-Platten gibt es mit Durchmessern zwischen 3,5 und 14 Zoll. Der Anwender hat die Möglichkeit, auf der WORM-Platte große Datenbestände zu speichern (und zu archivieren), die er selbst sukzessive aufbaut, z.B. in der Büroautomation (siehe Abschnitt 7.2.4.2). Laufwerke für WORM-Platten mit 5,25 Zoll Durchmesser (Kapazitäten bis 2,6 GB) gibt es auch als Zusatzeinrichtungen für Mikrocomputer.

Die *CD-ROM-Platte* hat ihren Ursprung in der Audio-CD der Schallplattenindustrie. Der Durchmesser beträgt 4,75 Zoll (= 12 cm), die Informationen werden digital in einer einzigen spiralförmigen Spur aufgezeichnet. Die Standardkapazität beträgt 550 MB. Da das Beschriften von CD-ROM-Platten außerordentlich hohe Kosten verursacht (zuerst muß eine Masterplatte aus Glas hergestellt werden, aus der dann die eigentlichen CD-ROM-Platten als Kopien gefertigt werden), beschränkt sich die Verwendung auf den Informationsdienst durch den Versand von Platten mit Adreß-, Orts-, Straßen- und Telefonverzeichnissen, Bezugsquellennachweisen, Ersatzteilkatalogen, dem Bibeltext und anderen allgemein interessierenden Informationen ("Offline-Datenbanken") durch wenige Anbieter, u.a. die Deutsche Bundespost.

WORM- und CD-ROM-Platten haben den Nachteil, daß sich die gespeicherten Daten weder löschen noch verändern oder überschreiben lassen. Im Gegensatz dazu können ELOD-Platten mehrmals beschrieben werden. Bei diesen Platten erfolgt das Beschreiben durch Erhitzen von Punkten einer magnetisierbaren Schicht durch einen Laserstrahl. Dabei werden Partikel frei, die dann durch Anlegen eines äußeren Magnetfelds polarisiert (Zustand 0 oder 1) werden. Die so gespeicherte Information bleibt beim Abschalten des Lasers bis zum nächsten Aufheizen erhalten. ELOD-Platten heißen deswegen auch *magneto-optische* Platten. Der wirtschaftliche Einsatz von ELOD-Platten, insbesondere als Alternative zu Magnetplatten, steht noch aus.

WORM- und CD-ROM-Platten lassen sich nur einseitig, ELOD-Platten beidseitig beschreiben. Genereller Nachteil aller optischen Speicherplatten sind die gegenüber Magnetplatten wesentlich längeren Zugriffszeiten.

2.7 Datenausgabe

2.7.1 Übersicht

Die Ausgabe von Daten kann erfolgen

a) indirekt, d.h. in maschinell lesbarer Form, oder
b) direkt, d.h.
   - in visuell lesbarer Form oder
   - in akustischer Form.

Die Ausgabe in *maschinell lesbarer Form* dient der Zwischenspeicherung

- für eine spätere Weiterverarbeitung oder
- für die spätere Datenausgabe in visuell lesbarer Form, in der Regel auf einem Drucker.

Datenträger für diese Zwischenspeicherung sind Magnetbänder (vgl. Abschnitt 2.6.2), Platten (vgl. Abschnitt 2.6.3) und Disketten (vgl. Abschnitt 2.6.4).

Als Datenausgabe im engeren Sinn ist die direkte Ausgabe in *visuell lesbarer Form* anzusehen, und zwar

- auf Papier über Drucker oder Plotter (Abschnitt 2.7.2),
- am Datensichtgerät (vgl. Abschnitt 2.5.4.2) oder
- auf Mikrofilm (Abschnitt 2.7.3).

Bei der *akustischen Datenausgabe* (Sprachausgabe) unterscheidet man zwei Verfahren, und zwar

- Halbsynthese: Als Sprachmuster eingegebene Wörter oder Wortfolgen ("Wortschatzgenerierung") werden digital gespeichert und zur Ausgabe wieder in analoge Schwingungen umgewandelt (*Sprachwiedergabesysteme*).

- Vollsynthese: Digital gespeicherter Text wird anhand von Sprachlauten, die als sogenannte Phoneme (Sprachlaute) oder Diphone (Lautübergänge) gespeichert sind, in Sprachsignale umgewandelt (*Sprachsynthesesysteme*).

Die Ausgabe erfolgt in beiden Fällen als "synthetische" Sprache über Lautsprecher. Die bei der Halbsynthese generierte Sprache kommt der natürlichen Sprache näher. Für den Einsatz der Sprachausgabe kommen vor allem Abfrage- und Auskunftssysteme (Lagerbestände, Fahrpläne, Telefonauskunft, Börsenkurse usw.) in Betracht. Durch den schon erwähnten "sprechenden Bildschirm" (vgl. Abschnitt 2.5.4.2), der mit vollsynthetischer Sprachausgabe arbeitet, werden Bildschirm-Arbeitsplätze für Sehbehinderte geschaffen. Von wenigen Ausnahmen abgesehen, hat die akustische Datenausgabe noch keine größere Anwendung gefunden.

Nicht mit den Sprachausgabesystemen zu verwechseln sind wiederum die *Sprachspeichersysteme* (vgl. Abschnitt 2.5.4.3), die vorwiegend in der Bürokommunikation (voice mail, siehe Abschnitt 7.2.4.2) Verwendung finden. In der Technik besteht (im Gegensatz zur Anwendung) allerdings kein prinzipieller Unterschied zwischen den Sprachspeichersystemen und den mit der Halbsynthese, d.h. mit vordefiniertem ("natürlichem") Wortschatz, arbeitenden Sprachwiedergabesystemen.

2.7.2 Drucker

Für die Datenausgabe auf Papier wird eine große Anzahl von Druckern angeboten. Drei (von mehreren) Klassifizierungsmöglichkeiten für Drukker sind die Unterscheidungen

- nach Druck mit Anschlag (impact) oder anschlagfreiem (non impact) Druck,
- nach der Druckfolge (Zeichen/Zeilen/Seiten) und
- nach dem Schrifttyp (geschlossen/offen).

Eine stärker unterteilte Gliederung wird in DIN 9784 vorgenommen. Die älteren Bezeichnungen "mechanisch" für impact und "nicht-mechanisch" für non impact sind nicht korrekt, weil es Drucker ohne Mechanik nicht gibt.

Bei Druckern *mit Anschlag* erfolgt das Drucken eines Zeichens durch den mechanischen Anschlag eines Typenträgers gegen das Papier. Bei *anschlagfreien* Druckern werden die Druckbilder auf fotoelektrischem oder chemischem Wege erzeugt. Anschlagfreie Drucker sind besonders geräuscharm. Allerdings sind keine Durchschläge möglich.

Beim *Zeichendruck* werden die Zeichen einer Druckzeile nacheinander (seriell) gedruckt, häufig abwechselnd in beiden Richtungen (bidirektional). Die Geschwindigkeitsangabe erfolgt in cps (characters per second). Beim *Zeilendruck* erfolgt das Drucken gleichzeitig für alle Zeichen einer Zeile. Der Druckvorgang beginnt erst, wenn eine volle Druckzeile in einem Puffer gespeichert ist. Das eigentliche Drucken aller Positionen der Zeile erfolgt dann zwar seriell, aber so schnell, daß praktisch von Gleichzeitigkeit gesprochen werden kann. Beim *Seitendruck* wird eine ganze Druckseite auf einmal gedruckt.

Ein *geschlossener Schrifttyp* (fully formed character) liegt vor, wenn sich das Druckzeichen in geschlossener Form auf einem Typenträger (z.B. Typenrad, Stahlband) befindet und als Ganzes auf das Papier abgebildet wird. Beim *offenen Schrifttyp* wird das Zeichen mosaikförmig aus mehreren Rasterpunkten erzeugt (Matrixdrucker).

Abbildung 2.26 gibt eine Übersicht über die wichtigsten Druckertypen. Nicht aufgeführt sind weniger gebräuchliche Typen wie beispielsweise Elektro-Erosions-Drucker. Die angeführten Leistungszahlen sind Maximalwerte, sie werden von den serienmäßig angebotenen Geräten nicht immer erreicht.

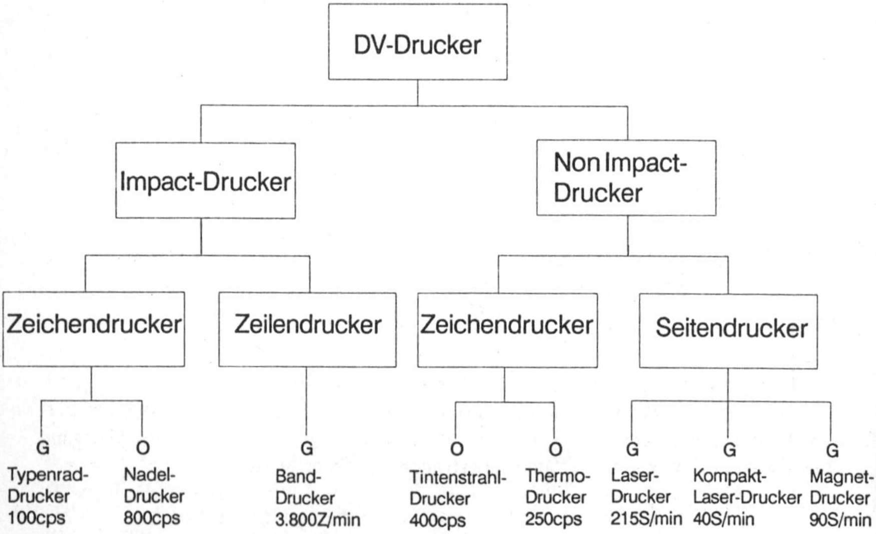

G = geschlossener Schrifttyp
O = offener Schrifttyp

cps = characters per second
Z/min = Zeilen pro Minute
S/min = Seiten pro Minute

Abb. 2.26: *Druckertypen*

Die einzelnen Druckertypen haben folgende Merkmale:

Typenraddrucker:
Die Typen befinden sich an der Spitze von Typenarmen, die sternförmig um eine Scheibe angeordnet sind. Ein Druckhammer schlägt die gewünschte Type gegen Farbband und Papier. Die Typenräder sind auswechselbar. Das Material ist Metall oder Plastik. Wegen der niedrigen Geschwindigkeit und der hohen Geräuschentwicklung geht die Bedeutung zurück.

Nadeldrucker (Matrixdrucker):
Die Druckzeichen werden punktförmig durch einen Druckkopf aus matrixförmig angeordneten Nadeln erzeugt, die im Frontdruck gegen Farbband und Papier geschlagen werden. Je mehr Nadeln verwendet werden, um so besser ist die Schriftqualität. Angeboten werden Druckköpfe mit 9, 18, 24 oder 48 Nadeln. Ein Zeichengenerator ermöglicht verschiedene Schriftarten.

Schnelldrucker:
Als Schnelldrucker werden üblicherweise die für große und mittlere DV-Anlagen verwendeten Zeilendrucker bezeichnet. Die heute gebräuchlichen Banddrucker sind aus den Kettendruckern hervorgegangen. Die Typen befinden sich auf einem Stahlband (früher Kette), das in horizontaler Richtung vor dem Papier rotiert. Ein Druckhammer schlägt das Papier genau dann gegen das Band, wenn das zu drukkende Zeichen vorbeikommt. Die Druckgeschwindigkeit ist abhängig vom Zeichensatz (48, 64 oder 96 Zeichen). Das Band befindet sich in einer Kassette und läßt sich leicht auswechseln. Dadurch ist z.B. auch das Drucken von OCR-Schrift möglich. Die Druckgeschwindigkeit hängt von der Anzahl der übersprungenen Zeilen (Vorschub) ab.

Laserdrucker (Abb. 2.27):
Die zu druckenden Zeichen werden mit einem Laserstrahl auf eine lichtempfindliche Schicht, die sich auf einer rotierenden Trommel befindet, projiziert. An den belichteten Stellen werden Farbpartikel festgesetzt, die anschließend auf das Papier übertragen und danach durch Wärme und Druck eingebrannt werden. Laserdrucker gibt es für DV-Großanlagen und als "Kompaktdrucker" für Mini- und Mikrocomputer. Bei einigen Geräten sind beidseitiger und/oder mehrfarbiger Druck möglich. Laserdrucker gestatten - im Gegensatz zu den anderen Druckern - je nach Steuerungssoftware (*Treiberprogramme*) beliebig viele Schriftarten und -größen (Fonts).

Magnetdrucker:
Von den zu druckenden Zeichen wird zunächst durch Schreibköpfe auf der magnetischen Oberfläche einer rotierenden Trommel ein Abbild erzeugt. Die magnetisierten Punkte ziehen einen Trockentoner an, der dann im eigentlichen Druckvorgang unter hohem Druck auf das Papier übertragen und fixiert wird.

Tintenstrahldrucker:
Die Zeichendarstellung erfolgt durch Tintentröpfchen, die gezielt aus Düsen gegen das Papier geschleudert werden. Der Tintenausstoß ist entweder kontinuierlich (Hochdruckverfahren) oder tropfenweise (Niederdruckverfahren). Farb-Tintenstrahldrucker verwenden mehrere Tintenfarben.

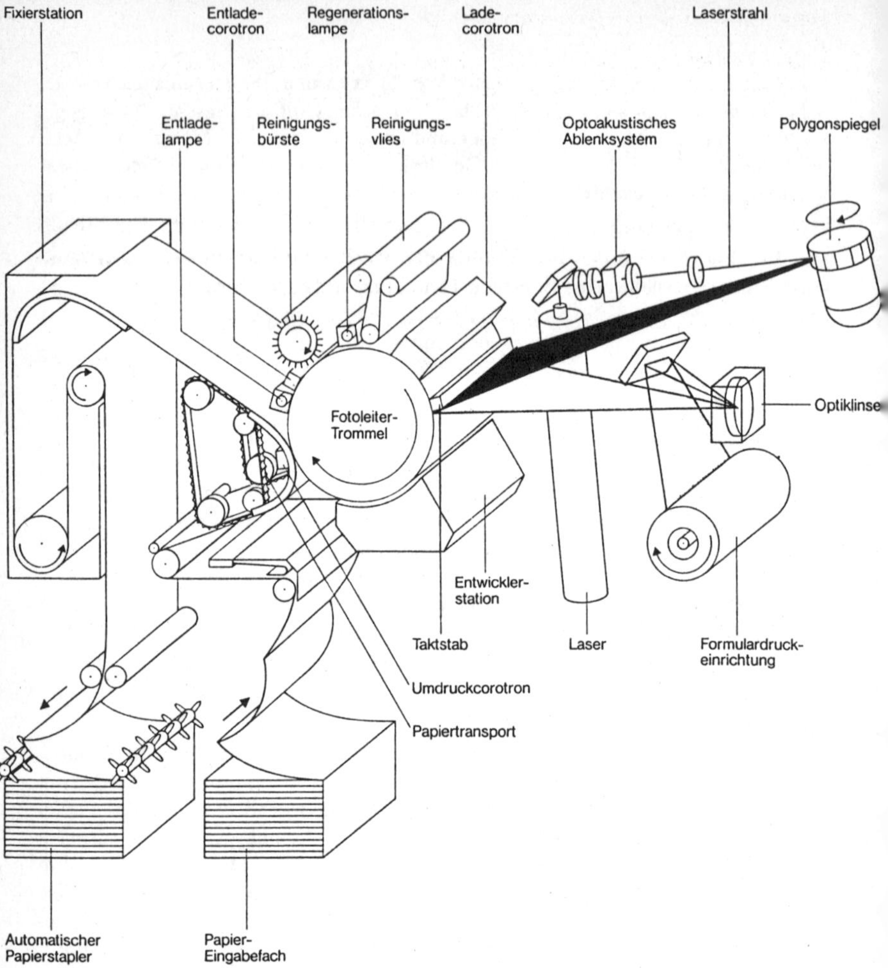

Abb. 2.27: *Prinzip des Laserdruckers (Siemens 2200)*

Thermodrucker/Thermotransferdrucker:
Thermodrucker erzeugen die Zeichen durch Hitzeeinwirkung von Elektroden auf Spezialpapier, Thermotransferdrucker durch Umschmelzen der Farbpartikel von (Spezial-)Farbbändern auf Normalpapier.
Tintenstrahl- und Thermodrucker sind Matrixdrucker. Im Sprachgebrauch wird die Bezeichnung "Matrixdrucker" allerdings meistens für den Nadeldrucker verwendet.
Für Blinde werden Drucker angeboten, die die Daten in *Brailleschrift* ausgeben.

Generell kommen in Betracht:

- für Großanlagen: Banddrucker, Laserdrucker, Magnetdrucker;
- für mittlere Anlagen: Banddrucker, Laserdrucker, Nadeldrucker;
- für Mini- und Mikrocomputer: Typenraddrucker, Nadeldrucker, Tintenstrahldrucker, Thermodrucker, Kompakt-Laserdrucker.

Vorwiegend eingesetzt werden bei Großanlagen Banddrucker und (bei hohem Druckanfall) Laserdrucker, bei mittleren DV-Anlagen Banddrukker und bei Mini- und Mikrocomputern Nadel- und Kompakt-Laserdrukker. Bei der Auswahl des richtigen Druckers muß zunächst

- von der Menge der zu druckenden Daten (stündlich, täglich usw.),
- von der Häufigkeit des Druckanfalls (gleichmäßig, Spitzenbelastungen usw.),
- von der Anzahl der erforderlichen Durchschläge bzw. Kopien und
- von der verfügbaren DV-Anlage

ausgegangen werden.

- Druckprinzip
  (Nadel, Tintenstrahl, Laser u.a.)
- Druckgeschwindigkeit
  (cps, Z/min, S/min)
- Zeichenvorrat
  (ASCII, Umlaute, Sonderzeichen, OCR)
- Schriftarten (Fonts)
  (Courier, Gotic, Italic u.a.)
- Schriftteilung
  (Zeichen/Zoll bzw. Zeilen/Zoll, Proportionalschrift)
- Schriftqualität/Grafikfähigkeit
  (draft, near letter, letter quality)
- Schreibbreite
  (Anzahl Druckpositionen pro Zeile)
- Papierzuführung
  (Traktor, Stachelradwalze, Einzelblatt)
- Durchschläge
  (generelle Möglichkeit, Anzahl Durchschläge)
- Farbdruck
  (generelle Möglichkeit, Anzahl Farben)
- Schnittstellen
  (seriell, parallel, Driver-Programme)
- Druckgeräusch
  (ab 55 dB störend)
- Kaufpreis
- Betriebskosten

Abb. 2.28: *Beurteilungskriterien für DV-Drucker*

Ein wesentliches Kriterium ist die Schriftqualität gemessen in dpi (dots per inch). Man unterscheidet normale DV-Qualität (draft quality), Schönschriftqualität (NLQ = near letter quality) und ab 300 x 300 dpi Korrespondenzqualität (LQ = letter quality). Bei einigen Druckern (z.B. Nadeldruckern) kann eine bessere Schriftqualität durch mehrmaliges Drucken desselben Zeichens erreicht werden. Die Druckgeschwindigkeit geht dabei drastisch zurück.

Da bei mehreren Druckertypen relativ hohe Druckgeräusche entstehen, ist aus ergonomischen Gründen die richtige Wahl des Aufstellungsorts von Bedeutung.

Für die Beurteilung und Auswahl von Druckern gibt es eine große Anzahl von Kriterien. Die wichtigsten sind in Abbildung 2.28 zusammengestellt.

Für den Wirtschaftsinformatiker sind wie immer Kostenvergleiche wichtig. Ausschlaggebend sind nicht allein der Kaufpreis (bzw. die Abschreibungen) oder die Miete, sondern auch die Kosten für Material und Zubehör (Papier, Farbbänder, Druckköpfe, Patronen, Tonerflüssigkeit, Software) sowie für Wartungs- und Reparaturarbeiten. Zweckmäßig sind Kostenvergleiche auf der Basis DM/Druckseite.

Plotter (Kurvenschreiber) sind Zeichengeräte für die grafische Darstellung digital gespeicherter Daten in Form von Kurven, Diagrammen usw. Die Schrift wird durch (ein- oder mehrfarbige) Faserstiftschreiber bzw. Tintenpatronen erzeugt. Beurteilungskriterien sind Schrittlänge (Auflösungsvermögen), Schrittgeschwindigkeit und der Schwierigkeitsgrad der Programmierung. Wenn keine übertriebenen Anforderungen an die Qualität der Zeichnungen gestellt werden, lassen sich mit entsprechender Software auch Matrix- oder Laserdrucker zum Zeichnen verwenden.

2.7.3 Mikroverfilmung

Die Mikroverfilmung wird eingesetzt für die Verfilmung

- von Belegen (Briefe, Zeichnungen, gedruckte Listen) als sogenannte *bildliche Aufzeichnung* und
- von DV-Output unter Umgehung der Druckausgabe auf Papier als sogenannte *inhaltliche Aufzeichnung*.

Hier interessiert nur die inhaltliche Aufzeichnung, die als *COM* (computer output on microfilm) bezeichnet wird (Normung in DIN 19065).

Als Datenträger hat sich beim COM-Verfahren der *Mikrofiche* (vom Französischen fiche = Blatt) durchgesetzt, ein Planfilm mit Bildfeldern, die in Zeilen und Spalten angeordnet sind. Die Abmessungen sind in DIN

19054 genormt. Gebräuchlich sind das Format DIN A6 = 105 mm x 148 mm und das Verkleinerungsverhältnis 1:42. Ein Fiche enthält theoretisch 14 (Zeilen) x 16 (Spalten) = 224 Bilder, praktisch sind es wegen des Wegfalls der Titelzeile (oberste Zeile) und der Indexseite (rechte untere Ecke) nur 207.

Das gebräuchlichste (und kostengünstigste) Verfilmungsgerät (*COM-Recorder*) arbeitet intern mit einer Kathodenstrahlröhre als Bildschirm. Die digital gespeicherten Daten werden in analoge Zeichen umgewandelt, auf den Bildschirm projiziert und von dort verfilmt. Anschließend erfolgen die Entwicklung und die Konfektionierung auf Fiche-Format. Bei modernen Recordern, die nach dem Laser-Druckprinzip arbeiten, wird trocken (thermografisch) entwickelt. Die Datenaufbereitung für die Verfilmung geschieht durch entsprechende Software, entweder noch auf der DV-Anlage oder erst anschließend auf dem COM-Recorder. Die Verfilmungsgeräte können (im Online-Betrieb) direkt an die DV-Anlage angeschlossen werden oder (im Offline-Betrieb unter Verwendung von Magnetbändern als Zwischendatenträgern) davon unabhängig arbeiten (siehe Abschnitt 3.2).

Bei den Mikrofilm-Lesegeräten ist besonders wichtig, daß sie einen schnellen Zugriff zu den gesuchten Informationen gestatten. Lesegeräte mit Rückvergrößerungseinrichtung ermöglichen die Anfertigung von Papierkopien in Originalgröße.

Vorteile der Mikroverfilmung sind:

- kostengünstiger Versand,
- unbegrenzte Kopiermöglichkeit,
- Einsparung von Papier und Räumen für Archive,
- Wegfall von Druck- und Nachbereitungsarbeiten,
- Vollständigkeit der Information (kein Entfernen von Seiten möglich),
- Fälschungssicherheit (keine Veränderungen möglich).

Nachteile sind:

- Das Verfahren ist nicht geeignet, wenn sich die Daten oft ändern.
- Auf Mikrofiche lassen sich keine Notizen anbringen.
- COM-Recorder sind sehr teuer. Die Verfilmung erfolgt daher häufig durch COM-Serviceunternehmen, die die Geräte im Offline-Betrieb einsetzen.

Das COM-Verfahren wird hauptsächlich eingesetzt,

- wenn in Abständen einem festen Empfängerkreis eine größere Anzahl gleicher oder ähnlicher Informationen ("Informationsdienst") zugestellt werden muß (z.B. Druckschriftenverzeichnisse an Postkunden, Preisverzeichnisse an Apotheken oder Ersatzteillisten an Kraftfahrzeughändler) oder
- wenn größere Datenbestände (und Programmbibliotheken) archiviert werden sollen.

Die Bedeutung der Mikroverfilmung geht zurück, weil sich inzwischen

- beim Informationsdienst der Versand von CD-ROM-Platten (vgl. Abschnitt 2.6.4) und vor allem der elektronische Datenaustausch (siehe Abschnitt 7.4) und
- bei der Archivierung die Verwendung von WORM- und möglicherweise ELOD-Platten (vgl. Abschnitt 2.6.5)

als Alternative anbieten. Entscheidende Kriterien neben der Menge der auszutauschenden bzw. zu archivierenden Daten sind (siehe auch Abschnitt 2.7.4),

- wie oft sich die Informationen ändern,
- wie oft von wie vielen Stellen auf die Informationen zugegriffen wird und
- wie aktuell die Informationen zur Verfügung stehen müssen.

2.7.4 Wirtschaftlichkeit der Datenausgabe

Eine Standardaufgabe, die sich dem Wirtschaftsinformatiker hinsichtlich der Wirtschaftlichkeit der Datenausgabe stellt, läßt sich an folgendem Beispiel beschreiben: Eine zentrale Stelle hat mehrere, möglicherweise sehr viele dezentrale Stellen (Beispiele: Konzern mit Werken, Handelszentrale mit Einzelhändlern, Reiseunternehmen mit Niederlassungen, Bank mit Filialen, Finanzverwaltung mit Finanzämtern und Steuerpflichtigen, DV-Hersteller mit Kunden-Rechenzentren) mit Daten zu beliefern, die zentral gepflegt, gespeichert und verarbeitet werden. In Betracht kommen für die Datenausgabe und -übermittlung

- der Versand von DV-Ausdrucken (Drucklisten),
- das Verschicken von Fernkopien der Drucklisten über Telefax (siehe Abschnitt 4.3.3),
- der Versand von Datenträgern (Magnetbänder, Disketten, optische Speicherplatten) mit anschließendem Druck und/oder Bildschirm-Anzeige beim Empfänger,
- der Versand von Mikrofiches,
- die Datenübertragung über öffentliche Netze (siehe Abschnitt 4.3.2) mit Druck beim Empfänger,
- die dezentrale Einrichtung von Mikrocomputern oder Datenstationen, mit denen der Empfänger - bei Fremdunternehmen im Weg des elektronischen Datenaustauschs (siehe Abschnitt 7.4) - direkt auf die zentralen Datenbestände zugreifen kann, und
- die Nutzung des Bildschirmtext-Systems (siehe Abschnitt 4.3.4).

Voraussetzung ist jeweils, daß der Empfänger über die erforderlichen Einrichtungen (Fernkopierer, Drucker, Mikrofilmlesegerät, Bildschirm-Terminal bzw. Btx-Anschluß) verfügt.

Bei der Analyse ist - ähnlich wie bei der Frage nach der Wirtschaftlichkeit der Dateneingabe (vgl. Abschnitt 2.5.5) - zu ermitteln,

- WO und an WIE VIELEN Stellen die Daten benötigt werden,
- WELCHE Datenmengen zu WELCHEN Zeiten zu übermitteln sind,
- WIE OFT und in WELCHEM UMFANG sich die Daten verändern,
- WIE AKTUELL die Daten dezentral vorliegen müssen.

Für jede Alternative, die nicht von vornherein, z.B. aus technischen oder personellen Gründen, ausscheidet, sind die Kosten (Geräte, Zubehör, Porto, Leitungsgebühren, Personal) und der Nutzen (quantifizierbare, monetär bewertbare und sonstige Vorteile) zu bestimmen und in Form einer Nutzwertanalyse (siehe Abschnitt 6.9.4) gegenüberzustellen.

2.8 Hardware-Konfigurationen

In den vorangegangenen Abschnitten des Kapitels 2 wurden - in der Reihenfolge Verarbeitung, Eingabe, Speicherung und Ausgabe - diejenigen Geräte besprochen, die die Computer-Hardware bilden. Die Zuordnung der wichtigsten *peripheren Geräte* zu den Funktionen Eingabe, Speicherung und Ausgabe ist in Abbildung 2.29 noch einmal zusammengefaßt.

Die Kombination aller erforderlichen Geräte ergibt die sogenannte (Hardware-)*Konfiguration*. Die Auswahl und Zusammenstellung aller erforderlichen Geräte bezeichnet man als *Konfigurieren*.

Während im mathematisch-technischen Anwendungsbereich primär die Leistungsfähigkeit des Zentralprozessors entscheidet, ist im Bereich der betriebswirtschaftlichen DV-Anwendungen, mit denen sich der Wirtschaftsinformatiker vorrangig zu befassen hat, zuerst von folgenden Anforderungen auszugehen (vgl. auch Abschnitt 2.4.2):

- Anzahl und Art der DV-Anwendungen (Fakturierung, Finanzbuchhaltung, Lohn-/Gehaltsabrechnung, Materialwirtschaft, Informationssysteme usw.),
- Anzahl, Größe und Benutzungshäufigkeit der Dateien und/oder Datenbanken,
- Anzahl der anzuschließenden Bildschirm-Arbeitsplätze (DV-Abteilung, Fachabteilungen, dezentrale Stellen),
- Arten des Datenanfalls (z.B. in Belegform, an Kassen), Anforderungen an die Datenausgabe (z.B. Druckoutput, Mikroverfilmung).

	Eingabe	Speicherung	Ausgabe
Markierungsleser	H		
Formularleser	H		
Handleser	H		
Scanner	H		
Datensichtgerät mit Tastatur	D		D
Spracheingabesystem	D		
Halbleiterspeicher		X	
Magnetbandgerät	(I)	X	I
Magnetplattenlaufwerk		X	
Diskettenlaufwerk	(I)	X	I
Optische Speichergeräte		X	
Sprachausgabesystem			D
DV-Drucker			D
COM-Anlage			D

I = indirekt, H = halbdirekt, D = direkt; ( ) = rückläufig

Abb. 2.29: *Funktionen peripherer Geräte*

Aus diesen Kriterien ergibt sich zunächst,

- welcher periphere Speicherplatz benötigt wird,
- in welcher Form die Dateneingabe und -ausgabe erfolgen sollen und
- wie viele periphere Geräte insgesamt für die Dateneingabe, -speicherung und -ausgabe anzuschließen sind.

Erst daraus kann dann - zusammen mit dem Hardware-Anbieter - unter Berücksichtigung gewünschter Systemverfügbarkeiten und Antwortzeiten die erforderliche Zentraleinheit bestimmt werden. Weitere Kriterien enthalten die Abschnitte 2.4.2 und 6.9.

Abbildung 2.30 zeigt die Konfiguration einer mittleren DV-Anlage mit Zentraleinheit, Plattenlaufwerken, Druckern und Bildschirm-Terminals

a) unter Verwendung der im DV-Vertrieb üblichen Gerätesymbole und
b) mit den Symbolen laut DIN 66001 (siehe Anhang 1), die bei den Schablonen für die Programmierung benutzt werden.

Bei der Konfiguration in Abbildung 2.30 handelt es sich um ein *Mehrplatzsystem*, d.h. um eine DV-Anlage mit mehreren (Bildschirm-)Arbeitsplätzen (Multi-Using-Betrieb). Im Gegensatz dazu stehen *Ein(zel)platzsysteme*. Sie besitzen neben der Zentraleinheit, peripheren Speichern und (nicht zwingend) einem Drucker lediglich **einen** Bildschirm-Arbeitsplatz (Single-Using-Betrieb). Einplatzsysteme sind typisch für einfache Mikrocomputer-

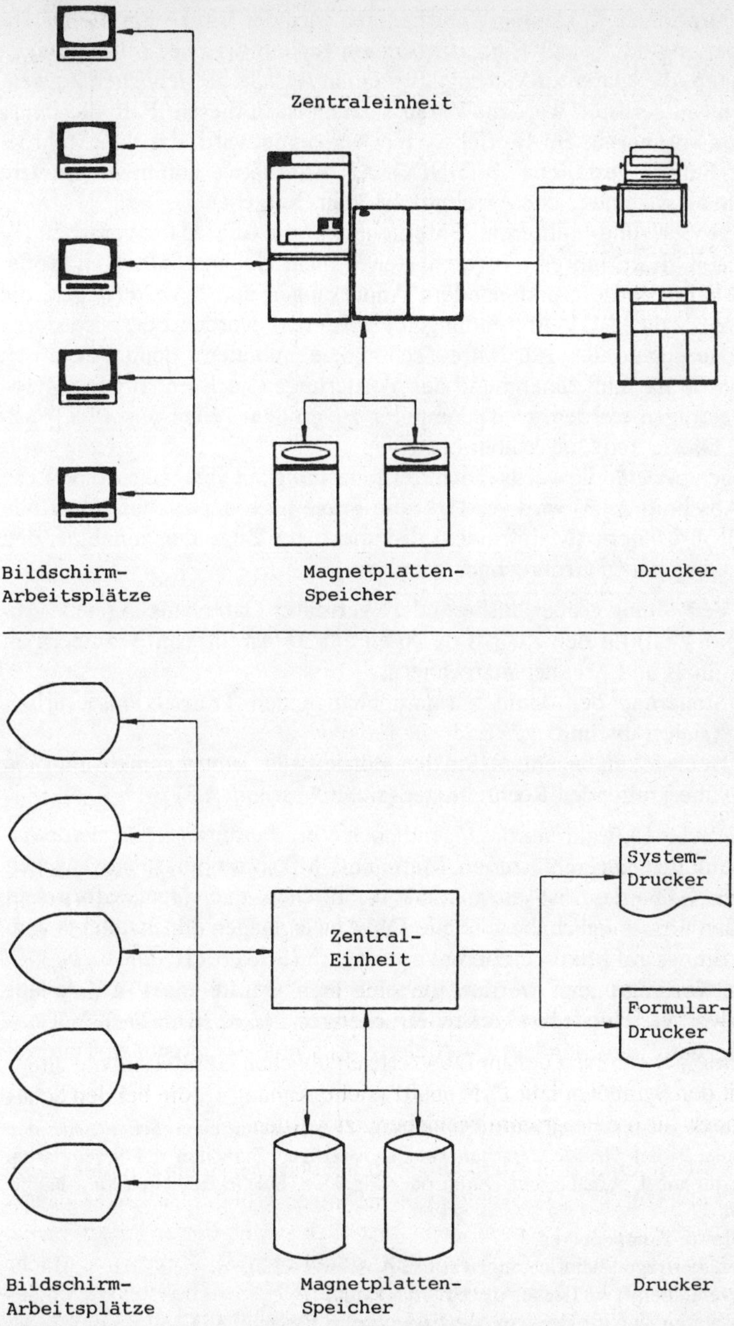

Abb. 2.30: *Konfigurationsbeispiel für eine DV-Anlage*

Konfigurationen. In kleinen Unternehmen wird der Einstieg in die Datenverarbeitung häufig mit Einplatzsystemen für ein bis zwei Anwendungen begonnen, die später zu Mehrplatzsystemen für alle betrieblichen Anwendungen "aufgerüstet" werden. Voraussetzung ist in diesem Fall allerdings, daß von vornherein ein Betriebssystem verwendet wird, das den Mehrbenutzer-Betrieb gestattet (z.B. UNIX). Als Alternative kommen vernetzte Einzelplatzsysteme (siehe Abschnitt 4.4.3) in Betracht).

In großen und mittleren Unternehmen, die die Datenverarbeitung schon seit vielen Jahren einsetzen, stehen nicht Neuanschaffungen größeren Stils im Vordergrund, sondern Anpassungen und Erweiterungen, die durch zusätzliche DV-Anwendungen erforderlich werden oder sich durch Verbesserungen der Hardware-Technologie anbieten. Beim Austausch von Hardware muß zunehmend den Forderungen nach Entsorgung Rechnung getragen werden, weil Computer zu großen Teilen aus Blei, Cadmium, Dioxin und Quecksilber bestehen.

Wegen der ständig wachsenden Leistungsfähigkeit von Mikrocomputern (vgl. Abschnitt 2.4.3) wird verstärkt die Frage nach der zukünftigen Rolle von Großrechnern (Mainframes) diskutiert. Im Zuge der zunehmenden Vernetzung haben Großrechner vor allem

- die Verwaltung großer, insbesondere verteilter Datenbanken (siehe Abschnitt 4.4.2) für den Zugriff durch eine hohe Anzahl von Benutzern an Terminals und Arbeitsplatzrechnern,
- die Steuerung der damit zusammenhängenden Transaktionsverarbeitung (siehe Abschnitt 3.2) und
- das Netzwerkmanagement für den Betrieb aller unternehmensinternen und -übergreifenden Rechnernetze (siehe Abschnitt 4.5)

zu übernehmen, während die eigentlichen Verarbeitungsvorgänge vorwiegend auf den angeschlossenen Mini- und Mikrocomputern abgewickelt werden. Außerdem ist es aus DV-technischen und organisatorischen Gründen nicht möglich, bestehende DV-Anwendungen ohne weiteres vom Großrechner auf Mikrocomputer zu verlagern (Schlagwort: *downsizing*).

Aus Kostengründen werden die einzelnen Geräte einer DV-Anlage häufig von verschiedenen Herstellern bezogen (*mixed hardware*). Voraussetzung dafür sind eindeutig definierte Anschluß-Schnittstellen (interfaces).

Generell versteht man nach DIN 44300, Teil 1, unter einer *Schnittstelle* den Übergang an der Grenze zwischen zwei gleichartigen Einheiten mit vereinbarten Regeln für die Übergabe von Daten oder Signalen. Solche Einheiten sind hauptsächlich

- **Hardware-Komponenten,**
- **Datenübertragungseinrichtungen (siehe Abschnitt 4.2.2),**
- **Programmbausteine (siehe Abschnitt 6.5.1) und**
- **im weiteren Sinn die Benutzeroberfläche (siehe Abschnitt 3.2).**

Auf dem Hardware-Markt operieren viele Anbieter, die sich auf die Herstellung von wenigen Gerätetypen (Datensichtgeräte, Drucker, Magnetplattenlaufwerke u.a.) oder Bauteilen (Prozessoren, Speicherbausteine u.a.) konzentriert haben, die dann in die Hardware der eigentlichen DV-Hersteller eingebaut werden. Man spricht in diesem Zusammenhang vom *OEM-Markt* (original equipment manufacturer, scherzhaft "ohne echtes Markenzeichen").

3 Systembetrieb

3.1 Übersicht

DV-Anlagen werden je nach den DV-technischen Gegebenheiten (Rechner-Architektur, Hardware-Konfiguration u.a.) und den Benutzeranforderungen in verschiedenen *Betriebsarten* und *Nutzungsformen* (Oberbegriff: Betriebsarten) betrieben. Diese Betriebsarten werden in Abschnitt 3.2 beschrieben.

Die Steuerung (*job control*) des Ablaufs der Anwendungsprogramme in der Zentraleinheit und in den peripheren Geräten übernehmen diverse *Steuerprogramme* (andere Bezeichnung: Organisationsprogramme), die zusammen das *Betriebssystem* (operating system) bilden. Je nach Betriebsart kommen unterschiedliche Betriebssysteme zum Einsatz. Zu den Betriebssystemen gehört auch die *Kommunikationssoftware*, die die Systemsteuerung bei der Datenfernverarbeitung und beim Rechnerverbund unterstützt.

Bei den "klassischen" DV-Anlagen (große, mittlere und kleine Systeme im Sinne der Abgrenzung von Abschnitt 2.4.2) dominieren herstellereigene ("proprietäre") Betriebssysteme mit einer uneinheitlichen Begriffsvielfalt, zu der die einzelnen Hardware-Hersteller teilweise absichtlich beitragen. Weitgehend einheitliche Betriebssysteme werden dagegen im Mikrocomputer-Bereich benutzt. Die wichtigsten Betriebssysteme sind:

- für große und mittlere DV-Anlagen: MVS, VM, DOS/VSE, SSX (IBM), BS 2000 (Siemens), VMS (DEC);
- für Mikrocomputer: MS-DOS, OS/2.

Rechnerunabhängigkeit wird mit dem ("offenen") Betriebssystem UNIX angestrebt. Die führenden DV-Hersteller bemühen sich gegenwärtig, entweder "durchgängige" Betriebssysteme vom Großrechner bis zum Mikrocomputer anzubieten (Siemens BS 2000) oder die unterschiedlichen Betriebssysteme der einzelnen Rechnerklassen in einen gemeinsamen Rahmen zu integrieren, der nach außen eine einheitliche Benutzeroberfläche und -unterstützung gewährleistet (IBM System-Anwendungsarchitektur SAA).

Die Aufgaben und die Arbeitsweise von Betriebssystemen werden in Abschnitt 3.3.1 behandelt. Speziell mit den Betriebssystemen für Mikrocomputer befaßt sich Abschnitt 3.3.2.

Die Betriebssysteme sind Bestandteil der *Systemsoftware*. Insgesamt besteht die Systemsoftware aus

- Steuerprogrammen,
- Dienstprogrammen und
- Übersetzungsprogrammen.

Zur Systemsoftware gehört ferner die *systemnahe Software*. Dabei handelt es sich um Programmsysteme, die die Verwaltung von Datenbanken übernehmen, die Software-Entwicklung unterstützen oder spezifische Aufgaben des Rechnerbetriebs übernehmen. Die Dienst- und die Übersetzungsprogramme werden gelegentlich ebenfalls zur systemnahen Software gezählt. Einen Überblick gibt Abbildung 3.1.

Zu den *Dienstprogrammen* werden gezählt:
- Hilfsprogramme (utilities): Hierzu gehören u.a. Programme für die Übertragung von Daten von einem peripheren Gerät zu einem anderen, z.B. von Band auf Platte oder umgekehrt; ferner für das Sortieren und/oder Mischen von Dateien (siehe Abschnitt 5.3.3).
- Verwaltungsprogramme: Hierzu gehören u.a. Programme zur Verwaltung der

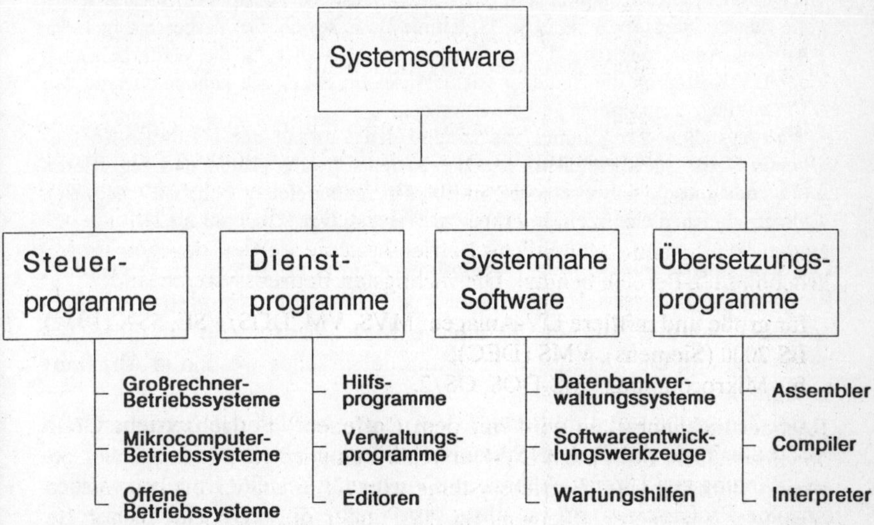

Abb. 3.1: *Bestandteile der Systemsoftware*

Programmbibliotheken (libraries) für Produktions- und Testprogramme auf externen Speichern (siehe Abschnitt 6.6.4); ferner der Binder (linkage editor), ein Programm, das getrennt umgewandelte Programmteile (siehe Abschnitt 3.4) zu einem lauffähigen Programm verknüpft, und der Lader (loader), der Programme von Bibliotheken auf externen Speichern in den Arbeitsspeicher holt. Die Verwaltungsprogramme sind häufig fester Bestandteil des Betriebssystems.
- Editoren: Programme zum Aufbereiten von Programmtexten im (Bildschirm-) Dialog. Meistens Bestandteil der Kommandosprache (siehe Abschnitt 3.3.1). Editoren mit erweitertem Leistungsumfang werden als Software-Entwicklungswerkzeuge (siehe Abschnitt 6.6.5) angeboten.

Zur *systemnahen Software* rechnet man:
- Datenbankverwaltungssysteme: Programme zur Verwaltung der in Datenbanken organisierten Datenbestände für die Nutzung durch Anwendungsprogramme (siehe Abschnitt 5.4.4).
- Software-Entwicklungswerkzeuge (tools): Programme zur Unterstützung der Softwareentwicklung, z.B. bei der Datenstrukturierung, beim System- und Programmentwurf und bei der Programmgenerierung (siehe Abschnitt 6.6.5).
- Testhilfen (debugger): Programme zur Unterstützung des Testbetriebs (siehe Abschnitt 6.6.4). Beispiele: Statische Testprogramme drucken Momentaufnahmen des Hauptspeicherinhalts (sog. Speicherabzug oder dump). Dynamische Testprogramme protokollieren den Programmablauf beim Testen (tracing). Testhilfen lassen sich auch den Entwicklungswerkzeugen zuordnen.
- Migrationshilfen: Programme, die Umstellungen im DV-Bereich (z.B. Wechsel des Betriebssystems, der Programmiersprache oder des Datenbankmodells) unterstützen.
- Accounting-Routinen: Programme zur Ermittlung der Inanspruchnahme der einzelnen Hardware-Komponenten (CPU, Hauptspeicher, periphere Geräte) durch die Anwendungsprogramme. Sie bilden die Basis sowohl für Verbesserungen der Anlagen-Auslastung (sog. Tuning-Maßnahmen) als auch für die Weiterbelastung der DV-Kosten an die Benutzer (siehe Abschnitt 8.4.1). Sie können auch zu den Verwaltungsprogrammen gerechnet werden.
- Wartungshilfen: Programme, die laufend den Zustand der Hardware-Komponenten (z.B. Speicherstellen) und der Systemsoftware prüfen und registrieren (Eigendiagnose), teilweise sogar selbständig Softwarefehler beheben (recovery). Sie ermöglichen eine gezielte technische Wartung (vgl. Abschnitt 2.2.2).

Die *Übersetzungsprogramme* (Assembler, Compiler, Interpreter) wandeln Programme, die vom Programmierer in einer Programmiersprache geschrieben worden sind, in die interne Maschinensprache um. Ihre Arbeitsweise und die wichtigsten Programmiersprachen werden in Abschnitt 3.4 behandelt.

Bei den großen und mittleren DV-Anlagen werden das Betriebssystem und große Teile der übrigen Systemsoftware vom Hardware-Hersteller gegen Zahlung von Lizenzgebühren zur Verfügung gestellt. Daneben werden einzelne Programme, insbesondere systemnahe Software und Dienstprogramme, auf dem Softwaremarkt angeboten. Im Mikrocomputer-Bereich muß der Benutzer praktisch die gesamte Systemsoftware einzeln von Fachhändlern oder von Software-Firmen erwerben.

3.2 Betriebsarten und Nutzungsformen von DV-Anlagen

Je nach der internen Arbeitsweise und nach den Benutzeranforderungen arbeiten DV-Anlagen in verschiedenen *Betriebsarten* und *Nutzungsformen*. Man unterscheidet:

a) bei den Betriebsarten
   - nach der Art der internen Verarbeitung in der DV-Anlage: Mono-Programming- und Multi-Programming-Betrieb bzw. bei Mikrocomputern Single-Tasking- und Multi-Tasking-Betrieb;
   - nach der Anzahl der Prozessoren: Einprozessor- und Mehrprozessor-Systeme;
   - nach der Art der Geräteverbindung zur Zentraleinheit: Online- und Offline-Betrieb;
   - nach der räumlichen Aufstellung der Geräte: lokale Verarbeitung und entfernte Verarbeitung;

b) bei den Nutzungsformen
   - nach der zeitlichen Abwicklung der Benutzeraufträge: Stapel- und Dialogbetrieb;
   - nach der Anzahl der gleichzeitig mit der DV-Anlage arbeitenden Benutzer: Einbenutzer- und Mehrbenutzersystem bzw. bei Mikrocomputern Single-Using- und Multi-Using-Betrieb;
   - nach der Art der Programmnutzung bei Mehrbenutzersystemen: Teilhaber- und Teilnehmerbetrieb.

Bei den *Betriebsarten* wird hinsichtlich der internen Verarbeitung zwischen

- Mono-Programming (Einprogramm)-Betrieb und
- Multi-Programming (Mehrprogramm)-Betrieb

unterschieden. Beim *Mono-Programming-Betrieb* befindet sich nur ein einziges Programm in der DV-Anlage. Erst wenn dieses Programm vollständig abgearbeitet ist, werden die Zentraleinheit und die peripheren Geräte für das nachfolgende Programm frei. Diese Verarbeitungsform kommt praktisch nur noch bei Kleinrechnern vor. Die entsprechende Betriebsart bei Mikrocomputern ist das schon erwähnte *Single-Tasking* (vgl. Abschnitt 2.4.3). Zur selben Zeit kann immer nur ein (gerätebezogener) Task abgewickelt werden. Beispielsweise können keine neuen Daten eingegeben werden, solange der Drucker noch arbeitet.

Beim *Multi-Programming-Betrieb* befinden sich in der DV-Anlage zur gleichen Zeit mehrere Programme, die von der CPU im Multiplex-Betrieb, d.h. verzahnt ("quasi-simultan"), abgearbeitet werden. Die Betriebsmittel werden den Programmen vom Betriebssystem so zugewiesen, daß die unterschiedlichen Verarbeitungsgeschwindigkeiten zwischen der CPU und den peripheren Geräten weitgehend ausgeglichen werden (Abb. 3.2). Die Anzahl der gleichzeitig in Verarbeitung befindlichen Programme wird als *Multi-Programming-Faktor* bezeichnet.

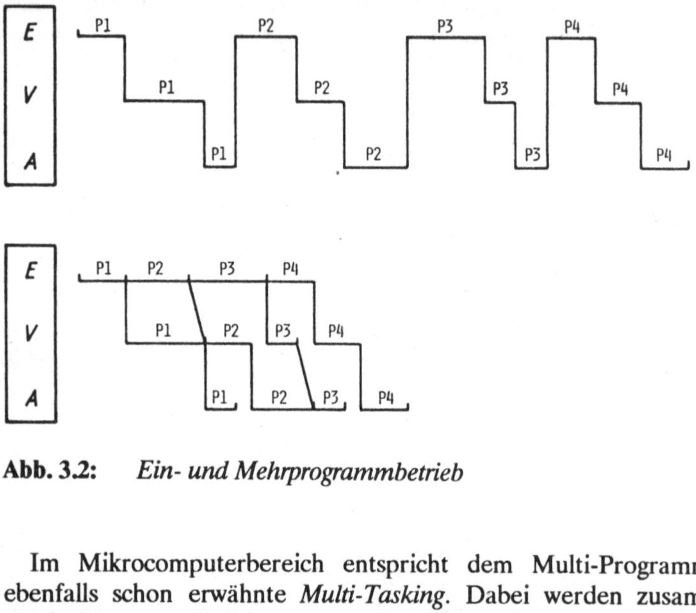

Abb. 3.2: *Ein- und Mehrprogrammbetrieb*

Im Mikrocomputerbereich entspricht dem Multi-Programming das ebenfalls schon erwähnte *Multi-Tasking*. Dabei werden zusammenhängende Programmfunktionen verzahnt auf verschiedenen Geräten abgearbeitet, z.B. bei der wiederholten Auswertung einer Datei mit jeweils anschließenden grafischen Darstellungen am Bildschirm.

Eine für die Dateneingabe und -ausgabe angewandte spezielle Form des Multi-Programming-Betriebs ist der *SPOOL-Betrieb* (simultaneous peripheral operations on line). Wenn mehrere im Multi-Programming-Betrieb in Bearbeitung befindliche Programme Ergebnisse zur Druckausgabe produzieren, können diese nicht gleichzeitig ausgedruckt werden, wenn (wie üblich) nur ein oder zwei Drucker angeschlossen sind, ganz abgesehen von der Verwendung verschiedener Vordrucke. Die zu druckenden Daten werden daher zunächst auf eine Platte zwischengespeichert und zu einem späteren Zeitpunkt im Multi-Programming-Betrieb parallel zur Verarbeitung wenig druckintensiver Programme ausgedruckt. Nach demselben

Prinzip lassen sich Daten von Magnetbändern oder von Disketten im SPOOL-Betrieb einlesen.

Bei *Mehrprozessor-Systemen* (vgl. Abschnitte 2.2.3 und 2.4.4) enthält die Zentraleinheit mehrere Zentralprozessoren, die ganz oder teilweise einen gemeinsamen Arbeitsspeicher und dieselben peripheren Geräte benutzen (*Multi-Processing-Betrieb*). Jeder Prozessor selbst arbeitet wieder im Multi-Programming-Betrieb. Das Betriebssystem ist allerdings wesentlich komplizierter als bei Einprozessor-Systemen: Eine CPU ist unabhängiger Prozessor (master), die anderen sind abhängige Prozessoren (slaves).

Je nachdem, ob eine *Geräteverbindung zur Zentraleinheit* besteht oder nicht, unterscheidet man zwischen

- Online-Betrieb und
- Offline-Betrieb.

Im *Online-Betrieb* arbeiten alle Geräte, die direkt bzw. über Steuereinheiten und/oder Kanäle an die Zentraleinheit einer DV-Anlage angeschlossen sind. Online arbeiten beispielsweise alle peripheren Geräte der in Abbildung 2.30 des Abschnitts 2.8 gezeigten Rechnerkonfiguration. Im Online-Betrieb arbeiten auch alle Geräte, insbesondere Datenstationen, die per Datenübertragung an die DV-Anlage angeschlossen sind (siehe Abschnitt 4.1). Im Gegensatz zum Online-Betrieb steht der *Offline-Betrieb*, bei dem die betreffenden Geräte nicht an die Zentraleinheit angeschlossen sind.

Eine typische Nutzungsform des Offline-Betriebs ist die Offline-Druckausgabe. Die zu druckenden Daten werden zunächst auf einem Magnetband gespeichert. Der Druck selbst erfolgt dann auf einer Offline-Druckstation, die aus einem separaten Drucker mit angeschlossener Magnetbandstation besteht. Bei großem Druckvolumen kann es wirtschaftlich sein, mehrere Drucker und Magnetbandeinheiten an eine separate Zentraleinheit anzuschließen, die ausschließlich der Druckausgabe dient.

Der Offline-Betrieb wird vor allem dann eingesetzt, wenn teure Geräte möglichst gut ausgelastet werden sollen. Beispiele dafür sind

- die halbdirekte Dateneingabe mit Beleglesern (vgl. Abschnitt 2.5.3),
- das Drucken mit Laserdruckern (vgl. Abschnitt 2.7.2) und
- die Datenausgabe auf Mikrofilm (vgl. Abschnitt 2.7.3).

In allen Fällen erfolgt eine Zwischenspeicherung der (einzugebenden bzw. auszugebenden) Daten auf Disketten oder Magnetbändern.

Hinsichtlich der *räumlichen Aufstellung* der Geräte ist zwischen

- lokaler Verarbeitung (local) und
- entfernter Verarbeitung (remote)

zu unterscheiden. Befinden sich alle peripheren Geräte am gleichen Ort wie die Zentraleinheit (z.B. Drucker unmittelbar im Rechenzentrum oder

Datensichtgeräte im selben Gebäude oder auf demselben Betriebsgelände), spricht man von *lokaler Verarbeitung*. Sind die Geräte dagegen geographisch entfernt installiert, liegt *entfernte Verarbeitung* vor. Im Fall des Online-Betriebs wird die entfernte Verarbeitung durch die Datenfernverarbeitung realisiert, indem die Daten mit Hilfe der Datenübertragung über Leitungen (öffentliche Netze der Bundespost) von und zu den geographisch entfernt aufgestellten Datenstationen übertragen werden (siehe Abschnitt 4.3.2).

Nutzungsformen aus der Sicht der *zeitlichen Abwicklung* der Benutzeraufträge sind die beiden Verarbeitungsarten

- Stapelverarbeitung (Stapelbetrieb) und
- Dialogverarbeitung (Dialogbetrieb).

Stapelverarbeitung (batch processing) ist laut DIN 44300, Teil 9, eine Verarbeitungsart, bei der Aufträge vollständig beschrieben und als Ganzes erteilt sein müssen, bevor mit ihrer Abwicklung begonnen werden kann. *Dialogverarbeitung* (conversational mode) oder *interaktive Verarbeitung* (interactive mode) ist dagegen sinngemäß nach DIN 44300 eine Verarbeitungsart, bei der im ständigen Wechsel vom Benutzer Teilaufträge erteilt und vom DV-System abgewickelt werden.

Dialogverarbeitung ist immer dann erforderlich, wenn der Sachbearbeiter oder der Programmierer selbst direkten Zugang zu den in der DV-Anlage gespeicherten Daten und/oder Programmen haben sollen. Bei vielen klassischen betrieblichen Abrechnungssystemen, z.B. in der Finanzbuchhaltung oder im Personalwesen, werden Mischformen des Stapel- und des Dialogbetriebs praktiziert (siehe Abschnitte 7.2.1 und 7.2.2).

Beispielsweise können bei der Lohnabrechnung die variablen Daten (geleistete Stunden, Zuschlagsarten u.a.) an Datensichtgeräten im Dialog eingegeben und dabei einer Reihe von Prüfungen unterworfen werden. Die Daten sämtlicher Lohnempfänger werden nach der Dateneingabe zunächst in der DV-Anlage zwischengespeichert und erst nach Abschluß der **gesamten** Dateneingabe durch das Lohnprogramm "im Stapel", d.h. in geschlossener Form, verarbeitet.

Eine besondere Form der Stapelverarbeitung ist die *Stapelfernverarbeitung* (RJE = remote job entry). Dabei erfolgen die Ein- und Ausgabe von Daten und/oder Programmen im Stapel über dezentral installierte Datenstationen, sogenannte RJE-Stationen.

Unter *Realzeitverarbeitung* (real time processing) versteht man eine Verarbeitungsform, bei der die Ergebnisse "schritthaltend" innerhalb einer vorgegebenen Zeitspanne vorliegen müssen. Sie ist typisch für die sogenannte Prozeßdatenverarbeitung, bei der technische Anlagen (Destillationskolonnen, Hochöfen, Kraftwerke, Roboter, Sicherheitseinrichtungen, Transport- und Lagersysteme u.a.) durch DV-Anlagen (Prozeßrechner) gesteuert werden (siehe auch Abschnitt 7.3.1.2). Mit Hilfe der Sensortechnik (Sensorik) werden Meßwerte aufgenommen, unmittelbar an die DV-Anlage übergeben und dann sofort in Steueranweisungen umgesetzt.

Mittlere und große DV-Anlagen sind stets auch *Mehrbenutzersysteme*, d.h. zur gleichen Zeit arbeiten jeweils mehrere Benutzer mit dem Rechner. Bei Mikrocomputern gestatten dagegen einige Prozessoren bzw. Betriebssysteme nur den *Single-Using-Betrieb*, d.h. die Benutzung des Rechners als Einplatzsystem. Sofern die Möglichkeit besteht, daß mehrere Benutzer gleichzeitig mit dem Mikrocomputer arbeiten (z.B. bei Arbeitsplatzrechnern unter dem Betriebssystem UNIX), spricht man vom *Multi-Using-Betrieb*. Entscheidend ist dabei die Gleichzeitigkeit. Ein Einplatzsystem, an dem nacheinander mehrere Benutzer arbeiten, ist deswegen kein Mehrbenutzersystem. Die dennoch gelegentlich vorgenommene Unterscheidung zwischen Mehrbenutzer- und Mehrplatzsystemen erscheint konstruiert.

Je nach Prozessor und/oder Betriebssystem gibt es bei Mikrocomputern folgende Kombinationen von Betriebsarten und Nutzungsformen:
- Single-Using mit Single-Tasking,
- Single-Using mit Multi-Tasking,
- Multi-Using mit Multi-Tasking.

Multi-Using mit Single-Tasking ist unrealistisch.

Bei der *Programmnutzung* im Fall der *Mehrbenutzersysteme* hat man zwischen

- Teilhaberbetrieb und
- Teilnehmerbetrieb

zu unterscheiden. Beim *Teilhaberbetrieb* arbeiten gleichzeitig mehrere Benutzer im Dialogbetrieb über Datenstationen gemeinsam mit einem in der Zentraleinheit befindlichen Programm und mit demselben Datenbestand. Die Benutzer bearbeiten eng abgegrenzte Problemstellungen und benötigen keine detaillierten System- oder Programmierkenntnisse. Der Teilhaberbetrieb bildet die Basis für alle zentralen Auskunfts- und Buchungssysteme. Für den Teilhaberbetrieb ist auch die Bezeichnung *transaktionsorientierte Verarbeitung* gebräuchlich. Jeder Benutzerauftrag wird als Transaktion bezeichnet, die einzelnen DV-Anwendungssysteme heißen *Transaktionssysteme*.

Beim *Teilnehmerbetrieb* wird an den angeschlossenen Datenstationen gleichzeitig mit voneinander völlig unabhängigen Programmen und/oder Daten gearbeitet. Jeder Benutzer kann im Dialog selbst Programme erstellen, testen und zum Ablauf bringen. Im Hauptspeicher steht ihm dafür ein separater Arbeitsbereich zur Verfügung. Entstanden ist der Teilnehmerbetrieb bei der wissenschaftlichen Datenverarbeitung. Er bildet die Grundlage für das *interaktive Programmieren* (siehe Abschnitt 6.6.1). Die Verarbeitung der Programme im Zentralprozessor erfolgt streng getrennt, und zwar zeitlich verschachtelt. Hier wird in der Regel das *Time-Sharing-Verfahren* angewandt. Die CPU-Zeit wird in gleich große Zeitscheiben in der Größenordnung von Millisekunden zerlegt und im regelmäßigen Zyklus vom Betriebssystem den Teilnehmern zugeteilt. Wegen der hohen Verarbeitungsgeschwindigkeiten hat jeder Teilnehmer den Eindruck, ihm stünde der Rechner dauernd allein zur Verfügung.

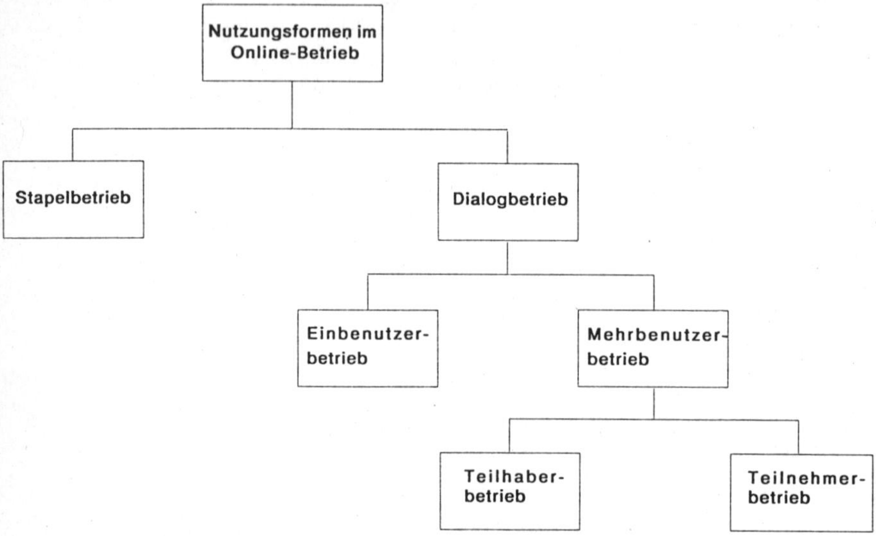

Abb. 3.3: *Nutzungsformen im Online-Betrieb*

Abbildung 3.3 zeigt die verschiedenen im Online-Betrieb möglichen Nutzungsformen als hierarchisches Diagramm. Bei den für betriebswirtschaftliche Anwendungen eingesetzten DV-Großanlagen befinden sich im allgemeinen die folgenden Nutzungsformen im gleichzeitigen Einsatz:

- Stapelverarbeitung,
- Stapelfernverarbeitung,
- Transaktionsverarbeitung,
- Time Sharing.

Dem Leser sei wieder das Durchdenken einiger realer Anwendungssituationen empfohlen.

Beispiel 1:

Platzreservierung der Reisebüros (Systeme AMADEUS und START). Betriebsarten: Multi-Programming (im Zentralrechner); online, entfernt (dezentrale Sichtgeräte und Drucker). Nutzungsformen: Dialogbetrieb, Mehrbenutzersystem, Teilhaberbetrieb.

Beispiel 2:
Textverarbeitung am PC (Einplatzsystem). Betriebsarten: Single- oder Multi-Tasking, online (evtl. Offline-Druck mit Diskette als Datenträger), lokal. Nutzungsformen: Dialogbetrieb, Single-Using. Die Begriffe Teilhaber- und Teilnehmerbetrieb sind nicht anwendbar!

3.3 Betriebssysteme

3.3.1 Aufgaben und Arbeitsweise

Betriebssysteme haben die Aufgabe,

- Betriebsmittel (CPU, Hauptspeicher, periphere Geräte),
- Prozesse (Programmabläufe) und
- Dateien

zu verwalten und die zugehörigen Arbeitsabläufe zu steuern. Die Betriebsmittelverwaltung zerfällt noch einmal in

- Prozessorverwaltung (CPU),
- Speicherverwaltung (Hauptspeicher) und
- Geräteverwaltung (periphere Geräte).

Die Betriebsmittel werden in der Regel für mehrere Programme und Dateien gemeinsam genutzt, und zwar die CPU (im Multi-Programming-Betrieb, vgl. Abschnitt 3.2) zeitlich parallel (verzahnt), Hauptspeicher und Platten gleichzeitig (simultan) sowie Drucker und Magnetbänder nacheinander (sequentiell).

Die Ziele der Systemsteuerung sind oft gegenläufig, z.B.:
- schneller Durchlauf der Anwendungsprogramme im Stapelbetrieb,
- kurze Antwortzeiten für Benutzer im Dialogbetrieb,
- hohe Auslastung der Betriebsmittel (CPU, Hauptspeicher, Peripherie).

Befindet sich das Betriebssystem komplett im Hauptspeicher, wird es als *real* bezeichnet, befinden sich Teile in einem virtuellen Speicher (vgl. Abschnitt 2.2.2), heißt es *virtuell*. Der ständig im Hauptspeicher residente Teil des Betriebssystems heißt *Nukleus*.

Der Begriff *virtuell* wird bei Betriebssystemen noch in zwei anderen Zusammenhängen verwendet. Zum einen kann das Betriebssystem für jedes von mehreren (scheinbar) gleichzeitig im Multiprogramming-Betrieb ablaufenden Programmen jeweils die Nutzung eines eigenen *virtuellen Speichers* auf Platten oder in einem Halbleiter-Erweiterungsspeicher (vgl. Abschnitt 2.2.2) ermöglichen (z.B. das IBM-Betriebssystem MVS = multiple virtual storage). Zum anderen kann das Betriebssystem so konzipiert sein, daß unter seiner Steuerung verschiedene andere Betriebssysteme (als "Gastsysteme") im Parallelbetrieb laufen und für jeden Benutzer beliebige, real gar nicht vorhandene Hardware-Komponenten (beispielsweise E/A-Geräte oder periphere Speicher) simuliert werden (Prinzip der *virtuellen Maschine*), z.B. bei dem IBM-Betriebssystem VM (virtual machine).

Abbildung 3.4 zeigt den Ablauf eines Jobs im *Stapelbetrieb* unter der Steuerung eines Großrechner-Betriebssystems. Unter einem *Job* oder

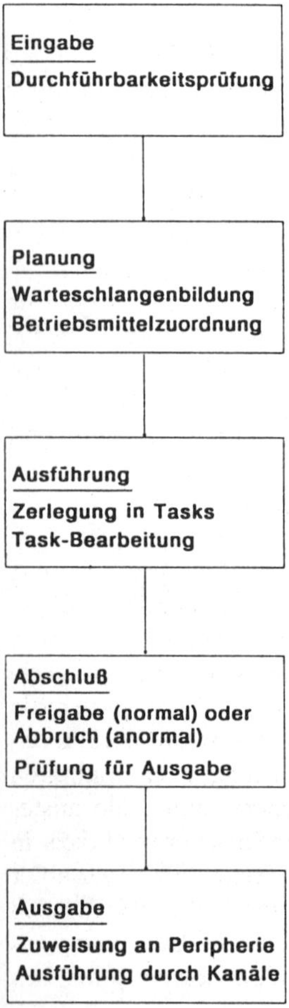

Abb. 3.4: *Phasen des Job-Ablaufs im Stapelbetrieb*

(Benutzer-)*Auftrag* versteht man dabei eine Programmfolge, die dem Betriebssystem der DV-Anlage als geschlossene Kette zur Verarbeitung übergeben wird. Ein Job zerfällt in einzelne *Jobsteps* (Unteraufträge). Das Betriebssystem übernimmt die Verwaltung der Jobs (Auftragsverwaltung = *job management*).

Beispielsweise könnte sich ein Job wie folgt aus drei Jobsteps zusammensetzen:
- Einlesen eines Magnetbands mit Daten über Veränderungen von Lagerbeständen und Fortschreibung der auf einer Platte gespeicherten Bestandsdaten (siehe Abschnitt 6.6.3),
- Zusammenstellen der Artikel mit einem Lagerbestandswert über DM 1000,- nach fallendem Betrag in einem Hauptspeicherbereich,
- Ausdrucken einer entsprechenden Liste.

Ein Job kann sich in den drei Zuständen (zur Ausführung) bereit, laufend (in Bearbeitung) oder wartend (verdrängt) befinden. In den einzelnen Phasen der Abbildung 3.4 laufen folgende Arbeiten ab:

1) Eingabe:
Der Job wird am Bedienungspult (Konsole) der DV-Anlage vom Konsoloperator oder an einem Bildschirmgerät in der Arbeitsvorbereitung (siehe Abschnitt 8.4.1) gestartet. Der Auftrag ist in einer Bedienersprache, die als Auftragssteuersprache oder *Kommandosprache* (JCL = job control language) bezeichnet wird, zu formulieren. Dabei sind der Name des Jobs und die benötigten peripheren Geräte, ggf. auch der Hauptspeicherbedarf und die geschätzte Bearbeitungszeit (als Abbruchkriterium) anzugeben. Das Steuerprogramm überprüft die Vollständigkeit der Eingabe und die generelle Durchführbarkeit. Der Job wird in eine Warteschlange eingereiht (input queue).
2) Planung (Ausführungsvorbereitung):
Der zur Bearbeitung anstehende Job wird vom Steuerprogramm in eine neue Warteschlange eingeteilt, und zwar entweder in eine Expreß-Warteschlange für Jobs mit geringem Betriebsmittelbedarf oder in eine Termin-Warteschlange für Jobs mit vorgegebenem Ausführungsdatum oder in eine normale Warteschlange. Dann werden die Betriebsmittel dem Job zugeordnet, und zwar zuerst die peripheren Geräte (unter möglichst gleichmäßiger Auslastung aller Einheiten desselben Typs, z.B. aller Magnetplattenlaufwerke, durch die anstehenden Jobs) und dann der Hauptspeicher. Der Speicher wird dazu in Abschnitte (Partitions, Segmente, Regions) fester oder variabler Größe eingeteilt. Die Vergabe freier Speicherabschnitte erfolgt nach festgelegten Prioritätsregeln. Der für die Betriebsmittelzuordnung zuständige Programmteil des Betriebssystems heißt *Scheduler* (oder Initiator).

3) Ausführung:
Der Job wird entsprechend der in der Planungsphase vergebenen Priorität in die (dynamische) *Bereitliste* bzw. Bereitschaftswarteschlange (ready list, dispatching queue) übernommen. Der Job bzw. die Jobsteps werden dazu in *Tasks* zerlegt. Ein Task ist die kleinste in die Ablaufplanung eingehende Verwaltungseinheit. Im Gegensatz zu dem benutzerorientierten Begriff Job (Auftrag) ist der Begriff Task (Prozeß) systemorientiert*). Der Task ist gewissermaßen eine Arbeitseinheit aus der Sicht der CPU. Jedem Task wird genau ein Betriebsmittel zugeordnet. Die Bearbeitung der Tasks durch die CPU erfolgt anhand der Bereitliste, in der Regel streng nach der Reihe. Derjenige Programmteil des Betriebssystems, der die endgültige Zuordnung vornimmt, heißt *Dispatcher* (Prozeßumschalter). Der gesamte Vorgang der Zerlegung eines Jobs in Tasks und der Verwaltung dieser Tasks wird als Prozeßverwaltung (*task management*) bezeichnet.
4) Abschluß:
Bei normalem (regulärem) Abschluß werden die Betriebsmittel freigegeben, eine Operator-Meldung erstattet, die Accounting-Daten (siehe Abschnitt 8.4.1) gesammelt und die zur Ausgabe vorgesehenen Daten in einem Pufferbereich (SYSOUT) zwischengespeichert. Ein anormaler Abschluß (ABEND = abnormal end) kann beispielsweise auftreten, wenn ein Zugriff auf einen nicht zugeordneten Hauptspeicherbereich erfolgt oder wenn durch Null dividiert wird. Das Steuerprogramm führt dann ebenfalls einige Abschlußarbeiten durch und bricht anschließend den Job ab.
5) Ausgabe:
Die zur Ausgabe anstehenden Daten werden den Ausgabe- bzw. Speichergeräten (Drucker, Magnetbandlaufwerk usw.) zugewiesen. Die eigentliche Ausgabe erfolgt im Multi-Programming-Betrieb (vgl. Abschnitt 3.2) zeitlich parallel zur Arbeit der CPU. Die Ausführung übernehmen die E/A-Prozessoren bzw. Kanalwerke (vgl. Abschnitt 2.3) mit Hilfe eigenständiger Kanalprogramme für die angeschlossenen peripheren Geräte. Sollen z.B. Daten auf eine Platte geschrieben werden, besteht das entsprechende Kanalprogramm aus folgenden Operationen:
   - Plattengerät ansteuern,
   - Sucharm auf Spur einstellen,
   - Schreibkopf einschalten,
   - Spuranfang abwarten,
   - Daten von der CPU übertragen,
   - Spur beschreiben.

---

*) Im Mikrocomputerbereich wird diese strenge Trennung nicht vorgenommen.

Komfortable Betriebssysteme verlangen nicht, daß die Programme vor oder während der Ausführung vollständig im Hauptspeicher stehen. Sie lagern Programmteile auf sekundäre Speicher (Platten oder Erweiterungsspeicher) aus. Auslagerungstechniken sind:
- Roll in/Roll out (swapping): Auslagerung in geschlossenen Blöcken auf zusammenhängende Speicherbereiche;
- Paging: seitenweise Auslagerung über Adreßumsetzung auf nicht notwendig zusammenhängende Speicherbereiche (virtuelle Speicherung, vgl. Abschnitt 2.2.2).

Die zeitliche Steuerung sämtlicher Arbeitsabläufe erfolgt durch Signale, sogenannte *Unterbrechungen* (interrupts). Man kann also sagen, daß das Betriebssystem "durch Unterbrechungen angetrieben" wird. Solche Unterbrechungen treten ein,

- wenn ein in der CPU ablaufendes Programm die Einleitung eines Kanalprogramms anfordert,
- wenn ein Kanalprogramm die Beendigung eines E/A-Vorgangs anzeigt,
- wenn ein anormaler Jobabschluß eintritt,
- wenn ein eingebauter Zeitgeber (Systemuhr) den Job vorzeitig unterbricht, um einen anderen Job vorzuziehen,
- wenn ein Hardware-Fehler auftritt oder
- wenn ein Operatoreingriff erfolgt.

Die Koordination und Überwachung sämtlicher Unterbrechungen übernimmt innerhalb des Betriebssystems der *Supervisor*. Man bezeichnet seine Aufgabe als Treiberprozeß. Er verwaltet für jedes Programm, das eine Unterbrechung erzeugen kann, d.h. für jedes Kanalprogramm und für jeden zur Bearbeitung anstehenden Job, ein *Programmstatuswort*. Darin werden der Grund der Unterbrechung und die Adresse, an der das unterbrochene Programm fortzusetzen ist, registriert.

Außer der Verwaltung der Betriebsmittel und der Prozesse ist die dritte Aufgabe des Betriebssystems die *Datenverwaltung* (data management). Diese Aufgabe zerfällt in mehrere Teile:
- Führen eines *Dateikatalogsystems* (file management system): Darin wird archiviert, welche (logischen) Dateien auf den einzelnen Geräten (z.B. auf den Magnetplattenlaufwerken) gespeichert sind. Für jede Datei wird ein Kennsatz, der Angaben über Satzlänge, Blockungsfaktor usw. enthält, angelegt.
- Bereitstellung von *Zugriffsmethoden*: Damit bezeichnet man die Aufgabe, die Zugriffe zu den gespeicherten Daten, die der Benutzer durch entsprechende Programmbefehle formuliert, in physikalische Eingabe-/Ausgabebefehle umzusetzen. Der Zugriff hängt von der Speicherungsform der Daten (siehe Abschnitt 5.3.2) ab und erfordert Umrechnungen und/oder Suchvorgänge.
- Überwachen der Speicherschutzbedingungen: Unter *Speicherschutz* versteht man die Abgrenzung von Speicherbereichen im Hauptspeicher, speziell der Speicherbereiche der sich im Multi-Programming-Betrieb gleichzeitig in Ausführung befindlichen Programme. Weitere Maßnahmen zur Datensicherung sind das Anlegen von Benutzer-Katalogen und von Kennwort-Verzeichnissen für Zugriffsbe-

rechtigungen (siehe Abschnitt 8.5.1) sowie das Registrieren von Wiederanlaufpunkten (checkpoints), an denen unterbrochene Programme fortzusetzen sind.

Zahlreiche DV-Anwendungen, insbesondere Auskunfts- und Buchungssysteme, sind dadurch gekennzeichnet, daß viele Benutzer im Teilhaberbetrieb gleichzeitig mit demselben Programm arbeiten und auf dieselben Datenbestände zugreifen. Wie schon erwähnt (vgl. Abschnitt 3.2), werden solche Systeme als *Transaktionssysteme* bezeichnet. Die Benutzer erteilen dabei dem System nacheinander kleine, aus mehreren Einzelschritten bestehende Aufträge (z.B. Abfrage eines Kontos und anschließendes Abbuchen eines Betrags), die einzeln innerhalb kurzer Zeit ("Antwortzeit") ausgeführt werden. Der gesamte Vorgang vom Start eines Auftrags bis zu dessen Abschluß heißt *Transaktion*.

Die Standard-Betriebssysteme genügen den Anforderungen der Transaktionssysteme nicht. Deswegen wurden zur Steuerung von Transaktionssystemen die sogenannten TP (transaction processing)-Monitore entwickelt, spezielle Teil-Betriebssysteme, die unter der Steuerung des jeweiligen Betriebssystems ablaufen. Die Anwendungsprogramme müssen *reentrant* (ablaufinvariant), d.h. für die gleichzeitige Nutzung durch mehrere Benutzer geeignet sein. Der *TP-Monitor* legt eigene Warteschlangen für die eingehenden Transaktionen an und steuert die gesamte Verarbeitung. Da es bei Transaktionssystemen auf kurze Antwortzeiten ankommt, werden vom TP-Monitor für die Transaktionen Limits gesetzt, z.B. hinsichtlich der beanspruchten CPU-Zeit oder der Datensatzlängen. Der TP-Monitor muß dafür sorgen, daß Benutzer, die gleichzeitig auf dieselben Daten zugreifen wollen, sich nicht gegenseitig blockieren (Deadlock-Situation, siehe Abschnitt 6.5.2).

Falls im Teilnehmerbetrieb gearbeitet werden soll und das Betriebssystem diese Nutzungsform nicht von vornherein unterstützt, muß ebenfalls ein spezielles (Teil-)Betriebssystem (z.B. TSO = time sharing option) zusätzlich installiert werden.

Die Betriebssysteme werden von den Herstellern - häufig unter Berücksichtigung von Benutzerwünschen - in gewissen Zeitabständen von Fehlern bereinigt, verbessert und erweitert. Für die einzelnen zeitlichen Fassungen werden - je nach Hersteller - Bezeichnungen wie Release, Version u.a. verwendet. Der Releasewechsel führt nicht selten zu Systemfehlern. Noch gefürchteter ist in der DV-Praxis der Wechsel des Betriebssystems, der häufig beim Übergang zu einer größeren DV-Anlage desselben Herstellers und fast immer beim Wechsel des Herstellers fällig wird, weil sich daraus u.a. Änderungen in Systemdateien, in Kennsätzen und teilweise auch in Anwendungsprogrammen ergeben. Man bezeichnet solche Umstellungen (Konvertierungen) als *Migration*.

Andere Arten der Migration sind z.B. die Umstellung
- von einer Programmiersprache in eine andere (siehe Abschnitt 3.4),
- von der Datei- auf die Datenbankorganisation (siehe Abschnitt 5.1),
- von einem hierarchischen auf ein relationales Datenbankmodell (siehe Abschnitt 5.4.2).

Zur Unterstützung werden als systemnahe Software *Migrationshilfen* angeboten.

3.3.2 Betriebssysteme für Mikrocomputer

Die Standard-Betriebssysteme für Mikrocomputer sind wesentlich universeller einsetzbar als die eng auf herstellerspezifische Rechnertypen zugeschnittenen Betriebssysteme für große und mittlere DV-Anlagen. Ihr Entstehen ist eng mit der Entwicklung einzelner Mikroprozessoren (vgl. Abschnitt 2.4.3) gekoppelt.

CP/M (control program for microprocessors) wurde 1973 entwickelt und von der Firma Digital Research als CP/M-80 zunächst für die 8-Bit-Prozessoren Z80 und Intel 8080 vertrieben. Trotz späterer Erweiterungen, insbesondere für 16-Bit-Prozessoren, besitzt CP/M heute keine praktische Bedeutung mehr.

MS-DOS (Microsoft disk operating system) wird seit 1981 von der Firma Microsoft vertrieben. Entwickelt wurde es 1979 von Seattle Computer Products für die 16-Bit-Prozessoren Intel 8086 bzw. 8088. Von IBM wird MS-DOS unter der Bezeichnung PC-DOS angeboten. Daraus resultiert die Quasi-Standardfunktion von PC-DOS als Betriebssystem für 16-Bit-Prozessoren. Neben Programmen zur Steuerung des Anwender-Dialogs und der peripheren Geräte hat MS-DOS folgende Eigenschaften:
- automatische Abarbeitung von Befehlsfolgen in Form sogenannter Batch-Files,
- hierarchisches System der Dateiverwaltung und
- direkte Weitergabe von Ausgabedaten eines Programms als Eingabedaten an ein anderes Programm (piping).

Ein wesentlicher Nachteil von MS-DOS ist die Beschränkung des direkt (real) adressierbaren Hauptspeichers auf 640 KB. Alle Versionen von MS-DOS sind auf den Single-Tasking- und den Single-Using-Betrieb beschränkt.

MS-OS/2 ist ein gemeinsam von Microsoft und IBM entwickeltes Betriebssystem, das seit 1987 von IBM unter der Bezeichnung OS/2 für die größeren Modelle des Personal System/2, aber auch für die älteren Modelle PC XT/286 und PC AT angeboten wird. Als wichtigster Vorteil von OS/2 ist die Fähigkeit zur Arbeitsweise im *protected mode* (im Gegensatz zum *real mode* von MS-DOS) anzusehen. In dieser Betriebsart ist bei den Prozessoren ab 80286 aufwärts der Multi-Tasking-Betrieb möglich.

Weitere Vorzüge von OS/2 sind:
- wesentlich größerer direkt adressierbarer Hauptspeicher (geplant bis 4 GB);
- sehr großer virtueller Speicher (geplante Adressierbarkeit bis 64 GB);
- Presentation Manager: in das Betriebssystem integrierte grafische Funktionen zur Unterstützung des Benutzers;
- Database Manager: Schnittstelle zu relationalen Datenbanken (siehe Abschnitt 5.4.2.3).

Mit OS/2 ist jedoch kein Multi-Using-Betrieb möglich.

Generell hat OS/2 nicht die erwartete Bedeutung erlangt. Der Grund liegt darin, daß MS-DOS in Verbindung mit dem von Microsoft entwikkelten Zusatzprogramm WINDOWS (ab Version 3.0) unter Prozessoren, die den protected mode gestatten (ab 80286), bereits den Multi-Tasking-Betrieb ermöglicht.

UNIX ist kein auf den Mikrocomputerbereich beschränktes Betriebssystem. Es wurde bereits 1969 für Minicomputer in den Bell Laboratories, einem von Western Electric und American Telephone & Telegraph (AT&T) gegründeten Forschungszentrum, entwickelt, insbesondere für den damals im Hochschulbereich verbreiteten Rechner PDP-7 von DEC. Die Portabilität auf Mikrocomputer wurde 1973 durch die eigens für UNIX geschaffene Implementierungssprache C erreicht, in die UNIX selbst zu etwa 90% übertragen worden ist. Eine standardisierte Version für den kommerziellen Anwendungsbereich wird von AT&T seit 1983 vertrieben (System V).

Die Hauptkomponenten von UNIX sind:
- das eigentliche Betriebssystem (Nukleus oder Kernel) zur Prozeß-, Speicher- und Dateiverwaltung sowie
- der Kommandoprozessor (Shell) zur Systembedienung durch den Benutzer (Benutzeroberfläche).

Hinzu kommt eine Vielzahl von Dienstprogrammen zum Suchen, Sortieren und Verarbeiten von Daten.

Der Hauptvorteil von UNIX ist die Fähigkeit zum Multi-Using-Betrieb. Weitere (teilweise auch unter DOS realisierte) Vorteile sind u.a.:
- ein hierarchisches Dateisystem zur Unterstützung der Verwaltung beliebig vieler System- und Benutzerdateien,
- Mechanismen zur Bildung von Programmketten für komplexe Funktionen aus einfachen Bausteinen (piping) und
- durch Paßwortvergabe realisierter Zugriffsschutz für Dateien und Verzeichnisse.

Durch die Formulierung in der höheren Programmiersprache C ist UNIX weitgehend von der Hardware unabhängig, sofern ein entsprechender Compiler zur Verfügung steht.

Von UNIX gibt es zahlreiche Weiterentwicklungen (Versionen) und Varianten, insbesondere die an der Universität von Kalifornien in Berkely entwickelte "Berkely-Linie" BSD (Berkely Software Distribution). Darauf und vor allem auf dem schon erwähnten System V beruhen die zahlreichen Nachbildungen von UNIX wie XENIX (Microsoft), SINIX (Siemens-Version von XENIX), AIX (IBM) oder SPIX (Bull). Unter Berücksichtigung dieser Varianten ist UNIX das einzige Betriebssystem, das für Rechner jeder Größenklasse verfügbar ist.

1984 schlossen sich führende europäische Hardware-Hersteller (Bull, Nixdorf, Olivetti, Siemens u.a.) zur "X/OPEN-Gruppe" zusammen mit dem Ziel, eine Standardisierung von UNIX auf der Basis von System V zu erreichen ("offenes Betriebssystem"). Anwendungsprogramme, die dem X/OPEN-Standard entsprechen, sollten damit kompatibel (übertragbar) werden. Der X/OPEN-Gruppe haben sich inzwischen auch amerikanische und japanische Firmen angeschlossen. 1988 wurde von den Firmen Apollo, Bull, Digital Equipment (DEC), Hewlett Packard (HP), IBM, Nixdorf, Philips und Siemens die "Open Software Foundation" (OSF) gegründet, ein Entwicklungsinstitut mit Hauptsitz in Boston, das beabsichtigt, ein neues herstellerunabhängiges Betriebssystem auf der Basis der IBM-Version AIX unter Berücksichtigung der generellen Empfehlungen der X/OPEN-Gruppe zu entwickeln. Machtkämpfe mit hartem wirtschaftlichen Hintergrund sind damit vorprogrammiert.

Für Mikrocomputer gibt es - ebenso wie für große und mittlere DV-Anlagen - auf dem Softwaremarkt ein breites Angebot an betriebswirtschaftlicher Standard- und Branchensoftware (siehe Abschnitte 6.8 und 7.1). Diese Programme sind vorwiegend für MS-DOS bzw. PC-DOS geschrieben. Das Angebot der unter UNIX lauffähigen Standardsoftware hat in den letzten Jahren ständig zugenommen. Ob sich in Zukunft die auf den Mikrocomputerbereich beschränkten Betriebssysteme DOS (mit WINDOWS) bzw. OS/2 oder das für alle Rechnerklassen verfügbare Betriebssystem UNIX stärker durchsetzen werden, ist gegenwärtig nicht abzusehen.

3.4 Programmiersprachen und Übersetzungsprogramme

Unter einer *Programmiersprache* versteht man nach DIN 44300, Teil 4, eine zum Abfassen (Formulieren) von Computerprogrammen geschaffene Sprache. Man unterscheidet fünf Generationen von Programmiersprachen, und zwar:

- 1. Generation: Maschinensprachen,
- 2. Generation: maschinenorientierte Sprachen,
- 3. Generation: problemorientierte Sprachen,
- 4. Generation: datenorientierte Sprachen,
- 5. Generation: wissensorientierte Sprachen.

Während über Definition und Abgrenzung der ersten drei Generationen weitgehend Einigkeit besteht, gibt es keine eindeutigen Definitionen der Bezeichnungen 4. und 5. Generation. Die nachfolgenden Generationen haben die vorangehenden niemals völlig abgelöst. Gegenwärtig sind je nach Verwendungszweck alle Generationen anzutreffen.

Bei jeder Programmiersprache unterscheidet man - in Analogie zu den natürlichen Sprachen -

- die *Syntax*, die die Form der Sprachzeichen (Alphabet) und Worte und vor allem die grammatikalischen Regeln, d.h. die formale Richtigkeit der Sprache, beschreibt, und
- die *Semantik*, die die Beziehungen zwischen den Sprachzeichen bzw. Worten und deren Bedeutung, d.h. die Logik der Sprache, festlegt.

Alle Programmiersprachen arbeiten mit Datentypen, d.h. Mengen von zulässigen Werten. Standardtypen sind:

- Integer (Menge der *ganzen* Zahlen),
- Real (Menge der *reellen* Zahlen),
- Boolean (Werte *true* und *false*) und
- Char (Menge *vereinbarter Schriftzeichen*, z.B. ASCII-Zeichensatz).

Eine *Maschinensprache* ist die interne Sprache eines bestimmten Rechners. Sie gilt nur für Rechner desselben Typs. Die Befehle sind meistens oktal oder hexadezimal zu formulieren (vgl. Abschnitt 2.1.2). Für die Anwendungsprogrammierung sind Maschinensprachen nicht geeignet, weil sie schwer lesbar, wenig übersichtlich, fehleranfällig und mit hohem Erstellungs- und Änderungsaufwand verbunden sind.

Maschinenorientierte Sprachen (meistens *Assembler* genannt) gelten ebenso wie die Maschinensprachen jeweils nur für Rechner eines bestimmten Typs. Sie bieten aber einige Erleichterungen für den Programmierer:

- Die Befehle werden durch mnemotechnische (gedächtnisstützende) Bezeichnungen ("Mnemonics") wie ADD, SUB, MULT, DIV usw. abgekürzt.
- Speicheradressen können symbolisch (statt absolut) geschrieben werden, z.B. TDAT für die Adresse eines Speicherplatzes mit dem aktuellen Tagesdatum.
- Feste Befehlsfolgen sind zu Makrobefehlen zusammengefaßt (Reservieren von Speicherplatz, Quadratwurzel, trigonometrische Funktionen u.a.).

Neben der Maschinenabhängigkeit haben Assemblersprachen den Nachteil, daß sie hohen Programmier- und Änderungsaufwand erfordern. Verwendet werden sie noch für die Programmierung von

- Systemsoftware,
- NC-Maschinen (siehe Abschnitt 7.3.1.2) und
- Programmen, bei denen es auf kurze Verarbeitungszeiten und/oder geringen Speicherplatzbedarf (z.B. beim internen Sortieren, siehe Abschnitt 5.3.3) ankommt.

Zur Verkürzung der Programmlaufzeit werden Assemblerprogramme häufig als Unterprogramme in Programme eingefügt, die in einer höheren Programmiersprache geschrieben sind.

Problemorientierte Sprachen (höhere Programmiersprachen) sind

- jeweils global auf einen spezifischen Anwendungsbereich ausgerichtet und
- (weitgehend) unabhängig von einem bestimmten Rechnertyp.

Die älteste höhere Programmiersprache ist die Sprache FORTRAN (formula translation), die ab 1954 bei IBM entwickelt worden ist. Sie ist vorwiegend für mathematisch-technische Anwendungen konzipiert und in diesem Bereich stark verbreitet. Standardisierte Versionen sind FORTRAN66 und FORTRAN77. Inzwischen ist der neue Standard FORTRAN90 veröffentlicht worden.

Die gebräuchlichste Sprache für Anwendungsprogramme des kommerziellen Bereichs ist COBOL (common business oriented language). Sie ist auf die Dateiverarbeitung ausgerichtet. COBOL wurde in den Jahren 1959 bis 1961 in den USA entwickelt. Spracherweiterungen und -verbesserungen werden von der Arbeitsgemeinschaft CODASYL (Conference of Data Systems Languages), der sowohl DV-Hersteller als auch DV-Anwender angehören, vorgenommen. COBOL ist die Programmiersprache mit der strengsten Normung. Die letzte Version ist COBOL85. Auf mittleren und großen DV-Anlagen sind ca. 60% aller Programme in COBOL geschrieben. Im Gegensatz zur kompakten Schreibweise ("Notation") von FORTRAN-Programmen sind COBOL-Programme stark verbalisiert und daher leicht lesbar.

Jedes COBOL-Programm besteht aus vier Teilen, und zwar

- der IDENTIFICATION DIVISION (Erkennungsteil)
  zur Festlegung des Programmnamens und weiterer Angaben zur Dokumentation des Programms,
- der ENVIRONMENT DIVISION (Maschinenteil)
  zur Angabe der benutzten Hardware-Komponenten und der maschinenabhängigen Namen,
- der DATA DIVISION (Datenteil)
  zur Definition aller Dateien, Datensätze und Arbeitsfelder,
- der PROCEDURE DIVISION (Prozedurteil)
  zur Aufnahme der Programmbefehle.

BASIC (beginners all purpose symbolic instruction code) wurde 1963/64 für Ausbildungszwecke entwickelt. Es handelt sich um eine einfach zu erlernende, an FORTRAN angelehnte Sprache, die im Mikrocomputerbereich stark verbreitet ist. BASIC existiert in zahlreichen, gegenüber dem ursprünglichen Leistungsumfang erweiterten Fassungen, z.B. als CBASIC von Digital Research, als MBASIC von Microsoft oder als BAL (BASIC advanced language) für Mikrocomputer von Bull und Olympia.

Als Kombination der Sprachen FORTRAN und COBOL wurde 1965 von IBM die Programmiersprache PL/1 (programming language number one) eingeführt mit der Absicht, damit sowohl den mathematisch-technischen als auch den kommerziell-administrativen Anwendungsbereich abzudecken. Die Sprache hat nicht die erwartete Verbreitung gefunden, vor allem deswegen, weil sie für durchschnittliche Programmierer zu kompliziert ist und weil sie von den anderen DV-Herstellern lange Zeit ignoriert worden ist.

Auf die strukturierte Programmierung (siehe Abschnitt 6.6.2) ausgerichtet ist die 1969 von WIRTH an der ETH Zürich entwickelte Sprache PASCAL. Sie hat ihre Wurzeln in der Sprache ALGOL, der ebenfalls schon das Blockkonzept zugrunde lag. PASCAL ist inzwischen zu einer weit verbreiteten Sprache für die DV-Grundausbildung im Hochschulbereich geworden. In der betrieblichen Praxis hat PASCAL wegen der mangelhaften Unterstützung der Dateiverarbeitung kaum Bedeutung erlangt.

Normen für eine Programmiersprache dienen laut DIN dazu, "... die Sprache so festzulegen, daß ein weltweiter Austausch von Programmen, die in dieser Sprache abgefaßt sind, zwischen Datenverarbeitungsanlagen ermöglicht wird". Für die hier aufgeführten Programmiersprachen gibt es folgende deutsche Normen:

- DIN 66026 für ALGOL,
- DIN 66027 für FORTRAN,
- DIN 66028 für COBOL,
- DIN 66255 für PL/1,
- DIN 66256 für PASCAL,
- DIN 66284 für BASIC.

Weitere höhere Programmiersprachen sind (in alphabetischer Reihenfolge):

- ADA (benannt nach der Tochter des Dichters Lord BYRON, Mitarbeiterin des Mathematikers BABBAGE, siehe Abschnitt 9.1): Die Sprache wurde nach mehrjährigen Voruntersuchungen, einer Ausschreibung und einem systematischen Auswahlverfahren 1979 vom amerikanischen Verteidigungsministerium eingeführt. Sie ist für *rechnerintegrierte Systeme* (embedded systems) konzipiert, d.h. für Systeme, in denen die DV-Anlage eine Steuerungs- und Überwachungsaufgabe in einem umfassenderen Rahmen (Luftverkehrskontrolle, Feuerleitsysteme, Produktionsautomatisierung, militärische Anwendungssysteme) wahrnimmt.
- ALGOL (algorithmic language): An europäischen Hochschulen seit 1959 in mehreren Versionen entwickelt. Die Verwendung ist auf rein mathematische Anwendungen beschränkt. Sie besitzt nur noch geringe Bedeutung.
- APL (a programming language): Sprache mit speziellen grafischen Symbolen. Besonders für mathematische, insbesondere Vektor- und Matrizenoperationen geeignet. Wird wegen der Verwendung bei der computergestützten Planung häufig zu den "Planungssprachen" (siehe Abschnitt 7.5) gerechnet.
- C: Für das Betriebssystem UNIX (vgl. Abschnitt 3.3.2) entwickelte assemblernahe Sprache. Verwandtschaft mit PASCAL wegen der Unterstützung der strukturierten Programmierung. Die Bedeutung von C steigt mit der zunehmenden Verbreitung von UNIX.
- MODULA: Von WIRTH vorgenommene Weiterentwicklung von PASCAL. Prozeduren und Daten lassen sich zu übergeordneten Programmbausteinen ("Modulen") zusammenfassen. Bewußt klein gehaltener Sprachumfang.
- PEARL (process and experiment automation realtime language): Spezialsprache für Realzeitverarbeitung (vgl. Abschnitt 3.2). Auf Geräte der Prozeßdatenverarbeitung (Sensoren u.a.) ausgerichtet. Nur in Deutschland (DIN 66253), jedoch nicht international genormt.
- RPG (report program generator): An strenge Formulareinteilung gebundene Sprache zur Verarbeitung von Listen und Dateien im kommerziellen Anwendungsbereich. Alternative zu COBOL. Auf mittlere und kleinere DV-Anlagen beschränkt.

Im Gegensatz zu den Assemblersprachen erfordern höhere Programmiersprachen geringeren Programmier- und Änderungsaufwand und sind leichter erlernbar. Die weitgehende Anlagenunabhängigkeit ermöglicht den Einsatz auf Rechnern verschiedenen Typs (Portabilität, siehe Abschnitt 6.6.6). Nachteile der höheren Programmiersprachen gegenüber den Assemblersprachen sind schlechtere Hardware-Ausnutzung und damit längere Programmlaufzeiten.

In der betrieblichen Praxis ist bei der Auswahl der "richtigen" höheren Programmiersprache u.a. entscheidend,

- ob die Sprache für die jeweilige Anwendung (z.B. Ausbildung oder Softwareentwicklung im betriebswirtschaftlichen bzw. technischen Bereich) geeignet ist,
- welche (guten) Compiler zur Verfügung stehen und
- welche Qualifikation die Programmierer besitzen.

Aus Gründen der Wartbarkeit (siehe Abschnitt 6.6.6) und der effizienten Mitarbeiter-Schulung empfiehlt sich die (verbindlich angeordnete) Beschränkung auf wenige Sprachen, auch wenn dabei auf eine gewisse "Eleganz" in der Programmierung verzichtet werden muß.

Auf der Basis problemorientierter Programmiersprachen wurden für konkrete Anwendungen sogenannte *Makrosprachen* entwickelt, z.B.

- für Simulationsprobleme: DYNAMO, GPSS, SIMAN, SIMSCRIPT, SIMULA, SLAM;
- für Aufgaben der linearen Optimierung: MPSX , APEX ;
- für die Steuerung von Werkzeugmaschinen: APT, EXAPT.

Bei den *Sprachen der 4. Generation* (4GL = fourth generation language) besteht aus vertriebspolitischen Gründen eine ausgeprägte uneinheitliche Begriffsvielfalt. Grob kann man diese Sprachen in zwei Gruppen einteilen, und zwar in

- Software-Entwicklungswerkzeuge und
- Endbenutzersprachen.

Software-Entwicklungswerkzeuge sind Programme, die die professionelle Entwicklung von Anwendungssoftware unterstützen. Sie gehören zur systemnahen Software (vgl. Abschnitt 3.1). Mit solchen Werkzeugen lassen sich z.B. schon aus der bloßen Vorgabe von Parametern oder elementarsprachlichen Formulierungen (Pseudo-Code) automatisch COBOL-Programme generieren. Mit den Software-Entwicklungswerkzeugen befaßt sich Abschnitt 6.6.5.

Endbenutzersprachen sind aus den Abfragesprachen für Datenbankverwaltungssysteme (siehe Abschnitt 5.4.4.2) hervorgegangen. Sie sollen vorwiegend die Endbenutzer in den Fachabteilungen*) in die Lage versetzen, ihre Probleme direkt, d.h. ohne Hilfe durch professionelle Programmierer, zu formulieren. Die bekanntesten Abfragesprachen für (relationale) Datenbanken sind SQL (structured query language) und die für das Datenbankverwaltungssystem ADABAS entwickelte Sprache NATURAL. Die Abfragesprachen sind so erweitert, daß sie - über die reine Abfrage hinaus - auch für die Programmierung von Verarbeitungsfunktionen eingesetzt werden können.

Die Maschinensprachen, die maschinen- und die problemorientierten Sprachen werden als *prozedurale Sprache*n (oder anweisungsorientierte Sprachen) bezeichnet. Prozedural bedeutet, daß jeder sprachliche Ausdruck (Befehl) unmittelbar eine Aktion auslöst. Programme in prozeduralen Sprachen bestehen aus Folgen von Programmbefehlen. Jeder Folge

---

*) Im DV-Jargon werden alle Abteilungen außerhalb der DV-Abteilung als "Fachabteilungen" bezeichnet.

entspricht eine Reihe nacheinander auszuführender Einzeloperationen. Im Gegensatz dazu sind bei den *nicht-prozeduralen Sprachen* die auszuführenden Aktionen textlich ("deklarativ") beschrieben. Einfacher formuliert: In den nicht-prozeduralen Sprachen muß formuliert werden, WAS zu tun ist, jedoch - im Gegensatz zu den herkömmlichen prozeduralen Sprachen - nicht, WIE etwas zu tun ist. Abbildung 3.5 zeigt den Unterschied zwischen prozedural und nicht-prozedural an dem Beispiel, aus einem Personalbestand die weiblichen Mitarbeiter auszuwählen.

```
PROZEDURALE FORMULIERUNG

• Nimm Mitarbeiter
• Prüfe, ob weiblich
• Falls JA, aussortieren
• Falls NEIN, nicht berücksichtigen
• Nimm nächsten Mitarbeiter

NICHT-PROZEDURALE FORMULIERUNG

Finde alle Mitarbeiter,
für die die Bedingung "WEIBLICH" gilt
```

Abb. 3.5: *Unterschied prozedural/nicht-prozedural*

Für eine genauere Abgrenzung der Begriffe prozedural und nicht-prozedural wäre es erforderlich, weitere Kriterien heranzuziehen. Darauf soll hier verzichtet werden.

Als *wissensorientierte Sprachen* bezeichnet man die für die Entwicklung von Expertensystemen (siehe Abschnitt 7.7) geeigneten Programmiersprachen. Im wesentlichen handelt es sich dabei um die beiden nicht-prozeduralen Sprachen LISP (list processing language) und PROLOG (programming in logic). Umstritten ist, ob die wissensorientierten Sprachen überhaupt als eine Generation der Programmiersprachen anzusehen sind.

- LISP: Die Sprache wurde 1958 am MIT (Massachusetts Institute of Technology) entwickelt. Sie arbeitet mit rekursiven Prozeduren und ausschließlich mit Listen sowohl für Programme als auch für Daten und Texte. Die Listen werden durch Klammern abgegrenzt.
- LOGO: Die Sprache ist eine stark vereinfachte Version von LISP. Wegen ihres stufenweisen Lernkonzepts in Verbindung mit der sogenannten Schildkröten-Grafik ist sie vor allem für Schüler gedacht.

- PROLOG: Die Sprache wurde erstmals 1972 von COLMERAUER in Marseille implementiert. Sie enthält fast keine Sprachmittel zur Ablaufsteuerung, sondern setzt die Programme aus Folgen bedingter Regeln zusammen, die in Verbindung mit vorgegebenen Fakten sequentiell abgearbeitet werden. Daraus resultiert die Deduktionseigenschaft der Sprache (Deduktion = logische Ableitung von speziellen Aussagen aus allgemeinen Aussagen mit Hilfe von Regeln), die ihre Verwendung für Expertensysteme begründet.

Eine weitere, nur mit Schwierigkeiten in das Generationsschema einzuordnende Gruppe bilden die *objektorientierten Sprachen*, mit denen die objektorientierte Programmierung (siehe Abschnitt 6.6.7) ermöglicht wird. Ihre wichtigsten Vertreter sind C++ und SMALLTALK. Objektorientierte Programme lassen sich auch mit der wissensbasierten Sprache LISP erstellen.

Übersetzungsprogramme wandeln Programme, die nicht in der Maschinensprache geschrieben sind, vor der Ausführung in die Maschinensprache um. Sie sind Bestandteil der Systemsoftware (vgl. Abschnitt 3.1). Übersetzungsprogramme für maschinenorientierte Programmiersprachen (Assembler) heißen üblicherweise *Assembler* (das Wort wird also in doppelter Bedeutung benutzt!). Man bezeichnet Assemblersprachen auch als 1:1-Sprachen, weil jeder Befehl der Assemblersprache in genau einen Befehl der Maschinensprache übersetzt wird, und höhere Programmiersprachen als 1:n-Sprachen, weil einem Programmbefehl im Normalfall mehrere Maschinenbefehle entsprechen.

Die Übersetzungsprogramme für höhere Programmiersprachen sind Compiler und Interpreter. Ehe ein *Compiler* das ursprüngliche *Quellprogramm* (source program) in das *Zielprogramm* oder *Objektprogramm* (object program) übersetzt (umwandelt), nimmt er eine Fehleranalyse und die Speicherzuordnung (für Variablen, Felder usw.) vor. Entsprechend der Definition der Begriffe Syntax und Semantik unterscheidet man zwischen syntaktischen (grammatikalischen) Fehlern (z.B. Klammer nicht geschlossen oder fehlende Sprungadresse) und semantischen (logischen) Fehlern (z.B. falsche Sprungadresse). Der Compiler kann nur syntaktische Fehler finden.

Bei Verwendung eines Compilers kann das Programm erst gestartet werden, wenn das Quellprogramm komplett in das Objektprogramm umgewandelt ist. Dagegen ist der *Interpreter* ein Übersetzungsprogramm, das jeden Befehl einzeln in die Maschinensprache übersetzt und sofort ausführt. Es entsteht also kein Objektprogramm. Interpreter beschleunigen den Programmtest, dagegen sind die Programmausführungszeiten länger als bei compilierten Programmen. Interpreter finden vor allem bei Klein- und Mikrocomputern Verwendung. Beispielsweise enthalten die Betriebssysteme für Mikrocomputer fast immer einen BASIC-Interpreter.

4 Kommunikationssysteme

4.1 Übersicht

Die Definitionen für die Begriffe *Kommunikation* und *Kommunikationssysteme* sind uneinheitlich. Unter *Kommunikation* versteht man üblicherweise (vgl. Abschnitt 1.2) den Austausch von Informationen zwischen Menschen untereinander, zwischen Menschen und Maschinen und zwischen Maschinen und Maschinen. Unter einem *Kommunikationssystem* soll hier die Gesamtheit aller Einrichtungen verstanden werden, die diese Kommunikation ermöglichen.

Hinsichtlich der Form der auszutauschenden Informationen unterscheidet man:

- Sprachkommunikation,
- Datenkommunikation,
- Textkommunikation und
- Bildkommunikation.

Kommunikationssysteme zur Sprachkommunikation werden als voice-, alle anderen als non voice-Systeme bezeichnet.

Das Schwergewicht liegt in diesem Kapitel auf der Datenkommunikation. Die Komponenten dazu liefern Datenverarbeitung und Nachrichtentechnik. Für die Datenkommunikation benötigt man in erster Linie (Abb. 4.1):

- Datenstationen (Rechner, Datenendgeräte),
- Datenübertragungswege,
- Datenübertragungsverfahren und
- Protokolle.

Bei den ersten Datenkommunikationssystemen Ende der 60er Jahre handelte es sich um Datenstationen, die an räumlich entfernte Rechner angeschlossen wurden. Damit wurde der Begriff *Datenfernverarbeitung* eingeführt. Der erstmalige Verbund

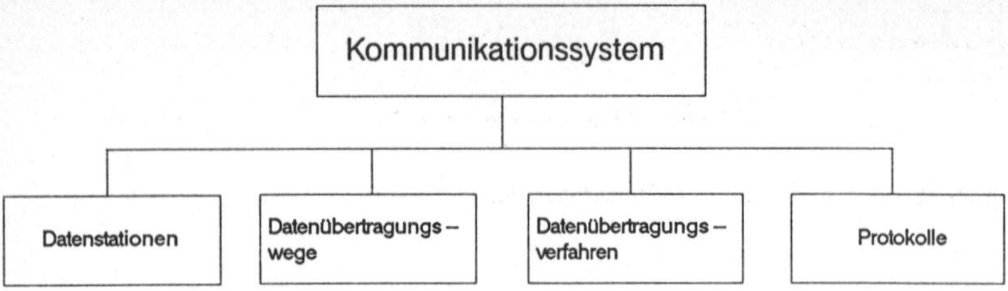

Abb. 4.1: *Bestandteile von Kommunikationssystemen*

mehrerer geographisch entfernter Rechner führte dann in den 70er Jahren zum Begriff *Rechnernetz*. Die Anfang der 80er Jahre einsetzende Vernetzung von Rechnern (vorwiegend von Mikrocomputern) innerhalb eines Verwaltungsgebäudes bzw. Betriebsgeländes zwang zu einer Unterscheidung zwischen *Rechnerfernnetzen* und *lokalen Netzen*. Endziel aller Kommunikationssysteme ist der Austausch von Sprache, Daten, Text und Bildern über dieselben Übertragungswege.

Datenfernverarbeitung (teleprocessing) ist die Kombination von Datenverarbeitung und Datenübertragung (Datenübermittlung), d.h.

Datenverarbeitung + Datenübertragung -> Datenfernverarbeitung.

Die *Datenübertragung* wird immer dann eingesetzt, wenn noch zu verarbeitende oder schon verarbeitete Daten - häufig aus Aktualitätsgründen - innerhalb einer kurzen Zeitspanne über räumliche Entfernungen transportiert werden sollen, z.B.

- als Eingabedaten von einem Bildschirmgerät in einem Reisebüro oder von einer Datenkasse im Warenhaus eines Kaufhauskonzerns zu einer entfernten zentralen DV-Anlage oder
- als Ausgabedaten von einer zentralen DV-Anlage zu demselben Bildschirmgerät in dem Reisebüro oder zu einem Drucker in dem betreffenden Warenhaus.

Die Datenfernverarbeitung wird durch geographisch entfernte Datenstationen realisiert, die durch Datenübertragungswege miteinander verbunden sind (Abb. 4.2). Unter einer *Datenstation* versteht man dabei die Gesamtheit der Dateneinrichtungen an der Endstelle eines Datenübertragungsweges. Sie ist ein Gerät, das Daten senden (*Datenquelle* = Ursprungsort der Daten) und/oder Daten empfangen (*Datensenke* = Bestimmungsort der Daten) kann. Nach DIN 44302 besteht sie (Abb. 4.3) aus

- einer Datenendeinrichtung und
- einer Datenübertragungseinrichtung.

Abb. 4.2: *Prinzip der Datenübertragung*

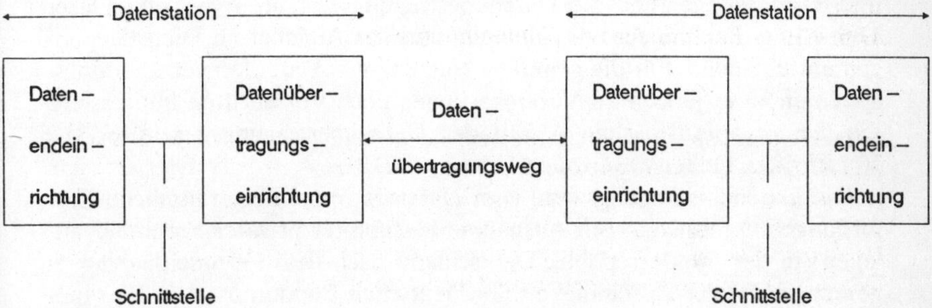

Abb. 4.3: *Einrichtungen der Datenübertragung nach DIN 44302*

Im Regelfall tritt an die Stelle von mindestens einer der Datenstationen eine DV-Anlage, mit der die anderen Datenstationen über räumliche Entfernungen im Online-Betrieb (vgl. Abschnitt 3.2) verbunden sind. Die einzelnen Bestandteile und die Arbeitsweisen von Datenstationen werden in Abschnitt 4.2 erläutert.

Die Datenübertragung erfolgt durch die Übermittlung codierter Informationen mit Hilfe von elektrischen oder optischen Übertragungssystemen. Unter einem *Datenübertragungsweg* versteht man die Verbindung zweier Datenstationen durch Leitungen, auf denen elektrische oder optische Signale übermittelt werden. Als (physikalische) Leitungen kommen in Betracht:

- Kabelverbindungen, und zwar zwei- bzw. mehradrige verdrillte Fernmeldekabel oder Koaxialkabel (beides Kupferkabel) sowie Lichtwellenleiterkabel (Glasfaserkabel), und
- Funkverbindungen, und zwar über terrestrischen (erdgebundenen) Richtfunk oder über Satelliten.

Verdrillte Fernmeldekabel sind am stärksten verbreitet. Sie lassen sich einfach verlegen, sind aber anfällig gegen elektrische Störungen und nicht abhörsicher. Beim Koaxialkabel sind die Eigenschaften genau umgekehrt, außerdem können höhere Frequenzen übertragen werden. Verdrillte Fernmeldekabel und Koaxialkabel übertragen elektrische Signale. Beim Lichtwellenleiterkabel werden elektrische Impulse zur Übertragung in Lichtsignale umgesetzt. Lichtwellenleiterkabel sind nicht durch elektromagnetische Felder zu beeinflussen, abhörsicher, leichter zu verlegen und wesentlich billiger als Kupferkabel. Richtfunkverbindungen haben nur eine begrenzte Reichweite. Sie erfordern freie Sicht zwischen Sender und Empfänger.

Datenübertragungsverfahren sind technische Methoden, nach denen die Datenübermittlung erfolgt (Abschnitt 4.2.1). Für den Anwender der Datenfernverarbeitung sind die Art der physikalischen Leitung des Datenübertragungsweges und die Datenübertragungsverfahren von sekundärer Bedeutung. Für ihn sind die Nutzung und das Angebot an Dienstleistungen entscheidend. Für die generelle Nutzung von Datenfernverarbeitungssystemen ist er jedoch an Vereinbarungen über Vorschriften interessiert, die den organisatorischen Ablauf der Datenübertragung regeln. Solche Vorschriften heißen *Protokolle* (Abschnitt 4.2.2).

Die Datenübertragungswege zum Datentransport über räumliche Entfernungen unterliegen (mit Ausnahme bestimmter privater Fernmeldeanlagen) in der Bundesrepublik Deutschland nach dem Fernmeldeanlagengesetz (FAG) der Zuständigkeit der Deutschen Bundespost. Die Post bietet unter der Bezeichnung *Telekommunikationsdienste* (ältere Bezeichnung: *Datel-Dienste*) mehrere öffentliche Netze für die Datenübertragung und weitere, über diese Netze nutzbare Dienstleistungen an. Mit den Telekommunikationsdienstleistungen der Deutschen Bundespost befaßt sich Abschnitt 4.3.

Werden mehrere voneinander unabhängige Datenstationen miteinander verbunden, entsteht ein *Datennetz*. Sind darin mehrere Datenstationen selbständige Rechner, spricht man von einem *Rechnernetz* oder Rechnerverbundsystem. Die Verbindung der Datenstationen untereinander kann durch unterschiedliche Netzstrukturen realisiert werden. Den Gesamtkomplex aus Netzstruktur, Hardware-Komponenten, Übertragungswegen und Steuerungssoftware bezeichnet man als *Netzwerkarchitektur*.

Sofern die Rechner geographisch voneinander entfernt sind, spricht man von einem *Rechnerfernnetz* oder *Weitverkehrsnetz* (WAN = wide area network). Befinden sich alle zu verbindenden Rechner unter der Zuständigkeit eines Anwenders in einem einzigen Gebäude oder auf einem abgeschlossenen Betriebsgelände, kann man sie durch ein *lokales Rechnernetz* (LAN = local area network) vernetzen. Unter gewissen Voraussetzungen lassen sich im lokalen Bereich die Rechner auch über eine *Telefonnebenstellenanlage* (modernere Bezeichnung: *Telekommunikationsanlage*) verbinden. Die Rechnernetze werden in Abschnitt 4.4 besprochen.

Mit dem Betrieb von Rechnernetzen sind umfangreiche Planungs- und Steuerungsaufgaben verbunden, die unter dem Begriff *Netzmanagement* zusammengefaßt werden. Die Vielzahl der Möglichkeiten, die für die Einrichtung und für den Betrieb der Datenfernverarbeitung und von Rechnernetzen bestehen, stellt auch den Wirtschaftsinformatiker vor eine Fülle von Auswahl- und Entscheidungsproblemen unter wirtschaftlichen Gesichtspunkten. Ein Überblick über diese Fragen wird in Abschnitt 4.5 gegeben.

4.2 Datenübertragung

4.2.1 Einrichtungen und Verfahren

Wie schon in Abschnitt 4.1 erwähnt, besteht jede Datenstation aus der Datenendeinrichtung und der Datenübertragungseinrichtung. Alle Begriffe und die funktionelle Einteilung sind in DIN 44302 festgelegt (Abb. 4.4). Danach besteht die *Datenendeinrichtung* wiederum aus

- dem eigentlichen Datenendgerät (Terminal),
- der Fernbetriebseinheit (Steuereinheit) und
- der Synchronisiereinheit.

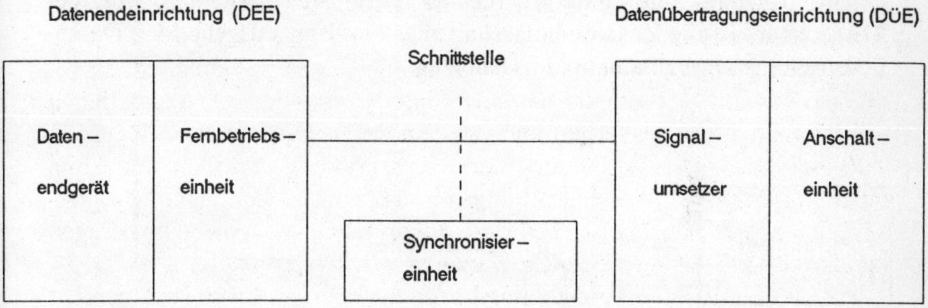

Abb. 4.4: *Bestandteile von Datenstationen*

Letztere kann auch der Datenübertragungseinrichtung zugeordnet werden. Die *Datenübertragungseinrichtung* stellt die Verbindung zwischen der Datenstation und dem Datenübertragungsweg her. Ihre Bestandteile sind

- der Signalumsetzer und
- die Anschalteinheit.

Als *Datenendgeräte* kommen die meisten der in Kapitel 2 beschriebenen peripheren DV-Geräte in Betracht, insbesondere

- Datensichtgeräte,
- Mikrocomputer in Terminal-Funktion mit der zusätzlichen Möglichkeit zur direkten Verarbeitung der Daten "vor Ort" (Rechner-Funktion),
- Drucker, Plotter und
- spezielle Eingabegeräte wie Ausweis- und Scheckkartenleser, Datenkassen, Schalterterminals bei Banken usw.

Das Datenendgerät innerhalb der Datenendeinrichtung kann auch die Zentraleinheit einer DV-Anlage sein.

Die *Fernbetriebseinheit* übernimmt die Ablaufsteuerung für die Datenübertragung, insbesondere die Eröffnung und die Beendigung von Übertragungen sowie die Behandlung von Bedienungs- und Übertragungsfehlern. Der Normalfall besteht darin, daß an eine Zentraleinheit über einen Datenübertragungsweg mehrere Datenstationen angeschlossen sind. Von einer gewissen Größenordnung an wird die Übertragungssteuerung aller angeschlossenen Leitungen einem selbständigen Prozessor übertragen, der als *Vorrechner* der zentralen DV-Anlage vorgeschaltet ist (Abb. 4.5), wobei der Anschluß des Vorrechners an die Zentraleinheit meistens durch einen (Multiplex-)Kanal (vgl. Abschnitt 2.3) hergestellt wird. Von den Hardware-Herstellern wird ein solcher Vorrechner auch als Datenfernverarbeitungssteuereinheit, Front-/End-Prozessor, Kommunikations-, Vermittlungs-, Netzend- oder Satellitenrechner bezeichnet. Hauptaufgabe des Vorrechners ist die Zusammenfassung aller ein- bzw. ausgehenden Datenübertragungswege zu einem einzigen Weg.

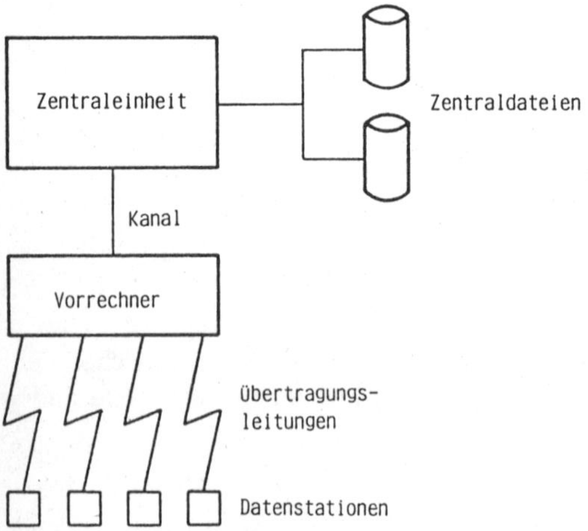

Abb. 4.5: *Vorrechner der Datenfernverarbeitung*

Zu den Aufgaben der Ablaufsteuerung gehört auch die Parallel-Seriell-Umsetzung. Man unterscheidet *Zeichenübertragungsverfahren* mit

- bitserieller Übertragungsbreite und
- bitparalleler Übertragungsbreite.

Bekanntlich werden die Daten zeichenweise, z.B. byteweise, verarbeitet. Da vieladrige Kabel teuer sind, erfolgt die Übertragung meistens *bitseriell*, d.h. bitweise nacheinander auf einem Kanal. Vor dem Senden muß eine Umsetzung von der bitparallelen (zeichenweisen) Darstellung auf die bitserielle Darstellung stattfinden, beim Empfang ist es umgekehrt (Serialisierung bzw. Deserialisierung). Die *bitparallele* Übertragung (gleichzeitige Übertragung aller Bit eines Zeichens auf mehreren Kanälen) läßt sich wegen (Schritt-)Verzerrungen, die durch ungleiche Übertragungszeiten der einzelnen Bit auf den verschiedenen Kanälen entstehen, nur für niedrige Übertragungsgeschwindigkeiten verwenden.

Die Takt- oder Schrittgeschwindigkeit der Übertragung wird in Baud (benannt nach dem französischen Physiker BAUDOT) gemessen. Bei bitserieller Übertragung ist die Übertragungsgeschwindigkeit gleich der Taktgeschwindigkeit. Bei bitparalleler Übertragung ist die Übertragungsgeschwindigkeit größer, weil bei jedem Takt mehrere Bit übertragen werden. Die Übertragungsgeschwindigkeit (oder *Übertragungsrate*) wird in Bit/s gemessen.

Die Übertragungsleistung läßt sich bei gleicher Übertragungsrate durch *Datenkompression* erhöhen, indem die bei der bitweisen Darstellung der einzelnen Zeichen vorkommenden Redundanzen eliminiert werden. Die Zeichen werden beim Sender platzsparend verschlüsselt und beim Empfänger wieder entschlüsselt.

Die einzelnen Bit werden von der sendenden Datenendeinrichtung in einem bestimmten Zeitintervall, dem sogenannten *Zeitraster*, abgeschickt, das von einem Taktgenerator erzeugt wird. Die empfangende Datenendeinrichtung arbeitet nach demselben Zeitraster. Die Taktübereinstimmung zwischen den beiden Datenendeinrichtungen besorgen die *Synchronisiereinheiten*. Dazu werden der eigentlichen Nachricht Synchronisierzeichen beigefügt. Man unterscheidet zwischen den beiden *Gleichlaufverfahren*

- asynchrone Übertragung und
- synchrone Übertragung.

Bei der *asynchronen Übertragung* wird der Gleichlauf der Zeitraster des Senders und des Empfängers nur für jeweils ein Zeichen hergestellt. Dazu wird jedes zu übertragende Zeichen mit einem vorangehenden Startbit und einem oder zwei abschließenden Stopbit versehen (Start-/Stop-Übertragung). Synchronisation besteht also nur für die Dauer der Übertragung eines Zeichens. Die Zeichen einer Zeichenfolge können in willkürlichen Zeitabständen übertragen werden. Der asynchrone Betrieb ist für langsame Datenstationen mit entsprechend niedrigen Übertragungsgeschwindigkeiten (bis 1.200 Bit/s) ausreichend. Für die Übertragung großer Datenmengen ist die asynchrone Übertragung ungeeignet.

Bei der *synchronen Übertragung* werden geschlossene Zeichenfolgen von Zeichen, die sich lückenlos aneinanderreihen, übertragen (512 Bit oder ein Vielfaches). Durch vorangehende und abschließende Steuerzeichen (Synchronwörter) wird der Gleichlauf der Zeitraster für die Dauer der gesamten Übertragung hergestellt. Sender und Empfänger sind also für die Dauer der Übertragung der gesamten Zeichenfolge synchronisiert. Gegenüber der asynchronen Übertragung entfallen das Start- und die Stopbit für jedes einzelne Zeichen. Voraussetzung für die synchrone Übertragung sind Pufferspeicher in den Datenendeinrichtungen (gepufferte Datenstationen). Die synchrone Übertragung wird bei Übertragungsgeschwindigkeiten ab 2.400 Bit/s benutzt.

Der *Signalumsetzer* übersetzt die von der Datenendeinrichtung angelieferten Zeichen in Signale, d.h. in physikalische Größen, die dann über die Leitung übertragen werden. Als *Signalübertragungsverfahren* kommen

- das analoge Übertragungsverfahren oder
- das digitale Übertragungsverfahren

in Betracht. Je nach Übertragungsverfahren der Signale sind unterschiedliche Geräte oder Einbauten in der Datenendeinrichtung erforderlich.

Beim *analogen Übertragungsverfahren*, das im Telefonnetz (siehe Abschnitt 4.3.2) Verwendung findet, werden Schwingungen (Töne) übertragen. Das zugehörige Gerät heißt offiziell *Anpassungseinrichtung*, umgangssprachlich (der!) *Modem* (Abkürzung für Modulator/Demodulator). Der Modem übersetzt die beiden binären Zeichen 0 und 1 in zwei verschiedene Töne, d.h. analoge Signale.

Beim *digitalen Übertragungsverfahren* werden als Signale digitale Impulse (kurze Stromstöße) übertragen. Die digitale Übertragung wird für die Datenübertragung beim Telexnetz, bei den Datex-Netzen und beim Direktrufnetz verwendet, beim ISDN auch für die Sprachkommunikation. Die zugehörigen Datenübertragungseinrichtungen tragen je nach Netz unterschiedliche Bezeichnungen (siehe ebenfalls Abschnitt 4.3.2).

Die *Anschalteinheit* übernimmt elektrische Anpassungen, insbesondere die Anschaltung an das Netz. Zu unterscheiden sind

- bei analoger Übertragung: Anschalteeinrichtung ohne Netzabschlußfunktion,
- bei digitaler Übertragung: Anschalteeinrichtung mit Netzabschlußfunktion.

Je nach Übertragungsnetz sind unterschiedliche Geräte zu verwenden.

An der Schnittstelle zwischen Datenendeinrichtung und Datenübertragungseinrichtung muß auch die Richtung des Datenflusses auf dem Übertragungsweg festgelegt werden. Dafür sind drei *Betriebsverfahren* möglich, und zwar:

- Richtungsbetrieb (simplex):
  Übertragung nur in einer Richtung, entweder ausschließlich Sendebetrieb oder ausschließlich Empfangsbetrieb. Nur bei der Prozeßdatenverarbeitung üblich.
- Wechselbetrieb (halbduplex):
  Übertragung abwechselnd in beiden Richtungen, d.h. abwechselnd Sendebetrieb oder Empfangsbetrieb; dazwischen Umschaltung der Datenendeinrichtung erforderlich (turnaround). Gebräuchlichstes Betriebsverfahren der Datenübertragung.
- Gegenbetrieb (duplex oder vollduplex):
  Übertragung gleichzeitig in beiden Richtungen, d.h. gleichzeitiges Senden und Empfangen, Umschaltzeiten entfallen. Ausschließlich im Gegenbetrieb arbeitet im Gegensatz zu anderen öffentlichen Netzen das Datex-P-Netz (siehe Abschnitt 4.3.2).

Welches Betriebsverfahren in Betracht kommt, hängt vom Datenübertragungsweg (Netz), von der Übertragungsgeschwindigkeit und von den benutzten Datenendgeräten ab. Viele Geräte gestatten nur den Wechsel-, jedoch nicht den Gegenbetrieb.

Abbildung 4.6 faßt alle Datenübertragungsverfahren zusammen. Die Verfahren sind nicht beliebig kombinierbar. Die bei den öffentlichen Netzen für die Datenübertragung benutzten Kombinationen werden in Abschnitt 4.3.2 behandelt.

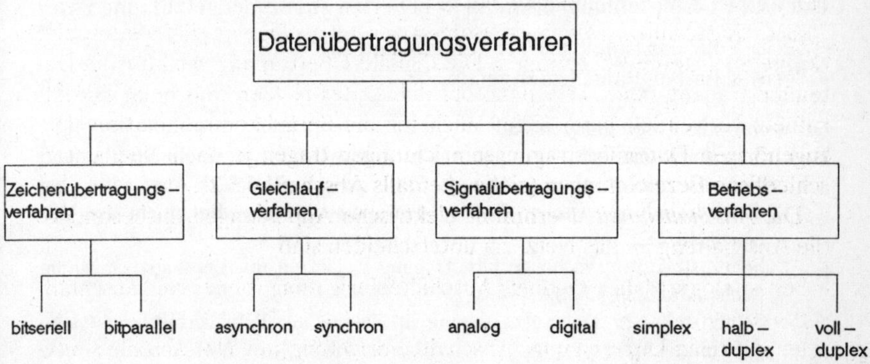

Abb. 4.6: *Datenübertragungsverfahren*

4.2.2 Schnittstellen und Protokolle

Eine wichtige Rolle bei der Datenübertragung spielen die *Schnittstellen* (Übergabestellen) zwischen den Datenendeinrichtungen der Teilnehmer und den Datenübertragungseinrichtungen bzw. Übertragungswegen der Anbieter von öffentlichen Netzen. Von der Bundespost wird die Schnittstelle zwischen Datenendeinrichtung und Datenübertragungseinrichtung als Grenze (Übergabestelle) zwischen der Verantwortlichkeit des Benutzers und der Verantwortlichkeit der Bundespost bezeichnet.

Nach DIN 44302 versteht man bei der Datenübertragung unter einer Schnittstelle alle Festlegungen über

- die physikalischen Eigenschaften der Schnittstellenleitungen,
- die Bedeutung der auf den Schnittstellenleitungen ausgetauschten Signale und
- die gegenseitige Abhängigkeit der ausgetauschten Signale.

Benutzer, Postverwaltungen und Gerätehersteller sind an einer Standardisierung der Schnittstellen stark interessiert. Deswegen sind einheitliche Festlegungen über Schnittstellen Gegenstand internationaler Normen und Empfehlungen. Neben den schon erwähnten Normungsgremien ISO (internationale Ebene), ANSI (USA) und DIN (Deutschland) befassen sich mit der Normung auf dem Gebiet der Datenübertragung vor allem

- auf internationaler Ebene: CCITT (Comité Consultatif International Télégraphique et Téléphonique) als beratender Ausschuß für den Telegrafen- und Fernmeldedienst mit Sitz in Genf,
- auf europäischer Ebene: CEPT (Conférence Européenne des Administrations des Postes et des Télécommunications) als Zusammenschluß der europäischen Post- und Fernmeldeverwaltungen mit Sitz in Bern.

Die CCITT-Empfehlungen sind in zwei Serien zusammengefaßt, und zwar:

- Serie V für das (analoge) Telefonnetz und
- Serie X für (digitale) Datennetze.

Die wichtigsten Empfehlungen sind:

V.24: Serielle Schnittstelle. Datenübertragung asynchron mit einem Startbit und ein oder zwei Stopbit je Zeichen. Genormt in DIN 66020. Anwendung bei der Verbindung zwischen Datenendgerät und Modem. Entspricht der US-Norm RS 232.

X.21: Schnittstelle für synchrone Übertragung in Netzen mit Leitungsvermittlung (siehe Abschnitt 4.3.2).

X.25: Schnittstelle für Datenübertragung in Netzen mit Paketvermittlung (siehe Abschnitt 4.3.2).

Weitere Empfehlungen gibt es für Schnittstellen, die in der Bürokommunikation eine Rolle spielen (siehe Abschnitt 7.2.4.2).

Jede Datenübertragung besteht aus den fünf Phasen

- Verbindungsaufbau,
- Aufforderung zur Übertragung,
- Übertragung,
- Beendigung der Übertragung,
- Verbindungsauflösung.

Neben Festlegungen über Schnittstellen und Übertragungsverfahren müssen Vereinbarungen über den organisatorischen Ablauf jeder Datenübertragung getroffen werden, insbesondere über die verwendeten Datenformate und Kommandos. Solche Vereinbarungen heißen *Protokolle*. Generell enthalten Protokolle Absprachen über den Aufbau, die Überwachung (anhand von Fehlermeldungen) und den Abbau von Verbindungen (DIN 66221).

Sofern sich die Vereinbarungen auf den reinen Transport von Daten beschränken, wird anstelle der Bezeichnung Protokoll teilweise noch die ältere Bezeichnung *Prozedur* verwendet. Die bekannteste Prozedur ist HDLC (high level data link control). Sie regelt die synchrone Datenübertragung im Duplexbetrieb mit Quittierung der Richtigkeit der Übertragung durch den Empfänger (DIN 66221).

Ziel aller Standardisierungsbemühungen sind offene Kommunikationssysteme (OSI = Open System Interconnection), d.h. Kommunikationsmöglichkeiten zwischen unterschiedlichen Rechnern, Betriebssystemen, Netzwerkmodellen (siehe Abschnitt 4.4.2) usw. Die internationale Normungsorganisation ISO hat dazu 1983 eine Rahmenempfehlung, das sogenannte *ISO-Referenzmodell*, aufgestellt, das aus sieben Funktionsschichten besteht. Jede Schicht formuliert an die jeweils darunterliegende Schicht einen Auftrag, den diese als Dienstleistung erbringt.

Die Aufgaben der 7 Schichten (layer) oder Ebenen des ISO-Referenzmodells sind (von unten nach oben):

1) Physikalische Schicht: Ungesicherte Übertragung von Bitfolgen über eine Übertragungsstrecke ("Bit-Übertragungsschicht"); Vereinbarungen über Schnittstelle, Übertragungsgeschwindigkeit, Zeichenübertragungsverfahren, Gleichlaufverfahren;
2) Sicherungsschicht: Sicherung der Schicht 1, d.h. fehlergesicherte Übertragung (Fehlererkennung und -behebung) durch Blöcke aus Bitfolgen und Kontrollinformationen;
3) Vermittlungsschicht: Aufbau und Abbau des gesamten physischen Übertragungsweges zwischen Datenendgeräten aus gekoppelten Teilstrecken (Anwählen des Teilnehmers, Bestätigung der Empfangsbereitschaft u.a.);
4) Transportschicht: Steuerung und Überwachung der logischen Verbindung zwischen Sender und Empfänger ("end to end"), Vollständigkeitskontrollen (insbesondere bei Paketvermittlung, siehe Abschnitt 4.3.2);

5) Kommunikationssteuerungsschicht: Festlegung der Kommunikation zwischen den Teilnehmern in Form von Sitzungen (d.h. Steuerung des Dialogs vom Beginn bis zur Beendigung der Übertragung);
6) Darstellungsschicht: Festlegung der Bedeutung ausgetauschter Daten (Codes, Verschlüsselungen, Sprache, Grafik);
7) Anwendungsschicht: Definition erlaubter Anwendungen (Datenbankabfrage, Buchung, Rechnernutzung, Prüfung von Zugangsberechtigungen).

Als Netzwerktechnik (oder *Netzdienste*) bezeichnet man das Bereitstellen einer Verbindung und die Übertragung von Signalen (Schichten 1 bis 3). Die Transporttechnik befaßt sich mit dem Aufbau, dem Betrieb und dem Abbau von Verbindungen. Sie umfaßt die Schichten 1 bis 4. Diese ("unteren") Schichten werden deshalb als *Transportdienste* bezeichnet. Die ("höheren") Schichten 5 bis 7 heißen *Anwendungsdienste*.

Von den genannten CCITT-Empfehlungen decken V.24 und X.21 die Schicht 1, X.25 die Schichten 1 bis 3 ab. Die Prozedur HDLC entspricht den beiden untersten Schichten. Für die Transportdienste ist als Übergangslösung das vom amerikanischen Verteidigungsministerium geförderte Protokoll TCP/IP (transport control protocol/internet protocol) stark verbreitet. Es bezieht sich auf die Schichten 3 und 4 des ISO-Referenzmodells.

Als besonders problematisch erweist sich die internationale Normung der Protokolle für die höheren Schichten. In der Bundesrepublik wurden deshalb bereits 1978 für die Schichten 4 bis 6 unter der Bezeichnung EHKP (Einheitliche höhere Kommunikationsprotokolle) Vereinbarungen auf nationaler Ebene getroffen, die vor allem im Bereich der öffentlichen Verwaltung (Datenverbundsystem Nordrhein-Westfalen) angewandt werden, jedoch ebenfalls nur als Übergangslösung anzusehen sind. Zur weiteren zügigen Durchsetzung des ISO-Referenzmodells wurde auf europäischer Ebene 1987 das Normungsgremium EWOS (European Workshop for Open Systems) gegründet. Daneben gibt es international eine Reihe weiterer sogenannter OSI-Promotion Groups.

4.3 Dienstleistungsangebot der Bundespost

4.3.1 Übersicht

Das Fernmeldewesen unterliegt in der Bundesrepublik Deutschland nach Artikel 73 Nr. 7 des Grundgesetzes der Hoheit des Bundes. Die Ausübung dieses Hoheitsrechts ist nach Artikel 87 der Deutschen Bundespost übertragen. Konkret hat die Post nach dem Fernmeldeanlagengesetz (letzte Fassung: 1977) das alleinige Recht, Fernmeldeanlagen für den zivilen Bereich selbst zu errichten und zu betreiben oder die Berechtigung dafür zu vergeben. Ihr Dienstleistungsangebot auf dem Gebiet des Fernmeldewesens faßt die Post unter der Bezeichnung *Telekommunikationsdienste* zusammen. Speziell für die Datenübertragung wird der *Datenübermittlungsdienst* angeboten. Die Telekommunikationsdienste entsprechen den *Vermittlungsnetzen*, mit denen (Individual-)Kommunikation zwischen mindestens zwei Teilnehmern betrieben wird. Im Gegensatz dazu stehen *Verteilnetze* für die Massenkommunikation (Rundfunk, Fernsehen).

Das gesamte Dienstleistungsangebot einschließlich der Nutzungsbedingungen hatte die Deutsche Bundespost in der am 1. Januar 1988 in Kraft getretenen *Telekommunikationsordnung* zusammengefaßt. Alle früheren Benutzungsordnungen (Fernmeldeordnung, Verordnung für den Fernschreib- und Datexdienst, Verordnung über das öffentliche Direktrufnetz) wurden darin übernommen. Durch das am 1. Juli 1989 in Kraft getretene Poststrukturgesetz wurde die Post zum 1. Januar 1990 in die drei Unternehmen Postdienst, Postbank und TELEKOM aufgeteilt. Nach dem Poststrukturgesetz sollen die Beziehungen zwischen den Kunden und der Deutschen Bundespost TELEKOM privatrechtlicher Natur sein. Demzufolge wurden alle bisher aufgrund der Telekommunikationsordnung bestehenden öffentlich-rechtlichen Teilnehmerverhältnisse schrittweise bis zum 1. Juli 1991 durch privatrechtliche Regelungen, die sogenannten "Allgemeinen Geschäftsbedingungen (AGB) der Deutschen Bundespost TELEKOM", abgelöst. Die in den USA und in mehreren europäischen Ländern vollzogene vollständige Privatisierung der Telekommunikationsdienste wäre in Deutschland nur durch eine Änderung von Artikel 87 des Grundgesetzes zu erreichen.

Als *Datenübermittlungsdienst* hält die Deutsche Bundespost im wesentlichen folgende Dienstleistungen bereit:

- Überlassen von Wählanschlüssen mit analogen oder digitalen Anschaltepunkten, Fest-, Direktruf- und Universalanschlüssen;
- Überlassen von Endstelleneinrichtungen und
- Bereitstellen von Wähl-, Fest- und Direktrufverbindungen.

Unter dem Begriff *Anschluß* wird die physikalische Verbindung der Endstelle des Teilnehmers mit dem zugehörigen Netzknoten der Post verstanden (Abb. 4.7). Die *Endstelle* besteht aus der Erst-Endeinrichtung des Teilnehmers, an die weitere Endeinrichtungen angeschlossen werden können. Der Anschluß endet bei der Erst-Endeinrichtung mit einer Anschalteeinrichtung.

Bei den Endstelleneinrichtungen unterscheidet die Post folgende Eigentumsverhältnisse:

- posteigen: von der Post gemietete Einrichtung,
- teilnehmereigen: von der Post gekaufte Einrichtung,
- privat: außerhalb der Post gemietete oder gekaufte Einrichtung.

Anschalteeinrichtungen sind immer posteigen, Anpassungseinrichtungen (Modems) posteigen, teilnehmereigen oder privat, Akustikkoppler ausschließlich privat. Die

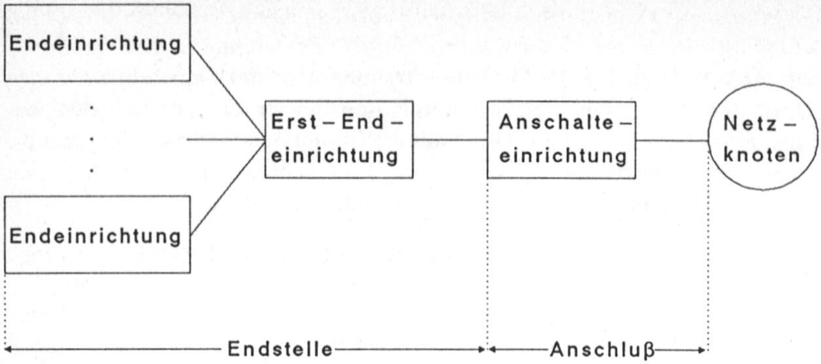

Abb. 4.7: *Teilnehmeranschluß*

Datenendeinrichtungen sind immer privat. Sie müssen jedoch von der Post zugelassen sein, d.h. die DBP-Zulassung (frühere Bezeichnung: FTZ-Zulassung des Fernmeldetechnischen Zentralamts Darmstadt) besitzen.

Für die Datenübertragung bietet die Post als *Transportdienste* die folgenden *öffentlichen Netze* (*Datennetze*) an:

- mit analoger Übertragungsform: Telefonnetz (Fernsprechnetz),
- mit digitaler Übertragungsform: Telexnetz, Direktrufnetz, Datex-L-Netz, Datex-P-Netz.

Die Netze mit digitaler Übertragungsform sind unter der Bezeichnung *Integriertes Datennetz* (IDN) zusammengefaßt. Anfang 1989 wurde begonnen, alle Netze schrittweise in das "Dienste-integrierende digitale Netz" ISDN (Integrated Services Digital Network) zu überführen, das ausschließlich digital überträgt.

Mit der Telekommunikationsordnung wurden die folgenden neuen Bezeichnungen eingeführt:

- Telefonnetz: Wählanschluß mit analogem Anschaltepunkt;
- Telexnetz, Datex-L-Netz: Wählanschluß mit digitalem Anschaltepunkt, Gruppe L;
- Datex-P-Netz: Wählanschluß mit digitalem Anschaltepunkt, Gruppe P;
- Direktrufnetz: Festanschluß mit digitalem Anschaltepunkt;
- ISDN: Universalanschluß.

Die öffentlichen Netze für die Datenübertragung werden in Abschnitt 4.3.2 behandelt.

Unter Benutzung der öffentlichen Datennetze werden von der Bundespost, teilweise aber auch von privaten Anbietern, zusätzliche Dienstleistungen zur Verfügung gestellt, die als *Mehrwertdienste* bezeichnet werden.

Dieser Ausdruck ist eine Übersetzung der amerikanischen Bezeichnung VANS (value added network services) bzw. VAS (value added services). Die Mehrwertdienste unterstützen hauptsächlich die Bürokommunikation (siehe Abschnitt 7.2.4.2). Von der Bundespost werden unter der Bezeichnung *Teilnehmerdienste* als Mehrwertdienste angeboten:

- Teletex, Telefax, Telebox, Temex (Abschnitt 4.3.3) und
- Bildschirmtext (Abschnitt 4.3.4).

Hinsichtlich der verschiedenen Informationsformen gilt folgende Zuordnung:

- Sprachkommunikation: Telefonnetz;
- Datenkommunikation: Telefon-, Datex-L-, Datex-P-Netz, Direktrufnetz, Temex;
- Textkommunikation: Telex, Teletex, Telebox, Bildschirmtext;
- Bildkommunikation: Telefax, Bildschirmtext.

4.3.2 Öffentliche Netze für die Datenübertragung

Abbildung 4.8 gibt einen Überblick über die von der Bundespost gegenwärtig für die Datenübertragung angebotenen öffentlichen Netze mit ihren wichtigsten Merkmalen. Ein weiteres Unterscheidungsmerkmal bilden die (mit den Übertragungsraten verbundenen) Betriebsverfahren (vgl. Abschnitt 4.2.1).

Hinzu kommt noch das *Telexnetz*. Es wurde 1933 für die Übertragung von Fernschreiben eingerichtet und ist das älteste Netz mit digitaler Übertragungsform (Start-/Stop-Betrieb mit der Übertragungsrate 50 Bit/s). Telex wird nach wie vor intensiv für die Textkommunikation genutzt. Für die Datenübertragung, für die es zu Beginn der Datenfernverarbeitung auch eingesetzt wurde (z.B. bei Platzreservierungen der Bundesbahn), besitzt Telex heute keine Bedeutung mehr.

Die in Abschnitt 4.2.1 behandelten Datenübertragungsverfahren sind, soweit nicht in Abbildung 4.8 enthalten, wie folgt zuzuordnen:

- Das Zeichenübertragungsverfahren ist bei allen Netzen bitseriell. Lediglich beim Telefonnetz gibt es die Möglichkeit der bitparallelen Übertragung mit 10, 20 oder 40 Zeichen/s.
- Das Gleichlaufverfahren ist bis 1.200 Bit/s asynchron, bei höheren Übertragungsgeschwindigkeiten synchron (beim Direktrufnetz schon bei 1.200 Bit/s).
- Betriebsverfahren sind je nach Übertragungsgeschwindigkeit und eingesetzten Datenendgeräten simplex, halbduplex oder duplex, beim Datex-P-Netz und ab 2.400 Bit/s beim Datex-L-Netz nur duplex.
- Die gebräuchlichen Übertragungsraten sind 1.200, 2.400, 4.800 und 9.600 Bit/s.

	Signal-übertragung	Anschluß-art	max. Übertragungsgeschwindigkeit	durchschnittliche Bit-Fehler-Wahrscheinlichkeit
Telefonnetz	analog	Wählanschluß	19.200 Bit/s	$5\cdot10^{-5}$... $2\cdot10^{-4}$
Direktrufnetz	digital	Festanschluß	1,92 MBit/s	ca. 10^{-6}
Datex-L-Netz	digital	Wählanschluß	64.000 Bit/s	$1\cdot10^{-6}$... $1\cdot10^{-5}$
Datex-P-Netz	digital	Wählanschluß	48.000 Bit/s	ca. 10^{-6}
ISDN	digital	Wähl-/Festanschluß	144 KBit/s	ca. 10^{-6}

Abb. 4.8: *Öffentliche Netze für die Datenübertragung*

Wie schon erwähnt, wird unter dem Begriff *Anschluß* die physikalische Verbindung der Teilnehmerendstelle mit den zugehörigen Netzknoten der Post verstanden (vgl. Abschnitt 4.3.1). Beim *Wählanschluß* muß diese Verbindung vor jeder Übertragung neu hergestellt ("angewählt") werden. Beim *Festanschluß* wird diese Verbindung von der Post auf Dauer zur Verfügung gestellt. Eine Festverbindung (alte Bezeichnung: Standleitung) ist ein gegen Gebühr überlassener Übertragungsweg, der zwei Festanschlüsse miteinander verbindet.

Die Zuordnung der Begriffe Anschluß, Anschalteeinrichtung und Datenübertragungseinrichtung ist wie folgt vorzunehmen (siehe Abbildung 4.9 als Spezifizierung der Abbildung 4.7):

- Analoge Übertragung: Der Anschluß besteht aus einer Anschalteeinrichtung (Anschlußdose oder TK-Anschlußeinheit) ohne Netzabschlußfunktion und befindet sich außerhalb der Datenübertragungseinrichtung. Letztere heißt Anpassungseinrichtung (Modem).
- Digitale Übertragung: Der Anschluß besteht aus der Datenübertragungseinrichtung als Anschalteeinrichtung mit Netzabschlußfunktion in Verbindung mit einer Anschlußdose.

Für die Anschalteeinrichtungen finden folgende Geräte Verwendung: Datexnetzabschlußgerät (DXG) für das Datex-L- und das Datex-P-Netz, Direktrufnetzabschlußgerät (DAG) für das Direktrufnetz, Datennetzabschlußgerät (DNG) für alle drei Netze.

Die *Bit-Fehlerwahrscheinlichkeit* ist das Verhältnis der Anzahl der (im Durchschnitt) fehlerhaft gesendeten Bit zur Anzahl aller übertragenen Bit. Beispielsweise bedeutet eine Bit-Fehlerwahrscheinlichkeit von $5\cdot10^{-5}$, daß bei 20.000 gesendeten Bit durchschnittlich ein Bit fehlerhaft ist. Die Bit-Fehlerwahrscheinlichkeit ist ein Maß für die Leitungsqualität. Bei digitaler Übertragung ist die Fehlerwahrscheinlichkeit niedriger als bei analoger.

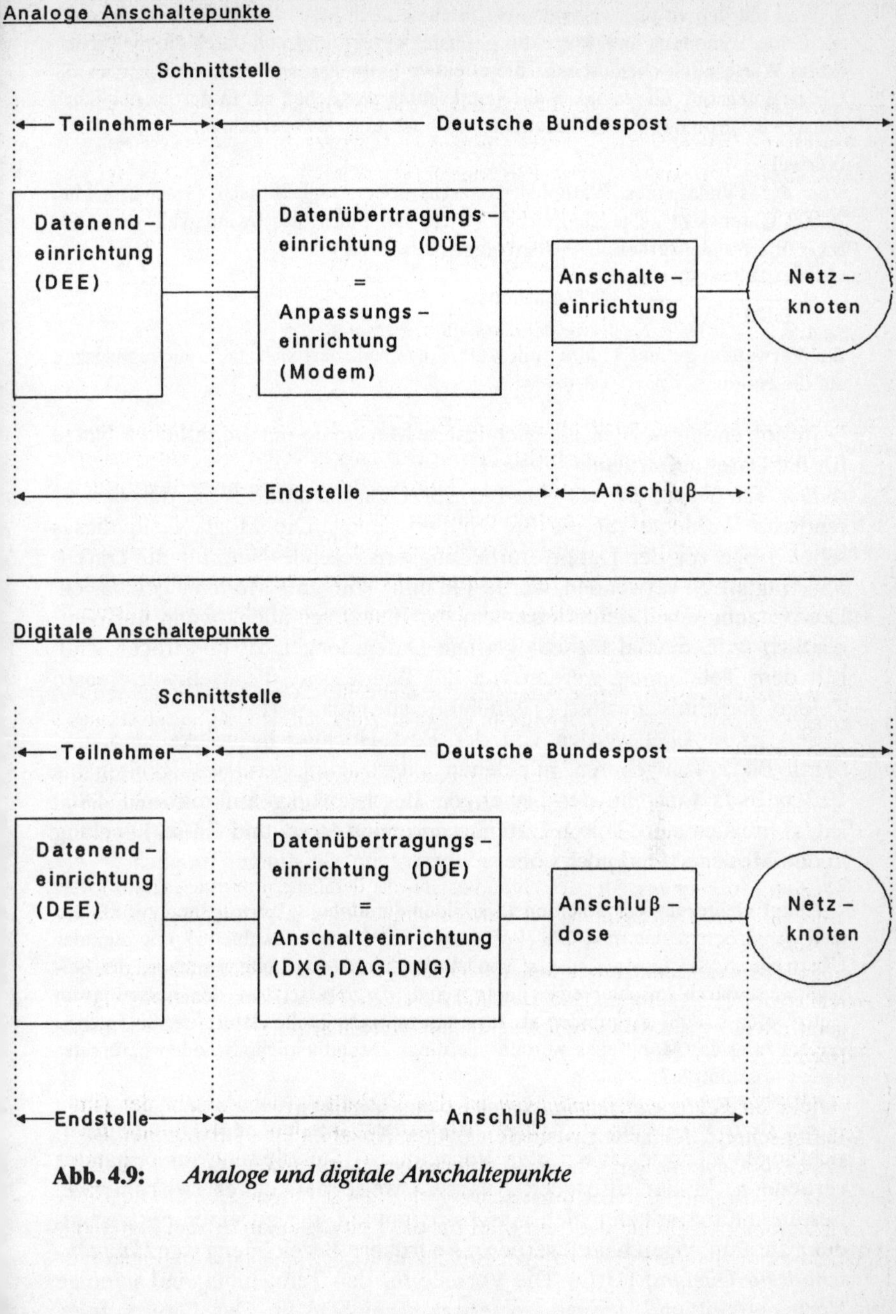

Abb. 4.9: *Analoge und digitale Anschaltepunkte*

Weil mit den zu übertragenden Nachrichten auch Steuerbit sowie zusätzliche Bit zur Fehlererkennung und -korrektur gesendet werden und weil durch die Synchronisation Wartezeiten entstehen, ist die effektive Leitungsausnutzung niedriger als die Übertragungsrate, die lediglich als Nennleistung anzusehen ist. In der betrieblichen Praxis wird grob mit einer Ausnutzung von höchstens 70% gerechnet.

Beispiel:
Von der Filiale eines Warenhauskonzerns sollen täglich nach Geschäftsschluß 20.000 Datensätze zu je 50 Zeichen (Byte) mit einer Geschwindigkeit von 2.400 Bit/s übertragen werden. Die Übertragung dauert ca.

$$\frac{20.000 \cdot 50 \cdot 8}{2.400 \cdot 0{,}7 \cdot 60} \approx 79{,}4 \text{ Minuten.}$$

Bei Verwendung einer Leitung mit 4.800 Bit/s reduziert sich die Übertragungszeit auf die Hälfte.

Im folgenden werden die wichtigsten Merkmale der öffentlichen Netze für die Datenübertragung skizziert:

Das *Telefonnetz* ist das vom Fernsprechen bekannte Netz, d.h. das öffentliche Wählnetz für die Sprachübertragung. Die Möglichkeit, dieses schon lange vor der Datenverarbeitung existierende Netz für die Datenübertragung zu verwenden, wurde 1965 mit Hilfe der Modems geschaffen. Die Nutzung des Telefonnetzes empfiehlt sich vor allem, wenn nur gelegentlich (z.B. einmal täglich) geringe Datenmengen zu übertragen sind. Mit dem Telefonnetz werden von der Bundespost die Mehrwertdienste Telefax und Bildschirmtext (Teilnehmerseite) realisiert.

Seit Ende 1989 werden von der Post Hochgeschwindigkeitsmodems (Trail Blazer) angeboten, mit denen Übertragungsgeschwindigkeiten bis 19.200 Bit/s (anstelle der bisherigen Beschränkung auf maximal 4.800 Bit/s) möglich sind. Durch Datenkompression (Ver- und Entschlüsselung in den Modems) sind noch höhere Übertragungsleistungen möglich.

Eine Erweiterung des Telefonnetzes bilden die *Mobilfunkdienste*, und zwar C mit analoger Übertragung und D1 (Post) bzw. D2 (privater Anbieter) mit digitaler Übertragung. Sie lassen sich u.a. von Außendienst-Mitarbeitern nutzen, die beispielsweise durch Anschluß eines Laptops in die Lage versetzt werden, unterwegs im Auto Daten sowohl abzusenden als auch von zentraler Stelle abzurufen. Bei intensiver Nutzung des Mobilfunks werden allerdings gesundheitliche Schäden befürchtet (siehe Abschnitt 8.7).

Bei dem 1974 eingerichteten *Direktrufnetz* werden zwei Datenendeinrichtungen in Form einer festen Verbindung ("Standleitung") miteinander verbunden. In der offiziellen Ausdrucksweise handelt es sich um zwei Festanschlüsse mit digitalen Anschaltepunkten, die zu einer Festverbindung zusammengeschaltet werden. Die frühere Bezeichnung war *Hauptanschluß für Direktruf* (HfD). Die Vorteile für den Teilnehmer sind ständige Verfügbarkeit und geringe Fehlerwahrscheinlichkeit. Das Direktrufnetz wird deswegen immer dann verwendet, wenn Verbindungen ständig aufrechterhalten werden müssen (Banken, Reisebüros). Es wird von allen öffentlichen Netzen für die Datenübertragung am stärksten genutzt (ca. 40% aller Anschlüsse).

Um den Unterschied zwischen dem Datex-L-Netz und dem Datex-P-Netz zu verstehen, müssen vorher die beiden *Vermittlungsarten*

- Leitungs- oder Durchschaltevermittlung (line switching, circuit switching) und
- Nachrichten- oder Speichervermittlung (message switching, store and forward switching), auch Meldevermittlung genannt,

erläutert werden. Bei der *Leitungsvermittlung* wird für die Dauer der Übertragung eine feste Verbindung zwischen zwei Wählanschlüssen aufgebaut. Die Verbindung bleibt bis zur Beendigung der Übertragung exklusiv für die Teilnehmer reserviert. Bei der *Speichervermittlung* besteht dagegen nur eine virtuelle, aber keine physikalische Verbindung zwischen den Teilnehmern. Die Nachrichten werden über die Knoten eines Netzes gesendet und dort kurzzeitig zwischengespeichert. Realisiert wird die Speichervermittlung in Form der *Paketvermittlung* (packet switching). Die zu übertragende Nachricht wird in genormte Teile (Pakete) zerlegt und paketweise über - möglicherweise verschiedene - Netzknoten (Datenpaketvermittlungsstellen) gesendet, wobei die Steuerung von Vermittlungsrechnern in den Netzknoten übernommen wird. Die Datenendgeräte müssen "paketorientiert" arbeiten können. Der Anschluß ist bei einigen nicht-paketorientierten Datenendgeräten durch eine Paketier-/Depaketier-Einrichtung (PAD) möglich.

Das *Datex-L-Netz* (eingeführt schon 1967) beruht auf der Leitungsvermittlung zwischen Wählanschlüssen mit digitalen Anschaltepunkten. Das Telefonnetz ist ebenfalls ein leitungsvermitteltes Netz, jedoch mit analogen Anschaltepunkten. Gegenüber dem Telefonnetz bietet das Datex-L-Netz den Vorteil besserer Leitungsqualität und höherer Übertragungsgeschwindigkeiten. Es ist vor allem für die Übertragung großer Datenmengen geeignet (Anwendung beispielsweise für den beleglosen Geschäftsverkehr in der Automobilindustrie).

Das *Datex-P-Netz* (eingeführt 1982) beruht auf der Paketvermittlung zwischen Wählanschlüssen mit digitalen Anschaltepunkten. Die Zerlegung der Nachricht in Pakete erfolgt in der Datenendeinrichtung oder im Netz. Ein Paket besteht aus maximal 128 Datenoktetts à 8 Bit. Eine wirtschaftliche Nutzung des Datex-P-Netzes bietet sich beispielsweise für den gelegentlichen, nicht zeitkritischen Dialogverkehr an. Deswegen wird es auch für das Deutsche Forschungsnetz (DFN) verwendet. Generell kommt es für die Übertragung geringer und mittlerer Datenmengen in Betracht. Mit dem Datex-P-Netz ist es möglich, Datenstationen unterschiedlicher Geschwindigkeit miteinander zu verbinden.

Der Wirtschaftsinformatiker hat vor allem zu beachten, daß sich die einzelnen öffentlichen Netze in den Benutzungsgebühren unterscheiden. Es gibt drei Arten von Gebühren, und zwar:

- einmalige Gebühren (Anschlußgebühren),
- monatliche Gebühren (von der Nutzung unabhängige Grundgebühren und Gebühren für posteigene Einrichtungen wie Modem, DXG, DAG, DNG) und
- Verbindungsgebühren (nutzungsabhängig).

Mit der Ablösung der Telekommunkationsordnung durch die Allgemeinen Geschäftsbedingungen hat die Post die Bezeichnung *Gebühren* durch die Bezeichnung *Entgelte* ersetzt. Die neue Bezeichnung hat sich allerdings noch nicht durchgesetzt.

Abbildung 4.10 zeigt für die einzelnen Netze die Faktoren, nach denen sich die *Verbindungsgebühren* berechnen. Die Bundespost hat ihre Gebührenpolitik schon wiederholt geändert. Deswegen wird hier auf die Wiedergabe von Berechnungsbeispielen verzichtet.

	Telefon	Direktruf	Datex-L	Datex-P	ISDN	
					Wähl-Anschluß	Fest-Anschluß
Verbindungsdauer	x		x	x	x	
Nutzungszeit		x				x
Datenvolumen				x		
Übertragungsgeschwindigkeit		x	x			
Tageszeit	x		x	x	x	
Wochentag	x		x	x	x	
Entfernung	x	x	x		x	x
Anzahl Verbindungen			x	x		
Mindestgebühr		x				x

Abb. 4.10: *Kostenfaktoren der Verbindungsgebühren*

ISDN (Integrated Services Digital Network) ist ein integriertes weltweites Fernmeldenetz. Die Grundkonzeption wurde nach Vorüberlegungen in den 70er Jahren vom CCITT im Jahr 1984 in einer Reihe von Empfehlungen ("Rotbuch") verabschiedet. Die wichtigsten Merkmale sind:

- digitalisiertes Fernsprechnetz,
- wenige, international genormte Schnittstellen,
- Leitungsvermittlung,
- Standardübertragungsgeschwindigkeit 64 KBit/s,
- Erweiterung auf Breitbanddienste vorgesehen.

Die Bundespost hat nach Großversuchen in Mannheim und Stuttgart Anfang 1989 in acht Großstädten offiziell mit der Einführung des ISDN begonnen. Die Ausbauplanung reicht bis ins nächste Jahrhundert. Voraussetzung ist die schrittweise Umstellung des Telefonnetzes auf digitale Übertragung. In der ersten Stufe sollen zunächst die Leistungen des Telefonnetzes und der digitalen Netze für die Datenübertragung einschließlich der Mehrwertdienste abgedeckt werden. Da das ISDN noch nicht flächendeckend angeboten wird, müssen alle bestehenden Netze vorläufig beibehalten werden. Für die Zusammenschaltung dieser Netze mit dem ISDN sind Übergänge eingerichtet.

Für die Nutzung des ISDN werden spezielle Geräte angeboten, z.B. digitale Telefone und Datenterminals für die Übertragungsrate 64 KBit/s. Unterschieden werden:
- Einzeldienst-Endgeräte für die Nutzung eines einzigen Dienstes, z.B. Telefonieren,
- Mehrdienst-Endgeräte für die Nutzung mehrerer Einzeldienste, z.B. Telefonieren und Bildschirmtext,
- Mehrfunktions-Endgeräte für die zusätzliche Nutzung von lokalen, nicht ISDN betreffenden Funktionen, z.B. den Zugang zur lokalen DV-Anlage.

Eine digitalisierte Fernsprechleitung mit herkömmlichem zweiadrigen Kupferkabel gestattet eine Übertragungsleistung von 144 KBit/s. Diese Leistung wird aufgeteilt in zwei Nutzkanäle (B-Kanäle) à 64 KBit/s und einen Signalisierungskanal (D-Kanal) à 16 KBit/s. Damit wird es möglich, unterschiedliche Informationsarten (Daten, Sprache) gleichzeitig auszutauschen.

Die Übertragung von Bewegtbildern erfordert wesentlich höhere Übertragungsraten. Für die digitale Beschreibung eines Bildes, das ein 19-Zoll-Farbbildschirm mit einer Auflösung von 1.280 x 1.024 Bildpunkten wiedergibt, werden bei 256 = 2^8 Farben 10 MBit benötigt. Bewegtbilder haben üblicherweise eine Bildfrequenz von 18 Aufnahmen pro Sekunde. Demzufolge würde eine Übertragungsrate von 180 MBit/s gebraucht. Dafür kommen nur mehradrige Koaxialkabel oder zweckmäßigerweise Glasfaserkabel in Betracht. Bei der Bewegtbildübertragung wird ebenfalls mit Datenkompression gearbeitet.

Die Planungen der Bundespost für die 90er Jahre sehen die folgenden Hauptschritte vor:

- Realisierung des "Schmalband"-ISDN mit den bisherigen Fernmeldekabeln aus Kupfer für die Dienstleistungen Fernsprechen, Datenübertragung, Mehrwertdienste.
- Einführung des "Breitband"-ISDN (Übertragung größerer Bandbreiten) mit der Möglichkeit zur Übertragung von Bewegtbildern. Versuche laufen schon seit längerem unter der Abkürzung BIGFON (Breitbandiges Integriertes Glasfaser-Fernmelde-Ortsnetz) zwischen einigen Großstädten der Bundesrepublik (Hamburg-Hannover mit 140 MBit/s, München-Nürnberg mit 565 MBit/s).

- Ausbau zum Universalnetz IBFN (Integriertes Breitband-Fernmeldenetz) unter Einbezug der für die Übertragung von Hörfunk- und Fernsehprogrammen bestehenden Breitband-Kabelnetze (Kupfer-Koaxialkabel).

Wie zügig der Ausbau des ISDN verlaufen wird, richtet sich danach, wie schnell sich die bisherigen Fernmeldekabel aus Kupfer durch Glasfaserkabel ersetzen lassen, auf denen dann optische anstelle elektrischer Signale übertragen werden. Die Kosten für Material und Leitungsverlegung sind, wie schon erwähnt, bei Glasfaser wesentlich niedriger als bei Kupfer (Gewicht Kupfer 5 kg/m, Glasfaser 50 g/m). Die Wirtschaftlichkeit insgesamt hängt jedoch wesentlich von der erwarteten Nutzung ab.

4.3.3 Mehrwertdienste

Der Begriff *Mehrwertdienste* ist nicht eindeutig definiert. Üblicherweise versteht man darunter Dienste, die die öffentlichen Netze für die Datenübertragung benutzen, jedoch über die bloße Datenübertragung ("Basis-Dienst") hinausgehen. Beispielsweise werden zu den Mehrwertdiensten die vorzugsweise für die Bürokommunikation (siehe Abschnitt 7.2.4.2) genutzten

- privaten Mailboxsysteme bzw. elektronischen Mitteilungssysteme (Message Handling-Systeme) und
- elektronischen Teilnehmerverzeichnisse (Directory Systeme; siehe Abschnitt 4.5)

gezählt, teilweise auch der gesamte elektronische Datenaustausch zwischen Geschäftspartnern (siehe Abschnitt 7.4).

In diesem Abschnitt sollen nur die von der Bundespost bereitgestellten Mehrwertdienste

- Teletex,
- Telefax,
- Telebox und
- Temex

besprochen werden. Der Mehrwertdienst Bildschirmtext wird separat im nächsten Abschnitt behandelt. Telex, Teletex, Telefax und Bildschirmtext werden von der Deutschen Bundespost als *Teilnehmerdienste für die Textkommunikation* bezeichnet (im Gegensatz zu den *Öffentlichen Diensten* Brief und Telegramm).

Teletex (Bürofernschreiben) gehört zur Textkommunikation und ist eine neue Form des Fernschreibens. Es besteht seit 1981. Anstelle der Fernschreibgeräte treten Speicherschreibmaschinen miteinander in Verbindung. Über die Schnittstelle X.21 sind auch Mikrocomputer oder Terminals anschließbar. Der zu übermittelnde Text wird in der Anlage des Absenders zwischengespeichert, bis die Mitteilung komplett eingegeben ist. Der Text wird dann direkt auf der Schreibmaschine bzw. dem Drucker des Empfängers ausgegeben. Der Teletex-Dienst wird im Datex-L-Netz mit 2.400 Bit/s abgewickelt. Gegenbetrieb (und damit Dialogbetrieb) ist nicht möglich. Im Gegensatz zum herkömmlichen Telex-Dienst kann der volle Zeichensatz der Schreibmaschinentastatur genutzt werden. Die Übertragung einer DIN A4-Seite dauert ca. 10 Sekunden unabhängig von der Entfernung (Telex: 5 Minuten). Die Nutzung von Teletex ist rückläufig.

Telefax (eingeführt 1979) bedeutet Fernkopieren. Die Post zählt es zur *Bildkommunikation*. Die Kopien entstehen nicht am Ort des Originals, sondern bei einem entfernten Empfänger. Während Teletex auf reine Texte (z.B. Briefinhalte **ohne** Unterschrift) beschränkt ist, lassen sich mit Telefax Zeichnungen, Skizzen, Pläne, handschriftliche Notizen usw. übertragen. Fernkopiergeräte gibt es mit manueller und mit automatischer Betriebsweise. Bei der automatischen Betriebsweise kann auf der Empfängerseite während der Übertragung auf eine Bedienungskraft verzichtet werden. Standard-Übertragungsformat ist DIN A4. Die Geräte werden nach der Auflösungsqualität und der Übertragungsgeschwindigkeit in international standardisierte Leistungsgruppen eingeteilt. In der Bundesrepublik werden Fernkopierer der Gruppen 2 und 3 angeboten. Bei Gruppe 2 dauert eine Übertragung ca. 3 Minuten, bei Gruppe 3 (automatisch, höhere Auflösung möglich) 20-60 Sekunden. Zur Übertragung wird das Telefonnetz benutzt. Angeboten werden auch tragbare Fernkopierer, bei denen die Übertragung mit Hilfe eines Akustikkopplers erfolgt. Geplant ist eine Gerätegruppe 4, die eine noch höhere Übertragungsgeschwindigkeit (DIN A4-Seite in 10 Sekunden) bietet und mit der sich auch das Datex-L- und das Direktrufnetz nutzen lassen. Falls der Absender und/oder der Empfänger keine Telefax-Geräte besitzen, können Eingabe bzw. Ausgabe auf Geräten in Postämtern erfolgen (Telebriefdienst). Mit Hilfe einer Zusatzkarte (vgl. Abschnitt 2.4.3) können PCs zu "Faxstationen" aufgerüstet werden. Die übertragene Kopie kann dann beim Empfänger vor dem (optionalen) Ausdruck erst am Bildschirm angezeigt werden. Die Post beabsichtigt, im Rahmen des ISDN Teletex und Telefax mit entsprechenden Geräten zu einem neuen Dienst *Textfax* zusammenzufassen.

Telebox bedeutet Nutzung elektronischer Postfächer. In Analogie zu den Postfächern der Briefpost wird bei Telebox jedem Teilnehmer von der Post auf Mietbasis eine sogenannte Box (im Fernmeldeamt Mannheim) zur Verfügung gestellt. In dieses Fach können Texte eingegeben, gespeichert und von dort an andere Teilnehmer geschickt werden, ebenso können darin Texte der anderen Teilnehmer empfangen, gespeichert und jederzeit abgerufen werden. Telebox ist auf verschiedenen Netzen (Telefon, Datex-L, Datex-P) möglich. Anschließbar sind beliebige Datenendgeräte (Gegenbetrieb, asynchron; bei Datex-P auch synchron) und Mikrocomputer.

Temex (Fernwirken), Abkürzung für telemetric exchange, ermöglicht die Abfrage, Steuerung und Überwachung technischer Objekte über öffentliche Netze (Telefon, Datex-L, hauptsächlich Direktrufnetz). Einsatzmöglichkeiten bestehen für:

- Ablesen von Zählerständen (Strom, Gas, Wasser),
- Alarm- und Warndienste (Notruf, Feuer, Einbruch),
- Anlagensteuerung (Heizungen, Notaggregate, Tore),
- Transportsysteme (Verkehrslenkung, Parkhäuser),
- Sozialdienste (Kranken-, Altenpflege).

4.3.4 Bildschirmtext

(Öffentlicher) *Bildschirmtext* (Abkürzung Btx, internationale Bezeichnung *Videotex*) ist ein Kommunikationsangebot der Deutschen Bundespost und anderer Postverwaltungen, mit dem private Teilnehmer in ihrer Wohnung und kommerzielle (gewerbliche) Teilnehmer an ihrem Arbeitsplatz in die Lage versetzt werden,

- ein öffentlich zugängliches Informationsangebot (Börsenkurse, Nachrichten, Veranstaltungsankündigungen, Wettermeldungen) abzufragen,
- mit anderen Teilnehmern einen Dialog zu führen und
- Programme (kaufmännische und mathematische Berechnungen, computerunterstützter Unterricht, Computerspiele), die von Dienstleistungsunternehmen angeboten werden, zu nutzen.

Für den privaten Teilnehmer besteht die Möglichkeit, Bestellungen bei Versandhäusern, Buchungen bei Reiseunternehmen oder Überweisungen vom Bankkonto (*Home Banking*) direkt am häuslichen Fernsehempfänger vorzunehmen. Ein Beispiel für die gewerbliche Nutzung ist das Bestellwesen im Fachhandel (Anwendungen z.B. im Kraftfahrzeug- und Pharmaziehandel).

Der Grundgedanke des Bildschirmtext-Systems besteht darin, den Nutzungsbereich der üblicherweise vorhandenen technischen Einrichtungen Telefonanschluß und (Farb-)Fernsehapparat bzw. PC wesentlich zu erweitern.

Der englische Ausdruck Videotex für Btx heißt eigentlich active videotex. Er darf nicht mit dem deutschen Ausdruck *Videotext* (für die englische Bezeichnung broadcast videotex) verwechselt werden, der die Übertragung von Nachrichten über die sogenannte Austastlücke der Fernsehsignale bezeichnet. Videotex wird über das Telefonnetz übertragen, Videotext aber über Fernsehfunk oder Kabelfernsehnetze. Videotext-Informationen werden seit 1980 von den Fernsehanstalten ausgestrahlt.

Bildschirmtext wurde in England unter der Bezeichnung *Viewdata* entwickelt und 1979 von der britischen Post unter der Markenbezeichnung *Prestel* eingeführt. Die Deutsche Bundespost führte mit diesem System von 1980 bis 1983 in Berlin und Düsseldorf Feldversuche durch, um die Akzeptanz des Btx-Angebots zu testen. Offiziell wurde Bildschirmtext in der Bundesrepublik Deutschland im Juni 1984 eingeführt.

Bei Btx wird ein vom Normungsgremium der europäischen Fernmeldeverwaltungen CEPT als Kompromiß beschlossener Standard benutzt. Merkmale sind:

- 335 alphanumerische Zeichen, 154 grafische Zeichen;
- 24 oder 20 Zeilen à 40 Zeichen pro Zeile;
- Farbspektrum von 4096 Farben aus 8 Grundfarben;
- Sonderfunktionen wie Blinken, Auf- und Abwärtsrollen (Scrolling), Farbinversion u.a.

Die Beschränkung auf 40 Zeichen pro Zeile ist als wesentlicher Nachteil anzusehen. Für die Zeichendarstellung wurde von Prestel das *Alpha-Mosaik-Verfahren* übernommen, bei dem die Zeichen aus einer Matrix von 12x10 Punkten bei 24 Bildschirmzeilen bzw. 12x12 Punkten bei 20 Bildschirmzeilen generiert werden.

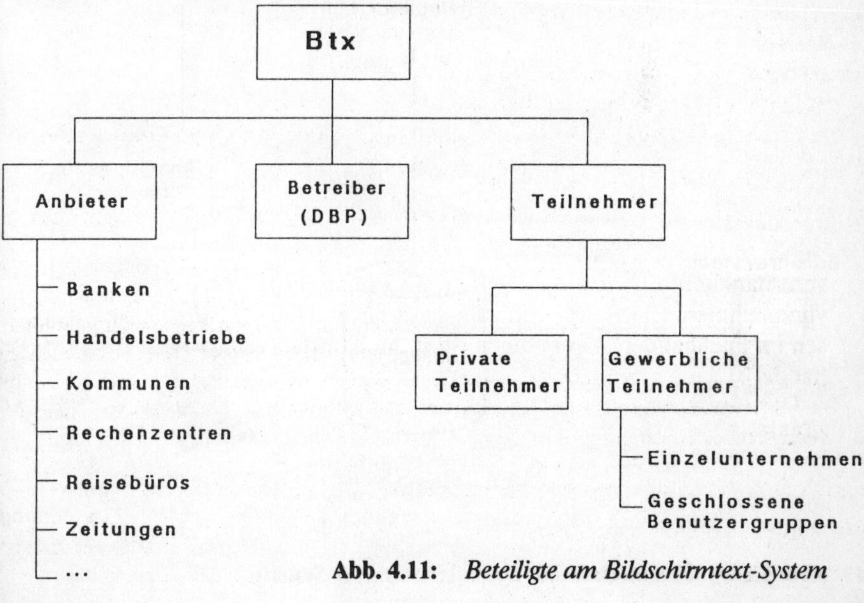

Abb. 4.11: *Beteiligte am Bildschirmtext-System*

Am Gesamtsystem Öffentlicher Bildschirmtext sind drei Gruppen beteiligt (Abb. 4.11), und zwar:

- die Anbieter,
- der Betreiber und
- die Teilnehmer.

Abbildung 4.12 zeigt den Funktionsablauf des Bildschirmtext-Systems.

Die *Anbieter* sind Arbeitsämter, Banken und Sparkassen, Behörden und Verbände, Bildungsinstitute, Börsen, Buchclubs, Großhändler, Handelskammern, Hochschulen, Immobilienmakler, Kaufhäuser, Kirchen, kommunale Einrichtungen, Krankenkassen, Lotteriegesellschaften, Presseagenturen, Reiseveranstalter, Service-Rechenzentren, Tageszeitungen, Theater, Verlage, Versandhäuser, Versicherungen, Wetterämter u.a. Ihr Dienstleistungsangebot wird

- entweder zum Abruf durch die Teilnehmer an den Betreiber übermittelt
- oder in anbietereigenen "externen" Rechnern für den öffentlichen Zugriff über den Betreiber bereit gehalten.

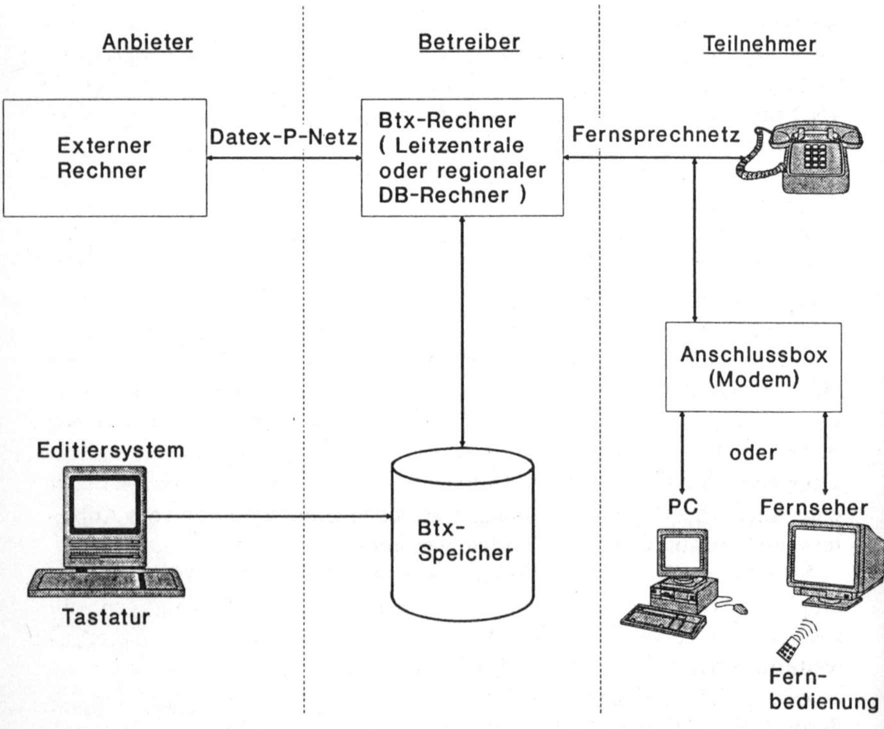

Abb. 4.12: *Funktionsablauf des Bildschirmtext-Systems*

Zum Dienstleistungsangebot gehören auch Programme ("Telesoftware"), die zur Einspeicherung in PCs abgerufen werden können.

Das Aufbereiten der Btx-Seiten durch den Anbieter wird als (Btx-)*Editieren* bezeichnet. Die Editierstationen verfügen neben der entsprechenden Software entweder über einen einzigen Bildschirm mit Benutzerführung in einer 25. Zeile oder über zwei Bildschirme mit Benutzerführung am zweiten Bildschirm. Die Erstellung der Btx-Seiten kann offline oder online (d.h. ohne oder mit Verbindung zur Btx-Zentrale der Bundespost) erfolgen. Zur Einbringung von Btx-Seiten hat die Post ein spezielles Datenformat (bulk update-Format) vorgeschrieben. Das Editieren wird auch von Service-Firmen (Btx-Agenturen) übernommen.

Als *Betreiber* übernimmt die Deutsche Bundespost

- die Bereitstellung von Informationen in Form von Bildschirmtext-Seiten und
- die Vermittlung des Teilnehmers zu den externen Rechnern.

Sie hat dazu ein Rechnerverbundsystem, die sogenannten *Btx-Zentralen*, eingerichtet, und zwar eine Leitzentrale mit einem zentralen Datenbankrechner in Ulm und ca. 60 daran angeschlossene Btx-Vermittlungsstellen als regionale Datenbankrechner. Laut Angaben der Post lassen sich 98% aller Nachfragen der Teilnehmer von den regionalen Vermittlungsstellen erledigen. Die Verbindung vom Teilnehmer zu den Vermittlungsstellen erfolgt über das Telefonnetz (Geschwindigkeit **zum** Teilnehmer 1.200 Bit/s, **vom** Teilnehmer 75 Bit/s) zum Nahtarif. Die externen Rechner der Anbieter sind mit der Leitzentrale und/oder den Vermittlungsstellen über das Datex-P-Netz verbunden, ebenso die Btx-Zentralen untereinander.

Der *Teilnehmer* benötigt mindestens ein Btx-fähiges Farbfernsehgerät mit Decoder, eine numerische Tastatur und einen Telefonanschluß. Außerdem muß er einen Modem (*Btx-Anschlußbox*) anmieten. Falls er Text eingeben will, braucht er eine erweiterte (alphanumerische) Tastatur. Daneben besteht die Möglichkeit, Bildschirmtext exklusiv mit einem Bildschirmtelefon (z.B. MultiTel der Bundespost) zu nutzen, beim Teilnehmer bleibt dann der Fernseher für Fußballübertragungen erhalten. Soll neben der Btx-Nutzung gleichzeitig telefoniert werden, ist ein Fernsprech-Doppelanschluß erforderlich. Damit der Teilnehmer an einen Anbieter eine Antwort, z.B. eine Bestellung, abschicken kann, wird ihm vom Anbieter eine "Antwortseite" zur Verfügung gestellt.

Von Btx ist der Zugang (Senderseite) zum Telexnetz und zu Telefax möglich. Mikrocomputer können durch Zusatzkarten "Btx-fähig" gemacht werden. Die Verwendung eines Mikrocomputers als Btx-Station bietet erweiterte Nutzungsmöglichkeiten, z.B. die Speicherung und die Weiterverarbeitung der empfangenen Informationen. Der Mikrocomputer kann außerdem als Editierstation benutzt werden, wenn der Teilnehmer gleichzeitig Anbieter ist.

Bei den gewerblichen Teilnehmern können sich *geschlossene Benutzergruppen* bilden, z.B. Kfz-Händler, die über Btx Informationen von den Kfz-Herstellern abrufen, oder Versicherungsvertreter, die ihre Tagesberichte über Btx an die Geschäftsstellen abliefern. Generell kann Btx für den elektronischen Datenaustausch zwischen selbständigen Unternehmen genutzt werden (siehe Abschnitt 7.4). Hier wie auch bei einigen anderen Btx-Anwendungen entstehen verstärkt Datenschutzprobleme (siehe Abschnitt 8.5.1).

Der Zugang zu den Informationen erfolgt über ein menügesteuertes *Suchbaumverfahren*. Jeder Anbieter hat die Möglichkeit, einen eigenen Suchbaum zu entwickeln. Vorwiegend für gewerbliche Benutzer wurde das *logische Suchen* entwickelt, bei dem alphanumerische Suchworte mit logischen Operationen wie UND, ODER usw. verknüpft werden.

Für den Teilnehmer entstehen folgende Kosten:

- einmalig: Farbfernsehgerät mit Btx-Decoder oder bei PC-Anschluß Kosten der Hardware-Erweiterung; Gebühr für die Änderung eines vorhandenen Telefonanschlusses in einen Btx-Anschluß und ggf. für einen zusätzlichen Telefonanschluß;
- laufend: monatliche Gebühr für den Btx-Anschluß, Verbindungsgebühren im Telefonnetz, Gebühren für das Abrufen gebührenpflichtiger Seiten und für das Absenden von Antworten.

Für den Anbieter entstehen folgende Kosten:

- einmalig: Teilnahme-Berechtigungsgebühr, Zuteilungsgebühren für Leitseiten;
- laufend: monatliche Grundgebühren für Leitseiten, Gebühren für das Eingeben und Speichern von Btx-Seiten (jeweils bundesweit oder regional).

Die Nutzung des Btx-Systems ist zunächst hinter den überspannten Erwartungen der Bundespost zurückgeblieben. Wieweit Btx in Zukunft genutzt werden wird, hängt im wesentlichen

- vom Umfang der angebotenen Informationen und Dienstleistungen,
- von den Gerätekosten (z.B. für Btx-fähige Farbfernseher),
- von der Gebührengestaltung durch die Anbieter und die Deutsche Bundespost und
- von der Akzeptanz bei den Teilnehmern

ab. Die gewerbliche Nutzung hat sich bisher wesentlich schneller verbreitet als die private.

Das Bildschirmtext-System kann auch unternehmensintern, d.h. unabhängig von der Deutschen Bundespost, als *Inhouse-System* betrieben werden. An die Stelle der Btx-Zentrale des öffentlichen Bildschirmtext-Systems tritt ein interner Verarbeitungs- und Vermittlungsrechner, an den Datenstationen oder Mikrocomputer angeschlossen werden. Gleichzeitig kann über das Datex-P-Netz der Anschluß an das öffentliche Bildschirmtext-System hergestellt werden. Neben dem Zugriff auf Daten und Programme bietet das Inhouse-System die Möglichkeit, allen Mitarbeitern unternehmensinterne Informationen (Lehrgänge, Reisen, Speisepläne, Werksverkauf) zugänglich zu machen und gegenseitig Mitteilungen auszutauschen (siehe Abschnitt 7.2.4.2).

Bildschirmtext-Inhouse-Systeme bilden, solange nur Daten, Texte und Festbilder in geringem Umfang zu übertragen sind, eine Alternative zu den lokalen Netzwerken (siehe Abschnitt 4.4.3), wobei auch hier als Nachteil anzusehen ist, daß die Btx-Seiten auf 40 Spalten beschränkt sind. Da Btx-Inhouse-Systeme das vorhandene interne Telefonnetz benutzen, wird keine zusätzliche Verkabelung durch Koaxial- oder Lichtwellenleiter benötigt. Voraussetzung ist allerdings, daß die Kapazität der Telefonleitungen ausreicht.

4.4 Rechnernetze

4.4.1 Grundlagen

Unter einem *Rechnernetz* (oder Rechnerverbundsystem) versteht man, wie bereits definiert, den durch Datenübertragungswege realisierten Verbund mehrerer getrennter, weitgehend selbständiger Rechner. Die Rechner können allen Größenklassen von der DV-Großanlage bis zum Mikrocomputer angehören. Die Verbindungen der Zentralprozessoren eines Mehrprozessor-Systems (vgl. Abschnitt 3.2) oder der E/A-Prozessoren (Kanäle) mit der Zentraleinheit (vgl. Abschnitt 2.3) sind wegen der fehlenden Selbständigkeit **keine** Rechnernetze, ebensowenig fehlertolerante Systeme mit mehreren Prozessoren (vgl. Abschnitt 2.4.4).

Es gibt eine Reihe von Gründen, Rechner untereinander zu verbinden. Die wichtigsten Verbundarten sind:

- Lastverbund (Kapazitätsverbund)
  Kapazitätsausgleich bei Belastungsschwankungen. Ein Sonderfall ist der Sicherheitsverbund gegen Ausfälle.
- Geräteverbund (Betriebsmittelverbund)
  Nutzung von speziellen peripheren Geräten (z.B. Laserdrucker oder Plotter), die nicht an allen Rechnern angeschlossen sind.
- Funktionsverbund (Programmverbund)
  Nutzung von Programmfunktionen, die in einem anderen Rechner verfügbar sind, speziell auch Software-Entwicklungswerkzeuge (siehe Abschnitt 6.6.5).

- Datenverbund
  Mehrfachnutzung gemeinsamer, häufig räumlich verteilter Datenbestände durch verschiedene Stellen (*Datennetz*). Den Transport einer kompletten Datei von einem Rechner zu einem anderen bezeichnet man als *file transfer*.
- Kommunikationsverbund (Nachrichtenverbund)
  Informationsaustausch zwischen den Benutzern von Rechnern an verschiedenen Orten (siehe auch Abschnitt 7.2.4.2).

Rechnernetze lassen sich - wie alle anderen Netze - grafisch durch Knoten und Verbindungsstrecken zwischen den Knoten (Kanten) darstellen. In Rechnernetzen entsprechen die Rechner den Knoten. Die geometrische Anordnung der Knoten wird als *Netzwerktopologie* oder *Netzstruktur* bezeichnet. Je nach Struktur des Netzes kann es erforderlich werden, daß von einzelnen Knoten ("Vermittlungsknoten") Vermittlungsvorgänge ausgeführt werden. Die Grundformen gebräuchlicher Netzstrukturen sind (Abb. 4.13):

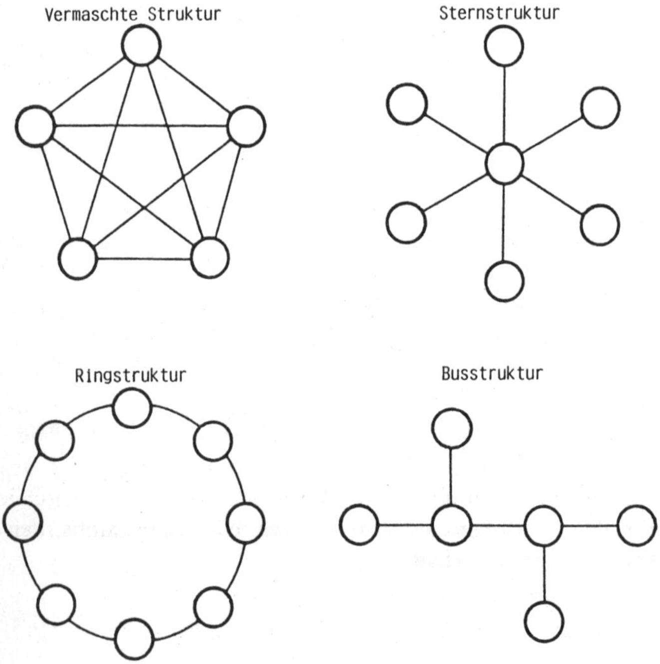

Abb. 4.13: *Netzwerktopologien*

- vermaschte Struktur,
- Sternstruktur,
- Ringstruktur und
- Busstruktur.

Vermaschte Struktur:
Jeder Teilnehmer ist mit jedem anderen Teilnehmer direkt verbunden. Sehr leistungsfähig, aber teuer.

Sternstruktur:
Jeder Teilnehmer ist mit einer Zentrale verbunden (Beispiel: Telefonnetz). Einsparung von Leitungen durch Verbindung lediglich der Zentralen untereinander. Abhängigkeit von den Zentralen (Überlastung, Störungen).

Ringstruktur:
Alle Teilnehmer sind gleichberechtigt und ringförmig miteinander verbunden. Übertragung nur in **einer** Richtung. Keine Zentrale. Minimaler Leitungsaufwand bei größerer Teilnehmerzahl. Überlastung bei hohem Übertragungsvolumen. Totalausfall bei Ausfall einer Station. Spezialfall: Linienstruktur (offener Ring).

Busstruktur:
Entspricht der Linienstruktur, wobei aber jetzt einzelne Knoten Vermittlungsfunktionen übernehmen. Flexibel veränderbar durch Hinzufügung oder Abbau von Datenstationen. Übertragung in beiden Richtungen möglich. Erweiterung: Baumstruktur (hierarchische Kopplung mehrerer Busstrukturen).

In der betrieblichen Praxis werden meistens Mischformen der genannten Grundformen von Netzstrukturen installiert.

Wie schon in Abschnitt 4.1 erwähnt, muß zwischen den Begriffen

- Rechnerfernnetz (WAN = wide area network) und
- lokales Netz (LAN = local area network)

unterschieden werden.

Rechnerfernnetze (andere Bezeichnung: Weitverkehrsnetze) sind Netze, bei denen räumlich entfernte, voneinander unabhängige Rechner und/ oder Datenstationen über öffentliche Datenübertragungsnetze der Bundespost (vgl. Abschnitt 4.3.2) miteinander verbunden sind. Die Rechner können zu rechtlich voneinander unabhängigen Unternehmen gehören. In diesem Fall spricht man von zwischenbetrieblicher Datenverarbeitung (siehe Abschnitt 7.4). Im Gegensatz zum Rechnerfernnetz versteht man unter einem *lokalen Netz* ein Rechnernetz, das

- vollständig der Zuständigkeit **eines** Anwenders unterliegt und
- auf das Grundstück bzw. Betriebsgelände des Anwenders beschränkt ist.

Für den Anwender ist entscheidend, daß er beim lokalen Netz die Übertragungswege selbst festlegen (und auch verlegen) kann, während er bei den Rechnerfernnetzen auf die öffentlichen Netze der Post (oder auf die Mehrwertdienste privater Anbieter) angewiesen ist. Mit den beiden Netztypen WAN und LAN befassen sich die nächsten zwei Abschnitte.

4.4.2 Rechnerfernnetze

Als Vorstufe der Rechnerfernnetze ist der einfache Fall der klassischen Datenfernverarbeitung anzusehen, bei dem eine oder mehrere räumlich entfernte Datenstationen durch Datenübertragungswege an eine zentrale DV-Anlage angeschlossen sind. Häufig handelt es sich dabei um Bildschirm-Terminals, wobei auch Mikrocomputer für den zeitweisen Betrieb als Terminal (*Terminal-Emulation*) eingesetzt werden. Datenstationen können aber auch (Daten-)Kassen in Filialen von Handelsunternehmen sein (siehe Abschnitt 7.3.2).

Je nachdem, ob der Datenübertragungsweg für eine einzige Datenstation reserviert ist oder von mehreren Datenstationen gemeinsam genutzt wird, unterscheidet man (Abb. 4.14 und Abb. 4.15) zwischen

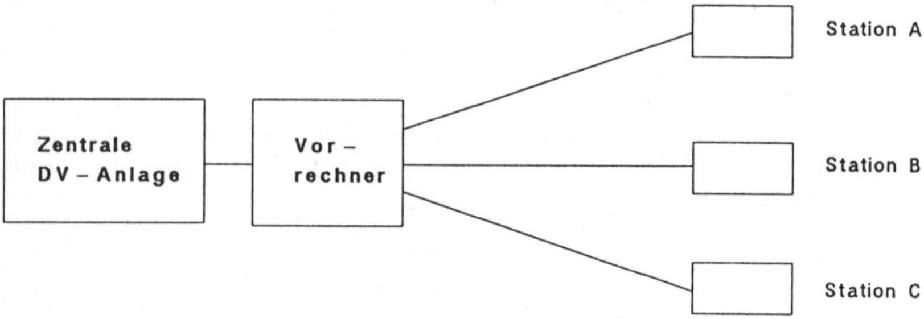

Abb. 4.14: *Punkt-zu-Punkt-Verbindung*

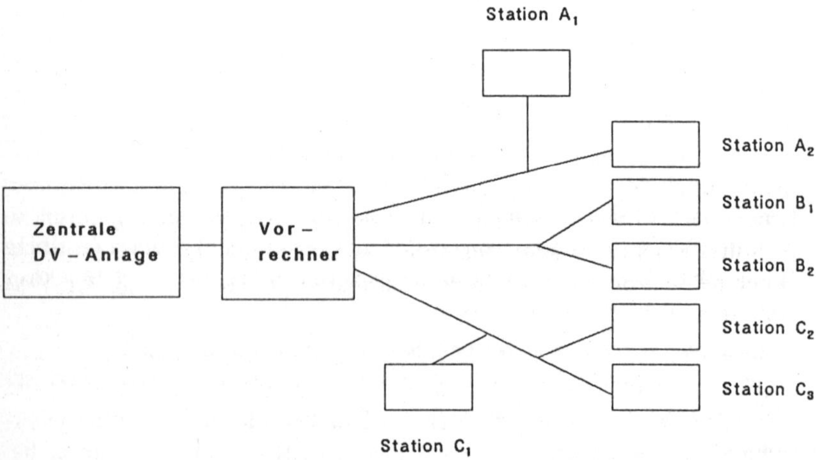

Abb. 4.15: *Mehrpunkt-Verbindung*

- Punkt-zu-Punkt-Verbindungen (point to point connections) und
- Mehrpunkt-Verbindungen (multipoint connections).

Eine Datenstation kann durch mehrere Punkt-zu-Punkt-Verbindungen mit verschiedenen Rechnern oder anderen Datenstationen verbunden sein.

Mehrpunkt-Verbindungen werden vor allem dann aufgebaut, wenn an den einzelnen Datenstationen nur ein geringes Datenaufkommen besteht und sich dadurch Datenübertragungswege einsparen lassen. Zur Verdichtung des Datentransports werden Knoten mit Geräten eingerichtet, die die Datenströme von mehreren Datenstationen auf **einen** Übertragungsweg zusammenfassen, der dann besser ausgelastet wird. Man kann beispielsweise für die Verbindungen von den Datenstationen zum Knoten je eine langsame Leitung, für die Verbindung vom Knoten zur zentralen DV-Anlage eine schnelle Leitung verwenden. Entsprechende Geräte sind Multiplexer (uneingeschränkte Kommunikation **aller** angeschlossenen Datenstationen) und Konzentratoren (eingeschränkte gleichzeitige Kommunikation).

Für den Zugriff zu den angeschlossenen Datenstationen gibt es verschiedene *Zugriffsmethoden* (Steuerungstechniken). Befinden sich mehrere gleichberechtigte Datenstationen an einem Übertragungsweg, wird mit den Steuerungstechniken

- Sendeaufruf (polling) und
- Empfangsaufruf (selecting)

gearbeitet. Beim *Sendeaufruf* werden die angeschlossenen Datenstationen in einer festen Reihenfolge periodisch zum Senden aufgefordert. Beim *Empfangsaufruf* wird eine Nachricht an eine bestimmte Datenstation gesendet. Eine der Stationen, im allgemeinen die zentrale DV-Anlage, übernimmt die Aufgabe der *Leitstation*. Die Datenübertragung findet immer zwischen der Leitstation und einer der angeschlossenen (Trabanten-)Stationen statt. Die übrigen Stationen können während dieser Zeit nicht übertragen. Der Sendeaufruf wird beispielsweise benutzt, wenn in dem schon erwähnten Fall des Handelsunternehmens die Zentrale täglich nach Geschäftsschluß die in den Datenkassen der Filialen angefallenen Verkaufsdaten abruft.

Im Gegensatz zum bloßen Anschluß von Datenstationen werden in echten Rechnerfernnetzen mehrere Rechner, an die wiederum periphere Geräte und auch Datenstationen angeschlossen sind, zu einem umfassenden *Rechnerverbundsystem* zusammengeschlossen. Häufig bestehen innerhalb eines Netzes hierarchische Regeln, die die Aufgabenverteilung zwischen den einzelnen Rechnern des Verbundsystems festlegen. Eine solche Aufteilung der Verarbeitungsaufgaben auf zentrale und dezentrale Rechner heißt *verteilte Verarbeitung* (distributed processing, Abb. 4.16). Man unterscheidet:

- die *horizontale Verarbeitung*, bei der auf jeder hierarchischen Ebene Aufgaben bearbeitet werden, die unabhängig von anderen Ebenen sind, und
- die *vertikale Verarbeitung*, bei der die Aufgaben von Daten abhängen, die auf einer anderen Ebene anfallen.

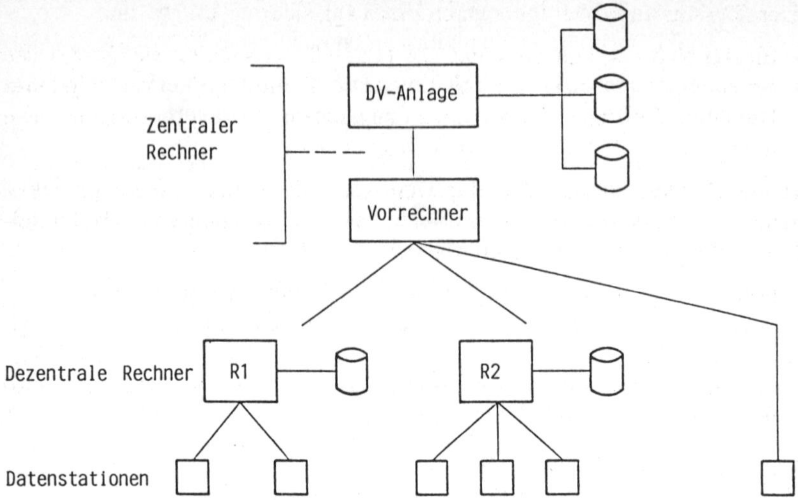

Abb. 4.16: *Prinzip der verteilten Verarbeitung*

Die *horizontale Verarbeitung* kommt beispielsweise im Filial- oder Abteilungsrechner-Konzept zur Anwendung, bei dem dezentrale Rechner (in Bank- oder Handelsfilialen) alle dezentralen Aufgaben (interne Verwaltung, Kundenberatung, Bürokommunikation) ausführen. Gleichzeitig liegt *vertikale Verarbeitung* vor, wenn von den dezentralen Rechnern Daten an die zentrale DV-Anlage übertragen werden, um sie dort zusammenfassend zu speichern und/oder zu verarbeiten. Ein Extremfall der verteilten Verarbeitung besteht darin, daß an den dezentralen Rechnern mit den dort angeschlossenen Datenstationen lediglich Daten erfaßt, vorverarbeitet und zwischengespeichert werden, während die eigentliche Verarbeitung erst im zentralen Rechner erfolgt.

Sofern den bei der verteilten Verarbeitung dezentral installierten Rechnern und Datenstationen bestimmte Benutzerfunktionen fest zugeordnet sind, werden sie als *abgesetzt* (dedicated, schlecht übersetzt mit "dediziert") bezeichnet.

Wird ein Datenbanksystem so gespeichert (siehe Abschnitt 5.4.3), daß der logisch zusammengehörige Datenbestand physisch auf mehrere Rechner eines Rechnernetzes verteilt ist, spricht man von *verteilten Datenbanken*. Bei dem Rechnernetz kann es sich dabei sowohl um ein Rechnerfernnetz als auch um ein lokales Netz handeln. Je nachdem, ob die einzelnen Daten in genau einem, in mehreren oder in allen Rechnern des Rechnernetzes gespeichert sind, werden die Bezeichnungen *partitionierte*, *partiell redundante* oder *voll redundante Datenverteilung* verwendet.

Der DV-Anwender hat theoretisch die Wahl, sich

- für das Netzwerkkonzept eines DV-Herstellers (*geschlossenes Netz*) oder
- für ein *offenes Netz*, in dem mit DV-Anlagen und Geräten verschiedener Hersteller freizügig über allgemein zugängliche Datenübertragungswege untereinander Kommunikation betrieben wird,

zu entscheiden. Die von den Hardware-Herstellern angebotenen geschlossenen Netzwerkkonzepte unterscheiden sich - abgesehen von den herstellerspezifischen Geräten - hauptsächlich

- in der Aufteilung zwischen zentralen und dezentralen Funktionen,
- in der Arbeitsweise der Kommunikationssoftware (z.B. TP-Monitor, vgl. Abschnitt 3.3.1) und
- vor allem in der Berücksichtigung der bestehenden Normen und Empfehlungen über Protokolle bzw. Prozeduren.

Die bekanntesten herstellerspezifischen Netzwerkmodelle sind:

Bull:	DSA (Distributed Systems Architecture),
Digital Equipment:	DNA (DEC Network Architecture),
Hewlett Packard:	DSN (Distributed Systems Network),
IBM:	SNA (Systems Network Architecture),
Nixdorf:	NCN (Nixdorf Communication Network),
Siemens:	TRANSDATA.

Die stärkste Verbreitung hat SNA. Dieses Modell umfaßt folgende Komponenten:

- Netzknoten (Zentralrechner, Vorrechner, Datenstationen),
- Zugriffsmethode (Kommunikation zwischen Datenendgerät und Anwendungssoftware),
- Netzwerksteuerprogramm (Steuerung und Kontrolle der Leitungen),
- Leitungsprotokoll (SDLC = synchronous data link control als IBM-Version von HDLC, vgl. Abschnitt 4.2.2).

Die Hersteller-Netze sind untereinander nicht kompatibel. Um Verträglichkeit zu erzielen, beispielsweise um Geräte fremder Hersteller in ein Hersteller-Netz einzubinden, gibt es spezielle Software und auch Hardware zur Umsetzung von Codes, Schnittstellenvereinbarungen usw. Solche Produkte heißen *Protokollkonverter*. Ihre Funktion beschränkt sich in der Regel auf die Schichten 1 bis 3 des ISO-Referenzmodells (vgl. Abschnitt 4.2.2).

Die Realisierung wirklich offener Netze wird im wesentlichen davon abhängen, wie die Empfehlungen des ISO-Referenzmodells in einheitliche Regelungen umgesetzt werden. Ein ausgereiftes offenes Netz ist bisher lediglich - auf der Basis der Serie V der CCITT-Empfehlungen - das Telefonnetz, allerdings mit stark beschränktem Leistungsumfang.

4.4.3 Lokale Netze

Lokale Netze sind Anfang der 70er Jahre beim Verbund von Rechnern an amerikanischen Campus-Universitäten entstanden. Später führte die zunehmende Ausstattung der Arbeitsplätze in den Betrieben und Verwaltungen mit Mikrocomputern bzw. Arbeitsplatzrechnern zu der Forderung, diese Rechner zum Austausch von Informationen untereinander zu verbinden. Ziel solcher Vernetzungen sind die generell für Rechnernetze geltenden Nutzungsmöglichkeiten (vgl. Abschnitt 4.4.1), insbesondere:

- Geräteverbund,
- Funktionsverbund,
- Datenverbund und
- Kommunikationsverbund.

Der Geräteverbund wird z.B. genutzt, wenn nicht an jedem Rechner ein Drucker vorhanden ist. Einer der Rechner fungiert dann als Druckserver (print server). Generell bezeichnet man eine Netzkomponente, deren Leistung allen angeschlossenen Netzteilnehmern zur Verfügung steht, als *Server*. Beim Datenverbund werden *file server* oder *data base server* benötigt.

Lokale Netze können als Sub-Netze zusammen mit anderen privaten oder mit öffentlichen Netzen ein globales Netz bilden. Ein Rechner des lokalen Netzes fungiert dann als *Kommunikationsserver* (communication server) und übernimmt die sogenannte Gateway-Funktion (Abb. 4.17). Dadurch lassen sich u.a. an den Datenstationen des lokalen Netzes die über öffentliche Netze angebotenen Mehrwertdienste nutzen.

Anstelle dieser "direkten" Verbindung von lokalen Netzen über jeweils eine Netzkomponente gibt es die Möglichkeit, mehrere lokale Netze mit gleichzeitigem Anschluß an ein Rechnerfernnetz "indirekt" mit Hilfe eines *Backbone(Hintergrund)-Netzes* zu verbinden. Dabei handelt es sich um ein Netz, in dem die Knoten durch die einzelnen Teilnetze repräsentiert werden.

Besteht ein lokales Netz aus Rechnern desselben Typs, heißt es homogen, andernfalls heterogen. Zur Vernetzung braucht jeder Rechner eine Interface-Karte mit Kabelanschluß.

Auf dem DV-Markt existiert ein breites Angebot an lokalen Netzwerken. Die Unterschiede liegen

- im maximalen Abstand zwischen zwei Stationen,
- in der Maximalzahl anschließbarer Stationen,
- im physikalischen Übertragungsmedium (Kabelart),
- in der Übertragungsbreite,
- in der Übertragungsgeschwindigkeit,
- in der Netzwerktopologie und
- in der Zugriffsmethode.

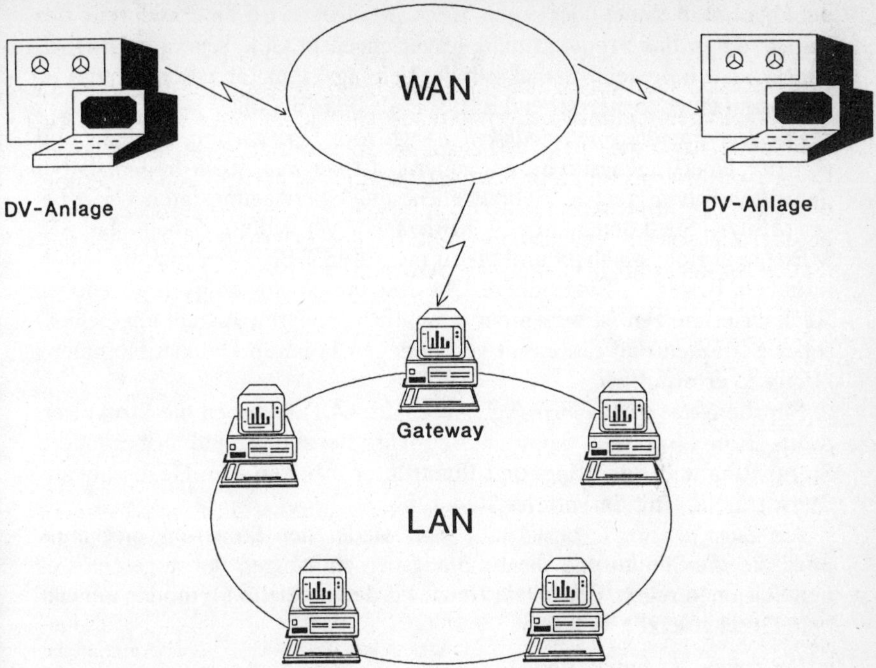

Abb. 4.17: *WAN/LAN-Verbund*

Der *maximale Abstand* zwischen zwei Stationen kann bei einigen lokalen Netzen bis zu 10 km betragen; üblich ist ein maximaler Abstand von ca. 2,5 km. Die *Maximalzahl* anschließbarer Stationen liegt bei den Netzen mit der stärksten Verbreitung bei 250 bis 1.024 Stationen.

Als *Übertragungsmedien* kommen alle Arten von Kabelverbindungen in Betracht, also verdrillte Fernmeldekabel, Koaxialkabel (beide aus Kupfer) oder Lichtwellenleiterkabel aus Glasfaser (vgl. Abschnitt 4.1).

Koaxialkabel lassen sich wegen ihrer schlechten Biegbarkeit nur schwer verlegen. Sie sind zwar noch am gebräuchlichsten, die Tendenz geht jedoch zu einer Zweimedien-Verkabelung aus Glasfaserkabeln (für größere Entfernungen, z.B. im Betriebsgelände) und Fernmeldekabeln (für Stichleitungen, z.B. in Gebäuden und Etagen). An den Übergängen werden elektro-optische Signalumwandler benötigt.

Bei der *Übertragungsbreite* wird zwischen

- Basisband und
- Breitband

unterschieden. Beim *Basisband* wird jeweils nur **ein** (digitales) Signal auf dem gesamten Kabel übertragen. Beim *Breitband* wird die Bandbreite des Kabels durch das Frequenzmultiplexverfahren in viele separate Übertragungskanäle aufgeteilt, so daß sich die Leitungskapazität wesentlich besser ausnutzen läßt. Vorherrschend ist bisher das Basisband.

Die *Übertragungsgeschwindigkeit* hängt vom Übertragungsmedium und von der Übertragungsbreite ab, generell ist sie wesentlich höher als bei den öffentlichen Netzen. Gebräuchlich sind Übertragungsraten von 4 bis 16 MBit/s. Sie können bis 10 MBit/s bei verdrillten Kabeln, bis 350 MBit/s bei Koaxialkabeln und bis zu mehreren GBit/s bei Lichtwellenleiterkabeln betragen. Eine höhere Übertragungsgeschwindigkeit gegenüber Rechnerfernnetzen ist wegen der wesentlich größeren Anzahl angeschlossener Stationen und des damit verbundenen höheren Datenaufkommens zwingend erforderlich.

Für die *Netzwerktopologie* (vgl. Abschnitt 4.4.1) kommen die Strukturen Stern, Ring, Bus und Baum in Betracht. Bevorzugt sind insbesondere Stern, Ring und Bus. Ring- und Busstruktur arbeiten - im Gegensatz zur Sternstruktur - mit dezentraler Steuerung.

Als *Zugriffsmethode* bezeichnet man wieder den Steuerungsmechanismus, der die Sende- und die Empfangsberechtigungen der angeschlossenen Stationen regelt. Für lokale Netze wurden spezielle Methoden entwikkelt. Durchgesetzt haben sich

- das Token-Verfahren und
- die CSMA/CD-Technik.

Das *Token-Verfahren* (token passing) ist auf Ringstrukturen zugeschnitten. Im Netz kreist ständig ein Kennzeichen (token). Die Station, an der sich das Kennzeichen befindet, darf senden. In Bus- und Baumstrukturen wird meistens die *CSMA/CD* (carrier sense multiple access with collision detection)-*Technik* benutzt. Jede Station darf senden, wenn die Leitung frei ist. Vor dem Senden wird die Leitung "abgehorcht". Bei Kollisionen mit den Daten einer anderen Station wird der Sendevorgang abgebrochen und später wiederholt.

Auf dem Markt existiert ein breites Angebot an lokalen Netzwerken. Gewisse Schwerpunkte setzen folgende drei Netze:

- ETHERNET
  Anbieter: Xerox (auch DEC, Siemens); Koaxialkabel, Basis- oder Breitband, Bus, CSMA/CD;
- IBM-Tokenring
  Anbieter: IBM; abgeschirmtes Fernmelde- oder Glasfaserkabel, Basisband, Ring, Token;
- WANGNET
  Anbieter: Wang; Koaxialkabel, Breitband, Baum oder Bus, CSMA/CD.

Die vorherrschenden Übertragungsraten sind 10 MBit/s bei CSMA/CD und 16 MBit/s beim Tokenring.

Das gesamte Angebot befindet sich in ständiger Veränderung. Eine Weiterentwicklung des Tokenrings zum "Hochgeschwindigkeitsnetz" bildet das Glasfasernetz FDDI (Fibre Distributed Data Interface) mit der Übertragungsrate 100 MBit/s bei einer maximalen Netzlänge von 100 km.

Anstatt sich für eines der genannten geschlossenen Netzwerkmodelle zu entscheiden, kann der Anwender auch die Geräte und die Steuerungssoftware separat beschaffen. Die stärkste Verbreitung hat das Netzwerk-Betriebssystem NetWare der Firma Novell.

Auch auf dem Gebiet der lokalen Netze gibt es starke Bemühungen um Standards unter Zugrundelegung des ISO-Referenzmodells, insbesondere der unteren Schichten. Durchgesetzt haben sich dabei die amerikanischen Standards des IEEE (Institute of Electrical and Electronic Engineers). Einheitliche Vereinbarungen auch für die höheren Schichten sind von den Interessengruppen TOP (technical and office protocols) und MAP (manufacturing automation protocols) festgelegt worden. Die von der Firma Boeing geförderte Gruppe TOP befaßt sich vor allem mit dem Bürobereich, die von General Motors gegründete Gruppe MAP mit dem Fabrikbereich (siehe Abschnitt 7.3.1.4).

Eine Alternative zu den lokalen Netzen bilden (Tele-)*Kommunikationsanlagen* oder (in alter Bezeichnung) *Telefonnebenstellenanlagen* (PBX = private branch exchange) mit digitaler Übertragungstechnik. Dabei sind in unterschiedlicher Ausprägung - als sogenanntes *Inhouse-ISDN* - die Standards des öffentlichen ISDN realisiert. Die Übertragungsgeschwindigkeit beträgt einheitlich 64 KBit/s auf zwei parallelen Kanälen über Telefonkabel; wegen der zentralen Vermittlung liegt eine Sternstruktur vor. Die Teilnehmerzahl ist - im Gegensatz zum LAN - praktisch unbegrenzt. Kommunikationsanlagen lassen sich für die interne Datenübertragung nutzen, wenn geringe Datenmengen zwischen einer großen Anzahl von Teilnehmern zu übertragen sind. Für die interne Übertragung großer Datenmengen in begrenzten Zeiträumen kommen dagegen wegen der wesentlich höheren Übertragungsraten nur lokale Netze in Betracht. Möglich sind auch Kombinationen von lokalen Netzen und Kommunikationsanlagen (über Gateways oder ein Backbone-Netz).

4.5 Netzmanagement

Mit der Einführung von Rechnernetzen - Rechnerfernnetzen, lokalen Netzen, Kommunikationsanlagen und Kombinationen aller Netztypen - sind, wie die vorangehenden Abschnitte gezeigt haben, für den Anwender zunächst umfangreiche Auswahlentscheidungen verbunden. Im engeren Sinn bestehen sie

- in der Festlegung der Netzwerktopologie,
- in der Auswahl der geeigneten öffentlichen Netze einschließlich der Übertragungsgeschwindigkeiten bei Rechnerfernnetzen und der Netzwerkmodelle bei lokalen Netzen,
- in der Beschaffung von Geräten, und zwar sowohl von Endgeräten (z.B. Mikrocomputer, Datenkassen, Fernkopierer) als auch von Zusatzgeräten für die Datenübertragung (Vorrechner, Modems, Konzentratoren u.a.).

Im zunehmenden Maße werden von Banken, Hardware-Herstellern und anderen Betreibern private Rechnerfernnetze, denen jeweils ein bestimmtes Netzwerkmodell unter Benutzung der öffentlichen Datennetze zugrundeliegt, zur allgemeinen Mitbenutzung angeboten (*Netzwerkservice*). Solche Angebote werden häufig zu den (privaten) Mehrwertdiensten (vgl. Abschnitt 4.3.3) gerechnet. Die Auswahlentscheidung wird dadurch weiter erschwert.

Mit dem laufenden Betrieb von Rechnernetzen sind dann weiterhin Aufgaben verbunden, die sich vor allem mit der Steuerung und der Überwachung der Netze befassen. Die mehr technisch ausgerichteten Aufgaben der Einrichtung und des Betriebs von Rechnernetzen bezeichnet man als *Netzwerkmanagement*.

Darüber hinaus fällt eine ganze Reihe von organisatorischen Aufgaben an, z.B. die Bearbeitung von Antragsformularen und der Abschluß von Benutzungsverträgen mit der Bundespost, die hausinterne Gebäudeverkabelung, die Beratung der Benutzer und möglicherweise die Beteiligung der Arbeitnehmervertretung (siehe Abschnitt 8.7).

Insgesamt faßt man unter dem Oberbegriff *Netzmanagement* folgende Aufgaben zusammen:

a) Planungs- und Implementierungsphase
   - Planung der Netzstruktur,
   - Auswahl und Beschaffung der Geräte und der Software (Netzwerk-Betriebssystem),
   - Auswahl und Installierung der Übertragungswege (Verkabelung),
   - Festlegung von Sicherungsmaßnahmen (Datenschutz);

b) Betriebsphase
   - Steuerung und Überwachung der Arbeitsabläufe,
   - Verwaltung der Netzkonfiguration,
   - Benutzerverwaltung (Zugangsberechtigungen, Verbrauchsmessung, Kostenverrechnung),
   - Benutzerberatung,
   - Fehlererkennung und -behebung,
   - Wirtschaftlichkeitskontrolle des Netzbetriebs (Netz-Tuning = Performance-Messung und Verbesserung des Leistungsverhaltens).

Eine strenge Trennung der beiden Begriffe Netzwerkmanagement und Netzmanagement hat sich nicht durchgesetzt.

Bei der Auswahl der Geräte spielen die gewährleisteten Schnittstellen (V.24, X.25 usw.) eine entscheidende Rolle.

Bei der Verkabelung der Arbeitsplätze durch ein lokales Netzwerk sind in erheblichem Maß bauliche Gesichtspunkte (vorhandene Kabel, nutzbare Schächte und Leerrohre, Anzahl der Stockwerke und Räume, Beschaffenheit des Mauerwerks, Plätze für Anschlußdosen, Brandisolierung u.a.) zu berücksichtigen. Bei Neubauten sind Leerrohre von vornherein vorzusehen (Schlagwörter: Teleports, intelligente Gebäude).

Zur Steuerung und Überwachung des Netzbetriebs werden auf dem Softwaremarkt zahlreiche Unterstützungsprogramme ("Netzwerkmanagement-Tools") angeboten. Solche Programme messen und protokollieren übertragene Datenmengen, Antwortzeiten, Ausfälle, Fehler u.a. und liefern Auswertungen über die Verfügbarkeit (nutzbare Zeit im Verhältnis zur Arbeitszeit der Benutzer) und die Auslastung des Netzes (Diagnostik). Hierzu gehört auch die Einrichtung sogenannter *Directory-Systeme*, d.h. von Verzeichnissen über Benutzer und Geräte mit entsprechenden Zuordnungen.

Die Sicherungsmaßnahmen für den Netzbetrieb betreffen die Sicherung gegenüber Netzausfällen und dem Verlust von Informationen sowie den Schutz vor unberechtigtem Zugriff (Hacker!).

Zur Wahrnehmung der Aufgaben des Netzmanagements sind in den Informatik-Abteilungen der Großunternehmen inzwischen separate Abteilungen oder Gruppen eingerichtet worden, für die Mitarbeiter mit einschlägigem Spezialwissen benötigt werden (siehe Abschnitt 8.3.1). Der Wirtschaftsinformatiker hat zunächst wieder von den Anwendungen auszugehen und dabei folgende Fragen zu beantworten:

- WO und WANN fallen WIE VIELE Daten in WELCHER FORM zur Übertragung an (Beispiele: Tagesverkäufe an einer Datenkasse, Akkordscheine im Betrieb)?
- WO und WANN bzw. in WELCHER ZEIT sollen WELCHE Daten in WELCHER FORM durch Datenübertragung zur Verfügung gestellt werden (Beispiele: Bestätigung einer Platzbuchung im Reisebüro, Liste über Warenbestellungen für den Leiter einer Kaufhausfiliale)?
- Ist bei der Datenübertragung Dialogbetrieb erforderlich?
- WELCHE Entfernungen bestehen zwischen den beteiligten Stellen?
- Sind außer Daten andere Informationsarten (Texte, Grafiken, Sprache) zu übertragen?

Anhand der Antworten auf diese Fragen muß er dann in der Lage sein, die Anforderungen an das Rechnernetz zu formulieren, insbesondere hinsichtlich der erforderlichen Verbindungen und Übertragungsgeschwindigkeiten. Eine Hauptaufgabe besteht für ihn darin, unter Berücksichtigung der Anforderungen und der technischen Gegebenheiten die insgesamt wirtschaftlichste Lösung hinsichtlich Leitungskosten, Geräten, Steuerungssoftware und nicht zuletzt Personalkosten zu ermitteln. Zur Unterstützung dieser Aufgabe können Expertensysteme (siehe Abschnitt 7.7) eingesetzt werden.

Die Bundespost gibt für die Einrichtung von Telekommunikationssystemen Planungs- und Entscheidungshilfen und empfiehlt eine Vorgehensweise in folgenden vier Schritten:

a) Spezifikation des Anforderungskatalogs;
b) Entwurf eines TK-Konzepts (Geschlossenes/offenes System? Welche öffentlichen Netze?) mit Alternativrechnungen und Kostenvergleichen;
c) Festlegung von Komponenten des TK-Systems (Hardware, Software) und Planung des Personalbedarfs für Bedienung und Wartung;
d) Installation und Systemeinführung.

Zwei Beispiele für typische Fragestellungen der betrieblichen Vernetzung sollen abschließend die Problematik illustrieren:

Beispiel 1:
Ein Konzern ist in mehrere, weitgehend selbständige und gewinnverantwortliche Sparten (divisionale Organisationsform) gegliedert. Die Daten der Sparten sind in hohem Maße voneinander unabhängig. Von den Daten her bietet sich dezentrale Verarbeitung (Abteilungsrechnerprinzip) an, da zentral nur wenige verdichtete Informationen für die Konzernleitung von Interesse sind. Für einige Programme kommt der Funktionsverbund in Betracht, und zwar für zentral zu nutzende Programme (Finanzbuchhaltung, Gehaltsabrechnung) oder für Programmsysteme, die nur auf einer großen DV-Anlage "laufen", z.B. computergestützte komplexe Planungsmodelle. Welche Übertragungswege sollen eingerichtet werden?

Beispiel 2:
Die Finanzverwaltungen der deutschen Bundesländer bestehen organisatorisch jeweils aus einem Finanzministerium, einer oder mehreren Oberfinanzdirektionen und zahlreichen (in Bayern und Nordrhein-Westfalen jeweils über 100), den einzelnen Oberfinanzdirektionen zugeordneten und über das gesamte Land verteilten Finanzämtern. Die eigentliche Verarbeitung, beispielsweise für den Lohnsteuerjahresausgleich oder die Einkommensteuerfestsetzung, erfolgt in zentralen Rechenzentren. Die Datenprüfung und -eingabe und eine gewisse Datenvorverarbeitung können jedoch dezentral vorgenommen werden, ein Teil der Datenausgabe (Auskunft!) muß sogar "bürgernah" in den Finanzämtern erfolgen. Die Hauptfrage ist hier, wo welche Dateien bzw. welche Dateiausschnitte (z.B. nur die Daten **eines** Finanzamts) gespeichert und wie oft sie gegenseitig (zentral/dezentral) auf den aktuellen Stand gebracht werden sollen ("updating"). Daraus leiten sich dann wieder die Fragen nach der Wahl der Netzstruktur, der Übertragungswege und der Geräte ab, möglicherweise unter Berücksichtigung landeseinheitlicher Regelungen. Eine erweiterte Fragestellung ergibt sich, wenn auch die Dezentralisierung von Programmfunktionen erwogen wird.

5 Datenorganisation

5.1 Übersicht und Definitionen

Unter dem Begriff *Datenorganisation* werden alle Verfahren zusammengefaßt, die dazu dienen, Daten bzw. Datenbestände

- zu strukturieren, d.h. hinsichtlich ihrer Zusammenhänge zu analysieren und zu ordnen (*logische Datenorganisation*), und
- auf peripheren Speichergeräten, insbesondere auf Magnetplatten- und Diskettenlaufwerken, zu speichern und für den Zugriff verfügbar zu halten (*physische Datenorganisation* oder *Datenhaltung*).

Ziel der Datenorganisation ist es, die Daten logisch so zu strukturieren und physisch so zu speichern, daß sie

- einen schnellen Zugriff gestatten,
- leicht zu aktualisieren sind,
- sich beliebig auswerten lassen und
- flexibel verknüpft werden können

und daß außerdem eine wirtschaftliche Speicherauslastung, d.h.

- weitgehende Ausnutzung der verfügbaren Speicherkapazität und
- Vermeidung von Mehrfachspeicherung derselben Daten (Redundanz)

erreicht wird. Die Ziele sind teilweise gegenläufig, beispielsweise völlige Redundanzfreiheit und schneller Zugriff.

Beispiele für einzelne Ziele:
Schneller Zugriff: Alle Platzbuchungs- und Reservierungssysteme erfordern kurze Antwortzeiten, für die ein schneller Zugriff zwingende Voraussetzung ist.
Leichte Aktualisierbarkeit: In der Finanzbuchhaltung müssen das Verändern bestehender Konten, das Löschen alter und das Eröffnen neuer Konten leicht möglich und in kurzer Zeit auszuführen sein.
Beliebige Auswertbarkeit: Aus den Daten der Fakturierung sollen sich monatlich die

Umsätze sortiert sowohl nach Kunden als auch nach Artikeln und nach Gebieten auflisten lassen.
Flexible Verknüpfbarkeit: Aus den Daten der Fakturierung und des Personalwesens soll die Kennzahl "Umsatz pro Mitarbeiter" zu errechnen sein.

Eine hohe Speicherauslastung allein aus Kostengründen ist wegen des permanenten Preisverfalls der Hardware kein wesentliches Kriterium mehr.

Da im Bereich der betriebswirtschaftlichen, insbesondere der kommerziellen*) Anwendungssysteme (siehe auch Abschnitt 7.1) ca. 80% der Verarbeitung auf die Bewegung und die Verknüpfung von Daten entfallen, besitzt die Datenorganisation gerade für die Wirtschaftsinformatik eine besondere Bedeutung.

Bei den klassischen kommerziellen Administrations- und Dispositionssystemen (siehe Abschnitt 7.2) unterscheidet man nach dem *Verwendungszweck* zwischen

- Stammdaten,
- Bestandsdaten,
- Bewegungsdaten und
- Änderungsdaten.

Mit diesen Begriffen lassen sich die elementaren Verfahren der Datenorganisation verständlich erklären.

Generell befaßt sich die Datenorganisation mit *Objekten*, die zum Zwecke der Verarbeitung durch ihre Eigenschaften (*Attribute*, andere Bezeichnung: Merkmale) beschrieben werden. *Stammdaten* betreffen solche Informationen über Objekte, die sich überhaupt nicht oder nur selten verändern, z.B. Name, Anschrift und Branchenzugehörigkeit eines Kunden oder Personalnummer, Name, Anschrift, Geburtsdatum und Familienstand eines Mitarbeiters. *Bestandsdaten* weisen Bestände aus, z.B. Lagerbestände oder Kontostände. Sie werden laufend, und zwar bei Dialogverarbeitung permanent, bei Stapelverarbeitung durch Fortschreibung in - häufig periodischen - Abständen, aktualisiert. Ist die Anzahl der Informationen über ein Objekt gering, werden die Bestandsdaten mit den Stammdaten zusammengefaßt. *Bewegungsdaten* geben die Veränderungen der Bestandsdaten an, in der Regel in Form mengen- oder wertmäßiger Zu- und Abgänge. Beispiele sind Einzahlungen, Abbuchungen, Warenlieferungen usw. Sie dürfen nicht mit den *Änderungsdaten* verwechselt werden. Diese betreffen das Ändern bestehender, das Löschen alter und das Hinzufügen neuer Stammdaten (Änderungsdienst).

---

*) Unter *kommerziellen* Anwendungssystemen werden im DV-Sprachgebrauch Anwendungssysteme für den kommerziellen (kaufmännischen) Anwendungsbereich verstanden.

Die logische Datenorganisation basiert auf den folgenden hierarchisch aufgebauten Begriffen:

- Datenelement,
- (logischer) Datensatz,
- Datei,
- Datenbank.

Das *Datenelement* (item) ist die kleinste logische Dateneinheit, die nicht weiter zerlegt wird. Der Platz zur physischen Speicherung eines Datenelements wird als *Datenfeld* (Ursprung: Lochkarteneinteilung) bezeichnet. Die Begriffe Datenelement und Datenfeld werden oft synonym verwendet. Logisch besteht ein Datenelement aus einem oder mehreren Zeichen (characters), physisch wird das entsprechende Feld durch ein oder mehrere Byte bzw. Worte dargestellt.

Der logische *Datensatz* (set) beschreibt ein Datenobjekt durch die Zusammenfassung logisch zusammengehöriger Datenelemente. Betriebliche Daten sind in der Regel *formatierte Daten*. Darunter versteht man Daten in Form von Datensätzen, die

- eine feste Feldeinteilung besitzen und
- über einen Ordnungsbegriff bzw. Schlüssel (siehe Abschnitt 5.2) zu identifizieren sind.

Abbildung 5.1 zeigt das Beispiel eines solchen Datensatzes für den Wagenpark einer Autovermietung. Die einzelnen Datenelemente beschreiben die Eigenschaften (Attribute) des Objekts. Unter der Länge eines Datensatzes versteht man die Anzahl der in ihm enthaltenen Byte bzw. Worte.

Weitere Beispiele für formatierte Daten bilden die gebräuchlichen Datensätze für Kunden, Lieferanten, Artikel oder Mitarbeiter. Das Gegenteil zu formatierten Daten bilden *unformatierte Daten* (andere Bezeichnungen: nicht formatierte oder formatfreie Daten), für die keine bestimmte Anordnung bzw. Struktur vorgeschrieben ist. Unformatierte Daten treten bei

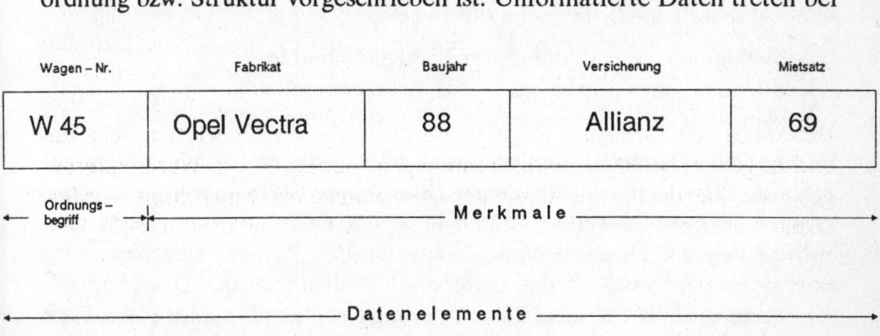

Abb. 5.1: *Beispiel eines logischen Datensatzes*

der Speicherung von Gesetzestexten, Gerichtsurteilen, Dokumenten jeder Art, Patentschriften usw. auf. Die Daten werden (mit Hilfe sogenannter Information Retrieval-Systeme, siehe Abschnitt 5.5) nicht nach einem Ordnungsbegriff, sondern nach dem Inhalt gesucht (Beispiel: Abfrage einer Prüfungsordnung nach dem Stichwort "Täuschungsversuch").

Um einen schnelleren Zugriff und eine kompaktere Speicherung zu erzielen, werden mehrere logische Datensätze zu einem physischen Datensatz (*Datenblock*) zusammengefaßt. Mit einem physischen Schreib- oder Lesevorgang wird dann jeweils ein Datenblock erfaßt. Die Anzahl der zu einem Datenblock zusammengefaßten logischen Datensätze heißt *Blokkungsfaktor*.

Man unterscheidet die folgenden *Satzformate*:

a) Feste Satzlänge, ungeblockt
   Alle Datensätze haben dieselbe Länge. Jeder Datenblock ist gleich einem Datensatz (Blockungsfaktor = 1).
b) Feste Satzlänge, geblockt
   Alle Datensätze haben dieselbe Länge. Jeder Datenblock besteht aus mehreren Datensätzen (Blockungsfaktor > 1).
c) Variable Satzlänge, ungeblockt
   Die Datensätze sind verschieden lang. Jeder Datenblock ist gleich einem Datensatz (Blockungsfaktor = 1).
d) Variable Satzlänge, geblockt
   Die Datensätze sind verschieden lang. Jeder Datenblock besteht aus mehreren Datensätzen (Blockungsfaktor > 1).

Bei variabler Satzlänge müssen in jeden logischen Datensatz eine Satzendemarke oder ein Satzlängenzähler aufgenommen werden.

Eine *Datei* (file) entsteht durch die Zusammenfassung gleichartiger, logisch zusammengehöriger Datensätze. Wie schon erwähnt, besitzen bei betriebswirtschaftlichen Anwendungen alle Datensätze einer Datei üblicherweise einen einheitlichen (Haupt-)Ordnungsbegriff (Primärschlüssel, siehe Abschnitt 5.3.1). Typische Beispiele sind:

- Artikeldateien (Ordnungsbegriff: Artikelnummer),
- Kundendateien (Ordnungsbegriff: Kundennummer),
- Personaldateien (Ordnungsbegriff: Personalnummer).

Häufig werden innerhalb eines Datensatzes mehrere logisch zusammengehörige Datenelemente zu einem *Datensegment* (Datengruppe) zusammengefaßt. Beispielsweise könnten in einem Datensatz der Kreditorenbuchhaltung die Datenelemente "Name", "Ort", "Straße" zusammen das Datensegment "Anschrift des Lieferanten" bilden. Bei der Datenbankorganisation wird die optimale Strukturierung des Datenbestands sowohl aus logischer Sicht (siehe Abschnitt 5.4.2) als auch aus physischer Sicht (siehe Abschnitt 5.4.3) als *Segmentierung* bezeichnet.

Eine *Datenbank* (data base) ist die Zusammenfassung mehrerer Dateien, zwischen denen logische Abhängigkeiten bestehen. Die Abhängigkeiten werden durch die Verknüpfung von Ordnungsbegriffen beschrieben.

Die *Verfahren der Datenorganisation* beziehen sich auf

- die Verarbeitung (der Bewegungsdaten),
- den Zugriff (auf die gespeicherten Stamm- bzw. Bestandsdaten) und
- die Speicherung (der Stamm- bzw. Bestandsdaten).

Demzufolge unterscheidet man zwischen

- Verarbeitungsform,
- Zugriffsform und
- Speicherungsform.

Die *Verarbeitungsform* beschreibt die Reihenfolge, in der die **Bewegungsdaten** verarbeitet werden. Sie ist entweder sortiert oder unsortiert. Die *sortierte Verarbeitung* läuft wie folgt ab: Die Bewegungsdaten werden über einen festgelegten Zeitraum (z.B. eine Woche) gesammelt, dann nach einer vorherigen Erfassung auf Datenträger oder direkt in die DV-Anlage eingegeben und dort intern sortiert. Die Sortierfolge ergibt sich aus der Reihenfolge, in der die zugehörigen Bestandsdaten gespeichert sind, z.B. nach aufsteigenden Kontonummern. Anschließend werden die Bewegungsdaten mit den Bestandsdaten in dieser (sortierten) Reihenfolge verarbeitet. Bei der *unsortierten Verarbeitung* werden dagegen die Bewegungsdaten in der willkürlichen Reihenfolge ihres zeitlichen Anfalls, also unsortiert, mit den zugehörigen Bestandsdaten verarbeitet. Bei der Stapelverarbeitung wird meistens die sortierte Verarbeitung gewählt. Die unsortierte Verarbeitung ist typisch für die Dialogverarbeitung. In der betrieblichen Praxis gibt es auch Mischformen (siehe etwa Abschnitt 7.2.1).

Die *Zugriffsform* bezeichnet die Form, in der auf gespeicherte Daten, in der Regel also Stamm- und Bestandsdaten, zugegriffen wird. Die Zugriffsform ist

- fortlaufend (seriell) in der gespeicherten Reihenfolge (starr fortlaufend),
- fortlaufend (sequentiell) in einer vorgeschriebenen Sortierfolge (logisch fortlaufend) oder
- wahlfrei (direkt).

Beim *fortlaufenden Zugriff* können alle Daten nur in der (physisch oder logisch) vorgegebenen Reihenfolge gelesen werden. Der Zugriff auf bestimmte Daten ist also nur möglich, wenn vorher alle vorangehenden Daten gelesen worden sind. Beim *wahlfreien Zugriff* wird dagegen direkt auf die gewünschten Daten zugegriffen, ohne daß vorher andere Daten gelesen werden müssen.

Die unsortierte Verarbeitung setzt den wahlfreien Zugriff voraus. Die sortierte Verarbeitung ist dagegen sowohl bei fortlaufendem Zugriff (bei Übereinstimmung der Sortierfolge) als auch bei wahlfreiem Zugriff möglich. Bei wahlfreiem Zugriff bringt sie allerdings keine Vorteile.

Beispiel 1:
In einem Ersatzteillager (Magazin) befinden sich ca. 2.000 Artikel. Bei ca. 500 Artikeln finden täglich Entnahmen statt. Der Magazinverwalter verfügt am Ausgabeschalter über ein Bildschirm-Terminal, das direkt mit der zentralen DV-Anlage verbunden ist. Dort sind sämtliche Artikelbestände gespeichert.
Alternative A: Der Verwalter tippt bei jeder Entnahme Artikelnummer und Stückzahl (Bewegungsdaten) ein. Der gespeicherte Bestand (Bestandsdaten) wird sofort aktualisiert. Die Verarbeitung ist unsortiert, der Zugriff muß wahlfrei sein.
Alternative B: Der Verwalter tippt zwar wieder Artikelnummer und Stückzahl sofort ein, die Bewegungsdaten werden aber zunächst in der DV-Anlage in der Reihenfolge ihres zeitlichen Anfalls zwischengespeichert. Nach Schalterschluß werden die Bewegungsdaten mit den Bestandsdaten verarbeitet, und zwar entweder unsortiert mit wahlfreiem Zugriff oder (nach vorheriger Umsortierung) sortiert mit fortlaufendem Zugriff. Dieselbe Situation tritt ein, wenn jede Entnahme zunächst lediglich auf einem Beleg vermerkt wird und am Abend die Inhalte aller am Tag angefallenen Belege entweder online oder auf Datenträger erfaßt und anschließend verarbeitet werden (sogenannte Fortschreibung, siehe auch Abschnitt 6.6.3).

Beispiel 2:
Am Bildschirm soll der aktuelle Bestand eines bestimmten Artikels abgefragt werden. Dazu **muß** wahlfreier Zugriff möglich sein.

Beispiel 3:
Nach Aktualisierung der Bestandsdaten soll täglich eine komplette Liste der Bestände aller 2.000 Artikel gedruckt werden. Der Zugriff erfolgt (logisch) fortlaufend in der Reihenfolge aufsteigender Artikelnummern.

In der betrieblichen Datenverarbeitung werden im wesentlichen zwei Kombinationen aus Verarbeitungs- und Zugriffsform praktiziert:

- Die Bewegungsdaten werden zunächst "inputseriell", d.h. in der Reihenfolge ihres zeitlichen Anfalls, gespeichert und dann durch Umsortieren in dieselbe Reihenfolge wie die gespeicherten Bestandsdaten gebracht. Die Verarbeitung erfolgt sortiert, der Zugriff ist fortlaufend.
- Die Bewegungsdaten werden unsortiert verarbeitet, auf die Bestandsdaten wird wahlfrei zugegriffen.

Aus diesem Grund - und wegen einer gewissen Oberflächlichkeit im amerikanischen Schrifttum - werden die Bezeichnungen Verarbeitungsform und Zugriffsform häufig nicht streng getrennt. Man unterscheidet meistens nur zwischen

- der fortlaufenden Verarbeitung und
- dem wahlfreien Zugriff.

Zugriff / Verarbeitung	fortlaufend	wahlfrei
unsortiert	nicht möglich	"wahlfreier Zugriff"
sortiert	"fortlaufende Verarbeitung"	möglich, aber kein Vorteil

Abb. 5.2: *Verarbeitungs- und Zugriffsformen*

Abbildung 5.2 faßt die Kombinationsmöglichkeiten zwischen Verarbeitungs- und Zugriffsformen tabellarisch zusammen. Der Ausdruck "fortlaufende Verarbeitung" wird auch benutzt, wenn es sich lediglich um den fortlaufenden Zugriff auf gespeicherte Daten, insbesondere Stamm- bzw. Bestandsdaten, handelt und dabei eine Verarbeitung von Bewegungsdaten gar nicht stattfindet.

Die *Speicherungsform* beschreibt das Verfahren zur Datenspeicherung auf peripheren Speichern. Man unterscheidet:

- die sequentielle Speicherung,
- die verkettete Speicherung,
- die Speicherung mit Hilfe von Index-Tabellen und
- die gestreute Speicherung.

Diese Speicherungsformen sind als Grundformen der Datenspeicherung anzusehen. Darüber hinaus gibt es eine Reihe von Varianten, die unter dem Oberbegriff *data management* Bestandteile der jeweiligen Betriebssysteme der Hardware-Hersteller sind (vgl. Abschnitt 3.3.1).

Die Festlegung der Speicherungsform muß immer im Hinblick auf die gewünschte Verarbeitungs- bzw. Zugriffsform erfolgen. Sie hängt außerdem von der Art der verfügbaren peripheren Speicher ab. Magnetbänder gestatten z.B. nur die sequentielle Speicherung. Umgekehrt legt die Speicherungsform die möglichen Zugriffsformen fest. Die verschiedenen Speicherungsformen werden in Abschnitt 5.3.2 behandelt.

Prinzipiell unterscheidet man bei der Datenorganisation zwischen

- der konventionellen Datenorganisation oder Dateiorganisation und
- der Datenbankorganisation.

Diese Unterscheidung ist gekoppelt mit den Vorgehensweisen bei der Systementwicklung für DV-Anwendungssysteme (siehe Kapitel 6), bei der man

- die funktionsorientierte Vorgehensweise und
- die daten(struktur)orientierte Vorgehensweise

unterscheidet. Neuerdings ist noch die objektorientierte Vorgehensweise hinzugekommen (siehe Abschnitt 6.6.7).

Die *Dateiorganisation* ist in der "integrierten Datenverarbeitung" begründet, einem Verfahren, mit dem in den 60er Jahren begonnen worden ist, durch eine *funktionsorientierte Vorgehensweise* Arbeitsabläufe im kommerziell-administrativen Bereich in der Nutzungsform Stapelbetrieb "auf EDV umzustellen". Ausgangspunkt sind die betrieblichen Funktionen wie Fakturierung, Debitorenbuchhaltung, Lohnabrechnung usw., für die DV-Anwendungssysteme bzw. Programme entwickelt und dazu jeweils Dateien eingerichtet werden. Im Prinzip hat dabei jedes Programm bzw. Programmsystem seine eigenen Eingabe- und Ausgabedateien (*separate Dateiverwaltung*). Dabei werden in der Regel

- Eingabedateien als Ausgabedateien vorgelagerter Programme angeliefert und deswegen
- Ausgabedateien als Eingabedateien für nachfolgende Programme aufbereitet und bereitgestellt.

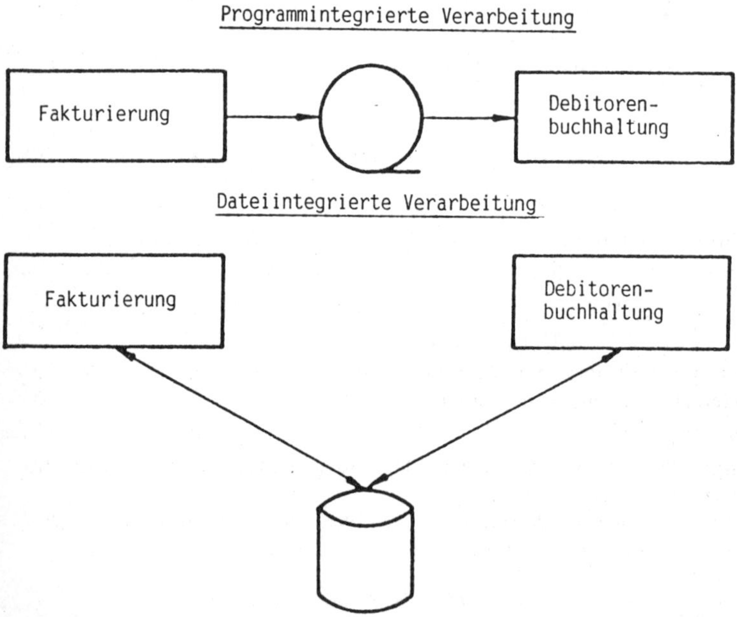

Abb. 5.3: *Formen der integrierten Verarbeitung*

Ein Beispiel für eine solche Datei bilden die Rechnungssummen, die Ausgabedatei des Programms Fakturierung und Eingabedatei des Programms Debitorenbuchhaltung sind. Man kann diese Art der Verarbeitung auch als "programmintegrierte Verarbeitung" bezeichnen.

Bei der programmintegrierten Verarbeitung ist nicht zu vermeiden, daß dieselben Daten mehrfach gespeichert werden (redundante Datenhaltung). Bei vielen betriebswirtschaftlichen Anwendungen ist es jedoch möglich, die Daten so zu organisieren, daß mehrere Programme gemeinsam dieselben Dateien benutzen. Damit wird eine Stufe erreicht, die sich als "dateiintegrierte Verarbeitung" bezeichnen läßt (*gemeinsame Dateiverwaltung*). Die dateiintegrierte Verarbeitung mit Hilfe eines Dateiverwaltungssystems (file management system), das Bestandteil des jeweiligen Betriebssystems (vgl. Abschnitt 3.3.1) ist, bildet in der betrieblichen Praxis die gebräuchlichste Form der Datenorganisation.

Abbildung 5.3 zeigt den Unterschied zwischen der programmintegrierten und der dateiintegrierten Verarbeitung an dem schon erwähnten Beispiel der Arbeitsgebiete Fakturierung und Debitorenbuchhaltung (siehe auch Abschnitt 7.2.1). Einen weiteren Anwendungsfall bilden die Arbeitsgebiete Materialplanung und Fertigungssteuerung (siehe Abschnitt 7.3.1.3).

Die Dateiorganisation, die sowohl der programm- als auch der dateiintegrierten Verarbeitung zugrunde liegt, hat den weiteren Nachteil, daß der Zugriff auf Datensätze nur über den Ordnungsbegriff (*Einfachzugriff* oder eindimensionaler Zugriff) möglich ist. Dagegen ist der *Vielfachzugriff* (mehrdimensionaler Zugriff) zum Zweck von Auswertungen und Verknüpfungen

a) nach verschiedenen Attributen der Datensätze **einer** Datei oder
b) von Datensätzen **verschiedener** Dateien

mit zeitaufwendigen Such- und/oder Sortiervorgängen verbunden.

Beispiele zu a):
Aus einer nach Personalnummern geführten Personaldatei sollen alle Mitarbeiter unter 40 Jahren mit Spezial-Kenntnissen gefunden werden.
Aus einer nach Artikelnummern geführten Lagerbestandsdatei soll eine Auswertung nach Lieferanten vorgenommen werden.

Beispiele zu b):
Pro Artikel sollen die Umsätze aus der Fakturierung den Kosten aus der Kostenträgerrechnung gegenübergestellt werden.
In einer Bank sollen alle Geschäftsvorfälle, die denselben Kunden betreffen (Giro- und Sparkonten, Kredite, Hypotheken, Termingeld, Aktiendepot usw.), zusammengestellt werden.

Zusammengefaßt hat die Dateiorganisation die folgenden Hauptmängel:

- Zwischen Programmen und Dateien bestehen enge Abhängigkeiten. Daher bedingen sich Änderungen immer gegenseitig.
- Die Datenspeicherung weist (auch noch bei gemeinsamer Dateiverwaltung) hohe Redundanzen auf, die zu einer aufwendigen und fehleranfälligen Datenpflege führen.
- Die Daten sind inflexibel gegenüber Verknüpfungen und Auswertungen.

Bei der *Datenbankorganisation*, die der *datenstruktur-* oder kurz *datenorientierten Vorgehensweise* entspricht, geht man deswegen ganz anders vor als bei der Dateiorganisation. Man betrachtet zuerst die logische Struktur der Daten, dann die physische Speicherung und erst anschließend die sich darauf beziehenden DV-Anwendungssysteme bzw. Programme. Das Ziel besteht darin, alle Daten zu einer möglichst redundanzfreien, aus mehreren Dateien bestehenden Datenbank so zu aggregieren, daß

- ein Vielfachzugriff durch unterschiedliche Programme und Benutzer
- mit flexiblen Verknüpfungsmöglichkeiten der Daten
- bei kurzen Zugriffs- bzw. Verarbeitungszeiten

erreicht wird.

Zur Beschreibung der logischen Datenstrukturen wird üblicherweise erst ein *semantisches Datenmodell* aufgestellt, das dann in ein *logisches Datenbankmodell* überführt wird. Dabei unterscheidet man drei Typen von logischen Datenbankmodellen, und zwar

- das hierarchische Modell,
- das Netzwerkmodell und
- das Relationenmodell.

Der Benutzer von Datenbanken kann sich weitgehend auf die logischen Zusammenhänge konzentrieren und beschränken. Die physische Datenbankorganisation übernimmt das *Datenbankverwaltungssystem* (DBMS = data base management system) als ein Dienstprogramm der systemnahen Software (vgl. Abschnitt 3.1).

Im einzelnen werden

- die Dateiorganisation in Abschnitt 5.3 und
- die Datenbankorganisation in Abschnitt 5.4

behandelt. Vorher wird noch in Abschnitt 5.2 auf die für die Verarbeitung von formatierten Daten und damit für die meisten betriebswirtschaftlichen Anwendungen außerordentlich wichtigen Prinzipien der Verschlüsselung eingegangen.

5.2 Verschlüsselung

In der betrieblichen Datenverarbeitung werden logische Datensätze (und andere Dateneinheiten) mit einem *Schlüssel* (andere Bezeichnungen: Nummer, Ordnungsbegriff, Ordnungskriterium) versehen, damit sie im Speicher gefunden, identifiziert und bei Erfordernis nach den Werten des Schlüssels sortiert werden können. Ein Schlüssel ist daher ein Merkmal mit Ordnungscharakter. Schlüssel können aus alphabetischen, numerischen oder alphanumerischen Zeichen bestehen. Die Vergabe von Schlüsseln (*Nummerung*) ist über die Datenverarbeitung hinaus ein zentrales Problem der betrieblichen Organisation. Zu beantworten sind immer die Fragen, WAS, WOZU und WIE zu verschlüsseln ist, d.h. mit welchen *Nummernsystemen* gearbeitet werden soll. Die Begriffe der Nummerung sind in DIN 6763 festgelegt. Für Nummerung wird hier, wie in der betrieblichen Praxis üblich, der Begriff *Verschlüsselung* verwendet. Damit darf nicht das Chiffrierwesen in der Kryptographie (siehe Abschnitt 8.5.1) verwechselt werden, das häufig ebenfalls als Verschlüsselung bezeichnet wird.

Zu unterscheiden sind:

- nach der Funktion des Schlüssels: identifizierende und klassifizierende Schlüssel,
- nach dem Aufbau des Schlüssels: Verbundschlüssel und Parallelschlüssel.

Identifizierende Schlüssel (Ident-Nummern) kennzeichnen die Objekte mit wenigen Zeichen eindeutig. Die einfachste Form ist die fortlaufende Zählung, z.B. die von Buchungsbelegen in einem Journal oder von Mitgliedern in einem Verein. Lücken (freibleibende Nummern) im Schlüssel entstehen nicht. Identifizierende Schlüssel enthalten normalerweise keine Aussage über das verschlüsselte Objekt.

Klassifizierende Schlüssel ordnen die zu kennzeichnenden Objekte nach vorgegebenen Kriterien in Klassen ein. Sie bestehen meistens aus mehreren Teilen (Unterschlüssel), von denen jeder eine Aussage über das zu verschlüsselnde Objekt macht ("sprechender Schlüssel"). Ein Beispiel für einen alphanumerischen klassifizierenden Schlüssel bildet die Zusammenfassung der Abkürzungen, die in Reisebüroprospekten und Hotelverzeichnissen zur Beschreibung von Objekten verwendet wird, z.B. H2RSKG für ein Hotel der 2. Kategorie mit Restaurant, Schwimmbad, Konferenzraum und Garagen. Klassifizierende Schlüssel identifizieren die Objekte nicht eindeutig.

Beim *Verbundschlüssel* wird das Objekt durch einen klassifizierenden Teil in Klassen (z.B. Typengruppen) eingeteilt; die dann noch fehlende Unterscheidung innerhalb der Klasse besorgt ein identifizierender Teil. Der identifizierende Teil ist also vom klassifizierenden Teil abhängig. Verbundschlüssel kommen mit wenigen Stellen aus.

Beispiele sind die Bankleitzahlen und die Auto-Kennzeichen. Bei den Personenkennziffern der Bundeswehr, den Patientennummern in Krankenhäusern und den Versicherungsnummern der Renten- und Sozialversicherungen wird zunächst nach dem Geburtstag klassifiziert, anschließend wird die einzelne Person durch eine laufende Nummer identifiziert. Ein Verbundschlüssel ist auch die europäische Artikelnummer EAN (siehe Abschnitt 7.3.2).
Bei den europäischen Postleitzahlen klassifizieren die vorangestellten Buchstaben nach dem Land, die nachfolgenden - übrigens hierarchisch aufgebauten - Ziffern identifizieren den Ort. Beispielsweise kennzeichnet D 8953 Obergünzburg in Deutschland, dagegen CH 8953 Dietikon in der Schweiz. Ferner: D 4500 Osnabrück, CH 4500 Solothurn. Die Wiedervereinigung Deutschlands verlangt in Kürze eine Neuorganisation der Postleitzahlen. Generell zeigen die Postleitzahlen, daß beim Verbundschlüssel eine mnemotechnische Symbolik zweckmäßig ist. Für den klassifizierenden Teil werden Buchstaben, für den identifizierenden Teil Ziffern verwendet.
Ein weiteres typisches Beispiel für einen Verbundschlüssel ist die 10-stellige Internationale Standard-Buchnummer (ISBN). Die 1. Stelle ist eine Gruppennummer (Ziffer 3 für die Bundesrepublik Deutschland, Österreich und die deutschsprachige Schweiz), die Stellen 2 bis 9 enthalten hintereinander die Verlagsnummer und die Titelnummer (je weniger Stellen die Verlagsnummer beansprucht, um so mehr Titelnummern kann der Verlag vergeben). Stelle 10 ist eine Prüfziffer nach dem 11-er Verfahren (siehe Abschnitt 8.5.1). Die Verlagsnummer wird in der Gruppe 3 von der Buchhändler-Vereinigung GmbH in Frankfurt/M. zugeteilt. Die identifizierenden Titelnummern für seine Bücher vergibt jeder Verlag selbst. Der Springer-Verlag Heidelberg hat die Verlagsnummer 540. Das vorliegende Buch (siehe rückwärtige Umschlagseite) hat die Titelnummer 54431, insgesamt kann Springer 100.000 Titelnummern vergeben.

Beim *Parallelschlüssel* wird das Objekt durch einen identifizierenden Teil eindeutig gekennzeichnet und zusätzlich durch einen davon unabhängigen klassifizierenden Teil beschrieben. Wegen der Unabhängigkeit des identifizierenden Teils vom klassifizierenden Teil ist der Schlüssel - im Gegensatz zum Verbundschlüssel - flexibel veränderbar. Allerdings werden mehr Stellen gebraucht.

Parallelschlüssel (mit "geringer" Klassifizierung) sind die Flugnummern der Deutschen Lufthansa und die Zugnummern der Bundesbahn.
Beispiele: LH 432 D10 = Flug Nr. 432 (identifizierend) mit McDonnell Douglas DC 10 (klassifizierend); LH 5749 F50 = Flug Nr. 5749 mit Fokker 50. IC 651 = Zug-Nr. 651 (identifizierend), Zugart: IC-Zug (klassifizierend); D386 = Zug-Nr. 386, Zugart: D-Zug; E3746 = Zug-Nr. 3746, Zugart: Eilzug.

Allgemeine Probleme jeder Verschlüsselung sind:

- die Eindeutigkeit des Schlüssels,
- die Aussagefähigkeit des Schlüssels,
- der Ausschluß von Verwechslungsmöglichkeiten,
- die Schlüssellänge (Dateneingabe bzw. -erfassung!),
- die Stellenreservierung für neu hinzukommende Objekte,
- die Wiederverwendung freiwerdender Nummern,
- die Flexibilität gegenüber Änderungen und
- die Gültigkeit über längere Zeiträume.

Zum Erkennen von Datenerfassungs- oder Dateneingabefehlern werden die Schlüssel um eine oder mehrere Prüfziffern ergänzt. Die zugehörige Prüfziffernrechnung wird im Rahmen der Datensicherungsmaßnahmen (siehe Abschnitt 8.5.1) behandelt.

5.3 Dateiorganisation

5.3.1 Anforderungen an die Speicherungsform

Als *Speicherungsformen* bezeichnet man die Verfahren, nach denen Daten auf peripheren Speichern physisch gespeichert werden (vgl. Abschnitt 5.1). Sie werden von den Betriebssystemen bereitgestellt. Die verschiedenen Speicherungsformen werden in Abschnitt 5.3.2 behandelt.

Bei der Dateiorganisation hängt die Wahl der für eine Datei am besten geeigneten Speicherungsform:

- von den gewünschten Verarbeitungs- und Zugriffsformen,
- von den Eigenschaften der Datei und
- von den Eigenschaften des Primärschlüssels

ab. Wie schon in Abschnitt 5.1 erläutert, kommen die Verarbeitungsformen sortiert oder unsortiert und die Zugriffsformen fortlaufend oder wahlfrei in Betracht. Prinzipiell werden heute bei den DV-Anlagen aller Größenklassen als periphere Speicher Platten eingesetzt. Somit ergibt sich durch die Speichergeräte keine Einschränkung der Zugriffsform, da Platten sowohl den fortlaufenden als auch den wahlfreien Zugriff gestatten. Die Verwendung von Magnetbändern, die bekanntlich nur die fortlaufende Verarbeitung ermöglichen, reduziert sich weitgehend auf die Datensicherung.

Man unterscheidet die folgenden grundlegenden Dateioperationen:

- Suchen: Auffinden eines Datensatzes bei gegebenem Wert des Ordnungsbegriffs,
- Ändern: Ändern des Inhalts eines Datensatzes bei gegebenem Wert des Ordnungsbegriffs,
- Einfügen: Aufnahme eines neuen Datensatzes in die Datei,
- Entfernen: Löschen eines Datensatzes aus der Datei.

Die Operation *Ändern* umfaßt hierbei das Verändern sowohl von vorhandenen Stammdaten als auch (durch Bewegungsdaten) von Bestandsdaten. Wie oft die einzelnen Dateioperationen vorkommen, hängt von den Eigenschaften der jeweiligen Datei ab. Im wesentlichen sind das:

1) Benutzungshäufigkeit:
   Zeitliche Häufigkeit, mit der die Datei insgesamt benötigt wird (d.h. gelegentlich, monatlich, dekadisch, wöchentlich, täglich, ständig).
2) Zugriffshäufigkeit (Operation *Suchen*):
   Zeitliche Häufigkeit, mit der auf Datensätze der Datei zugegriffen wird (z.B. mehrmals täglich, zu bestimmten Tageszeiten, permanent).
3) Veränderungshäufigkeit (Operationen *Einfügen*, *Entfernen*):
   Zeitliche Häufigkeit, mit der Zu- und Abgänge von Datensätzen vorkommen. Dateien mit häufigen Zu- und Abgängen werden als dynamisch bezeichnet.
4) Bewegungshäufigkeit (Operation *Ändern*):
   Zeitliche Häufigkeit, mit der Satzinhalte (Stamm- oder Bestandsdaten) verändert werden (Anzahl der bewegten Sätze).
5) Umfang:
   Anzahl der Datensätze und Länge der Datei.
6) Umfangsveränderung (Wachstum):
   Anzahl der Zu- und Abgänge von Datensätzen innerhalb eines festen Zeitraums (z.B. pro Monat oder Jahr).

Die Benutzungshäufigkeit bestimmt, ob die Datei ständig auf Platten verfügbar zu halten oder nur bei Erfordernis zu laden ist.

Zugriffs-, Veränderungs- und Bewegungshäufigkeit legen fest, wie oft die Dateioperationen Suchen, Einfügen, Entfernen und Ändern vorkommen. Der Zeitbedarf für jede dieser Operationen hängt von der gewählten Speicherungsform ab.

Umfang und Wachstum der Datei bestimmen zunächst den jetzt und zukünftig benötigten peripheren Speicherplatz. In Verbindung mit der Speicherungsform ergibt sich daraus aber auch der Zeitbedarf für das Lesen, das Löschen oder einen Neuaufbau der gesamten Datei.

Dateien müssen genau beschrieben werden. Das geschieht durch:

- die Datenfeldbeschreibung,

- die Datensatzbeschreibung und
- die Dateibeschreibung.

Nach DIN 66232 sollen die einzelnen Beschreibungen die folgenden Angaben enthalten:

a) Datenfeld: Bezeichnung, Inhalt, Feldlänge, Format, Wertebereich, Verschlüsselungen.
b) Datensatz: Bezeichnung, Inhalt, Satzformat, Satzlänge, Satzaufbau.
c) Datei: Bezeichnung, Inhalt, Datenträger, Kennsätze, Blockung, Satzformat, Speicherbedarf, Dateistruktur, Sperrfrist, Pflegestelle, Sicherungsverfahren, Reorganisationsbedingungen.

In der Praxis werden für die Datensatz- und die Dateibeschreibung Formulare oder standardisierte Bildschirm-Masken verwendet. Existieren sehr viele Dateien, empfiehlt sich die Verwendung einer Dateinamensystematik in Form eines geeigneten Verbund- oder Parallelschlüssels. Die gesamte Dateiverwaltung kann - zusammen mit der Datenträgerverwaltung (siehe Abschnitt 8.4.1) - computergestützt vorgenommen werden.

Der Ordnungsbegriff, nach dem die Datensätze einer Datei identifiziert und in der Regel gesucht werden, heißt Hauptordnungsbegriff oder *Primärschlüssel*. Der Primärschlüssel muß den Datensatz **eindeutig** identifizieren. Er kann als Verbund- oder als Parallelschlüssel aufgebaut sein (vgl. Abschnitt 5.2). Jedes andere Merkmal innerhalb des Datensatzes kann als *Sekundärschlüssel* verwendet werden. Sekundärschlüssel kennzeichnen im Sinne eines klassifizierenden Schlüssels alle Sätze, die eine bestimmte Eigenschaft haben. Sie müssen den Datensatz nicht eindeutig identifizieren.

Beispiel: PKW-Bestand einer Autovermietung
Primärschlüssel (eindeutig): interne Wagen-Nummer der Autovermietung (oder polizeiliches Kennzeichen);
Sekundärschlüssel (nicht eindeutig): Fahrzeugtyp, Baujahr, Versicherung.

Möglicherweise kann eine Kombination mehrerer Sekundärschlüssel den Datensatz eindeutig identifizieren. Davon wird beim sogenannten *Match-Code* Gebrauch gemacht: Zur Identifizierung der Kunden von Versandhäusern, Energieversorgungsunternehmen usw. dient im allgemeinen die Kundennummer als Primärschlüssel. Bei fehlender Kundennummer wird eine weitgehende Identifizierung durch eine Kombination von Teilen des Namens, des Vornamens und der Anschrift erreicht (z.B. WAFRIBO für Fritz Wagner, Bonn).

Die Eigenschaften des Primärschlüssels bestimmen u.a. den Zeitaufwand für die Dateneingabe und den benötigten Speicherplatz. Auf die Auswahl der Speicherungsform wirkt sich die Anzahl der klassifizierenden Teile stark aus. Je größer die Anzahl ist, desto mehr Lücken gibt es im

Nummernkreis. Wird beispielsweise für 10.000 Kunden ein 6-stelliger Parallelschlüssel verwendet, bleiben zwangsläufig 990.000 Nummern frei.

5.3.2 Speicherungsformen

Die Speicherungsformen werden, wie schon mehrfach erwähnt, vom jeweiligen Betriebssystem zur Verfügung gestellt. Dazu gehören auch Aufbau und Pflege der nach diesen Speicherungsformen angelegten Speicherbereiche und die Organisation des Zugriffs auf die darin enthaltenen Datensätze. Nach welcher Vorschrift die einzelnen Speicherungsformen die Datensätze physisch speichern, ist für die Entwicklung von DV-Anwendungssystemen von sekundärer Bedeutung. Dennoch sollte auch der Wirtschaftsinformatiker zumindest die Prinzipien der Speicherungsformen kennen, um bei der Auswahl beurteilen zu können, in wieweit sich eine Speicherungsform für die jeweilige Anwendung eignet.

Die grundlegenden Speicherungsformen sind:

a) sequentielle Speicherung,
b) verkettete Speicherung,
c) Index-Verfahren mit
   - index-sequentieller Speicherung,
   - index-verketteter Speicherung,
   - Speicherung durch binäre Bäume,
d) Hash-Verfahren (gestreute Speicherung) mit
   - direkter Adressierung,
   - indirekter Adressierung.

Auf Platten sind alle Speicherungsformen möglich, auf Bändern nur die sequentielle.

Bei der *sequentiellen Speicherung* sind alle Sätze lückenlos hintereinander gespeichert und im Normalfall nach aufsteigenden Werten des Ordnungsbegriffs (kurz: "nach dem Ordnungsbegriff") sortiert. Zwischen dem Ordnungsbegriff und der physischen Satzadresse besteht keine Beziehung, so daß auch kein wahlfreier Zugriff möglich ist. Die sequentielle Speicherungsform kommt also nur für den (starr) fortlaufenden Zugriff in Betracht. Da immer die gesamte Datei gelesen werden muß, ist sie außerdem ungeeignet bei einer geringen Anzahl von Bewegungen und bei häufigen Zu- und Abgängen.

Sind Zu- und Abgänge zu erfassen, muß in der Regel der gesamte Datenbestand neu geschrieben werden, bei Bandverarbeitung auf ein anderes Band, bei Plattenverarbeitung auf einen neuen Speicherbereich. Sind Satzinhalte zu verändern, muß bei Bandverarbeitung ebenfalls ein zweites Band beschrieben werden, bei Plattenverarbeitung können dagegen die veränderten Sätze auf die alte Stelle zurückgeschrieben werden. Mit sequentieller Speicherung ist nur Stapelbetrieb möglich (jedoch nicht umgekehrt!).

Bei der *verketteten Speicherung* (oder geketteten Speicherung) wird in den Datensatz in ein spezielles Kettfeld (*Pointer*, *Zeiger*) die physische Adresse des logisch nachfolgenden (oder vorangehenden) Datensatzes aufgenommen. Damit ist es möglich, eine Datei als Ganzes zu verarbeiten, unabhängig davon, wo die einzelnen Datensätze gespeichert sind. Die Verkettung ist jedoch aufwendig hinsichtlich Speicherplatz, Zeitbedarf und Änderungsdienst. Sie wird deswegen in der hier skizzierten Elementarform nicht mehr genutzt, wohl aber in Verbindung mit anderen Speicherungsformen.

Die *Index-Verfahren* (oder *indizierten Speicherungsformen*) arbeiten mit sogenannten *Index-Tabellen*, die als Index-Dateien zusätzlich zu den eigentlichen Dateien ("indizierte Dateien") abgespeichert werden. Die einfachste Form einer Index-Tabelle besteht darin, daß in ihr von jedem Datensatz der Ordnungsbegriff und die zugehörige (absolute oder relative) physische Speicheradresse registriert werden. Kommt ein Datensatz hinzu, sind lediglich dessen Ordnungsbegriff und die zugehörige Speicheradresse hinzuzufügen. Die Ordnungsbegriffe sind entsprechend ihrem zeitlichen Anfall unsortiert. Die Speicherplätze der Datei brauchen nicht zusammenhängend zu sein. Spalte 1 von Abbildung 5.4 zeigt eine solche Index-Tabelle. Bei den Speicheradressen SP sollen (als Beispiel) die erste Stelle die Nummer der Spur auf einer Platte und die zweite Stelle die Position des Datensatzes auf dieser Spur bezeichnen. Daß Blockung sinnvoller wäre, sei hier dahingestellt.

Spalte 2 von Abbildung 5.4 zeigt dieselbe Index-Tabelle wie Spalte 1, jedoch sortiert nach aufsteigenden Ordnungsbegriffen. In dieser sortierten Spalte läßt sich ein Ordnungsbegriff schneller finden als in der unsortierten Spalte 1.

Wird ein Datensatz gesucht, braucht bei den Index-Verfahren zunächst nicht im originären Datenbestand auf den peripheren Speichern gesucht zu werden. Gesucht wird vielmehr in der Index-Tabelle, die dazu in den Hauptspeicher geladen wird. Ist die Index-Tabelle unsortiert, müssen nacheinander alle Ordnungsbegriffe mit dem Ordnungsbegriff des gesuchten Datensatzes verglichen werden. Im Durchschnitt ist die halbe Tabelle abzurufen. Bei sortierten Tabellen könnte zwar auch so vorgegangen werden, doch gibt es dafür schnellere Suchverfahren. Gebräuchlich ist das sogenannte *binäre Suchen*. Der vorgegebene Ordnungsbegriff wird mit dem Ordnungsbegriff in der Mitte der Tabelle verglichen (Voraussetzung dafür ist, daß die Anzahl der Ordnungsbegriffe bekannt ist). Falls er kleiner ist, wird die Suche in der unteren, andernfalls in der oberen Hälfte der Tabelle fortgesetzt. Das Verfahren wird durch

0	1		2		3		4		5		
Position	Index-Tabelle unsortiert		Index-Tabelle sortiert		Index-Tabelle sortiert mit sequentieller Speicherung		Index-sequentielle Speicherung		Index-verkettete Speicherung		
NR	OB	SP	OB	SP	OB	SP	OB	SP	OB	SP	NF
1	107	0.4	101	1.2	101	0.1	109	0.5	107	0.4	3
2	115	1.1	103	0.1	103	0.2	119	1.5	115	1.1	10
3	109	2.3	105	1.5	105	0.3			109	2.3	7
4	113	0.2	107	0.4	107	0.4			113	0.2	2
5	105	1.5	109	2.3	109	0.5			105	1.5	1
6	103	0.1	111	2.4	111	1.1			103	0.1	5
7	111	2.4	113	0.2	113	1.2			111	2.4	4
8	101	1.2	115	1.1	115	1.3			101	1.2	6
9	119	3.3	117	0.5	117	1.4			119	3.3	8
10	117	0.5	119	3.3	119	1.5			117	0.5	9

OB = Ordnungsbegriff, SP = Speicherplatz, NF = Position des nachfolgenden Datensatzes

Abb. 5.4: *Index-Verfahren der Datenspeicherung*

fortlaufende Halbierung der Tabellenteile fortgesetzt, bis der gesuchte Ordnungsbegriff gefunden ist. Bei N Datensätzen sind maximal $\log_2 N$ Suchschritte erforderlich, also z.B. bei 1.000 Datensätzen maximal 10 Schritte. Der gesuchte Datensatz wird dann anhand seiner in der Index-Tabelle gespeicherten Adresse gelesen.

Bei der *index-sequentiellen Speicherung* wird die Gesamtheit der nach dem Ordnungsbegriff sortierten Datensätze (Spalte 2 von Abb. 5.4) in gleich große Teile aufgeteilt und in einer entsprechenden Anzahl von zusammenhängenden Speicherbereichen sequentiell gespeichert ("lückenlose Speicherung"). Wird im Beispiel Speicherbereich gleich Spur gesetzt und wird unterstellt, daß auf einer Spur 5 Datensätze untergebracht werden können, ergibt sich zunächst die in Spalte 3 von Abbildung 5.4 wiedergegebene Index-Tabelle. Die index-sequentielle Speicherungsform benutzt dann ein Prinzip, das bei jedem Wörterbuch Verwendung findet. Bekanntlich sind dort am Seitenrand das erste und/oder das letzte Wort der betreffenden Seite angegeben. Nach diesem Prinzip wird in die Index-Tabelle lediglich für jeden Speicherbereich (im Beispiel für jede Spur) der Ordnungsbegriff mit dem höchsten Wert zusammen mit der zugehörigen Adresse aufgenommen (Spalte 4 von Abb. 5.4).

Durch sukzessiven Vergleich des vorgegebenen Ordnungsbegriffs mit den in der Index-Tabelle gespeicherten Werten wird derjenige Speicherbereich ermittelt, in dem sich der gesuchte Datensatz befindet. Durch sequentielles Suchen innerhalb dieses Speicherbereichs wird dann der gewünschte Satz gefunden.

Ein neu hinzukommender Datensatz wird entsprechend der Sortierfolge an der richtigen Stelle im zugehörigen Speicherbereich eingefügt. Falls der freie Speicherplatz in diesem Speicherbereich nicht mehr ausreicht, wird der Datensatz mit dem höchsten Ordnungsbegriff in einen Überlaufbereich (Folgebereich) ausgelagert. In die Index-Tabelle wird ein entsprechender Vermerk aufgenommen. Innerhalb des Überlaufbereichs werden ausgelagerte Datensätze desselben Speicherbereichs nach dem Prinzip der verketteten Speicherung miteinander verbunden. Erfolgt ein Abgang, wird der Datensatz nicht sofort (physisch) gelöscht, sondern zunächst nur mit einem Löschvermerk versehen.

Bei der klassischen index-sequentiellen Speicherung auf Platten wird die Index-Tabelle aufgelöst und ihr Inhalt den Zylindern zugeordnet. Die erste Spur jedes Zylinders enthält dann den Spur-Index, in dem für jede Spur dieses Zylinders der höchste Wert aller darauf gespeicherten Ordnungsbegriffe festgehalten wird. Der Folgebereich wird entweder auf Spuren desselben Zylinders oder auf speziell für Überläufe reservierten Zylindern angelegt.

Im Normalfall erstreckt sich die Datei über mehrere Zylinder. Zur Verkürzung der Suchzeiten wird daher neben dem Spur-Index der sogenannte Zylinder-Index eingerichtet. Darin ist für jeden Zylinder der höchste Wert aller darauf befindlichen

Ordnungsbegriffe gespeichert. Das Verfahren ist vergleichbar mit dem Suchen in einem mehrbändigen Lexikon, bei dem der erste und der letzte Begriff jedes Bandes schon auf dem Buchrücken zu lesen sind. Bei sehr großen Dateien belegt der Zylinder-Index mehrere Spuren. Zur weiteren Verkürzung der Suchzeit wird ihm deswegen noch der sogenannte Haupt-Index übergeordnet, in den die höchsten Werte der Ordnungsbegriffe jeder Spur des Zylinder-Index aufgenommen werden (mehrstufige Index-Tabellen).

Die index-sequentielle Speicherung bietet den Vorteil, daß sie sowohl für den wahlfreien Zugriff als auch (wegen der Erhaltung der Sortierfolge) für den fortlaufenden Zugriff geeignet ist. Sie ist deswegen eine sehr gebräuchliche Speicherungsform. Nachteile ergeben sich aus der Verlangsamung der Verarbeitung durch das Suchen im Überlaufbereich und wegen der Lücken im Speicher durch zwar logisch gelöschte, aber physisch noch vorhandene Datensätze. Die gesamte Datei muß deshalb in bestimmten Zeitabständen einer Reorganisation unterworfen werden. Dabei werden die Sätze mit Löschvermerk entfernt, die Sätze des Folgebereichs in den richtigen Speicherbereich eingeordnet und die Index-Tabelle neu aufgebaut. Ein weiterer Nachteil ist die vorsorglich erforderliche Reservierung von möglicherweise nicht genutzten Überlaufbereichen.

Bei der *index-verketteten Speicherung* werden in der Index-Tabelle zu jedem Ordnungsbegriff vom logisch nachfolgenden Datensatz

- entweder der Ordnungsbegriff
- oder die Position in der Index-Tabelle (Spalte 5 von Abb. 5.4)
- oder die physische Speicheradresse

vermerkt (Vorwärtsverkettung). Die Datensätze können sich beliebig über den gesamten Speicherbereich verteilen. Neu hinzukommende Datensätze werden zusammen mit dem Verweis auf den logisch nachfolgenden Datensatz am Ende der Tabelle hinzugefügt. Beim logisch vorangehenden Datensatz ist der Verweis entsprechend zu ändern. Der Verweis auf die Adresse des logisch **ersten** Datensatzes steht in einem "Ankersatz" am Beginn der Tabelle. Der letzte Datensatz der Index-Tabelle enthält entweder keinen Verweis (*offene Kette*) oder einen Verweis entweder auf den Anker oder - wie in Abbildung 5.4 - auf den ersten Datensatz (*geschlossene Kette*). Man kann die Tabelle auch so einrichten, daß jeweils auf den Ordnungsbegriff des logisch vorangehenden Datensatzes verwiesen wird (Rückwärtsverkettung). Abbildung 5.5 zeigt in grafischer Form das Prinzip der index-verketteten Speicherung mit Vorwärtsverkettung.

Die index-verkettete Speicherungsform hat den Vorteil, daß sich Datensätze in einfacher Weise hinzufügen oder löschen lassen, weil jeweils nur Verweise in der Index-Tabelle zu ändern sind. Für den fortlaufenden Zugriff werden die logisch aufeinanderfolgenden Datensätze aufgrund der Verkettung schnell gefunden. Ein Nachteil liegt im zeitaufwendigen Su-

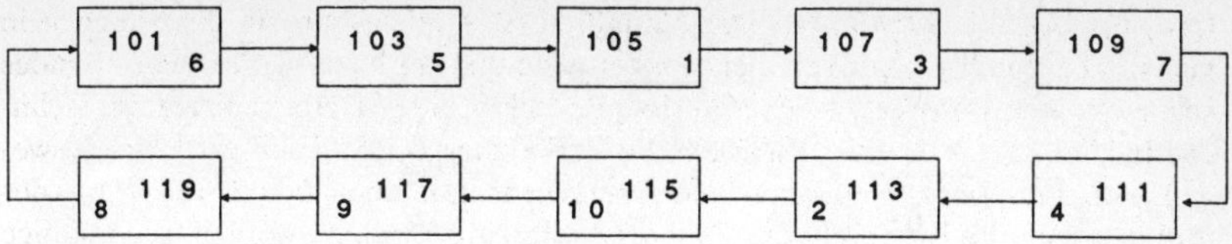

Abb. 5.5: *Index-verkettete Speicherung*

chen, falls die Datensätze über den gesamten Speicherbereich verstreut gespeichert sind. Das Prinzip der Index-Verkettung kommt auch bei der Datenbankorganisation zur Anwendung (siehe Abschnitt 5.4.3).

Die *Speicherung durch binäre Bäume* ist als Weiterführung des Prinzips der Verkettung anzusehen, wobei entweder im Datensatz selbst oder in der Index-Tabelle nicht nur auf einen, sondern auf **zwei** nachfolgende Datensätze verwiesen wird. Gebräuchlich ist nur die Realisierung in Verbindung mit Index-Tabellen.

Unter einem *Baum* versteht man einen (aus Knoten und Kanten bestehenden) Graph, in dem jeder Knoten (außer dem obersten) genau einen Vorgänger und (außer den untersten) einen oder mehrere Nachfolger besitzt (hierarchische Struktur, siehe auch Abschnitt 5.4.2.2). Die Anzahl der direkten Nachfolger eines Knotens wird als *Grad* bezeichnet. Der höchste vorkommende Grad ist gleichzeitig der Grad des Baumes. Bäume vom Grad 2 heißen *binäre Bäume* oder *B-Bäume*. Eine Liste (wie etwa die Spalte 2 von Abbildung 5.4) läßt sich als Baum vom Grad 1 (entarteter Baum) darstellen.

Ein Baum heißt *geordnet* (sortiert), wenn in jedem Knoten die Verzweigungen nach einem einheitlichen Ordnungsprinzip vorgenommen werden. Geht man bei den Ordnungsbegriffen von Spalte 1 aus Abbildung 5.4 in der (zufälligen) Reihenfolge des Anfalls der Datensätze vor und verzweigt nach links, wenn der nachfolgende Ordnungsbegriff kleiner und nach rechts, wenn er größer ist, so ergibt sich der in Abbildung 5.6 dargestellte geordnete Baum.

Die Suchzeiten nach einem Ordnungsbegriff lassen sich wesentlich verkürzen, wenn in jedem Knoten die Anzahl aller linken Nachfolger gegenüber der Anzahl aller rechten Nachfolger höchstens um 1 differiert. Ein solcher Baum heißt *vollständig ausgeglichen* (*balanciert*). Es gibt verschiedene Algorithmen, um balancierte Bäume zu generieren. Beispielsweise kann man die Ordnungsbegriffe sortieren, dann mit dem in der Mitte befindlichen Ordnungsbegriff beginnen und anschließend - in Analogie zum binären Suchen - als Nachfolger die jeweils mittleren Ordnungsbegriffe aus der unteren bzw. der oberen Hälfte wählen usf. Abbildung 5.7 zeigt den auf diese Weise aus den Ordnungsbegriffen der Spalte 2 von Abbil-

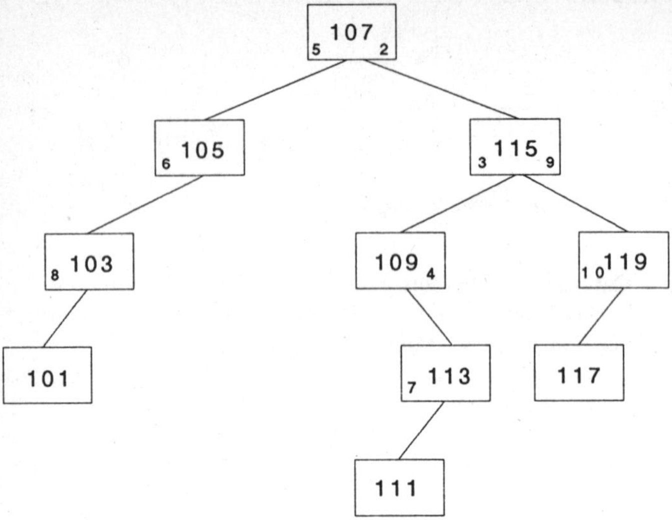

Abb. 5.6: *Geordneter binärer Baum*

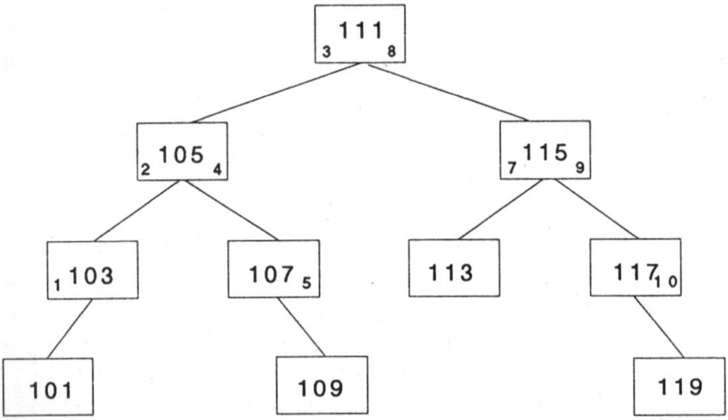

Abb. 5.7: *Balancierter binärer Baum*

dung 5.4 gebildeten balancierten Baum. Bei N Datensätzen ist die maximale Anzahl der Suchschritte für einen Ordnungsbegriff $\log_2 N$. Von den 10 Ordnungsbegriffen der Abbildung 5.7 wird jeder nach spätestens 4 Schritten gefunden. Nimmt man die Verweise zu den nachfolgenden Ordnungsbegriffen in die Index-Tabelle auf, ergibt sich die in Abbildung 5.8 wiedergegebene Tabelle für den geordneten und den balancierten Baum.

Position	Geordneter Baum				Balancierter Baum			
NR	OB	SP	LNF	RNF	OB	SP	LNF	RNF
1	107	0.4	5	2	101	1.2	-	-
2	115	1.1	3	9	103	0.1	1	-
3	109	2.3	-	4	105	1.5	2	4
4	113	0.2	7	-	107	0.4	-	5
5	105	1.5	6	-	109	2.3	-	-
6	103	0.1	8	-	111	2.4	3	8
7	111	2.4	-	-	113	0.2	-	-
8	101	1.2	-	-	115	1.1	7	9
9	119	3.3	10	-	117	0.5	-	10
10	117	0.5	-	-	119	3.3	-	-

OB = Ordnungsbegriff, SP = Speicherplatz;
LNF = Position des linken Nachfolgers,
RNF = Position des rechten Nachfolgers

Abb. 5.8: *Index-Verfahren bei der Speicherung mit Bäumen*

Die Speicherung mit Hilfe von binären Bäumen ist Bestandteil einiger verbreiteter Betriebssysteme. Die Vorteile liegen in der einfachen Weise, in der sich neu hinzukommende Datensätze einfügen und zu löschende Datensätze entfernen lassen, und in den kurzen Suchzeiten bei balancierten Bäumen, die sich vor allem bei großen Datenbeständen auswirken ("Suchbäume"). Das Generieren balancierter Bäume erfordert allerdings häufigere Reorganisationen der Index-Tabelle.

Bei den *gestreuten Speicherungsformen* besteht ein rechnerischer Zusammenhang zwischen dem Wert des Ordnungsbegriffs und der physischen Speicheradresse des Datensatzes. Die Umrechnungsformel heißt Speicherfunktion (*hash function*).

Bei der *gestreuten Speicherung mit direkter Adressierung* ist die Zuordnung zwischen dem Ordnungsbegriff und der Speicheradresse umkehrbar eindeutig. Sollen beispielsweise 200 Datensätze mit den Artikelnummern

100 bis 299 zu je 10 Sätzen pro Spur den Spuren 20ff. einer Platte zugeordnet werden, lautet die Speicherfunktion:

$$\frac{AN - 100}{10} \rightarrow q, \text{ Rest } r \qquad \begin{array}{ll} \text{Nummer der Spur:} & q + 20 \\ \text{Position auf der Spur:} & r + 1 \end{array}$$

Für jeden Datensatz ist also von vornherein ein bestimmter Speicherplatz reserviert.

Die gestreute Speicherung mit direkter Adressierung ist sowohl für den direkten Zugriff als auch (bedingt) für den fortlaufenden Zugriff geeignet. Ihre besonderen Vorteile sind sehr kurze Zugriffszeiten und die Möglichkeit, Zugänge leicht einzufügen. Ein Nachteil ist jedoch die Reservierung von Speicherplatz für nicht existierende Datensätze. Für Schlüssel mit großen Lücken im Nummernbereich, also gerade für die im betrieblichen Bereich häufig anzutreffenden Schlüssel mit vielen klassifizierenden Bestandteilen, ist diese Speicherungsform daher wenig geeignet.

Bei der *gestreuten Speicherung mit indirekter Adressierung* ist die Zuordnung zwischen dem Wert des Ordnungsbegriffs und der Speicheradresse nicht umkehrbar eindeutig. Zwei gebräuchliche Methoden der Umrechnung sind:

- die Faltung und
- das Divisionsverfahren.

Die Prinzipien beider Verfahren, von denen es mehrere Varianten gibt, sollen am Beispiel einer Artikel-Stammdatei mit 2.000 Datensätzen à 120 Byte Daten beschrieben werden. Verwendet wird ein 6-stelliger Schlüssel. Aus einer vom Hardware-Hersteller angegebenen Formel wurde ermittelt, daß ungeblockt pro Spur 40 Sätze unterzubringen sind. Die Datei benötigt also insgesamt 50 Spuren bzw. 3 Zylinder (bei 19 Spuren pro Zylinder). Die Spuren sollen fortlaufend über alle Zylinder gezählt werden, gespeichert wird auf den Spuren 60ff. Zu bestimmen ist die Position des Satzes mit der Artikelnummer 237 405.

a) Faltung:

$$237\,405 \rightarrow 237 + 405 = 642$$

$$\frac{642}{40} \rightarrow 16, \text{ Rest } 2$$

Spur: 16 + 60 = 76, Position: 2 + 1 = 3

b) Divisionsverfahren:

Der Ordnungsbegriff wird durch die größte Primzahl geteilt, die kleiner als die Anzahl der benötigten Speicherplätze ist (1999 < 2000).

$$\frac{237\,405}{1999} \;\text{->}\; 118, \text{Rest } 1523$$

$$\frac{1523}{40} \;\text{->}\; 38, \text{Rest } 3$$

Spur: 38 + 60 = 98, Position: 3 + 1 = 4

Bei der gestreuten Speicherung mit indirekter Adressierung kann sich für mehrere Ordnungsbegriffe dieselbe Speicheradresse ergeben ("Kollision"). Beispielsweise würden
- bei der Faltung die Artikelnummer 479 163 ebenso wie die Artikelnummer 237 405 die Speicheradresse Spur 76, Position 3 und
- bei der Division die Artikelnummer 783 132 und die Artikelnummer 237 405 die Speicheradresse Spur 98, Position 4

besitzen. Deswegen werden ähnlich wie bei der index-sequentiellen Speicherungsform Überlaufbereiche eingerichtet. Die Hinweise auf die Datensätze im Überlaufbereich erfolgen durch Verkettung.

Die gestreute Speicherung mit indirekter Adressierung bietet den Vorteil einer guten Speicherausnutzung, insbesondere bei großen Lücken im Nummernbereich. Nachteilig sind die genannten Mehrfachbelegungen, die zur Einrichtung von Überlaufbereichen zwingen. Durch Einführung einer weiteren Speicherfunktion für die Überlaufbereiche lassen sich die Suchzeiten verkürzen. Die gestreute Speicherung mit indirekter Adressierung eignet sich besonders gut für den wahlfreien Zugriff, dagegen schlecht für den fortlaufenden Zugriff. Sie wird daher bevorzugt, wenn ausschließlich wahlfreier Zugriff verlangt wird.

Abbildung 5.9 faßt die Nutzungsmöglichkeiten der besprochenen Zugriffs- und Speicherungsformen zusammen.

Die richtige Auswahl der Speicherungsform obliegt dem Organisationsprogrammierer; die Festlegung erfolgt in der Phase "Detailentwurf" des Systementwicklungsprozesses und ist Bestandteil der Programmspezifikation (siehe Abschnitt 6.5.2).

Die Beschreibung der verschiedenen Speicherungsformen in diesem Abschnitt hat sich auf prinzipielle Zusammenhänge und Abläufe beschränkt. Die innerhalb der Betriebssysteme verfügbaren Techniken der Datenverwaltung (vgl. Abschnitt 3.3.1) beruhen zwar auf diesen Prinzipien, sind aber im Detail wesentlich komplizierter. Die verbreitete IBM-Zugriffsmethode VSAM (vgl. Abschnitt 2.6.3) für Direktzugriffsspeicher teilt den physischen Speicherplatz in Blöcke ("Kontrollintervalle") à 512 Byte (oder ein Mehrfaches dieser Größe) und unterscheidet dabei folgende Speicherungsformen:
- Datenbestand in Zugangsfolge (ESDS = entry sequenced data set): vergleichbar mit der sequentiellen Speicherungsform.
- Datenbestand in Schlüsselfolge (KSDS = key sequenced data set): vergleichbar mit der index-sequentiellen Speicherungsform. Durch ausreichende Reservierung

Fortlaufender Zugriff

Vorteilhaft bei Stapelbetrieb mit großer Bewegungshäufigkeit. Realisiert in Kombination mit sortierter Verarbeitung ("fortlaufende Verarbeitung").

Wahlfreier Zugriff

Zwingend erforderlich bei Dialogbetrieb. Auch benutzt bei Stapelbetrieb mit wenigen Bewegungen. Realisiert in Kombination mit unsortierter Verarbeitung.

Sequentielle Speicherung

Vorteilhaft bei Stapelbetrieb mit vielen Bewegungen, aber wenigen Zu-/Abgängen. Nur fortlaufender Zugriff möglich, der mit sortierter Verarbeitung kombiniert wird. Einzige Speicherungsform bei Magnetbändern.

Index-sequentielle Speicherung

Vorteilhaft, wenn sowohl fortlaufender als auch wahlfreier Zugriff gebraucht werden. Ungünstig bei vielen Zu- und Abgängen.

Index-verkettete Speicherung

Vorteilhaft bei kleinen Datenbeständen und häufigen Zu- und Abgängen. Für fortlaufenden Zugriff bei kompakter Speicherung gut geeignet, sonst ungünstig.

Index-Tabelle als B-Baum

Vorteilhaft für wahlfreien Zugriff auf große Datenbestände. Günstig bei vielen Zu- und Abgängen. Für fortlaufenden Zugriff weniger geeignet.

Gestreute Speicherung mit direkter Adressierung

Vorteilhaft bei vorwiegend wahlfreiem Zugriff. Sortierte Verarbeitung mit fortlaufendem Zugriff möglich. Günstig bei vielen Zugängen, jedoch ungünstig bei großen Lücken im Nummernbereich.

Gestreute Speicherung mit indirekter Adressierung

Von Vorteil bei ausschließlich wahlfreiem Zugriff. Günstig bei gering ausgenutztem Schlüssel. Für fortlaufenden Zugriff schlecht geeignet.

von Speicherplatz in den Kontrollintervallen lassen sich das Anlegen von Folgebereichen und größere Reorganisationen weitgehend vermeiden.
Durch die bei ESDS und KSDS möglichen Alternativindex-Zeiger (alternative index pointer) läßt sich die index-verkettete Speicherungsform auch für beliebige Sekundärschlüssel realisieren.

- Datenbestand mit relativer Satznumerierung (RRDS = relative record data set): vergleichbar mit der gestreuten Speicherungsform mit direkter Adressierung. Für jeden Datensatz ist nach einer relativen Satznummer, die von VSAM oder vom Anwendungsprogramm vergeben und wie ein Schlüssel behandelt wird, im Speicher ein "Fach" (Slot) fest reserviert.

5.3.3 Sortierverfahren

Der Verarbeitung gespeicherter Daten geht das *Suchen* (vgl. Abschnitt 5.3.1) voraus. Dieser Vorgang wird (vor allem bei fortlaufendem Zugriff) wesentlich verkürzt, wenn die Dateien selbst oder die zugehörigen Index-Tabellen in sortierter Form vorliegen. Dazu müssen sie vorher sortiert werden. Allgemein versteht man unter *Sortieren* das Umordnen von Datensätzen mit dem Ziel, sie in eine vorgegebene (sortierte) Reihenfolge, in der Regel nach aufsteigenden oder absteigenden Werten eines Ordnungsbegriffs, zu bringen. Als *Mischen* bezeichnet man das Zusammenführen von zwei oder mehreren Datenbeständen zu einem einzigen Datenbestand nach den geordneten Werten eines Ordnungsbegriffs.

Beim Sortieren unterscheidet man

- das interne Sortieren, d.h. das Sortieren von Datenbeständen, die vollständig im Hauptspeicher gespeichert sind, und
- das externe Sortieren, d.h. das Sortieren von Datenbeständen, die auf peripheren Speichern gespeichert sind.

Die wichtigsten Verfahren für das *interne Sortieren* lassen sich kurz wie folgt beschreiben:
Einfügen: Wie beim einzelnen Aufnehmen von gemischten Spielkarten wird nacheinander jeder Datensatz in einem neu anzulegenden Datenbestand einzeln an die richtige Stelle der Sortierfolge gebracht, indem er paarweise mit den bereits eingeordneten Datensätzen verglichen wird.
Auswählen: Aus dem Datenbestand wird der Satz mit dem kleinsten (bzw. größten) Ordnungsbegriff gesucht und an den Beginn eines neuen Datenbestands gestellt. Im verbleibenden Datenbestand wird wieder der kleinste (bzw. größte) Ordnungsbegriff gesucht, der zugehörige Datensatz an die zweite Stelle des neuen Bestands gesetzt usf.
Vertauschen: Im Datenbestand werden jeweils benachbarte Datensätze miteinander verglichen und paarweise so lange vertauscht, bis die gewünschte Reihenfolge erreicht ist. Auf dem Prinzip des Vertauschens beruhen das bekannte Verfahren *Bub-*

blesort und das Verfahren *Quicksort* von HOARE, bei dem der zu sortierende Datenbestand schrittweise in Teilbereiche zerlegt wird.

Das interne Sortieren beschränkt sich zwangsläufig auf kleine Datenbestände. Bedeutung hat es vor allem für das Sortieren von Index-Tabellen (vgl. Abschnitt 5.3.2).

In der klassischen kommerziellen Datenverarbeitung dominiert das *externe Sortieren* umfangreicher Dateien auf peripheren Speichern. Beispielsweise ist die sortierte Verarbeitung mit fortlaufendem Zugriff nur dann sinnvoll, wenn die gegeneinander zu verarbeitenden Dateien in derselben Reihenfolge geordnet sind. Dazu sind vorher Sortierläufe erforderlich. Weiterhin sind beim Hinzufügen von Datensätzen die Datei der bereits vorhandenen Datensätze und die temporäre Datei der Zugänge miteinander zu mischen. In Rechenzentren, bei denen vorwiegend Programme aus dem kommerziell-administrativen Anwendungsbereich eingesetzt werden, beanspruchen Sortier- und Mischverfahren immer noch einen großen Teil der Maschinenkapazität.

Sortier- und Mischprogramme sind als Hilfsprogramme (utilities) Bestandteile der Systemsoftware (vgl. Abschnitt 3.1). Die Verfahren sollen deshalb nur grob skizziert werden. Der Zeitbedarf für einen Sortiervorgang hängt wesentlich von der Arbeitsweise des Sortierverfahrens ab. In der Regel liegen den Sortierprogrammen

- das 2-Wege-Verfahren,
- das m-Wege-Verfahren oder
- das Mehrphasen-Verfahren

zugrunde. Alle drei Verfahren arbeiten mit geordneten Teilmengen (*strings*) der zu sortierenden Dateien.

Beim *2-Wege-Verfahren* werden 2 • 2 Datenbereiche benötigt. Abbildung 5.10 zeigt den Ablauf des Verfahrens an einem Beispiel.

- In Sortierphase 1 werden aus dem unsortierten Bestand (Bereich 1) in zwei neuen Bereichen (Bereiche 3 und 4) sortierte Strings aus je 2 Datensätzen gebildet.
- In Phase 2 werden in den beiden anderen Bereichen (Bereiche 1 und 2) sortierte Strings aus je $2^2 = 4$ Datensätzen gebildet.

Die weiteren Phasen verlaufen analog. Die Datensätze werden jeweils paarweise verglichen, wobei der nächste Datensatz immer aus demjenigen Bereich gelesen wird, aus dem der zuletzt eingeordnete Datensatz stammt. Bis der gesamte Bestand sortiert ist, sind $n = \log_2 S$ Phasen erforderlich, wenn S die Anzahl der zu sortierenden Sätze bedeutet. Beim *m-Wege-Verfahren* werden je m Bereiche auf der Ein- und Ausgabeseite benutzt. Die Anzahl der erforderlichen Phasen ist $n = \log_m S$.

	Bereich 1	Bereich 2	Bereich 3	Bereich 4
Phase 1	34		22	17
	22		34	45
	45		63	04
	17		89	55
	89			
	63			
	04			
	55			
Phase 2	17	04		
	22	55		
	34	63		
	45	89		
Phase 3				04
				17
				22
				34
				45
				55
				63
				89

Abb. 5.10: *Sortieren nach dem 2-Wege-Verfahren*

Die Verarbeitungszeiten verkürzen sich wesentlich, wenn die schon vorhandenen Vorsortierungen von Teilfolgen ausgenutzt werden. Die Standard-Sortierprogramme arbeiten daher nach dem *Mehrphasen-Verfahren*, und zwar wie folgt:

- Vorphase: Vom Ausgangsbereich werden unter Berücksichtigung bestehender Vorsortierungen möglichst lange Strings auf (m-1) Arbeitsbereiche verteilt.
- Phase 1: Die Strings auf den Arbeitsbereichen werden so lange auf den Ausgangsbereich gemischt, bis ein Arbeitsbereich leer geworden ist.
- Phase 2: Die verbliebenen Strings werden so lange auf den leeren Arbeitsbereich gemischt, bis ein weiterer Arbeitsbereich leer geworden ist.
- Weitere Phasen: Das Verfahren wird so lange fortgesetzt, bis ein Bereich mit einem einzigen String, d.h. allen Datensätzen in der gewünschten Sortierfolge, übrigbleibt.

Abbildung 5.11 faßt die gebräuchlichsten internen und externen Sortierverfahren in grafischer Form zusammen.

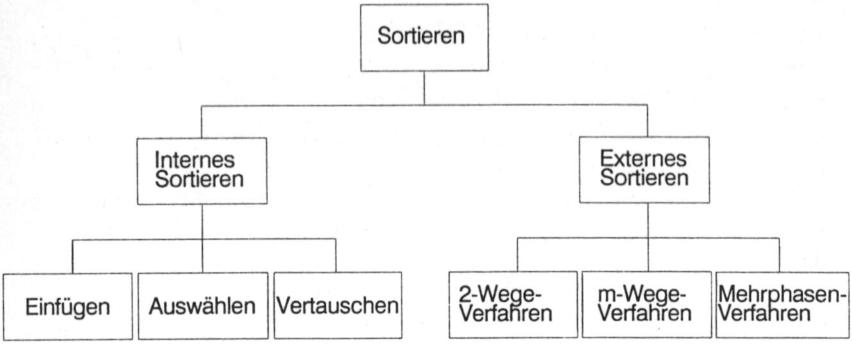

Abb. 5.11: *Sortierverfahren*

5.4 Datenbankorganisation

5.4.1 Begriffe

Bei der Beschreibung von Datenbanksystemen unterscheidet man nach dem *Architekturmodell* der 1975 vom ANSI (vgl. Abschnitt 1.2) eingerichteten "Study Group on Data Base Management Systems" (siehe Abschnitt 5.4.4.1)

- die konzeptionelle Datensicht,
- die interne Datensicht und
- die externe Datensicht.

Für den Begriff "Datensicht" werden auch die Ausdrücke *Schema* oder *Modell* verwendet.

Unter der *konzeptionellen Datensicht* (siehe Abschnitt 5.4.2.1) versteht man die logische Struktur **aller** Daten, d.h. die Beschreibung (*logisches Datenbankdesign*) sämtlicher Daten, die in der Datenbank gespeichert sind, aus der Gesamtsicht und auf logischer Ebene, also unabhängig

- von der tatsächlichen (physischen) Speicherung und
- von einzelnen Anwendungen aus Benutzersicht.

Die logische Struktur der Daten wird zunächst in einem sogenannten *semantischen Datenmodell* beschrieben, für das sich zunehmend die grafische Darstellung nach dem Entity-Relationship-Modell durchgesetzt hat (siehe Abschnitt 5.4.2.1). Das semantische Datenmodell wird dann - je nach verwendetem Datenbankverwaltungssystem - in eines der schon erwähnten drei Datenbankmodelle, nämlich

- das hierarchische Modell (Abschnitt 5.4.2.2),
- das Netzwerkmodell (Abschnitt 5.4.2.3) oder
- das Relationenmodell (Abschnitt 5.4.2.4),

überführt. Die Formulierung selbst erfolgt mit Hilfe einer Datenbeschreibungssprache (Abschnitt 5.4.4.2).

Während das hierarchische Modell und das Netzwerkmodell grafische Darstellungen der Abhängigkeiten benutzen, werden beim Relationenmodell alle Abhängigkeiten in Tabellenform dargestellt.

Die *interne Datensicht* (siehe Abschnitt 5.4.3) beschäftigt sich mit der physischen Datenorganisation auf Datenspeichern, d.h. mit der physischen Speicherung der im logischen Datenbankmodell erfaßten Datenstrukturen, und zwar im einzelnen

- mit der Beschreibung der Datenfelder und -sätze,
- mit der Festlegung der Zugriffspfade und
- mit der Auswahl der geeignetsten Speicherungsform.

Die *externe Datensicht*, die auch als *Benutzersicht* oder *Subschema* bezeichnet wird, beschreibt - gleichermaßen als Ausschnitt aus der konzeptionellen Datensicht - die Sicht, aus der der einzelne Benutzer die Datenbank im Hinblick auf seine speziellen Anwendungen sieht. Sie muß sich also auch mit der Frage befassen, auf welche Weise der Benutzer auf die von ihm benötigten Daten (und nur auf diese) zugreifen und sie logisch verknüpfen kann. Verwendet wird dazu meistens eine Datenmanipulationssprache (Abschnitt 5.4.4.2).

Den folgenden Ausführungen wird ein für die Datei- und Datenbankorganisation typisches Beispiel zugrunde gelegt: Die Berliner Autovermietung BERENT vermietet Personenkraftwagen an Firmen und Privatpersonen. Die Geschäftsleitung interessiert am Jahresende hauptsächlich die Frage, WELCHE Mieter WELCHE Mietwagen WIE LANGE gemietet hatten. Abbildung 5.12 zeigt einen Auszug aus einer darauf ausgerichteten Aufschreibung.

Im Verlauf eines Jahres kann

- ein Mieter mehrere Wagen gemietet haben (z.B. AEG die Wagen W12 und W84),
- ein Wagen an verschiedene Mieter vermietet worden sein (z.B. W12 an AEG und SIEMENS) sowie
- derselbe Wagen mehrmals an denselben Mieter vermietet worden sein (die Miettage sind dann kumuliert; die einzelnen Mietabschnitte bleiben hier außer Betracht).

Mieter			Mietwagen					
Nr.	Name	Branche	Nr.	Fahrzeugtyp	Bau-jahr	Versiche-rung	Mietsatz (DM)	Mietdauer (Tage)
MNR	MNA	BR	WNR	FT	BJ	VS	MS	MD
M1	AEG	B2	W12	OPEL CORSA	87	ALLIANZ	43	31
M1	AEG	B2	W84	FORD ESCORT	89	LLOYD	53	160
M2	BOLLE	B1	W45	OPEL VECTRA	88	ALLIANZ	69	215
M3	IBM	B3	W99	MERCEDES 230	89	IDUNA	85	87
M3	IBM	B3	W52	MERCEDES 300	88	LLOYD	119	8
M3	IBM	B3	W64	FORD ESCORT	88	IDUNA	53	324
M4	KADEWE	B1	W75	VW GOLF	88	ALLIANZ	53	106
M5	SIEMENS	B2	W12	OPEL CORSA	87	ALLIANZ	43	289
M5	SIEMENS	B2	W99	MERCEDES 230	89	IDUNA	85	149
M6	ZUNTZ	B1	W33	VW GOLF	87	LLOYD	53	57

Abb. 5.12: *Mietverhältnisse der Autovermietung BERENT*

Für die Disposition und die Abrechnung setzt BERENT eine DV-Anlage ein. Die Daten des Vermietgeschäftes sind dazu nach der herkömmlichen Dateiorganisation in zwei Dateien festgehalten (Abb. 5.13), und zwar:

- Datei A: Mieter (Primärschlüssel: Mieter-Nummer MNR),
- Datei B: Mietwagen (Primärschlüssel: Wagen-Nummer WNR).

Anstelle der Wagen-Nummer könnte auch das polizeiliche Kennzeichen als Primärschlüssel verwendet werden.

Eine Ist-Analyse (siehe Abschnitt 6.3) hat ergeben, daß am häufigsten Fragen der folgenden Art an den Datenbestand gestellt werden:

1) Wie viele Tage war der Wagen W12 insgesamt vermietet?
2) Welche Mieter hatten den Wagen W99 gemietet?
3) Welche Wagen sind zwei Jahre alt?
4) Welche Mieter sind in der Branche B2?
5) Welche Fahrzeugtypen hatte der Mieter SIEMENS gemietet?
6) Welche Wagen haben einen Mietsatz von 53 DM pro Tag?
7) Welche Wagen sind vom Typ VW GOLF?
8) Welche Mieter hatten einen FORD ESCORT gemietet?
9) Welche Wagen sind bei IDUNA versichert?
10) Welche Versicherungen würden für Schäden durch den Mieter IBM in Betracht kommen?

Datei A: Mieter

MNR	MNA	BR	WNR
M1	AEG	B2	W12/31, W84/160
M2	BOLLE	B1	W45/215
M3	IBM	B3	W52/8, W64/324, W99/89
M4	KADEWE	B1	W75/106
M5	SIEMENS	B2	W12/289, W99/149
M6	ZUNTZ	B1	W33/57

Datei B: Mietwagen

WNR	FT	BJ	VS	MS
W12	OPEL CORSA	87	ALLIANZ	43
W33	VW GOLF	87	LLOYD	53
W45	OPEL VECTRA	88	ALLIANZ	69
W52	MERCEDES 300	88	LLOYD	119
W64	FORD ESCORT	88	IDUNA	53
W75	VW GOLF	88	ALLIANZ	53
W84	FORD ESCORT	89	LLOYD	53
W99	MERCEDES 230	89	IDUNA	85

Abb. 5.13: *Dateien der Autovermietung BERENT*

Betrachtet man diese Fragen näher, so ist folgendes festzustellen:

- Zur Beantwortung der Fragen 1, 2 und 4 wird nur die Datei A benötigt.
- Zur Beantwortung der Fragen 3, 6, 7 und 9 wird nur die Datei B benötigt.
- Zur Beantwortung der Fragen 5, 8 und 10 werden beide Dateien benötigt.

Die konventionelle Dateiorganisation würde zwar ausreichen, jede Frage zu beantworten, jedoch wären dazu zeitaufwendige Such- und/oder Sortiervorgänge erforderlich. Sortiervorgänge würden auch benötigt, um beispielsweise

- eine Liste nach den Wagentypen oder
- eine Liste nach dem Alter der Wagen

zu drucken. Ziel der Datenbankorganisation ist es daher, die Daten so zu strukturieren und zu speichern, daß sich sowohl Routineauswertungen (z.B. die genannten Listen) als auch spontane Abfragen (z.B. vom Typ der Frage 8) mit möglichst geringem Aufwand durchführen lassen.

Die Vorgehensweise der logischen Datenbankorganisation wird im folgenden Abschnitt 5.4.2 beschrieben. Anschließend werden die Verfahren der physischen Datenbankorganisation (Abschnitt 5.4.3) und die Bestandteile von Datenbankverwaltungssystemen (Abschnitt 5.4.4) behandelt.

5.4.2 Logische Datenbankorganisation

5.4.2.1 Semantisches Datenmodell

Die *logische Datenbankorganisation* ist identisch mit der *konzeptionellen Datensicht*, die manchmal (in buchstäblicher Übersetzung der englischen Bezeichnung) auch als *konzeptuelle* Datensicht bezeichnet wird. Sie befaßt sich mit der logischen Struktur aller Daten und geht dabei in folgenden Schritten vor:

1) Erfassung und Beschreibung aller relevanten Objekte und der zwischen diesen bestehenden Beziehungen (sogenannte *Datenmodellierung*) sowie Darstellung dieser Objekte und Beziehungen in einem *semantischen Datenmodell* (Semantik = Bedeutungslehre). Bevorzugt wird die grafische Darstellung mit Hilfe des Entity-Relationship-Modells (ERM) von CHEN.
2) Umsetzung des semantischen Datenmodells in ein logisches Datenbankmodell. Je nach verwendetem Datenbankverwaltungssystem kommen dafür
   - das hierarchische Modell (Abschnitt 5.4.2.2),
   - das Netzwerkmodell (Abschnitt 5.4.2.3) oder
   - das Relationenmodell (Abschnitt 5.4.2.4)

   in Betracht.
3) Beschreibung der Objekte und Beziehungen mit der Datenbanksprache (DDL = Data Description Language) des benutzten Datenbankverwaltungssystems.

Der Schritt 1) ist unabhängig von dem eingesetzten Datenbankverwaltungssystem. Allerdings erleichtert das Entity-Relationship-Modell den Übergang speziell zum Relationenmodell.

Grundlegende Begriffe der Datenbankterminologie gehen auf die 1965 eingerichtete "Data Base Task Group" (DBTG) der seit 1959 existierenden CODASYL-Vereinigung (Conference on Data Systems Languages) aller COBOL-Benutzer zurück. Diese Begriffe sind: Datenelement bzw. Datenfeld (item), Datengruppe (aggregate) und Datensatz (record) bzw. Datensatztyp (record type). Die logischen Beziehungen zwischen Datensätzen oder Datensatztypen werden als *sets* bezeichnet. Sie bestehen immer aus einem *owner* und mindestens einem *member*.

Beispiel:
In dem "set" Autovermietung sind dem "owner" BERENT als "members" die 6 Mieter AEG, BOLLE, IBM, KADEWE, SIEMENS und ZUNTZ zugeordnet.

Stärker durchgesetzt haben sich inzwischen die 1976 von CHEN mit dem Entity-Relationship-Modell eingeführten Begriffe, die zum Teil auf SENKO (entity-set model, 1973) zurückgehen. Sie werden im folgenden ausschließlich benutzt.

- Ein zu beschreibendes Objekt, z.B. der Mieter M1 oder der Mietwagen W12, wird als *Entity* (bzw. Entityausprägung) bezeichnet. Die Gesamtheit aller gleichartigen Entities wird unter dem Begriff *Entitytyp* (oder *Objekttyp*) zusammengefaßt. Entitytypen sind also die Mieter oder die Mietwagen.
  Der Begriff Entity entspricht dem Begriff Datensatz, der Begriff Entitytyp dem Begriff Datensatztyp der DBTG-Terminologie.
- Jedes Entity weist Eigenschaften (*Attribute*) auf (z.B. Name, Branche oder Fahrzeugtyp, Baujahr, Versicherung usw.), die durch *Attributwerte* oder Attributausprägungen (z.B. AEG, BOLLE, ... oder ALLIANZ, IDUNA, ...) beschrieben werden.
- Zwischen Entities oder zwischen Entitytypen bestehen Beziehungen (*Relationen*). Eine Beziehung besteht z.B. zwischen dem Entity Mieter BOLLE und dem von ihm gemieteten Entity Mietwagen M2. Gleichartige Beziehungen werden zu *Beziehungstypen* zusammengefaßt.

Demzufolge wird zunächst

- jedem Entitytyp eine Kombination von Attributen zugeordnet und
- jedes Entity durch eine Kombination von Attributwerten beschrieben.

Abbildung 5.14 zeigt weitere Beispiele für die vier Datenbankbegriffe Entitytyp, Entity, Attribut und Attributwert.

Die Beziehungen können vom Typ 1:1, 1:n (bzw. n:1) oder m:n sein (sogenannte *Komplexität* der Beziehung) und

- zwischen Entities verschiedenen Typs oder
- zwischen Entities gleichen Typs

Entitytyp	Entities (Entityausprägungen)	Attribute (Eigenschaften)	Attributwerte (Attributausprägungen)
Mitarbeiter	Bauer, Müller, ...	Personalnummer Gehalt Geburtsort	4712 4.850,- Osnabrück
Kunde	Bolle, Kaiser, ...	Branche Bestellvolumen	Lebensmittel 850.000,-
Partnerin	Anke, Beate, ...	Alter Größe Haarfarbe	23 1,76 blond
Kostenstelle	Hochofen, Walzwerk, ...	Nummer Kostenträger	0815 Roheisen

Abb. 5.14: *Datenbankbegriffe nach SENKO und CHEN*

bestehen. Die Abbildungen 5.15 und 5.16 erläutern diese Zusammenhänge an mehreren Beispielen. In Abbildung 5.16 sind auch die Bezeichnungen für die jeweiligen Beziehungstypen, nämlich "Urlaubsvertretung", "Berichtsweg" und "Kommunikationsweg", aufgenommen.

Das *Entity-Relationship-Modell* (ER-Modell) beschreibt die Objekte und Beziehungen grafisch im *Entity-Relationship-Diagramm* (ER-Diagramm). In der einfachsten Form werden dabei die folgenden Symbole benutzt:

- für Objekttypen: Rechtecke,
- für Beziehungstypen: Rhomben (Rauten),
- für Attribute: Ellipsen oder Kreise an den Rechtecken und an den Rhomben.

Wichtig ist, daß auch zu Beziehungstypen (und nicht nur zu Objekttypen) Attribute gehören.

Die Komplexität wird häufig an den Rechtecken für diejenigen Objekttypen vermerkt, zwischen denen die betreffende Beziehung besteht.

Beim Zeichnen von ER-Diagrammen wird das auch in der Systementwicklung und Programmierung gebräuchliche *Prinzip der schrittweisen Verfeinerung* (siehe Abschnitt 6.5.1) benutzt. Das bedeutet konkret, daß

- zuerst ein grobes ER-Diagramm und
- dann schrittweise verfeinerte ER-Diagramme

entworfen werden. Viele Software-Entwicklungswerkzeuge (siehe Ab-

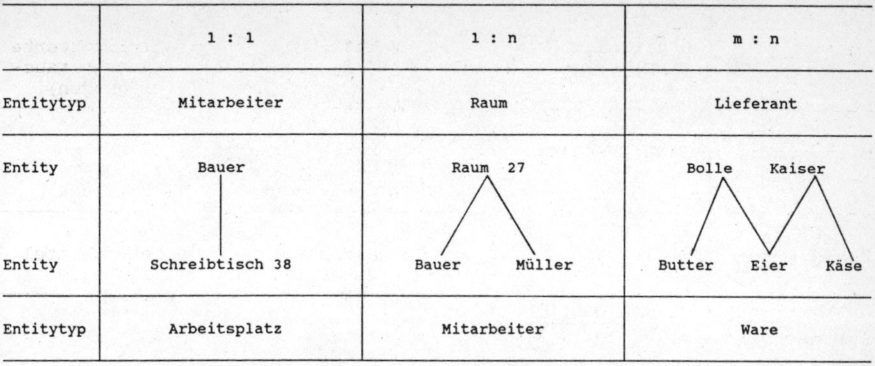

Abb. 5.15: *Beziehungen zwischen Entities verschiedenen Typs*

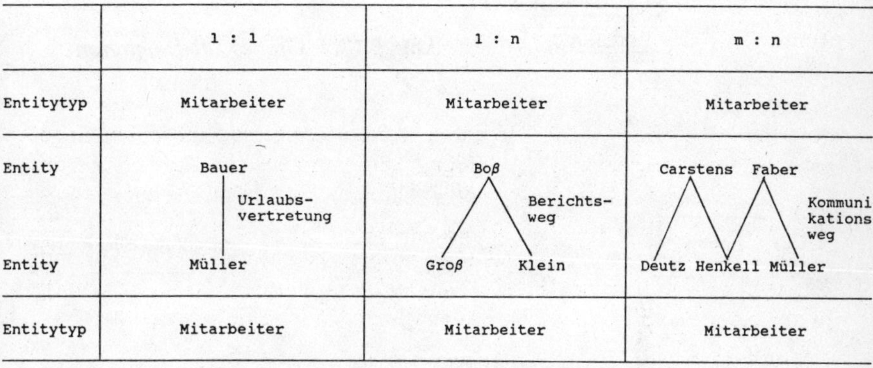

Abb. 5.16: *Beziehungen zwischen Entities gleichen Typs*

schnitt 6.6.5) unterstützen die schrittweise Entwicklung von ER-Diagrammen.

Zu empfehlen ist, die Objekttypen mit Substantiven, die Beziehungstypen mit Verben zu bezeichnen.

Abbildung 5.17 zeigt ein grobes ER-Diagramm für die Autovermietung BERENT mit den Objekttypen "Mieter" und "Mietwagen" und dem Beziehungstyp "mieten". Daraus abgeleitet ist das verfeinerte ER-Diagramm der Abbildung 5.18 mit folgenden Bestandteilen:

- Objekttypen: Mieter, Mietwagen, Preisgruppe, Branche, Hersteller, Versicherung;
- Beziehungstypen: mieten, gehört zu, stammt von, ist bei.

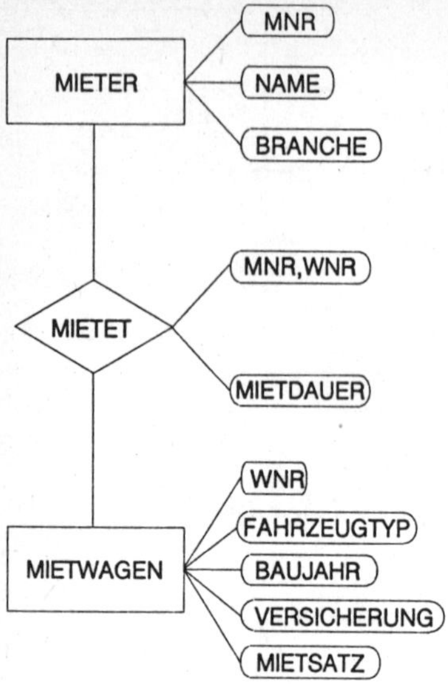

Abb. 5.17: *Grobes ER-Diagramm*

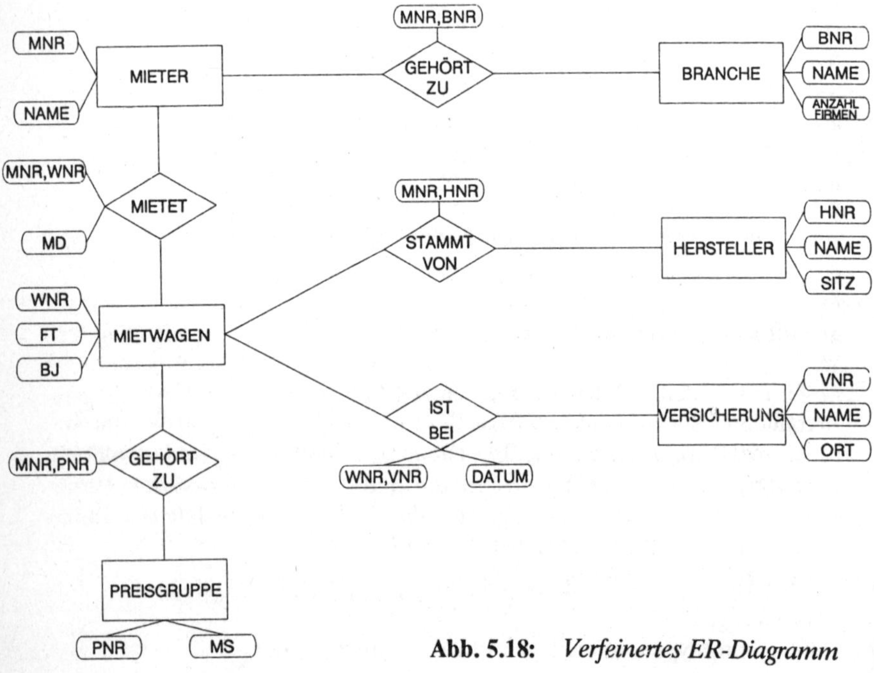

Abb. 5.18: *Verfeinertes ER-Diagramm*

5.4.2.2 Hierarchisches Datenbankmodell

Das *hierarchische Datenbankmodell* läßt sich wie folgt beschreiben:

- Alle Beziehungen werden durch eine Baumstruktur dargestellt. Je nach der Anzahl der Stufen bezeichnet man die Hierarchie als ein- oder mehrstufig.
- Jeder Entitytyp hat genau einen Vorgänger. Er kann mehrere Nachfolger besitzen.
- Auf der obersten Stufe gibt es genau einen Entitytyp.

Somit gibt es

- nur einen einzigen Entitytyp, der keinen Vorgänger hat, und
- von jedem Entitytyp aus einen eindeutig definierten Weg (rückwärts) zum obersten Entitytyp.

Entitytypen, Entities und Attribute werden dabei als gleichrangig behandelt.

Die Wege vom obersten Entitytyp zu allen anderen Entitytypen bezeichnet man als *Zugriffspfade*. Aus der hierarchischen Struktur ergeben sich zwangsläufig die Begriffe *übergeordnet* und *untergeordnet*. In "klassischen" Datenbankverwaltungssystemen werden dafür anstatt der von der DBTG vorgeschlagenen Begriffe "owner/member" auch die Bezeichnungen "Anker/Glied" oder "Vater/Sohn" bzw. im englischsprachigen Schrifttum "parent/child" oder "master/detail" benutzt.

Abbildung 5.19 zeigt zwei mögliche Baumstrukturen für die Beziehungen zwischen den Mietern und den Mietwagen der Autovermietung BERENT nach der Tabelle in Abbildung 5.12. Zuerst wurde die Mieternummer, dann die Wagennummer als oberster Entitytyp gewählt. Beide Formen der Baumstruktur würden bei der Datenspeicherung zu erheblichen Redundanzen führen. Im ersten Fall müßten - weil mehrere Mieter denselben Wagen gemietet hatten - bei jedem Mieter alle denselben Mietwagen betreffenden Attribute (also Fahrzeugtyp, Baujahr, Versicherung, Mietsatz) wiederholt werden, im zweiten Fall - weil verschiedene Wagen denselben Mieter hatten - bei jedem Mietwagen alle denselben Mieter betreffenden Attribute (also Name, Branche).

Abbildung 5.20 zeigt als weiteres Beispiel die Baumstruktur für die Tarifmerkmale, nach denen die Preislisten von Autovermietern aufgebaut sind. Auch hier wäre die Speicherung mit erheblichen Redundanzen verbunden, weil es häufig vorkommt, daß verschiedene Modelle einer Preisgruppe dieselbe Ausstattung besitzen oder daß Modelle verschiedener Preisgruppen vom selben Hersteller stammen. Erschwerend ist weiterhin, daß sich Sondertarife (z.B. Wochenendtarife) zwar prinzipiell nach den Tarifbedingungen der entsprechenden Preisgruppen richten, aber zusätz-

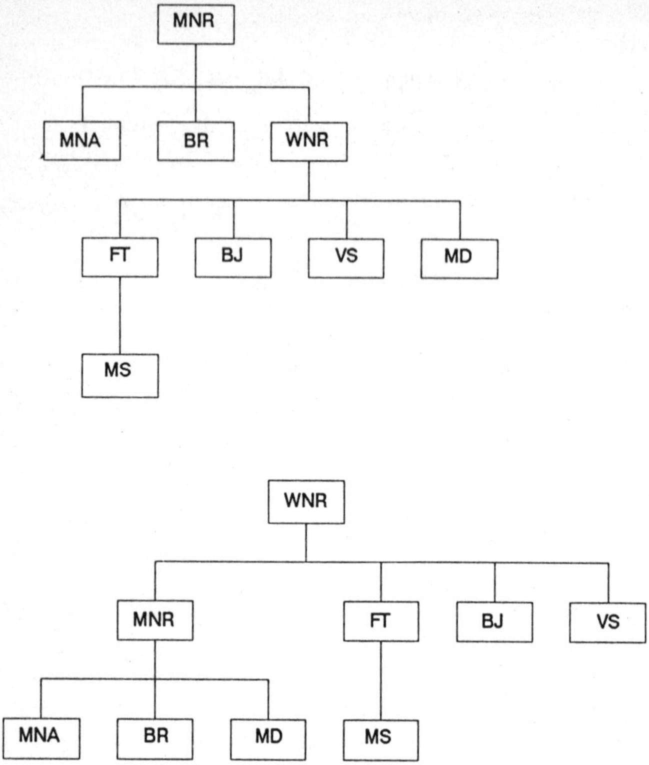

Abb. 5.19: *Baumstrukturen für die Mietverhältnisse von BERENT*

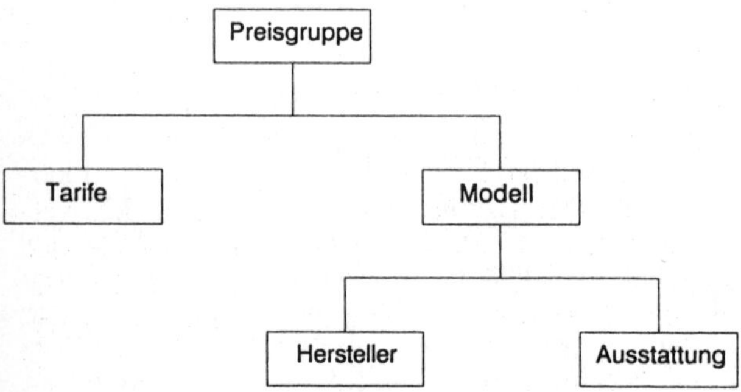

Abb. 5.20: *Baumstruktur für die Tarifmerkmale von Autovermietungen*

lich vom Modell abhängen, weil nicht alle Modelle zu den Sondertarifen angeboten werden.

Die grundsätzliche Schwierigkeit liegt darin, daß sich zwischen übergeordneten und untergeordneten Entitytypen beim hierarchischen Modell immer nur 1:1- oder 1:n-Beziehungen darstellen lassen. Dagegen muß jede m:n-Beziehung der in Abbildung 5.21 gezeigten Art unter Einführung von Wiederholungen (Redundanzen) in m getrennte 1:n-Beziehungen aufgelöst werden.

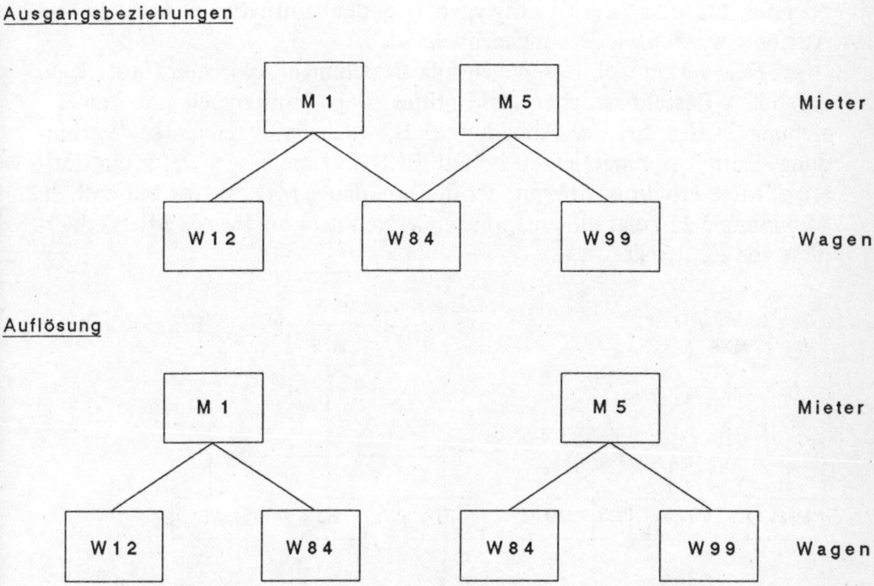

Abb. 5.21: *m:n-Beziehungen der Mietverhältnisse von BERENT*

Das hierarchische Datenbankmodell ist aus der klassischen Dateiorganisation, und zwar aus dem Fall hierarchischer Abhängigkeiten zwischen den Datenelementen eines Datensatzes (sogenannte Mehrfachsätze) hervorgegangen und das älteste aller Datenbankmodelle. Es liegt dem verbreiteten Datenbankmodell IMS von IBM zugrunde. Wegen der fehlenden Möglichkeit, alle Datenabhängigkeiten der betrieblichen Realität in einfacher Weise darzustellen, werden für neuere Datenbankverwaltungssysteme hierarchische Modelle nicht mehr verwendet.

5.4.2.3 Netzwerk-Datenbankmodell

Das *Netzwerkmodell* läßt sich wie folgt beschreiben:

- Jeder Entitytyp kann wie bei der Baumstruktur mehrere Nachfolger haben. Im Gegensatz zum hierarchischen Modell kann er aber mehrere Vorgänger besitzen.
- Es kann mehrere Entitytypen geben, die keinen Vorgänger haben.

Damit können sich - im Gegensatz zum hierarchischen Modell - auf der obersten Stufe mehrere Entitytypen befinden. Entitytypen, Entities und Attribute werden wiederum gleichbehandelt.

Im Netzwerkmodell lassen sich **alle** Beziehungen zwischen Entitytypen darstellen. Besteht zwischen den Entities zweier Entitytypen eine m:n-Beziehung in der Art der Abbildung 5.21, wird ein sogenannter "Verbindungs-Entitytyp" eingerichtet. Im Fall BERENT bietet sich dafür ein Entitytyp "Mietverhältnis" MV an, der die Mietdauer MD als Attribut enthält. Abbildung 5.22 zeigt die entsprechende Netzstruktur für die Mietverhältnisse von BERENT.

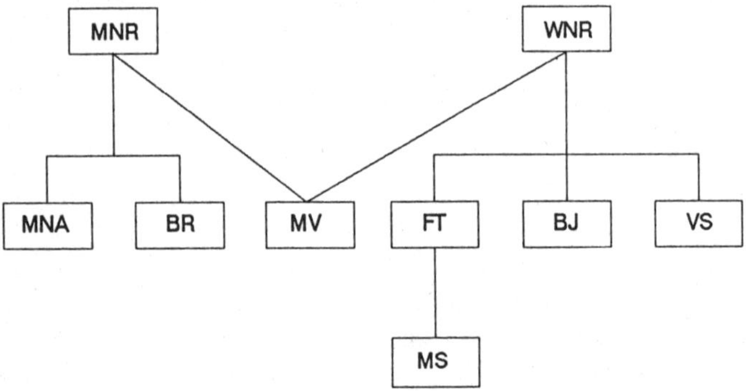

Abb. 5.22: *Netzstruktur für die Mietverhältnisse von BERENT*

Der in Abschnitt 5.4.2.2 erwähnte Fall der Sondertarife, der sich in die Baumstruktur der Abbildung 5.20 nicht ohne weiteres aufnehmen ließ, ist in der in Abbildung 5.23 dargestellten Netzstruktur in einfacher Weise erfaßt. Typisch für derartige Strukturen sind die Erzeugnisstrukturen in Fertigungsbetrieben (siehe Abschnitt 7.3.1.3).

Das Netzwerkmodell liegt u.a. den Datenbankverwaltungssystemen IDS (Integrated Data Base System) von Bull und UDS (Universelles Datenbanksystem) von Siemens zugrunde. Eine standardisierte Beschreibung

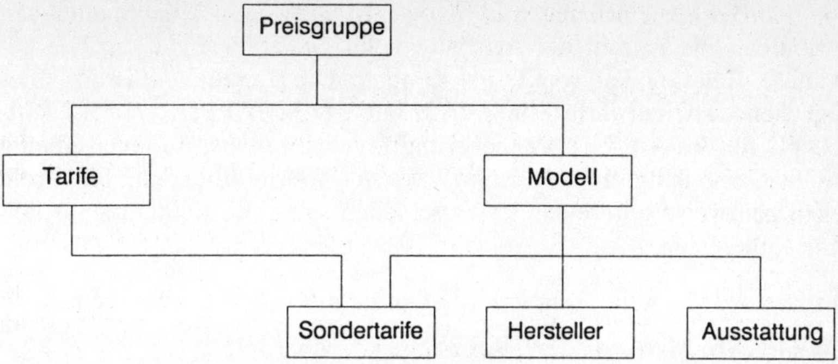

Abb. 5.23: *Netzstruktur für die Tarifmerkmale von Autovermietungen*

wurde bereits in den Jahren 1971 und 1973 von der DBTG in Anlehnung an die erste Version des "Datenbankklassikers" IDS vorgenommen. Dabei wurden zunächst Empfehlungen für eine Datenmanipulationssprache und für Datendefinitionssprachen zur Beschreibung der konzeptionellen und der externen Sicht gegeben, eine Sprache zur Beschreibung der internen Sicht wurde 1978 nachgeliefert (siehe Abschnitt 5.4.4.2).

5.4.2.4 Relationenmodell

Das 1970 von dem Amerikaner CODD entwickelte *relationale Datenbankmodell* oder *Relationenmodell* verzichtet - im Gegensatz zum hierarchischen Datenbankmodell und zum Netzwerkmodell - auf grafische Darstellungen und verwendet entweder eine auf der Mengentheorie basierende mathematische Schreibweise oder eine tabellarische Darstellungsform. Die grundlegenden Bezeichnungen sind *Tupel* für das Entity bzw. den logischen Datensatz und *Relation* für den Entitytyp bzw. Datensatztyp. Vereinfacht läßt sich sagen, daß beim Relationenmodell alle Daten in zweidimensionalen Tabellen mit einer festen Anzahl von Spalten und einer beliebigen Anzahl von Zeilen dargestellt werden. Hierarchische Strukturen und Netzstrukturen lassen sich ebenfalls mit dem Relationenmodell beschreiben.

Zur Erklärung verwenden wir wieder das Beispiel der Autovermietung BERENT, indem wir die Tabelle der Mietverhältnisse in Abbildung 5.12 als Relation auffassen. Eine *Relation* ist also weiter nichts als eine (zweidimensionale) Tabelle. Jede Zeile (*Tupel*) stellt ein einzelnes Mietverhältnis dar, das in den Spalten näher beschrieben wird. Die Zeilen entsprechen den Entities eines neuen Entitytyps "Mietverhältnis", die Spalten den Attributen. Die Anzahl der Attribute heißt *Grad* der Relation. Die betrachtete Relation hat somit den Grad 9. Die Zusammenfassung aller möglichen Attributwerte eines Attributs (z.B. ALLIANZ, IDUNA, LLOYD für das Attribut "Versicherung") heißt *Domäne*. Zu jeder tabellarischen Darstellung einer Relation müssen - wie in Abbildung 5.12 - die Zeilen paarweise untereinander verschieden sein. Die Reihenfolge spielt keine Rolle.

Formal würde man die Relation "Mietverhältnis" wie folgt schreiben:

R.MV (MNR, MNA, BR; WNR, FT, BJ, VS, MS, MD).

In dieser *unnormalisierten Form* treten sehr viele Redundanzen auf. Beispielsweise wiederholen sich:

- unter derselben Mieternummer: Name und Branche des Mieters;
- unter derselben Wagennummer: Fahrzeugtyp, Baujahr, Versicherung und Mietsatz des Wagens.

Im sogenannten *Normalisierungsprozeß* werden daher schrittweise einfachere Relationen erzeugt, mit denen Wiederholungen von Attributausprägungen vermieden werden. Dazu wird der Begriff *Schlüssel* eingeführt, der wesentlich allgemeiner gefaßt wird als der Schlüsselbegriff in der Dateiorganisation (vgl. Abschnitt 5.3.1).

Unter einem *Schlüssel* versteht man jedes Attribut oder jede Attributkombination, durch die jedes Tupel einer Relation eindeutig definiert (*identifiziert*) wird. Eine Attributkombination ist jedoch nur dann Schlüssel, wenn bei Wegnahme eines Attributs aus dem Schlüssel die Schlüsseleigenschaft verlorengeht (sogenannte Minimaleigenschaft des Schlüssels). Jedes Attribut, das selbst Schlüssel oder Teil eines Schlüssels ist, heißt *Schlüsselattribut*. Alle übrigen Attribute heißen Nichtschlüsselattribute. Derjenige Schlüssel, der zur Identifizierung der Relation ausgewählt wird, heißt - genau wie bei der Dateiorganisation - *Primärschlüssel*. Der Primärschlüssel kann aber jetzt als sogenannter "verknüpfter Primärschlüssel" aus mehreren Attributen bestehen. Alle weiteren Attributkombinationen mit Schlüsseleigenschaft können als *Sekundärschlüssel* dienen.

Für die Relation "Mietverhältnis", d.h. die Zeilen der Abbildung 5.12, würden von den vorhandenen Attributen weder die Mieternummer MNR noch die Wagennummer WNR allein einen Schlüssel bilden. Ein Schlüssel ist dagegen die Attributkombination (MNR, WNR). Diese Attributkombination ist genau der verknüpfte Primärschlüssel des Beziehungstyps "mieten" in dem ER-Diagramm der Abbildung 5.17. Würde man die Mietdauer MD nicht wie hier kumulieren, sondern auch dann eine neue Zeile einrichten, wenn ein Mieter denselben Wagen zum zweiten Mal mietet, müßte ein weiteres Attribut (z.B. der Mietbeginn) eingeführt werden, das dann zusammen mit den Attributen MNR und WNR einen Schlüssel bildete.

In Abbildung 5.24 wird der Normalisierungsprozeß am Beispiel BERENT demonstriert. Die Attribute der Primärschlüssel sind jeweils unterstrichen. Die einzelnen Schritte lassen sich wie folgt erläutern:

1) Eine Relation befindet sich dann in der *1. Normalform*, wenn ihre Attribute nicht selbst wieder Relationen, sondern "elementare Attribute" sind. "Wiederholungsgruppen" in der unnormalisierten Relation werden durch die Aufteilung in mehrere Relationen beseitigt. Im Beispiel sind an der unnormalisierten Relation der Abbildung 5.12 deutlich die Wiederholungsgruppen hinsichtlich des Attributs "Mieter" zu ersehen. Ein ähnliches Bild ergäbe eine Anordnung der Tupel nach aufsteigenden Wagennummern.
   Aus der unnormalisierten Relation MV (Mietverhältnis) werden daher die Relationen MNR (Mieter) und WNR (Mietwagen) abgeleitet. Damit die Beziehungen zwischen beiden Attributen nicht verlorengehen, erhält die Relation "Mietwagen" den (verknüpften) Primärschlüssel (MNR, WNR). Eine andere Aufteilung in zwei Relationen der 1. Normalform wäre (MNR, WNR, MNA, BR), (WNR, FT, BJ, VS, MS, MD). In den Relationen der 1. Normalform ist jedes Attribut vom jeweiligen Primärschlüssel (einfach) abhängig.

2) Eine Relation der 1. Normalform befindet sich in der *2. Normalform*, wenn zur Beschreibung der Abhängigkeit vom Primärschlüssel für jedes Attribut, das nicht zum Primärschlüssel gehört, **alle** Attribute des Primärschlüssels benötigt werden ("volle funktionale Abhängigkeit"). Im Beispiel ergeben sich die Attribute FT, BJ, VS und MS schon allein aus dem Attribut WNR des Primärschlüssels, die Relation mit dem Primärschlüssel (MNR, WNR) befindet sich also nicht in der 2. Normalform. Diese wird herbeigeführt durch die Einführung der beiden neuen Relationen (MNR, WNR, MD) und (WNR, FT, BJ, VS, MS). Auf eine spezielle Benennung der neuen Relationen wird hier verzichtet. Wenn der Primärschlüssel nur aus einem Attribut besteht, ist jede Relation, die sich in der 1. Normalform befindet, zwangsläufig auch in der 2. Normalform. Das trifft auf die Relation (MNR, MNA, BR) zu.

3) Eine Relation der 2. Normalform befindet sich schließlich in der *3. Normalform*, wenn alle Attribute, die nicht zum Primärschlüssel gehören, direkt von diesem abhängen. Mit anderen Worten: Es ist nicht erlaubt, daß ein Attribut, das nicht zum Primärschlüssel gehört, nur indirekt ("transitiv") von diesem abhängt. Oder: Die Attribute, die nicht zum Primärschlüssel gehören, müssen wechselseitig voneinander unabhängig sein.
   Im Beispiel ergibt sich der Mietsatz MS schon allein aus dem Fahrzeugtyp FT (also nur indirekt aus dem Primärschlüssel WNR). Die Forderung der 3. Normalform wird durch Aufspaltung der Relation (WNR, FT, BJ, VS, MS) in die beiden neuen Relationen (WNR, FT, BJ, VS) und (FT, MS) erfüllt.

Die hier wiedergegebene Beschreibung erhebt zweifellos keinen Anspruch auf mathematische Korrektheit. Andererseits muß festgestellt werden, daß in der Fachliteratur die Originalarbeiten von CODD nicht nur unterschiedlich interpretiert, sondern z.T. auch über Gebühr formalisiert und verkompliziert werden. Zu den Relationen der 3. Normalform hätte man -

1. Normalform

MNR	MNA	BR
M1	AEG	B2
M2	BOLLE	B1
M3	IBM	B3
M4	KADEWE	B1
M5	SIEMENS	B2
M6	ZUNTZ	B1

MNR	WNR	FT	BJ	VS	MS	MD
M1	W12	CORSA	87	ALLIANZ	43	31
M1	W84	ESCORT	89	LLOYD	53	160
M2	W45	VECTRA	88	ALLIANZ	69	215
M3	W99	DB 230	89	IDUNA	85	87
M3	W52	DB 300	88	LLOYD	119	8
M3	W64	ESCORT	88	IDUNA	53	324
M4	W75	GOLF	88	ALLIANZ	53	106
M5	W12	CORSA	87	ALLIANZ	43	289
M5	W99	DB 230	89	IDUNA	85	149
M6	W33	GOLF	87	LLOYD	53	57

2. Normalform

MNR	MNA	BR
M1	AEG	B2
M2	BOLLE	B1
M3	IBM	B3
M4	KADEWE	B1
M5	SIEMENS	B2
M6	ZUNTZ	B1

MNR	WNR	MD
M1	W12	31
M1	W84	160
M2	W45	215
M3	W52	8
M3	W64	324
M3	W99	87
M4	W75	106
M5	W12	289
M5	W99	149
M6	W33	57

WNR	FT	BJ	VS	MS
W12	CORSA	87	ALLIANZ	43
W33	GOLF	87	LLOYD	53
W45	VECTRA	88	ALLIANZ	69
W52	DB 300	88	LLOYD	119
W64	ESCORT	88	IDUNA	53
W75	GOLF	88	ALLIANZ	53
W84	ESCORT	89	LLOYD	53
W99	DB 230	89	IDUNA	85

3. Normalform

MNR	MNA	BR
M1	AEG	B2
M2	BOLLE	B1
M3	IBM	B3
M4	KADEWE	B1
M5	SIEMENS	B2
M6	ZUNTZ	B1

MNR	WNR	MD
M1	W12	31
M1	W84	160
M2	W45	215
M3	W52	8
M3	W64	324
M3	W99	87
M4	W75	106
M5	W12	289
M5	W99	149
M6	W33	57

WNR	FT	BJ	VS
W12	CORSA	87	ALLIANZ
W33	GOLF	87	LLOYD
W45	VECTRA	88	ALLIANZ
W52	DB 300	88	LLOYD
W64	ESCORT	88	IDUNA
W75	GOLF	88	ALLIANZ
W84	ESCORT	89	LLOYD
W99	DB 230	89	IDUNA

FT	MS
CORSA	43
DB 230	85
DB 300	119
ESCORT	53
GOLF	53
VECTRA	69

Abb. 5.24: *Normalisierungsprozeß*

zumindest im Beispiel BERENT - sicher auch mit Erfahrung und einer Portion gesundem Menschenverstand gelangen können. Es gibt Programme, mit denen der Normalisierungsprozeß computergestützt durchgeführt werden kann.

Ein Vergleich der Abbildung 5.24 mit der Abbildung 5.12 zeigt, daß durch die Normalisierung die Wiederholungen bei den Nichtschlüsselattributen beseitigt worden sind. Dafür gibt es aber jetzt mehr Redundanzen bei den Schlüsselattributen. In der DV-Praxis, in der ein Optimum zwischen Zugriffszeit, Pflegeaufwand und Speicherbedarf gefunden werden muß, ist daher die Beschreibung der Datenstrukturen, d.h. die logische Datenorganisation, nie völlig von der physischen Datenorganisation zu trennen, auch wenn die Zuordnung von einem Datenbankverwaltungssystem (siehe Abschnitt 5.4.4) vorgenommen wird. Es kann zweckmäßig sein, schon in der 1. Normalform Wiederholungsgruppen zuzulassen (sogenannte NF^2-, d.h. *non first normal form-Datenbankmodelle*) oder den Übergang von der 2. zur 3. Normalform teilweise wieder rückgängig zu machen (*Denormalisierung*).

Dem Leser wird empfohlen, den Normalisierungsprozeß für eine unnormalisierte Relation durchzuführen, die von folgenden Attributen gebildet wird: Kundennummer (KNR), Kundenname (KNA), Kundenanschrift (KA); Artikelnummer (ANR), Artikelbezeichnung (ABZ); Herstellernummer (HNR), Herstellername (HNA); Artikelpreis (APR); Bestellmenge des Kunden (BM). Mögliche Lösung (3. Normalform): (<u>KNR</u>, KNA, KA), (<u>KNR</u>, <u>ANR</u>, BM), (<u>ANR</u>, ABZ, HNR, APR), (<u>HNR</u>, HNA).

Die Darstellung nach dem Relationenmodell eignet sich besonders für nicht routinemäßige Abfragen des Datenbestands, d.h. Abfragen, in denen die Suchbegriffe erst bei Bedarf festgelegt werden. Das Relationenmodell verwendet dafür die drei Standardoperationen

- Projektion (projection): Streichen von Spalten,
- Verknüpfung (join): Zusammenfügen von Tabellen,
- Auswahl (selection): Auswahl von Zeilen.

Die Beantwortung der Frage "Wie heißen die Mieter, die einen ESCORT gemietet hatten?" könnte beispielsweise (ausgehend von den Relationen der 3. Normalform) wie folgt geschehen:

In Schritt 1 (*Projektion*) werden nicht benötigte Attribute gestrichen: Aus der Relation (<u>MNR</u>, MNA, BR) das Attribut BR, aus der Relation (<u>WNR</u>, FT, BJ, VS) die Attribute BJ, VS.

In Schritt 2 (*Verknüpfung*) werden die verbliebenen neuen Relationen (<u>MNR</u>, MNA) und (<u>WNR</u>, FT) zusammengefügt. Das Ergebnis zeigt Abbildung 5.25.

MNR	MNA	WNR	FT
M1	AEG	W12	CORSA
M1	AEG	W84	ESCORT*
M2	BOLLE	W45	VECTRA
M3	IBM	W99	DB 230
M3	IBM	W52	DB 300
M3	IBM	W64	ESCORT*
M4	KADEWE	W75	GOLF
M5	SIEMENS	W12	CORSA
M5	SIEMENS	W99	DB 230
M6	ZUNTZ	W33	GOLF

Abb. 5.25: *Operationen "Verknüpfung" und "Auswahl"*

In Schritt 3 (*Auswahl*) werden alle Zeilen gestrichen, bei denen der Fahrzeugtyp FT nicht ESCORT ist. Als Ergebnis bleibt die gesuchte Antwort übrig: Fahrzeuge vom Typ ESCORT wurden von AEG und von IBM gemietet.

Das Beispiel zeigt, daß der Normalisierungsprozeß auch die Zugriffszeiten beeinflußt. Die Frage hätte sich möglicherweise schneller anhand der unnormalisierten Relation beantworten lassen.

Das relationale Datenbankmodell liegt - allerdings selten in voller Konsequenz - den meisten der in den letzten Jahren entstandenen Datenbankverwaltungssystemen zugrunde, so z.B. DB2 von IBM oder Produkten von Softwarefirmen wie ADABAS, IDMS/R, ORACLE und - für Mikrocomputer - dBASE von Ashton-Tate (siehe auch Abschnitt 5.4.4.3).

Vom Standpunkt des DV-Anwenders ist das Relationenmodell in vielen Fällen einfacher und übersichtlicher als das hierarchische Modell oder das Netzwerkmodell.

5.4.3 Physische Datenbankorganisation

Die physische Datenbankorganisation (interne Datensicht) befaßt sich damit, die in der logischen Datenbankbeschreibung dargestellten Beziehungen auf den peripheren Datenspeichern zu realisieren. Neben der Beschreibung der Datenfelder und Datensätze hinsichtlich Länge, Format usw. müssen die schon erwähnten *Zugriffspfade* (vgl. Abschnitt 5.4.2.2) festgelegt werden. Allgemein versteht man darunter die interne Realisierung von Verknüpfungen zwischen den Daten. Dazu werden wieder die in Abschnitt 5.3.2 beschriebenen Speicherungsformen benutzt, wobei sich aber jetzt die Beziehungen zwischen den Datensätzen nicht auf den Ordnungsbegriff beschränken müssen, sondern ebenso zwischen einzelnen Attributen bestehen können.

In Betracht kommt insbesondere die Speicherung in Form von

- Listen,
- (Adreß-)Ketten,
- (Adreß-)Tabellen und
- invertierten Dateien.

Ferner wird die Darstellungsmöglichkeit durch B-Bäume genutzt.

Bei der Darstellung als *Liste* werden die Datensätze durch *physische Nebeneinanderstellung* in ihrer logischen Reihenfolge gespeichert. Die Liste ist im wesentlichen für Baumstrukturen geeignet. Die Entities werden unmittelbar hintereinander (sequentiell) gespeichert, indem der Baum des hierarchischen Modells (vgl. Abb. 5.19 und Abb. 5.20) stufenweise von oben nach unten und in jeder Stufe von links nach rechts abgearbeitet wird. Die Zugriffszeiten sind verständlicherweise sehr hoch.

Die *Verkettung* (auch als *Adreßverkettung* bezeichnet) ist eine verbreitete Methode der physischen Datenbankorganisation. Auf das Prinzip der Verkettung wurde schon bei den Speicherungsformen der Dateiorganisation (vgl. Abschnitt 5.3.2) eingegangen: Innerhalb jedes logischen Satzes verweist ein Zeiger auf die physische Adresse des logisch nachfolgenden Datensatzes. Der Begriff "logisch nachfolgend" kann sich dabei auf jedes beliebige Attribut oder jede beliebige Ausprägung eines Attributs beziehen. Der Zeiger des letzten Satzes in der Kette wird besonders gekennzeichnet, und zwar

- entweder durch einen "Ende"-Vermerk (offene Kette)
- oder durch einen Verweis auf den ersten Satz der Kette (geschlossene oder Ringkette).

Die physische Anordnung der Sätze auf dem Speichermedium ist unabhängig von ihrer Verkettung. Zur Erhöhung der Sicherheit und zum schnelleren Auffinden von Sätzen dient die *Rückwärtsverkettung*. Dabei wird zusätzlich zum vorhandenen Zeiger ein zweiter Zeiger eingeführt ("doppelte Verkettung"), der auf die physische Adresse des logisch vorangehenden Datensatzes verweist. Der erste Satz jeder solchen Kette muß dann einen "Anfang"-Vermerk (offene Kette) oder einen Verweis auf den letzten Satz der Kette (geschlossene Kette) enthalten.

Die Adreßverkettung hat folgende Vorteile:

- Wenn die Adresse des ersten Satzes einer Kette bekannt ist, lassen sich alle übrigen Sätze der Kette schnell finden.

- Zu- und Abgänge sind leicht zu behandeln, weil nur Zeiger zu ändern sind.

Nachteile sind u.a.:

- der größere Speicherplatzbedarf wegen der Aufnahme von Zeigerfeldern in die Datensätze und
- längere Suchzeiten, wenn sich der Datenbestand über mehrere Zylinder verteilt.

Effizienter läßt sich das Prinzip der Verkettung anwenden, wenn es wieder in Verbindung mit einer Index-Tabelle genutzt wird und die Verweise nicht auf die physischen Adressen, sondern auf die Ordnungsbegriffe der logisch nachfolgenden Datensätze oder auf deren Positionen in der Index-Tabelle bezogen werden. Abbildung 5.26 zeigt die Verkettung aller Sätze der Datei B aus Abbildung 5.13 hinsichtlich des Attributs "Versicherung", wobei sich die Verweise jeweils auf die Wagennummer als Ordnungsbegriff beziehen. Die übrigen Attribute sind zur Vereinfachung weggelassen. Die entstandenen drei Ketten (entsprechend der Anzahl der Versicherungen) sind *Teilketten*, weil sie jeweils nicht alle Sätze der Datei verketten (Gegensatz: *Totalketten*). Wird die Verkettung auf mehrere Attribute, z.B. auf Versicherung und Baujahr, ausgedehnt, spricht man von *Mehrfachverkettung*.

		Offene Verkettung		Geschlossene Verkettung	
WNR	VS	vorwärts	rückwärts	vorwärts	rückwärts
W12	ALLIANZ	W45	A	W45	W75
W33	LLOYD	W52	A	W52	W84
W45	ALLIANZ	W75	W12	W75	W12
W52	LLOYD	W84	W33	W84	W33
W64	IDUNA	W99	A	W99	W99
W75	ALLIANZ	E	W45	W12	W45
W84	LLOYD	E	W52	W33	W52
W99	IDUNA	E	W64	W64	W64

Abb. 5.26: *Verkettung*

Die Verkettung ist besonders für Anwendungen geeignet, bei denen der Datenbestand routinemäßig nach bestimmten, langfristig bestehenden Zusammenhängen (z.B. in Erzeugnisstrukturen, siehe Abschnitt 7.3.1.3) ausgewertet wird, weil dann von vornherein die erforderlichen Verkettungen vorgenommen werden können. Keinen Vorteil bringt die Verkettung, wenn Abfragen mit unvorhergesehenen Verknüpfungen ("ad hoc-Abfragen") an den Datenbestand gerichtet werden, da in diesem Fall die entsprechenden Zeiger nicht vorhanden sind.

Lagert man die Zeiger von Adreßketten ("Kettenspuren") aus den einzelnen Datensätzen bzw. den Index-Tabellen aus und faßt sie zusammen, kommt man zu der Speicherung in Form von (Adreß-)*Tabellen* (pointer arrays). Beispielsweise würde die Auslagerung der geschlossenen Vorwärtsketten bezüglich der Attributwerte ALLIANZ und LLOYD des Attributs "Versicherung" aus Abbildung 5.26 zu folgender Tabelle führen:

ALLIANZ	W45, W75, W12
LLOYD	W52, W84, W33

Der Vorteil der Adreß-Tabellen besteht darin, daß Suchvorgänge zunächst auf die Adressen beschränkt werden können. Der vollständige Datensatz wird in der Regel erst am Ende des Suchprozesses benötigt. Eine Adreß-Tabelle braucht nicht vollständig zu sein. So ist hier der Wert IDUNA des Attributs "Versicherung" nicht in der Tabelle enthalten.

Invertierte Dateien (inverted files) ergeben sich aus der Weiterführung des Prinzips der Adreß-Tabellen, indem **alle** Sätze einer Datei nach **allen** Ausprägungen

- eines Attributs (Invertierung im engeren Sinn) oder
- mehrerer Attribute (Invertierung im weiteren Sinn)

in Tabellen geordnet werden (Prinzip: "Welche Objekte haben eine bestimmte Eigenschaft?"). Jede Tabelle enthält neben den Werten des betreffenden Attributs nur die Satzadressen, und zwar entweder die physische Adresse oder in Verbindung mit einer Index-Tabelle den Ordnungsbegriff bzw. die Position in der Index-Tabelle. Abbildung 5.27 zeigt die invertierten Dateien für die Attribute Fahrzeugtyp und Baujahr aus der Datei B von Abbildung 5.13.

FT	WNR
CORSA	W12
DB 230	W99
DB 300	W52
ESCORT	W64, W84
GOLF	W33, W75
VECTRA	W45

BJ	WNR
87	W12, W33
88	W45, W52, W64, W75
89	W84, W99

Abb. 5.27: *Invertierte Dateien*

Suchvorgänge werden wieder nur mit den Adressen durchgeführt, jedoch nicht mit den kompletten Datensätzen. Die Frage, ob ein GOLF das Baujahr 88 hat, würde mit der mengentheoretischen Durchschnittsbildung

$$(W33, W75) \cap (W45, W52, W64, W75)$$

auf den Wagen W75 führen, dessen übrige Merkmale dann in der Datei B von Abbildung 5.13 zu finden sind.

Invertierte Dateien sind vor allem dann von Vorteil, wenn die gewünschten logischen Verknüpfungen nicht von Anfang an bekannt oder nicht dauerhaft sind. Zweckmäßigerweise werden von vornherein "auf Verdacht" invertierte Dateien für die für den Anwender wichtigsten Attribute angelegt. Invertierte Dateien sind auch die bevorzugte Methode, wenn bei Information Retrieval-Systemen gespeicherte Texte nach Suchbegriffen auszuwerten sind (siehe Abschnitt 5.5). Nachteile sind:

- der hohe Speicherplatzbedarf und das aufwendige "Updating" (beim Einfügen oder Entfernen von Datensätzen), wenn über mehrere Attribute invertiert wird, und
- möglicherweise lange Suchzeiten, die bei Verknüpfungen durch eine Vielzahl von Zugriffen verursacht werden.

Wird der gesamte logische Datenbestand eines Datenbanksystems physisch auf die peripheren Speicher mehrerer, meistens geographisch entfernter Rechner eines Rechnerverbundsystems verteilt, so daß Teildatenbanken entstehen, liegt ein *verteiltes Datenbanksystem* vor (vgl. Abschnitt 4.4.2). Dabei kann es wirtschaftlich sein (schnellerer Zugriff, niedrigere Datenübertragungskosten), einzelne Teildatenbanken redundant in mehreren Rechnern gleichzeitig zu speichern ("partielle Redundanz").

5.4.4 Datenbankverwaltungssysteme

5.4.4.1 Konzepte und Anforderungen

Unter einem *Datenbankverwaltungssystem* (DBMS = data base management system), kurz Datenbanksystem, versteht man ein Programmsystem zur Verwaltung der Daten einer Datenbank. Die Bezeichnung *Datenbank* tauchte zum ersten Mal um das Jahr 1960 auf. Das erste bekannt gewordene Datenbanksystem war IDS von General Electric (später Honeywell-Bull bzw. Bull). Es ging auf BACHMANN zurück und wurde in den Jahren 1964 bis 1966 entwickelt. Systematische Standardisierungsarbeiten wurden 1965 von der schon erwähnten DBTG aufgenommen. Ergebnisse waren Reports in den Jahren 1971, 1973 und 1978. Wesentliche Grundlagen schuf außerdem 1975 die ebenfalls schon genannte Studiengruppe der

ANSI mit dem Architektur-Modell. Als deutsche Normen sind bisher nur elementare Begriffe in der Neufassung der DIN 44300 vom November 1988 (in Anlehnung an ISO 2382) definiert. Der Begriff "Datenbank" wird darin (gegenüber dem vorangegangenen Norm-Entwurf) überhaupt nicht geklärt. Für den Anwender ist die Begriffsvielfalt eher verwirrend als nützlich.

Von Datenbanksystemen wird gefordert, die Daten der Datenbank so zu verwalten, daß

- logische und physische Datenunabhängigkeit,
- Datenintegrität und Datensicherheit sowie
- Redundanzfreiheit

bestehen. In einfacherer Formulierung stellen Entwickler betrieblicher Informationssysteme (siehe Abschnitt 7.6) folgende Hauptanforderungen an Datenbanken:

- Die Datenbestände müssen nach beliebigen Merkmalen auswertbar und verknüpfbar sein.
- Die Datenbestände müssen genau festgelegten Benutzergruppen ganz oder teilweise zugänglich sein.
- Die Datenbestände müssen für ebenso festgelegte andere Benutzergruppen gesperrt sein.
- Abfragen an Datenbestände müssen in kurzer Zeit zu Antworten führen.

Aus den genannten Anforderungen ergeben sich folgende Einzelanforderungen an Datenbankverwaltungssysteme:

1) Datenunabhängigkeit:
   - Unabhängigkeit vom Anwendungsprogramm:
     Die Daten sind anwendungsneutral gespeichert, d.h. unabhängig vom erzeugenden oder benutzenden Anwendungsprogramm (im Gegensatz zur integrierten Verarbeitung).
   - Unabhängigkeit der logischen von der physischen Datenorganisation:
     Der Benutzer muß nur die Datenstrukturen kennen. Prozeduren zum Suchen, Modifizieren (Ändern), Einfügen und Löschen von Datensätzen müssen vorhanden sein.
   - Physische Datenunabhängigkeit:
     Das Datenbankverwaltungssystem steuert und überwacht selbst die peripheren Geräte, blockt und entblockt Sätze, kontrolliert Überlaufbereiche, belegt Speicherräume und gibt sie frei usw.
2) Benutzerfreundlichkeit:
   Leicht zu erlernende Benutzersprachen ermöglichen sowohl dem professionellen Benutzer (Systementwickler, Programmierer) als auch

dem Endbenutzer eine einfache Handhabung der Daten. Die Benutzersprachen sollten durch grafische Benutzeroberflächen unterstützt werden.

3) Vielfachzugriff:
Jeder, der autorisiert ist, darf im Mehrbenutzerbetrieb auf die gespeicherten Daten zugreifen.
4) Flexibilität:
Die Daten müssen in beliebiger Form verknüpfbar sein. Sie müssen sowohl den fortlaufenden als auch den wahlfreien Zugriff ermöglichen.
5) Effizienz:
Die Zeiten für die Abfrage und für die Verarbeitung müssen kurz sein, ebenso für Änderungen und Ergänzungen des Datenbestands.
6) Datenschutz:
Die Daten sind vor unbefugtem Zugriff (Mißbrauch) zu schützen. Typische Fragen sind:
   - Ist der Teilnehmer überhaupt zugriffsberechtigt?
   - Ist der Teilnehmer nur zu bestimmten Daten zugriffsberechtigt?
   - Ist der Teilnehmer nur zu Abfragen oder auch zu Änderungen berechtigt?
7) Datensicherheit:
Die Daten müssen gegen Programmfehler und Hardware-Ausfälle gesichert sein. Das Datenbanksystem soll in Störungsfällen den korrekten Zustand wiederherstellen (*recovery*).
8) Redundanzfreiheit:
Jedes Datenelement sollte möglichst nur einmal gespeichert werden, z.B. die Kundenanschrift nicht wie in der Dateiorganisation gleichzeitig bei der Auftragsbearbeitung, der Fakturierung und der Debitorenbuchhaltung.

Die genannten Anforderungen sind idealtypisch und stehen teilweise untereinander in Konkurrenz. Weniger Redundanz wird z.B. mit geringerer Flexibilität und Effizienz erkauft.

Die bekanntesten Datenbankverwaltungssysteme für Großrechner sind:
- von Hardware-Herstellern: IMS, SQL/DS, DB2 (alle IBM), IDS (Bull), UDS (Siemens);
- von Software-Firmen: ADABAS (Software AG), IDMS/R (Cullinet), TOTAL (Cincom).

Bei Mikrocomputern dominieren dBASE, Knowledge Man und ORACLE sowie weitere Datenbanksysteme, die als Bestandteile integrierter Pakete (FRAMEWORK, OPEN ACCESS u.a.) angeboten werden (siehe Abschnitt 5.4.4.3).

5.4.4.2 *Bestandteile und Entwicklungstendenzen*

Die Bestandteile, die ein Datenbankverwaltungssystem enthalten muß, ergeben sich zwangsläufig aus den drei verschiedenen Datensichten (Abb. 5.28):

- Die konzeptionelle Datensicht verlangt eine Sprache, mit der die logischen Datenstrukturen beschrieben werden.
- Die interne Datensicht erfordert Verwaltungsprogramme, die die physische Datenorganisation übernehmen.
- Die externe Datensicht benötigt Sprachen, die dem Benutzer den Umgang mit dem Datenbestand ermöglichen.

Alle Bestandteile sind in der "Feature Analysis", einem Vorschlag der Datenbankgruppe der CODASYL-Vereinigung, zusammengefaßt worden.

Mit der *Datenbeschreibungssprache* (DDL = data description language) wird die logische Struktur, d.h. das konzeptionelle Schema, nach einem der drei Datenbankmodelle beschrieben.

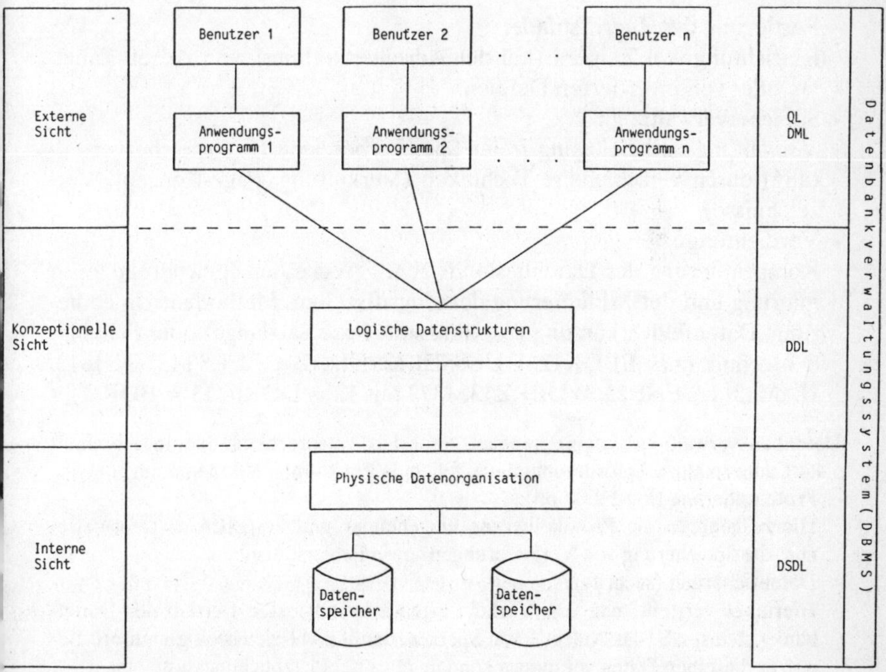

Abb. 5.28: *Bestandteile von Datenbankverwaltungssystemen*

Die Verwaltung der Datendefinitionen, Adressen usw. wird häufig von einem speziellen Programm vorgenommen, das - wie schon erwähnt - als *Data Dictionary* bezeichnet wird. Das Data Dictionary kann dabei in dem Datenbankverwaltungssystem integriert oder als eigenständige (systemnahe) Software installiert sein. Die Ansichten über die Aufgaben von Data Dictionaries gehen weit auseinander. Den Benutzer interessieren anwendungsbezogene Beschreibungen im Sinne einer exakten Dokumentation über Herkunft und Verwendungszweck von Daten. Die Übernahme dieser Aufgabe war die ursprüngliche Intention bei der Einrichtung von Data Dictionaries. Für einen sicheren und effizienten Betrieb eines Datenbanksystems kann es aber auch zweckmäßig sein, dem Data Dictionary Aufgaben des Datenmanagements (z.B. Verwaltung, Steuerung und Durchführung von Zugriffen) zu übertragen. Entsprechend erweiterte Verwaltungsprogramme werden ebenfalls unter der Bezeichnung Data Dictionary angeboten, vorzugsweise von Software-Firmen.

Hinsichtlich der *physischen Datenorganisation* (interne Datensicht) übernimmt das Datenbankverwaltungssystem u.a. die folgenden Aufgaben der Datenspeicherung (mittels einer Beschreibungssprache, die DSDL = data storage description language genannt wird):

- Festlegung der Zugriffspfade:
  Einrichtung von Zeigern (bei der Adreßverkettung), von Adreß-Tabellen oder von invertierten Dateien.
- Speicherverwaltung :
  Verwaltung und Belegung freier Speicherbereiche (Freispeicherverwaltung) durch verschiedene Techniken (Verkettung, Page-Konzept, Verzeichnisse).
- Verdichtung :
  Komprimierung des Datenbestands zum Zwecke der Speicherplatzoptimierung und der Minimierung der Zugriffszeiten. Methoden: Umcodierung, Datenfeldverkürzung (variable statt feste Satzlänge) oder Schubladentechnik (z.B. BROK12, DUESSEL12, NIX12, OBERST12, DUIS13, HAM13, LUENE13, WUERZ13, 1312 mit 12 = DORF, 13 = BURG).

Datenbankverwaltungssysteme müssen weiterhin entsprechend den in Abschnitt 5.4.4.1 aufgezählten Anforderungen u.a. folgende Funktionen übernehmen:
- Protokollierung (log-Funktion):
  Hierzu gehören die Protokollierung eingehender und ausgehender Informationen, die Speicherung von Veränderungen sowie Fehlerstatistiken.
- Datensicherung (security):
  Hierunter versteht man u.a. Vorkehrungen zum korrekten Betrieb des Datenbanksystems, z.B. das Anlegen von Sperren, damit nicht gleichzeitig mehrere Benutzer dieselben Daten verändern können, etwa bei Platzbuchungssystemen.
- Datenschutz (privacy):
  Hierzu rechnet man Maßnahmen zum Schutz gegen unbefugte Nutzung der Daten, z.B. den Aufbau von Kennwort-Tabellen (passwords).

Die Sprache, mit der der professionelle Benutzer auf den Datenbestand zugreift, heißt *Datenbanksprache*. Dabei kann es sich

- um datenbankbezogene Erweiterungen einer höheren Programmiersprache, die dann als "host language" bezeichnet wird (z.B. COBOL bei IDS und UDS), oder
- um eine spezielle, von Programmiersprachen unabhängige *Datenmanipulationssprache* (DML = data manipulation language)

handeln. Datenbanksprachen müssen dem Benutzer u.a. das Suchen, Einfügen, Löschen und Verändern von Datensätzen ermöglichen. Für die Datenbankmanipulationssprache sind von CODASYL 16 Standardbefehle festgelegt worden, u.a. FIND, GET, MODIFY und ERASE.

Dialogsprachen für Benutzer ohne detaillierte DV-Kenntnisse werden als *Abfragesprachen* (QL = query language) bezeichnet. Sie gestatten sowohl die Abfrage von Daten als auch das Generieren von Berichten usw. ("Endbenutzersprachen", vgl. Abschnitt 3.4). Die bekanntesten Abfragesprachen sind die seit Oktober 1986 zum ANSI-Standard (ISO-Norm 9075) erhobene Sprache SQL (Structured Query Language) von IBM und die zum Datenbanksystem ADABAS gehörende Sprache NATURAL. Abbildung 5.29 zeigt die Formulierung der Fragen 1 und 8 aus Abschnitt 5.4.1 an den Datenbestand der Autovermietung BERENT in der Sprache SQL.

```
Formulierung der Abfrage in SQL

Frage 1:
SELECT SUM (MD)
FROM MIETDAU
WHERE WNR = "W12";

Frage 8:
SELECT MIETER.MNR, MNA, BR
FROM MIETER, MIETDAU, WAGEN
WHERE MIETER.MNR = MIETDAU.MNR
AND MIETDAU.WNR = WAGEN.WNR
AND WAGEN.FT = "VW GOLF";
```

Abb. 5.29: *Abfragesprache SQL*

Bei Großrechenanlagen kann der Betrieb eines Datenbankverwaltungssystems parallel dazu ablaufende andere Anwendungen, z.B. den Stapelbetrieb für Abrechnungssysteme oder den Time Sharing-Betrieb für Programmentwicklungen, erheblich beeinträchtigen. Daher wird versucht - ähnlich wie beim Vorrechner der Datenfernverarbeitung (vgl. Abschnitt 4.2.1) - das Datenbankverwaltungssystem in einen separaten *Datenbank-*

rechner auszulagern, der dann mit der eigentlichen DV-Anlage im Multi-Processing-Betrieb arbeitet. Verfügt der Datenbankrechner über eine spezielle, den Such- und Speicherungsvorgängen der Datenverwaltung angepaßte Architektur, wird er als *Datenbankmaschine* (data base machine) bezeichnet.

Soll der in einer Datenbank verfügbare Datenbestand häufig mit Standardprogrammen für statistische Auswertungen, Prognoserechnungen, Operations Research-Methoden, Simulationen u.a. bearbeitet werden, kann man solche Programme zu einer Bibliothek zusammenfassen, die dann - einschließlich flexibler Auswahl-, Zugriffs- und Verknüpfungsmöglichkeiten - zusammen mit der Datenbank dem Benutzer als *Methodenbank* zur Verfügung gestellt wird.

In diesem Sinn kann man das bekannte Statistik-Programmpaket SPSS (Statistical Package for the Social Sciences) oder die Lizenzprogramme MPSX (IBM) und APEX (CDC) zur mathematischen Optimierung (siehe Abschnitte 3.4 und 7.5) schon als Methodenbanken auffassen. Eine Methodenbank mathematischer Verfahren (Matrizenrechnung, Differential- und Integralrechnung u.a.) ist Bestandteil des von Siemens seit 1974 angebotenen Programmsystems METHAPLAN (Methodenbankablaufsystem für Planung und Analyse).

Der Verbreitungsgrad umfassender Methodenbanken für Großrechner ist außerordentlich gering. Dagegen haben sich bei den Mikrocomputern integrierte Pakete wie OPEN ACCESS, FRAMEWORK, SYMPHONY u.a. durchgesetzt, die Programme zur Datenbankverwaltung sowie für Präsentationsgrafik, Tabellenkalkulation und Textverarbeitung enthalten und im Prinzip als einfache Methodenbanken zu bezeichnen sind.

Die gegenwärtigen *Entwicklungsarbeiten* an Datenbanksystemen befassen sich u.a. mit

- der systematischen Entwicklung benutzerfreundlicher Abfragesprachen,
- der Verbesserung des Antwortzeitverhaltens beim Relationenmodell,
- der Verwaltung von verteilten Datenbanken,
- der Bereitstellung leistungsfähiger Datenbankrechner,
- dem Einbezug unformatierter Datenbestände, so daß sich beispielsweise bei der Software-Entwicklung fertige Programmbausteine komplett in einer Datenbank ablegen lassen,
- der Integration von Datenbanken und Methodenbanken sowie
- der Verbindung von Datenbanksystemen mit Expertensystemen (siehe Abschnitt 7.7).

Im Zusammenhang mit der objektorientierten Systementwicklung und Programmierung (siehe Abschnitt 6.6.7) werden *objektorientierte Datenbanken* benötigt, in denen Objekte im Sinne der objektorientierten Systementwicklung, d.h. Daten und darauf bezogene Operationen, verwaltet werden.

Für den Aufbau, die Pflege und die Verwaltung von Datenbanken und alle damit zusammenhängenden Fragen (z.B. Segmentierung der Daten, Regelung der Zugriffsrechte, Einrichtung eines Data Dictionary u.a.) wurde in vielen Unternehmen die Funktion des *Datenbankadministrators* (data base administrator) eingerichtet, dessen Aufgaben sich vor allem aus der internen Datensicht ergeben (siehe auch Abschnitt 8.3.1).

5.4.4.3 Datenbanksysteme für Mikrocomputer

Mit der Entwicklung leistungsfähiger Mikrocomputer wurde die Möglichkeit geschaffen, auch in dieser Rechnerklasse mit Datenbanken zu arbeiten. Standardprogramme für Datenbankverwaltungssysteme sind schon seit längerer Zeit auf dem Softwaremarkt erhältlich, und zwar entweder als selbständige Programmpakete oder als Bestandteile umfassenderer Pakete, in denen dann noch andere Standardanwendungen wie Tabellenkalkulation, Präsentationsgrafik oder Textverarbeitung enthalten sind. Fast alle basieren auf dem Relationenmodell. Beispiele sind dBASE, INFORMIX, INGRES, Knowledge Man, MDBS (netzwerkorientiert), ORACLE (auch für Großrechner verfügbar) und PARADOX.

Neben dem Preis und den generellen Kriterien, die an die Softwarequalität (siehe Abschnitt 6.6.6) und an Standardsoftware (siehe Abschnitt 6.8) zu stellen sind, gibt es eine Reihe weiterer Kriterien speziell für derartige Datenbankverwaltungssysteme, von denen die meisten selbstverständlich auch im Großrechnerbereich anwendbar sind:

- Welches Datenbankmodell wird zugrunde gelegt?
- Wie weit wird es realisiert (z.B. volle Anwendbarkeit der Operationen Projektion, Verknüpfung und Auswahl beim relationalen Modell)?
- Für welche Betriebssysteme (MS-DOS, OS/2, UNIX usw.) ist das DBMS geeignet?
- Hat das DBMS eine eigene Datenbanksprache?
- Welche Benutzersprachen existieren: Datenbeschreibungssprache, Abfragesprache usw.?
- Ist die Abfragesprache (als 4GL-Sprache) auch für Endbenutzer ohne größere DV-Kenntnisse einsetzbar?
- Ist "Logisches Suchen" möglich?
- Welche Schnittstellen existieren: zu höheren Programmiersprachen, zu Standardprogrammen usw.?
- Gibt es einen Maskengenerator und einen Listengenerator?
- Welche Datenschutz- und Datensicherungseinrichtungen bestehen (z.B. Kennwort-Kontrolle)?
- Erfolgt die Ablaufsteuerung durch (Programm-)Kommandos oder durch Menü?
- Wie lauten die Maximalwerte für: Dateien im gleichzeitigen Zugriff, Dateien pro Datenbank, Datensätze pro Datei, Felder und Zeichen pro Datensatz, Schlüssel?

PROGRAMMLISTING

```
* Systemkonventionen
SET TALK OFF
CLOSE ALL
CLEAR
* Dateien aktivieren
SELECT 1
USE A:MIETDAU INDEX MZEIT && Indexdatei MZEIT.NDX, Schlüsselfeld: MD
SELECT 2
USE A:MIETER INDEX MIET   && Indexdatei MIET.NDX, Schlüsselfeld: MNR
SELECT 3
USE A:WAGEN INDEX WAG     && Indexdatei WAG.NDX, Schlüsselfeld: WNR
CLEAR
* Frage 1
SELECT 1
GO TOP
@ 2,1 SAY "Frage: Wie viele Tage war ein Wagen vermietet? "
@ 4,6 SAY ""
ACCEPT " Nummer des gesuchten Wagens: " to wagennr
SUM md TO summe FOR wnr=wagennr
?
? "          ",summe, "Tage"
* Frage 8
@ 9,1 SAY "Frage: Welcher Mieter hatte einen best. Fahrzeugtyp
gemietet?"
@ 11,5 SAY ""
ACCEPT "      Bitte Fahrzeugtyp eingeben: " to fztyp
SELECT 1
GO TOP
SET RELATION TO wnr INTO wagen
?
? "     ","Mieternummer   Name        Branche "
?
DO WHILE .NOT. EOF()
   SELECT 3
   IF FT=fztyp
      SELECT 1
      SET RELATION TO mnr INTO mieter
      ? "          ",mieter->mnr, "        ",mieter->mna, mieter->br
      SET RELATION TO wnr INTO wagen
   ENDIF
   SELECT 1
   SKIP
ENDDO
```

PROGRAMMABLAUF

```
Frage: Wie viele Tage war ein Wagen vermietet?


Nummer des gesuchten Wagens: W12

               320 Tage

Frage: Welcher Mieter hatte einen best. Fahrzeugtyp gemietet?


   Bitte Fahrzeugtyp eingeben: VW GOLF

Mieternummer    Name       Branche

   M4           KADEWE       B1
   M6           ZUNTZ        B1
```

Abb. 5.30: *Anwendung von dBASE auf die Autovermietung BERENT*

Abbildung 5.30 zeigt erneut die Beantwortung der an den Datenbestand der Autovermietung BERENT gerichteten Fragen 1 und 8 von Abschnitt 5.4.1, und zwar jetzt mit Hilfe des Datenbankverwaltungssystems dBASE von Ashton-Tate. Als Dateien werden die Relationen der 3. Normalform aus Abbildung 5.24 benutzt.

5.5 Information Retrieval-Systeme

Datenbanksysteme befassen sich in der Regel mit der Speicherung und der Verwaltung von formatierten Dateien, die aus Datensätzen mit einer strengen Feldeinteilung für die Datenelemente dieser Datensätze bestehen. Der Zugriff erfolgt auf die einzelnen Datenelemente, und zwar unter Verwendung eines Primärschlüssels für die Datensätze. Im Gegensatz dazu sind die Hauptaufgaben von *Information Retrieval-Systemen* (Informationswiedergewinnungssysteme) die Speicherung und Verwaltung von formatfreien Texten, insbesondere von Dokumenten, und das Suchen innerhalb dieser Texte. Information Retrieval-Systeme, die sich speziell mit der Ablage bzw. Archivierung von Bürodokumenten befassen, werden gelegentlich auch als *Document Retrieval-Systeme* bezeichnet.

So wie jedes Datenbanksystem aus dem Datenbankverwaltungssystem und einer Datenbank besteht, setzt sich jedes Information Retrieval-System aus dem Verwaltungssystem und gespeicherten Texten zusammen. Typische Anwendungen von Information Retrieval-Systemen ergeben sich aus der Speicherung von Literaturtexten, Patentschriften, Gerichtsurteilen oder Geschäftsberichten. Unterschieden werden *Volltextdokumente*, bei denen Texte als Ganzes gespeichert werden, und *Referenzdokumente*, bei denen nur Hinweise (Titel, Stichworte, Zusammenfassung) auf den eigentlichen Text gespeichert werden.

Der Textteil jedes Information Retrieval-Systems besteht aus zwei Hauptbestandteilen, nämlich

- der Dokumenten-Datei und
- der Deskriptoren-Datei.

Die *Dokumenten-Datei* enthält die eigentlichen Texte. Die *Deskriptoren-Datei* ist eine Zusammenstellung aller Deskriptoren, d.h. Schlag- bzw. Suchwörter, die die gespeicherten Texte beschreiben. Die Deskriptoren-Datei ist praktisch ein zu der Dokumenten-Datei gehörendes Wörterbuch. Sie wird auch als *Thesaurus* bezeichnet. Regeln für die Erstellung und Weiterentwicklung von Thesauri sind in DIN 1463 festgelegt.

Der Umgang mit Information Retrieval-Systemen besteht im wesentlichen aus den beiden Phasen

- Informationsaufbereitung und
- Informationswiedergewinnung.

Aufgabe der *Informationsaufbereitung* ist die Zusammenstellung des Thesaurus. Die Deskriptoren können dabei

- vom Benutzer selbst festgelegt werden oder
- vom Information Retrieval-System anhand einer maschinellen Analyse der Texte automatisch ermittelt werden ("Freitextsystem").

Als besonders zweckmäßig erweist sich eine Kombination dieser beiden Verfahren, indem das System eine Liste aller automatisch erfaßten potentiellen Deskriptoren erstellt, anhand derer der Benutzer die endgültige Auswahl trifft ("halbautomatisches Verfahren"). Mit Hilfe einer *Stoppwortliste* (Negativliste) werden dabei die "Hochfrequenzbegriffe" (z.B. der, die, das; er, sie, es; und, oder) von vornherein ausgeschieden. Nach der Festlegung der Deskriptoren für den Thesaurus werden bei jedem gespeicherten Text die zugehörigen Deskriptoren gespeichert (*Indexierung* der Dokumente). Die Indexierungsverfahren sind in DIN 31623 festgelegt.

In der Phase *Informationswiedergewinnung* (auch als *Recherche* bezeichnet) werden hauptsächlich Texte gesucht, und zwar

- anhand eines oder mehrerer vorgegebener Deskriptoren (Operation SEARCH) und/oder
- durch logische Verknüpfungen zwischen Deskriptoren.

Beispielsweise könnte in einer Volltextdatenbank mit Produktbeschreibungen aus der Computer-Industrie nach den Stichwörtern

- Mikroprozessor, RISC-Architektur sowie
- Mikroprozessor **und** RISC-Architektur

gesucht werden. Dem Benutzer müssen dazu vom System eine Abfragesprache und eine Liste von möglichen Verknüpfungsoperatoren (z.B. UND, ODER, NICHT) zur Verfügung gestellt werden.

Um schnelles Suchen in Information Retrieval-Systemen zu ermöglichen, kommen folgende Techniken zur Anwendung:
- hierarchische Strukturierung des Thesaurus (Suchbaum),
- Aufbau von invertierten Dateien (ähnlich wie bei der physischen Speicherung von Datenbanken), die zu jedem Deskriptor angeben, in welchen Dokumenten er vorkommt ("Fundstellenverzeichnisse"),
- Klassifikation (Clusterbildung) der Dokumente und/oder der Deskriptoren sowie
- Grobrecherchen (Blättern bzw. schnelles Überfliegen am Bildschirm im sogenannten browse mode).

Durch die Verknüpfung von Information Retrieval-Systemen mit Hypertext-Werkzeugen (siehe Abschnitt 7.2.4.2) wird das Arbeiten mit Verweisen zwischen den gespeicherten Texten wesentlich unterstützt. Information Retrieval-Systeme für Großrechner gibt es schon seit Anfang der 70er Jahre. Die stärkste Verbreitung haben dabei STAIRS (storage and information retrieval system) von IBM und GOLEM (Großspeicherorientierte listenorganisierte Ermittlungsmethode) von SIEMENS gefunden. Auf dem Softwaremarkt werden auch Information Retrieval-Systeme für Mikrocomputer angeboten.

Die Bedeutung von Information Retrieval-Systemen steigt mit dem wachsenden Angebot an Online-Datenbanken (siehe Abschnitt 7.6), bei deren Inhalt es sich häufig um gespeicherte Volltextdokumente handelt. Einen Engpaß beim Aufbau von Information Retrieval-Systemen bildete bisher der Arbeitsaufwand für die Erfassung der Texte. In Zukunft ist hier Abhilfe durch die Verfügbarkeit von interpretierenden Scannern (vgl. Abschnitt 2.5.3) zu erwarten. Die Forschung befaßt sich damit, Information Retrieval-Systeme mit Expertensystemen (siehe Abschnitt 7.7) zu kombinieren, die die Recherchen erleichtern.

6 Systementwicklung

6.1 Übersicht

Als *System* definiert die Organisationstheorie "eine Menge von Elementen, die in einem Wirkzusammenhang stehen". Diese Elemente können z.B. von den Organisationseinheiten eines Unternehmens, von den Beschäftigten eines Werkes oder von den Hardware-Komponenten einer DV-Anlage gebildet werden. Die *Systementwicklung* in der Informatik befaßt sich mit der Entwicklung von *DV-Anwendungssystemen*. Im **engeren** Sinn handelt es sich dabei um die Gesamtheit aller Programme, die als Anwendungssoftware für ein konkretes betriebliches Anwendungsgebiet entwickelt, eingeführt und eingesetzt werden. Die einzelnen betriebswirtschaftlichen DV-Anwendungssysteme (z.B. Abrechnungssysteme für das Personalwesen und die Materialwirtschaft, computergestützte Planungssysteme für die mittel- und langfristige Unternehmensplanung oder Informationssysteme für die verschiedenen Führungsebenen des Unternehmens) werden in Kapitel 7 behandelt.

Bei der Entwicklung eines DV-Anwendungssystems kann es sich

- um die Umstellung eines bestehenden manuellen Ablaufs (Beispiel: Integration der Reisekosten- und der Kantinenabrechnung in die Gehaltsabrechnung),
- um die Umstellung (Migration) eines bestehenden DV-Anwendungssystems (Beispiel: Umstellung der Kostenrechnung von der Datei- auf die Datenbankorganisation) oder
- um eine völlige Neuentwicklung (Beispiele: Informationssystem, Expertensystem)

handeln.

Die Entwicklung von DV-Anwendungssystemen in der hier gegebenen Definition als Gesamtheit von Programmen kann zusätzliche und meistens zeitlich parallele Entscheidungen über Fragen der Hardware und/oder der Kommunikation erfordern. DV-Anwendungssysteme im **weiteren** Sinn schließen diese Entscheidungen ein.

Beispiel 1:
Anwendungssystem "Markterhebung": Wie sollen die Erhebungsdaten erfaßt und mit welchen Geräten (z.B. Markierungsleser, Scanner) eingegeben werden?

Beispiel 2:
Anwendungssystem "Kundeninformation": Welche Drucker bringen ausreichende Schriftqualität (vgl. Abschnitt 2.7.2) für individuelle Werbebriefe an Kunden?

Beispiel 3:
Anwendungssystem "Warenwirtschaft" (siehe Abschnitt 7.3.2): Über welches öffentliche Netz und mit welchen Übertragungsraten (vgl. Abschnitt 4.3.2) sollen die Verkaufsdaten von den Filialen an die Zentrale übermittelt werden?

Beispiel 4:
Anwendungssystem "Textverarbeitung" (siehe Abschnitt 7.2.4.2): Sollen die mit der Textverarbeitung befaßten Arbeitsplätze durch ein LAN (vgl. Abschnitt 4.4.3) untereinander vernetzt werden?

Beispiel 5:
Anwendungssystem "Elektronischer Fertigungsleitstand" (siehe Abschnitt 7.3.1.3): Wo sollen welche Betriebsdatenerfassungsgeräte installiert werden?

Beispiel 6:
Anwendungssystem "Finanzbuchhaltung" (siehe Abschnitt 7.2.1) im Kleinbetrieb: Welcher Mikrocomputer welches Herstellers ist - in Verbindung mit der entsprechenden Anwendungssoftware - am besten geeignet?

Beispiel 6 ist besonders eng mit der Systementwicklung gekoppelt, weil in Klein- und Mittelbetrieben die Einführung von Hard- und Software häufig eine untrennbare Einheit bildet (siehe Abschnitt 6.9).

Mit der Entwicklung von DV-Anwendungssystemen beschäftigen sich

- Systemanalytiker und Programmierer in den DV-Abteilungen und
- DV-Anwender in den Fachabteilungen ("Endbenutzer").

Bei der eigenständigen, d.h. **ohne** Beteiligung der DV-Abteilung vorgenommenen Entwicklung in den Fachabteilungen handelt es sich um einfache, eng abgegrenzte Anwendungen wie Datenbankabfragen, Tabellenrechnungen oder grafische Auswertungen. Sie werden unter dem Oberbegriff *Individuelle Datenverarbeitung* (IBM-Übersetzung für *Personal Computing*), abgekürzt IDV, zusammengefaßt. Voraussetzung für die IDV ist, daß der Fachabteilung

- nicht-prozedurale Endbenutzersprachen (vgl. Abschnitt 3.4) oder Planungssprachen (siehe Abschnitt 7.5) und/oder
- integrierte Softwarepakete für Mikrocomputer, insbesondere für Tabellenkalkulation und einfache Datenbankanwendungen (vgl. Abschnitt 2.4.3),

zur Verfügung stehen. Nicht zur IDV zählen die seit vielen Jahren in technischen Fachabteilungen üblichen eigenständigen Programmentwicklungen, vorzugsweise in der Programmiersprache FORTRAN.

Das vorliegende Kapitel befaßt sich, soweit es die Programmentwicklung (und nicht die Anschaffung von Software) betrifft, ausschließlich mit der *professionellen* Systementwicklung durch Mitarbeiter der DV-Abteilung. Selbstverständlich sind daran auch Mitarbeiter der Fachabteilungen beteiligt, jedoch nicht an der Programmentwicklung im engeren Sinn. Auf die Individuelle Datenverarbeitung wird in Abschnitt 8.2.2 im Rahmen des Informatik-Managements eingegangen.

Von den Bell Laboratories wurde 1950 das Konzept des *Systems Engineering* (ins Deutsche mit *Systemtechnik* übersetzt) als Gesamtheit von Methoden zur Strukturierung und Entwicklung komplexer Systeme eingeführt. Der Gesamtprozeß besteht danach aus mehreren zeitlich aufeinanderfolgenden Stufen mit folgenden vier Grundphasen:

- Systemanalyse,
- Systementwicklung,
- Systemeinführung und
- Systempflege.

Von dieser Grundeinteilung ausgehend, sind für die Entwicklungsphasen von DV-Anwendungssystemen unter der Bezeichnung *Phasenkonzept* unzählige Vorschläge entwickelt worden, die sich in den Organisationshandbüchern von betrieblichen DV-Abteilungen, von Unternehmensberatern und von Software-Firmen sowie in Lehrbüchern wiederfinden. Einzelne Bundesländer haben in "ADV-Projektrichtlinien" für den Bereich der öffentlichen Verwaltung die Einteilung und die Benennung der Phasen verbindlich vorgeschrieben.

Seit Ende 1988 gelten in der öffentlichen Verwaltung die *Besonderen Vertragsbedingungen (BVB) für die Planung von DV-gestützten Verfahren*. Darin werden folgende Abschnitte und Phasen unterschieden:

1. Abschnitt: Verfahrensplanung
   Phasen: Verfahrensidee
   Ist-Analyse
   Forderungen
   Grobkonzept
   fachliches Feinkonzept
2. Abschnitt: Verfahrensrealisierung
   Teilabschnitt 1: Systemrealisierung
   Phasen: DV-technisches Feinkonzept
   Programmierung
   Integration/Systemtest

Teilabschnitt 2: Einführungsvorbereitung
Phasen: technisch/organisatorische Vorbereitung
Schulung
Teilabschnitt 3: Verfahrenstest
3. Abschnitt: Verfahrenseinführung

Im folgenden wird eine Gliederung benutzt, die sich seit langem in der betrieblichen Praxis bewährt hat und die aus folgenden Phasen besteht:

- Phase 1: Projektbegründung,
- Phase 2: Ist-Analyse,
- Phase 3: Grobkonzept,
- Phase 4: Detailentwurf,
- Phase 5: Programmierung/Test,
- Phase 6: Einführung.

An die Phase Einführung, die die Entwicklungszeit beendet, schließt sich die Nutzungszeit des DV-Anwendungssystems an, zu der - entsprechend der Phase "Systempflege" des Stufenkonzepts der Systemtechnik - die laufende Wartung bzw. Pflege des im Einsatz befindlichen DV-Anwendungssystems gehören. Unter *Wartung* wird die Anpassung von Programmen an spätere Änderungswünsche der Anwender und an Veränderungen des Umfeldes (Tarifverträge, Steuergesetze, Bilanzierungsvorschriften u.a.) sowie die Weiterentwicklung (im Sinn von Verbesserungen) verstanden, unter *Pflege* die Beseitigung von Fehlern, die im Laufe des Einsatzes noch festgestellt werden. Beide Begriffe werden oft nicht streng unterschieden.

Da sich die einzelnen Phasen wie die Stufen einer Treppe darstellen lassen, wird das Phasenkonzept manchmal auch als "Wasserfall-Modell" bezeichnet. Die gesamte Zeitspanne von der Projektbegründung über die Einführung und die gesamte Nutzungszeit bis zur späteren Ablösung des DV-Anwendungssystems durch ein völlig neues wird - in Analogie zum Begriff "Produktlebenszyklus" bei Konsum- und Investitionsgütern - als *Software-Lebenszyklus* (software life cycle) bezeichnet. Da dieser Zyklus nach Erfahrungswerten 15 Jahre und länger dauern kann, ist für die Wartung von DV-Anwendungssystemen oft ein Mehrfaches des Entwicklungsaufwands aufzubringen.

Grundlegende Änderungen, die aus gesetzlichen, organisatorischen, DV-technischen, ergonomischen und anderen Gründen erforderlich werden, zwingen häufig dazu, im Rahmen der Wartung des im Einsatz befindlichen DV-Anwendungssystems nacheinander mehrere modifizierte Versionen anzufertigen. Aus den gleichen Gründen werden nicht selten bereits in den Entwicklungsphasen Änderungen am ursprünglichen Konzept erforderlich. Für den gesamten Software-Lebenszyklus besteht daher die

Notwendigkeit, alle Änderungen zu protokollieren, die einzelnen Versionen gegeneinander abzugrenzen und gleichzeitig konsistent zu halten. Mit dieser Aufgabe befaßt sich das (Software-)*Konfigurationsmanagement* (configuration management).

Im Jahr 1968 wurde von BAUER der Begriff *Software Engineering* geprägt. Unter dieser Bezeichnung werden alle ingenieurmäßigen Vorgehensweisen zur Entwicklung von DV-Anwendungssystemen zusammengefaßt. Man unterscheidet dabei:

- Prinzipien,
- Methoden,
- Verfahren und
- Werkzeuge.

Prinzipien sind grundsätzliche Vorgehensweisen im Sinne von Handlungsgrundsätzen oder Strategien. Die wichtigsten sind:

- top down-Entwicklung,
- bottom up-Entwicklung und
- Modularisierung.

Generell schließen sich Prinzipien in der Anwendung nicht gegenseitig aus, sondern bedingen oder ergänzen sich teilweise gegenseitig.

Methoden sind Vorschriften, wie planmäßig nach einem bestimmten Prinzip (oder einer Kombination von Prinzipien) zur Erreichung festgelegter Ziele vorzugehen ist. Beispiele sind:

- Entity-Relationship-Modelle,
- strukturierter Systementwurf,
- strukturierte Programmentwicklung.

Verfahren sind Anweisungen zum gezielten Einsatz von Methoden, in der Regel also vollständig determinierte Methoden. Hierzu gehören u.a.:

- Entscheidungstabellentechnik,
- SADT (structured analysis and design technique),
- Struktogrammtechnik (z.B. nach NASSI-SHNEIDERMAN),
- JSP (Jackson structured programming).

Eine konsequente Unterscheidung zwischen Methoden und Verfahren läßt sich nicht vornehmen.

Software-Entwicklungswerkzeuge, kurz *Werkzeuge* (tools), sind Computerprogramme, die die Entwicklung von Anwendungssoftware unterstützen. Geschlossene Werkzeuge, die den gesamten Entwicklungsprozeß abdecken, gibt es noch nicht, jedoch Werkzeuge, die entweder für mehrere Phasen einzeln oder phasenübergreifend einsetzbar sind. Grob kann man eine Einteilung nach Werkzeugen für den Entwurf und solchen für die Programmentwicklung (einschließlich des Programmtests) vornehmen.

Mit den bei der professionellen Softwareentwicklung zur Anwendung gelangenden Prinzipien, Methoden, Verfahren und Werkzeugen befassen sich die Abschnitte 6.5 und 6.6.

Wenn ein Unternehmen ein DV-Anwendungssystem einführen will, kommen für die Bereitstellung der Anwendungssoftware folgende Alternativen in Betracht:

1) Entwicklung von Individualsoftware durch die Systemanalytiker und Programmierer der eigenen DV-Abteilung;
2) Entwicklung von Individualsoftware durch eine fremde Software-Firma, möglicherweise in Zusammenarbeit mit der eigenen DV-Abteilung;
3) Anschaffung von Standard- oder Branchensoftware, die auf dem "Softwaremarkt" von Hardware-Herstellern und Software-Firmen angeboten wird.

Unter *Individualsoftware* (nicht zu verwechseln mit der Individuellen Datenverarbeitung!) versteht man Software, die direkt für das einzuführende Anwendungssystem erstellt wird. Anwendungssoftware wird jedoch heute, besonders bei betrieblichen Administrations- und Dispositionssystemen, vielfach nicht mehr im Unternehmen als Individualsoftware entwickelt, sondern in Form sogenannter *Standard-* oder *Branchensoftware* vom Hardware-Hersteller oder von Software-Firmen gemietet bzw. gekauft. Dabei handelt es sich um fertige Programmpakete, die entweder noch an die speziellen Anforderungen des Unternehmens angepaßt werden oder auf die die gesamte betriebliche Ablauforganisation ausgerichtet wird. Abschnitt 6.8 befaßt sich ausführlich mit Standardsoftware und deren Anschaffung.

In kleinen und mittleren Unternehmen ist der Fremdbezug fertiger Anwendungssoftware der Regelfall und häufig mit der Auswahl und Installation von Hardware gekoppelt. An die Stelle der Phasen Detailentwurf und Programmierung/Test tritt dann ein Auswahlverfahren, dem eine förmliche Ausschreibung vorangehen sollte. Berücksichtigt man diese Alternative, so erhält man das in Abbildung 6.1 dargestellte erweiterte Phasenschema. Die einzelnen Phasen des Systementwicklungsprozesses werden in den Abschnitten 6.2 bis 6.9 besprochen.

Die in Abbildung 6.1 dargestellten Phasen befassen sich ausschließlich damit,

- WAS zu tun ist und
- WIE etwas zu tun ist,

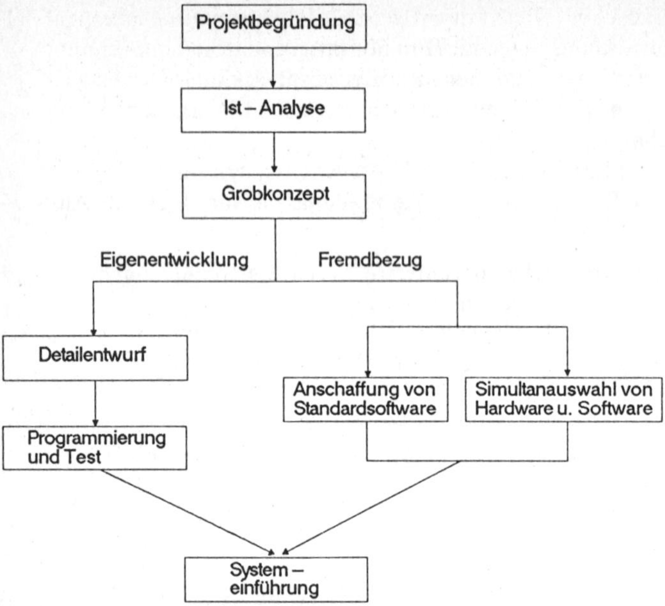

Abb. 6.1: *Phasen der Systementwicklung und -einführung*

d.h., welche Prinzipien und Verfahren anzuwenden und welche Werkzeuge möglicherweise einzusetzen sind. Darüber hinaus ist festzulegen,

- WANN etwas zu tun ist,
- WER WAS zu tun hat und
- WELCHE Entwicklungskosten entstehen dürfen.

Um diese Entscheidungen zu ermöglichen, erfolgen die Entwicklung und die Einführung von DV-Anwendungssystemen vorwiegend in Projekten (deswegen auch die Bezeichnung "Projektbegründung" für Phase 1), wobei unter einem *Projekt* üblicherweise ein Vorgang mit folgenden Merkmalen verstanden wird:

- Einmaligkeit für das Unternehmen (muß nicht Erstmaligkeit bedeuten!),
- Zusammensetzung aus Teilaufgaben,
- Beteiligung verschiedener Stellen des Unternehmens,
- Teamarbeit,
- Konkurrieren mit anderen Projekten um Betriebsmittel (Personal, Sachmittel, Gerätebenutzung u.a.),
- Mindestdauer bzw. Mindestaufwand,
- definierter Anfang, definiertes Ende.

Beispiele für Projekte sind die Entwicklung und Einführung eines neuen PKW-Modells, die Vorbereitung und Durchführung eines Kongresses, der Bau eines Staudamms oder die Organisation einer Fußballweltmeisterschaft. *DV-Projekte* sind dadurch gekennzeichnet,

- daß sie die Entwicklung von DV-Anwendungssystemen zum Inhalt haben,
- daß der überwiegende Teil der Projektbearbeiter DV-Spezialisten sind und
- daß der Projektleiter meistens aus der DV-Abteilung stammt.

Als *Projektmanagement* wird die Gesamtheit aller Tätigkeiten, mit denen Projekte geplant, gesteuert und überwacht werden, bezeichnet. Für die einzelnen Aktivitäten des Projektmanagements gibt es detaillierte Gliederungsvorschläge. Zur Unterstützung werden auf dem Softwaremarkt computergestützte Projektmanagementsysteme angeboten, und zwar entweder als selbständige Programmpakete oder als Bestandteile von Software-Entwicklungswerkzeugen. Die Aufgaben des DV-Projektmanagements werden in Abschnitt 8.4.2 behandelt.

DV-Projekte können nicht nur für die Entwicklung eines neuen DV-Anwendungssystems eingerichtet werden, sondern auch für die im Rahmen der Wartung anfallenden größeren Änderungen oder Reorganisationen bestehender Anwendungssysteme. Solche Reorganisationen werden, wie teilweise schon erwähnt, erforderlich,

- wenn grundlegende Änderungen in der Aufbau- oder Ablauforganisation des Unternehmens eintreten,
- wenn gravierende gesetzliche oder tarifliche Veränderungen in Kraft treten oder
- wenn das Anwendungssystem durch laufend vorgenommene "kleine" Änderungen unübersichtlich für die Programmwartung, unhandlich für den RZ-Betrieb (siehe Abschnitt 8.4.1) und fehleranfällig geworden ist.

Über den Mindestaufwand, von dem an eine Reorganisation als Projekt zu bezeichnen ist, bestehen unterschiedliche Auffassungen (siehe auch Abschnitt 8.4.2).

Das Phasenkonzept der Systementwicklung ist in erster Linie aus der Forderung des DV-Managements nach Gewährleistung einer strengen Projektkontrolle mit eindeutiger Verantwortungsabgrenzung entstanden. Zu solchen Kontrollen gehört es, in bestimmten, inhaltlich wie zeitlich begründeten überschaubaren Schritten

- die Einhaltung aller Vorgaben zu überprüfen,
- den Entwicklungsaufwand zu überwachen und
- bei Erfordernis kurzfristig Änderungsmaßnahmen einzuleiten.

Die Einteilung in Projektphasen verringert die Komplexität des Projekts durch die Zerlegung in überschaubare Teilaufgaben und gibt die Möglichkeit, Fehler frühzeitig zu erkennen und zu beseitigen.

Verschärfend wird in der betrieblichen Praxis sogar gefordert, daß mit jeder Phase des Systementwicklungsprozesses erst begonnen werden darf, wenn die vorangehende Phase vollständig abgeschlossen ist.

Der Einhaltung der strengen Phaseneinteilung stehen mehrere Argumente entgegen, u.a. folgende:

- Die endgültigen Systemanforderungen kristallisieren sich mit wachsendem Erkenntnisstand erst im Verlauf des Entwicklungsprozesses heraus.
- Äußere Einflüsse (organisatorische Maßnahmen, Umfeldbedingungen) erfordern schon während der Systementwicklung wiederholt Änderungen des Entwicklungskonzepts.

Aus dem Phasenmodell wird daher zwangsläufig oft ein *Zyklenmodell* (Schleifenmodell). Hinzu kommt, daß

- neuere Entwurfs- und Entwicklungsprinzipien (siehe Abschnitt 6.6.7) mehrere Entwicklungsphasen integrieren und
- Software-Entwicklungswerkzeuge übergreifend mehrere Phasen des Systementwicklungsprozesses abdecken.

Im Extremfall, insbesondere bei "schlecht strukturierten" Problemen, wird deswegen gelegentlich der Sinn jeglicher Phaseneinteilung angezweifelt und eine phasenlose "evolutionäre Systementwicklung" befürwortet. Als alternatives Entwicklungskonzept wird das sogenannte *Prototyping* (siehe Abschnitt 6.6.7) vorgeschlagen. Aus der Sicht des DV-Managements ist jedoch die völlige Abkehr vom Phasenschema absolut realitätsfremd. Rein pragmatisch ist zukünftig mit einer Modifikation des Phasenschemas im Sinne einer Straffung zu rechnen. Schon in der Vergangenheit wurden

- mit der Einführung höherer Programmiersprachen die frühere strenge Trennung zwischen Programmierung und Codierung aufgehoben und
- mit dem Übergang zur interaktiven Programmentwicklung die Grenzen zwischen Programmierung und Test verwischt.

Zu erwarten ist eine stärkere Verschmelzung derjenigen Phasen, die sich mit der Programmentwicklung befassen, d.h. Detailentwurf und Programmierung/Test. Die grundlegende Einteilung in die Phasen Analyse, Entwicklung und Einführung wird jedoch - schon allein wegen der genannten Forderungen des DV-Managements - bestehen bleiben.

6.2 Projektbegründung

Der Anstoß zur Entwicklung und Einführung eines DV-Anwendungssystems kann von verschiedenen Seiten kommen, nämlich

- intern von der Unternehmensleitung, von Fachabteilungen oder von der DV-Abteilung,
- extern von Hardware-Herstellern, Software-Firmen oder Unternehmensberatern, aber auch von Hochschulinstituten, Wirtschaftsverbänden, Industrie- und Handelskammern, Handwerkskammern usw.

Nach Erhebungen des Instituts der Deutschen Wirtschaft informieren sich kleine und mittlere Unternehmen über neue DV-Anwendungsmöglichkeiten vorwiegend (in dieser Reihenfolge) durch Fachzeitschriften, Vertreterbesuche, Fachmessen, Kontakte zu Firmen derselben Branche und Teilnahme an Seminaren.

In den 60er und 70er Jahren kamen in Unternehmen mit eigener DV-Abteilung die Vorschläge zu neuen DV-Projekten vorwiegend aus der DV-Abteilung selbst. Mit zunehmender Verbreitung des DV-Einsatzes gingen solche Anregungen dann verstärkt von den Fachabteilungen aus. Die günstigsten Voraussetzungen für die Realisierung eines DV-Projekts sind gegeben, wenn die Vorschläge gemeinsam von der Fachabteilung und von der DV-Abteilung eingebracht werden. Von der Unternehmensleitung "erzwungene" DV-Projekte sind selten erfolgreich.

Um Projektvorschläge zu erarbeiten, lassen sich die von der Organisationslehre angebotenen Kreativitätstechniken wie z.B.
- Brainstorming,
- Szenario-Technik oder
- Metaplan-Technik

sinnvoll einsetzen.

Beispiel 1:
In einem Brainstorming (Ideenfindungsprozeß) werden die Möglichkeiten zum Einsatz von Expertensystemen (siehe Abschnitt 7.7) im Unternehmen ermittelt und diskutiert.

Beispiel 2:
In einem Szenario wird aufgezeigt, welche Konsequenzen die Umstellung aller bestehenden DV-Anwendungssysteme des betriebswirtschaftlichen Anwendungsbereichs von der bisherigen Dateiorganisation auf eine Datenbankorganisation mit sich bringt.

Beispiel 3:
Mit der Metaplantechnik werden alle Stichworte zu einem möglichen Projekt "Einführung von UNIX" zunächst regellos gesammelt, dann klassifiziert und schließlich in einen strukturierten Projektvorschlag umgesetzt.

Projektvorschläge resultieren immer aus Erwartungen, die an den zukünftigen DV-Einsatz geknüpft werden, so beispielsweise:

- Einsparung von Personal und Kosten,
- Straffung von Arbeitsabläufen,
- Verkürzung von Bearbeitungszeiten für betriebliche Vorgänge,
- garantierte Korrektheit der Arbeitsergebnisse,
- erhöhte Aktualität der Daten,
- ständige Auskunftsbereitschaft des Datenbestands,
- verbesserte Entscheidungsunterlagen,
- Steigerung des Umsatzes,
- Erhaltung oder Vergrößerung der Marktanteile,
- stärkere Bindung der Kunden.

Beispiel:
Begründung des möglichen DV-Einsatzes für die Arbeitsgebiete Fakturierung und Debitorenbuchhaltung in einem Kleinunternehmen:

- Reduzierung des erheblichen Schreibaufwands beim Fakturieren (Texte, Anschriften),
- Vermeidung der bisherigen doppelten Erfassung der Daten aller Ausgangsrechnungen (Fakturierung **und** Buchhaltung),
- Abbau von saisonalen Spitzenbelastungen des Personals (Überstunden), insbesondere zu Weihnachten,
- positive Erfahrungen anderer Unternehmen derselben Branche.

Einige andere oft genannte Ziele wie Humanisierung der Arbeitsplätze oder Bürgernähe der Verwaltung stehen - wie empirische Erhebungen gezeigt haben - nur an untergeordneter Stelle.

Je nach Position im Unternehmen werden auch falsche oder negative Erwartungen mit dem DV-Einsatz verbunden:

- Die Unternehmensleitung hat übertriebene Vorstellungen, verspricht sich spektakuläre Einsparungen und die Lösung aller Probleme auf "Knöpfchendruck".
- Manche Mitarbeiter haben Angst vor jeder Umstellung der gewohnten Arbeitsorganisation ("Schwellenangst"), erwarten eine Einengung des persönlichen Entscheidungsspielraums und befürchten vielleicht sogar den Verlust des Arbeitsplatzes (siehe auch Abschnitt 8.7).

In kleinen Unternehmen, insbesondere in Handwerksbetrieben, bei Einzelhändlern und bei freiberuflich Tätigen (Ärzte, Rechtsanwälte, Steuerberater, Versicherungsagenten) betreffen die positiven und negativen Erwartungen häufig dieselbe Person.

Da jedes DV-Anwendungssystem nur dann einwandfrei funktionieren kann, wenn sich alle Benutzer damit auch identifizieren, ist es zweckmäßig, die späteren Benutzer schon in einer möglichst frühen Phase zu beteiligen ("partizipative Innovationsgestaltung"), selbst auf die Gefahr hin, daß sich die Projektentwicklung dadurch verzögert oder verteuert. Sofern es sich um die "Einführung grundlegend neuer Arbeitsmethoden" oder um die "Änderung von Arbeitsverfahren" handelt, sind Mitspracherechte im Betriebsverfassungsgesetz bzw. in den Personalvertretungsgesetzen festgelegt (siehe Abschnitt 8.7).

Die Phase Projektbegründung wird mit der Erteilung eines *Projektauftrags* abgeschlossen. Ein solcher Auftrag wird je nach Größe und Struktur des Unternehmens und nach dem Umfang des DV-Projekts

- von der Unternehmensleitung,
- vom Leiter eines Werkes, einer Fachabteilung usw. oder
- von einem zentralen Koordinierungs- bzw. Lenkungsausschuß, der über die Prioritäten und die Finanzierung aller anstehenden DV-Projekte entscheidet,

erteilt. Die auftragerteilende Stelle ist auch zuständig für die Bestimmung der ausführenden Stellen bzw. Mitarbeiter, für die Festlegung der Verantwortlichkeiten und für die Unterrichtung und Beteiligung aller weiteren in Betracht kommenden Stellen.

Im Projektauftrag müssen festgelegt werden:

- die Bezeichnung des Projekts
  Beispiel: Umstellung der Materialwirtschaft;
- die Zielsetzung des Projekts
  Beispiel: Personaleinsparung durch zentrale Bestandsverwaltung, Kostensenkung durch Abbau hoher Lagerbestände, Verbesserung des Kundenservice für Ersatzteile durch erhöhte Lieferbereitschaft;
- der Inhalt des DV-Anwendungssystems
  Beispiel: Erfassung aller Bestände und Bestandsbewegungen, Bewertung der Bestände nach alternativen Prinzipien, Integration der Bedarfsrechnung mit der Lagerhaltung;
- Auflagen für die Projektdurchführung
  Beispiel: keine Beteiligung einer Unternehmensberatung, Projektabschluß spätestens zum Ende des nächsten Kalenderjahres, monatliche Berichterstattung an den Auftraggeber;
- Begrenzungen der Personal- und Sachkosten
  Beispiel: maximal drei Projektbearbeiter, Besichtigungsreisen (zu Anbietern oder Referenzanwendern) nur mit Genehmigung der Unternehmensleitung;
- Vollmachten für die Projektbearbeiter
  Beispiel: generelle Erlaubnis zu Gesprächen mit Software-Anbietern, Recht auf Befragung aller Mitarbeiter des Unternehmens, jedoch keine Weisungsbefugnis.

Als Leitfaden für Projektvereinbarungen zwischen Vertragspartnern gibt es die Norm DIN 69901 (Projektmanagement).

In der betrieblichen Praxis werden Projektaufträge häufig zuerst nur für die Phasen 2 (Ist-Analyse) und 3 (Grobkonzept) des Systementwicklungsprozesses erteilt. Solche Projektaufträge haben dann lediglich die Zielsetzung, anhand alternativer Grobkonzepte (Rahmenvorschläge) festzustellen, ob die Einführung, Umstellung oder Reorganisation eines DV-Anwendungssystems überhaupt sinnvoll und wirtschaftlich ist. Erst mit Abschluß der Phase 3 wird endgültig entschieden, ob eine Systementwicklung überhaupt durchgeführt werden soll. Fällt die Entscheidung **für** eine Entwicklung, wird für die nächsten Phasen ein neuer Projektauftrag ("Anschlußauftrag") erteilt. Damit ist allerdings nicht ausgeschlossen, daß das Projekt noch in einer späteren Phase "stirbt".

Die Anzahl der kleinen und mittleren Unternehmen, bei denen die Datenverarbeitung bisher noch gar nicht eingesetzt worden ist, hat in den letzten Jahren immer mehr abgenommen. Allerdings entsteht jetzt in den neuen Bundesländern eine große Anzahl von Unternehmen, in denen die Frage des DV-Einsatzes erstmals ansteht. In solchen Unternehmen haben erste Projektaufträge meistens die Zielsetzung, festzustellen,

- in welchen Bereichen und für welche Arbeitsgebiete sich die Datenverarbeitung überhaupt sinnvoll einsetzen läßt,
- in welcher Reihenfolge die DV-Anwendungssysteme eingeführt werden sollen,
- welche Hardware und welche Anwendungssoftware welches Anbieters am geeignetsten sind und
- welche wirtschaftlichen Vorteile erwartet werden können.

6.3 Ist-Analyse

6.3.1 Übersicht

Die *Ist-Analyse* hat das Ziel,

- die Schwachstellen der bestehenden Ablauforganisation herauszuarbeiten und damit
- die Voraussetzungen für die Entwicklung und Einführung eines neuen DV-Anwendungssystems zu schaffen.

Sie besteht aus zwei Teilen, nämlich

- der Erfassung und Beschreibung des Ist-Zustands (Abschnitt 6.3.2) und
- der Analyse und Bewertung des Ist-Zustands (Abschnitt 6.3.3).

Zu Beginn der Ist-Analyse ist festzulegen,

- welche Angaben erfaßt werden sollen (Abschnitt 6.3.2.1),
- welche Techniken der Erhebung anzuwenden sind (Abschnitt 6.3.2.2) und
- in welcher Form die Ergebnisse dargestellt werden sollen (Abschnitt 6.3.2.3).

Die Phase Ist-Analyse wird mit einem schriftlichen Bericht abgeschlossen. Dieser Bericht muß mit den Mitarbeitern der untersuchten Stellen im Detail abgestimmt werden, um unvollständige oder falsche Darstellungen und Fehlinterpretationen zu vermeiden.

Noch vor der Ist-Analyse sollte man sich - falls das in der Phase Projektbegründung ohnehin nicht bereits geschehen ist - auf dem Hard- und Softwaremarkt, auf Messen und Ausstellungen oder bei befreundeten Firmen derselben Branche über das Angebot an Problemlösungen, über bereits realisierte DV-Anwendungssysteme für vergleichbare Arbeitsabläufe und über Erfahrungen der Benutzer informieren. Die Ist-Analyse kann dadurch wesentlich zielgerichteter vorgenommen werden.

Beispiel 1:
Ursprünglich sollte nur die Textverarbeitung analysiert werden. Ein Messebesuch zeigt aber, daß es zweckmäßig ist, **alle** Bürotätigkeiten einzubeziehen (siehe Abschnitt 7.2.4.1).

Beispiel 2:
Ursprünglich sollte der zentrale Vertriebsbereich hinsichtlich der Einsatzmöglichkeiten für Standardsoftware analysiert werden. Die Informationsveranstaltung einer Software-Firma führt aber zu Überlegungen, auch die Tätigkeiten der - beispielsweise über Laptops und Datenfunk anschließbaren - Außendienstmitarbeiter in das Konzept einzubeziehen.

Beispiel 3:
Ursprünglich sollte in einer Bank nur die mündliche Kundenberatung analysiert werden. Die von Hardware-Herstellern inzwischen angebotenen Informationsservice-Einheiten (vgl. Abschnitt 2.5.4.2) geben Veranlassung, auch bildliche Informationsmöglichkeiten in die Überlegungen einzubeziehen.

Im Hinblick auf die nachfolgende Phase Grobkonzept ist zu empfehlen, Verbesserungsvorschläge schon bei der Ist-Analyse aufzugreifen und - zunächst außerhalb des Abschlußberichts dieser Phase - zu notieren.

6.3.2 Erfassung des Ist-Zustands

6.3.2.1 Inhalt der Erfassung

Anhand des Projektauftrags ist zuerst festzulegen,

- welche betrieblichen Arbeitsgebiete erfaßt und analysiert werden sollen (z.B. Fakturierung, Finanzbuchhaltung, Fertigungssteuerung) und
- welche Stellen bzw. Abteilungen dazu untersucht werden müssen (z.B. Vertrieb, Geschäftsbuchhaltung, Werkstatt).

Um eine schärfere Abgrenzung zu erreichen, kann auch festgelegt werden, welche Stellen **nicht** in die Untersuchung einbezogen werden sollen (z.B. Beschränkung auf das Werk Nord unter Ausschluß der Werke Mitte und Süd).

Zu erfassen sind im einzelnen:

- Arbeitsabläufe mit zeitlichem Verlauf und beteiligten Stellen,
- Schnittstellen zu internen und externen Stellen,
- Mengengerüst,
- Kosten.

Typische Fragen sind:

- Wer liefert welche Daten?
- Wer erstellt welche Belege?
- Wer erfaßt welche Daten?
- Wer bearbeitet welche Daten?
- Wer benutzt welche Daten?
- Wer erhält welche Auswertungen?

Beispiel:
Baustellenleiter liefern auf Handzetteln Daten über die ausgeübten Tätigkeiten der auf der Baustelle Beschäftigten. Sachbearbeiter im Baubüro übertragen die Daten auf Erfassungsbelege und schicken sie an die Zentrale. Dort erfassen Datentypistinnen alle Lohndaten im Online-Betrieb. Mitarbeiter der Personalabteilung überprüfen die erfaßten Daten im Dialogbetrieb auf Vollständigkeit und formale Richtigkeit. Sie benutzen die Daten auch für Einzelabfragen. Die Lohnabrechnung wird von der zentralen DV-Abteilung mit einem Standardprogramm im Stapelbetrieb durchgeführt. Auswertungen erhalten u.a. in schriftlicher Form

- die Lohnempfänger,
- die Personalabteilung,
- die Baustellenleiter

und auf Datenträgern Geldinstitute und Krankenkassen.

Zum typischen *Mengengerüst* gehören beispielsweise die folgenden Anzahlen:

- Stammdaten: Kunden, Artikel, Lieferanten;
- Bestandsdaten: Debitoren-/Kreditoren-/Sachkonten, Lagerpositionen;
- Bewegungsdaten (pro Monat): Kundenaufträge, Bestellungen bei Lieferanten, Lagerentnahmen/-zugänge, Ausgangs-/Lieferantenrechnungen, Zahlungseingänge/-ausgänge, Mahnungen.

In Fertigungsbetrieben kommen sämtliche Material- und Fertigungsdaten hinzu.

Zu erfassen sind weiterhin die bestehenden Karteien und Vordrucke (Formulare) einschließlich aller Durchschriften, ferner alle Berichte und Schlüsselsysteme (vgl. Abschnitt 5.2) sowie die bisher benutzten technischen Einrichtungen und Geräte (Tischrechner, Registratureinrichtungen, Vervielfältigungsgeräte, Mikroverfilmungsanlagen usw.). Wird die Datenverarbeitung bereits eingesetzt, sind die vorhandenen Programme und Dateien zu beschreiben (siehe Abschnitt 6.3.2.2).

Beispiel:
Bei der Erhebung des Ist-Zustands im Bereich Kontokorrent sind neben den Arbeitsabläufen zu erfassen:
- Aufbau des Kontenplans,
- Anzahl Debitoren-, Anzahl Kreditorenkonten,
- Anzahl Zu-/Abgänge je Abrechnungszeitraum,
- Anzahl Kontenbewegungen je Abrechnungszeitraum,
- Aufbau der Buchungssätze,
- Zahlungswege, Boni, Skonti, besondere Zahlungsbedingungen,
- Fremdwährungen bei der Fakturierung und beim Zahlungseingang,
- Abstimmkreise (siehe Abschnitt 8.5.1).

Bei der Beschreibung der Arbeitsabläufe kann von einem vereinfachten Schema der Datenanalyse, den sogenannten *W-Fragen*, ausgegangen werden (Abb. 6.2).

Beispiel:

WER an WEN?	Fakturierung an Vertriebsleitung
WAS?	Umsätze nach Gebieten und Artikeln
WIE?	Schriftliche Berichte in Tabellenform
WANN?	Jeweils nach Monatsende
WOZU?	Überwachung des Vertretereinsatzes

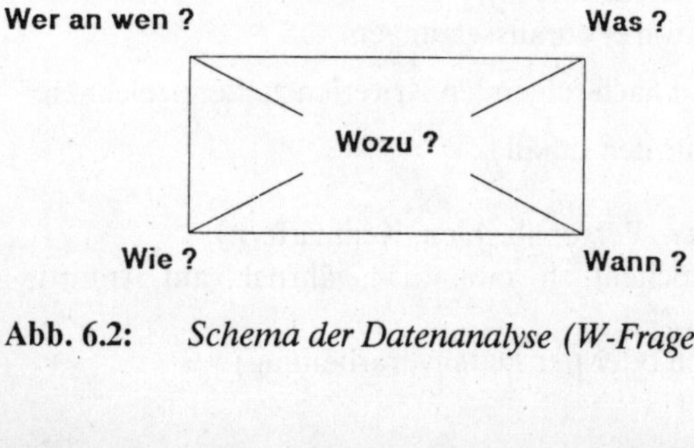

Abb. 6.2: *Schema der Datenanalyse (W-Fragen)*

6.3.2.2 Erhebungstechniken

Die wichtigsten Techniken der Erhebung des Ist-Zustands sind:

- Unterlagenstudium,
- Fragebogen,
- Interview,
- Konferenz,
- Beobachtung,
- Selbstaufschreibung.

Beim *Unterlagenstudium*, auch als Dokumentenstudium bezeichnet, analysieren die Projektbearbeiter alle vorhandenen aktuellen schriftlichen Unterlagen, möglicherweise auch über den festgelegten Untersuchungsrahmen hinaus. Solche Unterlagen können - je nach Inhalt des Projekts - sein:

- Geschäftsberichte, Bilanzen, Aktionärsmitteilungen;
- Organisationshandbücher und -pläne, Stellenbesetzungspläne, Stellenbeschreibungen;
- Produktbeschreibungen; Kunden- und Lieferantenverzeichnisse;
- Betriebsablaufpläne, technische Verfahrensbeschreibungen;
- Materialflußpläne, Erzeugnisstrukturen, Stücklisten;
- Arbeitszettel, Akkordscheine, Materialentnahmescheine;
- Formulare, Listen, Berichte;
- Tarifverträge, Betriebsvereinbarungen.

Werden vorhandene DV-Programme untersucht - z.B. weil sie in das Projekt einzubeziehen sind oder weil sie selbst erweitert oder verbessert werden sollen - sind ferner zu erheben:

- Programmdokumentationen (Handbücher und/oder Online-Dokumentationen);
- Datenflußpläne, Programmablaufpläne;
- Datei- und Datenbankbeschreibungen;
- Erfassungsbelege, Eingabe-Masken;
- Abfrage- und Auswertungsmöglichkeiten;
- Ausgabe-Masken, Drucklisten;
- Benutzerführung (Menüs, Kommandos);
- Hardware- und Systemsoftware-Voraussetzungen.

Alle *schriftlichen Berichte* sind nach folgenden Kriterien zu kennzeichnen:

- Ersteller (verantwortlich für den Inhalt),
- Empfänger ("Verteiler"),
- Inhalt (z.B. Mengen, Kosten, Personalzahlen, Kennziffern),
- Frequenz (z.B. täglich, wöchentlich, monatlich, jährlich, auf Anforderung),
- Art der Erstellung (manuell oder per Datenverarbeitung).

Der Untersuchung sind "ausgefüllte" Berichte mit aktuellen Betriebsdaten und keine leeren Vordrucke zugrunde zu legen. Bei Dialog-Anwendungen entspricht den Empfängern der zugriffsberechtigte Benutzerkreis. Wird die Einführung von Kommunikationssystemen geplant, sind Unterlagen einzubeziehen, die die in Abschnitt 4.5 gestellten Fragen beantworten (z.B. Landkarte mit allen Standorten des Unternehmens).

Das Unterlagenstudium muß zu Beginn der Erhebung stattfinden. Es hat den Vorteil, eine breite Informationsbasis zu liefern, gibt aber nicht immer ausreichende Antworten auf konkrete projektbezogene Fragen.

Der *Fragebogen* (schriftliche Befragung) soll strukturiert sein und darf nur präzise und verständlich formulierte Fragen enthalten. Er muß durch unauffällige Kontrollfragen ergänzt werden. Vor der endgültigen Formulierung empfiehlt sich die Erprobung des Fragebogens an ein oder zwei Testpersonen. Die Zustellung an die Befragten sollte vom Projektleiter mit einem Begleitschreiben des Auftraggebers versehen oder vom Auftraggeber des Projekts selbst vorgenommen werden, um zu demonstrieren, daß er sich voll mit der Aktion identifiziert. Der Fragebogen hat nur bedingte Aussagekraft, weil er nicht immer mit Begeisterung und ehrlich ausgefüllt wird und weil die Gefahr besteht, daß Antworten untereinander abgesprochen werden.

Das *Interview* (mündliche Befragung) ist die vorherrschende und ergiebigste Erhebungstechnik. Es konzentriert sich in der Regel auf **einen** Gesprächspartner. Das Interview sollte strukturiert werden und nach einer schriftlichen Vorlage ablaufen. Dazu kann ein vom Interviewpartner bereits vorher beantworteter Fragebogen dienen. Die Antworten sind zu protokollieren. Der Interviewer muß damit rechnen, widersprüchliche, unzureichende und unzutreffende Angaben zu erhalten. Er lernt in den Gesprächen alle offenen und versteckten Argumente gegen organisatorische Veränderungen kennen.

Bei der *Konferenz* (Besprechung) werden Fragen, insbesondere auch widersprüchliche Ansichten, im größeren Kreis diskutiert. Auch hier sollte der Themen- und Fragenkatalog gründlich vorbereitet werden. Wichtig für den Erfolg sind eine sorgfältige Auswahl der Teilnehmer und eine straffe Diskussionsleitung. Die Ergebnisse sind wieder zu protokollieren. Von Nachteil kann es sein, wenn die Gesprächspartner verschiedenen hierarchischen Ebenen des Unternehmens angehören (man denke an die Vorgesetzten-Frage: "Oder ist hier etwa jemand anderer Meinung?").

Als *Beobachtung* bezeichnet man die optische Aufnahme und Interpretation von Arbeitsabläufen. Die Beobachtung kann strukturiert (Beispiel: Multimomentaufnahme) oder unstrukturiert (Beispiel: Dauerbeobachtung) sein. Sie kann dazu dienen, Widersprüche aus den Interviews aufzuklären. Beobachtungen sind zeitaufwendig. Der Beobachtete kann sich beeinflußt fühlen, so daß die Ergebnisse verfälscht werden.

Die *Selbstaufschreibung* durch Mitarbeiter der untersuchten Stellen dient vorrangig zur Ermittlung von Zeiten und Mengen. Die Aufschreibung erfolgt anhand von Formularen, die verständlich sein müssen und von den Projektbearbeitern zu erläutern sind. Sie ist eine häufig benutzte Technik bei der Untersuchung von Bürotätigkeiten (siehe Abschnitt 7.2.4.1).

Weitere Techniken für die Gewinnung von Zeiten und Mengen sind Schätzungen und Stichprobenerhebungen.

6.3.2.3 Darstellungstechniken

Ebenso wichtig wie die sorgfältige Erfassung des Ist-Zustands ist die übersichtliche Darstellung der Ergebnisse. Dazu gibt es eine Reihe von Darstellungstechniken, die man wie folgt klassifizieren kann:

- traditionelle Techniken: Tabellen und grafische Darstellungen, die sich eng an den Arbeitsabläufen orientieren;
- moderne Techniken: grafische Darstellungen, denen ein strukturiertes, stufenweises Vorgehen zugrunde liegt und die entweder die Arbeitsabläufe bzw. den Datenfluß und/oder die Datenstrukturen beschreiben.

Ein generelles Kriterium für die Unterscheidung von Darstellungstechniken bilden die benutzten Beschreibungsmittel. Sie können

- grafisch,
- tabellarisch oder
- sprachlich

sein. Auch Kombinationen sind gebräuchlich.

Darstellungstechniken lassen sich weiterhin danach unterscheiden, für welche Phase des Systementwicklungsprozesses sie in Betracht kommen. Die Darstellungstechniken zur Beschreibung des Ist-Zustands in der Phase Ist-Analyse lassen sich meistens auch zur Darstellung von Soll-Zuständen in den Phasen Grobkonzept und Detailentwurf verwenden.

Darstellungstechniken sollten

- verständlich für die Benutzer,
- vielseitig einsetzbar (Phasen, Abläufe) und
- änderungsfreundlich

sein. Die modernen Darstellungstechniken sind meistens als Bestandteile von Methoden und Verfahren des Softwareentwurfs und der Programmentwicklung entstanden. Sie werden deshalb erst in den Abschnitten 6.5.1 und 6.6.2 besprochen.

Organisationshandbücher von Hardware-Herstellern, Software-Firmen und Unternehmensberatungen enthalten häufig Formulare zur einheitlichen Darstellung des Ist-Zustands. Software-Entwicklungswerkzeuge (siehe Abschnitt 6.6.5) unterstützen die Verwendung bestimmter Darstellungstechniken durch entsprechende Vorgaben über Bildschirm-Anzeigen (z.B. Raster einer Tabelle oder Baumdiagramm).

Die wichtigsten *traditionellen Darstellungstechniken* sind:

- für Organisationsstrukturen: Kästchendiagramme ("Organigramme");
- für Arbeitsabläufe: Rasterdiagramme, Datenflußpläne;
- für Verarbeitungsregeln: Programmablaufpläne, Entscheidungstabellen;
- für zeitliche Abläufe: Balkendiagramme, Netzpläne;
- für Mengengerüste: Tabellen, Präsentationsgrafiken.

Datenflußpläne zeigen nach DIN 44300 den Fluß der Daten durch ein DV-System, werden aber auch für die Darstellung manueller Abläufe benutzt. *Programmablaufpläne* beschreiben den Ablauf, d.h. die Reihenfolge der Operationen in einem DV-System. Die Sinnbilder für Datenfluß- und Programmablaufpläne sind in DIN 66001 vereinheitlicht (siehe Anhang 1).

Entscheidungstabellen (decision tables) wurden erstmals 1961 in den USA veröffentlicht, eine Normung ist 1979 in DIN 66241 erfolgt. Sie eignen sich zur Darstellung einfacher und komplexer Entscheidungsfolgen. Jede Entscheidungstabelle besteht aus einem Bedingungsteil (oben) und einem Aktionsteil (unten). Die Spalten enthalten die Entscheidungsregeln (J = Ja, N = Nein). Bei n Bedingungen gibt es theoretisch 2^n Regeln, praktisch sind aber immer Verkürzungen der Tabelle möglich. *Balkendiagramme* eignen sich u.a. für die Planung des Mitarbeitereinsatzes in der Projektentwicklung (siehe Abbildung 8.10, Abschnitt 8.4.2).

Ein Beispiel für ein Organigramm zeigt Abbildung 6.3. Die Abbildungen 6.4, 6.5 und 6.6 zeigen Beispiele aus dem Arbeitsgebiet Auftragsbearbeitung/Fakturierung, und zwar

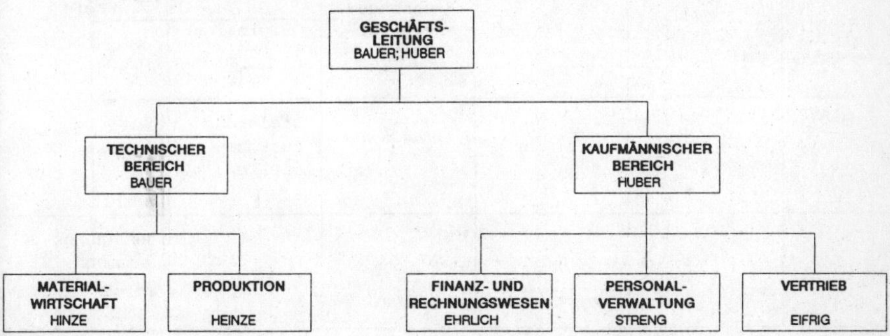

Abb. 6.3: *Organigramm*

- einen Arbeitsablauf in Rasterdarstellung,
- einen Datenflußplan und
- eine Entscheidungstabelle.

Tätigkeit Nr.	Vertrieb			Versand	Buchhaltung
	Sachbearbeiter	Schreibdienst	Fakturierung		
1	Auftrag annehmen				
2	Lieferfähigkeit prüfen				
3	Falls nein: Notiz schreiben				
4		Absage schreiben			
5	Falls ja: Rechnungsdaten zusammenstellen				
6			Rechnung schreiben		
7			Rechnungssätze verteilen	Original u. 1. Kopie	2. Kopie
8				Lieferung zusammenstellen	
9					Rechnungssummen buchen

Abb. 6.4: *Arbeitsablauf in Rasterdarstellung (Auftragsbearbeitung)*

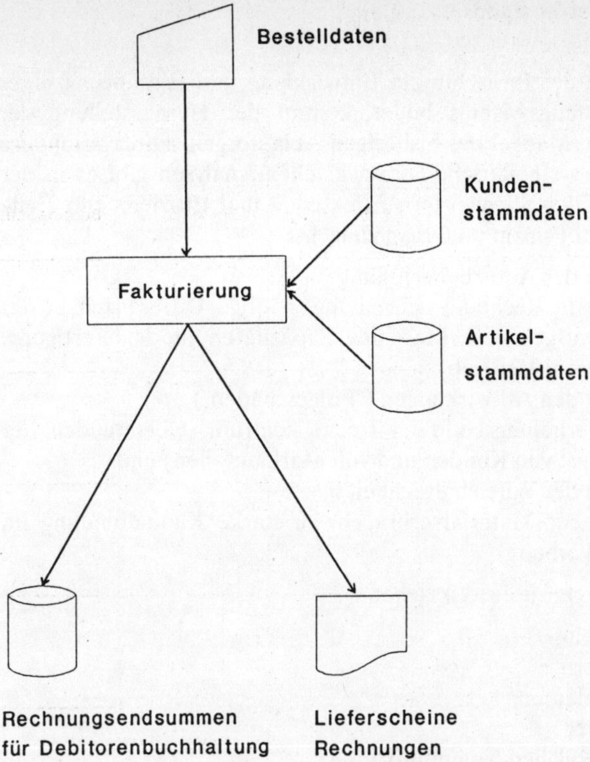

Abb. 6.5: *Datenflußplan (Vorfakturierung)*

	R1	R2	R3	R4
Artikel lieferbar	J	J	N	N
Kundenbonität o.k.	J	N	J	N
per Rechnung liefern	X			
per Nachnahme liefern		X		
Artikel nachbestellen			X	X
telefonischer Zwischenbescheid			X	
schriftlicher Zwischenbescheid				X

Abb. 6.6: *Entscheidungstabelle (Auftragsbearbeitung)*

6.3.3 Analyse des Ist-Zustands

Da die Ist-Analyse die Basis für die Entwicklung und Einführung eines neuen DV-Anwendungssystems bildet, kommt der Herausstellung der Schwachstellen bzw. Mängel der bisherigen Ablauforganisation besondere Bedeutung zu. Für systematische Schwachstellen-Analysen gibt es in der Fachliteratur unter den Stichwörtern Effektivität und Effizienz eine Fülle von Vorschlägen. Im Prinzip muß man zunächst

- Schwachstellen in der Aufgabenerfüllung
  (Beispiele: zu späte Rechnungsschreibung, häufige Differenzen in der Buchhaltung, unausgelastete Maschinenkapazitäten in der Fertigung, lange Lieferzeiten im Vertrieb),
- Schwachstellen in den Auswirkungen ("Folgeschäden")
  (Beispiele: Wiederholungsläufe im Rechenzentrum, Überstunden der Belegschaft, Verlust von Kunden und von Marktanteilen) und
- Schwachstellen in der Wirtschaftlichkeit
  (Beispiele: zu hoher Materialverbrauch, zu starke Kapitalbindung im Lager, zu teure Werbung)

aufdecken und dann nach den Ursachen

- bei den Sachmitteln,
- bei den Bearbeitern,
- bei den Arbeitsabläufen,
- bei den Daten oder
- in der innerbetrieblichen Kommunikation

suchen.

Beispiel:
Bei der Analyse des Ist-Zustands im Rahmen eines Projekts zur Einführung einer Betriebsdatenerfassung (BDE) wurden in einem Fertigungsbetrieb u.a. folgende Schwachstellen des betrieblichen Rückmeldewesens ermittelt:

a) in der Aufgabenerfüllung:
   - Verlust von Lieferscheinen bei direkter Materialanlieferung durch Lieferanten an das Montageband,
   - Verlust von Lohnscheinen an Arbeitsplätzen, an denen nicht im Akkord gearbeitet wird,
   - fehlende Übersicht über Zwischenbestände an Material und Halbfertigfabrikaten,
   - keine Information über Bearbeitungsstand der Aufträge;
b) in den Auswirkungen und in der Wirtschaftlichkeit:
   - Fehldispositionen beim Materialeinkauf,
   - hohe Zwischenlagerbestände,
   - keine exakte Fertigungssteuerung.

Bei der *Bewertung* des Ist-Zustands muß zwischen

- quantifizierbaren Mängeln und
- nicht quantifizierbaren Mängeln

unterschieden werden. Beispiele für *quantifizierbare Mängel* sind:

- Überstunden,
- betriebliche Stillstandszeiten,
- Lieferverzögerungen,
- entgangene Aufträge,
- Umsatzverluste,
- Kundenbeanstandungen,
- Inventurdifferenzen,
- Zinsverluste durch zu späte Fakturierung,
- nicht ausgenutzte Skonti durch zu späten Rechnungsausgleich.

Man muß versuchen, möglichst viele Mängel zu quantifizieren und monetär zu bewerten. Beispiele für nur schwer oder gar *nicht quantifizierbare Mängel* sind:

- Unvollständigkeit der Datenbestände,
- unzureichende Aussagefähigkeit der Datenbestände,
- mangelnde Aktualität der Daten,
- fehlende Führungsinformationen,
- ungenügende Kostenkontrolle.

Als Konsequenz aus solchen Mängeln können sich strategische Nachteile wie mangelhafte Nachfragereaktionen, Einbußen von Wettbewerbsvorteilen oder Imageverluste ergeben.

6.4 Grobkonzept

6.4.1 Konzeptentwicklung

In der Phase *Grobkonzept* (andere Bezeichnungen: Soll-Konzept, Grobentwurf) ist in Form eines schriftlichen Projektberichts ein grobes Konzept (*Rahmenvorschlag*) für das neue DV-Anwendungssystem zu entwickeln. Dabei soll auch herausgestellt werden, ob und wie sich die in der Ist-Analyse aufgezeigten Mängel beseitigen lassen.

Hauptaufgabe der Phase Grobkonzept ist es, die *Benutzeranforderungen* an das neue DV-Anwendungssystem zu erfassen und zu beschreiben. Die

Gesamtheit der Anforderungen wird als *Spezifikation* bezeichnet. Insbesondere ist festzulegen,

- welche Leistungen das Anwendungssystem erbringen soll und
- wie die Arbeitsabläufe des Anwendungssystems zu gestalten sind.

Eine Arbeitsgruppe der Gesellschaft für Informatik e.V. (vgl. Abschnitt 1.2) hat die Gesamtheit der Anforderungen wie folgt gegliedert:
- funktionale Anforderungen (Leistungsumfang, Eingaben, Ausgaben),
- Qualitätsanforderungen (siehe Abschnitt 6.6.6),
- Anforderungen an die Realisierung (Hardware, Programmierung, Schnittstellen),
- Anforderungen an die Einführung (Test, Freigabe, Schulung, Betreuung),
- Anforderungen an die Projektentwicklung (Projektauflagen, vgl. Abschnitt 6.2).

Die Methoden, Beschreibungsmittel und Werkzeuge zur Erhebung, Formulierung und Analyse der Benutzeranforderungen werden unter dem Oberbegriff *Requirements Engineering* zusammengefaßt. Im einzelnen gehören dazu

- Techniken zur Erhebung der Benutzerwünsche,
- Hilfsmittel zur Formulierung und Beschreibung der Anforderungen sowie
- Verfahren zur manuellen und zur computergestützten Überprüfung von Soll-Konzepten, z.B. hinsichtlich Vollständigkeit und Widerspruchsfreiheit.

Die Erhebungstechniken für die Benutzeranforderungen sind weitgehend identisch mit denen zur Erhebung des Ist-Zustands (vgl. Abschnitt 6.3.2.2).

Nach der Erhebung, Formulierung, Analyse und Koordinierung der Benutzeranforderungen wird ein schriftlicher Katalog aller Leistungsanforderungen (Rahmenvorschlag) zusammengestellt. Dieser Katalog wird als *Pflichtenheft* bezeichnet*). Allgemein ist ein Pflichtenheft nach DIN 69901 eine "ausführliche Beschreibung der Leistungen, die erforderlich sind oder gefordert werden, damit die Ziele des Projekts erreicht werden". Im einzelnen ist im Pflichtenheft festzuhalten,

- welche Aufgaben und Arbeitsabläufe das DV-Anwendungssystem übernehmen soll (sogenannter fachinhaltlicher Entwurf, Beispiel: Umstellung der Lohn-/Gehaltsabrechnung auf Datenpflege im Bildschirm-Dialog durch die Mitarbeiter der Personalabteilung) und
- wie das DV-Anwendungssystem realisiert werden soll (sogenannter DV-technischer Entwurf, Beispiel: Entwicklung einer Datenbank, auf die alle Benutzerprogramme zugreifen).

---

*) Nach der VDI/VDE-Richtlinie Nr. 3694 wird zunächst in einem *Lastenheft* beschrieben, was das System leisten sollte ("Wunschkatalog"). Im *Pflichtenheft* wird dann festgelegt, was das System tatsächlich leisten soll bzw. wird.

Im *fachinhaltlichen Entwurf* sind die Anforderungen

- an den Leistungsumfang des DV-Anwendungssystems und
- an die Schnittstellen, über die der Benutzer mit dem Anwendungssystem kommuniziert (Benutzeroberfläche),

festzulegen.

Im *DV-technischen Entwurf* wird zunächst - nach der in der betrieblichen Praxis gebräuchlichen funktionsorientierten Vorgehensweise - eine Strukturierung des geplanten DV-Anwendungssystems nach Teilfunktionen vorgenommen (siehe Abschnitt 6.5.1). Im einzelnen muß der Entwurf enthalten:

- Beschreibungen der Datenstrukturen,
- Übersichten über die einzurichtenden Dateien bzw. Datenbanken,
- Datenflußpläne,
- grobe Programmbeschreibungen und -ablaufpläne,
- Beschreibungen der Dialogabläufe,
- Muster für Formulare, Bildschirm-Masken und Drucklisten,
- Anwendungsbeispiele.

Die Darstellungstechniken sind dieselben wie die zur Beschreibung des Ist-Zustands (vgl. Abschnitt 6.3.2.3) oder des System- bzw. Programmentwurfs (siehe Abschnitte 6.5.1 und 6.6.2). Formale Beschreibungssprachen (z.B. PSL/PSA = problem statement language/problem statement analyzer) haben sich als nicht praktikabel erwiesen.

Weiterhin werden für den Auftraggeber, der anhand des Grobkonzepts eine Entscheidung über die Weiterführung des DV-Projekts treffen muß, folgende Angaben benötigt:

- Entwicklungsaufwand (Projektkosten),
- Personalbedarf (Anzahl, Qualifikation),
- grober Zeitplan für die Entwicklung und Einführung,
- Schulungsaufwand für die Benutzer,
- zusätzliche Hardwarekosten (z.B. für Datenendgeräte oder größere Plattenspeicher),
- einmalige Anschaffungs- und Umstellungskosten (z.B. bauliche Maßnahmen, Verkabelung),
- laufende Betriebskosten (Rechnernutzung, Lizenzgebühren, Datenübertragung),
- Folgekosten (z.B. für Datenpflege und Programmwartung),
- mögliche Einsparungen an Personal und Sachmitteln,
- erwarteter Nutzen (siehe Abschnitt 6.4.2).

Das Grobkonzept kann alternative Vorschläge - möglicherweise auch mit Prioritäten - enthalten, beispielsweise

- zu verschiedenen Realisierungsstufen der Benutzeranforderungen (z.B. Trennung in Muß-, Soll- und Kann-Anforderungen),
- zu unterschiedlichen Nutzungsformen der Programme (Datenerfassung im Dialog und Verarbeitung im Stapelbetrieb oder voller Dialogbetrieb),
- zur Datenorganisation (Datei- oder Datenbankorganisation),
- zur Datenhaltung (zentral oder verteilt).

Sämtliche Alternativen sind hinsichtlich der Kosten, des Personalbedarfs und der zeitlichen Realisierung gegenüberzustellen. In einer *Durchführbarkeitsprüfung* (feasibility study) ist festzustellen, ob es überhaupt sinnvoll ist, die vorgeschlagenen Alternativen unter den gegebenen personellen, technischen und organisatorischen Voraussetzungen **zum gegenwärtigen Zeitpunkt** zu realisieren. Vielleicht ist es zweckmäßig, die Entscheidung für eine bestimmte Zeit zurückzustellen, beispielsweise

- weil im Unternehmen grundlegende (struktur-)organisatorische Maßnahmen bevorstehen (Divisionalisierung, Firmenzukäufe, Fusion usw.),
- weil der Hardware-Hersteller ein leistungsfähigeres Datenbankverwaltungssystem in Aussicht gestellt hat,
- weil eine Software-Firma ein auf das Unternehmen zugeschnittenes Branchenpaket angekündigt hat,
- weil grundlegende Änderungen in der Steuergesetzgebung bevorstehen,
- weil die Bundespost eine neue Tarifgestaltung für öffentliche Datennetze angekündigt hat,
- weil vorläufig nicht mit einer Einwilligung der Personalvertretung zu rechnen ist oder
- weil einige Projektgegner demnächst in den Ruhestand treten werden.

Einen optimalen Zeitpunkt für die Einführung eines neuen DV-Anwendungssystems gibt es wegen des hohen Entwicklungstempos der Informatik nicht. Das Zurückstellen von Entscheidungen ist oft nur ein Vorwand, um das Projekt überhaupt nicht weiterzuführen.

6.4.2 Wirtschaftlichkeitsvergleiche

Unverzichtbarer Bestandteil der Phase Grobkonzept sind *Wirtschaftlichkeitsvergleiche*

- zwischen dem alten und dem geplanten neuen Verfahren und
- zwischen den vorgeschlagenen Alternativen.

Die Vergleiche können durchgeführt werden

- als reine Kostenvergleiche oder
- als Kosten-/Nutzen-Vergleiche.

	Altes Verfahren	Neues Verfahren
Laufende Kosten pro Jahr		
Systembetrieb	140 TDM	90 TDM
Systemwartung	20 TDM	30 TDM
Summe	160 TDM	120 TDM
Einmalige Entwicklungskosten		90 TDM

Einsparungen bei 4 Jahren Laufzeit: $4 \cdot (160 - 120) - 90 = 70$ TDM

Amortisationsdauer der Entwicklungskosten: $\frac{90}{160 - 120} = 2\frac{1}{4}$ Jahre

Abb. 6.7: *Kostenvergleichsrechnung*

Bei den Kosten muß zwischen einmaligen und laufenden Kosten unterschieden werden. Abbildung 6.7 zeigt ein einfaches Beispiel für eine (statische) *Kostenvergleichsrechnung*. Nachteile sind,

- daß der eigentliche Nutzen (außer Kosteneinsparungen) außer acht gelassen wird und
- daß Kosten für Systeme, die es bisher noch gar nicht gab (z.B. Informationssysteme), nicht verglichen werden können.

Dynamische Kostenvergleichsrechnungen (finanzmathematische Verfahren) berücksichtigen - im Gegensatz zur statischen Kostenvergleichsrechnung - zusätzlich die Verzinsung (bzw. Diskontierung), um aufeinanderfolgende Jahre verleichbar zu machen. In Anbetracht der Ungenauigkeit des Datenmaterials werden dadurch aber kaum bessere Aussagen erzielt. Die von der Investitionsrechnung her bekannten Verfahren (Kapitalwertmethode, interner Zinsfuß u.a.) sind für Entscheidungen auf dem DV-Sektor allein nicht ausreichend, weil sie sich ausschließlich auf monetäre Kriterien beschränken.

Ist die Einführung des DV-Anwendungssystems mit der Anschaffung von Hardware verbunden, gehört es zu den typischen Aufgaben des Wirtschaftsinformatikers, die geeignetste Finanzierungsform zu finden. Für die Anschaffung einer DV-Anlage kommen

- Kauf,
- Miete oder
- Leasing

in Betracht. Gegenwärtig dominiert das Kaufgeschäft. Mikrocomputer werden vorwiegend gekauft. Mittlere und große Anlagen werden - wegen des relativ hohen Kaufpreises - häufig auch vom Hersteller gemietet oder über Leasingfirmen, die z.T. Tochterfirmen der Hersteller sind, geleast. Die Relation zwischen dem Kaufpreis und der monatlichen Miet- bzw. Leasingrate beträgt ca. 25:1 bis 40:1 je nach Laufzeit des Vertrages (bis 72 Monate).

Kauf hat den Vorteil niedrigerer Finanzierungskosten, aber die Nachteile eines einmalig hohen Kapitalabflusses und einer geringen Flexibilität gegenüber Systemänderungen. Miete und Leasing haben den Vorteil, daß sie bilanzneutral sind und kein Eigenkapital erfordern. Bei längerer Nutzungsdauer ist Leasing kostengünstiger als Miete. Bei beiden besteht größere Flexibilität als beim Kauf, ein Nachteil liegt in der Verpflichtung zu Sonderzahlungen bei vorzeitiger Vertragsauflösung durch den Kunden.

Bei Vergleichsrechnungen zwischen Kauf und Leasing sind zu berücksichtigen:
- als allgemeine Parameter: Kaufpreis Hardware, Kaufpreis Software, Installationsnebenkosten, Wartungskosten Software, Einkommensteuersatz, Nutzungsdauer;
- als spezielle Parameter für Kauf: Abschreibungsmodalitäten Hardware/Software (bisher uneinheitliche Rechtsprechung), Fremdkapitalanteil, Fremdkapitalzinsen, Vermögensteuersatz;
- als spezielle Parameter für Leasing: Dauer des Leasingvertrages, Leasingsatz bzw. -raten, Restwert.

Beim *Nutzen* eines DV-Anwendungssystems unterscheidet man (wie schon bei den Mängeln des Ist-Zustands) zwischen quantifizierbarem und nicht quantifizierbarem Nutzen. Der quantifizierbare Nutzen läßt sich teilweise, jedoch bei weitem nicht immer monetär bewerten. Abbildung 6.8 zeigt einige Beispiele. Nicht quantifizierbare Vorteile werden auch als qualitative Effekte bezeichnet.

Die Hauptschwierigkeit bei *Kosten-/Nutzen-Vergleichen* besteht darin, den nicht quantifizierbaren Nutzen zu bewerten. Als rechnerische Hilfsmittel werden

- Multifaktorenmethoden oder
- die Nutzwertanalyse

herangezogen. Allgemein spricht man hierbei von "Scoring-Verfahren". Die *Nutzwertanalyse* dient vor allem zum Vergleich verschiedener Alterna-

Nutzen \ Monetäre Bewertbarkeit	Monetär bewertbar	Monetär nicht bewertbar
Quantifizierbarer Nutzen	Reduzierung Überstunden Materialeinsparung Personalverringerung	Rückgang Kundenreklamationen Weniger Terminüberschreitungen Schnellere Angebotsbearbeitung
Nicht quantifizierbarer Nutzen		Erhöhung Datenaktualität Verbesserte Informationen Gesteigertes Unternehmensimage

Abb. 6.8: *Nutzenkategorien von DV-Anwendungssystemen*

tiven. Sie wird in Abschnitt 6.9.4 im Zusammenhang mit der Simultanauswahl von Hard- und Software beschrieben.

Die *Multifaktorenmethoden* arbeiten im Prinzip wie folgt:

1) Es wird ein Katalog von Kriterien aufgestellt, mit denen sich beurteilen läßt, ob das neue DV-Anwendungssystem Verbesserungen oder Verschlechterungen gegenüber den bisherigen Arbeitsabläufen bringt. Die Kriterien müssen weitgehend voneinander unabhängig sein.
2) Die Bedeutung der Kriterien wird durch einfache Gewichte zum Ausdruck gebracht, z.B.
   3 = sehr wichtig,
   2 = erwünscht,
   1 = weniger wichtig.
3) Das DV-Anwendungssystem wird mit Hilfe einer Punktbewertung danach beurteilt, ob es hinsichtlich der einzelnen Kriterien Verbesserungen oder Verschlechterungen gegenüber dem Ist-Zustand bringt, z.B.
   + 3 = erhebliche Verbesserung,
   0 = keine Veränderung,
   - 3 = erhebliche Verschlechterung.
4) Die in (3) vergebenen Punkte werden Kriterium für Kriterium mit den zugehörigen Gewichten aus (2) multipliziert.
5) Der Quotient aus der Produktsumme nach (4) und der Summe der Gewichte aus (2) heißt *Nutzenkoeffizient*. Ein Nutzen ist erst gegeben, wenn der Quotient positiv ist. Ist er deutlich größer als 1, verspricht das neue Anwendungssystem eine verbesserte (indirekte) Wirtschaftlichkeit.

Kriterium (1)	Gewicht (2)	Bewertung (3)	Produkt (4)=(2)·(3)
Aktualität der Bestandsdaten	3	3	9
Abfragemöglichkeit der Bestandsdaten	2	3	6
Lieferbereitschaft	2	2	4
Physische Lagerorganisation	1	0	0
Bestellwesen	2	1	2
Akzeptanz bei Lagerverwaltern	1	-1	-1
Summe	11	-	20

Nutzenkoeffizient: 20 : 11 ≈ 1,8 (Verbesserung)

Abb. 6.9: *Multifaktorenmethode*

Schritt 1) wird als *Nutzenanalyse* bezeichnet, die Schritte 2) bis 5) entsprechen der eigentlichen *Nutzenbewertung*. Abbildung 6.9 zeigt ein stark vereinfachtes Beispiel zur Anwendung einer Multifaktorenmethode auf die Einführung einer computergestützten Lager- bzw. Bestandsverwaltung. Als weiteres (qualitatives) Kriterium hätte man übrigens auch die Kosten berücksichtigen können. Gewicht 1 würde dann bedeuten "Geld spielt kaum eine Rolle". Die Multifaktorenmethoden werden

- bei der Auswahl und Gewichtung der Kriterien und
- bei der Bewertung der Alternativen

stark von subjektiven Einschätzungen beeinflußt.

Spektakuläre Kosteneinsparungen wie in den Anfangsjahren des DV-Einsatzes, in denen die Datenverarbeitung für die Massendaten der betriebswirtschaftlichen Routinearbeiten (Buchhaltung, Lohnabrechnnung usw.) eingeführt wurde, sind heute durch neue DV-Anwendungssysteme nicht mehr zu erwarten. In den Unternehmen wird von vornherein ein fester Kostenblock für die Datenverarbeitung eingeplant. Wirtschaftlichkeitsbetrachtungen konzentrieren sich vorwiegend auf die Erhebung und Abschätzung erwarteter (strategischer) Nutzeffekte mit teilweise quantitativen, vorwiegend aber qualitativen Aspekten. Solche Nutzeffekte sind:

- Steigerung der Umsätze oder der Gewinne,
- Erhöhung der Marktanteile,
- Erzielung von Wettbewerbsvorteilen,
- Erschließung neuer Märkte,
- Festigung der Kundenbindung (durch Qualität, Lieferbereitschaft, Beratung, generell: besseren Service),

- Verbesserung der Reaktionsfähigkeit gegenüber äußeren Einflüssen (Verbraucher, Konkurrenz, Umwelt usw.).

Neuere Ansätze zur Beurteilung des Nutzens von DV-Anwendungssystemen gehen nach dem Prinzip der Portfolio-Analyse von einem zweidimensionalen Ansatz in Form einer 2x2- oder 3x3-Felder-Matrix aus, bei der in die Spalten 2 bzw. 3 Stufen der klassischen Wirtschaftlichkeit und in die Zeilen 2 bzw. 3 Stufen der strategischen Bedeutung eingetragen werden. Beispielsweise besitzen

- ein DV-Anwendungssystem für die Lohn-/Gehaltsabrechnung hohe Wirtschaftlichkeit, aber niedrige strategische Bedeutung, dagegen
- ein computergestütztes Informationssystem hohe strategische Bedeutung, jedoch keine meßbare Wirtschaftlichkeit.

6.4.3 Präsentationen

Präsentationen finden statt,

- um neue DV-Einsatzmöglichkeiten (z.B. Mehrwertdienste, Datenfunk, Expertensysteme) vorzustellen und um darüber ein Meinungsbild zu erarbeiten, insbesondere vor oder in der Phase Projektbegründung,
- um einen ausgewählten Personenkreis über den Projektfortschritt zu informieren, z.B. bei Abschluß der Phasen Ist-Analyse und Detailentwurf, oder
- um eine Entscheidung herbeizuführen, z.B. bei Abschluß der Phase Grobkonzept.

Spätestens am Ende der Phase Grobkonzept **muß** eine Präsentation stattfinden, weil zu diesem Zeitpunkt die Entscheidung über die Fortführung des Projekts zu treffen ist.

In der Präsentation sind die alternativen Lösungsvorschläge anhand des schriftlichen Projektberichts zu erläutern. Dabei sollten technische Hilfsmittel eingesetzt werden, z.B. Overhead-Projektor (bei PC-Demonstrationen in Verbindung mit einem Flat Screen), Flip-Chart-Ständer, Wand- und Hafttafeln. In Großunternehmen sind häufig die Voraussetzungen gegeben, die Präsentation durch eine Multimedia-Schau zu unterstützen, die mit Hilfe von Hypermedia-Systemen (siehe Abschnitt 7.2.4.2) gesteuert wird.

Die Präsentation beginnt mit einem Vortrag, der zweckmäßigerweise im Rollenspiel (um Antworten auf mögliche Fragen zu erarbeiten) vorbereitet und geprobt wird. Kenntnisse der Grundlagen der Rhetorik und Überzeugungsfähigkeit sind außerordentlich nützlich. Vortrags- und Diskussionszeit sollten mindestens im Verhältnis 1:1, besser 1:2 stehen. Der Teilnehmerkreis ist sorgfältig auszuwählen und zu beschränken. Eingeladen werden die Auftraggeber, Vertreter der beteiligten Fachabteilungen, der Projektleiter und alle (oder ein Teil der) Projektbearbeiter sowie das DV-Management. Ob es zweckmäßig ist, den schriftlichen Projektbericht schon **vor** der Präsentation zu verteilen, muß unter Beurteilung aller Vor- und Nachteile (Vorteile: gründlichere Vorbereitung der Teilnehmer, Möglichkeit zu Detailfragen; Nachteile: Desinteresse an der Präsentation, Gruppenbildung von Projektgegnern, sorgfältigeres Sammeln von subjektiven Gegenargumenten) fallweise beschlossen werden.

6.5 Detailentwurf

6.5.1 Systementwurf

Ziele der Phase *Detailentwurf* (detail design) sind

- die Entwicklung eines *strukturierten Systementwurfs* und
- die Erarbeitung von detaillierten Vorgaben für die nachfolgende Phase Programmierung/Test in Form eines erneuten Pflichtenhefts (*Programmspezifikation*).

Aus dem groben Systementwurf der Phase Grobkonzept wird ein detaillierter und insbesondere strukturierter Detailentwurf entwickelt, der als (detaillierter) *Systementwurf* bezeichnet wird.

Ein vollständiger, übersichtlicher und widerspruchsfreier Systementwurf wird nur dann entstehen, wenn bei seiner Entwicklung systematisch, d.h. nach einem festen Prinzip vorgegangen wird. Die beiden Grundprinzipien sind:

- top down-Entwicklung und
- bottom up-Entwicklung.

Beide Prinzipien basieren auf einem dritten Prinzip, dem der *Modularisierung*. Modularisierung bedeutet, daß das Gesamtsystem entweder in Teilsysteme zerlegt wird (top down-Entwicklung) oder aus Teilsystemen zusammengesetzt wird (bottom up-Entwicklung). Die Teilsysteme werden als Module bezeichnet. Die Definition des Begriffs *Modul* ist uneinheitlich. In der Regel repräsentiert ein Modul

- entweder eine einzige Funktion
- oder mehrere Funktionen, die
  - mit denselben Daten arbeiten oder
  - sich gegenseitig bedingen bzw.
  - nacheinander ausgeführt werden.

Als Grundregel gilt, daß ein Modul, um spätere Programmfehler zu minimieren, möglichst wenige Schnittstellen nach außen, d.h. zu anderen Modulen besitzen soll. Ein Modul soll wie eine *Black Box* nur erkennen lassen, was es leistet, jedoch nicht, wie es intern arbeitet ("information hiding" oder Geheimnisprinzip nach PARNAS). In der Programmierpraxis ergibt sich die Abgrenzung der Module meistens aus den Funktionen des fachinhaltlichen Entwurfs in Kombination mit einer Beschränkung der aus dem DV-technischen Entwurf resultierenden Modulgröße.

Das Prinzip der *top down-Entwicklung* (top down design) wird in Verbindung mit dem Prinzip der Modularisierung wie folgt angewandt:

- Die Gesamtfunktion des DV-Anwendungssystems wird "von oben nach unten" in Module mit Teilfunktionen zerlegt, die die Gesamtfunktion vollständig erfüllen.
- Jedes der entstandenen Module wird in gleicher Weise weiter zerlegt ("schrittweise Verfeinerung").
- Das Verfahren wird fortgesetzt, bis eine Ebene von Modulen erreicht ist, für die in der aktuellen Phase des Systementwicklungsprozesses keine weitere Zerlegung erforderlich ist.

Die top down-Entwicklung läßt sich sowohl in der Phase Grobentwurf als auch in den Phasen Detailentwurf und Programmierung/Test anwenden, wobei sich die Detaillierungsgrade erheblich voneinander unterscheiden. Das Ergebnis ist in allen Fällen ein vertikal strukturierter Entwurf. Auf den horizontalen Ebenen ist die Strukturierung so zu gestalten, daß Module derselben Ebene eindeutig gegeneinander abgegrenzt und gegenseitige Beziehungen möglichst ausgeschlossen werden, d.h. weitgehend eine hierarchische Struktur erreicht wird. Die zeitliche Ablauffolge wird bei der strukturierten Entwicklung (meistens) nicht berücksichtigt (Ausnahme: JSP, siehe Abschnitt 6.6.2). In Abbildung 6.10 wird das Prinzip des strukturierten Systementwurfs am Beispiel einer Lohnabrechnung demonstriert (siehe auch Abschnitt 7.2.2).

Zur Umsetzung des Prinzips des strukturierten Systementwurfs in konkrete Vorgehensweisen sind zahlreiche Methoden und Verfahren entwikkelt worden, die wiederum von einer Reihe von Software-Entwicklungswerkzeugen (siehe Abschnitt 6.6.5) unterstützt werden.

Zu diesen Methoden und Verfahren gehören die bereits behandelten Entscheidungstabellen (vgl. Abschnitt 6.3.2.3) und die ER-Diagramme (vgl. Abschnitt 5.4.2.1). Im folgenden sollen kurz beschrieben werden:

- HIPO (hierarchy plus input process output),
- SADT (structured analysis and design technique),
- Strukturierte Analyse (SA = structured analysis),
- Strukturierter Entwurf (SD = structured design) und
- Petri-Netze.

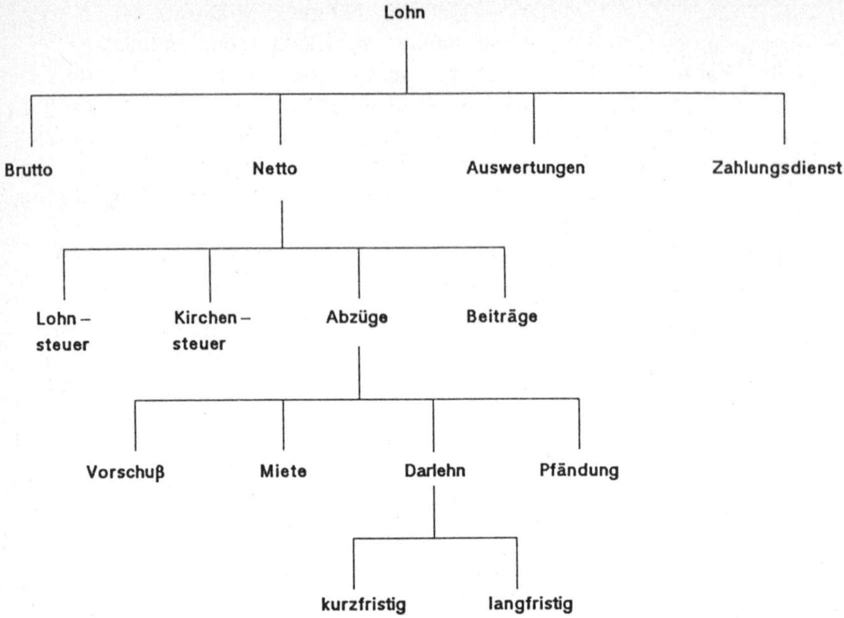

Abb. 6.10: *Prinzip des strukturierten Systementwurfs (Lohnabrechnung)*

Kennzeichnend für einen Teil dieser Methoden und Verfahren sind eigene Darstellungstechniken ("moderne Techniken" in der Einteilung von Abschnitt 6.3.2.3). Sie lassen sich weiterhin danach unterscheiden, ob sie der Darstellung

- die System- bzw. Programmfunktionen mit oder ohne Berücksichtigung der Arbeits- bzw. Programmabläufe,
- den Datenfluß oder
- eine Kombination von Funktionen bzw. Abläufen und Datenfluß

zugrundelegen.

HIPO wurde 1974/75 von IBM entwickelt. Es kombiniert das Prinzip der top down-Entwicklung mit dem von der Hardware her bekannten EVA-Prinzip (vgl. Abschnitt 2.1.1) zu einem grafischen Beschreibungsverfahren. Dabei werden nacheinander Hierarchie-, Übersichts- und Detaildiagramme gezeichnet. Das Hierarchie-Diagramm strukturiert die Systemfunktionen ohne Berücksichtigung der Abläufe. Den Übersichts- und Detaildiagrammen liegt primär der Datenfluß zugrunde. Zur Unterstützung gibt es ein Formblatt, eine Schablone und als Werkzeug u.a. das Programm HIPOGRAPH, das die Diagramme im Bildschirm-Dialog generiert. Abbildung 6.11 zeigt das Darstellungsprinzip von HIPO am Beispiel eines Übersichtsdiagramms für die Auftragsbearbeitung. HIPO ist leicht erlernbar. Als Nachteil ist

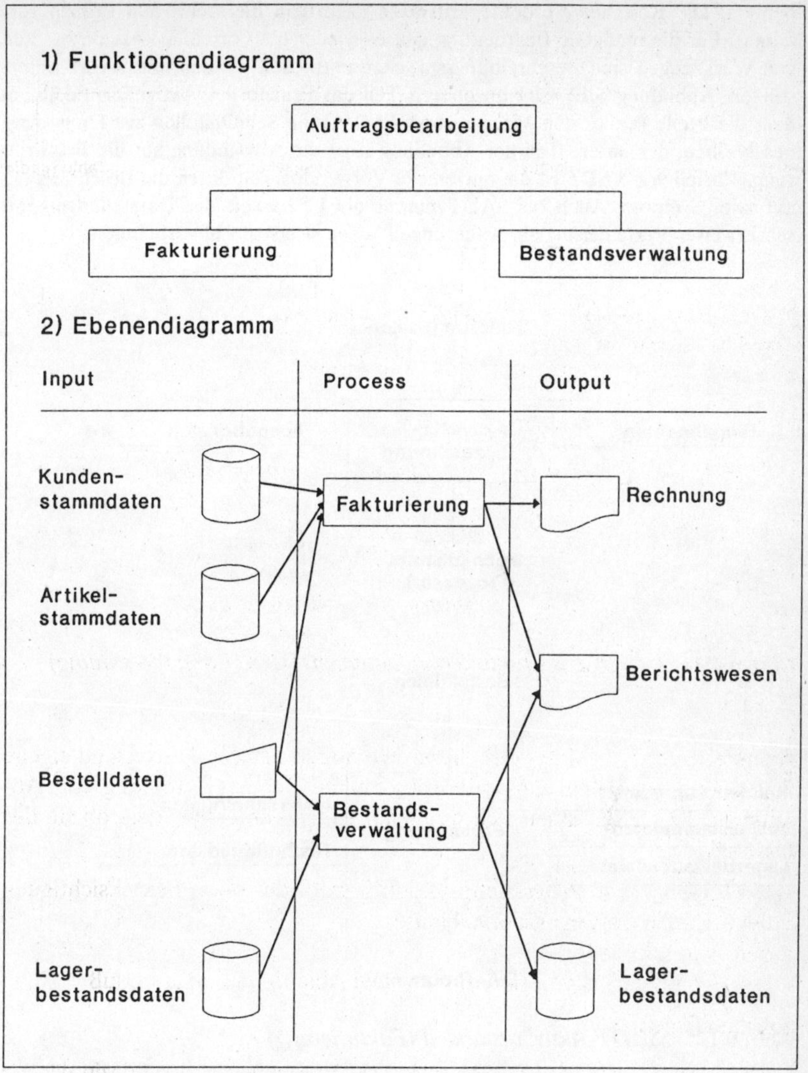

Abb. 6.11: *HIPO (Auftragsbearbeitung)*

anzusehen, daß die Darstellungen bei schrittweiser Verfeinerung schnell unübersichtlich werden. Datenrückflüsse sind nicht darstellbar.

SADT wurde 1974/75 von der Firma SoftTech entwickelt. Es handelt sich dabei ebenfalls um ein grafisches Beschreibungsverfahren. In dem sogenannten *Aktivitätsmodell* werden die Systemfunktionen durch Kästchen, die Datenflüsse durch Pfeile zwischen den Kästchen dargestellt. Andere Beschreibungsmittel werden nicht benutzt. Die Kästchen werden schrittweise nach dem hierarchischen Prinzip verfeinert. Für die manuelle Bearbeitung gibt es wieder ein Formblatt. Als Bestandteil von Werkzeugen sind Beschreibungssprachen entwickelt worden, die SADT unterstützen. Abbildung 6.12 zeigt im oberen Teil das Prinzip des Aktivitätsmodells, in dem die Pfeile (außer den Mechanismus-Pfeilen) die Schnittstellen zur Umgebung beschreiben; der untere Teil der Abbildung zeigt die Anwendung auf die Fakturierung. Vorteil von SADT ist die universelle Verwendbarkeit durch die Beschränkung auf zwei Symbole. Auch bei SADT nimmt die Lesbarkeit der Darstellungen mit schrittweiser Verfeinerung ab. Änderungen lassen sich schlecht vornehmen.

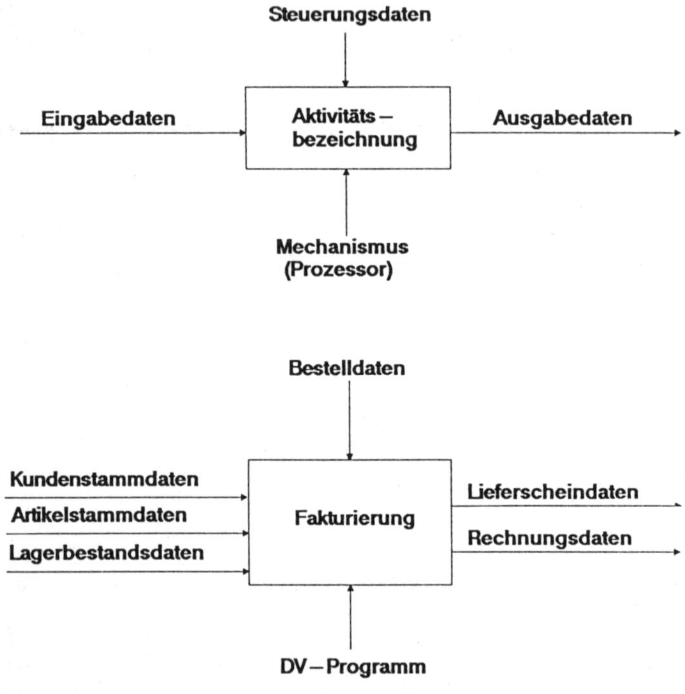

Abb. 6.12: *SADT-Aktivitätsmodell (Fakturierung)*

Die *Strukturierte Analyse* wurde von DE MARCO und anderen Mitte der 70er Jahre entwickelt und 1977 erstmals veröffentlicht. Sie verwendet vier Grundarten von Darstellungen, und zwar:
- Datenflußdiagramm,
- Datenverzeichnis,
- Datenstrukturdiagramm,
- Prozeßspezifikation.

Ausgegangen wird vom Datenfluß. Dazu werden im *Datenflußdiagramm* (Abb. 6.13) Datenflüsse durch Pfeile, Arbeitsvorgänge durch Kreise, Datenspeicher durch zwei parallele Linien und Datenquellen und -ziele durch Rechtecke dargestellt. Nach dem top down-Prinzip werden schrittweise verfeinerte Datenflußdiagramme angelegt. Im *Datenverzeichnis* werden alle Daten, Datenflüsse und Prozesse beschrieben. Das *Datenstrukturdiagramm* kennzeichnet die Beziehungen zwischen den für das Anwendungssystem angelegten Dateien. Die *Prozeßspezifikation*, d.h. die Beschreibung der Operationen, ergibt sich aus der untersten Stufe des Datenflußdiagramms. Sie kann beispielsweise in Pseudo-Code oder mit Hilfe von Entscheidungstabellen vorgenommen werden.

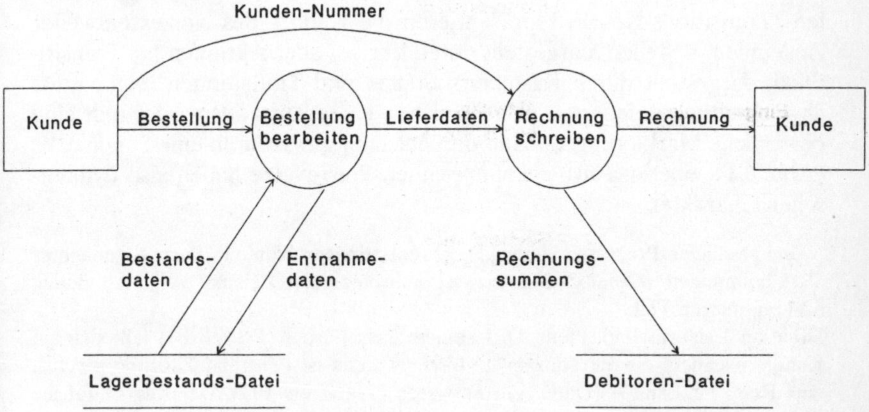

Abb. 6.13: *SA/SD-Datenflußdiagramm (Bearbeitung einer Bestellung)*

Die Methode *Strukturierter Entwurf* nach CONSTANTINE und YOURDON wurde erstmals 1975 veröffentlicht. Sie verwendet im Prinzip die gleichen Darstellungsmittel wie die Strukturierte Analyse. Hinzu kommt noch der *Strukturplan*, der die Zerlegung des DV-Anwendungssystems in Module mit Hilfe von Rechtecken für die Module sowie von langen Pfeilen für die Verbindungen zwischen den Modulen und von kurzen Pfeilen für die Datenflüsse grafisch beschreibt. Damit wird die Verbindung zur funktionsorientierten Darstellungsform hergestellt.

Das Gegenteil vom Prinzip der top down-Entwicklung ist das Prinzip der *bottom up-Entwicklung*. Dabei werden zunächst Teilsysteme gebildet, die dann zu einem Gesamtsystem zusammengefügt werden. Die Nachteile einer ausschließlich bottom up-orientierten Entwicklung bestehen darin, daß einerseits die Übersicht leicht verlorengeht und andererseits Teilfunktionen vergessen werden können.

In der Praxis bewährt sich - besonders bei der computergestützten Planung (siehe Abschnitt 7.5) und bei der Entwicklung betrieblicher Informationssysteme (siehe Abschnitt 7.6) - eine Kombination, bei der

- zunächst top down der Systementwurf (Analyse) und
- dann bottom up die schrittweise Realisierung (Synthese)

vorgenommen werden.

Für die Darstellung paralleler (oder "nebenläufiger") Prozesse, die typisch für die Transaktionsverarbeitung des Teilhaberbetriebs (vgl. Abschnitt 3.2) sind, eignen sich am besten *Petri-Netze*. Dabei handelt es sich um (gerichtete) Graphen, die nach dem deutschen Mathematiker PETRI benannt sind.

Es gibt mehrere Klassen von Petri-Netzen. Bei den gebräuchlichen Stellen-/Transitions-Netzen repräsentieren die Knoten des Netzes entweder Zustände (= Stellen, dargestellt durch Kreise) oder Aktionen (= Transitionen, dargestellt durch Kästchen). Stellen und Transitionen folgen stets abwechselnd aufeinander. Das Erreichen eines Zustands wird durch eine bewegliche Markierung, anhand der Zeichnung z.B. durch eine Spielmarke (Abb. 6.14, oberer Teil), gekennzeichnet. Petri-Netze haben also dynamischen Charakter.

Bei parallelen Prozessen können Synchronisationsprobleme in Form sogenannter Verklemmungen (*Deadlock-Situationen*) auftreten. Ein Beispiel zeigt Abbildung 6.14 im unteren Teil.
Situation 1 (Normalfall, Pfeile 1): In einem Reisebüro 1 (Prozeß P1) läßt sich ein Kunde, nachdem ein Beratungsplatz frei geworden ist (Zustand Z10), vorsorglich eine Reise ins Land A (Datei A) reservieren (Transition T11). Der Zugriff auf die Datei A wird gesperrt. Damit ist ein Zustand Z11 erreicht. Anschließend läßt er nach einer preiswerteren Reise ins Land B (Datei B) suchen (Transition T12). Die Datei B wird ebenfalls gesperrt. Damit ist ein Zustand Z12 erreicht. Beide Dateien werden erst freigegeben, wenn der Kunde eine Auswahlentscheidung getroffen hat (Transition T13).
Situation 2 (Deadlock): In einem Reisebüro 2 (Prozeß P2) geht zur selben Zeit ein Kunde genau umgekehrt vor (Pfeile 2). Die Prozesse P1 und P2 blockieren sich gegenseitig. Die beiden Markierungen in Abbildung 6.14 kennzeichnen den Zeitpunkt des Deadlocks. Eine vergleichbare Situation entsteht, wenn an der Kreuzung zweier nicht vorfahrtberechtigter Straßen gleichzeitig aus allen vier Richtungen Autos eintreffen.
Situation 3 (Serialisierung): Die Lösung von Deadlock-Situationen erfolgt durch Serialisierung der Prozesse, wobei verschiedene Techniken zur Anwendung gelangen können. Im Beispiel wurde eine Entscheidungsstelle (Schalter S) eingerichtet. Sobald die Transition T11 startet, wird der Schalter S belegt. Er wird erst freigegeben, wenn Transition T13 abgeschlossen ist (Pfeile 3). Vorher kann der Prozeß P2 - auch wenn ein Berater frei ist (Zustand Z20) - nicht gestartet werden (Transition T21). Die Situation ist entsprechend umgekehrt, wenn P2 vor P1 startet.

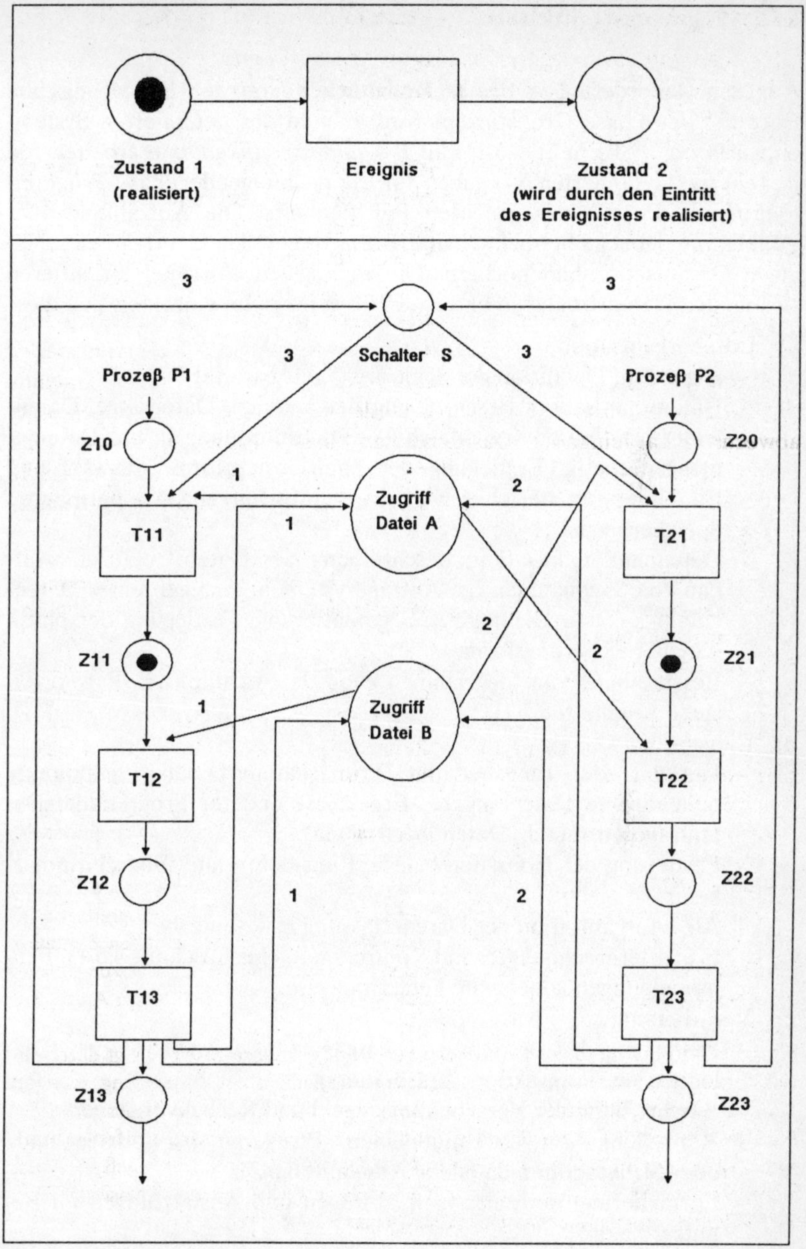

Abb. 6.14: *Petri-Netz-Darstellung (Deadlock-Situation)*

6.5.2 Programmspezifikation

Aus den Anforderungen des fachinhaltlichen und des DV-technischen Entwurfs der Phase Grobkonzept wird anhand des detaillierten Systementwurfs (vgl. Abschnitt 6.5.1) die *Programmspezifikation* erarbeitet. Sie besteht aus detaillierten Vorgaben für die nachfolgende Phase Programmierung in Form eines erneuten Pflichtenhefts. Die Aufzählung aller Punkte, die dabei zu betrachten sind, beansprucht viele Seiten in einschlägigen Organisationshandbüchern. Die wichtigsten Vorgaben orientieren sich an den Datenstrukturen und am EVA-Prinzip. Im einzelnen sind das:

a) Datenorganisation
   - allgemein: Definition der Schlüssel (vgl. Abschnitt 5.2);
   - Dateiorganisation: Beschreibung der Dateien, Datensätze, Datenfelder; Definition von Match-Codes; Einordnung in die Dateinamensystematik, Festlegung der Speicherungsform, Auswahl und Einteilung der peripheren Speicher, Abschätzung des peripheren Speicherbedarfs;
   - Datenbankorganisation: Beschreibung der Datenstrukturen, Aufbau von Suchbäumen bei Abfragesystemen; Anlegen eines Datenkatalogs (Data Dictionary), Segmentierung, Festlegung der physischen Speicherungsform;
   - Beschreibung von Maßnahmen zum Datenschutz (z.B. Paßwörter, siehe Abschnitt 8.5.1).

b) Eingabe
   - Herkunft der Eingabedaten (Primärdatenerfassung, halbdirekte oder direkte Dateneingabe; Ergebnisse anderer Programme; Datenträgeraustausch, Datenübertragung);
   - Festlegung der Erfassungsbelege, Eingabeformate, Bildschirmmasken;
   - Ablauforganisation der Datenerfassung bzw. -eingabe;
   - Prüfziffernrechnungen und Kontrollen (siehe Abschnitt 8.5.1), Fehlermeldungen, akustische Fehlerhinweise.

c) Verarbeitung
   - Festlegung der Betriebsarten und Nutzungsformen (Stapel-, Dialogbetrieb; Transaktionsverarbeitung);
   - Beschreibung der Verarbeitungsregeln und Rechenvorgänge;
   - Aufstellung von Datenflußplänen, Programmablaufplänen und/oder Struktogrammen (siehe Abschnitt 6.6.2);
   - Formulierung der zulässigen Abfragen und Auswertungen im Benutzerdialog;
   - Vorgabe der Schrittfolge im Dialogablauf;

- Vorschriften zur Menügestaltung, Festlegung von HELP-Funktionen (Benutzeroberfläche);
- Definition der Schnittstellen zu anderen Programmen.

d) Ausgabe
- Beschreibung der Ausgabeformate, Listen, Tabellen, Grafiken, Bildschirm-Masken, ggf. Mikrofiches;
- Gestaltung von Druckformaten;
- Anforderungen an Schriftqualitäten (z.B. NLQ) und Schrifttypen (z.B. OCR-A);
- Organisation der Druckausgabe (z.B. offline, SPOOL);
- Regelung des Datenträgeraustauschs oder der Datenübertragung (Datenformate, Blockung u.a.).

Der Inhalt des Pflichtenheftes soll übersichtlich, vollständig, aktuell und widerspruchsfrei formuliert werden.

6.6 Programmierung und Test

6.6.1 Übersicht

"Richtiges" Programmieren, d.h. die Fähigkeit, auf rationelle Weise Programme zu erstellen, die den Forderungen nach hoher Softwarequalität (siehe Abschnitt 6.6.6) genügen, erfordert

- das Beherrschen der Prinzipien, Methoden und Verfahren des System- und Programmentwurfs,
- das Erlernen einer gängigen Programmiersprache wie COBOL, PASCAL, BASIC usw. (vgl. Abschnitt 3.4) und
- eine intensive Programmierpraxis auf der Grundlage systematischen Arbeitens mit Software-Produktionsumgebungen (siehe Abschnitt 6.6.5).

In einer von bestimmten Programmiersprachen und Software-Entwicklungswerkzeugen unabhängigen Einführung lassen sich nur die Grundlagen der Programmentwicklung beschreiben.

Grundsätzlich setzt sich jedes Programm aus einer Folge von *Programmbefehlen* zusammen. Dabei gibt es folgende Grundtypen von Befehlen:

- Ein-/Ausgabebefehle für den Datentransfer zwischen Zentraleinheit und peripheren Geräten,

- Übertragungsbefehle für den Datentransfer und die Datenumformung innerhalb des Hauptspeichers,
- arithmetische Befehle,
- Befehle für die Auswertung von logischen Ausdrücken, insbesondere Vergleichsbefehle, und
- Steuerbefehle, insbesondere Sprungbefehle.

Die Vorgehensweise bei der Programmentwicklung ohne Benutzung eines Werkzeugs läßt sich wie folgt schematisieren:

- Der aus der Phase Detailentwurf vorgegebene Systementwurf wird anhand der ebenfalls in dieser Phase festgelegten Programmspezifikation in einen Programmentwurf in Form eines Programmablaufplans oder eines Struktogramms umgesetzt.
- Der so formulierte Programmentwurf wird in die ausgewählte Programmiersprache übertragen (codiert).
- Das codierte Programm (*Quellprogramm*) wird in der Regel direkt am Bildschirm eines Mikrocomputers oder am Bildschirm-Terminal eines Großrechners in die DV-Anlage eingegeben. Kritische Programmteile sollten vor einer übereilten Eingabe erst schriftlich formuliert und einem "Schreibtischtest" (siehe Abschnitt 6.6.4) unterworfen werden.
- Das Programm wird vom Übersetzungsprogramm (Assembler oder Compiler) auf syntaktische (formale) Fehler geprüft. Die in der Diagnostik angezeigten Programmfehler werden korrigiert.
- Das syntaktisch fehlerfreie Programm wird vom Übersetzungsprogramm in die Maschinensprache (Objektprogramm) umgewandelt. Bei Verwendung eines Interpreters (vgl. Abschnitt 3.4) entfällt dieser Schritt.
- Mit Hilfe von Testdaten wird die Logik des Programms geprüft. Liegen semantische (logische) Fehler vor, wird das Verfahren nach entsprechenden Änderungen wieder von vorn begonnen.

Nachdem in den Anfangsjahren der Datenverarbeitung in der Programmentwicklung bei intelligenten Programmierern das künstlerische Gestalten und bei weniger Begabten das wilde experimentelle Codieren dominierten, setzten schon in den 60er Jahren - hauptsächlich durch DIJKSTRA - Bemühungen ein, den Prozeß der Programmentwicklung zu systematisieren, mit dem Ziel, die Programme - vor allem in Hinblick auf die spätere Wartung - übersichtlich und (auch für andere) lesbar zu gestalten. Wesentlicher Bestandteil des Software Engineering sind daher Prinzipien und Methoden der Programmentwicklung. Durchgesetzt hat sich die *strukturierte Programmierung*, die wieder auf dem schon für die Phase Detailentwurf beschriebenen Prinzip der top down-Entwicklung (vgl. Abschnitt 6.5.1) beruht. Jedes Programm wird dabei hierarchisch in Strukturblöcke bis auf die Ebene von *Steuerkonstrukten* zerlegt (siehe Abschnitt 6.6.2).

Bei der im kaufmännischen Anwendungsbereich typischen Verarbeitung von Massendaten treten (neben der in Abschnitt 5.3.3 behandelten Sortierung) häufig zwei spezielle Programmabläufe mit fortlaufender Verarbeitung auf, nämlich

- die Fortschreibung von Dateien und
- die Dateiverarbeitung mit Gruppenwechsel.

Beide werden in Abschnitt 6.6.3 behandelt.

Seitdem die Programme interaktiv entwickelt werden, lassen sich, wie schon erwähnt, die Phasen Programmierung und Test zeitlich nicht mehr streng voneinander trennen. Dennoch gibt es beim Programmtest verschiedene Stufen, die in der Anwendungspraxis unbedingt einzuhalten sind. Daneben gibt es eine Reihe von Strategien zur Organisation des Testbetriebs (Abschnitt 6.6.4).

Die professionelle Programmentwicklung erfolgt heute meistens unter Einsatz von Software-Entwicklungswerkzeugen, die einzelne oder mehrere Phasen des Systementwicklungsprozesses unterstützen. Einen Überblick über den Leistungsumfang solcher Werkzeuge gibt Abschnitt 6.6.5.

Die DV-Anwendungssysteme sind durch

- die Integration vieler betrieblicher Funktionen,
- die Zugrundelegung komplexer Datenstrukturen,
- den Einsatz innerhalb von Daten- bzw. Rechnernetzen,
- die Ausrichtung auf breite Benutzerschichten und
- die Forderung nach wirksamen Schutzmaßnahmen

zunehmend umfangreicher und damit schwerer überschaubar geworden. Aus diesen Gründen werden an die Qualität der Anwendungssoftware hohe Anforderungen gestellt. Mit den für den Wirtschaftsinformatiker außerordentlich wichtigen Kriterien zur Beurteilung und zur Bewertung der Qualität von Anwendungssoftware befaßt sich Abschnitt 6.6.6. Eine wesentliche Rolle spielt dabei die sogenannte *Software-Ergonomie*.

Die Prinzipien, Methoden und Verfahren der Programmentwicklung sind seit Jahren Gegenstand der Forschung. Abschnitt 6.6.7 faßt den gegenwärtigen Stand der Softwareentwicklung zusammen und zeigt Entwicklungstendenzen auf.

6.6.2 Programmentwicklung

Die Programmierung beherrschte lange Zeit der z.T. heute noch praktizierte *lineare Programmierstil*. Dabei wird unmittelbar aus den Vorgaben der Phase Detailentwurf und mit den Symbolen nach DIN 66001 (siehe

Anhang 1) ein Programmablaufplan (PAP) gezeichnet, der dann Befehl für Befehl in ein Programm umgesetzt wird. Abbildung 6.15 zeigt ein Beispiel eines solchen Programmablaufplans, mit dem eine Namensliste nach Postleitzahlen gedruckt wird.

Die Nachteile des linearen Programmierstils sind u.a.:

- zahlreiche Programmverzweigungen mit Vor- und Rückwärtssprüngen ("Spaghetti-Technik"),
- fehlende Zerlegbarkeit von großen Programmen in mehrere, von verschiedenen Bearbeitern zu erstellende Teile (Programmsegmentierung),

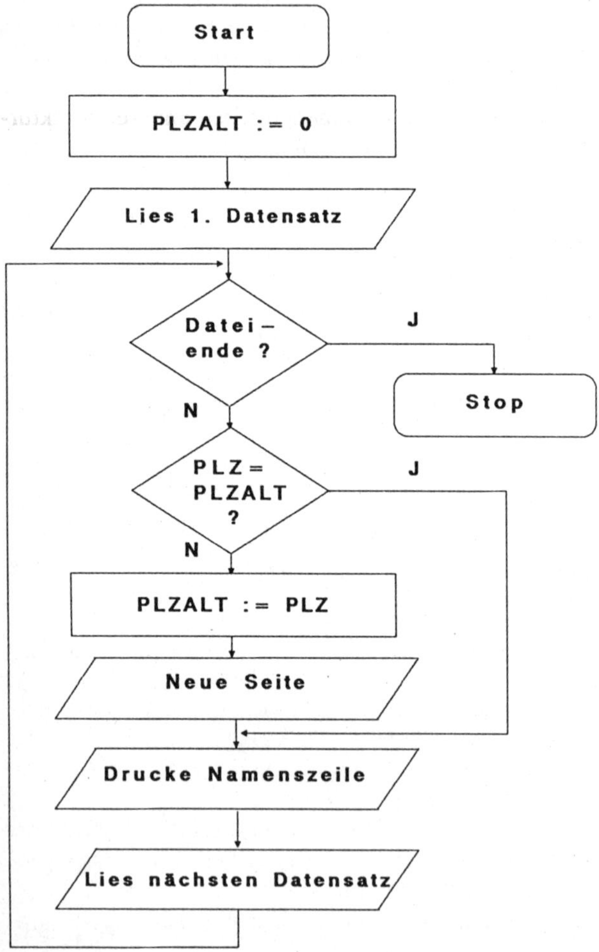

Abb. 6.15: *Programmablaufplan (Namensliste nach Postleitzahlen)*

- unübersichtliche Schleifenbildungen und als Folge davon
- schlechte Änderungsfähigkeit bzw. Wartbarkeit der Programme.

Die *strukturierte Programmierung* beginnt im Gegensatz zum linearen Programmierstil damit, das gesamte Programm in einer top down-Entwicklung bis auf die Ebene weitgehend voneinander unabhängiger Systembausteine, sogenannter Strukturblöcke, zu zerlegen. Die Strukturierung soll so weit wie möglich von Programmiersprachen unabhängig sein. Ein *Strukturblock* hat folgende Eigenschaften:

- Programmbaustein mit eindeutiger Funktion (z.B. Berechnung des Lohnsteuerabzugs);
- Zusammensetzung aus einem einzigen Befehl (Elementarblock), aus mehreren Befehlen oder aus mehreren nachgeordneten Strukturblöcken;
- eindeutige Festlegung von Innen und Außen, d.h. ein anderer Strukturblock ist entweder vollständig in dem betreffenden Strukturblock enthalten oder befindet sich vollständig außerhalb (keine Überlappung);
- genau ein Eingang und ein Ausgang.

Daraus folgt: Von zwei Strukturblöcken ist immer einer

- völlig unabhängig von dem anderen oder
- dem anderen eindeutig vor- oder nachgeschaltet oder
- vollständig in dem anderen enthalten.

In der betrieblichen Praxis werden die genannten Forderungen an Strukturblöcke oft in konkrete Richtlinien umgesetzt, z.B.:

- ein Strukturblock ist nur von **einem** Programmierer zu erstellen;
- die Anzahl der Befehle je Strukturblock (und damit die Größe jedes Strukturblocks) wird beschränkt, z.B. bei COBOL-Programmen auf ca. 300 Statements der PROCEDURE DIVISION;

Im übrigen gilt wieder das Geheimnisprinzip nach PARNAS (vgl. Abschnitt 6.5.1), d.h. ein Strukturblock darf nach außen nur erkennen lassen, was er leistet, jedoch nicht, wie er intern arbeitet.

Andere Forderungen an die Programmentwicklung, z.B. der völlige Verzicht auf den Sprungbefehl GOTO, lassen sich in den klassischen Programmiersprachen (Assembler, COBOL, FORTRAN) nicht oder nur schlecht realisieren. Sie haben u.a. zur Entwicklung der Programmiersprache PASCAL geführt (vgl. Abschnitt 3.4).

Als Vorläufer der strukturierten Programmierung ist die *modulare Programmierung* anzusehen, bei der eine Zerlegung des Gesamtprogramms in einzelne Programm-Module (anstelle von Strukturblöcken) erfolgt. Im Prinzip bestehen keine wesentlichen Unterschiede zur strukturierten Programmierung.

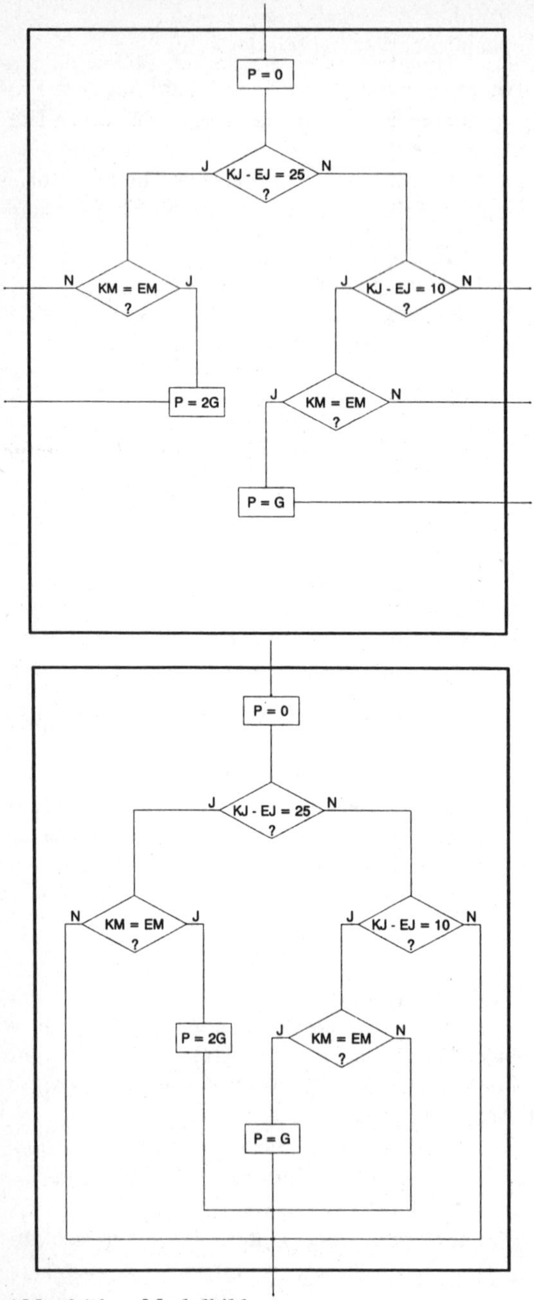

Abb. 6.16: *Modulbildung*

Beispiel:
Ein Modul soll folgende Aufgabe übernehmen:
- Mitarbeiter, die 25 Jahre im Unternehmen sind, erhalten als Prämie im Eintrittsmonat zwei zusätzliche Gehälter,
- Mitarbeiter, die 10 Jahre im Unternehmen sind, erhalten als Prämie im Eintrittsmonat ein zusätzliches Gehalt.

Abbildung 6.16 zeigt
- im oberen Teil die schlechte Realisierung durch ein Modul, das einen Eingang, aber fünf Ausgänge besitzt, und
- im unteren Teil die richtige Realisierung, bei der das Modul genau einen Eingang und einen Ausgang besitzt.

Die Abkürzungen bedeuten: EJ = Eintrittsjahr, EM = Eintrittsmonat, KJ = Kalenderjahr, KM = Kalendermonat, P = Prämie, G = Gehalt.

Für die Darstellung von Programmen, die aus Strukturblöcken aufgebaut sind, wurden 1973 von NASSI und SHNEIDERMAN sogenannte *Struktogramme* vorgeschlagen, die auch als *Nassi-Shneiderman-Diagramme* bezeichnet werden. Diese tragen den Anforderungen an Strukturblöcke von vornherein Rechnung. Zu betonen ist aber, daß ein Programm, das in Strukturblöcke zerlegt worden ist, auch weiterhin als Programmablaufplan (aus einer Folge von Strukturblöcken) dargestellt werden kann.

Bei konsequenter Anwendung der strukturierten Entwicklung lassen sich die Programmabläufe auf wenige Grundformen, die sogenannten *Steuerkonstrukte*, zurückführen. Die elementaren Steuerkonstrukte sind:

- die Reihung (Sequenz): Aneinanderreihung von Programmoperationen ohne Bedingung;
- die Verzweigung (Selektion): Ausführung von alternativen Programmoperationen aufgrund einer Bedingung;
- die Wiederholung (Iteration oder Repetition): zyklische Wiederholung von Programmoperationen, wobei die Anzahl der Wiederholungen durch eine Bedingung bestimmt wird.

Die Abbildungen 6.17A bis 6.17C zeigen diese drei Steuerkonstrukte, und zwar jeweils sowohl in Form eines Programmablaufplans als auch in Form eines Struktogramms nach Nassi-Shneiderman.

Während die (einfache) Verzweigung in Abbildung 6.17B in der Form

IF Bedingung THEN Anweisung A ELSE Anweisung B

codiert wird, reduziert sich die Codierung bei Wegfall einer der beiden Alternativen auf

IF Bedingung THEN Anweisung.

Eine Erweiterung der einfachen Verzweigung ist die Auswahl (Mehrfachverzweigung oder Fallunterscheidung), bei der der weitere Programmablauf vom aktuellen Wert einer oder mehrerer Variablen abhängt (Abb.

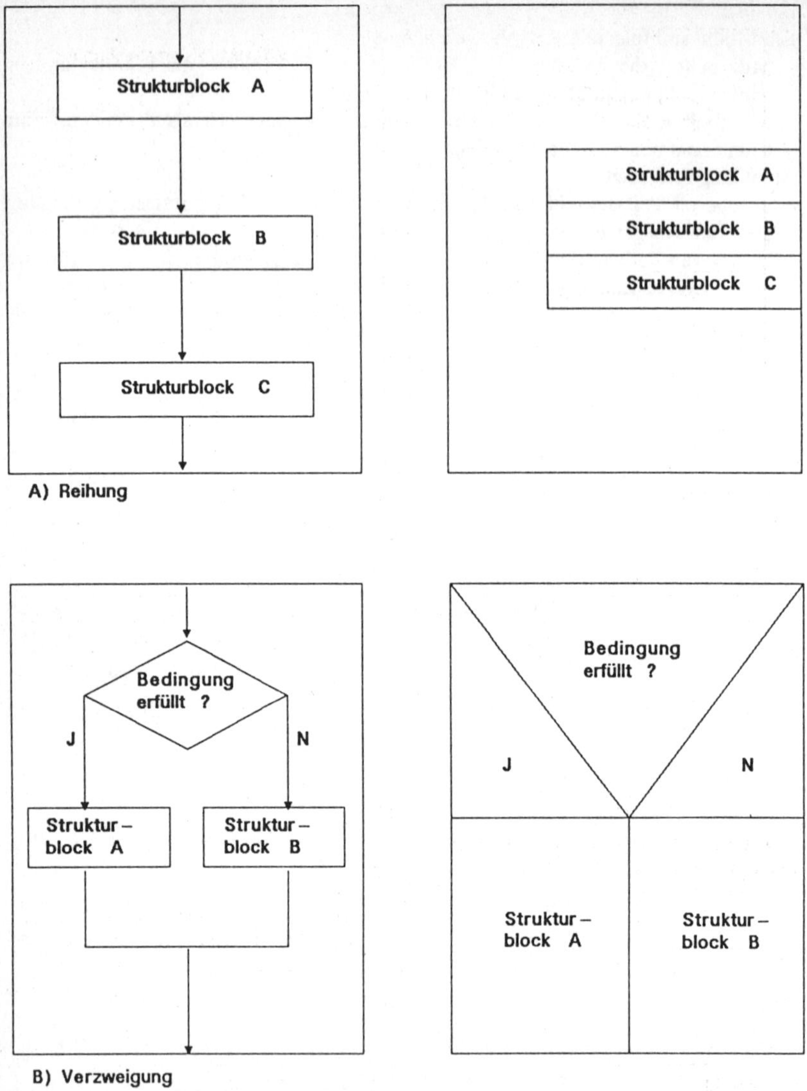

Abb. 6.17: *Steuerkonstrukte*

6.17D). In vielen Programmiersprachen kann die Fallunterscheidung nur mit Hilfe des Sprungbefehls GOTO realisiert werden, dagegen ist z.B. in PASCAL ein entsprechendes Sprachelement (CASE) vorhanden.

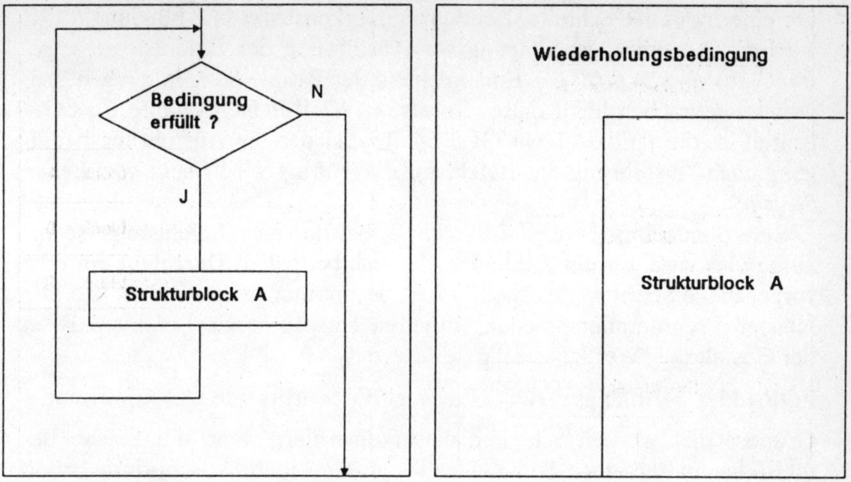

C) Wiederholung

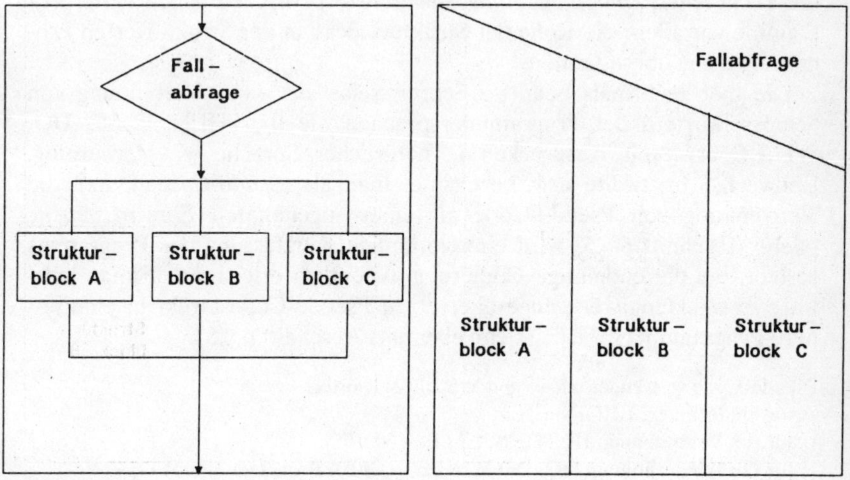

D) Auswahl

Abb. 6.17: *Steuerkonstrukte (Fortsetzung)*

Unter einer Wiederholung oder *Schleife* versteht man die wiederholte Abarbeitung einer Befehlsfolge bis zum Eintritt einer bestimmten Bedingung. Ist die Anzahl der Durchläufe fest vorgegeben, spricht man von einer sukzessiven Schleife, ist sie im voraus nicht bekannt, handelt es sich um eine induktive Schleife. Bei dem Steuerkonstrukt in Abbildung 6.17C wird die Ausführungsbedingung **vor** Ausführung der Befehlsfolge abgefragt (*abweisende Schleife*). Entsprechend der Realisierung in einigen Programmiersprachen heißt dieses Konstrukt WHILE-DO-Schleife. Das Gegenteil ist die REPEAT-UNTIL-Schleife, bei der die Ausführungsbedingung **nach** Ausführung der Befehlsfolge abgefragt wird (*nicht abweisende Schleife*).

Eine Sonderform ist die *Zählschleife*, bei der eine Befehlsfolge so oft ausgeführt wird, bis ein Zählindex, der sich bei jedem Durchlauf um eine vorgegebene Schrittweite erhöht, einen bestimmten Wert erreicht hat. Die meisten Programmiersprachen enthalten entsprechende Befehle, z.B. in der Gestalt der "Wertzuweisung"

FOR Index = Anfangswert TO Endwert BY Schrittweite DO Anweisung.

Grundsätzlich werden Schleifen dann konstruiert, wenn die gleiche Befehlsfolge an **derselben** Stelle eines Programms mehrmals zu durchlaufen ist. Für Befehlsfolgen, die im Programm mehrmals an **verschiedenen** Stellen auftreten (z.B. die Bestimmung des größten Wertes aus einer gegebenen Wertemenge), wurde bereits in den Anfängen der Programmierung die Technik der *Unterprogramme* eingeführt. Inzwischen haben Unterprogramme vor allem die Rolle der Strukturblöcke in der Strukturierten Programmierung übernommen.

Die hier mehrmals benutzte Schreibweise aus einer Verbindung von Schlüsselwörtern der Programmiersprachen wie IF, THEN, ELSE, DO, WHILE usw. mit Ausdrücken in natürlicher Sprache wie Anweisung, Endwert, Schrittweite usw. bezeichnet man als *Pseudo-Code*. Durch die Verwendung von Pseudo-Code als einer sogenannten *Entwurfssprache* (siehe Abschnitt 6.6.5) wird eine vorläufige Kurzfassung des Programms erstellt, die die endgültige Codierung wesentlich erleichtert. Einige Software-Entwicklungswerkzeuge übersetzen Pseudo-Code direkt in eine höhere Programmiersprache (siehe ebenfalls Abschnitt 6.6.5).

Pseudo-Code verwendet u.a. folgende Schlüsselwörter:
- für die Reihung: BEGIN, END;
- für die Verzweigung: IF, THEN, ELSE, ENDIF;
- für die Wiederholung: DO, DO WHILE, REPEAT UNTIL, ENDDO;
- für die Auswahl: CASE, ENDCASE;

Abbildung 6.18 zeigt ein in Pseudo-Code formuliertes (Grob-)Programm für die Gewährung von Rabatten auf Rechnungsbeträge der Fakturierung. Die Strukturblöcke sind durch Einrücken des Textes optisch herausgearbeitet ("eingerückte Liste"). Pseudo-Code wird deswegen auch als *Struktursprache* bezeichnet.

Eine weitere grafische Darstellungsform für strukturierte Programme wurde 1974 von M. A. JACKSON vorgeschlagen (JSP = *Jackson structured programming*). Er beginnt jeweils mit den Datenflüssen, die er in einem

```
BEGIN
    Eröffne Datei Ausgangsrechnungen
    Lösche Rabattsummen R15, R20, RGES

    DO WHILE Datensätze vorhanden
             Lies Datensatz Ausgangsrechnung

             IF    Rechnungsbetrag > 5000 DM
             THEN  Rabatt = 0,20·Rechnungsbetrag
                   Addiere Rabatt zu Rabattsumme R20
             ELSE  Rabatt = 0,15·Rechnungsbetrag
                   Addiere Rabatt zu Rabattsumme R15
             ENDIF
    ENDDO
    Addiere R15, R20 zu RGES
    Drucke RGES, R15, R20
    Schließe Datei Ausgangsrechnungen
END
```

Abb. 6.18: *Pseudo-Code (Rabattgewährung)*

sogenannten Datenstrukturdiagramm (nicht zu verwechseln mit der datenstrukturorientierten Vorgehensweise der Datenbankorganisation!) beschreibt, und leitet daraus die Programmstruktur unter Verwendung der drei Konstrukte Sequenz ("Strecke"), Verzweigung und Schleife ab, wobei er für die Darstellung ausschließlich Rechtecke in strikt hierarchischer Anordnung verwendet. Die unterste Stufe der Zerlegung heißt Element (oder atomare Komponente). Die zeitliche Ablauffolge ist immer von links nach rechts. Man kann JSP auch so anwenden, daß man damit ausschließlich die Programmstrukturen darstellt und auf das vorangehende Datenstrukturdiagramm ganz verzichtet.

Abbildung 6.19 zeigt die drei Konstrukte von JSP anhand einfacher Beispiele. Jede dieser Darstellungen beschreibt die Programmfunktionen unter Berücksichtigung der Ablauffolge. Gegenüber den Nassi-Shneiderman-Diagrammen ist JSP übersichtlicher und einfacher in der Handhabung, insbesondere hinsichtlich der Programmwartung.

Programme werden um so verständlicher und damit um so leichter wartbar, je besser sie beschrieben (dokumentiert) sind. Deshalb sollte bei der Codierung möglichst eine ausführliche Selbstdokumentation (*Inline-Dokumentation*) vorgenommen werden. Darunter versteht man bei höheren Programmiersprachen das Einfügen von (besonders gekennzeichneten) Kommentarzeilen, die beim Compilieren/Interpretieren überlesen, aber in den gedruckten bzw. am Bildschirm angezeigten Programmtext mit aufgenommen werden. Beispielsweise wird man jedem Strukturblock

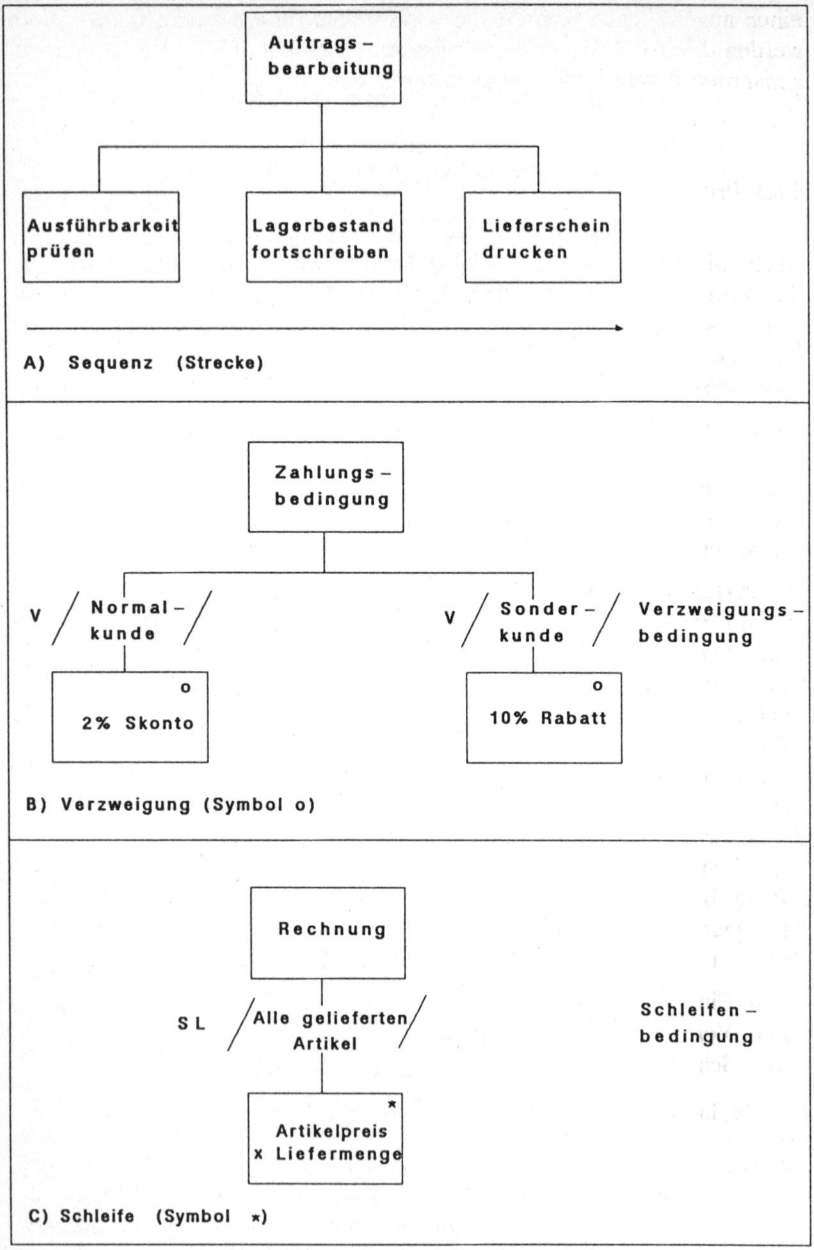

Abb. 6.19: *JSP-Programmentwurf (Auftragsbearbeitung)*

einen ausführlichen Kommentar voranstellen. In der betrieblichen Praxis werden derartige Regeln zur Programmerstellung in Richtlinien oder sogenannten Programmierstandards festgelegt.

6.6.3 Programmabläufe mit fortlaufender Verarbeitung

Auch mit fortschreitender Dialogisierung der DV-Anwendungssysteme, die den direkten Zugriff auf die gespeicherten Daten verlangt, gibt es im betriebswirtschaftlichen Anwendungsbereich weiterhin Datenbestände, für die eine fortlaufende Verarbeitung (vgl. Abschnitt 5.1) vorgenommen wird. Beispiele sind:

- Dateien, die nicht ständig aktuell und auskunftsfähig zur Verfügung stehen müssen (z.B. in der Kostenrechnung, siehe Abschnitt 7.2.1) oder
- Bestandsdaten, für die Bewegungen (z.B. Lagerzu- und -abgänge) zwar sofort im Dialog eingegeben, aber erst später geschlossen im Stapel verarbeitet werden.

Die Aktualisierung solcher Datenbestände im Stapelbetrieb bezeichnet man als *Fortschreibung*. Zu unterscheiden ist dabei noch, ob lediglich Veränderungen in den bestehenden Datensätzen vorgenommen oder auch Datensätze eingefügt bzw. gelöscht werden. Abbildung 6.20 zeigt als Beispiel die Fortschreibung einer Platten-Datei durch Bewegungsdaten, die vorher online erfaßt und in einem Plattenbereich zwischengespeichert worden sind. Sind die Bestandsdaten (nach dem Primärschlüssel) gespeichert, werden die Bewegungsdaten vor der eigentlichen Fortschreibung durch Sortieren (vgl. Abschnitt 5.3.3) in dieselbe Reihenfolge gebracht.

Typisch für den kaufmännischen Anwendungsbereich ist die *Dateiverarbeitung*, bei der eine Datei in fortlaufender Zugriffsform Satz für Satz durchgearbeitet wird, z.B. zum Drucken einer Liste nach vorgegebenen Kriterien. Der grundsätzliche Programmablauf (Abb. 6.21) besteht aus

- dem Einleitungsteil (Vorlauf),
- dem Verarbeitungsteil (Hauptlauf) und
- dem Schlußteil (Nachlauf).

Der Einleitungs- und der Schlußteil werden nur einmal durchlaufen. Die Funktionen sind:

- Vorlauf:	Definition von Feldern, Bereichen, Konstanten; Löschen von Speicherbereichen, Aufbau von Tabellen, Eingabe/Prüfung von Parametern, erstmaliges Setzen von Schaltern/Weichen; Zuweisung der E/A-Geräte, Eröffnung der Dateien.
- Hauptlauf:	Lesen des nächsten Satzes, Abfrage auf Dateiende, ggf. Verzweigung zum Schlußteil, eigentliche Verarbeitung.

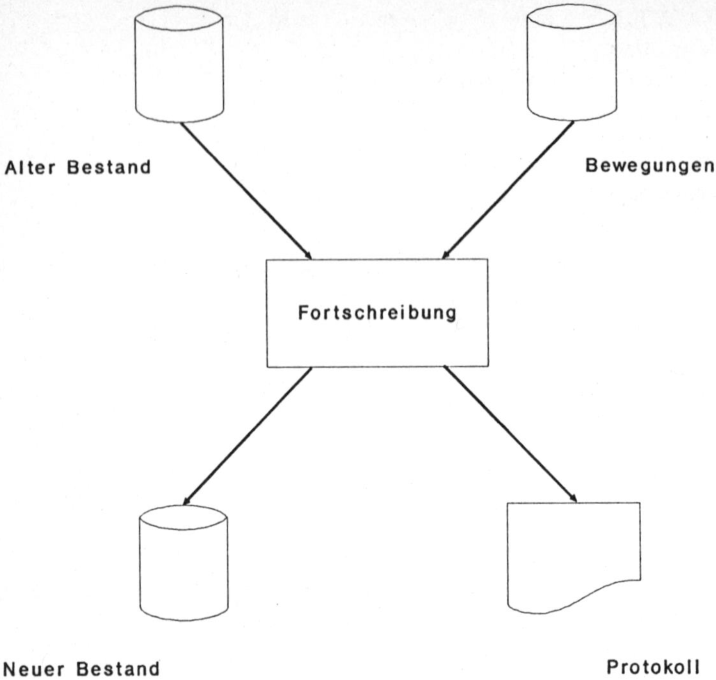

Abb. 6.20: *Fortschreibung einer Datei*

- Nachlauf: Ausgabe von Summen, Statistiken usw., Weitergabe von Kontrollsummen, Schließen der Dateien, Freigabe der E/A-Geräte.

Die Programmiersprachen COBOL und RPG orientieren sich stark an der Dateiverarbeitung.

Das wichtigste Merkmal der Dateiverarbeitung ist der *Gruppenwechsel*. Unter einer Gruppe versteht man eine Menge von Datensätzen mit dem gleichen Wert des Ordnungsbegriffs (bzw. eines Teils des Ordnungsbegriffs),

- die nach derselben Vorschrift verarbeitet und
- für die zusammenfassende Auswertungen vorgenommen

werden. Der Gruppenwechsel tritt ein, wenn sich der Wert des Ordnungsbegriffs (bzw. des jeweiligen Teils davon) ändert. Erfolgen Auswertungen nach mehreren Teilen des Ordnungsbegriffs oder auch nach mehreren Ordnungsbegriffen, spricht man von mehrstufigem Gruppenwechsel.

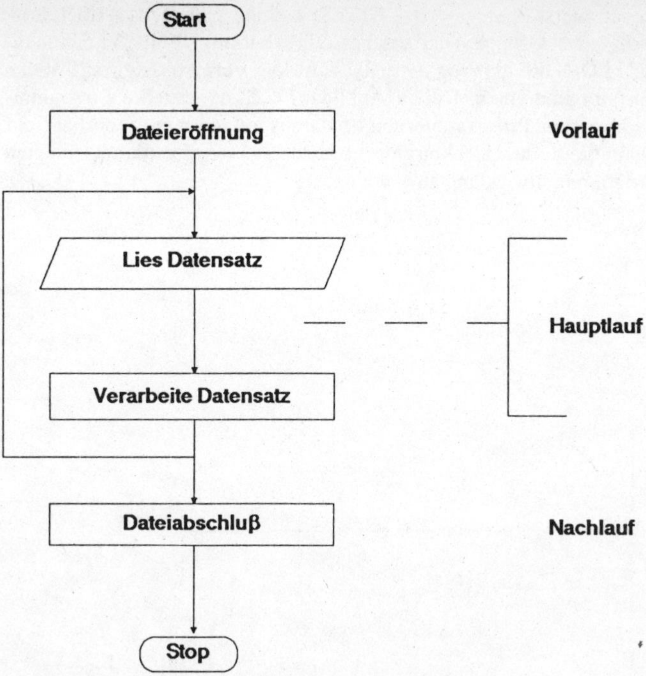

Abb. 6.21: *Programmablauf bei Dateiverarbeitung*

Beispiele:
Vierstufiger Gruppenwechsel: Aufstellung einer Umsatzstatistik nach den 4 Stellen der Postleitzahl (**ein** Ordnungsbegriff);
Dreistufiger Gruppenwechsel: Aufstellung einer Umsatzstatistik nach Gebieten, darunter nach Vertretern, darunter nach Artikeln (**drei** Ordnungsbegriffe).

Bei jedem Gruppenwechsel sind im Programm

- der Gruppenabschluß für die letzte Gruppe und
- die Gruppeneröffnung für die nächste Gruppe

vorzunehmen. Der erste und der letzte Datensatz jeder Datei erfordern eine Sonderbehandlung, weil vor der ersten Verarbeitung kein Gruppenabschluß und nach der letzten Verarbeitung keine Gruppeneröffnung erfolgen dürfen.

Dateiverarbeitung und Gruppenwechsel haben frühzeitig zu Bemühungen geführt, die Programmabläufe bei fortlaufender Zugriffsform zu standardisieren. Ergebnis war die *Normierte Programmierung*. Der Anstoß kam 1966 von der Software-Firma ADV/ORGA, die Weiterentwicklung erfolgte zunächst durch Hardware-

Hersteller, und zwar zuerst Sperry (jetzt UNISYS) und dann Siemens (AMIGO = Allgemeine Misch- und Gruppenbearbeitungs-Organisation). Eine Vereinheitlichung wurde 1977 in DIN 66220 (Programmablauf für die Verarbeitung von Dateien nach Satzgruppen) vorgenommen. Der in Abbildung 6.22 dargestellte Programmablaufplan der Normierten Programmierung ist daraus entnommen. Innerhalb der einzelnen Programmbausteine (Strukturblöcke) lassen sich wieder die allgemeinen Prinzipien der Programmentwicklung anwenden.

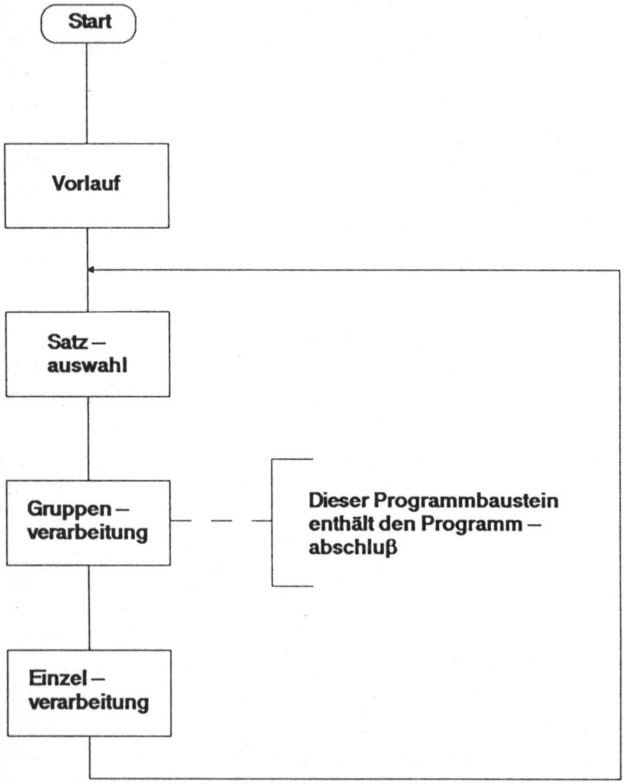

Abb. 6.22: *Programmablauf der Normierten Programmierung (DIN 66220)*

6.6.4 Programmtest

Unter *Testen* versteht man die Prüfung von codierten Programmen auf korrekte Formulierung und Ausführung. Testen ist ein analytisches Verfahren, das **nach** der Programmierung beginnt. Ergänzend dazu versuchen konstruktive Verfahren, z.B. die besprochenen Methoden und Verfahren des Programmentwurfs, schon **während** der Programmierung Fehler weitgehend zu vermeiden.

Den Beweis, daß ein Programm korrekt arbeitet, d.h. die im Pflichtenheft festgelegten Leistungen erbringt, bezeichnet man als (Programm-) *Verifikation*. Der zugehörige Anforderungstest, der die korrekte Ausführung der geforderten Funktionen prüft, wird auch *Black Box-Test* genannt, weil er die Formulierung und die Arbeitsweise des Programms nicht berücksichtigt. Im Gegensatz dazu steht der eigentliche Programmtest oder *White Box-Test*, bei dem der Programmtext im Detail auf korrekte Formulierung getestet wird. Bezieht sich das Testen auf die Formulierung des Programms, spricht man vom *statischen* Test, bezieht es sich auf die Ausführung des Programms, heißt er *dynamisch*.

Beim Programmtest unterscheidet man

- den *Formaltest*, der weitgehend vom Übersetzungsprogramm (Assembler, Compiler, Interpreter) unterstützt wird und zur Aufdeckung von formalen bzw. syntaktischen Fehlern führen soll, und
- den *Logiktest*, der anhand von Testdaten zunächst am Schreibtisch und dann auf der DV-Anlage durchgeführt wird und zur Aufdeckung von logischen bzw. semantischen Fehlern führen soll.

Grundsätzlich beweist das Testen die Anwesenheit, aber nicht die völlige Abwesenheit von Programmierfehlern; es liefert also keinen Korrektheitsbeweis.

Als Vorstufe des Testens ist der *Schreibtischtest* ("Trockentest") anzusehen. Dabei wird zunächst förmlich geprüft, ob der Programmcode den Vorgaben des Detailentwurfs entspricht. Danach werden das Programm bzw. die Programmteile mit wenigen Testdaten manuell durchgespielt. Hilfreich, besonders bei der Prüfung von Schleifen, ist dabei das Arbeiten mit Wertetabellen. Leider wird der Schreibtischtest oft vernachlässigt. Mit dem maschinellen Test wird dann meistens zu früh, d.h. bevor ein formal ausgereiftes Programm existiert, begonnen.

Das eigentliche, d.h. *maschinelle Testen* läuft nacheinander in folgenden Stufen ab:

- Einzeltest (Modultest),
- Integrationstest (Komponententest),
- Systemtest,
- Abnahmetest (Abnahmeverfahren).

Beim *Einzeltest* werden zunächst die Strukturblöcke bzw. Module einzeln getestet. Beim *Integrationstest* werden die einzelnen Strukturblöcke bzw. Module nacheinander zu Komponenten zusammengefügt und schließlich in ihrer Gesamtheit getestet. Noch fehlende Strukturblöcke müssen jeweils simuliert werden.

Einzel- und Integrationstest obliegen ausschließlich den Programmierern. Anschließend wird die Fachabteilung hinzugezogen. Zunächst wird der *Systemtest* vorgenommen. Dabei werden für alle Eingabe- und Ausgabedaten die endgültigen Erfassungsbelege, Bildschirm-Masken der Ein- und Ausgabeformate, Vordrucke für den Druck-Output usw. verwendet. Den Abschluß bildet der *Abnahmetest* (auch Einsatztest oder Massentest genannt), bei dem nicht nur die Fachabteilung, sondern alle vor- und nachgeschalteten Stellen - d.h. alle Stellen, die Daten und Belege liefern bzw. Ergebnisse erhalten - beteiligt werden, ebenso sämtliche Stellen des Rechenzentrums (Arbeitsvorbereitung, Operating, Nachbereitung u.a.). Der Abnahmetest läßt sich mit einem Probealarm vergleichen. Dabei ist insbesondere die "Korrektheit" (siehe Abschnitt 6.6.6) des DV-Anwendungssystems, d.h. die **vollständige** Erbringung **aller** im fachinhaltlichen Entwurf festgelegten Anforderungen, zu verifizieren. Danach kann die Einführung erfolgen (siehe Abschnitt 6.7).

Solange Programme geschrieben und getestet werden, gibt es intensive Bemühungen sowohl von wissenschaftlicher Seite als auch in der DV-Praxis, den Testprozeß zu systematisieren und effektiver zu gestalten. Ausgangspunkt ist die Forderung, daß der Test aus der Sicht der Fachabteilung

- alle Programmfunktionen auslösen,
- alle Prüfungen und Kontrollen (siehe Abschnitt 8.5.1) ansprechen und
- alle Sonderfälle berücksichtigen

und aus der Sicht der Programmierung

- alle Programmanweisungen zur Ausführung bringen (Statementtest),
- alle Programmverzweigungen einbeziehen (Zweigtest) und
- alle Programmschleifen aktivieren

soll. Insgesamt wird angestrebt, beim Test möglichst sämtliche Kombinationen aller Programmverzweigungen und aller Programmschleifen zu erfassen (Pfadtest).

Als Maß für die Güte dieses (ablaufbezogenen) Testens wurden von MILLER schon 1975 mehrere *Überdeckungsgrade* vorgeschlagen, die das Verhältnis der Anzahl der beim Testen durchlaufenen Programmteile zur Anzahl aller codierten Programmteile unterschiedlich messen. Die drei wichtigsten Bezugsgrößen sind:

C0 für die Ausführung aller Anweisungen,
C1 für die Ausführung aller Ablaufzweige,
C für die Ausführung aller Pfade.

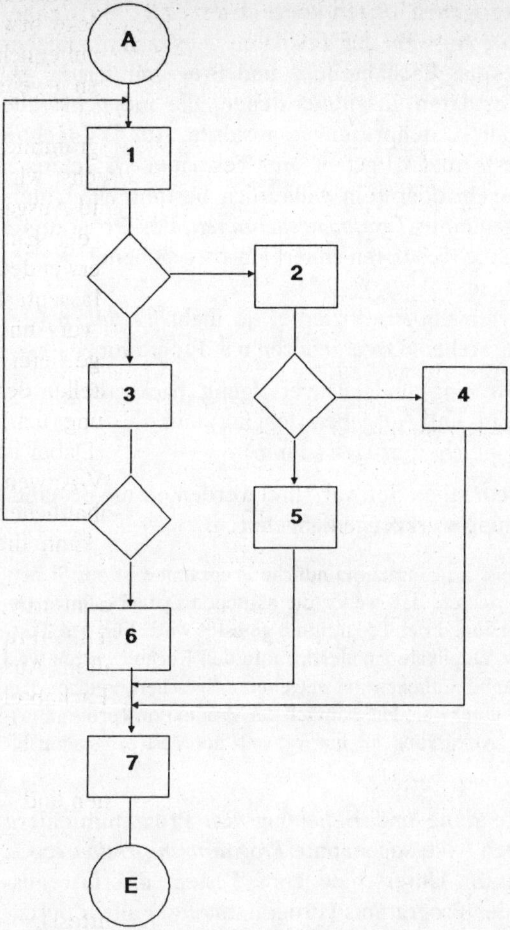

Abb. 6.23: *Testfallermittlung anhand des Programmablaufplans (C0 = 3, C1 = 4, C = 6)*

Der in Abbildung 6.23 skizzierte Programmablaufplan enthält 7 Strukturblöcke, 3 Verzweigungen und 1 Schleife. Benötigt werden
- für die Ausführung aller Anweisungen 3 Testfälle,
- für die Ausführung aller Zweige (einschließlich der Schleife) 4 Testfälle,
- für die Ausführung sämtlicher Pfade (bei maximal einmaligem Durchlaufen der Schleife) 6 Testfälle.

Der Überdeckungsgrad C ist bei größeren Programmen selten zu realisieren.

Gegenüber dem ablaufbezogenen Testen konzentriert sich das datenbezogene Testen primär auf die Auswahl der Testdaten. Aus fachinhaltlicher Sicht kommt es darauf an, daß Fachabteilung und Programmierung gemeinsam repräsentative Testdaten zusammenstellen, die möglichst alle Programmfunktionen und alle Datenprüfungen auslösen. Aus DV-technischer Sicht wird man eher formal vorgehen und Testdaten systematisch nach kombinatorischen Regeln oder rein willkürlich bestimmen. Unterstützung bieten hierbei sogenannte *Testdatengeneratoren*, d.h. Programme der systemnahen Software, die Testdaten innerhalb vorgegebener Wertebereiche automatisch erzeugen.

Generell ist der Testbetrieb um so effizienter, je mehr *Testhilfen* (debugging aids) zur Verfügung stehen. Dazu gehören u.a. Programme

- zur Ablaufüberwachung (tracing) und -rückverfolgung (backtracing),
- zur Protokollierung von Ein- und Ausgaben (logging) und
- zur Erstellung von Hauptspeicherabzügen (dump).

Testhilfen gehören zur systemnahen Software und werden oft als Bestandteile von Software-Entwicklungswerkzeugen angeboten.

Beim *Änderungstest* für bereits im Einsatz befindliche Programme ist aus Sicherheitsgründen streng darauf zu achten, daß weder die aktuellen Datenbestände benutzt noch mit den Originalversionen der Programme getestet wird. Für den Testbetrieb sind stets Auszüge bzw. Duplikate anzufertigen. In den Rechenzentren wird daher zwischen zwei Programmbibliotheken auf getrennten Speicherbereichen (im allgemeinen Plattenbereichen) unterschieden, nämlich der Produktions(programm)-bibliothek (PRODLIB, LIB = Abkürzung für library) und der Test(programm)bibliothek (TESTLIB).

Zur systematischen Erkennung und Behebung von Programmfehlern wird - ergänzend zum Testen - die sogenannte *Programminspektion* (code inspection) vorgeschlagen. Im Unterschied zum Testen, das fast ausschließlich der Entwickler des Programms (Programmautor) allein durchführt, wird die Inspektion von einem Team vorgenommen. Die Mitglieder des Teams brauchen nicht unbedingt an der Entwicklung des zu inspizierenden Programms beteiligt gewesen sein, müssen aber intensive Testerfahrungen aus anderen Projekten besitzen. Die Fehlersuche erfolgt anhand des Pflichtenheftes nach einem vorher festgelegten Ablaufplan in Form von Sitzungen, die von einem Moderator geleitet und präzise protokolliert werden.

Teamarbeit ist auch das Merkmal der mit der Programminspektion verwandten Verfahren *walk through* und *chief programmer team*:

- walk through: Das Programm wird gemeinsam von mehreren Programmierern als Schreibtischtest durchgespielt, wobei besonders auf bekanntermaßen kritische Punkte (Schleifenanfang und -ende, Initialisierung von Variablen u.a.) geachtet wird.

- chief programmer team: Aufteilung der Programmier- und Testarbeit auf einen "chief programmer", der kritische Programmteile bearbeitet, mindestens einen "back up programmer" für die übrigen Programmteile und einen "Sekretär", der die Dokumentation übernimmt.

Um Großrechner vom Testbetrieb zu entlasten, werden der Formaltest und der Logiktest häufig auf Mini- oder Mikrocomputer (*Entwicklungsrechner*) verlagert (z.B. System MAESTRO von Philips/Softlab). Auf den Großrechner (*Zielrechner*) wird dann erst das bereits bis zum Integrationstest ausgetestete Programm übernommen. Umgekehrt kann es aus Kapazitätsgründen (beschränkte Hauptspeichergröße) erforderlich werden, daß Programme für Minicomputer auf Großrechnern entwickelt werden müssen (siehe auch Customizing, Abschnitt 6.8). Grundsätzlich muß man zwischen der *Entwicklungsumgebung* und der *Nutzungsumgebung* unterscheiden.

6.6.5 Software-Entwicklungswerkzeuge

Die Forderung, den Entwicklungs- und Änderungsaufwand für Anwendungssoftware zu reduzieren, hat schon frühzeitig zu Überlegungen geführt, die Programmentwicklung durch geeignete systemnahe Software zu unterstützen. Erste Ergebnisse solcher Überlegungen waren Ende der 60er/Anfang der 70er Jahre sogenannte Programmgeneratoren, mit denen sich

- Programmabläufe der Normierten Programmierung (vgl. Abschnitt 6.6.3) automatisch aus der Vorgabe von Parametern generieren und
- Entscheidungstabellen (vgl. Abschnitt 6.3.2.3) über Zwischenstufen ("Vorübersetzer") in Programmanweisungen umwandeln

ließen. Inzwischen wird von Hardware-Herstellern und von Software-Firmen unter dem Oberbegriff CASE (computer aided software engineering) ein breites Spektrum von Programmen zur Unterstützung der Softwareentwicklung angeboten.

Generell definiert man als *Software-Entwicklungswerkzeug*, kurz *Werkzeug* (tool), ein Programm, das die Entwicklung und Wartung von Anwendungssoftware vereinfacht und/oder beschleunigt und dabei gleichzeitig die Softwarequalität (siehe Abschnitt 6.6.6) verbessert. Ein wichtiges Kriterium für die Beurteilung eines Werkzeugs besteht in der Frage, welche Phase des Systementwicklungsprozesses das Werkzeug unterstützt. Es gibt Werkzeuge, die für

- nur eine Phase,
- mehrere Phasen getrennt oder
- mehrere aufeinanderfolgende Phasen ("phasenübergreifend")

einsetzbar sind, jedoch bisher kaum Werkzeuge, die den gesamten Entwicklungsprozeß abdecken. In der Praxis werden deshalb meistens mehrere Werkzeuge zu einer *Software-Produktionsumgebung* ("Werkzeugkasten") zusammengefaßt. Nach einer Definition des IEEE (Institute of Electrical and Electronic Engineers) handelt es sich dabei um eine integrierte Sammlung von Werkzeugen, die

- über eine einzige Kommandosprache verfügen und
- die Programmentwicklung über den gesamten Software-Lebenszyklus unterstützen.

Eine breite Diskussion ist über den Zusammenhang bzw. die Abgrenzung zwischen den Werkzeugen und den Sprachen der 4. Generation entbrannt, wobei diese Diskussion aus vertriebspolitischen Gründen oft mehr verwirrend als systematisierend geführt wird. Manchmal werden die Begriffe Werkzeug und 4GL-Sprache sogar synonym benutzt. Hier sollen pragmatisch - wie schon in Abschnitt 3.4 angeführt - Werkzeuge und Endbenutzersprachen zusammen als 4GL-Sprachen bezeichnet werden. Für die Praxis sind derartige Grundsatzdiskussionen ohnehin ohne Bedeutung.

Die Werkzeuge kann man grob danach einteilen, ob sie

- den fachinhaltlichen Entwurf (fachliche Spezifikation),
- den DV-technischen Entwurf und die Programmentwicklung oder
- die Organisation und die Dokumentation des Entwicklungsprozesses

unterstützen.

In der Entwurfsphase bieten Werkzeuge oft grafische Unterstützung in Form von Zeichnungshilfen für Organigramme, Datenflußpläne, Entscheidungstabellen usw. Als *Entwurfssprache* bezeichnet man generell jede Sprache, mit der sich der System- oder der Programmentwurf formal beschreiben lassen (z.B. Pseudo-Code oder als grafische Entwurfssprachen HIPO und SADT). Einige Werkzeuge unterstützen solche Entwurfssprachen oder besitzen eine eigene.

Für die Programmentwicklung gibt es Werkzeuge, die u.a. folgende Arbeiten unterstützen: Editieren, Compilieren, Laden/Binden, Testen. Die Werkzeuge für diese Phase sind häufig auf eine bestimmte Programmiersprache (meistens COBOL) zugeschnitten.

Werkzeuge speziell für die Organisation und die Dokumentation unterstützen im wesentlichen das Projektmanagement (siehe Abschnitt 8.4.2) und das Konfigurationsmanagement, d.h. die Verwaltung von Programmtexten in verschiedenen Ausbaustufen und zeitlichen Versionen, von Testfällen usw. Sie sind nur im weiteren Sinn als Software-Entwicklungswerkzeuge anzusehen. Umfassendere Werkzeuge enthalten teilweise von vornherein Komponenten, die das Projektmanagement und/oder das Konfigurationsmanagement unterstützen.

Moderne Software-Produktionsumgebungen unterstützen das Konfigurationsmanagement durch eine *Entwicklungsdatenbank* (*repository*), in der alle Daten über den Prozeß der System- und Programmentwicklung einschließlich der Versionsverwaltung gespeichert werden.

Bei der Auswahl von Werkzeugen wird zweckmäßigerweise von einem Kriterienkatalog ausgegangen. Neben den grundlegenden Kriterien,

- für welche Anwendungsgebiete (kaufmännisch und/oder technisch) das Werkzeug einsetzbar ist und
- welche Phasen des Systementwicklungsprozesses das Werkzeug unterstützt,

gibt es eine Reihe von Detailkriterien, die in Abbildung 6.24 zusammengestellt sind. Hinzu kommen dann noch die allgemeinen Kriterien zur Beurteilung von Standardsoftware (siehe Abschnitt 6.8), u.a.

- auf welcher Hardware und unter welchem Betriebssystem das Werkzeug eingesetzt werden kann,
- in welcher Programmiersprache das Werkzeug geschrieben ist,

- Welche Komponenten enthält das Werkzeug?
  (Editor, Strukturgenerator, Masken-, Listengenerator u.a.)
- Welche Funktionen unterstützt das Werkzeug generell?
  (Datenmodellierung, strukturierter System-/Programmentwurf, Programmgenerierung, Prüffunktionen, Testhilfen, Dokumentation u.a.)
- Welche Methoden/Verfahren unterstützt das Werkzeug?
  (HIPO, SADT, JSD, JSP, Normierte Programmierung; Prototyping u.a.)
- Welche Programmiersprachen unterstützt das Werkzeug?
  (COBOL, FORTRAN, PASCAL, BASIC, ASSEMBLER u.a.)
- Welche Elemente kann das Werkzeug beschreiben?
  (System-, Programm-, Datenstrukturen; Pseudo-Code; Bildschirm-Masken;Drucklisten u.a.)
- Wie viele Schlüsselwörter sind im Pseudo-Code möglich?
- Welche grafischen Beschreibungsmittel werden unterstützt?
  (Programmablaufpläne, Struktogramme, HIPO-Darstellungen, Baumstrukturen nach JSP, eigene Darstellungstechnik u.a.)
- Welche Benutzerunterstützung bietet das Werkzeug?
  (Dialogsprache, Menüsteuerung, HELP-Funktionen u.a.)
- Welche Funktionen des Projektmanagements werden unterstützt?
  (Termin-, Kostenplanung, Termin-, Kostenkontrolle; Balkendiagramm, Netzplantechnik; Berichtswesen u.a.)
- Welche Funktionen des Konfigurationsmanagements werden unterstützt?
  (Dokument-, Programm-, Versionsverwaltung; Vollständigkeitskontrolle u.a.)

Abb. 6.24: *Kriterienkatalog für Software-Entwicklungswerkzeuge*

- wie oft das Werkzeug bereits installiert worden ist und
- wieviel das Werkzeug kostet.

Erfahrungsberichte besagen, daß die Produktivität der Softwareentwicklung durch den Einsatz von Werkzeugen um mehr als 100% gesteigert werden konnte, wobei allerdings umstritten ist, wie die Produktivität überhaupt definiert und gemessen wird (siehe Abschnitt 8.4.2).

6.6.6 Softwarequalität

Die Bedeutung der Qualität von Anwendungssoftware ist schon in den vorangegangenen Abschnitten mehrfach herausgestellt worden. Kriterienkataloge sind in den letzten Jahren in reichlicher Anzahl aufgestellt worden. Eine Reihe von Kriterien sind in der ISO-Norm DP 9126 festgelegt. Grundsätzlich muß man zwischen *statischen* Qualitätsmaßen, die die Struktur des Programms und die Dokumentation betreffen, und *dynamischen* Qualitätsmaßen, die sich auf den Ablauf des Programms beziehen, unterscheiden.

Im Prinzip geht man bei der Qualitätsbeurteilung in folgenden Schritten vor:

Schritt 1: Aufstellung und Systematisierung qualitativer Beurteilungskriterien;

Schritt 2: Ermittlung und Systematisierung quantifizierbarer Merkmale und Zuordnung zu den qualitativen Kriterien;

Schritt 3: Entwicklung von Meßgrößen zur Erfassung der quantitativen Merkmale;

Schritt 4: Entwicklung eines Systems zur Gewinnung von beurteilenden oder bewertenden Aussagen, wie das Programm die Merkmale bzw. Kriterien erfüllt (*Validierung*).

Einige wichtige *qualitative Kriterien* sind (in alphabetischer Reihenfolge):

- Änderbarkeit: Wie schwierig und aufwendig ist es, Änderungen (Anpassungen, Erweiterungen) an dem Programm vorzunehmen?
- Benutzbarkeit: Wie einfach läßt sich das Programm durch den Benutzer handhaben (*Benutzerfreundlichkeit*)?
- Effizienz: In welchem Umfang beansprucht das Programm Hardware-Ressourcen (CPU, Hauptspeicher, Peripherie)?
- Korrektheit: Wie exakt erfüllt das Programm die Vorgaben lt. Pflichtenheft (*Funktionserfüllung*)?

- Portabilität: Läßt sich das Programm ohne großen Aufwand auf andere DV-Anlagen übertragen (*Übertragbarkeit*)? (Standardsoftware!)
- Robustheit: Wie reagiert das Programm (durch Prüfungen, Kontrollen usw.) auf fehlerhafte Eingaben oder falsche Handhabung?
- Testbarkeit: Welchen Aufwand erfordert der Programmtest (*Prüfbarkeit*)?
- Verständlichkeit: Wie gut ist das Programm zu lesen (klare Strukturen, überschaubare Module, ausreichende Kommentare)?
- Wartbarkeit: Nach welcher Zeit kann das Programm bei Auftreten eines Fehlers wieder lauffähig gemacht werden?
- Zuverlässigkeit: Mit welcher Quote (Prozentsatz) arbeitet das Programm beim wiederholten Einsatz im Routinebetrieb korrekt?

Quantifizierbare Merkmale sind u.a.: Anweisungsumfang, Datenstruktur, Kommentarumfang, Komplexität, Programmgröße, Programmstruktur.

Als *Meßgrößen* lassen sich u.a. verwenden: Anzahl der Hierarchieebenen, Anzahl der Strukturblöcke, Art und Anzahl der Steuerkonstrukte, Anzahl der Programmzeilen (LOC = lines of code), Anzahl der Sprungbefehle, Verhältnis Kommentarzeilen zu LOC, Häufigkeit von Programmzusammenbrüchen.

Einige Kriterien bzw. Merkmale überschneiden sich oder hängen voneinander ab. Die Meßgrößen haben auf die Merkmale und damit auf die Kriterien unterschiedliche, zum Teil gegenläufige Wirkung.

In der betrieblichen Praxis ist man bemüht, Maßnahmen zur Erzielung einer hohen Softwarequalität (*Qualitätssicherungsmaßnahmen*) zu treffen. Derartige Maßnahmen basieren auf

- einer konsequenten Anwendung der Prinzipien des strukturierten Systementwurfs (vgl. Abschnitt 6.5.1) und der strukturierten Programmentwicklung (vgl. Abschnitt 6.6.2),
- einer für alle Programmierer des Unternehmens verbindlichen Festlegung auf **eine** Methode bzw. **ein** Verfahren der Programmentwicklung (vgl. Abschnitt 6.6.2),
- der Einhaltung vorgeschriebener Strategien zur Organisation eines systematischen Testbetriebs (vgl. Abschnitt 6.6.4) durch **alle** Programmierer,
- der Einführung einer von **allen** Systemanalytikern und Programmierern einheitlich zu nutzenden Software-Produktionsumgebung aus einer minimalen Anzahl geeigneter Werkzeuge (vgl. Abschnitt 6.6.5).

Mit der zunehmenden Ausstattung aller betrieblichen Arbeitsplätze mit Bildschirm-Terminals oder Mikrocomputern gewinnt die *Software-Ergo-*

nomie immer stärkere Bedeutung. Sie ist weitgehend mit dem Qualitätskriterium Benutzbarkeit identisch. Die wichtigsten Forderungen bzw. Maßnahmen zur Dialoggestaltung sind in DIN 66234, Teil 8, zu fünf Grundsätzen zusammengefaßt:

- Aufgabenangemessenheit: Anpassung an die Arbeit und die Qualifikation der Benutzer (Realisierung: Maskengestaltung, Fenstertechnik, Funktionstasten, Symboltechnik);
- Selbstbeschreibungsfähigkeit: automatische Systemerklärungen, Statusmeldungen (Realisierung: deutsche Texte, Erläuterungen mit Beispielen, HELP-Funktion);
- Steuerbarkeit: individuelle Einrichtung angemessener Bearbeitungs- und Antwortzeiten, Möglichkeiten zur Arbeitsunterbrechung und zur Rücknahme von Eingaben, Löschbestätigung;
- Erwartungskonformität: Quittierung von Eingaben, Rückfragen des Systems, Erläuterung von Unterbrechungen, Zustandsanzeigen;
- Fehlerrobustheit: keine Systemzusammenbrüche bei Eingabefehlern, verständliche Fehlermeldungen, Hinweise auf Korrekturmaßnahmen, automatische Korrekturen.

Speziell zur Gestaltung der Bildschirm-Anzeigen bzw. -Masken gibt es eine Vielzahl von Empfehlungen, u.a.:

- Zusammenfassung von verwandten Informationen zu Klassen und Zuordnung zu festen Bildschirmbereichen (Status-, Arbeits-, Steuerungs-, Meldungsbereich),
- sparsame Verwendung von Hervorhebungen (Blinken, Invertierung, Kontrastverstärkung),
- Abschaltbarkeit von optischen (und akustischen) Signalen.

6.6.7 Software Engineering in Praxis und Forschung

Der gegenwärtige Stand der Vorgehensweise bei der Entwicklung und beim Einsatz von DV-Anwendungssystemen läßt sich grob durch drei Feststellungen beschreiben:

1. Soweit auf dem Softwaremarkt leistungsfähige *Standardsoftware* (siehe Abschnitt 6.8) verfügbar ist, wird - auch in Großunternehmen mit eigenen DV-Abteilungen - deren Anschaffung der Eigenentwicklung von Individualsoftware vorgezogen. Das betrifft hauptsächlich die klassischen betriebswirtschaftlichen Abrechnungssysteme (Finanzbuchhaltung, Kostenrechnung, Personalabrechnung), aber auch typische Branchensoftware (Handel, Fertigung u.a.).

2. Die *professionelle Softwareentwicklung* erfolgt nach dem CASE-Konzept vorwiegend mit Hilfe von Software-Entwicklungswerkzeugen.

Meistens werden getrennte Werkzeuge für den Systementwurf, die Programmentwicklung, das Projektmanagement und das Konfigurationsmanagement benutzt. Bei der Entwicklung wird von vornherein versucht, den Anforderungen an die Softwarequalität zu genügen.
Die gebräuchliche Programmiersprache ist auch bei der Softwareentwicklung mit Hilfe von Werkzeugen nach wie vor COBOL. Möglicherweise wird mit zunehmender Verbreitung des universellen Betriebssystems UNIX die Sprache C stärkere Verwendung finden. Eine Programmentwicklung in C sollte dann allerdings auch nur mit Hilfe eines Werkzeugs erfolgen.

3. Getrennt von der professionellen Softwareentwicklung werden in den Fachabteilungen unter der Bezeichnung *Individuelle Datenverarbeitung* (siehe Abschnitt 8.2.2) selbständig einfache Anwendungssysteme entwickelt, in den meisten Fällen auf Mikrocomputern. Dabei handelt es sich im wesentlichen um die Anwendungen Tabellenkalkulation, Präsentationsgrafik und Datenbankverwaltung. Die Anwendungen basieren häufig auf den Dateien der betrieblichen Administrations- und Dispositionssysteme (siehe Abschnitte 7.2 und 7.3). Die Entwicklung erfolgt mit integrierten Softwarepaketen (FRAMEWORK, OPEN ACCESS, SYMPHONY u.a.), Datenbankverwaltungssystemen (dBASE, ORACLE u.a.) und/oder Endbenutzersprachen. In Ausnahmefällen wird unmittelbar mit einer Programmiersprache (vorzugsweise BASIC) gearbeitet.

Die Softwareentwicklung erfolgt nach wie vor nach dem Phasenkonzept der Systementwicklung. Wegen der Schwächen dieses Konzepts (vgl. Abschnitt 6.1) kommt verstärkt die Methode *Prototyping* zum Einsatz, die in der betrieblichen Praxis unbewußt schon lange vor dieser Wortschöpfung praktiziert wurde. Der Grundgedanke des Prototyping besteht darin, in Analogie zur Entwicklung technischer Produkte vom endgültigen Anwendungssystem ein Muster bzw. eine Vorabversion, d.h. einen Prototyp mit vollem Funktionsumfang (vollständiger Prototyp) oder mit beschränktem Funktionsumfang (unvollständiger Prototyp), zu entwickeln. Der Prototyp wird

- entweder schrittweise verbessert, indem schon entwickelte Teilsysteme (als "wiederverwendbare Prototypen") weiterverwendet werden,
- oder (als "Wegwerf-Prototyp") lediglich zur Sammlung von Erfahrungen benutzt, anhand derer das endgültige System völlig neu erstellt wird (*rapid prototyping*).

In der Theorie werden unterschieden:
- Exploratives Prototyping: Konzentration auf den fachinhaltlichen Entwurf (Funktionalität des Anwendungssystems);

- Experimentelles Prototyping: Konzentration auf die DV-technische Realisierung (Programmstruktur, Schnittstellen zwischen Komponenten);
- Evolutionäres Prototyping: Strategie der schrittweisen Entwicklung einer Serie aufeinander aufbauender Prototypen anhand von Benutzeranforderungen.

Prototyping ähnelt im Prinzip den nur aus Fassaden bestehenden "Potemkinschen Dörfern". In enger Zusammenarbeit zwischen dem Systementwickler und dem späteren Benutzer wird zuerst die Benutzeroberfläche (Bildschirm-Masken der Dateneingabe und -ausgabe, Ablauffolge der Masken, Drucklisten) entwickelt; die dazwischenliegenden, für die Benutzer ohnehin uninteressanten Verarbeitungsteile werden simuliert oder durch manuelle Berechnungen überbrückt.

Die Methode Prototyping ist sowohl getrennt in den einzelnen Phasen des Systementwicklungsprozesses als auch phasenübergreifend anwendbar. Bei richtiger Handhabung läßt sich dadurch eine Verkürzung der Entwicklungszeit erreichen. Zweckmäßig ist der Einsatz von Werkzeugen, die Prototyping unterstützen, insbesondere durch einen Masken- oder Listeneditor und durch einen Maskenfolge-Simulator.

In der betrieblichen Praxis dominiert noch der mit der Dateiorganisation gekoppelte *funktionsorientierte Ansatz*. Zunehmend setzt sich aber - auch bei kommerzieller Standardsoftware - der auf der Datenbankorganisation beruhende *datenstrukturorientierte Ansatz* durch.

Forschung und Pilot-Anwender befassen sich inzwischen mit der *objektorientierten Systementwicklung* (und Programmierung), die als konsequente Fortführung des datenstrukturorientierten Ansatzes aufzufassen ist.

Als einer der ersten Vertreter der objektorientierten Systementwicklung ist die Methode JSD (Jackson system development) anzusehen, die ab 1978 von M.A. JACKSON auf der Basis seiner seit 1974 publizierten Methode des Programmentwurfs JSP (vgl. Abschnitt 6.6.2) entwickelt und 1983 erstmals in geschlossener Form veröffentlicht worden ist. JSD trennt zwischen der Spezifikationsphase, in der die Benutzeranforderungen beschrieben werden, und der Implementierungsphase, die sich mit der Realisierung auf der DV-Anlage befaßt. Bei der Spezifikation werden wiederum Modellprozesse und Funktionsprozesse unterschieden. In den Modellprozessen werden systematisch Objekte (Substantive) erfaßt, denen Ereignisse (Verben) widerfahren (Beispiel: ein Auftrag wird angenommen, bearbeitet und ausgeführt). Die davon abhängigen Funktionsprozesse spezifizieren das Ein-/Ausgabeverhalten des Systems. Die grafischen Beschreibungsmittel von JSD sind dieselben wie die von JSP.

Der Grundgedanke der objektorientierten Systementwicklung besteht darin, daß zur Beschreibung von (Daten-)Objekten neben den (statischen) Attributen auch (dynamische) Methoden bzw. Operationen gehören, die auf die betreffenden Objekte anzuwenden sind (Prinzip der *Datenkapselung*). Daten und zugehörige Operationen werden in *Objektbeschreibungen* definiert bzw. beschrieben. Objekte mit gleichen Eigenschaften werden zu

Klassen zusammengefaßt. Die Klassen werden nach einer hierarchischen Struktur gebildet, in der das *Vererbungsprinzip* gilt: Jede Klasse "erbt" die Eigenschaften der darüberliegenden (Ober-)Klasse. Eine Oberklasse kann ihre Eigenschaften an mehrere nachgeordnete Klassen vererben. Erbt umgekehrt eine Klasse die Eigenschaften von zwei (oder mehreren) übergeordneten Klassen (wie ein Kind, das Eigenschaften beider Elternteile erbt), spricht man von *multipler Vererbung*. Zur grafischen Beschreibung muß dann eine Netzstruktur herangezogen werden.

Abbildung 6.25 zeigt das Vererbungsprinzip der objektorientierten Systementwicklung an einem Beispiel. In einem Unternehmen sind für alle Dateien rein numerische Verbundschlüssel mit einer Prüfziffer nach dem 11er-Verfahren (siehe Abschnitt 8.5.1) vorgeschrieben. Speziell für Geschäftspartner (Kunden, Lieferanten) ist dieser Schlüssel auf 6 Dezimalstellen beschränkt. In dieser Klasse gelten einheitliche Vorschriften für die Kontoführung. Speziell im Kundenbereich (nächsttiefere Klasse) sind zusätzlich die Methoden für das Buchen von Forderungen und für das Mahnwesen festgelegt. In der untersten Klasse "Auslandskunden" kommen schließlich Vorschriften zur Umrechnung von Fremdwährungen hinzu.

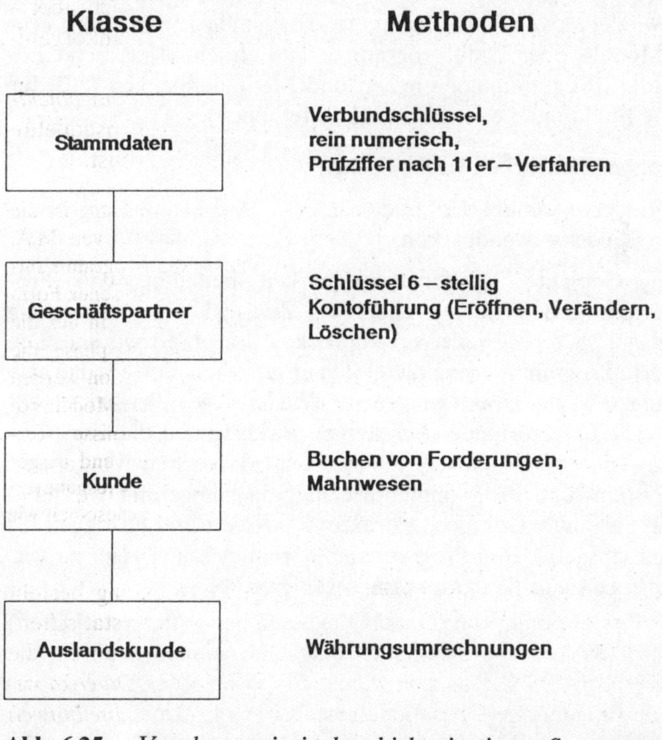

Abb. 6.25: *Vererbungsprinzip der objektorientierten Systementwicklung*

Die *objektorientierte Programmierung*, die auf der objektorientierten Systementwicklung aufbaut, arbeitet nach folgendem Prinzip: Programmoperationen werden in Form von Botschaften (messages) formuliert, die zur Ausführung zwischen den Objekten ausgetauscht werden.

Beispiel:
Das Objekt "Zahlungseingang" sendet dem Objekt "Konto" die Botschaft "Fortschreiben". Daraufhin erfolgt die Fortschreibung des Kontostands um den im Objekt "Zahlungseingang" enthaltenen Betrag nach den für das Objekt "Konto" definierten Operationen.

Für die objektorientierte Programmierung sind spezielle Programmiersprachen entwickelt worden (z.B. C++, SMALLTALK) bzw. geeignet (LISP).

Im Zusammenhang mit der objektorientierten Programmierung wird verstärkt die Frage der *Wiederverwendbarkeit* (reuseability) von Software diskutiert. Ausgangspunkt ist die Erfahrung, daß im Verlauf des Software-Lebenszyklus bei Programmänderungen und -erweiterungen, insbesondere aber bei Reorganisationen, vorhandene Bestandteile des DV-Anwendungssystems in größerem Umfang unverändert übernommen werden können. Als wiederverwendbare Bestandteile kommen Programme, Programmteile, Module oder Unterprogramme in Betracht. Klassische Lösungswege bilden Programmbibliotheken und Methodenbanken (z.B. für mathematische Funktionen oder statistische Methoden).

Bei der Wiederverwendbarkeit wird zwischen

- geplanter Wiederverwendbarkeit und
- ungeplanter Wiederverwendbarkeit

unterschieden. Geplante Wiederverwendbarkeit bedeutet, daß Programmbestandteile (z.B. Module) schon zum Zeitpunkt ihrer Erstellung für eine mögliche spätere Wiederverwendbarkeit konzipiert werden. Die objektorientierte Programmierung bietet den erheblichen Vorteil, daß sich auch Datenobjekte in die Überlegungen zur Wiederverwendbarkeit einbeziehen lassen. Die objektorientierte Systementwicklung und die objektorientierte Programmierung haben gegenüber den klassischen Vorgehensweisen der System- und Programmentwicklung allerdings einen erheblichen Nachteil: Sie sind wesentlich abstrakter konzipiert und deswegen für den traditionell ausgebildeten Programmierer weitaus schwieriger zu verstehen. In der Praxis sind sie darum bisher wenig verbreitet.

6.7 Systemeinführung

Nach erfolgreichem Abnahmetest (vgl. Abschnitt 6.6.4) erfolgt die *Einführung* (*Implementierung*) des neuen DV-Anwendungssystems. Darunter wird die Übergabe in die Verantwortlichkeit

- der auftraggebenden Fachabteilung und
- des Rechenzentrums

verstanden. Anschließend beginnt der laufende routinemäßige Einsatz des Systems. Der Einführung geht eine förmliche Programmfreigabe voraus, in der die Vollständigkeit der *Programmdokumentation* (Verfahrensbeschreibungen) überprüft wird, und zwar sowohl die schriftliche Dokumentation (Handbücher) als auch alle gespeicherten Unterlagen wie z.B. Datenverzeichnisse (data dictionaries). Die Verantwortung dafür liegt zunächst beim Leiter des DV-Projekts, dann aber beim Leiter der DV-Abteilung, der für eine einheitliche Dokumentation aller DV-Projekte nach internen Richtlinien zu sorgen hat. In großen DV-Abteilungen wird die formale Vollständigkeitskontrolle (nicht die Verantwortlichkeit!) für alle Programme häufig einer kleinen Gruppe erfahrener Mitarbeiter übertragen.

Die Hauptadressaten der Dokumentation sind

- die beteiligten Fachabteilungen und
- die DV-Abteilung.

Innerhalb der Dokumentation für die Fachabteilungen sind spezielle Bedienungsanleitungen (Handbücher) für die Benutzer (Sachbearbeiter, Sekretärinnen, Verkäuferinnen usw.) anzufertigen. In vielen Fällen kann eine solche Anleitung "selbsterklärend", d.h. in einem benutzerfreundlichen Bildschirm-Dialog erfolgen ("Online-Handbuch"). Dadurch wird jedoch eine detaillierte schriftliche Beschreibung nicht ersetzt. Dieser Sachverhalt wird sogar durch Gerichtsurteile bestätigt.
Innerhalb der Dokumentation für die DV-Abteilung muß zwischen

- der Beschreibung für die Programmierung zur späteren Wartung der Programme und
- den Beschreibungen für die verschiedenen Bereiche des Rechenzentrums (Arbeitsvorbereitung, Operating, Nachbereitung, Versand), ggf. mit speziellen Anweisungen für die Datenerfassung.

unterschieden werden. Gestaltungsvorschriften für die Dokumentation werden zweckmäßigerweise in einem Organisationshandbuch festgelegt. Die "Richtlinien für die Durchführung und Abstimmung von Automationsvorhaben" des Landes Nordrhein-Westfalen schreiben beispielsweise als Bestandteile vor:

- Beschreibung der Aufgabenstellung,
- Beschreibung der Arbeitsabläufe einschließlich der Kontrollen,
- Darstellung der Daten- und Datenflußorganisation,
- Arbeitsanweisungen für die Fachabteilungen und den DV-Bereich,
- Darstellung der Programme einschließlich Auflistung der Quellprogramme und der Programmübersetzungen,
- Darstellung der Tests und ihrer Ergebnisse,
- Freigabeerklärung.

Eine detailliertere Inhaltsbeschreibung wird in DIN 66230 (*Programmdokumentation*) unter der Zweiteilung

- Anwendungshandbuch (für die Fachabteilungen) und
- Datenverarbeitungstechnisches Handbuch (für die DV-Abteilung)

vorgenommen. Die gesamte Dokumentation muß laufend aktualisiert, d.h. bei jeder Programmänderung in allen Punkten auf den neuesten Stand gebracht werden. Zeitlich aufeinanderfolgende Programmversionen sind fortlaufend zu numerieren und streng voneinander zu trennen. Da der größte Teil der Beschreibungen ohnehin schon während des Systementwicklungsprozesses, insbesondere in den Phasen Detailentwurf und Programmierung/Test, benötigt wird, soll die Dokumentation projektbegleitend und nicht erst beim Abschluß des Projekts erfolgen. In der Praxis ist die Dokumentation ein Stiefkind der DV-Organisation.

Wesentlich unterstützen läßt sich die Dokumentation durch solche Software-Entwicklungswerkzeuge, die Komponenten für das *Konfigurationsmanagement* enthalten. Sie bieten die Möglichkeit, in einer Programmbibliothek für jedes Programm sämtliche Versionen und alle zugehörigen Dokumente (Schlüssel, Modulbeschreibungen, Kontrollen u.a.) chronologisch unter Angabe der jeweils vorgenommenen Änderungen zu speichern und zu verwalten. Noch umfassender ist die Verwendung einer programmübergreifenden *Entwicklungsdatenbank* (vgl. Abschnitt 6.6.5).

Die eigentliche Einführung des DV-Anwendungssystems wird als förmliche Übergabe vorgenommen, die mit entsprechenden Anweisungen an alle Beteiligten verbunden ist. Bereits in einer wesentlich früheren Phase ist mit den erforderlichen *Schulungsmaßnahmen* zu beginnen. In der ersten Zeit nach Einführung des Anwendungssystems müssen die Programmierer noch für kurzfristige Hilfestellungen zur Verfügung stehen.

Um eine reibungslose Systemeinführung zu gewährleisten, ist ein *Umstellungsplan* aufzustellen, in dem genau festgelegt ist, wer zu welcher Zeit welche Arbeiten auszuführen hat und wer dafür verantwortlich ist. Ein wichtiger Aspekt der Umstellung ist die sorgfältige Datenerfassung und -eingabe bei der Einrichtung neuer Dateien. Dazu sind u.U. vorübergehend Hilfskräfte heranzuziehen. Das betrifft

- sowohl die erstmalige (manuelle) Einrichtung von Dateien, z.B. bei der Einführung der Datenverarbeitung in Klein- und Mittelbetrieben (Beispiel: Übernahme von Anschriften, die bisher in Karteien geführt worden sind),
- als auch die (computergestützte) Umorganisation (Migration) von Datenbeständen, z.B. beim Übergang von der Dateiorganisation zu einem Datenbanksystem.

In Ausnahmefällen kann die Einführung mit einem *Parallellauf* begonnen werden, indem für einen begrenzten Zeitraum das alte Verfahren und das neue Anwendungssystem gleichzeitig "gefahren" werden. Da bei diesem Vorgehen mehrfacher Aufwand, insbesondere für die Pflege der Dateien entsteht, ist es wenig praktikabel.

In manchen Fällen ist eine stufenweise Einführung mit *schrittweiser Parallelverarbeitung* angebracht. Ärzte und Zahnärzte unterscheiden zwischen dem "lebenden Patientenstamm", d.h. solchen Patienten, die regelmäßig in die Praxis kommen, und dem "toten Patientenstamm", d.h. solchen Patienten, die in letzter Zeit nur gelegentlich oder gar nicht mehr zur Behandlung erschienen sind. Bei der Einführung eines "Praxiscomputers" für die administrativen Aufgaben muß die bisherige Kartei durch Eingabe aller Patientendaten in eine Datei überführt werden. Es ist zweckmäßig, zunächst nur alle Daten des lebenden Bestands zu übernehmen, während Patienten aus dem toten Bestand ebenso wie neue Patienten erst dann im System gespeichert werden, wenn sie zur Behandlung kommen. Dasselbe Verfahren empfiehlt sich für Kundendateien im Vertriebsbereich, die schrittweise mit den eingehenden Bestellungen aufgebaut werden.

Soll ein neues Anwendungssystem gleichzeitig an mehreren gleichartigen Stellen eines Unternehmens oder einer Behörde eingeführt werden (z.B. Bankfilialen, Reisebüros, Fahrkartenschalter, Einwohnermeldeämter, Finanzämter usw.), wird zunächst mit *Pilotläufen* an einer geringen Anzahl von Stellen und ausgewählten Arbeitsplätzen begonnen, um Erfahrungen zu sammeln und um Fehlerquellen von vornherein aufzudecken.

6.8 Anschaffung von Standardsoftware

Anstelle der Eigenentwicklung von Anwendungssoftware (Individualsoftware) wird in vielen Fällen, insbesondere bei Anwendungen für betriebliche Administrations- und Dispositionssysteme (siehe Abschnitte 7.2 und 7.3), die Anschaffung von Standardsoftware bevorzugt (vgl. Abschnitt 6.6.7). Unter *Standardsoftware* versteht man Programme bzw. Programmpakete mit folgenden Eigenschaften:

- aus der Sicht des Anwenders:
  Das Programm übernimmt eine eindeutig definierte betriebliche Anwendung, z.B. die Fakturierung, die Anlagenbuchhaltung oder die Lohnabrechnung.
- aus der Sicht des Anbieters:
  Das Programm ist universell, d.h. für verschiedene Branchen, Unternehmensgrößen, Rechnertypen und Betriebssysteme einsatzfähig.
- aus der Sicht des Anwenders **und** des Anbieters:
  Das Programm bzw. die einzelnen Bausteine haben einen Festpreis für die Grundversion. Der Aufwand für die Anpassung an die individuellen betrieblichen Gegebenheiten wird eindeutig fixiert (und danach in Rechnung gestellt).

Vorteile von Standardsoftware sind:

- Kauf ist in der Regel kostengünstiger als Eigenentwicklung.
- Standardsoftware ist sofort verfügbar und kann deshalb in kürzerer Zeit eingeführt werden als Eigenentwicklungen.
- Durch den Erwerb von Standardsoftware lassen sich Anwendungen auch realisieren, wenn im Unternehmen kein oder nur unzureichend qualifiziertes DV-Personal vorhanden ist.
- Aufgrund der größeren Erfahrung der Programmierer des Anbieters ist Standardsoftware häufig von besserer Qualität (vgl. Abschnitt 6.6.6) als Eigenentwicklungen.

Nachteile von Standardsoftware sind:

- Die Eigenschaften des Programmpakets stimmen oft nicht mit den Anforderungen des Anwenders überein, so daß erhebliche Anpassungen erforderlich werden.
- Die Standardsoftware ist im Hinblick auf einen breiten Anwenderkreis vielfach so allgemein entwickelt worden, daß sie im Vergleich zur Eigenentwicklung ein wesentlich schlechteres Betriebsverhalten, z.B. längere Programmlaufzeiten oder längere Antwortzeiten, zeigt.
- Die innerbetriebliche Ablauforganisation muß in verschiedenen Details (Beleg- und Formulargestaltung, Schlüsselsysteme u.a.) der Standardsoftware angepaßt werden. Dieser Nachteil kann sich allerdings auch als Vorteil herausstellen, wenn die Anpassung zu Rationalisierungseffekten führt.
- Wird Standardsoftware nur für ein einziges Anwendungsgebiet angeschafft, kann es Schnittstellenprobleme zu anderen DV-Anwendungssystemen geben.
- Der mehrphasige Entwicklungsprozeß für Individualsoftware intensiviert und festigt die Zusammenarbeit zwischen der DV-Abteilung und den Fachabteilungen. Bei der kurzfristig realisierbaren Anschaffung von Standardsoftware ist dagegen nicht immer auf beiden Seiten die Bereit-

schaft vorhanden, sich mit der von außen übernommenen Lösung zu identifizieren.
- Bei kleineren Anbieterfirmen sind die spätere Wartung der Programmpakete und die Benutzerbetreuung nicht immer garantiert. (Ausweg: Hinterlegung von Quellprogrammen, siehe Abschnitt 8.6).
- Die Anschaffung von Standardsoftware verführt dazu, die Programmspezifikation nicht sorgfältig genug vorzunehmen und die Implementierung zu überstürzen, so daß im späteren Betrieb noch laufend Änderungen erforderlich werden.

Für kleine und mittlere Unternehmen ist die Anschaffung von Standardsoftware der Regelfall. Bei der Anschaffung spielen

- die vorangehende Schulung der Mitarbeiter und
- die garantierte Unterstützung durch den Anbieter bei der Installation und beim anschließenden Routinebetrieb

eine entscheidende Rolle.

Leider werden immer wieder Programme unter der Bezeichnung "Standardsoftware" angeboten, die zunächst nur individuell für einen einzigen Anwender entwickelt worden sind und sich bei der anschließenden "Vermarktung" keineswegs von anderen Anwendern problemlos übernehmen lassen.

Für die *Auswahl* von Standardsoftware gibt es zahlreiche Kriterienkataloge. Die Kriterien lassen sich zu folgenden Gruppen zusammenfassen:

- betriebswirtschaftliche Kriterien: Leistungsumfang, Schnittstellen zu anderen Anwendungen;
- softwaretechnische Kriterien: Benutzerfreundlichkeit, Effizienz, Zuverlässigkeit (vgl. auch Abschnitt 6.6.6), Datenschutzmaßnahmen;
- Kriterien zur Implementierung und zum Einsatz: Anpassungsaufwand, Schulung, Testmöglichkeiten vor Installierung, Unterstützung, Wartung, Qualität der Dokumentation (Handbücher);
- Kriterien zur Anschaffung: Lieferzeit, Kaufpreis, Wartungskosten, Zusatzkosten (Schulung, Handbücher), Vertragsbedingungen, Rücktrittsrechte, Garantien;
- Kriterien über den Anbieter: Ansehen, Qualifikation, Branchenerfahrung, geographische Nähe, Referenzen.

Standardsoftware wird angeboten

- in Form von Programmen für einzelne betriebliche Anwendungen, und zwar für DV-Anlagen jeder Größenordnung, und
- in Form geschlossener Programmpakete für die Gesamtheit aller kaufmännischen Anwendungsgebiete, hier vorwiegend für kleine und mittlere DV-Anlagen.

Das größte Angebot an Standardsoftware besteht für den Bereich der Finanzbuchhaltung (siehe Abschnitt 7.2.1). Weitere Programmpakete sind auf dem Softwaremarkt praktisch für alle anderen betrieblichen Funktionsbereiche (siehe Abschnitte 7.2 und 7.3) vorhanden, insbesondere für:

- Betriebsbuchhaltung (Kostenrechnung),
- Personalwesen (Lohn-/Gehaltsabrechnung u.a.),
- Marketing/Vertrieb (Auftragsbearbeitung/Fakturierung u.a.),
- Materialwirtschaft (Lagerhaltung/Beschaffung, Materialplanung, Bestellwesen),
- Fertigungssteuerung.

Einige Hardware-Hersteller bieten für ihre Standardpakete die Möglichkeit an, die einzelnen Programme anhand von Checklisten entsprechend den Wünschen des Anwenders maschinell aus vorhandenen Programmbausteinen zu generieren, und zwar wie folgt:

- Zunächst werden die gewünschten Programmfunktionen anhand eines Fragebogens entweder schriftlich oder im Bildschirm-Dialog festgelegt.
- Dann erfolgen maschinelle Prüfungen auf Logik und Hardware-Realisierbarkeit. Gegebenenfalls werden Korrekturen vorgenommen.
- Abschließend wird das gesamte Programm maschinell generiert (*customized*), und zwar entweder auf der für den späteren Einsatz vorgesehenen DV-Anlage (*Zielrechner*) selbst oder, falls deren Kapazität für die Generierung nicht ausreicht, auf einer größeren Anlage (Nutzungs- bzw. Entwicklungsumgebung, vgl. Abschnitt 6.6.4).

Customizing steht im Zusammenhang mit der Wiederverwendbarkeit von Programmen oder Modulen (vgl. Abschnitt 6.6.7).

Zur Standardsoftware sind auch die schon wiederholt erwähnten integrierten Pakete für Mikrocomputer mit den Anwendungen Textverarbeitung, Präsentationsgrafik, Tabellenkalkulation und Datenbankverwaltung zu rechnen.

Standardsoftware ist definitionsgemäß von der Branche (weitgehend) unabhängig. Anwendungssoftware, die auf die Anforderungen bestimmter Branchen zugeschnitten ist, heißt *Branchensoftware* (siehe Abschnitt 7.1).

An Standardsoftware müssen besonders hohe Qualitätsanforderungen gestellt werden, insbesondere hinsichtlich der Kriterien Benutzbarkeit, Korrektheit, Robustheit und Zuverlässigkeit (vgl. Abschnitt 6.6.6). Mehrere Technische Überwachungsvereine, insbesondere der TÜV Bayern und der Rheinisch-Westfälische TÜV, haben deswegen schon seit einigen Jahren Programme anhand dieser Kriterien auf der Basis der Vornorm zu DIN 66285 begutachtet. Weitere Initiativen gingen von Software-Firmen aus. 1985 haben sich alle Prüfinstitutionen sowie Hardware-Hersteller, Software-Firmen und DV-Anwender zur "Gütegemeinschaft Software e.V." (GGS) zusammengeschlossen. Bei der GGS kann für Programme das *RAL Gütezeichen Software* beantragt werden. Der 1925 gegründete RAL (Deutsches

Institut für Gütesicherung und Kennzeichnung e.V., früher Reichsausschuß für Lieferbedingungen) ist ein von der Wirtschaft, den Behörden und den Verbraucherverbänden anerkannter Verein für die Erarbeitung von Güte- und Prüfbestimmungen.

Zahnärzte dürfen die Quartalsabrechnung von Krankenscheinen erst dann per Computer vornehmen, wenn die eingesetzten Programme vorher vom Computerausschuß der Kassenzahnärztlichen Bundesvereinigung geprüft und genehmigt worden sind. Allerdings bezieht sich diese Prüfung weniger auf die Qualität der Programme als vielmehr auf den Ausschluß sogenannter programmierter Leistungen, d.h. von automatisch ausgewiesenen Leistungen, die der Zahnarzt in Verbindung mit den zur Abrechnung eingereichten Leistungen nach der Gebührenordnung zwar zusätzlich abrechnen könnte, die er in Wirklichkeit aber gar nicht erbracht hat (z.B. bei Verzicht des Patienten auf eine Injektion). Zusätzlich steht jedoch ein Prüfmodul zur Verfügung, mit dem die Korrektheit wichtiger Programmfunktionen getestet werden kann.

6.9 Simultanauswahl von Hardware und Software

6.9.1 Übersicht

Mit dem Preisverfall der Hardware, dem Vordringen der Mikrocomputer und der zunehmenden Verfügbarkeit von Standard- und Branchensoftware nimmt die Anzahl der kleinen und mittleren Unternehmen, die sich zur Anschaffung einer DV-Anlage entschließen, ständig zu. Die Installation kann

- als direkte Umstellung von der bisherigen manuellen Bearbeitung auf den DV-Betrieb,
- als Ablösung einer veralteten DV-Anlage oder
- durch Beendigung der Zusammenarbeit mit einem Service-Rechenzentrum

erfolgen. Hinzu kommt der Fall, daß Unternehmen, die schon frühzeitig mit dem DV-Einsatz begonnen haben, wegen Unzufriedenheit mit dem Hardware-Hersteller und/oder dem Software-Anbieter einen Systemwechsel vornehmen.

Der Hauptunterschied gegenüber der Anschaffung von Hardware oder von Standardsoftware in Großunternehmen besteht darin, daß in kleinen und mittleren Unternehmen die Auswahl der Hardware und der Software meistens in **einem** Prozeß vorgenommen werden muß. Die bloße Anschaffung von Hardware kommt nicht in Betracht, weil

- eigene Programmierer für die Entwicklung und spätere Pflege von Programmen nicht zur Verfügung stehen und
- die Anstellung solcher Mitarbeiter auf Dauer auch nicht erforderlich und wirtschaftlich wäre.

Aus diesen Gründen haben sich auf dem Markt viele - häufig branchenorientierte - Software-Firmen etabliert, die von vornherein Software in Verbindung mit Hardware, vielfach Mikrocomputern, anbieten.

Die bloße Anschaffung von Software kommt lediglich dann in Betracht, wenn auf einer schon vorhandenen DV-Anlage weitere Anwendungssysteme implementiert werden sollen. In diesem Fall ist wieder wie in Abschnitt 6.8 vorzugehen.

Weil in kleinen Unternehmen keine eigenen DV-Fachleute zur Verfügung stehen und weil auch sonst keine oder nur geringe DV-Erfahrungen vorliegen, besteht die Gefahr vorschneller Entscheidungen zugunsten von Anbietern mit wortgewandten Verkäufern oder Vertriebsbeauftragten. Einem sorgfältigen Auswahlverfahren kommt daher erhöhte Bedeutung zu. Zu empfehlen ist die Hinzuziehung neutraler und herstellerunabhängiger Institute oder Unternehmensberatungen.

Im Gegensatz zu Großunternehmen, bei denen die Anschaffung von Standardsoftware meistens nur in einzelnen Bereichen zu Anpassungen der Ablauforganisation führt, muß bei kleineren und mittleren Betrieben häufig mit einer grundlegenden Änderung der gesamten Unternehmensorganisation gerechnet werden.

Bis zur Phase Grobkonzept ist die Vorgehensweise im Prinzip dieselbe wie bei der Erstellung von Individualsoftware. Anschließend sollte ein Auswahlprozeß in folgenden Schritten durchgeführt werden:

- Ausschreibung bzw. Angebotseinholung (Abschnitt 6.9.2),
- Grobbewertung der Angebote (Abschnitt 6.9.3),
- Feinbewertung der Angebote und Endauswahl (Abschnitt 6.9.4).

6.9.2 Ausschreibung

Grundlage für jede Ausschreibung bzw. für das Einholen von Angeboten ausgewählter Firmen sind die Ergebnisse der Phasen Ist-Analyse und Grobkonzept. Die Ausschreibung sollte mindestens folgende Punkte enthalten:

- allgemeine Charakterisierung des Unternehmens (Branche, Strukturorganisation, Standorte), Überblick über Größe (Umsatz, Mitarbeiter) und Erzeugnisse;

- Skizzierung der Arbeitsabläufe, soweit sie für die Übernahme auf ein DV-System in Betracht kommen;
- Mengengerüst der augenblicklichen und der in absehbarer Zeit zu erwartenden Daten;
- Katalog der Ziele und Mindestanforderungen (Kostensenkung, Lagerbestandsreduzierung, Datenaktualität, Straffung der Vertriebsorganisation usw.) mit Angaben über die kurz-, mittel- und langfristig umzustellenden Arbeitsabläufe (Stufenkonzept);
- Preisobergrenze für das Angebot;
- gewünschter Einsatztermin;
- Aufforderung zu Angaben über Schulung, Systemeinführung, Unterstützung und spätere Wartung, zur Angabe von Referenzen sowie zur Nennung des zuständigen Gesprächspartners;
- Termin für die Abgabe des Angebots.

Zu empfehlen ist die Verwendung eines Fragenkatalogs, der **alle** Punkte enthält, zu denen vom Anbieter eine Antwort erwartet wird (als Beispiel siehe Abbildung 6.26). Der Fragebogen sollte so gestaltet werden, daß der Anbieter die Antworten direkt in das Original eintragen kann. Dadurch wird bei der Auswertung der Angebote Zeit gespart, außerdem bietet sich eine bessere Möglichkeit zur vergleichenden Gegenüberstellung mehrerer Angebote.

Die Anbieter sind darauf hinzuweisen, daß Prospektmaterial keine Antworten ersetzt und daß Anrufe und Besuche vor der Angebotsabgabe nicht erwünscht sind. Die Ausschreibung wird in der Regel an Hardware-Hersteller gerichtet, die im näheren Umkreis durch Niederlassungen oder Fachhändler vertreten sind und an Software-Firmen, die Programmpakete und Hardware aus einer Hand anbieten.

6.9.3 Grobbewertung der Angebote

Einige der angeschriebenen Firmen werden überhaupt nicht, unvollständig oder nur in sehr allgemeiner Form, z.B. in "Baustein-Korrespondenz" (siehe Abschnitt 7.2.4.2), antworten. Andere werden auf ein Angebot verzichten, wenn auf eine verbindliche und detaillierte schriftliche Angebotsabgabe bestanden wird. Alle diese Anbieter werden von vornherein von der weiteren Auswahl ausgeschlossen.

Für die auf die Ausschreibung eingegangenen "echten" Angebote wird eine Grobbewertung vorgenommen. Dazu empfiehlt sich die tabellarische Aufstellung eines Katalogs einfacher Kriterien, sogenannter K.O.-Kriterien. Ausscheiden sollten beispielsweise alle Angebote,

1. Software (allgemein)
Welche Programme werden angeboten (Module, Leistungsumfang, Schnittstellen)?
Wie wird die Benutzerführung unterstützt (Menü-, Symboltechnik, HELP-Funktionen)?
Wie werden die Datensätze identifiziert (Schlüssel, Matchcode)?
Welche Handbücher werden geliefert (Arten, Anzahl, Copyright)?
Gibt es eine Demo-Version?

2. Einzelfragen Fakturierung?
Wie kann der Kundenstammsatz aufgebaut werden?
Wie kann der Artikelstammsatz aufgebaut werden?
Wie sind die Rechnungspositions-Zeilen zu gestalten?
Werden Kundenrabatte aus der Kundenstammdatei automatisch berücksichtigt?
Welche Zahlungskonditionen sind Standard?
Wie viele Mehrwertsteuer-Schlüssel werden verwendet?

3. Hardware/Systemsoftware
Wird ein Einzelplatz- oder ein Mehrplatzsystem angeboten?
Welches Betriebssystem wird benutzt?
Aus welchen Komponenten besteht die Hardware-Konfiguration (Modell, Hauptspeichergröße, Bildschirm-Arbeitsplätze, Drucker, Magnetplatten-, Diskettenlaufwerke, Streamer usw.)?
Welche späteren Erweiterungsmöglichkeiten bestehen (Vergrößerung des Hauptspeichers, Anschluß weiterer Bildschirm-Arbeitsplätze, schnellerer Drucker, zusätzlicher Anschluß externer Speicher usw.)?
Welchen Platz beansprucht die Hardware?
Wer übernimmt die Aufstellung einschließlich der elektrischen Anschlüsse?
Werden Altgeräte kostenlos entsorgt?

4. Betreuung
Wo befindet sich die nächstgelegene Technikerbereitschaft?
Werden die Programme regelmäßig gewartet?
Ist darin die Anpassung an steuerliche Änderungen eingeschlossen?
Steht eine Hotline (telefonische Beratung) zur Verfügung?
Welche Niederlassung des Anbieters übernimmt die Gesamtbetreuung?
Welcher Schulungsaufwand (in Tagen) ist erforderlich?
Wo soll die Schulung erfolgen (beim Kunden, beim Anbieter)?

5. Kosten
Wie hoch ist der Kaufpreis der Hardware?
Wie hoch sind die monatlichen Wartungskosten bei Kauf?
Wie hoch ist die monatliche Miete (bzw. Leasing-Rate)
- bei einjähriger Vertragslaufzeit?
- bei mehrjähriger Vertragslaufzeit (Staffel)?

Wieviel kostet die Systemsoftware?
Wieviel kosten die einzelnen Programmpakete?
Wie hoch sind die monatlichen Kosten für die Programmwartung?
Wieviel wird berechnet
- für die Programmanpassung?
- für die Schulung der Mitarbeiter?
- für die Unterstützung der Mitarbeiter nach Übergabe?

6. Vertragsgestaltung/Referenzen
Werden die Verträge über Hard- und Software mit demselben Vertragspartner abgeschlossen?
Werden verbindliche Installationstermine garantiert?
Sind Fristen für die Mängelbeseitigung festgelegt?
Welche Rücktrittsrechte bzw. Schadensersatzansprüche bestehen?
Wo befindet sich das System bereits im Einsatz (Namen, Anschriften)?

Abb. 6.26: *Fragenkatalog für eine Ausschreibung bzw. Angebotseinholung*

- die in den Details nicht sorgfältig bearbeitet sind,
- die im Kaufpreis bzw. der Miete weit über den übrigen Angeboten bzw. den eigenen Vorstellungen liegen,
- bei denen die angebotene Software nicht den gewünschten Leistungsumfang abdeckt,
- bei denen ein hoher Anpassungsaufwand für die Software erforderlich wird,
- bei denen die spätere Wartung der Software unsicher erscheint,
- bei denen keine Erweiterungsmöglichkeiten für die Hardware bestehen,
- bei denen die Systembeschreibungen nicht in deutscher Sprache abgefaßt sind,
- in denen keine Referenzkunden genannt werden oder
- bei denen für Hardware und Software Verträge mit getrennten Partnern abzuschließen sind.

Die Vorauswahl sollte so betrieben werden, daß am Ende drei bis fünf Angebote übrigbleiben (Prinzip: "10 kleine Negerlein").

6.9.4 Feinbewertung und Endauswahl

Die in der Grobauswahl übriggebliebenen Angebote werden wie folgt behandelt:

- Einzelgespräche mit den Anbietern,
- Einsicht in die Systembeschreibungen und Benutzerhandbücher,
- Präsentation und Vorführung,
- Einholen von Referenzen,
- Vergleichsrechnungen.

In den Einzelgesprächen werden alle noch offenen Fragen hinsichtlich der Software, der Hardware, der Vertragsgestaltung, der Rücktrittsrechte, der Schulung, der Liefertermine usw. geklärt. Die Anbieter werden gebeten, Einsicht in die Programmbeschreibungen und in die Benutzerhandbücher zu gewähren. Weiterhin werden sie aufgefordert, ihr Angebot in geschlossener Form zu präsentieren und die Programme einschließlich der Bedienerführung im Ablauf vorzuführen, und zwar nicht nur mit Testdaten des Anbieters, sondern vor allem mit Daten des Interessenten. Unbedingt ist darauf zu achten, daß für die Vorführung nicht eine größere als die angebotene DV-Anlage benutzt wird. Falls möglich (z.B. bei Mikrocomputern), sollte die Vorführung in den Arbeitsräumen des potentiellen Kunden stattfinden, damit die ergonomischen Bedingungen der Umgebung (Platzbedarf, Beleuchtungsverhältnisse, Geräuschentwicklung) deutlich werden. Die Mitarbeiter des Interessenten sollten die Anlage probeweise selbst bedienen.

Für das Einholen von Referenzen empfiehlt sich ein knapper Fragebogen, der nach vorausgegangener telefonischer Kontaktaufnahme an die Referenzadressen verschickt wird. Die Fragen sollten nicht allgemein ("Wie sind Sie zufrieden?"), sondern konkret gestellt werden, beispielsweise:

- Wie oft und warum ist die Hardware ausgefallen?
- Wie lange dauerte die Behebung?
- Wie oft und warum mußten die Programme geändert werden?
- Wie lange dauerte die Einarbeitungsphase?
- Wie oft mußten sich die Benutzer nach der Einführung vom Anbieter helfen lassen?
- Wie ist der Service zu beurteilen?
- Welche Vor- und Nachteile hat das System insgesamt?

In Erwägung zu ziehen sind Besuche bei (maximal zwei) Referenzkunden.

Nach diesen Schritten haben sich die in Betracht kommenden Angebote im allgemeinen noch weiter reduziert. Für die verbliebenen Angebote wird jetzt eine Vergleichsrechnung durchgeführt. Dazu kann das Verfahren der *Nutzwertanalyse* angewandt werden. Die einzelnen Schritte sind in Abbildung 6.27 an einem Beispiel erläutert.

Schritt 1: Die aus der Sicht des Anwenders relevanten Kriterien werden zusammengestellt und prozentual gewichtet. Die Summe der Gewichtsprozente muß 100% ergeben.

Schritt 2: Die zu vergleichenden Angebote werden hinsichtlich der gewählten Kriterien gegenübergestellt.

Schritt 3: Jedes Angebot wird hinsichtlich jedes Kriteriums bewertet, z.B. mit den Punkten 1 (schlecht) bis 5 (sehr gut). Die vergebenen Punkte werden mit den zugehörigen Gewichten multipliziert, die Produkte werden addiert. Damit ergibt sich für jede Alternative ein *Nutzwert*.

Eine Verfeinerung (mehrstufige Nutzwertanalyse) bestünde darin, einzelne Kriterien noch weiter zu unterteilen, z.B. das Kriterium "Erweiterungsfähigkeit der Hardware" in:

- Ausbau des Hauptspeichers,
- Anschluß weiterer Bildschirm-Arbeitsplätze,
- Austausch des Druckers,
- Erweiterung des peripheren Speicherplatzes.

Im Beispiel hat das Angebot B mit 395 den höchsten Nutzwert. Da die Nutzwertanalyse - ebenso wie die Multifaktorenmethoden (vgl. Abschnitt 6.4.2) - sowohl bei der Auswahl und der Gewichtung der Kriterien als auch bei der Bewertung der Angebote stark von subjektiven Einschätzungen beeinflußt wird, empfiehlt sich die Durchführung von *Sensitivitätsanalysen* (siehe auch Abschnitt 7.5). Dabei wird untersucht, wie sich die Verände-

Kriterium	Gewicht
Kaufpreis der Software	30%
Kaufpreis der Hardware	20%
Erweiterungsfähigkeit der Hardware	10%
Garantie regelmäßiger Softwarepflege	25%
Entfernung der Technikerbereitschaft	10%
Anzahl Referenz-Installationen	5%
Summe der Gewichtsprozente	100%

Schritt 1: Gewichtung der Kriterien

Kriterium	Angebot A	Angebot B	Angebot C
(1) Kaufpreis der Software (DM)	12.000	15.000	20.000
(2) Kaufpreis der Hardware (DM)	30.000	20.000	15.000
(3) Erweiterungsfähigkeit der Hardware	Hauptspeicher <u>und</u> Peripherie	nur Peripherie	keine
(4) Garantie regelmäßiger Softwarepflege	ab nächstem Jahr	ja	evtl.
(5) Entfernung der Technikerbereitschaft	100 km	am Ort	1 Flugstd.
(6) Anzahl Referenz-Installationen	15	3	6

Schritt 2: Gegenüberstellung der Angebote

Kriterium	Gewicht	Angebot A	Angebot B	Angebot C
(1)	30	5	4	2
(2)	20	1	3	4
(3)	10	5	3	1
(4)	25	2	5	3
(5)	10	2	5	1
(6)	5	5	2	4
Nutzwert		315	395	255

Schritt 3: Bewertung der Angebote

Abb. 6.27: *Nutzwertanalyse für die Endauswahl*

rung von Gewichtsbewertungen für die Kriterien oder von Punktbewertungen für die Angebote auf das Gesamtergebnis auswirkt. Würde man beispielsweise den Kaufpreis der Software nur noch mit 25% (statt mit 30%), die Anzahl der Referenz-Installationen aber mit 10% (statt mit 5%) gewichten, so erhielte man die Nutzwerte 315 für A, 385 für B und 265 für C, die Reihenfolge bliebe also unverändert.

Anhand der Feinbewertung, insbesondere der Ergebnisse der Nutzwertanalyse, wird - wenn keine Gründe für eine Verschiebung sprechen (z.B. in Aussicht gestellte neue Branchensoftware eines namhaften Anbieters) - die endgültige Entscheidung getroffen. Daran schließt sich der Vertragsabschluß an. Die Einführung verläuft dann analog zur Implementierung von Individualsoftware (vgl. Abschnitt 6.7).

Der Vertrag sollte detaillierte Angaben über den Leistungsumfang der angebotenen Software, über die Modalitäten der Übergabe, der Einführung und der Funktionsprüfung, über Rücktritts- und Kündigungsrechte sowie über Garantiefristen und die Haftung des Anbieters enthalten. Nützliche Hinweise zur Vertragsgestaltung geben wieder die in der öffentlichen Verwaltung geltenden *Besonderen Vertragsbedingungen* (BVB) für die Miete, den Kauf und die Wartung von Hard- und Software, für die Überlassung von DV-Programmen, für die Planung von DV-gestützten Verfahren und für das Erstellen von DV-Programmen, auch wenn die Besonderen Vertragsbedingungen für die Überlassung von DV-Programmen inzwischen vom Bundesgerichtshof wegen Verstoßes gegen das Gesetz zur Regelung der Allgemeinen Geschäftsbedingungen (AGB-Gesetz) teilweise für unwirksam erklärt worden sind. Zur Haftungsfrage existiert eine umfangreiche Rechtsprechung (siehe auch Abschnitt 8.6).

7 Betriebliche DV-Anwendungssysteme

7.1 Übersicht

DV-Anwendungssysteme werden

- in Unternehmen jeder Größe, d.h. in großen, mittleren und kleinen Unternehmen,
- in allen Branchen wie Handel, Industrie, Banken, Dienstleistungsbetrieben usw. sowie
- für alle betrieblichen Arbeitsgebiete wie Beschaffung, Produktion, Vertrieb und Verwaltung

in unterschiedlicher Intensität eingesetzt. Die früher vielfach gegen den Einsatz der Datenverarbeitung vorgebrachten Argumente sind angesichts der breiten Nutzungsmöglichkeiten und der mit dem Einsatz verbundenen betrieblichen Vorteile und individuellen Arbeitserleichterungen erheblich zurückgegangen.

Als Anfang der 60er Jahre mit dem Einsatz der Datenverarbeitung in den einzelnen betrieblichen Funktionsbereichen begonnen wurde, blieben diese Anwendungen wegen der hohen Kosten für die Hardware, für die organisatorischen Umstellungen im Betrieb und für die Programmentwicklung meistens nur Großunternehmen vorbehalten. Installiert wurden Großrechner, die man als *Universalrechner* (vgl. Abschnitt 2.4.2) bezeichnete, weil sie geeignet waren, sowohl mathematisch-technische als auch betriebswirtschaftlich-administrative Aufgaben zu bearbeiten. Im kaufmännischen Anwendungsbereich lösten diese DV-Anlagen häufig Hollerith-Anlagen (siehe Abschnitt 9.1) ab.

Mit Beginn der 70er Jahre wurden durch die Anlagen der sogenannten *Mittleren Datentechnik* (vgl. ebenfalls Abschnitt 2.4.2) auch mittlere Unternehmen dem DV-Einsatz für die klassischen betriebswirtschaftlichen Abrechnungsgebiete erschlossen. Die MDT-Anlagen besaßen den eminenten Vorteil, dem Sachbearbeiter die Kontokarte als gewohntes Arbeitsmittel zu belassen. Sie wurden dann sukzessive durch komplette DV-Anlagen in Form von Minicomputern ersetzt, die im betriebswirtschaftlichen Bereich zusammen mit der entsprechenden Anwendungssoftware unter der Bezeichnung *Bürocomputer* Verbreitung fanden.

In den 80er Jahren begann schließlich durch die schnelle Entwicklung der *Mikrocomputer*, verbunden mit einem zunehmenden Angebot an Standard- und Branchensoftware, der DV-Einsatz in kleinen Unternehmen bis hin zu Facheinzelhändlern, Handwerksbetrieben, Steuer- und Unternehmensberatern, Rechtsanwälten, Ärzten u.a.

Nach ihrem Verwendungszweck unterteilt man DV-Anwendungssysteme in (Abb. 7.1)

- Administrations- und Dispositionssysteme sowie
- entscheidungsunterstützende Systeme (EUS).

Administrationssysteme übernehmen vorwiegend

- die klassische betriebliche *Abrechnung* von "Massendaten", z.B. die Buchführungsarbeiten in der Finanzbuchhaltung einschließlich Monats- und Jahresabschlüssen oder die monatlichen Lohn- und Gehaltsabrechnungen im Personalwesen (sogenannte kommerzielle Anwendungssysteme, vgl. Abschnitt 5.1), und
- die *Verwaltung* von Beständen, z.B. von Lagerartikeln im Handel oder in der Fertigung, von Konten bei Banken oder Bausparkassen und von Verträgen bei Versicherungen.

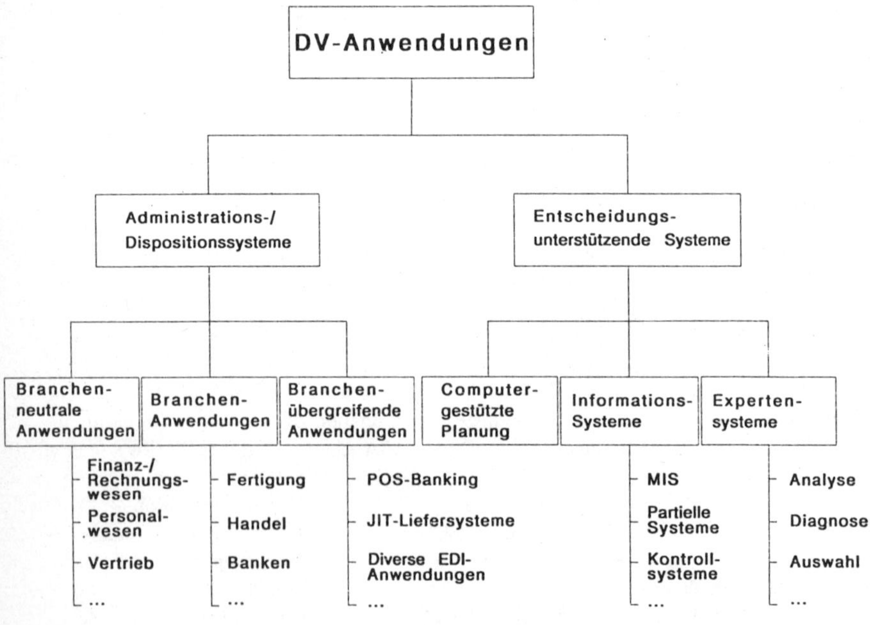

Abb. 7.1: *Typen von DV-Anwendungssystemen*

Dispositionssysteme dienen der Vorbereitung kurzfristiger dispositiver Entscheidungen, vorwiegend auf den unteren und mittleren Führungsebenen. Sie arbeiten halb- oder vollautomatisch. Typische Anwendungsbeispiele sind die Bestelldisposition im Handel, die Materialdisposition und Werkstattsteuerung in der Fertigung, die Belegung von Hochregallagern, die Organisation von Veranstaltungen (Kurse, Konzerte, Theater), der Zuschnitt in der Bekleidungsindustrie, die Außendienststeuerung und Tourenplanung im Vertrieb oder die Futtermischung in der Tierfutterindustrie. Dispositionssysteme sind ein klassisches Anwendungsgebiet für computergestützte Verfahren des Operations Research.

Abbildung 7.2 gibt einen Überblick über die wichtigsten Anwendungsgebiete betrieblicher Administrations- und Dispositionssysteme im Sinn einer funktionsorientierten Vorgehensweise (vgl. Abschnitt 5.1). Die Darstellung gilt für die Fertigungsindustrie, in Handelsbetrieben entfallen die Anwendungssysteme Materialplanung und Fertigungssteuerung.

Bei den Administrations- und Dispositionssystemen muß man zunächst zwischen

- branchenneutralen (oder -unabhängigen) Anwendungen und
- branchenspezifischen Anwendungen, kurz Branchen-Anwendungen,

unterscheiden. Bei den *branchenneutralen Anwendungen* dominieren drei Arbeitsgebiete, und zwar:

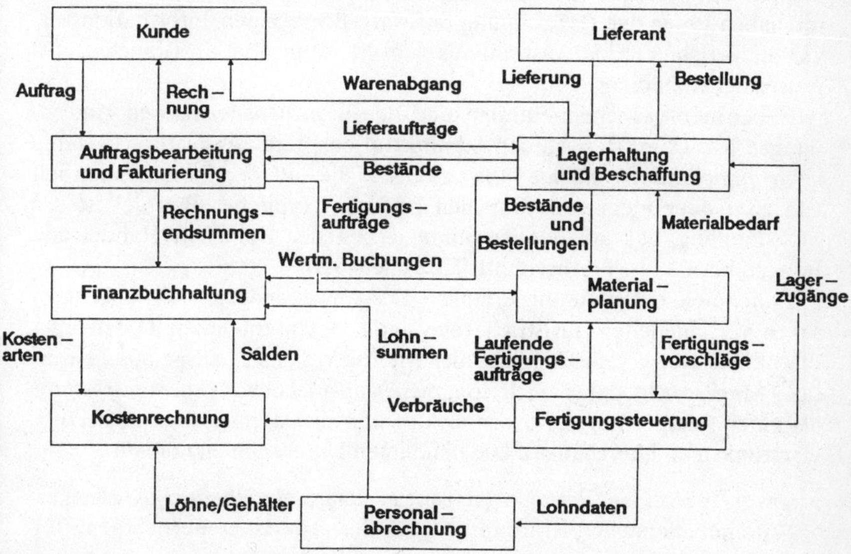

Abb. 7.2: *Anwendungsgebiete betrieblicher Administrations- und Dispositionssysteme*

a) die Finanzbuchhaltung, weil dort
   - die Aufgaben weitgehend branchen- und firmenunabhängig zu formulieren sind und
   - von außen eine gewisse Standardisierung durch Aktiengesetz, AO (Abgabenordnung), EStR (Einkommensteuer-Richtlinien), HGB (Handelsgesetzbuch), Kontenrahmen (Gemeinschafts- oder Industriekontenrahmen) usw. vorgegeben ist;
b) die Lohn- und Gehaltsabrechnung, weil die formalen Berechnungs- und Zahlungsvorschriften (Lohnsteuer, Kirchensteuer, vermögenswirksame Leistungen; Überweisungen an Banken, Krankenkassen; Datenträgeraustausch usw.) bis auf branchenspezifische Tarifverträge oder Betriebsvereinbarungen weitgehend vorgeschrieben oder einheitlich geregelt sind; und
c) die Fakturierung, die - von branchenspezifischen Sonderfällen abgesehen - nach einem allgemein üblichen Schema vorgenommen wird.

Wegen der Branchenunabhängigkeit gibt es für diese Arbeitsgebiete ein großes Angebot an Standardsoftware.

Typische *Branchenanwendungen* bestehen in Fertigungsbetrieben (CIM-Konzept), im Handel (Warenwirtschaftssysteme) sowie bei Banken und Versicherungen. Für branchenspezifische Anwendungen existiert auf dem Softwaremarkt ein vielfältiges Angebot an speziellen Branchenprogrammen. Über das Angebot informieren mehrere Kataloge, insbesondere die halbjährlich erscheinenden ISIS-Kataloge. Unabhängige Software-Anbieter haben unter der Bezeichnung Software-Börse einen Informationsservice eingerichtet. Eine Auswahl aus dem Marktangebot an Branchensoftware zeigt Abbildung 7.3.

Neben den branchenneutralen und den branchenspezifischen Anwendungen gibt es im Bereich der Administrations- und Dispositionssysteme noch *branchenübergreifende Anwendungen*, die auf der Zusammenarbeit von zwei oder mehreren Branchen basieren. Typisches Beispiel ist das POS-Banking, das auf der Zusammenarbeit der Branchen Handel und Banken beruht (siehe Abschnitte 7.3.2 und 7.3.3).

Zunehmende Bedeutung erlangen DV-Anwendungen, bei denen zwischen verschiedenen, juristisch selbständigen Unternehmen Daten über öffentliche Netze (einschließlich der Mehrwertdienste) ausgetauscht werden. Man spricht dabei auch von *zwischenbetrieblicher Datenverarbeitung* als einer Realisierungsform des elektronischen Datenaustauschs (EDI = electronic data interchange). Die beteiligten Unternehmen können

- sowohl derselben Branche (Beispiele: Pharmagroßhandel/Apotheken, Automobilhersteller/Kraftfahrzeughändler, Touristikunternehmen/Reisebüros)

Bauwesen
- Baustellenabrechnung
- Beton-, Kieswerke
- Elektroinstallation
- Fenster-, Türenbau
- Haustechnik
- Heizung, Klima, Lüftung
- Hoch-/Tiefbau
- Sanitärinstallation
- Straßenbau

Dienstleistungen
- Anwälte, Notare
- Gaststättenbetriebe
- Glas- und Gebäudereinigung
- Hausverwaltungen
- Hotellerie
- Immobilienmakler
- Reisebüros
- Steuerberater
- Theater
- Treuhandgesellschaften
- Versicherungsmakler
- Werbeagenturen
- Wirtschaftsprüfer

Energiewirtschaft

Gesundheitswesen
- Apotheken
- Arzt-, Zahnarztpraxen
- Augenoptiker
- Dentallabors
- Heilpraktiker
- Krankenhauswesen
- Kurverwaltungen

Handwerk
- Bäcker
- Dachdecker
- Fleischer
- Gärtner
- Landwirtschaft
- Maler
- Tischler

Handel
- Backwarenhandel
- Baustoffhandel
- Büromaschinenhandel
- C&C-Märkte
- Facheinzelhandel
- Getränkehandel
- Glashandel
- KfZ-Handel
- Lebensmittelhandel
- Mineralölhandel
- Möbelhandel
- Obst-/Gemüsehandel
- SB-Warenhäuser
- Textilhandel
- Versandhandel
- Video-Verleih
- Zeitschriftenhandel

Industrie
- Bekleidungsindustrie
- Brauereien
- Getränkeindustrie
- Grafische Industrie
- Konfektionsindustrie
- Lebensmittelindustrie
- Lederwarenindustrie
- Möbelindustrie
- Molkereien
- Nahrungsmittelindustrie
- Papierindustrie
- Pharmaindustrie
- Textilindustrie
- Webereien

Transportwesen
- Containerdienste
- Fuhrparkverwaltung
- Personenverkehr
- Speditionen
- Taxibetriebe
- Umzugsbetriebe

Abb. 7.3: *Branchensoftware (Auswahl)*

- als auch verschiedenen Branchen (Beispiele: Automobilhersteller/Glasindustrie, Industrie/Handel, Banken/Handel)

angehören. Mit Hilfe des elektronischen Datenaustauschs wird ferner das Just in Time-Prinzip mit Lieferanten realisiert (siehe Abschnitt 7.3.1.3).

Unter dem (nicht einheitlich definierten) Begriff *entscheidungsunterstützende Systeme* (EUS) lassen sich

- die computergestützte Planung,
- Informationssysteme und
- Expertensysteme

zusammenfassen. In einer enger gefaßten Definition wird der Begriff EUS nur für solche Systeme benutzt, die den Manager in die Lage versetzen, die bereitgestellten Informationen selbst (z.B. mit Hilfe von Methodenbanken, Tabellenkalkulationsprogrammen, Endbenutzersprachen usw.) interaktiv zu nutzen (*Decision Support-* oder *Management Support-Systeme*).

Als *computergestützte Planung* bezeichnet man den DV-Einsatz zur Unterstützung aller mittel- und langfristigen Planungsprozesse im Rahmen betrieblicher Planungssysteme. In Betracht kommen die Planung einzelner Funktionsbereiche (z.B. Vertriebsplanung), die integrierte Planung mehrerer Funktionsbereiche (Produktionsprogrammplanung als Integration der Bereiche Produktion und Vertrieb) und die Unternehmensplanung (corporate planning). Die DV-Unterstützung bezieht sich hauptsächlich auf das Berechnen von Planalternativen und -varianten. Sie erfolgt durch Modellrechnungen, z.B. in Form einfachen Tabellenrechnens oder durch die Anwendung von Optimierungs- und Simulationsverfahren mit entsprechenden mathematischen Modellen.

Informationssysteme haben die Aufgabe, Führungsinformationen für alle Management-Ebenen bereitzustellen (MIS = Management-Informationssystem). Sie verwenden dazu sowohl unternehmensinterne Daten aus Administrations-, Dispositions- und Planungssystemen als auch externe Daten, z.B. von Marktforschungsinstituten, aus volkswirtschaftlichen Statistiken oder durch Zugriff auf weltweit angebotene Online-Datenbanken, insbesondere Wirtschaftsdatenbanken. Informationssysteme erfordern in der Regel den Einsatz von Datenbankverwaltungssystemen. Typische (partielle) Informationssysteme für betriebliche Funktionsbereiche sind Marketing- und Personalinformationssysteme.

Einen Spezialfall der Informationssysteme bilden *Kontrollsysteme*, die im wesentlichen der Gegenüberstellung von Plan- und Ist-Daten dienen und häufig als Warnsysteme nach dem Prinzip des "Management by exception" arbeiten. Im übrigen wird der Begriff Informationssystem völlig uneinheitlich interpretiert.

Eine relativ neue Kategorie von DV-Anwendungssystemen bilden die *Expertensysteme*, die dem Forschungsgebiet der "Künstlichen Intelligenz" entstammen. Sie sollen das Wissen von Experten sammeln, ordnen und für einen größeren Anwenderkreis nutzbar machen sowie die Experten selbst von Routineaufgaben entlasten. Ihr Haupteinsatzgebiet sind die Analyse und die Diagnose - auch betriebswirtschaftlicher Sachverhalte - und die Unterstützung von Auswahlentscheidungen. Expertensysteme unterscheiden sich im Entwurf, in der Programmierung und in der Nutzung ganz erheblich von allen anderen Typen betrieblicher DV-Anwendungssysteme.

Im Rahmen einer Einführung in die Wirtschaftsinformatik läßt sich das gesamte Anwendungsspektrum des betrieblichen DV-Einsatzes nicht vollständig beschreiben. Die folgenden Abschnitte beschränken sich auf die wichtigsten Anwendungssysteme, und zwar auf branchenneutrale Administrations- und Dispositionssysteme (Abschnitt 7.2)

- für das Finanz- und Rechnungswesen (Abschnitt 7.2.1),
- für das Personalwesen (Abschnitt 7.2.2),
- für den Vertrieb (Abschnitt 7.2.3) und
- für die Bürotätigkeiten (Abschnitt 7.2.4),

sowie auf branchenspezifische Administrations- und Dispositionssysteme (Abschnitt 7.3) in den Branchen

- Fertigungsindustrie (Abschnitt 7.3.1),
- Handelsunternehmen (Abschnitt 7.3.2),
- Kreditinstitute (Abschnitt 7.3.3) und
- Versicherungswirtschaft (Abschnitt 7.3.4).

Anschließend werden

- DV-Anwendungen mit elektronischem Datenaustausch (Abschnitt 7.4),
- die computergestützte Planung (Abschnitt 7.5),
- Informationssysteme (Abschnitt 7.6) und
- Expertensysteme (Abschnitt 7.7)

behandelt.

Die Darstellung konzentriert sich weitgehend auf die Beschreibung des fachinhaltlichen Leistungsumfangs der DV-Anwendungssysteme. Aus DV-technischer Sicht muß man jedes DV-Anwendungssystem

- nach dem Integrationsgrad (funktions- oder datenstrukturorientierte Vorgehensweise mit Datei- oder Datenbankorganisation),
- nach dem Verteilungsgrad (zentral, dezentral, verteilt) und der damit verbundenen Netzwerkarchitektur,
- nach den Betriebsarten und Nutzungsformen (Online-/Offline-Betrieb, Stapel-/Dialogbetrieb, Teilhaber-/Teilnehmerbetrieb) sowie
- nach dem Softwaretyp (Individualsoftware, Standard-/Branchensoftware)

beurteilen.

7.2 Branchenneutrale Administrations- und Dispositionssysteme

7.2.1 Finanz- und Rechnungswesen

Die durch DV-Anwendungssysteme abgedeckten betriebswirtschaftlichen Funktionen des Finanz- und Rechnungswesens umfassen im *Finanzwesen*:

- die Debitorenbuchhaltung einschließlich Rechnungs- bzw. OP (Offene Posten)-Ausgleich, Lastschriftverfahren, OP-Überwachung, Mahnwesen und Bonitätsprüfung,
- die Kreditorenbuchhaltung einschließlich Rechnungs- bzw. OP-Ausgleich (auch als automatischer Zahlungsverkehr bezeichnet) und Zahlungsträgererstellung,
- die Sachbuchhaltung (Hauptbuchhaltung) einschließlich Saldierung, Periodenabschlüssen sowie Bilanz und Gewinn- und Verlustrechnung.

Im *Rechnungswesen* umfassen sie im wesentlichen:

- die Kostenarten-/Kostenstellenrechnung einschließlich der Erstellung des Betriebsabrechnungsbogens (BAB) mit Verteilungs- bzw. Umlageverfahren für die Gemeinkosten,
- die Kostenträgerrechnung (Nachkalkulation),
- die Vorkalkulation und
- die Betriebsergebnisrechnung einschließlich kurzfristiger Erfolgsrechnung, Deckungsbeitragsrechnung usw.

Ferner gehören zu den betriebswirtschaftlichen Funktionen im Gesamtgebiet des Finanz- und Rechnungswesens:

- Prognoserechnungen, z.B. für die Zahlungseingänge,
- Analysen, z.B. der offenen Posten oder der Bilanz,
- Periodenvergleiche,
- Auftragsabrechnung/Artikelergebnisrechnung,
- Liquiditätsübersichten,
- kurzfristige Liquiditätsplanungen (Finanzdisposition) und
- Kennzahlenrechnungen.

Als klassische Nebenbuchhaltung ist noch die Anlagenrechnung mit den Hauptbestandteilen

- Ermittlung der Abschreibungen für Steuer- und Handelsbilanz nach unterschiedlichen Abschreibungsarten,
- AfA-Vorausschau und
- Vermögensaufstellung

ein Standard-Anwendungsgebiet des DV-Einsatzes.

Für die DV-technische Realisierung aller betriebswirtschaftlichen Funktionen des Finanz- und Rechnungswesens gibt es eine Reihe von Alternativen, die sich danach unterscheiden, wie stark die Programme bzw. die Daten integriert werden (*Integrationsgrad* der Verarbeitung). Ausgangspunkt sind immer die Zusammenhänge zwischen den einzelnen Arbeitsgebieten. Im Fall der Finanzbuchhaltung lassen sich die Arbeitsabläufe sowie die Zusammenhänge der Arbeitsgebiete untereinander und mit der Fakturierung wie folgt beschreiben:

- Die Debitorenbuchhaltung führt alle Last- und Gutschriftsbuchungen (Rechnungsausgänge, Zahlungseingänge) auf den Kundenkonten durch. Die Lastschriften werden aus der Fakturierung übernommen (Rechnungsendsummen).
  Für die Sachbuchhaltung werden Gesamtsummen ermittelt.
- Die Kreditorenbuchhaltung führt alle Last- und Gutschriftsbuchungen (Rechnungseingänge, Zahlungsausgänge) auf den Lieferantenkonten durch.
  Für die Sachbuchhaltung werden Gesamtsummen ermittelt.
- Die Sachbuchhaltung übernimmt die Gesamtsummen aus der Debitoren- und der Kreditorenbuchhaltung.
  Weitere Summen werden aus den Arbeitsgebieten Anlagenrechnung, Lohn/Gehalt, Lagerhaltung und Kostenrechnung bezogen. Alle übrigen Geschäftsvorfälle werden direkt gebucht.

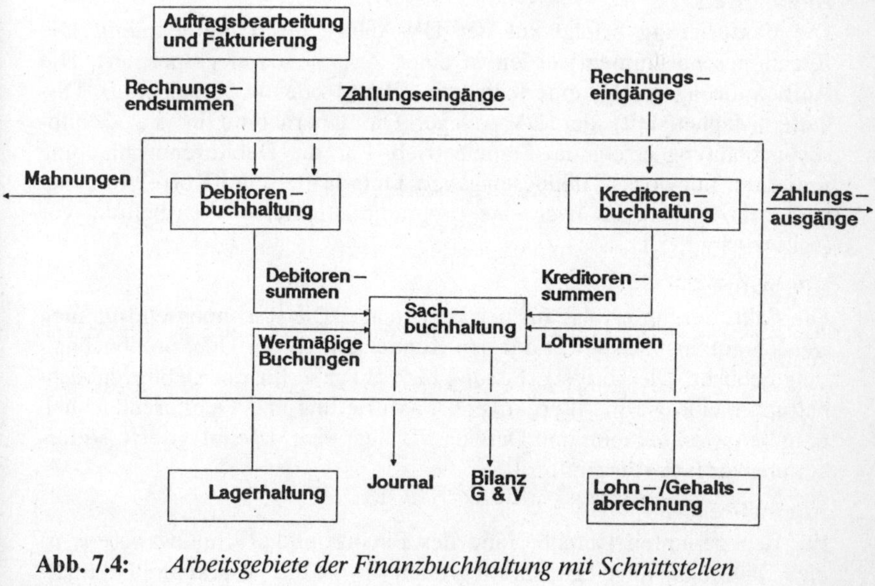

Abb. 7.4: *Arbeitsgebiete der Finanzbuchhaltung mit Schnittstellen*

Die Sachbuchhaltung erstellt das Journal, die Kontenblätter laut Kontenplan, alle bilanztechnischen Auswertungen (Salden, Bilanz, G & V) sowie Sonderrechnungen.

Diese Zusammenhänge sind in Abbildung 7.4 in vereinfachter Form dargestellt.

Die Vielfalt denkbarer (und in der Praxis auch realisierter) Alternativen im Integrationsgrad der Verarbeitungsabläufe läßt sich gut am Beispiel der Schnittstelle zwischen Fakturierung und Debitorenbuchhaltung anhand von fünf Alternativen demonstrieren. In allen Fällen wird unterstellt, daß die Debitorenbuchhaltung bereits auf der DV-Anlage des Unternehmens durchgeführt wird.

Alternative 1:
Die Fakturierung wird manuell vorgenommen. Für die Debitorenbuchhaltung werden die Rechnungsendsummen aus der Fakturierung zusammen mit Zahlungseingängen, Gutschriften und Korrekturen entweder auf Datenträger erfaßt und anschließend eingegeben oder sofort direkt eingegeben.

Alternative 2:
Die Fakturierung erfolgt zwar per Computer, es besteht jedoch keinerlei Integration mit der Debitorenbuchhaltung (z.B. bei Fakturierung mit einem Mikrocomputer im Vertriebsbereich). Für die Debitorenbuchhaltung bleiben Erfassung bzw. Eingabe unverändert gegenüber Alternative 1.

Alternative 3:
Die Fakturierung erfolgt auf der DV-Anlage des Unternehmens. Die Rechnungsendsummen werden in einer Zwischendatei gespeichert. Die Aufbewahrung erfolgt innerhalb (z.B. Platte) oder außerhalb (z.B. Diskette, Magnetband) der DV-Anlage. Die Übernahme in die Debitorenbuchhaltung erfolgt im Stapelbetrieb. Für die Debitorenbuchhaltung sind dann nur noch Zahlungseingänge, Gutschriften und Korrekturen separat einzugeben. Es liegt eine programmintegrierte Verarbeitung vor (vgl. Abschnitt 5.1).

Alternative 4:
Die Fakturierung erfolgt auf der DV-Anlage. Die Rechnungsendsummen werden automatisch sofort auf den Kundenkonten der Debitorenbuchhaltung gebucht. Die übrige Erfassung bzw. Eingabe für die Debitorenbuchhaltung bleibt wie in Alternative 3. Fakturierung und Debitorenbuchhaltung benutzen gemeinsame Dateien. Es liegt eine dateiintegrierte Verarbeitung vor (vgl. Abschnitt 5.1).

Alternative 5:
Für den gesamten Datenbestand des Finanz- und Rechnungswesens ist eine Datenbank angelegt. Darauf greifen sowohl die Programme Fakturie-

rung und Debitorenbuchhaltung als auch andere Programme (z.B. Sachbuchhaltung, Kostenrechnung) zu. Ferner werden damit betriebswirtschaftliche Auswertungen (regelmäßig oder ad hoc) vorgenommen.

Nur bei den Alternativen 4 und 5 besteht völlige zeitliche Identität zwischen Fakturierung und Debitorenbuchhaltung. Die beliebige Verknüpfbarkeit der Daten für alle gewünschten Auswertungen wird ausschließlich durch Alternative 5 ermöglicht. Dieselben fünf Alternativen lassen sich auch für die Schnittstelle zwischen Kontokorrent und Sachbuchhaltung aufzeigen. In der betrieblichen Praxis dominieren die Alternativen 3 und 4.

Weitere Alternativen ergeben sich daraus, ob die DV-technischen Funktionen

- Datenerfassung/Dateneingabe,
- Prüfung/Kontrolle (siehe Abschnitt 8.5.1),
- Korrektur und
- Verarbeitung

im Stapel- und/oder im Dialogbetrieb erfolgen. Die Dateneingabe wird entweder (durch Sachbearbeiter) im Dialogbetrieb oder (durch Datentypistinnen) als Online-Erfassung im Stapelbetrieb vorgenommen (vgl. Abschnitt 2.5.5). Die indirekte Dateneingabe mit vorheriger Datenerfassung auf Datenträgern wird kaum noch praktiziert. Abbildung 7.5 zeigt die verschiedenen Kombinationsmöglichkeiten.

Anhand dieser Abbildung seien drei typische Alternativen der sogenannten *Vorgangsbearbeitung* herausgegriffen:

Alternative A (Weg 1 in Abbildung 7.5):
Die Daten eines Vorgangs werden direkt über die Tastatur eines Bildschirm-Terminals eingegeben und zunächst intern gespeichert. Die Prüfung geschieht zu einem späteren Zeitpunkt im Stapelbetrieb. Die Korrektur erfolgt anschließend wieder am Bildschirm-Terminal

- entweder anhand eines ausgedruckten, zwischenzeitlich manuell bearbeiteten Fehlerprotokolls
- oder anhand der sukzessive am Bildschirm angezeigten fehlerhaften Daten.

Nach Ausführung aller Korrekturen wird die Verarbeitung im Stapelbetrieb vorgenommen.

Alternative B (Weg 2 in Abbildung 7.5):
Die Daten des Vorgangs werden im Dialogbetrieb sofort nach der Tastatureingabe geprüft. Fehler werden am Bildschirm angezeigt und noch im selben Arbeitsgang korrigiert. Die Buchungsdaten werden dann jedoch zwischengespeichert und erst später im Stapelbetrieb verarbeitet.

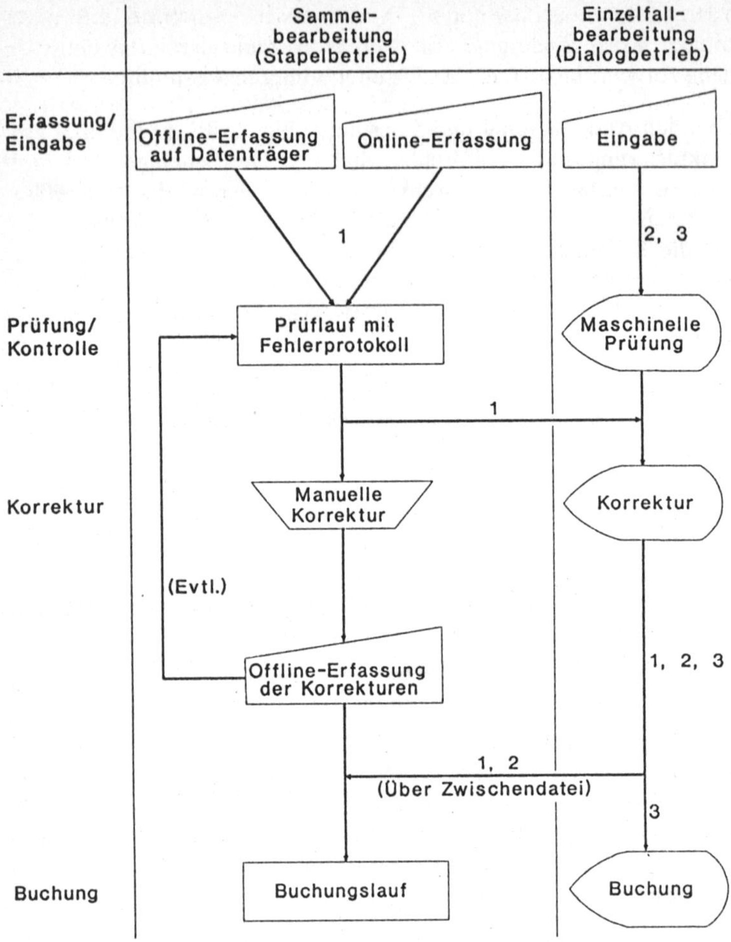

Abb. 7.5: *Alternativen für Stapel- und Dialogbetrieb bei Buchungssystemen*

Alternative C (Weg 3 in Abbildung 7.5):
Die Eingabe, Prüfung und Korrektur der Buchungsdaten ist identisch mit Alternative B. Die fehlerfreien und die korrigierten Daten werden jedoch jetzt sofort verarbeitet (gebucht).

Die Alternativen B und C garantieren - im Gegensatz zur Alternative A - eine von Anfang an fehlerfreie Dateneingabe. Die Aktualität der gespeicherten Buchungsdaten gewährleistet nur Alternative C. Voraussetzung ist allerdings, daß die Originalbelege nicht zu Tages- oder Wochenstapeln gesammelt, sondern sofort nach Anfall verarbeitet werden.

Werden anstelle von Bildschirm-Terminals Mikrocomputer eingesetzt, können alle Prüfvorgänge unter Entlastung des Zentralrechners und möglicherweise unter Einsparung von Datenübertragungskosten dezentral ablaufen. Alle hier aufgezählten Varianten werden auch bei DV-Anwendungssystemen außerhalb des betrieblichen Rechnungswesens praktiziert.

In vielen Anwendungsfällen sind Kombinationen zwischen Stapel- und Dialogbetrieb sinnvoll, beispielsweise beim *Mahnwesen* und bei der Regulierung von Lieferantenrechnungen *(Zahlungsausgang)*:

Beispiel Mahnwesen:
Das Programm "OP-Liste" in der Debitorenbuchhaltung erstellt im Stapel eine Liste der offenen Posten ("Mahnstatistik"). Mit dem Programm "Mahnungen" werden anhand dieser Liste individuelle Mahnungen im Dialogbetrieb vorgenommen, entweder durch einen Mahnbrief unter Einbezug der Textverarbeitung (siehe Abschnitt 7.2.4.2) oder durch Zusendung von Kontoauszügen mit den fälligen Posten.

Beispiel Zahlungsausgang:
Das Programm "Zahlungsvorschlagsliste" in der Kreditorenbuchhaltung erstellt im Stapel eine Liste mit Zahlungsvorschlägen ("Fälligkeitsliste"). Mit dem Programm "Zahlungsausgang" werden anhand dieser Liste im Dialogbetrieb Zahlungen veranlaßt oder zurückgestellt.

Voraussetzung ist in beiden Fällen, daß in der Debitorenbuchhaltung bzw. Kreditorenbuchhaltung mit offenen Posten (und nicht mit der Saldenfortschreibung) gearbeitet wird. Grundlage für die Erstellung der genannten Listen ist ein Programm zur Errechnung des Fälligkeitsdatums.

Für die Anschaffung von Standardsoftware des Finanz- und Rechnungswesens gelten die in Abschnitt 6.8 genannten Kriterien. Der gewünschte betriebswirtschaftliche Leistungsumfang muß voll abgedeckt sein. Besonderer Wert ist auf flexible Programme zur *Stammdatenverwaltung* zu legen. Dazu gehören im Bereich der Finanzbuchhaltung u.a.:

- die Nummern und Typen (einschließlich Hierarchie-Beziehungen) der Personen- und Sachkonten,
- die Bezeichnungen der Konten,
- Anschriften, Match-Codes (vgl. Abschnitt 5.3.1), Bankverbindungen,
- Zahlungskonditionen, Buchungsarten, Lastschriftvereinbarungen, Währungsumrechnungen.

Das Führen von *Mischkonten* (Debitoren, die gleichzeitig Kreditoren sind) sollte möglich sein, um direkte Verrechnungen vornehmen zu können. Eine Zusatzforderung von großen Unternehmen ist häufig die *Mandantenfähigkeit* der Programme, d.h. die Möglichkeit, mehrere Buchhaltungen für rechtlich selbständige Organisationseinheiten parallel zu führen (Mehr-Firmen-Verarbeitung). Eine weitere Forderung betrifft die sogenannte *Mehrperiodizität*, mit der zur selben Zeit in mehreren Abrechnungsperioden (z.B. laufender Monat und Vormonat) gebucht werden kann. Hinsichtlich aller Abschlüsse und Auswertungen (Bilanz, G & V) müssen die Programme den Anforderungen der *4. EG-Richtlinie* (Bilanz-Richtliniengesetz von 1986) genügen.

Der DV-Einsatz im Finanzwesen muß die Ordnungsmäßigkeit der Buchführung gewährleisten. In der Regel sind die Voraussetzungen dazu besser gegeben als bei manueller Bearbeitung. Nach den seit 1977 geltenden Grundsätzen braucht nur noch die Bilanz ausgedruckt zu werden, die Handelsbücher und alle übrigen Aufzeichnungen (Buchungsbelege, Handelsbriefe u.a.) dürfen auf Datenträgern einschließlich Mikrofilm aufbewahrt werden. Bei der *Speicherbuchführung* für Journal und Konten muß die jederzeitige Ausdruckbereitschaft nach §43 Abs. 4 HGB bzw. Abschnitt 29 Nr.5 EStR bestehen. Datenträger mit Buchungen müssen 10 Jahre (§257 HGB, §147 AO), Datenträger mit (ausschließlich) Belegen 6 Jahre aufbewahrt werden.

Die Prüfung der Ordnungsmäßigkeit der Buchführung nach den sogenannten Grundsätzen ordnungsmäßiger Buchführung (GoB) obliegt in den Unternehmen der internen und/oder der externen Revision. Für die Prüfung computergestützter Abrechnungsverfahren sind unter der Bezeichnung *DV-Revision* aus den Grundsätzen ordnungsmäßiger Buchführung die *Grundsätze ordnungsmäßiger Datenverarbeitung* (GoD) abgeleitet worden. Die nachträgliche Prüfung (ex post-Prüfung) erstreckt sich - als Systemprüfung im Gegensatz zu den früheren Einzelfallprüfungen - hauptsächlich auf

- die Korrektheit (Funktionserfüllung) der Programme,
- die Dokumentation der Datenorganisation und der Programmabläufe,
- die Sicherheit der Arbeitsabläufe und
- die Gewährleistung des Datenschutzes.

Die Vorgehensweise unterscheidet sich danach, ob die Programme im Stapel- oder im Dialogbetrieb arbeiten, wobei im ersten Fall nur anhand von Listen, im zweiten Fall zusätzlich am Bildschirm geprüft werden kann.

Vorgeschlagen wird oft, die Prüfungstätigkeit schon in die Phasen des Systementwicklungsprozesses vorzuverlegen (ex ante-Prüfung) und damit zur *Revision der EDV* auszuweiten. Die Realisierung scheitert meistens am hohen Aufwand. Die Computerunterstützung der Prüfungstätigkeit durch spezielle Prüfprogramme (*Prüfsprachen*) hat noch keine nennenswerte Bedeutung erlangt.

Für Kleinunternehmen, die sich erstmals zur Einführung einer computergestützten Finanzbuchhaltung entschließen, gilt folgende Regel: Der erstmalige DV-Einsatz innerhalb der Finanzbuchhaltung erfolgt üblicherweise in der Reihenfolge

- Debitorenbuchhaltung, häufig gekoppelt mit der Fakturierung,
- Kreditorenbuchhaltung,
- Sachbuchhaltung.

Auf keinen Fall ist mit der Sachbuchhaltung zu beginnen, weil dieses Arbeitsgebiet die Daten vorwiegend von anderen Arbeitsgebieten bezieht und nur wenige Daten für andere Arbeitsgebiete liefert.

Die *Kosten- und Leistungsrechnung* wird wesentlich von den individuellen Gegebenheiten der Unternehmen bestimmt. Sie ist deswegen weit weniger standardisiert als die Finanzbuchhaltung. Standardsoftware für die Kostenrechnung ist daher weniger verbreitet als solche für die Finanzbuchhaltung. Die Dialogfähigkeit der Programme besitzt bei der Kostenrechnung nicht dieselbe Bedeutung wie bei der Finanzbuchhaltung und zwar aus folgenden Gründen:

- Im Normalfall wird die Kostenrechnung auf der Basis von Ist-Daten durchgeführt. Die entsprechenden Daten werden fast ausschließlich von anderen Arbeitsgebieten (Sachbuchhaltung, Lohn/Gehalt, Fertigungssteuerung u.a.) übernommen. Eine Direkteingabe entfällt weitgehend.
- Die Teilgebiete der Kostenrechnung ordnen, verteilen und vergleichen Kosten nach verschiedenen Gesichtspunkten. Solche Vergleiche werden periodisch, meistens monatlich vorgenommen. Kleinere Zeiteinheiten als der Monat sind selten aussagefähig. Deswegen reichen im Stapelbetrieb erstellte Listen völlig aus.
- Die durch den Dialogbetrieb gegebene Abfragemöglichkeit des Datenbestands (Auskunftsbereitschaft) besitzt keine große Bedeutung, weil die Eingabedaten nur periodisch übernommen werden und sich nicht permanent aktualisieren lassen.
- Außerdem sollte immer bedacht werden, daß der Dialogbetrieb niemals die Aussagekraft der Daten verbessern kann, wenn das praktizierte System der Kostenrechnung (z.B. Vollkostenrechnung mit hohem Gemeinkostenanteil usw.) ohnehin nicht aussagefähig ist.

Angebracht ist die Dialogverarbeitung jedoch bei der Vorkalkulation von Kostenträgern, wenn beispielsweise

- kurzfristig neue Erzeugnisse zu fertigen,
- Typen des Standardsortiments erheblich zu verändern oder
- höhere Löhne und schwankende Materialpreise zu berücksichtigen

sind. Aus der Sicht des Finanz- und Rechnungswesens ist allerdings anzumerken, daß die Vorkalkulation häufig nicht in das Aufgabengebiet des Rechnungswesens, sondern in das des Fertigungsbereichs fällt. Zwangsläufig resultiert daraus die Forderung nach verstärkter Integration der DV-Anwendungssysteme (siehe auch Abschnitt 7.3.1.1). Generell ist der Dialogbetrieb für die "einzelfallbezogene" Kostenrechnung von Vorteil, seltener für die zeitpunktbezogene Kostenrechnung der Periodenvergleiche.

Weitere Vorteile des Dialogbetriebs gegenüber dem Stapelbetrieb in der Kostenrechnung sind:

- Schlüssel, z.B. für die Aufteilung von Primärkosten oder die Umlage von Sekundärkosten, lassen sich leichter verändern.
- Planwerte können flexibler variiert werden.
- Die Direktabfrage von Kostendaten ermöglicht eine wirksamere Kostenstellenkontrolle.
- Kostenträgerkosten lassen sich durch Nachkalkulation zu beliebigen Zeitpunkten transparent analysieren.

Für die *innerbetriebliche Kosten- und Leistungsverrechnung* in Großunternehmen mit komplexen Betriebsabläufen und stark untereinander verflochtenen Betriebsteilen bzw. Kostenstellen lassen sich die mathematischen Verfahren der Matrizenrechnung bzw. Gleichungsauflösung einsetzen. Die Datenverarbeitung hat überhaupt erst die Möglichkeit geschaffen, effizient mit diesen Verfahren zu arbeiten. Am Beginn steht die Aufstellung von Tabellen (Matrizen) nach einer der beiden folgenden Alternativen:
Alternative A (Input-/Output-Modell nach LEONTIEF):
Die Zahlungsströme zwischen den Kostenstellen werden in einer quadratischen Tabelle zusammengestellt. Die Zeilen und die Spalten erfassen jeweils **alle** beteiligten Kostenstellen (abgebend bzw. empfangend). In den Feldern stehen nur monetäre Größen.
Alternative B (PICHLER-Modell):
Ausgangspunkt ist das Flußdiagramm des Produktionsablaufs, aus dem schrittweise eine (in der Regel nicht quadratische) Tabelle hergeleitet wird. Jede Zeile entspricht einem Mengenfluß, jede Spalte einer Kostenstelle. In den Feldern stehen zunächst nur die Symbole + (für Erzeugungen) und ./. (für Verbräuche), dann Mengen und schließlich die Koeffizienten eines Gleichungssystems. Für jede Kostenart wird eine Zeile hinzugefügt. Spalten für einzelne Kostenstellen werden ggf. in mehrere Spalten aufgelöst.

Das Verfahren wird in der Grundstoffindustrie, in der Eisen- und Stahlindustrie, in der chemischen Industrie und vor allem in der Mineralölindustrie (Raffinerien) praktiziert.

Bei den heute in der betrieblichen Praxis eingesetzten DV-Anwendungssystemen für das Finanz- und Rechnungswesen beschränkt sich der Integrationsgrad weitgehend auf die Programm- oder Dateiintegration. Immer noch am Anfang steht der Einsatz von *Datenbanken*. Eine stärkere Verbreitung ist aber in absehbarer Zukunft zu erwarten, weil inzwischen auf dem Softwaremarkt als Standardsoftware integrierte DV-Anwendungssysteme für das Finanz- und Rechnungswesen angeboten werden, denen eine Datenbank zugrundeliegt. Die Einführung hängt wesentlich davon ab, wie weit Migrationshilfen für die Umstellung von der Datei- auf die Datenbankorganisation zur Verfügung gestellt werden.

Von wissenschaftlicher Seite wird für die Einführung von Datenbanksystemen in der Kostenrechnung nach RIEBEL/SINZIG folgende Vorgehensweise empfohlen:

1. Alle Urdaten werden in möglichst atomarer Form, d.h. unverdichtet, gespeichert (*Grundrechnung*). Umlagen oder Verteilungen nach einem Schlüssel sind zu vermeiden. Falls erforderlich, werden schon verdichtete Daten (z.B. Gemeinkosten) wieder disaggregiert (*sekundäre Grundrechnung*). Jede Auswertung (*Sonderrechnung*) basiert auf dem Datenbestand der Grundrechnung.
2. Um flexible Datenverknüpfungen zu ermöglichen, wird das relationale Datenbankmodell benutzt (vgl. Abschnitt 5.4.2.4). Die Relationen werden nach WEDEKIND/ORTNER als *Objekttypen* aufgebaut, die sich weitgehend an der traditionellen Einteilung in Stamm-, Bestands- und Bewegungsdaten orientieren. Solche Typen sind beispielsweise Kunde, Lieferant und Artikel (Stammdaten), Konto und Lagerbestand (Bestandsdaten) als *elementare* Objekttypen sowie Rechnung, Zahlungseingang, Lieferschein, Buchung und Materialentnahme (Bewegungsdaten) als *komplexe* Objekttypen.
3. Abfragen und Auswertungen des Datenbestands, insbesondere für Modellrechnungen, erfolgen durch entsprechende Endbenutzersprachen bzw. durch die Nutzung einer umfassenden Methodenbank (vgl. Abschnitt 5.4.4.2).

Trotz der zunehmenden Bedeutung des Controlling sind solche Verfahren in der betrieblichen Praxis bisher noch wenig verbreitet. Vielfach wird es als zu aufwendig angesehen, einen umfangreichen Datenbestand in atomarer Form für vorher nicht bekannte Auswertungen prophylaktisch bereit zu halten und laufend zu pflegen.

7.2.2 Personalwesen

Das beherrschende Administrationssystem des Personalwesens ist die Lohn-/Gehaltsabrechnung (*Personalabrechnung*). Kleinere Anwendungen, die teilweise damit gekoppelt werden, sind:

- Reisekostenabrechnungen,
- Mietabrechnungen für Werkswohnungen,
- Kantinenabrechnung,
- Belegschaftsverkauf,
- Darlehnsabrechnung (Tilgung).

Sofern das Unternehmen den Mitarbeitern eine eigene betriebliche (Zusatz-)Altersversorgung (Pension) bietet, sind monatlich die Betriebsrenten abzurechnen und einmal jährlich für bilanzielle Zwecke die Pensionsrückstellungen zu ermitteln. Einmal jährlich erfolgt auch die Berechnung der Weihnachtsgratifikation.

Die Lohn-/Gehaltsabrechnung zerfällt in folgende Teile:

- Bruttoabrechnung
  Ermittlung des Bruttolohns anhand von Zeitlohn, Akkordlohn, Mehrarbeit, Zuschlägen, Zulagen bzw. des Bruttogehalts unter Berücksichtigung von Überstunden, Zuschlägen, Provisionen;
- Nettoabrechnung
  Ermittlung der Lohnsteuer nach den Berechnungsformeln gemäß §32a bzw. §38c EStG und der Kirchensteuer nach den Regelungen der Bundesländer, der Sozialversicherungsbeiträge (Kranken-, Renten-, Arbeitslosenversicherung) sowie der periodischen Abzüge (Vorschuß, Darlehn, Pfändung, vermögenswirksame Leistungen, Mitgliedsbeiträge, Kantinenessen);
- Nachweise und Auswertungen
  Verdienstnachweis, Beitragsnachweise für Kranken- und Rentenversicherung, Nachweis für Berufsgenossenschaft, Buchungsdaten für Finanzbuchhaltung, Daten für Kostenrechnung und innerbetriebliche Statistiken;
- Zahlungsdienst
  Auszahlung oder Überweisung an Lohn-/Gehaltsempfänger, Geldinstitute, Finanzverwaltung, Bausparkassen, Krankenkassen, Versicherungen usw.

Hinzu kommt die wegen der Vielfalt der Personaldaten sehr aufwendige Stammdatenverwaltung. Der Personalabrechnung ist häufig die Ermittlung der Anwesenheitszeit (z.B. bei flexiblen Arbeitszeitregelungen wie Gleitzeit) vorgeschaltet (*Zeitwirtschaft*). Die Erfassung erfolgt teilweise automatisch über Online-Verbindungen zu Zeiterfassungsgeräten, die mit Ausweiskarten bedient werden.

Die vorgeschriebenen regelmäßigen Meldungen an die Sozialversicherungsträger, d.h. an die Kranken- und Rentenversicherungen und an die Bundesanstalt für Arbeit, können wahlweise

- entweder nach der Datenübermittlungs-Verordnung (DÜVO) auf Datenträgern (Magnetbänder, Magnetbandkassetten, Disketten)
- oder nach der Datenerfassungs-Verordnung (DEVO) auf speziellen Vordrucken

erfolgen. Für das Einlesen der DEVO-Formulare werden bei einigen Ortskrankenkassen Formularleser (vgl. Abschnitt 2.5.3) eingesetzt.

Anstelle des Ausdruckens von Überweisungsformularen für die Lohn-/Gehaltsempfänger können vom Arbeitgeber wahlweise auch Datenträger (Magnetbänder) mit den Überweisungsdaten an die zuständigen Kreditinstitute geschickt werden (MCV = Magnetband-Clearing-Verfahren). Der

Aufbau der Datensätze ist in "Richtlinien für den beleglosen Datenträgeraustausch" einheitlich vereinbart worden.

Es ist damit zu rechnen, daß der Datenträgeraustausch sowohl mit den Versicherungsträgern als auch mit den Geldinstituten in Zukunft schrittweise durch den elektronischen Datenaustausch (siehe Abschnitt 7.4) abgelöst wird.

Da die Lohnabrechnung komplizierter ist und stärker von branchenspezifischen Merkmalen abhängt als die Gehaltsabrechnung (Beispiel: Baulohn mit Schlechtwettergeld, Wintergeld u.a.), werden für die Lohn- und für die Gehaltsabrechnung häufig getrennte Programme benutzt.

Für Personalabrechnungssysteme ist die gemischte Nutzung von Dialog- und Stapelbetrieb typisch: Die Eingabe und Veränderung von Personaldaten (Neueinstellungen, Kündigungen, Veränderungen der Anschrift, des Familienstands, der Bezüge usw.) erfolgt an Bildschirm-Terminals in der Personalabteilung, ebenso die Auskunftserteilung bei Rückfragen von Arbeitnehmern. Die eigentliche Abrechnung einschließlich der Auswertungen und des Zahlungsdienstes wird dagegen einmal monatlich im Stapelbetrieb durchgeführt, bei Lohnempfängern oft in Abschlagszahlung und Endabrechnung gesplittet.

Die Programme zur Lohn- und Gehaltsabrechnung sind durch häufige Änderungen der Gesetze (Steuerrecht, Vermögensbildung, Pfändungsverordnung u.a.), der Tarifverträge und der innerbetrieblichen Vorschriften (Betriebsvereinbarungen, Arbeitsverträge, Vergütungsregeln u.a.) außerordentlich wartungsintensiv. Auch in Großunternehmen hat sich ein starker Trend zum Einsatz von Standardsoftware durchgesetzt.

Die stärkste Verbreitung hat das Softwarepaket PAISY (Personalabrechnungs- und -informationssystem) gefunden. Entsprechend den hier beschriebenen Aufgaben besteht es aus den Komponenten Datenverwaltung, Zeitwirtschaft, Abrechnung, Informationssystem (siehe Abschnitt 7.6), Personalkostenplanung und Reisekostenabrechnung.

7.2.3 Vertrieb

Für die administrativen und dispositiven Aufgaben des Vertriebssektors ist in vielen Unternehmen die Datenverarbeitung erst relativ spät eingesetzt worden (Ausnahme: Fakturierung), weil sich die Aufgaben weniger standardisieren lassen als etwa im Finanz- oder Personalwesen. Branchenneutralität ist nur bedingt gegeben, da aus der Sicht des Vertriebs beispielsweise erhebliche Unterschiede zwischen Unternehmen der Konsumgüterindustrie und Unternehmen der Investitionsgüterindustrie oder zwischen Betrieben mit Serienfertigung und Betrieben mit auftragsbezogener Einzelfertigung bestehen. Bei Handelsunternehmen sind die Vertriebsaufgaben weitgehend in sogenannte Warenwirtschaftssysteme integriert, die in Abschnitt 7.3.2 separat behandelt werden.

Die wichtigsten DV-Anwendungssysteme des Vertriebs sind:

- im administrativen Bereich:
  - Angebotsbearbeitung und -überwachung,
  - Auftragsbearbeitung,
  - Fakturierung,
  - Außendienstabrechnung (Prämien, Provisionen);
- im dispositiven Bereich:
  - Versanddisposition,
  - Fuhrparkeinsatz,
  - Tourenplanung,
  - Außendienststeuerung,
  - Verkaufsförderung,
  - Lagerverwaltung (Bestände, Bewegungen, Bestellungen).

Die *Angebotsbearbeitung* umfaßt das Erteilen und Überwachen von Angeboten und die Bearbeitung von Kundenanfragen. Moderne Verfahren sind die Angebotserteilung

- mit pseudo-individuellen Angebotsschreiben unter Einsatz der Textverarbeitung (siehe Abschnitt 7.2.4.2) oder
- mit dem Bildschirmtext-System (vgl. Abschnitt 4.3.4).

Die Programme zur *Angebotsüberwachung* überprüfen die Angebote und geben Hinweise oder drucken Erinnerungsschreiben. Die *Auftragsbearbeitung* beinhaltet das Erfassen und Prüfen von Kundenaufträgen. Sie hat Schnittstellen

- zur Finanzbuchhaltung (Bonitätsprüfung des Kunden),
- zur Lagerverwaltung (Lieferung ab Lager bei Verfügbarkeit),
- zur Produktion (Fertigung des Kundenauftrags),
- zur Fakturierung (Rechnungserstellung),
- zur Versanddisposition (Lieferschein, Versandart, Versandpapiere).

Die *Fakturierung* erstellt anhand des Kundenauftrags, der Artikelpreise und spezieller Konditionen (Staffelpreise, Rabatte)

- bei Vorfakturierung die Rechnung einschließlich der Versandpapiere,
- bei Nachfakturierung zunächst den Lieferschein und die Versandanweisungen und in einem zweiten Arbeitsgang die Rechnung.

Zur Fakturierung im weiteren Sinn gehört auch die Bearbeitung von Gutschriften. Die wichtigste Schnittstelle der Fakturierung besteht zur Debitorenbuchhaltung (Weitergabe der Rechnungsendsummen, vgl. Abschnitt 7.2.1). Die Auswertung der Fakturierungsdaten (Umsätze nach Kunden, Artikeln, Gebieten, Vertretern usw.) kann wichtige Führungsinformationen (siehe Abschnitt 7.6) erbringen.

DV-technische Alternativen der bei Barverkäufen - in der Regel an Kassen - üblichen Sofortfakturierung werden bei den Warenwirtschaftssystemen (Abschnitt 7.3.2) besprochen.

Am Beispiel der Programme Auftragsbearbeitung/Fakturierung läßt sich wieder eine sinnvolle Kombination von Stapel- und Dialogbetrieb zeigen: Im Dialogbetrieb wird zunächst durch Abfrage des Lagerbestands geprüft, ob ein Kundenauftrag ausgeführt werden kann. Falls ja, werden zu einem späteren Zeitpunkt (z.B. einmal täglich) zusammen mit anderen Aufträgen im Stapelbetrieb Versandanweisungen und Rechnungen erstellt. Falls nein, werden verschiedene maschinelle und/oder manuelle Aktionen ausgeführt (schriftliche oder telefonische Benachrichtigung des Kunden, Rücksprache mit der Fertigung usw.).

Die Programme zur Versanddisposition, zum Fuhrparkeinsatz und zur Tourenplanung übernehmen unter dem Oberbegriff *Versandlogistik* folgende Aufgaben:

- Festlegung der Auslieferungslager und Versandarten,
- Auswahl der geeigneten Lieferfahrzeuge,
- Bestimmung der kostengünstigsten Fahrtrouten und
- Ermittlung der optimalen Beladung (Stauraum-Optimierung).

In diesen Programmen kommen teilweise Verfahren des Operations Research zur Anwendung.

Die *Außendienststeuerung* läßt sich durch die Ausstattung der Außendienstmitarbeiter mit transportablen Mikrocomputern (Laptops, Notebooks), die zur Datenübertragung über Akustikkoppler oder den Mobilfunk an das Telefonnetz angeschlossen werden, wesentlich unterstützen.

7.2.4 Büroautomation und -kommunikation

7.2.4.1 Begriffe, Strategien und Ziele

Unter der amerikanischen Bezeichnung *Office Automation* haben bei allen herkömmlichen Büro- und Verwaltungstätigkeiten in den letzten Jahren tiefgreifende organisatorische Veränderungen begonnen, die zu einer Umgestaltung der Arbeitsabläufe in den Büros geführt haben und noch weiterhin führen werden. Der Grundgedanke besteht darin, an jedem Arbeitsplatz alle dort anfallenden Bürotätigkeiten möglichst über eine einzige oder über wenige Hardware-Einrichtungen, die sogenannten *multifunktionalen Arbeitsplätze*, abzuwickeln und alle Arbeitsplätze zu einem einheitlichen Bürosystem zusammenzufassen, mit dem alle Beteiligten sowohl unternehmensintern als auch nach außen kommunizieren können.

Unter einem *Bürosystem* versteht man die Gesamtheit aller DV-technischen Einrichtungen (Hardware, Software, Kommunikationsdienste), die zur Durchführung der Bürotätigkeiten installiert werden. *Bürowerkzeuge* sind spezielle, auf die Unterstützung einzelner Tätigkeiten ausgerichtete Komponenten der Bürosysteme wie beispielsweise Textverarbeitungsprogramme, Mailbox-Systeme oder Archivierungssysteme. Bürosysteme und Bürowerkzeuge werden in Abschnitt 7.2.4.2 behandelt.

Die einzelnen *Bürotätigkeiten* lassen sich hinsichtlich ihrer Verrichtung wie folgt zu Gruppen zusammenfassen:

a) Büroautomation
   - Bearbeiten: Schreiben, Rechnen, Auswerten, Zeichnen;
   - Verwalten: Sortieren, Ablegen, Vernichten, Überwachen;
b) Bürokommunikation
   - Kommunizieren: Korrespondieren, Telefonieren, Rechnerdialog;
   - Besprechen: Interviewen, Verhandeln, Konferieren.

Unter die *Büroautomation* fallen diejenigen Tätigkeiten, die auf den eigenen Büroarbeitsplatz konzentriert sind, z.B. das Schreiben eines Briefes. Die *Bürokommunikation* erfordert den Informationsaustausch mit anderen Büroarbeitsplätzen innerhalb oder außerhalb des eigenen Unternehmens, z.B. durch ein Telefongespräch oder mit einer DV-Anlage. Eine strenge Trennung zwischen Büroautomation und Bürokommunikation läßt sich nicht vornehmen, weil beispielsweise ein geschriebener Brief in der Regel auch abgeschickt wird und weil zur Anfertigung einer Präsentationsgrafik möglicherweise Daten benötigt werden, die nicht am eigenen Arbeitsplatz verfügbar sind. Abbildung 7.6 zeigt eine Aufstellung der häufigsten Tätigkeiten von Sachbearbeitern und Sekretärinnen an Büroarbeitsplätzen.

Für die Einführung von Bürosystemen sind von Hardware-Herstellern (IBM, Philips, Siemens u.a.) und von Software-Firmen - teilweise computergestützte - Strategien entwickelt worden, die sich weitgehend am Phasenschema des Systementwicklungsprozesses (vgl. Abschnitt 6.1) orientieren.

Von IBM wurde auf der Basis des für die Einführung von Informationssystemen entwickelten Verfahrens BSP (siehe Abschnitt 7.6) die strukturierte Strategie BOSP (business office systems planning) abgeleitet. Sie enthält unter der Bezeichnung ISS (information system study) eine Sammlung von Methoden und Programmen, die in Deutschland unter dem Namen KSS (Kommunikations-System-Studie) vertrieben

- Eingangspost wird bearbeitet und abgelegt.
- Briefe werden diktiert, geschrieben und korrigiert.
- Ausgangspost wird zusammengestellt und abgeschickt.
- Berichte werden entworfen, geschrieben, korrigiert und verteilt.
- Schriftliche Mitteilungen werden verteilt.
- Akten werden bearbeitet, registriert, abgelegt bzw. archiviert oder vernichtet.
- Schriftstücke werden zu vorgegebenen Terminen wieder aufgegriffen (Wiedervorlage).
- Termine werden geplant, koordiniert und verwaltet.
- Anschriften, Telefonnummern usw. werden notiert.
- Telefongespräche werden geführt, ggf. werden Mitteilungen hinterlassen.
- Fernschreiben werden geschrieben und abgeschickt.
- Fotokopien werden angefertigt und ggf. verschickt.
- Einfache Berechnungen werden ausgeführt.
- Tabellen werden angelegt und bearbeitet.
- Grafiken werden erstellt.
- Für die Anfertigung von Tabellen und Grafiken werden Datenbestände ausgewertet.
- Unternehmensinterne und -externe Daten werden beschafft.
- Vorgesetzte und/oder Mitarbeiter führen Besprechungen durch.
- Erhebungen und Befragungen werden vorgenommen.
- Dienstreisen werden beantragt und abgerechnet.
- Mit auswärtigen (unternehmensinternen und -externen) Teilnehmern werden Konferenzen durchgeführt.

Abb. 7.6: *Tätigkeiten an Büroarbeitsplätzen*

werden. Das Auswertungsprogramm für tabellarische Auswertungen zur Ist-Analyse heißt ISMOD.

Philips schlägt unter der Bezeichnung SOPHO-PLAN ein Konzept aus vier Phasen vor: Projektvorbereitung, Erhebung und Auswertung, Konzeption und Vorgehensweise, Realisation.

Siemens bietet unter der Abkürzung OECOS (Organisations-Engineering für Communications- und Organisationssysteme) ein computergestütztes Methodenpaket mit den Bausteinen PLAKOM als allgemeines Planungs- und Erhebungssystem sowie MOSAIK für die Analyse und Planung der Kommunikation und MIKADO für die Analyse und Wirtschaftlichkeitsbetrachtung des Dokumentendurchlaufs an.

Analog zur Phase Ist-Analyse müssen zunächst die Bürotätigkeiten nach Art und Häufigkeit erhoben werden. Für die späteren Auswertungen des Mengengerüsts ist folgende Einteilung nützlich:

- einzelfallorientierter Vorgang: nicht formalisierbar (Beispiel: Anfertigung einer speziellen Grafik),
- sachfallorientierter Vorgang: teilweise formalisierbar (Beispiel: Bearbeitung einer Kundenanfrage),
- routinefallorientierter Vorgang: vollständig formalisierbar (Beispiel: Abrechnung von Essenmarken).

Beispiel:
Zur Erhebung der Telefongespräche müssen folgende Fragen beantwortet werden: Wie oft wird telefoniert? Anrufer oder Angerufener? Haus-, Orts-, Inlands- oder Auslandsgespräch? Gesprächspartner (Arbeitskollege, Kunde, Lieferant, Anbieter, Behörde usw.)? Wie lange wird telefoniert? Wie ist der Gesprächsinhalt einzuordnen (nicht, teilweise oder vollständig formalisierbar)?
Entsprechende Fragen sind hinsichtlich Schreibarbeiten, Besprechungen, Rechner- und Gerätenutzung usw. zu stellen.

Bei der Erhebung müssen wieder die Schwachstellen der bisherigen Büroorganisation herausgearbeitet werden. Solche können sein:

- Produktion von zu viel Papier,
- mehrfaches Erfassen derselben Daten,
- wiederholtes Bearbeiten derselben Vorgänge,
- umständlicher Zugriff zu Informationen,
- veraltete Bürotechniken.

Generelle Schwachstellen sind hoher Bearbeitungsaufwand und zu lange Durchlaufzeiten für die Bürovorgänge.

Der Phase Grobkonzept entsprechend müssen alternative Lösungsvorschläge für

- die DV-technische Realisierung eines Bürosystems und
- die Nutzungsmöglichkeiten von Bürowerkzeugen

aufgestellt werden. Dem Wirtschaftsinformatiker bieten sich interessante Aufgaben bei Kostenvergleichen und Wirtschaftlichkeitsanalysen.

Generelle Ziele von Bürosystemen sind:

- Optimierung der Ablauforganisation,
- Steigerung der Arbeitsproduktivität,
- Beschleunigung des Informationsflusses,
- Erhöhung der Arbeitsqualität und
- Verbesserung des Servicegrades intern und gegenüber Kunden.

Konkrete Einzelziele sind:

- Kosteneinsparungen, z.B. bei Telefongebühren, Porto, Papier und Sachmitteln,
- Personalreduzierungen, z.B. beim Boten- und Fahrdienst,
- Verkürzung von Durchlaufzeiten, z.B. bei der Bearbeitung von Kundenanfragen oder von Versicherungsanträgen,
- Vermeidung von Datenredundanzen,
- Zeitersparnis, z.B. beim Ablegen und Suchen von Akten,
- Leistungssteigerungen, z.B. bei Schreibarbeiten,
- Qualitätsverbesserungen, z.B. bei der Kundenbetreuung (weniger Reklamationen).

7.2.4.2 Bürosysteme und -werkzeuge

Für *Bürosysteme* kommen drei prinzipielle Alternativen in Betracht, die in Abbildung 7.7 zusammengefaßt sind:

Alternative 1: Zentrale Lösung
Die Realisierung erfolgt durch Bildschirm-Terminals oder Mikrocomputer, die an die zentrale DV-Anlage angeschlossen sind. Alle Bürotätigkeiten werden - mit Ausnahme der auf den Mikrocomputern installierten Anwendungen - auf der zentralen Anlage abgewickelt. Von Vorteil ist die Einheitlichkeit der Anwendungen bei geringem dezentralen Aufwand für den Betrieb, ein Nachteil ist die Abhängigkeit von der Zentrale.

Alternative 2: Bereichsrechner-Konzept
Hierbei handelt es sich um Bürosysteme im engeren Sinn. Alle Bürowerkzeuge werden auf dem Bereichsrechner, an den Terminals und/oder Mikrocomputer angeschlossen sind, implementiert. Die externe Kommunikation erfolgt über die zentrale DV-Anlage. Vorteile sind flexible Ausbaufähigkeit und Unabhängigkeit von der Zentrale, ein Nachteil ist der erhöhte Betreuungsaufwand. Bei den angeschlossenen Geräten kann es sich um

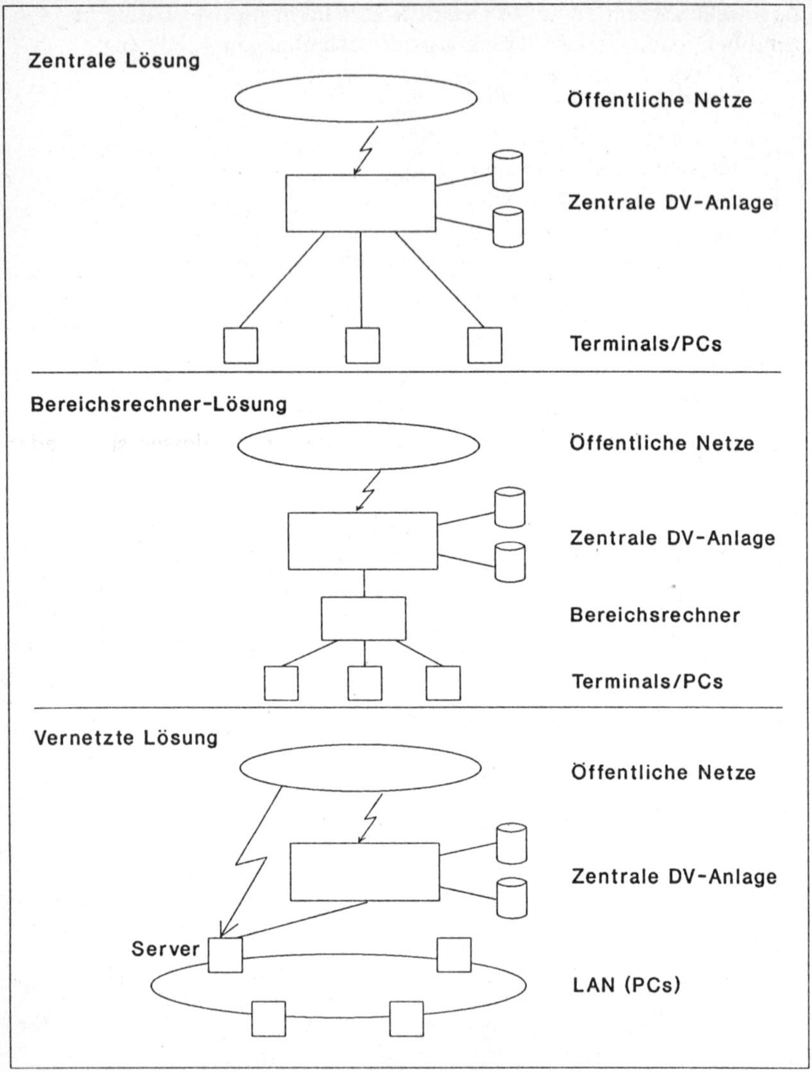

Abb. 7.7: *DV-technische Alternativen für Bürosysteme*

Arbeitsplatzstationen mit "eingeschränkter Intelligenz" handeln, die in ihren Funktionen auf die Haupttätigkeit des jeweiligen Arbeitsplatzes (z.B. Schreiben oder Aktenverwaltung) ausgerichtet sind.

Alternative 3: Vernetzte Lösung
Die Bürowerkzeuge sind auf Arbeitsplatzrechnern implementiert, die über ein lokales Netzwerk oder durch eine Kommunikationsanlage (vgl. Abschnitt 4.4.3) untereinander vernetzt sind. Die externe Kommunikation erfolgt über die zentrale DV-Anlage oder direkt über einen Kommunikationsserver im lokalen Netz. Von Vorteil ist, daß der Ausbau in kleinen Schritten erfolgen kann; als Nachteil ist anzusehen, daß der Ausbau schnell technische Grenzen erreicht.

Bei Alternative 2 können auch **mehrere** untereinander vernetzte Bereichsrechner - jeweils mit Zugang zur zentralen DV-Anlage - installiert werden, an die Terminals bzw. Mikrocomputer angeschlossen sind. Jeder Bereichsrechner ist dann beispielsweise für ein Gebäude zuständig.

Für den Anschluß der Arbeitsplatzstationen an die Bereichsrechner (Alternative 2) können Normalgeschwindigkeitsnetze ausreichen. Die wirtschaftlichste Art der Vernetzung hängt vom Kommunikationsaufkommen ab. Wenn die Sprachkommunikation überwiegt und Daten, Texte sowie Grafiken nur gelegentlich ausgetauscht werden, genügt eine Kommunikationsanlage. Bei höherem Kommunikationsbedarf wird ein lokales Netzwerk erforderlich. Werden mehrere Netze gleichzeitig installiert, müssen zwischen den Netzen Verbindungen hergestellt werden (über Gateways oder durch Einbettung in ein Backbone-Netz). Für die interne Kommunikation kommt unter bestimmten Voraussetzungen auch das Bildschirmtext-System bei Betrieb als Inhouse-System (vgl. Abschnitt 4.3.4) in Betracht.

Die wichtigsten *Bürowerkzeuge* sind:

a) Software
   - Textverarbeitung,
   - Desktop Publishing,
   - Endbenutzersprachen,
   - integrierte Softwarepakete,
   - Archivierungs-/Retrievalsysteme,

b) Kommunikationsdienste
   - Fernsprechen (analog oder digital über ISDN),
   - Datenkommunikation,
   - Mehrwertdienste (Teletex, Telefax, Mailbox-Systeme),
   - Bildschirmtext.

In Zukunft sollen noch hinzukommen:

- (Bewegt-)Bildübertragung,
- Bildfernsprechen,
- Videokonferenz (über Leitungen).

Im folgenden werden die durch Bürosysteme und Bürowerkzeuge unterstützten *Bürotätigkeiten* nacheinander skizziert, und zwar sowohl die in der Praxis bereits realisierten als auch die in Zukunft zu erwartenden Anwendungen. Die Tätigkeiten 1 bis 7 sind primär der Büroautomation, die Tätigkeiten 8 bis 12 primär der Bürokommunikation zuzuordnen. Die Tätigkeiten 1 und 2 sind ausgesprochene Sekretariatsarbeiten.

1) Textverarbeitung
Briefe und Berichte werden geschrieben, am Bildschirm korrigiert ("Sofortkorrektur") und erst danach ausgedruckt. Streng genommen ist zu unterscheiden zwischen

- der *Textbearbeitung*, bei der fertige Briefe und Manuskripte vor dem Druckvorgang am Bildschirm lediglich korrigiert werden (Ersetzen von Buchstaben, Wörtern, Abschnitten; Einfügen, Löschen von Text), und
- der eigentlichen *Textverarbeitung*, bei der sowohl individuell gestaltete Routinebriefe (Serienbriefe) geschrieben als auch längere Texte bausteinförmig aus vorher erfaßten und gespeicherten Bestandteilen zusammengesetzt werden.

Unter der älteren Bezeichnung *Textautomat* versteht man einen Mikrocomputer, der mit der entsprechenden Software ausschließlich für die Textverarbeitung eingesetzt wird. Für die Textverarbeitung gibt es universell verwendbare Standardprogramme (z.B. WORD, WORDSTAR oder TeX).

Komfortable Textverarbeitungsprogramme bieten Zusatzfunktionen, und zwar
- Suchworteinrichtung: Überprüfung schwieriger, auch fremdsprachlicher Wörter auf korrekte Schreibweise (Duden-Funktion);
- Silbentrennung: Unterstützung der Silbentrennung in Verbindung mit dem Zeilenende (*Flattersatz*) bzw. dem automatischen Randausgleich (*Blocksatz*).

2) Persönliches Informationsmanagement
Schon seit längerem gibt es Programme, die persönliche Notizen über Namen, Anschriften, Telefonnummern sowie die Wiedervorlage von Schriftstücken verwalten und die Terminplanung für Besprechungen usw. unterstützen bzw. ebenfalls verwalten (sogenannte Notizbuch- und Kalenderfunktion). Inzwischen sind diese Programme unter der Abkürzung *PIMS* (personal information management system) so erweitert worden, daß damit die Verwaltung aller am eigenen Arbeitsplatz benötigten Daten und der Zugriff darauf unterstützt werden.

Eine weitere Anwendung bildet das *computergestützte Telefonieren*, bei dem z.B.

- der Anruf bei einem Geschäftspartner statt des Wählvorgangs nur die Eingabe des Namens über die Tastatur erfordert, wobei gleichzeitig alle über den Partner gespeicherten relevanten Daten am Bildschirm angezeigt werden, oder
- beim Anruf eines Partners sofort alle über diesen Partner gespeicherten Daten angezeigt werden, weil (bei ISDN) eine Identifizierung über die Telefonnummer des Anrufenden erfolgen kann.

Programme zum PIMS werden teilweise durch *Hypertext*-Funktionen unterstützt. Hypertext bedeutet, daß der Benutzer die Möglichkeit besitzt, sämtliche für seine Arbeit erforderlichen Informationen durch eine Verweistechnik (links) nach individuellen Wünschen miteinander zu verknüpfen. Hypertext-Werkzeuge können auch Information Retrieval-Systeme wirkungsvoll ergänzen (vgl. Abschnitt 5.5).

3) Elektronische Ablage (*Archivierung*)

Der Inhalt von Schriftstücken (Dokumenten) wird nicht mehr in Aktenordnern abgelegt, sondern elektronisch gespeichert. Für die Speicherung werden Magnetplatten oder optische Speicherplatten (vgl. Abschnitte 2.6.3 und 2.6.5) als "elektronische Aktenschränke" mit Kapazitäten bis zu mehreren Millionen DIN A4-Seiten benutzt. Das Wiederauffinden (retrieval) erfolgt über Verzeichnisse, die nach der traditionellen Hierarchie (Aktenschrank, Ordner, Dokument) aufgebaut sind. Die Zugriffsberechtigung wird über Kennworte geprüft. Mit Speziallesegeräten (Scanner) werden die Dokumente, z.B. auch Eingangsbriefe, im Original gelesen und am Bildschirm angezeigt. Der Sachbearbeiter kann daraus diejenigen Abschnitte auswählen, die elektronisch archiviert werden sollen. Generell handelt es sich um eine Form der nicht-interpretierenden Dateneingabe von nicht-codierten Informationen (vgl. Abschnitt 2.5.1). Nach der Bearbeitung (z.B. der Beantwortung einer Anfrage) können diese Informationen durch codierte Informationen (z.B. den Text des Antwortschreibens) ergänzt werden.

Die elektronische Ablage kommt u.a. für Banken, Behörden und Versicherungen in Betracht. Rechtliche Fragen wirft die Aufbewahrung der Originale auf. Das frühere Schlagwort "Aktenloses Büro" ist inzwischen in "Aktenarmes Büro" abgeschwächt worden.

Bei Wirtschaftlichkeitsbetrachtungen muß man der elektronischen Ablage die Mikroverfilmung der Belege gegenüberstellen (vgl. Abschnitt 2.7.3). Entscheidende Kriterien sind die Menge der zu archivierenden Schriftstücke sowie die Häufigkeiten der Zugriffe und der Änderungen bzw. Ergänzungen. Bei häufiger Benutzung besitzt die elektronische Ablage nachweisbare Vorteile gegenüber der Mikroverfilmung.

4) Taschenrechner-Funktion
Einfache kaufmännische und mathematische Berechnungen werden wie mit einem Taschenrechner mit Hilfe der Tastatur und Zusatzgeräten wie der Maus am Bildschirm vorgenommen. Die Ausführung wird durch die Symboltechnik unterstützt.

5) Tabellenkalkulation
Mit Hilfe von Tabellenkalkulationsprogrammen (vgl. Abschnitte 2.4.3, 6.1 und 8.2.2) werden Tabellen aufgebaut und bearbeitet. Inhalt jedes Tabellenfelds (Zelle) können u.a. Texte, Zahlen, Berechnungsvorschriften oder WENN-DANN-Regeln sein. Kriterien für die Programme sind u.a. maximale Arbeitsblattgröße (Anzahl Zeilen, Anzahl Spalten), Anzahl und Art der Rechenfunktionen, Verbindungen zu anderen Anwendungssystemen (Textverarbeitung, Präsentationsgrafik) und Benutzerfreundlichkeit.

6) Präsentationsgrafik
Datenmaterial wird ausgewertet und grafisch zu Balken-, Säulen- oder Sektordiagrammen am Bildschirm aufbereitet. Meistens schließt sich die Druckausgabe auf einem Drucker oder (Farb-)Plotter an.

7) Desktop Publishing (DTP)
Beim Desktop Publishing werden Daten, Texte, Grafiken und Bilder am Bildschirm zu Druckvorlagen (Satzerstellung) kombiniert, von denen unmittelbar anschließend Drucke, z.B. Kataloge, Prospekte, Schulungsunterlagen, Werbematerialien usw., hergestellt werden können ("Druckerei auf dem Schreibtisch").

Benötigt wird ein PC mit einem hochauflösenden (Farb-)Bildschirm, einem (Farb-)Laserdrucker und einem Scanner zum Abtasten von Bild-Originalen (image processing = Bildverarbeitung). Die Druckaufbereitung erfolgt mit sogenannter Layout-Software. Die bekanntesten Softwarepakete sind Page Maker und Ventura Publisher. Der Druck ist ein exaktes Abbild der Bildschirmanzeige (WYSIWYG = what you see is what you get).

8) Elektronische Post (electronic mail)
Schriftliche Mitteilungen werden am Bildschirmgerät eingegeben und über Leitungen an einen oder an mehrere Empfänger versandt. Die Nachricht erscheint am Bildschirm und/oder auf dem Drucker des Empfängers (*Computer-Korrespondenz*). Der Inhalt jeder Mitteilung kann in einem *elektronischen Postkorb* (electronic mailbox) zwischengespeichert werden. Der Empfänger ruft ihn erst bei Bedarf ab, z.B. nach Rückkehr an den Arbeitsplatz.

Die allgemeinere Bezeichnung für textorientierte Kommunikationsdienste mit Zwischenspeicherung ist *Message Handling-Systeme* (MHS).

Allgemein zugängliche Mailbox-Systeme werden von privaten Gesellschaften (unter Nutzung des Telefon- oder des Datex-P-Netzes) und unter der Bezeichnung Telebox von der Deutschen Bundespost (über Telefon-, Datex-L- oder Datex-P-Netz) angeboten (vgl. Abschnitt 4.3.3).

9) Daten- und Programmzugriff
Vom Büroarbeitsplatz wird

- auf Dateien und Programme eines anderen Arbeitsplatzes bzw. einer zentralen DV-Anlage (Rechnerzugriff) oder
- auf öffentlich zugängliche Informationsdatenbanken (siehe Abschnitt 7.6)

zugegriffen. Bei Bedarf werden Dateien von DV-Anlagen komplett oder auszugsweise abgerufen (file transfer) und ausgewertet, z.B. mit Tabellenkalkulationsprogrammen.

Die ideale Form der Realisierung des Daten- und Programmzugriffs wird durch die *client-server-Architektur* erreicht. Dabei ist der persönliche Arbeitsplatz in ein Rechnernetz integriert, über das er als client auf beliebige andere Rechner, die als server dienen, zugreifen kann (siehe Abschnitt 8.2.1).

10) Sprachübermittlung (voice mail)
Sprachinformationen werden telefonisch eingegeben und digital zwischengespeichert (Sprachspeicherung, vgl. Abschnitt 2.5.4.3). Der Empfänger ruft die Information bei Bedarf über das Telefon ab. Die Sprachinformation erfolgt also zeitversetzt, d.h. ohne direkten telefonischen Kontakt der Gesprächspartner. Dieselbe Information kann gleichzeitig an mehrere Empfänger verteilt werden.

11) Bildfernsprechen
Beim Telefonieren können sich die Gesprächspartner nicht nur hören, sondern auch sehen. Voraussetzung ist die Übertragungsmöglichkeit für Bewegtbilder über Kabelverbindungen (vgl. Abschnitt 4.3.2).

12) Telekonferenz
Bei Telekonferenzen verbleiben die Konferenz-Teilnehmer an ihren Standorten. Dienstreisen werden eingespart. Man unterscheidet:

- Fernsprechkonferenzen, bei denen nur das gesprochene Wort ausgetauscht wird, und
- Bildkonferenzen (Videokonferenzen), bei denen Bewegtbilder übertragen werden und die Teilnehmer sich gegenseitig (und ggf. auch Dokumente, Muster usw.) sehen können.

Bildkonferenzen erfordern wieder die technische Übertragungsmöglichkeit für Bewegtbilder über Kabelverbindungen. Die von Fernsehdiskussionen bekannten Bildübertragungen erfolgen über Funk (einschließlich Satelliten-Übertragung) und sind für die Mehrheit der Unternehmen zu teuer.

Eine effiziente Nutzung der Bürokommunikation erfordert Normen und Standards für den Informationsaustausch auf internationaler Ebene. Hardware-Hersteller, Anwendergruppen, Postverwaltungen und Normungsgremien bemühen sich daher seit einigen Jahren um die Festlegung derartiger Vereinbarungen. Die wichtigsten Resultate dieser Bestrebungen sind:

ODA (office document architecture):
Strukturierung des Dokumentenaustauschs, bestehend aus logischer Struktur, Layout und Inhalt des Dokuments. Der Inhalt wird in einem bestimmten Format (ODIF = office document interchange format) übertragen. Standards nach ISO 8613 bzw. ECMA 101. Spezielle Standards existieren für den Zeichenvorrat (ISO 6937) und geometrische Grafiken (ISO 8632).

X.400:
CCITT-Empfehlungen für Message Handling-Systeme. Sind der Schicht 7 des ISO-Referenzmodells (vgl. Abschnitt 4.2.2) zuzuordnen und ermöglichen elektronische Post in heterogenen Rechnernetzen. Funktionale Komponenten sind Message Transfer Agent (Nachrichtentransportsystem) und User Agents (Vermittlungsdienste zum Benutzer). Der Betrieb von Message Handling-Systemen erfordert Directory-Systeme (vgl. Abschnitt 4.5). Empfehlungen für Standards dafür gibt X.500.

EDIFACT (electronic data interchange for administration, commerce and transport):
Standardisierung des Datenaustauschs zwischen Geschäftspartnern durch Festlegung des zu verwendenden Zeichensatzes, der zulässigen Netze sowie von Regeln über die Syntax der auszutauschenden Daten und den Aufbau der Datensätze. Normung in DIN 16556. Durch EDIFACT wird eine stärkere Nutzung der zwischenbetrieblichen Datenverarbeitung (siehe Abschnitt 7.4) wesentlich gefördert.

Zur Durchsetzung von Standards auf dem Gebiet der Bürokommunikation wurde 1987 die europäische Anwendervereinigung OSITOP gegründet.

7.3 Branchenspezifische Administrations- und Dispositionssysteme

7.3.1 Fertigungsindustrie

7.3.1.1 Ziele und Bestandteile des CIM-Konzepts

Ein weiterer Einsatzschwerpunkt für moderne DV-Anwendungssysteme ist neben dem "Büro der Zukunft" (vgl. Abschnitt 7.2.4) die Fertigungsindustrie mit der "Fabrik der Zukunft" (*factory of the future*). Unter dem zum Schlagwort gewordenen Oberbegriff *CIM* (*computer integrated manufacturing*) sollen

- alle fertigungstechnischen Arbeitsabläufe und
- alle betriebswirtschaftlich-organisatorischen Dispositions- und Steuerungsaufgaben

nicht nur integriert, sondern zu Bestandteilen eines völlig neu strukturierten Gesamtsystems zusammengefaßt werden. Damit werden folgende Ziele angestrebt:

- auf der technischen Seite: rationelle Fertigung, hohe Produktqualität;
- auf der organisatorischen Seite: kurze Durchlaufzeiten der Aufträge, Termintreue (Einhaltung der Liefertermine) gegenüber den Kunden;
- auf der betriebswirtschaftlichen Seite: wirtschaftliche Fertigung (maximale Kapazitätsauslastung, gleichmäßiger Beschäftigungsgrad), minimale Kapitalbindung in den Lagern, hohe Flexibilität am Markt durch große Variantenvielfalt, schnellere Reaktion auf veränderte Kundenwünsche.

Abbildung 7.8 zeigt die Bestandteile des CIM-Konzepts. Vereinfacht ausgedrückt, befassen sich CAD, CAP und CAM mit den produktbezogenen, PPS mit den auftragsbezogenen Aspekten von Kundenaufträgen. Ausdrücklich betont werden muß, daß es sich bei CIM um ein Konzept handelt. Geschlossene Lösungen sind in der betrieblichen Praxis erst selten anzutreffen. Die Fachliteratur sowohl auf dem Gebiet der Fertigungstech-

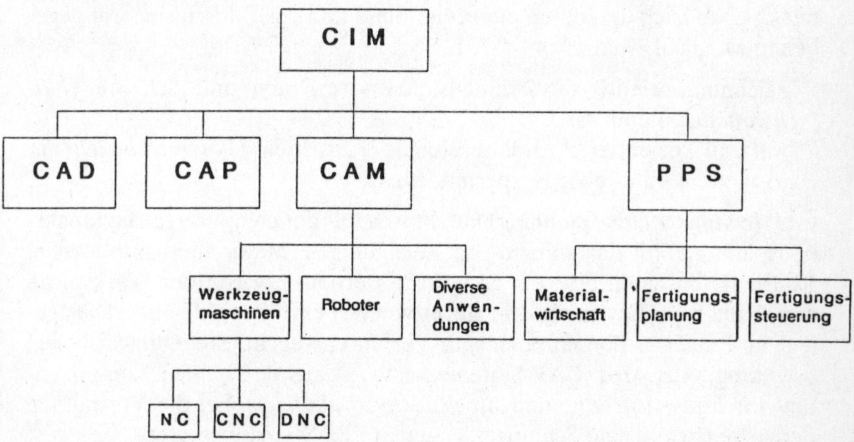

Abb. 7.8: *Bestandteile des CIM-Konzepts*

nik und Automation als auch im Bereich der Informatik enthält zum Thema CIM eine ständig zunehmende Fülle von Publikationen, die sich allerdings auf eine überschaubare Anzahl von Basisveröffentlichungen zurückführen läßt.

Im folgenden werden nacheinander

- zuerst die technischen Komponenten von CIM, d.h. CAD, CAP und CAM (Abschnitt 7.3.1.2),
- dann die betriebswirtschaftliche Komponente PPS mit ihren einzelnen Bestandteilen (Abschnitt 7.3.1.3) und
- schließlich beispielhaft einige Schnittstellen zwischen den technischen und den betriebswirtschaftlichen Komponenten und abschließend die DV-technischen Realisierungsmöglichkeiten des CIM-Konzepts einschließlich alternativer Einführungsstrategien (Abschnitt 7.3.1.4)

beschrieben.

7.3.1.2 Technische Komponenten

CAD (*computer aided design*) umfaßt das computergestützte Entwerfen, Zeichnen und Konstruieren einschließlich der zugehörigen technischen Berechnungen. Reißbrett und Zeichentisch werden durch den CAD-Arbeitsplatzrechner (vgl. Abschnitt 2.4.3) abgelöst, an dem durch entsprechende Software sogenannte *Geometrieelemente* (Kurven, Flächen, Körper) mit den zugehörigen mathematischen Funktionen zur Verfügung gestellt werden. Hinsichtlich der Darstellungstechniken unterscheidet man bei CAD je nach den durch die Programme und das Bildschirmgerät gegebenen Möglichkeiten

- "zeichnungsorientierte" 2-dimensionale Ansichten und Schnitte (*Flächenmodelle*) und
- "werkstückorientierte" 3-dimensionale Ansichten (*Volumenmodelle* in Form von Draht- oder Körpermodellen).

CAP (*computer aided planning*) befaßt sich mit der computergestützten Arbeitsplanung, mit der anhand von Zeichnungen, Materialbeschreibungen, Konstruktionsdaten usw. der technische Fertigungsablauf der Werkstücke vom Roh- zum Endzustand in Form von Arbeitsplänen detailliert festgelegt und in Prozeßbeschreibungen, Verfahrensregeln, Steueranweisungen usw. umgesetzt wird. CAP-Systeme bestehen aus den beiden Komponenten *Arbeitsplanerstellung* und *Arbeitsplanverwaltung*, wobei die Verwaltung der Arbeitspläne eine Schnittstelle zu den PPS-Systemen bildet.

Jeder Arbeitsplan muß Angaben über
- die auszuführende Tätigkeit,
- den Arbeitsplatz (Maschine, Maschinengruppe),
- die zu verwendenden Werkzeuge,
- das benötigte Material (bzw. Zwischenprodukt),
- die (geplanten) Bearbeitungs- und Rüstzeiten sowie
- das einzulesende Programm (bei NC-Maschinen)

enthalten.

Zur Vermeidung von Verwechslungen sei darauf hingewiesen, daß CAP gelegentlich auch als Abkürzung für *computer aided publishing* (als Oberbegriff für das Desktop Publishing, vgl. Abschnitt 7.2.4.2) verwendet wird.

CAM (*computer aided manufacturing*) faßt alle computergestützten Fertigungsverfahren und die Systeme der innerbetrieblichen Logistik zusammen.

Numerisch gesteuerte *Werkzeugmaschinen* (NC = numerical control) gibt es seit Mitte der 60er Jahre. Sie übernehmen hauptsächlich die Bearbeitungsformen Bohren, Drehen, Fräsen und Schneiden. Anfangs mußte jede Maschine in einer eigenen Maschinensprache programmiert werden, die Eingabe erfolgte indirekt über Lochstreifen (vgl. Abschnitt 2.5.2). Die Codierung von NC-Maschinen ist in mehreren DIN-Normen festgelegt. Im Gegensatz dazu lassen sich CNC (computerized numerical control)-Maschinen durch einen (Mikro-)Computer mit Hilfe von Makrosprachen steuern, wobei die Programmierung (einschließlich der Programmspeicherung) unmittelbar an der Maschine erfolgt. Bei DNC (direct numerical control)-Maschinen werden nach demselben Prinzip mehrere Werkzeugmaschinen durch **einen** Computer gesteuert (zentrale Steuerung).

*Roboter**) sind elektronisch gesteuerte (Bewegungs-)Automaten, die Bewegungsabläufe übernehmen, welche früher von Menschen ausgeführt wurden. Gegenwärtige Haupteinsatzgebiete sind Schweiß- und Montagearbeiten, z.B. in der Automobilindustrie. Roboter besitzen eine Reihe von Sensoren (vgl. Abschnitte 2.5.4.1 und 3.2) und elektrische oder hydraulische Antriebe, die mit mehreren Achsen (bis zu sieben) ausgestattet sind.

Zu den "diversen" CAM-Anwendungen gehören alle computergestützten Materialfluß- oder Materialhandhabungssysteme (als Bestandteile der sogenannten *innerbetrieblichen Logistik*), insbesondere

- für betriebliche Lager (z.B. Gabelstapler in Hochregallagern) und
- für den innerbetrieblichen Transport (Transport- und Förderbänder, fahrerlose Transportkarren u.a.).

Vereinzelt wird hierfür auch die Abkürzung CIL (computer integrated lo-

---

*) Das Wort *Roboter* kam erstmals 1921 in einem tschechischen Theaterstück vor. Ursprung ist der slawische Wortstamm "robota" (Arbeit).

gistic) gebraucht. Die Steuerung übernehmen Prozeßrechner in der Nutzungsform Realzeitverarbeitung (vgl. Abschnitt 3.2).

Ein integriertes computergesteuertes Gesamtsystem aus Werkzeugmaschinen mit Werkzeugmagazinen und Materialhandhabungssystemen zum Be- und Entladen der Werkzeugmaschinen mit Werkstücken wird als *flexibles Fertigungssystem* bezeichnet.

Einige Wortschöpfungen werden unter der mehr scherzhaften Abkürzung CAx zusammengefaßt, insbesondere CAE (computer aided engineering) als Zusammenfassung von CAD und CAP, CAI (computer aided industrie), CAQ (computer aided quality) und CAT (computer aided testing). Auf die Inhalte soll hier nicht näher eingegangen werden.

7.3.1.3 Produktionsplanungs- und -steuerungssysteme

Die *Produktionsplanung und -steuerung* (*PPS*) befaßt sich mit der Planung und der Ausführung von Kundenaufträgen, und zwar von der Auftragsannahme bis unmittelbar vor der Auslieferung. Man bezeichnet einen solchen geschlossenen Ablauf als Logistik- oder Vorgangskette.

Zu PPS zählt man üblicherweise die folgenden Arbeitsgebiete:

- Materialwirtschaft
- Fertigungsplanung und
- Fertigungssteuerung.

Die weitere Unterteilung zeigt Abbildung 7.9. Die Materialwirtschaft wird häufig mit zur Fertigungsplanung gerechnet.

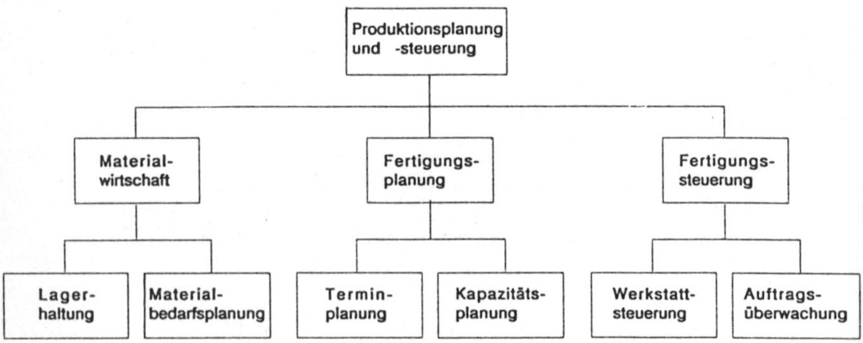

Abb. 7.9: *Bestandteile von PPS-Systemen*

Zur Materialwirtschaft werden teilweise auch die für den innerbetrieblichen Materialtransport erforderlichen Einrichtungen der innerbetrieblichen Logistik gezählt, die bei entsprechender Computerunterstützung zu den "diversen" CAM-Anwendungen (vgl. Abschnitt 7.3.1.2) gehören.

Ein weiteres, hier nicht näher behandeltes Arbeitsgebiet ist die *Instandhaltungsplanung*.

Die *Lagerhaltung* (Lagerbestandsführung) ist (mit Ausnahme der Bestelldisposition) dem administrativen, die *Materialbedarfsplanung* ebenso wie die *Fertigungssteuerung* dem dispositiven Bereich zuzuordnen. Die Einordnung der Arbeitsgebiete Lagerhaltung, Materialplanung und Fertigungsplanung/-steuerung in den Gesamtkomplex der betrieblichen Administrations- und Dispositionssysteme wurde bereits in Abbildung 7.2 (vgl. Abschnitt 7.1) gezeigt.

Im einzelnen haben die PPS-Arbeitsgebiete die nachfolgend aufgezählten Bestandteile:

Lagerhaltung (einschließlich Beschaffung):
- Führen der Bestände (Lager, Werkstatt; Bestell- und Vormerkbestände),
- Prüfen und Erfassen der Zugänge (Einkauf oder Eigenfertigung) und der Abgänge (Verkauf oder Eigenverbrauch),
- Bewerten nach verschiedenen Preisen und Regeln (Marktpreis, Durchschnitts- oder Verrechnungspreis, Selbstkosten; FIFO/LIFO u.a.),
- Bestelldisposition (optimale Bestellmengen und -zeitpunkte, Bestellvorschläge),
- Buchen und Überwachen der Bestellungen des Einkaufs,
- Inventur.

Gelagert werden Roh-, Hilfs- und Betriebsstoffe, Einzelteile, Halb- und Fertigfabrikate, häufig in getrennten Lagern und an räumlich voneinander entfernten Plätzen. Das Arbeitsgebiet Lagerhaltung existiert (für Handelswaren) auch im Groß- und Einzelhandel. Vorgeschaltet ist das Arbeitsgebiet Auftragsbearbeitung.

Materialbedarfsplanung:
- Bedarfsermittlung
  a) Primärbedarfsplanung (Festlegung des Produktionsprogramms),
  b) Nettobedarfsplanung (Sekundärbedarfsplanung durch Stücklistenauflösung, Brutto- und Nettobedarfsrechnung, Vorschläge für Fertigungsaufträge),
- Auswertungen (ABC-Analysen, Verbrauchsstatistiken).

Fertigungsplanung:
- Terminplanung (Grobterminierung der Bearbeitung),
- Kapazitätsplanung (Terminverschiebungen zwecks besserer Kapazitätsauslastung).

Fertigungssteuerung:
- Werkstattsteuerung: Auftragsfreigabe (Auftragsveranlassung), Reihenfolgeplanung, Arbeitsgangfreigabe;
- Auftragsüberwachung: Mengen- und Terminüberwachung, Qualitätssicherung.

Da die Produktionsplanung und -steuerung insgesamt ein sehr komplexes Gebiet darstellt, wird sie in der betrieblichen Praxis in der Regel sukzessive (und nicht simultan) vorgenommen, und zwar in folgenden Arbeitsschritten (Abb. 7.10):

1) Primärbedarfsplanung:
Anhand der vorliegenden Kundenaufträge und/oder durch Prognoserechnungen wird das Produktionsprogramm für alle Enderzeugnisse (Primärbedarf) festgelegt. Erforderlich ist dabei die Überprüfung der Realisierbarkeit mit den vorhandenen Kapazitäten (MRP = manufacturing resource planning).

Abb. 7.10: *Logistikkette in PPS-Systemen*

2) Nettobedarfsplanung:
Aus dem Primärbedarf wird in den Schritten

- Stücklistenauflösung,
- Bruttobedarfsrechnung,
- Nettobedarfsrechnung

der Nettobedarf ermittelt (Abb. 7.11). Dabei handelt es sich um das für die Fertigung des Primärbedarfs erforderliche Material, das entweder extern zu beschaffen (Beschaffungsaufträge) oder intern in Eigenaufträgen zu fertigen (Fertigungsaufträge) ist.

Kundenaufträge = Primärbedarf -> Sekundärbedarf	Stücklistenauflösung
+ sonstiger Bedarf (aus Lagerabgangsprognose) + Sicherheitszuschlag + Ersatzteilbedarf -> Bruttobedarf	Bruttobedarfsrechnung
./. Lagerbestand ./. Bestellbestand ./. Zugang aus laufender Fertigung -> Nettobedarf	Nettobedarfsrechnung

Abb. 7.11: *Materialbedarfsplanung*

Jedes Erzeugnis läßt sich grafisch durch seine *Erzeugnisstruktur* darstellen, die meistens einer Netzstruktur (vgl. Abschnitt 5.4.2.2) entspricht. Aus den Erzeugnisstrukturen lassen sich (von oben nach unten) die Stücklisten und (von unten nach oben) die Teileverwendungsnachweise ableiten.

Unter einer *Stückliste* versteht man ein Verzeichnis, das stufenweise angibt, wie sich ein Erzeugnis bzw. eine Baugruppe aus Baugruppen bzw. Einzelteilen der nächstniedrigeren Fertigungsstufe zusammensetzt. Der *Teileverwendungsnachweis* gibt umgekehrt für ein bestimmtes Einzelteil bzw. für eine Baugruppe die Verwendung in allen Baugruppen bzw. Erzeugnissen der nächsthöheren Stufe an. Der *Teilebedarf* ist der Gesamtbedarf an Einzelteilen für ein bestimmtes Fertigprodukt.

Abbildung 7.12 zeigt ein einfaches Beispiel für eine Erzeugnisstruktur mit Stückliste, Teileverwendungsnachweis und Teilebedarf.

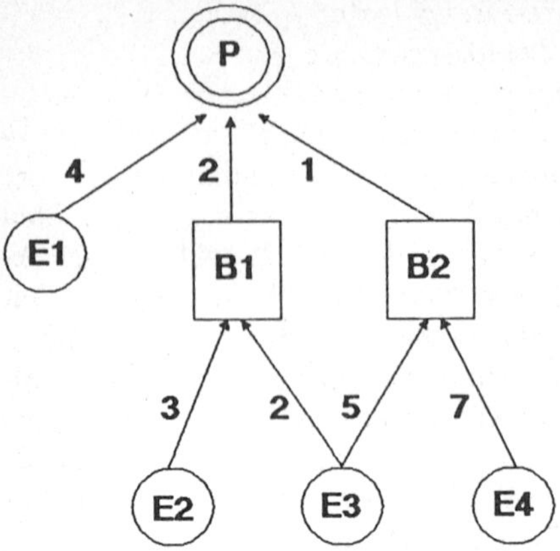

Stückliste

P : 4 x E1, 2 x B1, 1 x B2
B1 : 3 x E2, 2 x E3
B2 : 5 x E3, 7 x E4

Teileverwendungsnachweis

E1 : 4 x in P
E2 : 3 x in B1
E3 : 2 x in B1, 5 x in B2
E4 : 7 x in B2
B1 : 2 x in P
B2 : 1 x in P

Teilebedarf

P : 4 x E1, 6 x E2, 9 x E3, 7 x E4

Abb. 7.12: *Erzeugnisstruktur mit Stückliste und Teileverwendungsnachweis*

3) Terminplanung (Grobterminierung):
Aus den Kundenaufträgen werden mit Hilfe vorgegebener Bearbeitungszeiten grobe Bearbeitungstermine ermittelt, und zwar
- entweder vorwärts unter Festlegung eines Beginntermins oder
- rückwärts unter Zugrundelegung eines Fertigstellungstermins.

4) Kapazitätsplanung:
Unter Berücksichtigung der verfügbaren Maschinen- und Personalkapazitäten werden die in Schritt 3 ermittelten Grobtermine verschoben (Kapazitätsabgleich, "Einrütteln"). Angestrebt wird neben der Termintreue eine möglichst hohe Kapazitätsauslastung.
Die Schritte 3 und 4 werden als *Zeitwirtschaft* bezeichnet. Von Vorteil sind DV-Programme, die beide Schritte simultan vornehmen.

5) Werkstattsteuerung:
Die Aufträge werden durch das Erstellen von auftragsbezogenen Fertigungspapieren (Materialentnahmescheine, Werkzeugscheine, Lohnscheine u.a.) zur Fertigung freigegeben.
Unter Berücksichtigung der erforderlichen Arbeitsgänge wird die Auftragsreihenfolge festgelegt. Die einzelnen Arbeitsgänge werden sukzessive freigegeben (Betriebsmittel- bzw. Maschinenbelegung).

6) Auftragsüberwachung:
Die Aufträge werden durch die Gegenüberstellung von Ist- und Soll-Daten über Beginn- und Endtermine, Materialverbräuche usw. laufend überwacht. Falls erforderlich, werden kurzfristig Maßnahmen eingeleitet.

Hardware-Hersteller und Software-Firmen bieten seit vielen Jahren unter der Bezeichnung *PPS-Systeme* Standardsoftware zur Produktionsplanung und -steuerung an, und zwar sowohl für große DV-Anlagen als auch - teilweise als Bestandteile von integrierten Programmpaketen für den gesamten administrativen und dispositiven Bereich - für kleine und mittlere DV-Anlagen. Allerdings decken nicht alle Softwarepakete den gesamten Funktionsumfang der Arbeitsgebiete Materialwirtschaft und Fertigungsplanung/-steuerung ab. Das betrifft vor allem auch die seit einiger Zeit angebotenen PPS-Systeme für Mikrocomputer.

Wichtigster Bestandteil aller PPS-Systeme sind Programme zur Verwaltung der *Grunddaten*. Darunter werden Stücklisten, Teileverwendungsnachweise, Teilebeschreibungen und Arbeitspläne verstanden. Die Grunddaten der Fertigung entsprechen weitgehend den Stammdaten der Abrechnungssysteme des Finanz-, Rechnungs- und Personalwesens.

Die Intensität der Computerunterstützung ist bei den verschiedenen Programmpaketen unterschiedlich. Nach MERTENS werden vier Stufen unterschieden, die sich am Beispiel der Bestelldisposition wie folgt skizzieren lassen:

Vollautomation: Das Programm disponiert automatisch (z.B. Auslösung einer Bestellung bei einem bestimmten Lieferanten).
Teilautomation: Das Programm macht automatisch einen Vorschlag (z.B. für eine Bestellung bei einem bestimmten Lieferanten). Die weitere Veranlassung übernimmt der Sachbearbeiter.
Programmunterstützung: Das Programm ermittelt einen Vorschlag (z.B. für einen bestimmten Lieferanten) anhand spezifischer Eingabedaten des Sachbearbeiters.
Registrierung: Das Programm registriert lediglich die Eingabedaten des Sachbearbeiters (z.B. Bestelldaten, Artikelbezeichnung und -menge, Lieferant).

Die DV-Anwendungssysteme für die Arbeitsgebiete Lagerhaltung, Materialplanung und Fertigungsplanung/-steuerung sind untereinander und mit anderen Administrations- und Dispositionssystemen eng verbunden. An den Schnittstellen lassen sich wieder die verschiedenen Stufen der Daten- und Programmintegration (vgl. Abschnitt 5.1) ähnlich wie etwa zwischen Fakturierung und Debitorenbuchhaltung (vgl. Abschnitt 7.2.1) aufzeigen.

Bei einer nur programmintegrierten Verarbeitung, die z.B. einigen modular aufgebauten Programmpaketen für kleine und mittlere DV-Anlagen zugrunde liegt, sind u.a. folgende Daten auszutauschen (siehe auch Abbildung 7.2):

Lagerhaltung (Materiallager)
von Materialplanung: Materialbedarf,
an Materialplanung: Bestände und laufende Bestellungen,
an Sachbuchhaltung: bewertete Lagerbewegungen.

Materialplanung
von Auftragsbearbeitung: Kundenaufträge,
von Lagerhaltung: Bestände und laufende Bestellungen,
an Lagerhaltung: Materialbedarf,
an Fertigungssteuerung: Fertigungsvorschläge (z.B. Losgrößen).

Fertigungsplanung/-steuerung
von Materialplanung: Fertigungsvorschläge,
an Materialplanung: laufende Fertigungsaufträge (bei Eigenfertigung von Teilen),
an Kostenrechnung: Verbräuche,
an Personalabrechnung: Lohndaten.

Effizienter als eine programmintegrierte Verarbeitung mit getrennten Dateien sind wieder Verarbeitungsformen mit einem höheren Integrationsgrad der Daten. Die verfügbare Standardsoftware für den Fertigungsbereich benutzt dazu

- entweder die herkömmliche Dateiorganisation
- oder eine Datenbankorganisation.

Schon vor den ersten universell verwendbaren Datenbankverwaltungssystemen gab es Anfang der 60er Jahre speziell auf den Fertigungsbereich zugeschnittene Datenverwaltungssysteme, die das Prinzip der Adreßverkettung (vgl. Abschnitt 5.4.3) benutzten. Prototyp war der Stücklistenprozessor BOMP (bill of material processor) der Firma IBM. Inzwischen liegen den von einigen Hardware-Herstellern und Software-Firmen angebotenen Anwendungssystemen für den Fertigungsbereich universelle Datenbankverwaltungssysteme zugrunde. Dadurch wird auch der direkte Zugriff durch andere Anwendungssysteme, z.B. durch die Kostenrechnung, auf die Daten des Fertigungsbereichs möglich.

Für die Grob- und Feinplanung der Schritte 3 und 4 und für die Ermittlung der nach einem festgelegten Kriterium (kürzeste Durchlaufzeiten, maximale Kapazitätsauslastung u.a.) optimalen Auftragsreihenfolge in Schritt 5 werden seit vielen Jahren OR-Modelle angeboten, die sich aber bisher meistens als zu unflexibel erwiesen haben.

Die Aufgaben der Feinplanung, Werkstattsteuerung und Auftragsüberwachung können durch einen *elektronischen Leitstand* unterstützt werden. Dabei handelt es sich um einen mit entsprechender Software ausgestatteten Arbeitsplatzrechner, mit dem sich z.B. innerhalb der Feinplanung der Kapazitätsausgleich durch Säulendiagramme und die Betriebsmittelbelegung durch Balkendiagramme (*Plantafeln*) grafisch am Bildschirm vornehmen lassen.

Eine wichtige Rolle für die Auftragsüberwachung (Schritt 6) spielt die *Betriebsdatenerfassung* (*BDE*). Betriebsdaten sind dabei alle im Verlauf eines Fertigungsprozesses unmittelbar im Betrieb anfallenden (Ist-)Daten über Mengen (Stückzahlen, Materialverbräuche), Zeiten (bezogen auf

Aufträge, Maschinen, Mitarbeiter), Zustände (Fehler, Störungen) usw. Ihre Erfassung erfolgt an sogenannten BDE-Geräten, und zwar entweder automatisch durch Meßeinrichtungen (Sensoren) oder manuell über Tastaturen bzw. Ausweisleser an Datenstationen, in Einzelfällen durch akustische Dateneingabe. Sofern ein elektronischer Leitstand eingerichtet ist, wird die Betriebsdatenerfassung damit gekoppelt. Am Leitstand können dann anhand von Meldungen Abweichungen vom Ablaufplan sofort erkannt und kurzfristig Umdispositionen vogenommen werden.

An den heutigen Werkzeugmaschinen sind die Umrüstzeiten bei Auftragswechsel oft nur noch kurz. Diese Tatsache hat zusammen mit der Forderung nach niedrigen (Zwischen-)Lagerbeständen dazu geführt, die Fertigung nach dem *Just in Time-Prinzip* (*JIT*) zu organisieren, für das es verschiedene Realisierungsformen gibt. Generell wird in jeder Fertigungsstufe nur nach dem Bedarf der genau nachfolgenden Stufe produziert, der entweder vorher geplant wird (Synchron-Prinzip) oder sich aus dem letzten Verbrauch ergibt (Hol- oder Supermarkt-Prinzip). Vorbild für das Hol-Prinzip war das schon 1947 bei der japanischen Automobilfirma Toyota eingeführte KANBAN-Verfahren, das rein manuell mit dem Austausch von Pendelkarten zwischen den Fertigungsstufen arbeitet. Es gibt viele Vorschläge, JIT durch PPS-Systeme zu unterstützen. Allerdings sind die Voraussetzungen für JIT (große Stückzahlen, minimale Ausschußquoten, geringe Absatzschwankungen) häufig nicht gegeben. Eine Sonderform bilden JIT bzw. KANBAN mit Lieferanten (siehe Abschnitt 7.4).

7.3.1.4 Realisierung des CIM-Konzepts

Das *CIM-Konzept* fordert, sich nicht auf die Integration der einzelnen Arbeitsgebiete innerhalb des PPS-Systems zu beschränken, sondern darüber hinaus die Integration zwischen den technischen Komponenten CAD, CAP, CAM usw. und der betriebswirtschaftlich-organisatorischen Komponente PPS herbeizuführen. Erst dadurch können in jeder Hinsicht abgeschlossene Logistikketten realisiert werden, ganz abgesehen von der Vermeidung überflüssiger Doppelarbeiten, die bei separaten DV-Anwendungssystemen unvermeidbar sind. Zusätzlich sollen dann noch die Verbindungen intern zum Finanz- und Rechnungswesen und extern zu Kunden und Lieferanten (JIT) integriert werden.

Beispiele für Schnittstellen (Abb. 7.13):
PPS -> CAD:
Bei Konstruktionsaufgaben verwendet CAD in PPS bereits vorhandene Stücklisten.
CAD -> PPS:
Bei der Auftragsbearbeitung erstellt CAD neue Konstruktionsdaten, die in die Stücklisten von PPS eingehen.

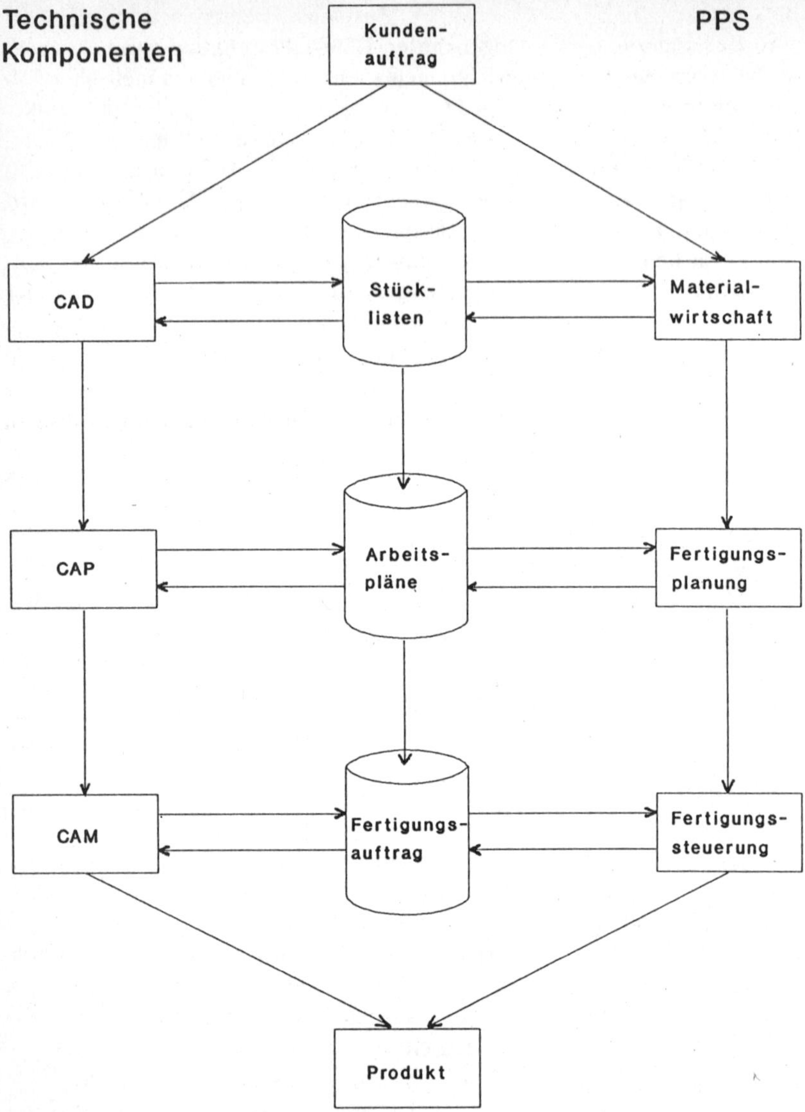

Abb. 7.13: *Logistikkette des CIM-Konzepts*

CAP -> PPS:
Bei der Arbeitsplanung erstellt CAP technische Ablaufpläne, die von PPS für die Grobterminierung benötigt werden.

PPS -> CAM:
Mit der Auftragsfreigabe übergibt PPS an CAM Daten zur Steuerung der Werkzeugmaschinen.
CAM -> PPS:
Bei Störungen (oder Ausschußproduktion) in der Fertigung meldet CAM Daten an PPS, die dort zu einer neuen Kapazitätsplanung führen.

Die Forderung des CIM-Konzepts nach Integration bedeutet DV-technisch vor allem die Integration der Daten, und zwar der technischen Daten von CAD, CAP, CAM usw. mit den betriebswirtschaftlichen PPS-Daten auf der Grundlage einer einheitlichen Datenbasis, auf die alle Programme gemeinsam zugreifen. Von den Unternehmen verlangt das CIM-Konzept langfristige und weitgehend irreversible Entscheidungen. Praktische Realisierungen sind daher erst in Ansätzen und für Teilgebiete vorhanden. Generell hat sich die Erkenntnis durchgesetzt, daß CIM nur schrittweise zu realisieren ist.

Hinsichtlich der Hardware und der Vernetzung kommen bei CIM die schon früher (vgl. Abschnitte 2.4.1 und 7.2.4.2) beschriebenen drei Basis-Alternativen in Betracht, d.h.:

- Zentralrechner (Host) mit angeschlossenen Terminals bzw. Mikrocomputern,
- Bereichsrechner mit Host-Verbindung und angeschlossenen Terminals bzw. Mikrocomputern oder
- über LANs vernetzte Arbeitsplatzrechner mit Host-Verbindung (über Server).

Die universellste Nutzungsform bietet wiederum das vielfach propagierte, aber erst in Ansätzen realisierte client-server-Konzept, bei dem von allen Rechnerkomponenten eines Netzes wechselseitig auf die Ressourcen (Programme, Daten) aller anderen Rechnerkomponenten zugegriffen werden kann (siehe Abschnitt 8.2.1).

Wesentliche Voraussetzung für die Realisierung von CIM sind Vereinbarungen über die Form des Datenaustauschs zwischen allen innerhalb des Fertigungsbereichs vernetzten DV-Anlagen, d.h. Großanlagen für den Betrieb von PPS-Systemen, Mikrocomputern als CAD-Arbeitsplatzrechnern, Prozeßrechnern für die innerbetriebliche Logistik und Werkzeugmaschinen für die eigentliche Fertigung. Unter der Leitung von General Motors arbeiten seit 1980 Hersteller von Computern und von Industrieanlagen an einem einheitlichen Protokoll MAP (manufacturing automation protocol) auf der Grundlage des ISO-Referenzmodells. Die Verbindung des Fertigungs- und des Bürobereichs soll durch Anschluß von MAP an das von Boeing initiierte Protokoll TOP hergestellt werden (vgl. Abschnitt 4.4.3).

Bereits 1981 wurde der Datenaustausch zwischen verschiedenen CAD-Systemen unter der Bezeichnung IGES (initial graphics exchange specification) als ANSI-Standard vereinheitlicht.

7.3.2 Handelsunternehmen

In Handelsbetrieben werden unter dem Oberbegriff *Warenwirtschaft*

- der *Warenfluß*, d.h. die physische Distribution von Waren, und
- das *Warenwirtschaftssystem* als Gesamtheit aller Informationen über die Ware

zusammengefaßt. Charakteristisch für den Handel sind die drei betrieblichen Funktionen

- Verkauf,
- Beschaffung und
- Lagerhaltung.

DV-Anwendungssysteme für die integrierte Verarbeitung dieser drei Arbeitsgebiete werden als *geschlossene Warenwirtschaftssysteme* bezeichnet. Solche Systeme sind hauptsächlich in Filialunternehmen, in Supermärkten und in Kauf- bzw. Warenhauskonzernen realisiert.

In allen Handelsunternehmen sind im wesentlichen folgende Aufgaben wahrzunehmen:

Administration:
- Warenausgangsseite: Kassenabwicklung, Verkaufsdatenerfassung;
- Wareneingangsseite: Bestellabwicklung, Wareneingangserfassung, Rechnungsprüfung, Warenauszeichnung;
- Bestandsführung, Inventur.

Disposition:
- Sortimentsgestaltung, Preisfestsetzung;
- Bestellpolitik: Festlegung von Bestellmengen und -zeitpunkten;
- kurzfristige Maßnahmen: Verkaufsplatzorganisation, Sonderaktionen.

Information:
- Auswertungen, Berichte;
- Verkaufs- und Bestandsübersichten;
- Kennzahlen.

Mit dem DV-Einsatz in Form geschlossener Warenwirtschaftssysteme werden u.a. folgende Ziele verfolgt bzw. unterstützt:

- Reduzierung der Lagerbestände,
- Erhöhung der Lieferbereitschaft,
- Flexibilisierung des Sortiments,
- Verbesserung der Kalkulationsmöglichkeiten,
- Einleitung kurzfristiger Werbemaßnahmen,
- Vermeidung von Inventurdifferenzen,
- Rationalisierung des Bestellwesens,

- Vereinfachung der Rechnungskontrolle und
- Einsparung von Personal.

Warenwirtschaftssysteme sind typische Beispiele für die konsequente Nutzung mehrstufiger verteilter DV-Konzepte (Abb. 7.14).

Ausgangspunkt für alle DV-Anwendungssysteme im Handel sind *Datenkassen* auf der Ebene 1, dem Verkaufsplatz (POS = point of sales). Man bezeichnet eine elektronische (Laden-)Kasse erst dann als Datenkasse, wenn sie die Fähigkeit zur internen Speicherung von Daten für die spätere Weitergabe auf Datenträgern (Magnetbandkassette, Diskette) oder durch Datenübertragung besitzt.

Vorstufe der Datenkassen sind die elektronischen Registrierkassen (ECR = electronic cash register). Sie ermöglichen im geringen Umfang Auswertungen nach Warengruppen, Verkäufern und Zeiten und lassen sich teilweise mit einer PLU-Funktion ausstatten.

Die PLU (price look up)-Funktion läßt sich installieren, wenn die Kassen über einen internen Speicher verfügen. Die Verkaufspreise werden dabei in der Kasse gespeichert und bei Eingabe der Artikelnummer automatisch "beigestellt". Dasselbe gilt für die Hinzufügung von erläuterndem Text (text look up) auf dem Kassenbon. Durch die Preisbeistellung wird das Eintippen des Preises erspart. Die Preisbeistellung ermöglicht es, auf die Preisauszeichnung an der Ware zu verzichten und z.B. nur eine Regalauszeichnung (die durch eine Änderung der Preisauszeichnungsvor-

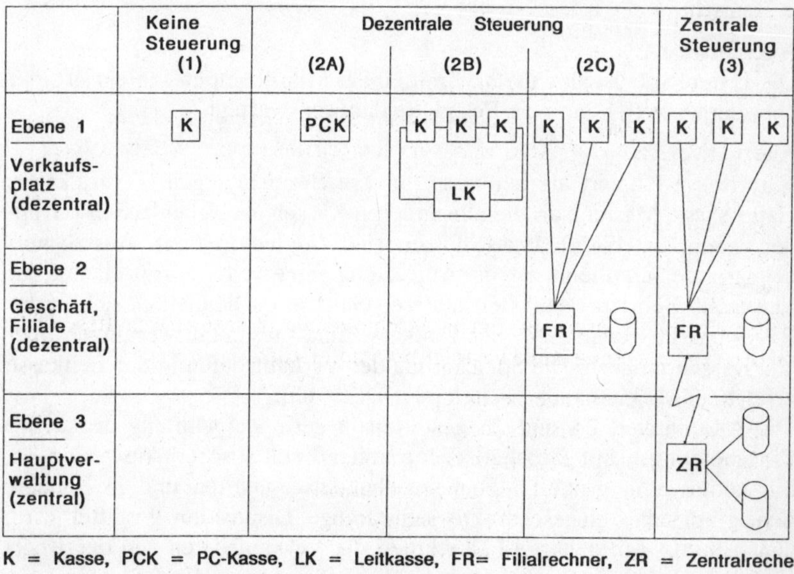

K = Kasse, PCK = PC-Kasse, LK = Leitkasse, FR= Filialrechner, ZR = Zentralrecher

Abb. 7.14: *Alternativen des DV-Einsatzes im Handel*

schriften ermöglicht wurde) vorzunehmen. Dadurch lassen sich auch Preisänderungen schneller durchführen. Von der Regalauszeichnung wird bei Massenartikeln und in Discount-Geschäften Gebrauch gemacht.

Zur Standardausstattung von Kassen gehören eine optische Anzeige und die Geldschublade. Neben der Tastatur können Datenkassen

- für das Lesen von Magnetstreifen oder OCR-Schrift mit einem Handleser (Lesepistole, Lesestift) und
- für das Lesen des EAN-Codes mit einem Scanner, der entweder fest in den Ladentisch eingebaut ist (stationärer Scanner) oder per Kabel mit der Kasse verbunden ist (Hand-Scanner),

ausgerüstet werden. Für das POS-Banking (siehe Abschnitte 7.3.3 und 7.4) ist der Anschluß von Scheckkarten-Lesegeräten erforderlich. Neben dem serienmäßigen Kassen-Drucker lassen sich Beleg- und/oder Etikettendrucker für die Artikel- und Regalauszeichnung anschließen.

Die Bezeichnung *geschlossenes Warenwirtschaftssystem* trifft im wesentlichen auf die Alternativen 2C und 3 von Abbildung 7.14 zu. Im einzelnen lassen sich die Alternativen wie folgt beschreiben:

Alternative 1:
In der Verkaufsstelle sind eine oder mehrere autonome Kassen (nicht zwingend Datenkassen) aufgestellt. Die Auswertungen beschränken sich auf tägliche Berichte über Warengruppen und Verkäufe je Kasse. Die Zuordnung zu den Gruppen erfolgt durch entsprechende Tastatureingaben. Diese Alternative kommt in erster Linie für Geschäfte des Einzelhandels in Betracht.

Alternative 2A:
Die Datenkasse ist als *PC-Kasse* mit einem Mikrocomputer integriert, der über ein Disketten- und ein Festplattenlaufwerk verfügt.

Alternative 2B:
Eine Kasse fungiert als Leitkasse (andere Bezeichnungen: Zentralkasse, Hauptkasse, Master), an die alle anderen Kassen als Nebenkassen (Gruppenkassen, Satelliten) angeschlossen sind (*Verbundsystem*). Aus Sicherheitsgründen empfiehlt sich die Aufrüstung einer weiteren Einzelkasse zur Leitkasse. Bei den Leitkassen neuerer Generation handelt es sich in der Regel um PC-Kassen. An der Leitkasse sind Gesamtauswertungen über alle Kassen möglich. Die Speicherung der Verkaufsdaten in der Leitkasse erfolgt auf Magnetbandkassetten oder Disketten.
Die Alternativen 2A und 2B gestatten in geringem Umfang dispositive Entscheidungen auf Geschäftsebene anhand statistischer Auswertungen. Sie kommen in größeren Facheinzelhandelsgeschäften und in Filialen, denen nur eine eingeschränkte selbständige Disposition gestattet wird, zum Einsatz. Im letzteren Fall werden die Verkaufsdaten - in der Regel täglich nach Geschäftsschluß - entweder auf dem von der PC- oder Leit-

kasse beschriebenen Datenträger an eine übergeordnete Zentrale geschickt oder von dort per Datenübertragung gesammelt abgerufen.

Ist auf dem Mikrocomputer der PC-Kasse mit entsprechender Software Desktop Publishing (vgl. Abschnitt 7.2.4.2) möglich, können damit in flexibler Weise Werbeplakate gedruckt werden.

Alternative 2C:
Alle Datenkassen sind an eine DV-Anlage (Minicomputer oder größerer Mikrocomputer) angeschlossen, die als Leitzentrale, Filialrechner oder Handelscomputer bezeichnet wird und dezentral am Ort des Geschäfts bzw. der Filiale installiert ist. Neben der reinen Verkaufsdatenerfassung einschließlich Preis- und Textbeistellung und den statistischen Auswertungen wie in den Alternativen 2A und 2B lassen sich jetzt alle eingangs genannten administrativen und dispositiven Aufgaben dezentral auf Geschäfts- bzw. Filialebene computergestützt durchführen. Typische Auswertungen der Verkaufsdaten betreffen

- Artikel mit schnellem Umschlag ("Schnelldreher", "Renner"),
- Artikel mit langsamem Umschlag ("Langsamdreher", "Ladenhüter", "Penner"),
- Vergleichsberichte nach Mengen, Werten, Abrechnungsperioden,
- Kundenübersichten (Anzahl Verkäufe pro Zeiteinheiten, Anzahl Artikel je Kunde, Durchschnittsumsatz je Kunde),
- Gewinnspannenermittlungen.

Alternative 2C bildet die zweckmäßigste Lösung für selbständige, d.h. nicht konzerngebundene Kaufhäuser, Supermärkte, Cash and Carry-Unternehmen usw. sowie für sehr große Facheinzelhandelsgeschäfte.

Als Variante für die Alternativen 2B und 2C kommt auch die Vernetzung der Datenkassen durch ein lokales Netzwerk (LAN) in Betracht.

Alternative 3:
Der Filialrechner ist über ein öffentliches Netz an eine zentrale DV-Anlage (Zentralrechner) angeschlossen. Sämtliche administrativen und dispositiven Aufgaben können jetzt zentral vorgenommen werden. Außer der Bereitstellung derselben Dispositionshilfen für jede einzelne Filiale wie in Alternative 2C lassen sich jetzt für alle Filialen

- ein einheitliches Berichtswesen,
- eine wirtschaftlichere Lagerhaltung,
- eine zentrale Preis- und Sortimentsgestaltung und
- eine transportkostenoptimale Warenverteilung

erreichen. Ferner sind Filialvergleiche möglich.

Üblicherweise werden die Tagesdaten nach Geschäftsschluß von der Zentrale abgerufen und dort nachts verarbeitet. Die für die Disposition der Filialleitung erforderlichen Daten werden bis zur Geschäftsöffnung am nächsten Morgen per Datenübertragung an die Filiale zurückübertragen und dort auf dem Drucker des dezentralen Rechners ausgedruckt. Alternative 3 kommt hauptsächlich für Kauf- und Warenhauskonzerne in Betracht.

Außer den hier vorgestellten prinzipiellen Alternativen existieren in der betrieblichen Praxis hinsichtlich der DV-technischen Realisierung weitere Varianten sowie Mischformen. Generell ist aufgrund der steigenden Leistungsfähigkeit von Mikrocomputern eine stärkere Dezentralisierung der DV-Anwendungen festzustellen.

Die schon wiederholt erwähnte 13-stellige *Europäische Artikelnummer* (*EAN*) wurde 1977 von 12 Staaten, darunter allen EG-Staaten, beschlossen. Inzwischen haben sich mehr als 40 Länder (einschließlich Japan, Sowjetunion, USA, mehrere südamerikanische Staaten, Thailand, Australien) angeschlossen, so daß auch die Bezeichnung "Internationale Artikelnummer" benutzt wird. Der Aufdruck der EAN auf die Ware erfolgt auf einer Fläche von ca. 10 cm^2 als Strichcode, der um eine Klarschriftzeile in OCR-B-Schrift ergänzt wird. Artikeln mit kleiner Verpackungsoberfläche (z.B. Kaugummis) kann eine 8-stellige Kurzversion der EAN (ca. 6 cm^2) zugeteilt werden. Die EAN auf der Verpackung ermöglicht dem Händler den Verzicht auf die Artikeletikettierung. Das Problem der Preisauszeichnung bleibt aber nach wie vor bestehen.

Die ersten beiden bzw. ersten drei Stellen der EAN (Vorziffer oder Präfix) identifizieren das Herstellerland. Dieses Länderkennzeichen vergibt die EAN-Zentrale in Brüssel. In der Bundesrepublik Deutschland ist die EAN wie folgt aufgebaut:

Stellen 1 und 2 Länderkennzeichen Bundesrepublik (40 - 43),
Stellen 3 bis 7 Betriebsnummer des Herstellers,
Stellen 8 bis 12 vom Hersteller vergebene Artikelnummer,
Stelle 13 Prüfziffer (nach internationaler Berechnungsvorschrift).

Für die Vergabe der bundeseinheitlichen Betriebsnummer (bbn) ist die CCG (Centrale für Coorganisation) in Köln, eine Gemeinschaftsgründung von Handel und Industrie, zuständig. Die Artikelnummern werden von den Herstellern in der Regel "chaotisch", d.h. ohne Nummernsystem (vgl. Abschnitt 5.2), vergeben.

Auch im Handel wird mit neuen computergestützten Verfahren experimentiert. Auf der Warenausgangsseite sind das z.B.

- die Regalauszeichnung durch elektronische Preisschilder mit LCD-Anzeigen, wobei die Steuerung durch die PC-Kasse, die Leitkasse oder den Filialrechner erfolgt, und
- das Self Scanning, bei dem die Kunden die Warenpreise selbst erfassen und das Verkaufspersonal lediglich den Zahlungsvorgang abwickelt.

Beide Verfahren haben sich bisher nicht durchgesetzt.

In Zukunft wird verstärkt elektronischer Datenaustausch brancheninterm mit Lieferanten (Bestelldatenübermittlung) und auch branchenübergreifend mit der Industrie (Übermittlung von "Scanner-Daten" als Informationen über das Verbraucherverhalten) betrieben werden (siehe Abschnitt 7.4).

Eine weitere branchenübergreifende DV-Anwendung mit elektronischem Datenaustausch bildet das POS-Banking, bei dem der Kunde an der Datenkasse beleglos mit einer Scheckkarte bezahlt und der Kaufbetrag automatisch von seinem Konto bei einem Kreditinstitut abgebucht wird (siehe Abschnitt 7.3.3).

7.3.3 Kreditinstitute

Die im Bereich der Banken und Sparkassen anfallenden traditionellen administrativen und dispositiven Aufgaben lassen sich zu folgenden Gruppen zusammenfassen:

a) Kundenseite ("front office"):
  - Abwicklung des Zahlungsverkehrs: Kontokorrent, Spargeschäft, Darlehn, persönliche Kleinkredite, Wertpapiergeschäft, Sorten und Devisen;
  - Kundenberatung: Anlageberatung, Effektivverzinsung von Wertpapieren, Sparpläne, Finanzierungsmodelle, Ratenkreditgestaltung, Devisen- und Sortenkurse;

b) unternehmensinterne Seite ("back office"):
  - Abrechnung: Abstimmung, Abrechnung und Auswertung von Kontokorrent und Sparverkehr, Tagesbilanzen; Meldewesen für die Bundesbank (Mindestreserve, Großkredite), Hauptbuch und Jahresabschlüsse;
  - Schaffung von Dispositionsunterlagen: Bonitätsübersichten, Gesamtkunden-Obligo, Gebührenkalkulation, Geschäftsstellen-Erfolgsrechnung, Liquiditätsplanung, Gewinnprognosen.

Schon seit dem Beginn der 60er Jahre wird für einen Großteil dieser Anwendungen die Datenverarbeitung intensiv genutzt. Ausgangspunkt war der Zwang, den nach der Einrichtung von Lohn- und Gehaltskonten für alle Arbeitnehmer rapide angewachsenen bargeldlosen Zahlungsverkehr maschinell zu bewältigen. Im Vordergrund stand dabei zunächst die Rationalisierung der *Massenverarbeitung* gleichartiger Belege. Dafür kommen in den Kreditinstituten mehrere - teilweise branchenspezifische - DV-Geräte zum Einsatz:

- offline betriebene Belegcodierer ("Nachcodierer") mit oder ohne Sortiereinrichtung zum komplettierenden Beschriften von Belegen (Lastschriften, Schecks, Überweisungen);

- Belegleser für OCR-Schriften (vgl. Abschnitt 2.5.3) zur Erfassung und Sortierung von Belegen;
- Schriftenlesegeräte (Formularleser) für das Lesen von Überweisungsvordrucken, die mit beliebiger Maschinenschrift oder mit Handblockschrift ausgefüllt sind (vgl. Abschnitt 2.5.3, Abbildung 2.17);
- Belegdrucker (Schalterdrucker) für das Bedrucken von Sparbüchern und Zahlungsbelegen.

Frühzeitig wurde auch mit dem *Datenträgeraustausch* für den beleglosen Zahlungsverkehr begonnen, der z.B. von den Unternehmen für die Überweisung der Löhne und Gehälter genutzt wird (vgl. Abschnitt 7.2.2).

Schließlich haben sich die Banken schon zu einem sehr frühen Zeitpunkt für die Nutzung der Datenfernverarbeitung auf internationaler Ebene entschieden: 1977 wurde das *Netzwerk* der S.W.I.F.T. (Society for Worldwide Interbank Financial Telecommunication), einer nach belgischem Recht gegründeten Gesellschaft (Sitz Brüssel) international tätiger Banken, in Betrieb genommen, an dem sich weltweit ca. 2.600 Banken mit völlig unterschiedlichen Hardware-Systemen beteiligen.

SWIFT ist ein sternförmiges Netz mit drei Operating Centres (Rechenzentren) in Belgien, den Niederlanden und den USA, an denen die einzelnen Banken über nationale Konzentratoren (Regionalrechner) mit ihren Endgeräten (DV-Anlagen und/oder Datenstationen) angeschlossen sind. Über SWIFT werden u.a. der Zahlungs- und Überweisungsverkehr, das Devisengeschäft und der Mitteilungsdienst abgewickelt.

Seit Anfang der 80er Jahre wird der DV-Einsatz durch

- die Automatisierung des Schalterverkehrs (Schalterterminalisierung),
- die Kundenselbstbedienung und
- die computergestützte Kundeninformation und -beratung

bestimmt. Für die Schalterterminalisierung werden eingesetzt:

- CRT- oder Flachbildschirme zur Dateneingabe (Barumsätze, Primanoten) und zu Kontoabfragen,
- automatische Kassentresore (AKT) zur Speicherung und Ausgabe mehrerer Notensorten und
- Scanner für die automatische Unterschriftsprüfung durch Vergleich mit einem elektronisch gespeicherten Muster.

Für den Wertpapierhandel gibt es spezielle, mit Mikrocomputern, entsprechender Software und Netzanschlüssen (z.B. für den Abruf von Börseninformationen oder den Zugriff auf Online-Datenbanken) ausgestattete *Händlerarbeitsplätze*.

Die gesamte DV-Unterstützung auf der Kundenseite wird inzwischen von den Kreditinstituten unter der Bezeichnung *Electronic Banking* zusammengefaßt. Im einzelnen werden dazu gerechnet:

a) im Firmenkundenbereich:
   - der beleglose Zahlungsverkehr,
   - das Cash Management,
   - die Unternehmensberatung und
   - sonstige Dienstleistungen;

b) im Privatkundenbereich:
   - die Kundenselbstbedienung,
   - der Online-Schalterservice,
   - die Kundenberatung,
   - das Home Banking,
   - das POS-Banking und
   - sonstige Dienstleistungen.

Der *beleglose Zahlungsverkehr* beschränkte sich zunächst auf den Datenträgeraustausch mit Magnetbändern und Disketten ("Datenträger-Clearing"). Inzwischen können die Daten in beiden Richtungen (Senden von Zahlungsaufträgen, Abrufen von Kontoständen und -umsätzen) mit Hilfe der Datenübertragung (Telefonnetz, Datex-P-Netz) direkt zwischen den DV-Anlagen der Kunden und des Kreditinstituts ausgetauscht werden (siehe auch Abschnitt 7.4). Dieser *elektronische Zahlungsverkehr* (EFTS = electronic funds transfer system) ist ein Endziel aller Automatisierungsbestrebungen. Nur geringe Bedeutung hat der beleglose Zahlungsverkehr über Btx erlangt.

Das *Cash Management* unterstützt vor allem international tätige Unternehmen. Zur Unterstützung der Finanzdisposition werden von allen weltweit (bei der betreffenden Bank) geführten Konten auf Anforderung jederzeit aktuelle Kontoauszüge, Umsatz- und Saldenübersichten zur Verfügung gestellt (*pooling*). Die Informationen können durch Datenübertragung vom Hauptkonto abgerufen werden. Auf umgekehrtem Weg werden Aufträge für nationale oder internationale Zahlungen in DM oder Fremdwährung ausgeführt.

Zur *Unternehmensberatung* gehören u.a. Finanz- und Liquiditätsplanung, Bilanzanalyse, Kauf-/Leasing-Entscheidungen und Unternehmensanalysen. Um eine effektive Unternehmensberatung ausüben zu können, haben sich die Banken teilweise an Unternehmensberatungs-Firmen beteiligt oder selbst solche als Tochterfirmen gegründet.

Beispiele für *sonstige Dienstleistungen* im Firmenkundenbereich sind:

- Die Lohn- und Gehaltsabrechnung von Firmenkunden wird im Servicebetrieb auf der DV-Anlage des Kreditinstituts durchgeführt. Die Dateneingabe erfolgt durch Datenträgeraustausch oder Datenübertragung.

- Kreditinstitute stellen ihr internes Datenübertragungsnetz Firmenkunden gegen Gebühren zur Mitbenutzung zur Verfügung.

Die *Kundenselbstbedienung* erfolgt durch sogenannte automatische Schaltereinheiten (ATM = automatic teller machine), und zwar

- Geldausgabeautomaten (mit optischer Anzeige, z.T. mit Belegdruck und/oder Sprachausgabe),
- Selbstbedienungsdrucker für Kontoauszüge, Depotaufstellungen u.a. sowie
- Informationsservice-Einheiten ("Infotheken").

Die ersten *Geldausgabeautomaten* wurden aufgrund einer Vereinbarung zwischen allen Verbänden der Kreditwirtschaft schon 1979 installiert. Die Aufstellung erfolgt außerhalb der Schalterhalle (outdoor), innerhalb (indoor) oder in geschützten Vorräumen (Lobby-Version oder Foyer-Gerät). Die Zugriffsberechtigung wird durch einen Ausweisleser für die Scheckkarte in Verbindung mit der über Tastatur eingegebenen "Persönlichen Identifikationsnummer" (PIN) geprüft. Alle Zugriffe und Bewegungen werden protokolliert. Die Geräte arbeiten teils offline, in der Regel aber im Online-Betrieb.

An den Bildschirmen der *Informationsservice-Einheiten* kann sich der Kunde über Aktien- und Wechselkurse, Zinssätze, Sonderangebote für Geldanleger usw. informieren. Die Bedienung erfolgt durch Tastatur oder durch Berühren des Bildschirms (vgl. Abschnitt 2.5.4.2). Durch den Anschluß von Bildplatten können die Informationen mit Hilfe von ergänzenden Bildern oder Videofilmen visualisiert werden. Unter der Bezeichnung *Kundenselbstbedienungsterminals* werden Geräte angeboten, die **alle** Arten der Kundenselbstbedienung (einschließlich Überweisungen, Erteilen von Daueraufträgen usw.) integrieren.

Zum *Online-Schalterservice* gehören die Abwicklung von Ein- und Auszahlungen für Konten und Sparbücher und der Sortenhandel. Als Geräte dienen die schon erwähnten Belegdrucker und automatischen Kassentresore ("mitarbeiterbediente Geldausgabeautomaten").

Die *Kundenberatung* im Privatkundenbereich befaßt sich hauptsächlich mit der Kredit- und Anlageberatung einschließlich Hypotheken und Sparplänen. Dem Berater stehen zur Unterstützung u.a.

- Softwarepakete, z.B. für die Berechnung von Finanzierungsalternativen für Kredite, oder
- Expertensysteme (siehe Abschnitt 7.7) für Auswahlentscheidungen bei Vermögensanlagen

zur Verfügung.

Home Banking bedeutet die Verlagerung der Abwicklung des Zahlungsverkehrs (Überweisungen, Kauf von Wertpapieren) und der Informationsbeschaffung (Abfrage des Kontostands, von Börsenkursen usw.) mit Hilfe des Bildschirmtext-Systems (vgl. Abschnitt 4.3.4) in die eigene Wohnung. Die Benutzer weisen sich durch ihre PIN, bei einigen Kreditinstituten zusätzlich durch eine Transaktionsnummer (TAN) aus. Home Banking ist in erster Linie für Privatkunden gedacht, kommt aber auch für kleine Unternehmen in Betracht.

Mit dem *POS-Banking* (oder EC = electronic cash) wurde nach mehreren Feldversuchen und jahrelangen, vor allem durch die Gebührenfrage verzögerten Vorbereitungen eine branchenübergreifende DV-Anwendung eingeführt. Die Datenkassen werden mit Ausweislesern für Scheckkarten (nicht zu verwechseln mit den Kreditkarten!) ausgestattet, so daß der Kaufbetrag beleglos vom Bankkonto des Kunden abgebucht werden kann. Dabei speichert der Händler die Daten des Zahlungsverkehrs zunächst in seiner Kasse ("elektronische Schublade") und leitet sie dann einmal täglich (online bzw. per Datenträger) seiner Hausbank zum Inkasso zu. Zur Identifizierung dient wieder die PIN.

Die herkömmlichen Scheckkarten wurden zunächst als nicht ausreichend fälschungssicher angesehen. Die Verwendung von Chipkarten hätte die Nutzung der vorhandenen Geldausgabeautomaten ausgeschlossen. Die lange Zeit als Kompromiß erwogene Hybridkarte, die sowohl einen Chip als auch einen Magnetstreifen enthält, erwies sich als zu teuer. Deswegen wird das POS-Banking nun doch mit Magnetstreifenkarten durchgeführt.

Mit der Einführung des elektronischen Zahlungssystems hatte das deutsche Kreditgewerbe die Gesellschaft für Zahlungssysteme mbH (GZS) mit Sitz in Frankfurt gegründet. Die GZS sollte die Prüfung der Kaufberechtigung des Kunden (Autorisierung) übernehmen. Sie richtete dazu Netzknotenrechner ein, um die Verbindung vom Händler zum nächstgelegenen Autorisierungsrechner des Kreditinstituts herzu-

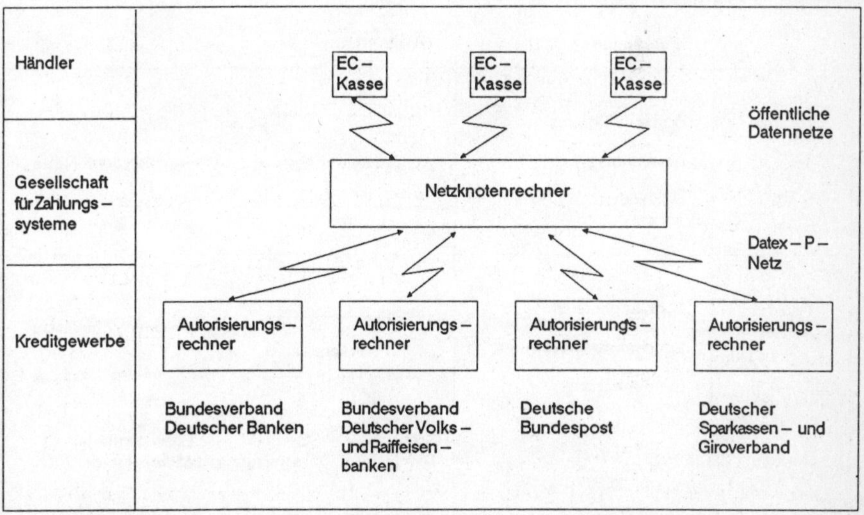

Abb. 7.15: *Prinzip des Autorisierungsverfahrens beim POS-Banking*

stellen (Abb. 7.15). Wegen Uneinigkeiten in der Gebührenpolitik hat aber beispielsweise die Sparkassenorganisation inzwischen ein eigenes Netz (unter Nutzung von Mehrwertdiensten eines Hardware-Herstellers) eingerichtet.

Eine *sonstige Dienstleistung* im Privatkundenbereich besteht z.B. darin, daß an Bankschaltern der Zugang zu Buchungssystemen für Theater-, Konzert- und Sportveranstaltungen angeboten wird.

Die DV-technische Realisierung sowohl aller internen DV-Anwendungen als auch des gesamten Electronic Banking für Kunden erfolgt in den Kreditinstituten wieder - wie beispielsweise bei Warenwirtschaftssystemen (vgl. Abschnitt 7.3.2) - nach dem Konzept der mehrstufigen verteilten Verarbeitung (Abb. 7.16). Selbstverständlich gibt es Varianten und Alternativen, z.B. die Vernetzung aller Mikrocomputer in einer Filiale durch ein LAN und die Nutzung dieses Netzes oder des Filialrechners als Bürosystem (vgl. Abschnitt 7.2.4.2). Der Zugang zu Online-Datenbanken über öffentliche Netze erfolgt über den Zentralrechner, den Filialrechner oder direkt vom Mikrocomputer des Anlageberaters. Generell ist eine stärkere Dezentralisierung, insbesondere bei den Programmen für die Kundenberatung, zu verzeichnen.

Die zunehmende Automatisierung des Bankgeschäfts birgt die Gefahr eines Verlusts an zwischenmenschlicher Kommunikation in sich. Der Wirtschaftsinformatiker gerät daher bei Nutzenbetrachtungen für den Bankbereich - ebenso wie bei allen anderen Untersuchungen über moderne Kommunikationssysteme - sehr schnell an psychologische und so-

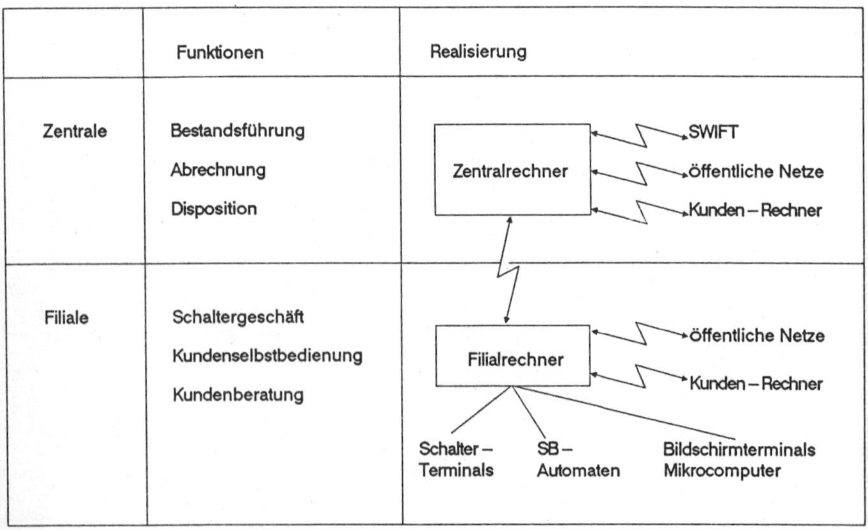

Abb. 7.16: *Mehrstufige verteilte Verarbeitung in Kreditinstituten*

ziologische Fragen. Die Kreditinstitute reagieren darauf, wie die Kundenräume moderner Bankfilialen zeigen, durch die Umorganisation ihrer gesamten Struktur- und Ablauforganisation im Kundengeschäft.

7.3.4 Versicherungswirtschaft

In der Versicherungswirtschaft wird schon seit Jahren wie bei den Kreditinstituten nach dem Prinzip der verteilten Datenverarbeitung gearbeitet, wobei sich je nach Größe des Unternehmens aus der Organisationsstruktur

- Zentrale,
- Geschäftsstellen bzw. Niederlassungen,
- Filial- bzw. Bezirksdirektionen,
- Agenturen und selbständige Maklerbüros

eine zwei- oder dreistufige Hierarchie der Verarbeitung ergibt.

Die klassischen Aufgaben der Administrationssysteme (Finanz- und Rechnungswesen, Personalwesen, Vertragsverwaltung usw.) und der Dispositionssysteme (Prämienkalkulationen, Schadensanalysen usw.) werden weiterhin zentral durchgeführt. Da sich das Versicherungsgeschäft aber zum großen Teil im Außendienst abspielt, lassen sich vorteilhaft alle Möglichkeiten der Dezentralisierung des DV-Einsatzes nutzen. Beispielsweise können für die Kundenberatung (Auskünfte, Rentenberechnungen, Tarifkalkulationen, Vertragsangebote u.a.) Laptops genutzt werden.

Mikrocomputer ermöglichen selbständigen Versicherungsvertretern u.a.,

- die Kunden- und Vertragsdaten zu verwalten,
- aus den Kundendaten zu selektieren (z.B. bei Eintritt der Volljährigkeit von Kindern der Versicherungsnehmer),
- Versicherungsanträge zu bearbeiten,
- das Inkasso für die Versicherungsnehmer (einschließlich OP-Verwaltung und Mahnwesen) durchzuführen,
- die Abrechnung von Schadensfällen vorzubereiten,
- mit Hilfe von Textverarbeitungsprogrammen Angebote zu schreiben und
- alle übrigen Möglichkeiten der Büroautomation, z.B. die Terminplanung (vgl. Abschnitt 7.2.4.2), zu nutzen.

Mehrere Hardware-Hersteller bieten unter Bezeichnungen wie "Agentur-System" oder "Außendienst-System" DV-Anwendungssysteme an, mit denen die Außendienstmitarbeiter in die Lage versetzt werden, die Kundenbetreuung zu intensivieren.

Mikrocomputer lassen sich durch den Anschluß an öffentliche Netze (mit Anschluß über Akustikkoppler oder den Mobilfunk) oder das Btx-System auch für den Datentransfer nutzen, und zwar:

- vom Außen- zum Innendienst: Besuchsberichte, Vertragsabschlüsse, Schadensmeldungen;
- vom Innen- zum Außendienst: Besuchsaufträge, Daten über Interessenten, Mitteilungsdienst.

7.4 Elektronischer Datenaustausch

Als *elektronischer Datenaustausch* (EDI = electronic data interchange) wird der Austausch von Daten mit Hilfe der Datenübertragung bezeichnet. Vorläufer sind

- der klassische Datenaustausch mit Belegen (Formulare, Meldezettel, Krankenscheine usw.) und
- der Datenträgeraustausch mit Magnetbändern oder Disketten, z.B. für die Versicherungsnachweise zwischen Unternehmen und den Sozialversicherungsträgern (DÜVO, vgl. Abschnitt 7.2.2) oder für den beleglosen Zahlungsverkehr zwischen Unternehmen und Kreditinstituten (vgl. Abschnitt 7.3.3).

Der elektronische Datenaustausch kann betrieben werden (siehe Abbildung 7.17)

- innerhalb eines Unternehmens, und zwar
  - im selben Gebäude oder Betriebsgelände über ein LAN oder eine Kommunikationsanlage,
  - zwischen geografisch entfernten Stellen über öffentliche Netze oder über Mehrwertdienste der Post (z.B. Btx) bzw. privater Anbieter, und
- zwischen rechtlich selbständigen Unternehmen ebenfalls über öffentliche Netze oder über Mehrwertdienste.

Der elektronische Datenaustausch zwischen selbständigen Unternehmen wird im deutschsprachigen Raum auch als *zwischenbetriebliche Datenverarbeitung* bezeichnet. Zwischenbetriebliche Datenverarbeitung wird zwischen Unternehmen derselben Branche oder Unternehmen verschiedener Branchen betrieben. Im letztgenannten Fall bilden die Beteiligten häufig *geschlossene Benutzergruppen*.

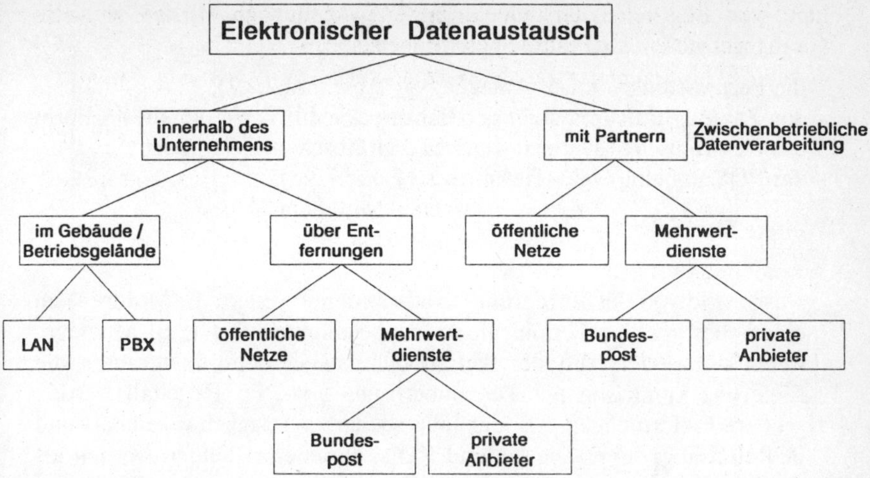

Abb. 7.17: *Formen des elektronischen Datenaustauschs*

Ziele des elektronischen Datenaustauschs sind u.a.:

- Vermeidung der wiederholten Erfassung bzw. Eingabe und der Speicherung bzw. Ablage derselben Daten,
- Beschleunigung der Kommunikation zwischen den Geschäftspartnern,
- Wettbewerbsvorteile durch schnellere Reaktionsmöglichkeiten auf Ereignisse sowohl im Betriebsablauf als auch auf dem Markt und
- Intensivierung der Kundenbetreuung und damit stärkere Bindung der Kunden an das Unternehmen.

Gerade die Mehrfacherfassung von Daten ist heute noch an der Tagesordnung, wie das folgende Beispiel zeigt:

- Ein Kunde erhält von einem Lieferanten per ("gelber") Post eine Rechnung, die dort vom Computer oder manuell per Schreibmaschine erstellt worden ist.
- Der Kunde erfaßt die Rechnungsdaten erneut, und zwar für seine Kreditorenbuchhaltung. Er beschreibt entweder per Computer oder manuell ein Überweisungsformular und schickt es per Post an seine Bank.
- Die Bank erfaßt die Daten der Überweisung entweder manuell oder maschinell mit einem Belegleser. Die Überweisung erfolgt elektronisch an die Bank des Lieferanten.
- Der Lieferant erhält die Gutschriftsanzeige von seiner Bank. Er erfaßt die Daten des Überweisungsformulars nochmals, dieses Mal für den OP-Ausgleich in seiner Debitorenbuchhaltung.

Die Nutzung des elektronischen Datenaustauschs läßt sich am besten anhand von Beispielen darstellen. Einige Anwendungen wurden schon in vorangegangenen Abschnitten beschrieben, so:

- die Fernwartung von DV-Anlagen (vgl. Abschnitt 2.2.2),
- das Zahlungstransfersystem der Banken S.W.I.F.T. als die älteste Form des elektronischen Datenaustauschs (vgl. Abschnitt 7.3.3) oder
- das POS-Banking (vgl. Abschnitte 7.3.2 und 7.3.3).

Weitere Beispiele:

Automobilindustrie:

- Ausgehend von der Forderung, daß bestimmte Teile (z.B. Motoren) zu einem bestimmten Termin an einem bestimmten Ort (z.B. Montagewerk) sein sollen, ruft der Automobilhersteller beim Lieferanten die Lieferung kurzfristig per Datenübertragung ab. Im Regelfall werden größere Liefermengen, z.B. der Jahresbedarf, vertraglich vereinbart und in Raten abgerufen. Die laufend fortgeschriebenen Salden werden als *Fortschrittszahlen* bezeichnet. Diese Form des elektronischen Datenaustauschs ermöglicht dem Automobilhersteller eine Just in Time-Produktion (vgl. Abschnitt 7.3.1.3). Auf der Basis von Empfehlungen des Verbands der Automobilindustrie (VDA) wurden bereits Mitte der 70er Jahre Standardformate für Bestell-, Liefer-, Rechnungs- und Transportdaten entwickelt. Darauf aufbauend wurden Standards auf europäischer Ebene aufgestellt (Projekt ODETTE).
- Innerhalb der BMW-Händlervereinigung werden die Neuwagen- und die Ersatzteiledispositionen, der Mitteilungsdienst u.a. über das Btx-System abgewickelt.

Pharmabranche:
Der pharmazeutische Großhandel ruft schon seit Jahren die Bestelldaten der Apotheken über das Telefonnetz ab. Der Abruf der Daten erfolgt über die ABDA-Kärtchen*) (altes Verfahren) oder durch unmittelbaren Zugriff auf den Mikrocomputer der Apotheke. Der Großhandel geht dazu über, auf dem umgekehrten Weg die Lieferdaten an die Apotheke zu übermitteln ("elektronischer Lieferschein"). Die Bestellung über das Btx-System hat sich bisher nicht durchgesetzt.

Reisebüros:
Selbständige Reisebüros sind über Terminals (Systeme START und AMADEUS) oder über das Bildschirmtext-System an zentrale Reservierungssysteme angeschlossen.

---

*) Von der Arbeitsgemeinschaft der Berufsvertretung Deutscher Apothekerverbände (ABDA) standardisierte Kleinlochkarten im Format 1 Zoll x 2 Zoll.

Handel:

- Handelsunternehmen nehmen Warenbestellungen bei den Lieferanten elektronisch vor. Realisiert wird der elektronische Bestellverkehr beispielsweise zwischen dem Sanitärfachhandel und der Sanitärindustrie.
- Buchhändler wickeln ihre Bestellungen bei den Verlagen über ein EG-weites elektronisches Bestellsystem ab.
- Supermärkte stellen Absatz- und Umsatzdaten, die an den mit Scannern ausgestatteten Datenkassen anfallen (Scanner-Daten), per Datenübertragung der Industrie zur Verfügung, die dadurch in die Lage versetzt wird, unter Verzicht auf Markterhebungen schneller auf das Verbraucherverhalten zu reagieren (Projekt MADAKOM = Marktdatenkommunikation). Für den Austausch von Daten werden die von der Centrale für Coorganisation (vgl. Abschnitt 7.3.2) schon früher für den Datenträgeraustausch festgelegten Datensatzformate (SEDAS = Standardisiertes einheitliches Datenaustauschsystem) benutzt.

Versicherungswirtschaft:

Freie Versicherungsmakler tauschen Vertragsdaten und sonstige Informationen elektronisch mit den Versicherungsgesellschaften aus (vgl. Abschnitt 7.3.4).

Speditionsbranche:

Im Speditionswesen wird ein transportbegleitender elektronischer Datenaustausch einschließlich der Frachtabrechnung über Datex-P und Bildschirmtext praktiziert.

DV-Industrie:

- Unter der Bezeichnung *elektronische Kundenunterstützung* bietet die Firma IBM ihren Kunden per Datenübertragung die Zugriffsmöglichkeit auf verschiedene Datenbanken wie z.B. Produktankündigungen, Hard- und Software-Verzeichnisse, Ausbildungsangebote, Literaturkataloge, Preislisten und Wartungshilfen sowie die Nutzungsmöglichkeit von Programmen wie z.B. für das Konfigurieren von Hardware und Software (vgl. Abschnitt 2.8).
- Software-Firmen haben (in Weiterführung des Hotline-Prinzips, vgl. Abschnitt 6.9.2) die Möglichkeit, beim Kunden Softwarefehler zu beheben, ohne den Kunden aufsuchen zu müssen.

Kassenärzte/Kassenzahnärzte:

Für die Übermittlung der Daten der Quartalsabrechnung von den Arztpraxen an die Abrechnungsstellen der zuständigen Kassenärztlichen bzw. Kassenzahnärztlichen Vereinigungen wurde zunächst (alternativ zum Belegverkehr) der Datenträgeraustausch mit Disketten eingeführt. Der elektronische Datenaustausch wird erwogen. Zu beachten sind hier, ebenso wie bei vielen anderen Anwendungen des elektronischen Datenaustauschs, Fragen des Datenschutzes.

Elektronischer Datenaustausch auf breiter Front bereitet vorläufig noch Schwierigkeiten, da einheitliche Protokolle für die Schaffung offener Netze (vgl. Abschnitt 4.2.2) und Standards für die auszutauschenden Daten fehlen. Auf Initiative der Wirtschaftskommission der Vereinten Nationen für Europa wurde der schon erwähnte Standard EDIFACT (vgl. Abschnitt 7.2.4.2) geschaffen, der sowohl auf internationaler Ebene (ISO 9735) als auch als deutsche Fassung (DIN 16556) genormt wird. In EDIFACT sind u.a. festgelegt:

- die Syntax als international genormte Grammatik für den Datenaustausch,
- international genormte Nachrichten in Form von einheitlich strukturierten (auch branchenübergreifenden) Geschäftsvorfällen als Basis für den Datenaustausch sowie
- Datenelemente und -segmente als Bestandteile der Geschäftsvorfälle.

Durch EDIFACT lassen sich Nachrichten über Bestellungen, Lieferungen, Rechnungen, Reklamationen usw. standardisieren. Damit wird eine weitere Verbreitung des elektronischen Datenaustauschs ermöglicht. Schwierigkeiten bestehen allerdings noch darin, daß

- Dokumente oft mit der nicht übertragbaren persönlichen Unterschrift versehen sein müssen,
- Originale (z.B. Vertragsunterlagen) nicht übertragen werden können und
- die Datenschutzgesetze einiger Länder die Verschlüsselung von übertragenen Daten verbieten.

Mit dem elektronischen Datenaustausch können stärkere Unternehmen ihre Partner zwingen, sich ganz bestimmte DV-Geräte anzuschaffen, ihre DV-Programme und die Datenbestände neu zu organisieren und sogar - wie beim Abruf von Bestellungen nach dem Just in Time-Prinzip - die gesamte innerbetriebliche Ablauforganisation bis hin zur Arbeitszeit- und Urlaubsregelung umzustellen bzw. anzupassen. Kleineren Zulieferern bleibt nichts anderes übrig, als die Vorgaben der Auftraggeber zu akzeptieren.

7.5 Computergestützte Planung

Die Bezeichnung *Planung* wird im Sprachgebrauch häufig für Aufgaben benutzt, die eigentlich dem dispositiven Bereich zuzurechnen sind, so beispielsweise:

- die morgendliche Anfertigung eines persönlichen Tagesplans,
- die Reihenfolgeplanung innerhalb der Werkstattsteuerung (vgl. Abschnitt 7.3.1.3) oder
- die kurzfristige Liquiditätsplanung mit Hilfe von Cash Management-Systemen (vgl. Abschnitt 7.3.3).

Weitere DV-Anwendungen für dispositive Aufgaben der betrieblichen Funktionsbereiche, für die die Bezeichnung Planung in Anspruch genommen wird, sind u.a.:

- in der Fertigung: Bedarfsplanung, Kapazitätsplanung, Instandhaltungsplanung;
- im Vertrieb: Mediaplanung, Vertretereinsatzplanung, Tourenplanung.

Derartige "Planungen" sind eindeutig den Dispositionssystemen zuzuordnen. *Planung* wird hier verstanden als diejenige Phase des Management-Zyklus, in der die Einzelziele der Unternehmenspolitik und die zur Erreichung dieser Ziele erforderlichen Maßnahmen

- für jeden Unternehmensbereich und
- für das gesamte Unternehmen

festgelegt werden. Der Begriff *computergestützte Planung* wird demzufolge nur benutzt, wenn die damit unterstützte Planung

- den Gesamtumfang eines einzelnen Unternehmensbereichs oder mehrerer Unternehmensbereiche (integrierte Planung) oder das gesamte Unternehmen (corporate planning) umfaßt,
- sich nicht auf kurz-, sondern mittel- und langfristige Zeiträume (Planungshorizonte) bezieht und
- nicht die operative Ebene, sondern die taktische und die strategische Ebene betrifft.

Der Einsatz der computergestützten Planung orientiert sich an den üblichen Phasen des Planungsprozesses. Vorrangig handelt es sich dabei

- in der Phase "Datenanalyse" um die Erstellung von Planungsrahmen und um Prognoserechnungen,
- in der Phase "Auswahl von Strategien und Maßnahmen" um Alternativrechnungen im Sinne einer Entscheidungsunterstützung und
- in der Phase "Kontrolle" um Abweichungsanalysen.

Hauptanwendung bilden die *Alternativrechnungen*, für die verschiedene *Modelle* benutzt werden, und zwar:

- definitorische Gleichungen,
- Verhaltensgleichungen oder
- komplexe mathematische Modelle.

Definitorische Gleichungen beschreiben gesicherte Zusammenhänge zwischen Ziel- und Einflußgrößen der Planung in Form elementarer Gleichungen, die mit den Grundrechenarten auskommen. Beispiele sind:

a) neuer Bestand = alter Bestand + Zugänge – Abgänge;
b) internes Betriebsergebnis = Umsatzerlöse
– Herstellkosten
– Vertriebs- und Verwaltungskosten
± Bestandsveränderungen.

Verhaltensgleichungen beschreiben die (oft lediglich statistisch gesicherte und vielleicht sogar nur vermutete) Abhängigkeit einer Zielgröße der Planung von der Veränderung einer einzigen Einflußgröße oder von wenigen Einflußgrößen, wobei bestimmte Annahmen über das Verhalten von Menschen und Institutionen eingehen können.

Eine Verhaltensgleichung ist beispielsweise:

$$\text{Absatz} = \text{Gesamtnachfrage} \cdot \frac{\text{Marktanteil in Prozent}}{100} .$$

Sie zeigt, wie sich der erwartete Absatz für ein bestimmtes Produkt gegenüber Veränderungen des Marktanteils "verhält". Es könnte sein, daß die Verhaltensgleichung nur in einem bestimmten Wertebereich gilt, wenn etwa der relative Marktanteil nicht unabhängig von der Gesamtnachfrage ist.

Mathematisch bestehen keine Unterschiede zwischen definitorischen Gleichungen und Verhaltensgleichungen. Alternativrechnungen auf der Basis von definitorischen Gleichungen oder Verhaltensgleichungen werden als sogenannte "What-if-Analysen" ("Was wäre, wenn...?") durchgeführt, indem die Auswirkung der Veränderung von Einflußgrößen auf die Zielgrößen rechnerisch ermittelt wird. Handelt es sich nur um eine einzige Einflußgröße, spricht man von *Sensitivitätsanalysen*. Bei der *schrittweisen* Sensitivitätsanalyse nimmt diese Einflußgröße nacheinander verschiedene Werte innerhalb eines vorgegebenen Wertebereichs an.

Für die computergestützte Planung mit Hilfe von definitorischen Gleichungen oder Verhaltensgleichungen kommen

- Tabellenkalkulationsprogramme und
- Planungssprachen

in Betracht. Bei den *Planungssprachen*, die bereits seit den 70er Jahren auf dem Softwaremarkt angeboten werden, handelt es sich um Programme, die ursprünglich bei der Auswertung von Dateien der herkömmlichen Dateiorganisation (vgl. Abschnitt 5.3) entstanden und in erster Linie für die Finanz-, Budget- und Bilanzplanung, für Finanz- und Bilanzanalysen und für ähnliche Anwendungen aus dem Bereich des Finanz- und Rechnungswesens entwickelt worden sind. Einige Planungssprachen (z.B. das IBM-

Anwendungssystem AS) können mit Hilfe der Datenübertragung im Time Sharing-Betrieb bei Service-Rechenzentren genutzt werden.

Im einfachsten Fall unterstützten Planungssprachen nur das Experimentieren mit Gleichungen in Form elementaren Tabellenrechnens ("Planungstafeln"). Weitere Ausbaustufen von Planungssprachen gestatten jedoch - im Gegensatz zu den Tabellenkalkulationsprogrammen - integrierte Ergebnis- und Finanzplanungen sowie die Generierung von Modellen aus vorprogrammierten Bausteinen. Ein genereller Unterschied zwischen Tabellenkalkulationsprogrammen und Planungssprachen besteht darin, daß bei den Spreadsheet-Programmen alle Datentypen (Zahlen, Texte, Formeln, Befehle) in Tabellenfelder geschrieben werden müssen, die dann zu verknüpfen sind, während Planungssprachen eine strikte Trennung zwischen Zahlentabellen und Texten einerseits und Rechenvorschriften, insbesondere Gleichungen, andererseits vornehmen.

Die 1964 von HERTZ entwickelte *Risikoanalyse* (risk analysis) läßt sich aus mathematischer Sicht sehr einfach beschreiben: In definitorischen Gleichungen oder Verhaltensgleichungen werden eine oder mehrere unabhängige Variable nicht durch determinierte Werte, sondern durch (diskrete) Wahrscheinlichkeitsverteilungen vorgegeben. Praktikabel sind dabei maximal fünf Schätzwerte. Für die Zielgrößen ergeben sich dann zwangsläufig Wahrscheinlichkeitsverteilungen an Stelle determinierter Werte. Programme zur Risikoanalyse benötigen ein Unterprogramm, das gleichverteilte (Pseudo-)Zufallszahlen erzeugt (Zufallszahlengenerator).

Komplexe mathematische Modelle werden vom Operations Research bereitgestellt. In Betracht kommen:

- Matrizenmodelle,
- Optimierungsmodelle und
- Simulationsverfahren.

Matrizenmodelle bestehen aus einem System linearer Funktionen, die zunächst den Output (Erzeugungen) eines Unternehmens in Abhängigkeit vom Input (Verbräuche) darstellen. In der Regel sind Teilmodelle für die einzelnen Betriebsteile zu entwickeln und durch "Bilanzgleichungen" miteinander zu verbinden. Da letzten Endes die Abhängigkeit des Inputs vom Output interessiert, werden Matrizeninversionen erforderlich. Matrizenmodelle werden bei der Planung von kontinuierlich arbeitenden Betrieben (Raffinerien, chemische Industrie) seit 30 Jahren, oft unter der Bezeichnung PICHLER-Modelle (nach ihrem ersten Anwender), mit Erfolg eingesetzt (vgl. Abschnitt 7.2.1). Für Fertigungsbetriebe lassen sie sich zwar formulieren, aber kaum praktisch verwenden.

Von den *Optimierungsmodellen* haben sich nur die LP (Linear Programming)-Modelle der linearen Optimierung (einschließlich Ganzzahligkeitsbedingungen, speziell 0/1-Bedingungen) als praktikabel erwiesen. Sie bestehen aus einer zu maximierenden (z.B. Gewinn) oder zu minimierenden (z.B. Kosten) linearen Funktion (Zielfunktion) und einem System linearer Gleichungen oder Ungleichungen (Nebenbedingungen), die alle technischen und betrieblichen Zusammenhänge beschreiben und alle unternehmensspezifischen Vorgaben und Beschränkungen enthalten. Alle für die computergestützte Lösung dieser Modelle geeigneten mathematischen Verfahren beruhen auf der Simplex-Methode von DANTZIG aus dem Jahr 1948. Standard ist das Programmpaket MPSX (Mathematical Programming System Extended) der IBM, an dem sich die Programme anderer Hersteller (z.B. APEX von Control Data) orientieren.

Abbildung 7.18 zeigt an einem Beispiel die Umsetzung eines betrieblichen Flußdiagramms in das sogenannte MPSX-Format für LP-Modelle.

In einem aus drei Teilbetrieben (z.B. Anlagen, Reaktoren usw.) T1, T2, T3 bestehenden Unternehmen werden aus zwei Rohstoffen R1, R2 drei Produkte P1, P2, P3 hergestellt. Die Verkaufsmengen sind VP1, VP2, VP3. Die Rohstoffpreise und die Verkaufserlöse sowie die Ausbeutekoeffizienten sind der Abbildung 7.18 zu entnehmen. Die Verarbeitungskosten werden als fix unterstellt. Gesucht wird der maximale Deckungsbeitrag DB unter folgenden Restriktionen:

- Von R1 sind mindestens 3.700 t zu verarbeiten (Abnahmeverpflichtung) und höchstens 4.300 t verfügbar (Rohstoffbeschränkung).
- Von R2 lassen sich höchstens 9.000 t verarbeiten (Kapazitätsbeschränkung).
- Von P1 können höchstens 2.000 t, von P3 höchstens 5.400 t verkauft werden (Absatzbeschränkungen).
- Von P2 werden garantiert 2.300 t verkauft (Lieferverpflichtung).

Bei der Formulierung des LP-Modells wurde bewußt darauf geachtet, daß alle vorgegebenen Werte im Original in der Tabelle erscheinen (keine manuellen Umrechnungen!), damit spätere Datenänderungen leicht vorzunehmen sind. Theoretisch könnte das Modell kleiner gehalten werden.

Die optimale Lösung lautet übrigens R1 = 4.000 t, R2 = 8.375 t; ZP = 6000 t; VP1 = 2.000 t, VP2 = 2.300 t, VP3 = 5.400 t; DB = 740.000 DM.

Mit *Simulationsverfahren* werden (meistens zeitliche) Verfahrensabläufe computergestützt durchgespielt. Nach einer Richtlinie des Vereins Deutscher Ingenieure (VDI) ist "... Simulation die Nachbildung eines dynamischen Prozesses in einem Modell, um zu Erkenntnissen zu gelangen, die auf die Wirklichkeit übertragbar sind". Auf jeder Stufe des zu simulierenden Prozesses existieren definitorische bzw. Verhaltensgleichungen mit determinierten und/oder stochastischen Einflußgrößen. Die jeweilige Entscheidung über die Fortführung des Prozesses hängt in der Regel von den Werten bestimmter Einfluß- oder Zielgrößen ab. Für die Durchführung der Simulation stehen *Simulationssprachen* wie DYNAMO, GPSS, SLAM, SIMSCRIPT oder SIMULA zur Verfügung (vgl. Abschnitt 3.4).

Bei der Aufstellung der Modelle der computergestützten Planung kann man - unabhängig davon, ob es sich um definitorische bzw. Verhaltensgleichungen oder um mathematische Modelle handelt - wieder

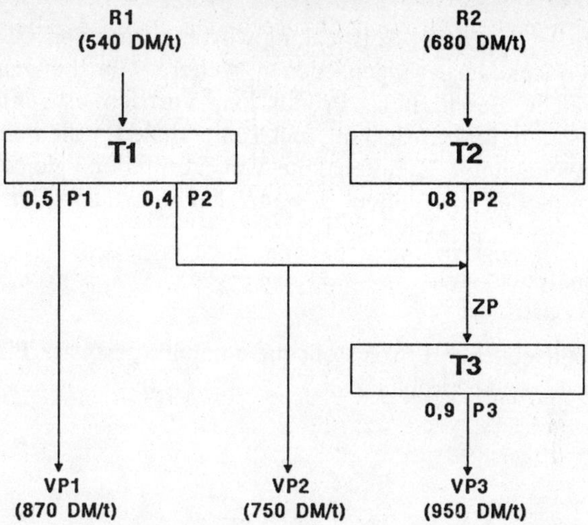

			T1	T2	T3	Absatz		
			1	2	3	4	5	6
		RHS	R1	R2	ZP	VP1	VP2	VP3
		UP	4300	9000		2000		5400
		LO	3700				2300	
1	DB	MAX I	– 540	– 680		870	750	950
2	P1	$\geq$ 0	0,5			– 1		
3	P2	$\geq$ 0	0,4	0,8	– 1		– 1	
4	P3	$\geq$ 0			0,9			– 1

RHS = right hand side UP = upper bound
LO = lower bound

Abb. 7.18: *Formulierung eines LP-Modells im MPSX-Format*

- von oben nach unten (top down) oder
- von unten nach oben (bottom up)

vorgehen. Bei der top down-Entwicklung wird meistens von Gleichungen des Finanzbereichs ausgegangen, denen weitere Gleichungen für die Funktionsbereiche Beschaffung, Produktion, Vertrieb usw. hinzugefügt werden. Die bottom up-Entwicklung fügt Teilmodelle für die betrieblichen Funktionsbereiche unter Zuhilfenahme von Verbindungsgleichungen zu einem Gesamtmodell zusammen. Bewährt hat sich auch hier (vgl. Abschnitt 6.5.1) eine Vorgehensweise, bei der

- top down analysiert und
- bottom up konstruiert

wird. In der betrieblichen Praxis stößt die computergestützte Planung immer noch auf Akzeptanzprobleme.

7.6 Informationssysteme

Mitte der 60er Jahre entstand in den USA der Begriff *Management-Informationssystem* (MIS) aus dem Bestreben, den DV-Einsatz über die damals vorherrschenden Abrechnungssysteme hinaus auszudehnen und damit den Hardware-Herstellern neue Vertriebschancen zu eröffnen. In der betrieblichen Praxis wurden als (Management-)Informationssysteme völlig uneinheitlich

- sämtliche DV-Anwendungssysteme überhaupt (typischer Vertriebsstandpunkt bei Hardware-Herstellern),
- Berichtssysteme, auch manuell erstellte, mit oder ohne Gegenüberstellung von Plan- und Ist-Daten,
- reine Abfrage- und Auskunftssysteme der operativen Ebene oder
- alle Anwendungssysteme, denen erstmals eine Datenbank zugrunde lag,

verstanden. Die gleichzeitig mit dem Aufkommen des Schlagworts MIS erhobene Forderung, Management-Informationssysteme müßten als sogenannte *totale Informationssysteme* das ganze Unternehmen umfassen, führte

- wegen des hohen Entwicklungs- und Pflegeaufwands solcher Systeme,
- wegen des Fehlens leistungsfähiger Datenbankverwaltungssysteme (vgl. Abschnitt 5.4.4),

- wegen des instabilen Charakters der meisten betrieblichen Organisationsstrukturen und
- wegen der mangelnden Akzeptanz bei den Führungskräften

zum Scheitern der MIS-Idee.

Nach dem Scheitern der totalen Informationssysteme wurden (und werden) Informationssysteme meistens nur - als sogenannte *partielle Informationssysteme* - auf konkrete betriebliche Funktionen bzw. Aufgaben ausgerichtet (z.B. als Vertriebs- oder Projekt-Informationssystem). Solche Informationssysteme können auf dem Datenbestand von Administrationssystemen betrieblicher Funktionsbereiche aufgebaut werden (z.B. computergestützte Kennzahlen des Finanz- und Rechnungswesens auf der Basis der Finanzbuchhaltung und der Kostenrechnung oder Vertriebs-Informationssysteme auf der Basis der Auftragsbearbeitung und der Fakturierung).

Mit dem von SCHEER propagierten Konzept des *Unternehmensdatenmodells*, bei dem zunächst eine Datenbank aller wesentlichen betrieblichen Daten modelliert wird, auf die dann mit Hilfe komfortabler Zugriffs- und Verknüpfungsmethoden flexibel zugegriffen werden kann, hat die Entwicklung unternehmensweiter Informationssysteme in den letzten Jahren wieder an Bedeutung gewonnen, nachdem die DV-technischen Voraussetzungen (relationale Datenbankverwaltungssysteme, Kommunikationssysteme, grafische Benutzeroberflächen usw.) jetzt gegeben sind.

Als pragmatische Definition hat sich durchgesetzt, daß Informationssysteme die Aufgabe haben, die für den Führungsprozeß **relevanten** Informationen **rechtzeitig** bereitzustellen (kurz: richtige Information zur richtigen Zeit am richtigen Platz!). Ihre Realisierung wird als die Hauptaufgabe des Informationsmanagements angesehen (siehe Abschnitt 8.1).

Selbstverständlich arbeiten Informationssysteme computergestützt. Die früher üblichen manuell erstellten Berichtssysteme zählen deswegen nicht zu den Informationssystemen. Ebenfalls nicht dazu gehören reine Abrechnungssysteme, weil diese nicht den Führungsprozeß unterstützen. Es ist wünschenswert, aber nicht zwingend erforderlich, Informationssystemen eine Datenbank zugrundezulegen.

Informationssysteme werden hier den *entscheidungsunterstützenden Systemen* (EUS) zugerechnet (vgl. Abschnitt 7.1, Abbildung 7.1), weil sie generell dazu dienen, durch die Bereitstellung von Informationen Führungsentscheidungen zu unterstützen. In der wissenschaftlichen Literatur werden die Bezeichnungen EUS bzw. MSS (Management Support-Systeme) teilweise nur für solche Systeme verwendet, die das Management zusätzlich in die Lage versetzen, die bereitgestellten Informationen aktiv zu nutzen (z.B. mit Hilfe von Methodenbanken, Planungssprachen, mathematischen Modellen usw.), gegebenenfalls in Verbindung mit einem Expertensystem (siehe Abschnitt 7.7).

Um die Möglichkeiten der Entscheidungsunterstützung durch Informationssysteme systematisch zu beschreiben, ist es erforderlich, nacheinander die einzelnen Phasen des Führungsprozesses (*Management-Zyklus*) zu betrachten. Sie lauten:

- Zielsetzung,
- Planung,
- Entscheidung,
- Realisierung (durch Delegierung) und
- Kontrolle.

In der Phase *Zielsetzung* werden vorwiegend "Orientierungs-Informationen" benötigt, und zwar:

- von außerhalb des Unternehmens (externe Analyse): Marktentwicklung, Konjunkturverlauf, Käufereinstellung, Konkurrenzverhalten, technologische Innovationen, politische Entscheidungen, soziologische Einflüsse und
- von innerhalb des Unternehmens (interne Analyse): Kapazitätsauslastung, technischer Stand (z.B. Alter der Betriebsanlagen), Personalentwicklung, aktuelles Betriebsergebnis, Finanzsituation, bisherige Planrealisierung in allen Funktionsbereichen.

Die Phase Zielsetzung läßt sich u.a.

- bei der externen Analyse durch den Zugriff auf öffentlich zugängliche Datenbanken (*Online-Datenbanken*),
- bei der externen und internen Analyse durch Prognoserechnungen

unterstützen.

Weltweit werden ca. 4.000 Online-Datenbanken von ca. 600 Anbietern für den Zugriff über öffentliche Datennetze (einschließlich Btx) angeboten. Online-Datenbanken sind (über öffentliche Netze) allgemein zugänglich, enthalten aktuelle Informationen und werden kommerziell vertrieben. Bei den Online-Datenbanken handelt es sich um typische Information Retrieval-Systeme (vgl. Abschnitt 5.5). Die verschiedenen Typen von Online-Datenbanken zeigt Abbildung 7.19 in Anlehnung an eine aus dem Bibliothekswesen stammende Klassifizierung. Andere Klassifizierungen gehen von den Arten der Informationsdarstellung aus. Fakten (oder Quellen)-Datenbanken (ca. 80% des Angebots) enthalten Primärwissen in Form von Volltext (z.B. Aufsätze) oder von numerischen Informationen (z.B. Statistiken), das der Benutzer noch aufbereiten muß. Referenzdatenbanken (ca. 20% des Angebots) bieten als bibliographische Datenbanken Literaturverzeichnisse (Titel, Autor, Erscheinungsjahr, Abstract usw.) oder fungieren in Form von Hinweis-Datenbanken als Nachschlagewerke (über Unternehmen, Produkte, Bezugsquellen, Patente usw.).

Etwa 50% der Online-Datenbanken sind Wirtschaftsdatenbanken, die Wirtschaftsnachrichten, volkswirtschaftliche Daten, Unternehmens-, Branchen-, Produkt-, Börseninformationen, Marktforschungsdaten usw. zur Verfügung stellen. In Deutschland bietet die Verlagsgruppe Handelsblatt, Düsseldorf, seit 1985 unter der

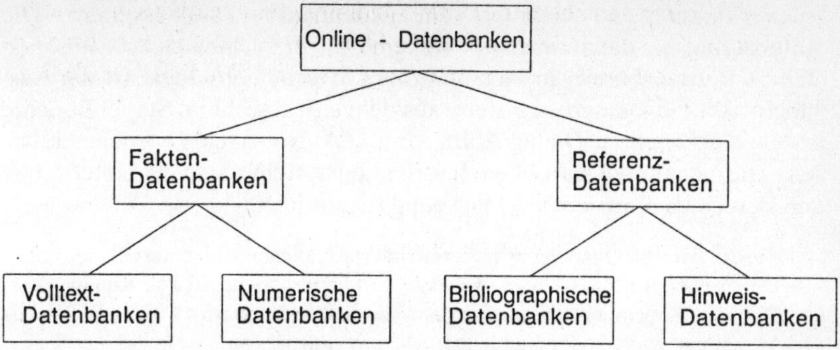

Abb. 7.19: *Online-Datenbanken*

Bezeichnung GENIOS eine Reihe von Wirtschaftsdatenbanken für den Zugriff an. Die Preise werden nach den monatlichen Anschaltzeiten (mit Rabattstaffel) und der Anzahl angezeigter Dokumente berechnet.

Als Konsequenz aus der Verfügbarkeit von Online-Datenbanken ist ein völlig neuer DV-Beruf, der Information Broker (Informationsvermittler), entstanden. Er übernimmt für nur gelegentliche Nutzer von Online-Datenbanken die Erledigung des Zugriffs und die Auswertung der Recherchen.

Die Phasen *Planung* und *Entscheidung* sind das Einsatzgebiet der computergestützten Planung (vgl. Abschnitt 7.5). Die Phase *Realisierung* ist keine eigentliche Management-Phase, weil ihre Aufgaben an die operativen Ebenen delegiert werden. Die Ausführung wird wesentlich durch die in den Abschnitten 7.2 und 7.3 behandelten Administrations- und Dispositionssysteme unterstützt.

Die Phase *Kontrolle* ist das dominierende Einsatzgebiet von Informationssystemen, die - bezogen auf diese Phase - als Informationssysteme im engeren Sinn anzusehen sind und häufig als *Kontrollsysteme* bezeichnet werden. Ihr Hauptziel ist die Gegenüberstellung von Plan- und Ist-Daten (absolut und prozentual, gegebenenfalls auch zeitlich kumuliert). Sie unterstützen neben der Phase Kontrolle auch die interne Analyse in der Phase Zielsetzung. Die Realisierung erfolgt im wesentlichen auf drei Arten, nämlich

- als im Stapelbetrieb periodisch oder bei Bedarf erstellte Berichtssysteme,
- als dialogorientierte Abfragesysteme gespeicherter Daten oder
- als dialogorientierte Abfrage- und Auswertungssysteme mit flexibler Verknüpfbarkeit aller gespeicherten Daten.

Für Berichtssysteme und reine Abfragesysteme reicht die Dateiorganisation weitgehend aus. Die flexible Verknüpfbarkeit der dialogorientierten

Auswertungssysteme erfordert ein Datenbankverwaltungssystem. Die Anforderungen, die Informationssysteme an die Datenbankorganisation stellen, wurden bereits in Abschnitt 5.4.4.1 formuliert. Ideal ist als Ausgangspunkt ein Datenbanksystem, aus dem sich sowohl im Stapel Berichte erstellen als auch im Dialog Abfragen und Auswertungen vornehmen lassen. Die genannten partiellen Informationssysteme sind in erster Linie den Bereichen Vertrieb und Marketing zuzuordnen.

Vertriebs-Informationssysteme basieren im wesentlichen auf unternehmensinternen Daten über Absatz, Umsatz, Aufträge, Produktgruppen, Artikel, Kunden, Verkaufsbezirke, Außendienstmitarbeiter usw. Sie liefern Kennzahlen wie z.B. Umsatz pro Artikel und Kunde oder Kundenbesuche pro Auftrag usw.

Marketing-Informationssysteme sind schwieriger zu strukturieren und enthalten hauptsächlich externe Daten aus Panel-Erhebungen, Markt-Umfragen usw. sowie Daten aus Kunden- und Händlerbefragungen durch eigene Mitarbeiter. Hierzu gehören auch die im Wege des elektronischen Datenaustauschs (vgl. Abschnitt 7.4) beschafften Scanner-Daten.

Aus Gründen des Datenschutzes und vor allem wegen der Mitbestimmung der Arbeitnehmer sehr umstritten sind *Personal-Informationssysteme*, die neben den Abrechnungsaufgaben (vgl. Abschnitt 7.2.2) die Personalplanung und den Mitarbeitereinsatz unterstützen sollen. Nach einem von der "Gesellschaft für Datenschutz und Datensicherung" (GDD) vorgeschlagenen Katalog sollten keine Einwände geltend gemacht werden, sofern sich die Speicherung auf Mitarbeiterdaten

- zur Person (Name, Titel, Anschrift, Geburtstag usw.),
- über persönliche Verhältnisse (Familienstand, Religion, Kinder u.a.),
- zum Berufsweg (Ausbildung, Fähigkeiten, Zeugnisse u.a.),
- über die physische Eignung (Behinderungen, Berufskrankheiten, Unfälle u.a.),
- zum Arbeitsvertrag (Einstellungsdatum, Gehalt, Urlaubsanspruch usw.),
- über den betrieblichen Einsatz (Arbeitsplatz, Kostenstelle, Arbeitszeit u.a.),
- zur Abrechnung (Steuerklasse, Krankenkasse, Bankverbindung usw.),
- für statistische Zwecke

beschränkt. Die Mitarbeiter befürchten teilweise, daß durch die Verknüpfung gespeicherter Daten eine stärkere Überwachung durch den Arbeitgeber entsteht (siehe Abschnitt 8.7). Nach einer Entscheidung des Bundesarbeitsgerichts vom Oktober 1986 dürfen deshalb aus Personalfragebögen gegenwärtig lediglich Daten zum Familienstand und Geschlecht, zur Schul- und Berufsausbildung sowie über Sprachkenntnisse gespeichert werden.

Die Entwicklung von Informationssystemen erfolgt wieder nach den Phasen des Systementwicklungsprozesses (vgl. Kapitel 6). Bei Informationssystemen, die auf unternehmensinternen Daten aufbauen, sind in der Phase Ist-Analyse (vgl. Abschnitt 6.3) alle existierenden Berichte und Abrechnungssysteme zu analysieren. Die vorhandenen Daten werden aus betriebswirtschaftlicher Sicht zweckmäßigerweise in folgende vier Gruppen eingeteilt:

1) Mengen: Erzeugungen, Verbräuche, Bestände, Kapazitäten;
2) Werte: Umsätze, Kosten, Betriebsergebnisse, Deckungsbeiträge;
3) Personal: Anzahl, Einsatz, Qualifikation, Altersstruktur;
4) Kennzahlen: Verknüpfungen von Daten der Gruppen 1 bis 3. Dabei kann es sich um Absolutzahlen (Summen, Differenzen) oder um Verhältniszahlen wie Gliederungszahlen (prozentuale Anteile), Beziehungszahlen (z.B. DM/Kopf) oder Indexzahlen (zur Verfolgung zeitlicher Veränderungen) handeln.

Bei allen Typen von Informationssystemen muß in den Phasen Grobkonzept (vgl. Abschnitt 6.4) und Detailentwurf (vgl. Abschnitt 6.5) der Informationsbedarf festgelegt werden, am besten in der Form: WER soll WANN WELCHE Informationen in WELCHER FORM bekommen? Hinsichtlich der Form wird verstärkt angestrebt, die Darstellung der Informationen durch *Visualisierung* (Farbe, Grafik u.a.) oder durch die Verwendung von Hypertext-Systemen (vgl. Abschnitt 7.2.4.2) wirkungsvoller zu gestalten.

Informationssysteme, die die Kontrolle unterstützen sollen, können diese Aufgabe nur dann erfüllen, wenn das Planungssystem und die Abrechnungssysteme im Unternehmen genau aufeinander abgestimmt sind. Diese Forderung wird in der betrieblichen Praxis häufig vernachlässigt.

Für die Vorgehensweise bei der Entwicklung von Informationssystemen kommen wieder die beiden Prinzipien top down und bottom up in Betracht. Bewährt hat sich erneut die schon für den Softwareentwurf und für die computergestützte Planung vorgeschlagene Kombination (vgl. Abschnitte 6.5.1 und 7.5), bei der

- top down analysiert und
- bottom up konstruiert

wird. Dieses Prinzip liegt beispielsweise auch dem methodischen Konzept BSP (business systems planning), das Mitte der 70er Jahre von IBM für den Entwurf von Informationssystemen entwickelt worden ist, zugrunde.

Zur Unterstützung von BSP werden von IBM unter der Bezeichnung ISS (information system study) bzw. deutsch KSS (Kommunikations-System-Studie) Verfahren und Programme angeboten. Dabei werden vier Entwicklungsphasen, und zwar Unternehmensanalyse, Interviews, Datenauswertung und Aufbau der Struktur des Informationssystems, unterschieden. Der Unternehmensanalyse und den Interviews werden je nach Unternehmen drei bis sechs Kriterien (CSF = critical success factors) zugrunde gelegt, die für den Unternehmenserfolg als ausschlaggebend angesehen werden (Beispiele: Marktanteil, Produktimage, Kundenservice).

Abbildung 7.20 zeigt in Auszügen, wie man anhand einer Betriebsergebnisrechnung top down eine Informationsstruktur entwickeln kann. Davon ausgehend ist dann zu entscheiden, für welche Teilbereiche Berichtssy-

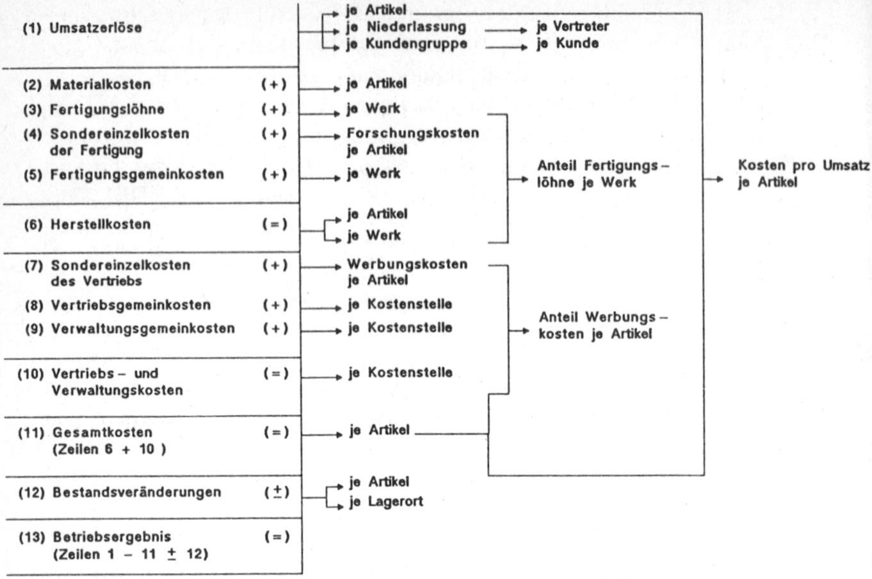

Abb. 7.20: *Entwicklung einer Informationsstruktur*

steme und/oder dialogorientierte Abfrage- bzw. Auswertungssysteme aufzubauen sind. Wird ein Datenbanksystem zugrunde gelegt, muß mit der Beschreibung der Datenstrukturen (Datenmodellierung) begonnen werden (vgl. Abschnitt 5.4.2).

7.7 Expertensysteme

Ein Schwergewicht der Informatik-Forschung konzentriert sich seit Jahren auf die *Künstliche Intelligenz* (artificial intelligence), abgekürzt KI (bzw. AI). Der Begriff selbst wurde schon 1956 geprägt. Dazu zählen vorrangig:

- Sprachverarbeitung,
- Bildinterpretation,
- Robotik (vgl. Abschnitt 7.3.1.2),
- Deduktionssysteme und
- Expertensysteme.

Als Künstliche Intelligenz wird generell der Versuch bezeichnet, menschliche Verhaltensweisen, die auf Intelligenz beruhen (z.B. Erkenntnis-, Lern-, Sprach-, Denkvermögen) durch Computer nachzuvollziehen. Da alle Gebiete der Künstlichen Intelligenz auf der Verarbeitung von gespeichertem Wissen basieren, spricht man auch von *wissensbasierten Systemen*.

Sprachverarbeitung bedeutet das Verstehen von natürlicher Sprache (Umgangssprache), die vorher zunächst

- als geschriebener Text (language processing) über Tastatur bzw. durch Scanner in Verbindung mit Lesesoftware (vgl. Abschnitt 2.5.3) oder
- als gesprochener Text (speech processing) über sprecherabhängige oder sprecherunabhängige Spracheingabesysteme (vgl. Abschnitt 2.5.4.3)

eingegeben und dann erkannt worden ist. Das eigentliche KI-Problem besteht in der Sprachanalyse, d.h. der syntaktischen und semantischen Textinterpretation. Eines der Forschungsziele ist die automatische Beantwortung von Fragen, die in natürlicher Sprache an den Computer gestellt werden (Sprachauskunftssysteme).

Bildinterpretation bedeutet die inhaltliche Auswertung von Bildern (Bildanalyse), z.B. von Röntgen- oder Luftbildaufnahmen. Voraussetzung ist die vorangehende Bilderkennung (Oberbegriff: Mustererkennung = pattern recognition).

Deduktionssysteme sind Programme, mit deren Hilfe sich mathematische Sätze beweisen lassen. Anwendungen sind z.B. die Verifikation (vgl. Abschnitt 6.6.4) von DV-Programmen hinsichtlich der Programmspezifikationen oder die Verifizierung von IC-Schaltkreisentwürfen.

Expertensysteme (XPS = expert systems) befassen sich mit der Erfassung und Speicherung des Wissens von Experten und darauf aufbauenden Mechanismen zur automatischen Lösung von Problemen. Gegenüber konventionellen DV-Programmen unterscheiden sich Expertensysteme u.a. darin,

- daß der Lösungsweg nicht klar durch Algorithmen strukturiert ist, sondern vom System gefunden werden muß,
- daß sie auch Heuristiken und diffuses Wissen verarbeiten und
- daß sie den Schlußfolgerungsprozeß erklären können.

Expertensysteme haben die Aufgabe, auf speziellen Fachgebieten das Wissen menschlicher Experten zu verwerten und zu vervielfältigen, d.h. allgemein nutzbar zu machen, indem sie aus gespeichertem Expertenwissen in Verbindung mit anwendungsspezifischen Fakten Schlußfolgerungen ziehen. Die Experten selbst sollen durch Expertensysteme von Routinearbeiten entlastet werden, um Zeit für schwierigere Aufgaben zu finden. Expertensysteme sind jedoch keinesfalls in der Lage, Experten zu ersetzen, wie fälschlicherweise oft behauptet wird.

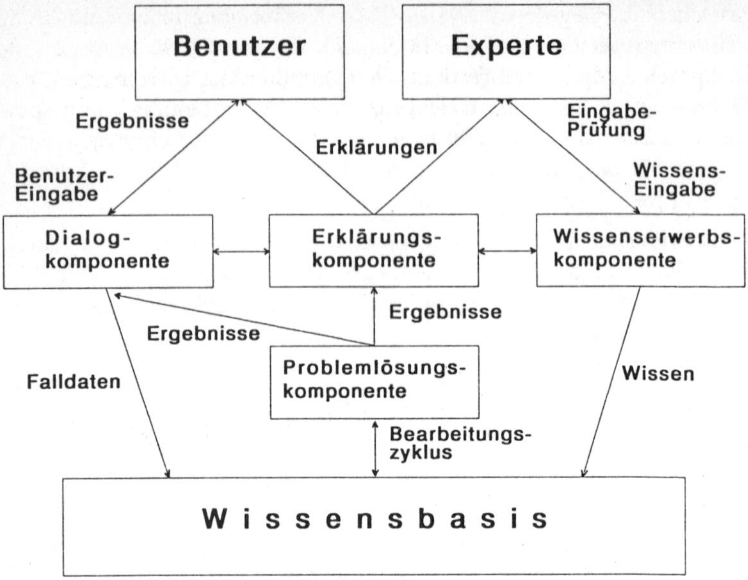

Abb. 7.21: *Komponenten von Expertensystemen*

Die Komponenten von Expertensystemen sind (Abb. 7.21):

- Wissensbasis,
- Problemlösungskomponente,
- Erklärungskomponente,
- Dialogkomponente,
- Wissenserwerbskomponente.

Die *Wissensbasis* (knowledge base) enthält:

- das eigentliche Expertenwissen (Kenntnisse und Erfahrungen von Experten auf einem bestimmten Anwendungsgebiet),
- Faktenwissen, das die Konstellation einer konkreten Anwendungssituation beschreibt sowie
- Zwischen- und Endergebnisse des Schlußfolgerungsprozesses.

Die Darstellung des Wissens (*Wissensrepräsentation*) kann erfolgen

- in deklarativer Form, beispielsweise durch semantische Netze oder Frames, und
- in prozeduraler Form durch (Produktions-) Regeln.

Semantische Netze wurden schon bei der Beschreibung logischer Datenbankmodelle benutzt (vgl. Abschnitt 5.4.2.1). Bei der Verwendung für Expertensysteme bilden sie Wissen in Netzstrukturen ab. Die Knoten beschreiben Objekte, Ereignisse oder Zustände, die Kanten die dazwischen bestehenden Beziehungen, meistens in den Formen (Abb. 7.22)

- . . . ist ein . . .,
- . . . hat einen . . .,
- . . . besteht aus . . .,
- . . . ist Teil von . . ..

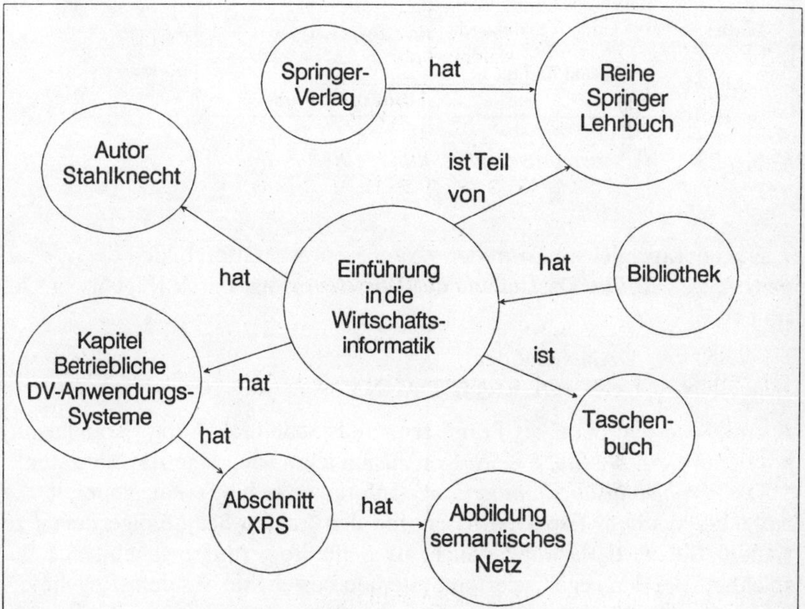

Abb. 7.22: *Wissensrepräsentation durch ein semantisches Netz*

Die Darstellung durch *Frames* (Rahmen) entspricht der Bildung von Klassen in der objektorientierten Systementwicklung bzw. Programmierung (vgl. Abschnitt 6.6.7). Innerhalb der Frames werden die Objekte (Fakten und Relationen) schrittweise durch *Slots* (Attribute) beschrieben. Die Slots können Werte, Vorgaben und Vorbelegungen, Verweise auf andere Rahmen sowie Prozeduren bzw. Prozeduraufrufe enhalten. Abbildung 7.23 zeigt ein einfaches Beispiel für einen Frame.

Objekt-Frame

Name	: Einführung in die Wirtschaftsinformatik
Klassen	: Lehrbuch
	: Reihe Springer Lehrbuch
Sub-Objekte	: Kapitel Einleitung
	Kapitel Computer-Hardware
	•
	•
	•
	Kapitel Geschichtlicher Abriß
Eigenschaften	: Autor = Stahlknecht
	Preis = 29,80 DM
	Anzahl Kapitel = 9

Abb. 7.23: *Wissensrepräsentation durch einen Frame*

Die gebräuchlichste Form der Wissensrepräsentation bilden die *regelbasierten Systeme*. Die Darstellung des Wissens erfolgt durch Regeln der Gestalt

WENN A, DANN C oder
WENN A UND (ODER) B DANN C.

A und B werden dabei als Prämissen, C als Schlußfolgerung (Konklusion) bezeichnet. An die Stelle einer Konklusion kann auch eine Aktion treten.

Die *Problemlösungskomponente* (Inferenzmaschine) hat generell die Aufgabe, aus dem Expertenwissen und den Fakten Schlußfolgerungen zu ziehen. Sie wird deswegen auch als Schlußfolgerungsmechanismus bezeichnet. Bei den regelbasierten Systemen besteht sie aus dem Regelinterpreter und dem Kontrollsystem. Der *Regelinterpreter* schließt entweder von den Prämissen auf die Konklusionen (forward chaining = Vorwärtsverkettung) oder ermittelt die zur Erreichung eines gegebenen Endzustands erforderlichen Fakten (backward chaining = Rückwärtsverkettung).

Bei der Vorwärtsverkettung werden - ausgehend von den Fakten - Regeln gesucht, deren WENN-Teile Gültigkeit besitzen und die somit zutreffen ("feuern"). Die daraus resultierenden Schlußfolgerungen bilden Zwischen- oder Endergebnisse. Bei der Rückwärtsverkettung wird - von möglichen Ergebnissen ausgehend - versucht, durch die Auswertung von Regeln Prämissen zu bestätigen.

Das *Kontrollsystem* legt die Reihenfolge fest, in der die Regeln vom Regelinterpreter abgearbeitet werden. Dabei wird zwischen der Breitensuche (zuerst werden alle gleichrangigen Regeln abgearbeitet) und der Tiefensuche (zuerst wird eine Regelkette bis ans Ende verfolgt) unterschieden. Der Regelinterpreter kann durch die Auswertung der Regeln neue Regeln ableiten. Durch diese beiden Merkmale und durch die Möglichkeit zur Rückwärtsverkettung unterscheiden sich regelbasierte Expertensysteme grundlegend von den Entscheidungstabellen (vgl. Abschnitt 6.3.2.3). Die Komplexität von regelbasierten Systemen wird an der Anzahl der Wissenselemente (Regeln und Objekte) gemessen.

Beispiel: Regelbasiertes Expertensystem zur Anlageberatung
Zuerst müssen in Form von Regeln Begriffe wie Bundesanleihe, Termingeld, Sparbuch, Aktie, Renten-/Investmentfonds, Bausparvertrag, Lebensversicherung usw. beschrieben werden. Die weiteren Regeln haben dann beispielsweise folgende Form:

Regel 1: WENN Anlagesumme > 10.000 DM
UND Anlagedauer < 3 Monate
DANN Mögliche Anlageform = Termingeld.

Regel 2: WENN Zinssatz > 6%
UND Anlagedauer > 1 Jahr
UND Risiko = gering
DANN Mögliche Anlageform = Bundesanleihe.

Die übrigen Komponenten von Expertensystemen lassen sich wie folgt charakterisieren:

Erklärungskomponente:
Begründet für den Experten und für den Benutzer, wie die Problemlösungskomponente vorgegangen ist. Mit dem System kann dazu ein Dialog anhand von Fragen (WIE, WARUM u.a.) geführt werden. Damit werden Nachprüfungen und Korrekturen möglich. Auch im Fehlen einer Erklärungskomponente unterscheiden sich Entscheidungstabellen von regelbasierten Expertensystemen.

Dialogkomponente:
Andere Bezeichnung: Kommunikationskomponente. Führt den Dialog (einschließlich der Fakteneingabe) mit dem Benutzer.

Wissenserwerbskomponente:
Andere Bezeichnung: Wissenseditor. Programme (einschließlich Prüfroutinen), die die Formulierung, Eingabe und Änderung des Expertenwissens unterstützen. In diesem Zusammenhang wird als neuer Berufstyp der *Knowledge Engineer* gefordert, der sowohl das Anwendungsgebiet gut kennt als auch den Umgang mit Expertensystemen beherrscht.

Die Entwicklung von Expertensystemen kann im wesentlichen mit Hilfe

- von Programmiersprachen, insbesondere den "KI-Sprachen" LISP und PROLOG (vgl. Abschnitt 3.1.4), oder

- von *Shells*, d.h. "leeren" Expertensystemen,

erfolgen.

Shells enthalten ein (mehr oder weniger) komplettes Steuersystem, das die Problemlösungs-, die Erklärungs-, die Dialog- und die Wissenserwerbskomponente zur Verfügung stellt. Der Benutzer hat dann "nur noch" die Wissensbasis einzugeben, wobei die Eingabe syntaktische und semantische Tests einschließt. Detaillierte Programmierkenntnisse sind nicht erforderlich. Auf dem Softwaremarkt werden Shells sowohl für Mikrocomputer als auch für Großrechner angeboten. Sie arbeiten meistens regelorientiert. Shells, die sowohl die regel- als auch die objektorientierte Repräsentationsform unterstützen, werden als *hybrid* bezeichnet. Generell sollten Shells

- auf konventionellen Rechnern (und nicht nur auf KI-Workstations) ablauffähig sein (d.h. auch unter gängigen Betriebssystemen),
- ein akzeptables Laufzeitverhalten aufweisen (hängt auch vom Prozessor ab) und
- eine einfache Bedienung und Nutzung ermöglichen.

Für die Entwicklung von Expertensystemen ist das Phasenmodell des Systementwicklungsprozesses (vgl. Abschnitt 6.1) nur bedingt geeignet, weil sich zu keinem Zeitpunkt eindeutige Systemspezifikationen in Form von Pflichtenheften festlegen lassen. Das Hauptproblem bildet die Wissensakquisition, bei der das Expertenwissen zu erheben, zu formulieren, zu bestätigen und zu erfassen ist. Dieser Vorgang wird in der Regel iterativ ablaufen. Für die zweckmäßigste Vorgehensweise gibt es eine Reihe von Strategien, u.a. das Prototyping (vgl. Abschnitt 6.6.7). In Expertensystemen muß oft das Wissen von Experten verwertet werden, die an unterschiedlichen Arbeitsplätzen tätig sind. In diesen Fällen spricht man von *verteilten wissensbasierten Systemen*.

Die ersten bekanntgewordenen Expertensysteme stammen aus der Medizin (System MYCIN). Weitere, häufig zitierte Anwendungen betreffen die Interpretation geologischer Befunde, die Diagnose von Hardwarefehlern, die Konfiguration von DV-Anlagen und den Entwurf neuer Fertigungsverfahren. Die Haupteinsatzgebiete von Expertensystemen sind:

- (Fehler-)Diagnose,
- Analyse,
- Beratung,
- Entscheidungsunterstützung,
- (Anlagen-)Konfigurierung,
- Planung,
- Schulung.

In vielen Anwendungsfällen müssen Expertensysteme mit Datenbanken gekoppelt werden. Im betriebswirtschaftlichen Bereich kommen folgende Anwendungen in Betracht:

- Investitionsplanung;
- Liquiditätsplanung, Finanzierung;
- Controlling;
- Unternehmensfusionen, -beteiligungen, Diversifikation;
- Bilanzanalyse, Unternehmensbewertungen;
- Steuerberatung, Anlageberatung;
- Lieferantenauswahl, Beschaffungsmaßnahmen;
- Produktpolitik, Marketingstrategien;
- Krisenmanagement, Personalpolitik.

Gewisse Schwerpunkte haben sich in den Branchen Kreditwirtschaft (Haupteinsatzgebiete: Beratung, Controlling) und Fertigungsindustrie (Haupteinsatzgebiete: Entwurf, Konstruktion) sowie bei Unternehmensberatungen abgezeichnet. Der vor allem von wissenschaftlicher Seite erwartete breite Einsatz von Expertensystemen in Unternehmen aller Größen und Branchen ist bisher jedoch nicht eingetreten.

8 Informatik-Management

8.1 Übersicht

Unter dem Oberbegriff *Informatik-Management* sollen alle Aufgaben verstanden werden, die von betrieblichen DV-Abteilungen wahrzunehmen sind und in der Verantwortlichkeit der DV-Führungskräfte liegen.

Informatik-Management ist nach moderner Auffassung ein Teil des übergeordneten *Informationsmanagements* (siehe Abbildung 8.1), dessen Hauptaufgabe darin besteht, unter der Bezeichnung *Informationssystem-Management* (andere Bezeichnungen: Informationsbeschaffung, Informationsversorgung) den für das Unternehmen (nach Kapital und Arbeit) "dritten Produktionsfaktor" *Information* zu beschaffen und in einer geeigneten Informationsstruktur bereitzustellen.

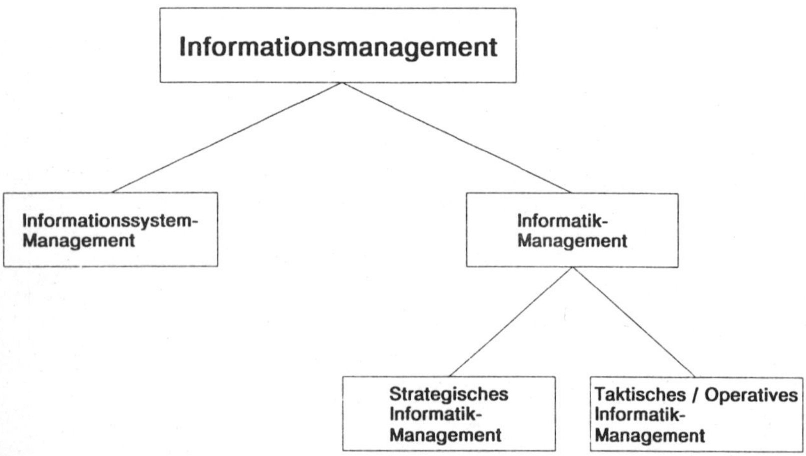

Abb. 8.1: *Aufgaben des Informationsmanagements*

Die Informationsstruktur leitet sich dabei aus den allgemeinen Unternehmenszielen ab, die im konkreten Fall etwa darin bestehen können, die Position des Unternehmens im Markt zu festigen und dazu die vorhandenen Ressourcen wirtschaftlich auszulasten. Sie wird durch Informationssysteme realisiert, die die Aufgabe haben, alle Stellen im Unternehmen rechtzeitig mit relevanten (externen und internen) Orientierungs- und Kontroll-Informationen zu versorgen. Die Vorgehensweise bei der Entwicklung solcher Informationssysteme wurde ausführlich in Abschnitt 7.6 behandelt. Dieses Kapitel konzentriert sich auf die Aufgaben des Informatik-Managements, mit dem die technischen und personellen Voraussetzungen für das Informationssystem-Management geschaffen werden. Die Begriffe Informatik-Management und DV-Management werden im folgenden synonym behandelt.

Die Bezeichnungen *Informationsmanager* bzw. *Informatik-Manager* sind in der betrieblichen Praxis wenig gebräuchlich. Dort wird vielfach an der klassischen Bezeichnung *DV-Leiter* festgehalten. Häufig wird die DV-Abteilung nach der IBM-Terminologie als *Abteilung Informationssysteme* bezeichnet. Bei der bekannten Starrheit betrieblicher Organisationsstrukturen setzen sich neue Bezeichnungen nur allmählich durch. Vorläufig gibt es sogar noch Vorbehalte, die traditionellen Begriffe Datenverarbeitung oder EDV durch die als zu abstrakt angesehene Bezeichnung Informatik zu ersetzen.

Die Aufgaben des Informatik-Managements kann man - entsprechend der üblichen Einteilung von Führungs- bzw. Planungsprozessen - in

- strategische (langfristige) Aufgaben sowie
- taktische und operative (mittel- und kurzfristige) Aufgaben

unterteilen.

Die wichtigsten Aufgaben des *strategischen Informatik-Managements* sind:

- Grundsatzentscheidung über die zweckmäßigste Verteilung aller DV-Ressourcen und -Aktivitäten im Unternehmen,
- Planung und Einrichtung einer für das Unternehmen geeigneten Netzstruktur aus Rechnerfernnetzen, lokalen Netzen und Kommunikationsanlagen (vgl. Abschnitt 4.4) unter Integration aller Arbeitsplätze im Betrieb und in der Verwaltung (in Fertigungsbetrieben z.B. durch das CIM-Konzept, vgl. Abschnitt 7.3.1) sowie unter Einbezug des elektronischen Datenaustauschs mit Geschäftspartnern (vgl. Abschnitt 7.4) und
- Festlegung einer leistungsfähigen Aufbauorganisation für die DV-Abteilung, möglicherweise unter Nutzung von Outsourcing-Möglichkeiten (siehe Abschnitt 8.3.1).

Die Hauptaufgaben des *taktischen* und *operativen Informatik-Managements* sind:

- Entwicklung und Wartung von DV-Anwendungssystemen durch die Systementwicklung und Programmierung,
- Einrichtung, Bereitstellung und Pflege der Datenbestände,
- Durchführung aller Arbeitsabläufe des Stapel- und des Dialogbetriebs im Rechenzentrum,
- Betrieb und laufende Überwachung der gesamten Kommunikationsstruktur (Netzwerkmanagement, vgl. Abschnitt 4.5),
- Beratung und Unterstützung der Fachabteilungen in Fragen der Individuellen Datenverarbeitung,
- Gewährleistung von Maßnahmen zum Datenschutz und zur Datensicherung,
- Sicherung der fachlichen Qualifikation aller DV-Mitarbeiter durch gezielte Fort- und Weiterbildungsmaßnahmen sowie
- Abbau von Akzeptanzhürden und Berücksichtigung von Mitspracherechten hinsichtlich des DV-Einsatzes bei allen Beschäftigten des Unternehmens.

Da die Grenzen zwischen taktischen und operativen Aufgaben oft fließend sind, wird hier bewußt auf eine strikte Trennung verzichtet.

Die Aufgaben des Informatik-Managements werden in den folgenden Abschnitten im einzelnen behandelt. Basis bilden dabei Großunternehmen, die über entsprechend ausgebaute DV-Abteilungen verfügen. In mittleren und kleinen Unternehmen entfallen einige Aufgaben, beispielsweise die Einrichtung einer eigenen Systementwicklung.

Auch das Informatik-Management braucht zur Entscheidungsunterstützung und zur Kontrolle ein Informationssystem (vgl. Abschnitt 7.6), das die Führungsaufgaben unterstützt, insbesondere durch Plan/Ist-Vergleiche und durch geeignete Kennzahlen. Die bekannten betriebswirtschaftlichen Kennzahlensysteme (Dupont, ZVEI) sind zu wenig auf die Details der Datenverarbeitung ausgerichtet. Speziell für die Datenverarbeitung entwickelte Kennzahlensysteme (DIEBOLD, Schweizerische Vereinigung für Datenverarbeitung) können den Unternehmen zwar als Orientierungshilfe dienen, sind aber entweder nicht auf dem aktuellen Stand der Informatik oder nur aufwendig zu realisieren. Die meisten DV-Abteilungen haben sich daher individuelle, teilweise in Hardware-Benutzervereinigungen erarbeitete Informationssysteme aufgebaut. Einige der wesentlichen Kennzahlen solcher Informationssysteme werden im folgenden in den jeweiligen Abschnitten genannt.

8.2 Grundsatzfragen

8.2.1 Verteilung der DV-Ressourcen

Schon seit Mitte der 60er Jahre wird in Großunternehmen unter der Bezeichnung *DV-Verteilung* die Frage diskutiert, ob die mit der Erbringung von DV-Leistungen befaßten Stellen zentral oder dezentral in die Unternehmensstruktur eingeordnet werden sollen. Zuerst entstand die Frage nach der DV-Verteilung in Konzernen mit weitgehend selbständigen und gewinnverantwortlichen Sparten, Divisionen oder Geschäftsbereichen und mit geographisch verteilten Werken, Niederlassungen usw., ferner in länderüberdeckenden Verwaltungen wie z.B. den Finanzverwaltungen.

Mit dem Aufkommen der verteilten Verarbeitung Mitte der 70er Jahre wurde die Frage auch für hierarchisch aufgebaute Unternehmen mit einheitlicher Aufgabenstruktur innerhalb der einzelnen Ebenen (Handelsunternehmen, Kreditinstitute, Versicherungen; vgl. Abschnitte 7.3.2, 7.3.3 und 7.3.4) relevant.

Schließlich erforderten in den 80er Jahren das Aufkommen der Mikrocomputer bzw. PCs und die damit verbundene Individuelle Datenverarbeitung (siehe Abschnitt 8.2.2) weitere Entscheidungen über die DV-Verteilung.

Generell versteht man unter DV-Verteilung die Festlegung, wie die DV-Ressourcen

- geographisch und
- organisatorisch

im Unternehmen zu verteilen bzw. zuzuordnen sind. Die organisatorische Verteilung betrifft in erster Linie die Festlegung der Verantwortlichkeiten. Die Entscheidungen hinsichtlich der DV-Verteilung dürfen sich keinesfalls auf die Auswahl, die Konfiguration und die Verteilung der Hardware beschränken. Vielmehr müssen mehrere Fragen beantwortet werden, die in folgender Priorität zu stellen sind:

- Wo und wie sind welche Daten zu erfassen, zu speichern und zu pflegen (*Datenhaltung*), und wo werden welche Daten benötigt, insbesondere wie schnell bzw. aktuell?
- Wo und wie sollen welche *DV-Anwendungssysteme* geplant, entwickelt und gewartet werden?
- Wo sind welche *DV-Anlagen* in welchen Konfigurationen, mit welcher Systemsoftware und für welche DV-Anwendungssysteme zu installieren?
- Mit welchen *Kommunikationssystemen* (Rechnerfernnetze, lokale Netze, Kommunikationsanlagen, Mehrwertdienste) sollen welche DV-Anlagen untereinander verbunden werden?

Zu den genannten Grundsatzfragen kommen noch zahlreiche Detailfragen, die direkt oder indirekt mit der DV-Verteilung gekoppelt sind. Beispielsweise ist auch darüber zu entscheiden,

- inwieweit anstelle der Eigenentwicklung von Anwendungssoftware Standard- oder Branchensoftware angeschafft werden soll und
- ob hinsichtlich der Hardware, der Software und möglicherweise auch der Vernetzung eine Festlegung auf einen DV-Hersteller erfolgen soll oder ob weitgehend offene Systeme angestrebt werden sollen.

Abbildung 8.2 zeigt 10 Möglichkeiten der DV-Verteilung unter geographischen und organisatorischen Gesichtspunkten. Dabei betreffen

- die Alternativen 1 bis 7 die professionelle Systementwicklung,
- die Alternativen 8 bis 10 die Individuelle Datenverarbeitung.

Im letzteren Fall wird die Anwendungsentwicklung nicht von der Systementwicklung bzw. Programmierung sondern von Mitarbeitern der Fachabteilungen vorgenommen.

Alternative 1:
Klassische Organisationsform der Datenverarbeitung. Die DV-Anlagen sind ausschließlich in einem zentralen Rechenzentrum installiert, die Verwaltung der Daten und die Anwendungsentwicklung (bzw. Softwarebeschaffung) erfolgen ebenfalls zentral. Diese Organisationsform ist noch typisch für mittelständische Unternehmen.

Nr.	Organisationsform	Rechner-Aufstellung		Daten-haltung		Anwendungs-entwicklung	
		Z	D	Z	D	Z	D
	Klassische Datenverarbeitung						
1	ohne geographische Verteilung	x		x		x	
2	mit geographischer Verteilung		x		x	(x)	x
	Teilnehmerbetrieb						
3	zentrale Lösung	x		x			x
4	verteilte Lösung	x	x	x	x		x
	Teilhaberbetrieb						
5	zentrale Lösung	x		x		x	
6	verteilte Lösung (nur Rechner)	x	x	x		x	
7	verteilte Lösung (auch Daten)	x	x	x	x	x	
	Endbenutzerkonzept						
8	Terminalbetrieb	x		x			x
9	PC ohne Host-Anschluß		x		x		x
10	PC mit Host-Anschluß	x	x	x	x		x

Abb. 8.2: *Alternativen der DV-Verteilung*

Alternative 2:
Variante von Alternative 1 für Großunternehmen mit mehreren Standorten. Die zentrale Betriebsform wird lediglich geographisch dezentralisiert. Auch die Programmentwicklungen werden dezentral vorgenommen, möglicherweise unter zentraler Koordinierung.

Alternative 3:
Teilnehmerbetrieb an Terminals. Den Einsatzschwerpunkt bildet die selbständige (interaktive) Programmentwicklung mit Hilfe von höheren Programmiersprachen oder Software-Entwicklungswerkzeugen an dezentraler Stelle. Die Datenhaltung erfolgt an zentraler Stelle.
Eine Variante besteht in der Ablösung der Terminals durch Mikrocomputer. Damit wird (bei "durchgängigen" Betriebssystemen, vgl. Abschnitt 3.1) die Programmentwicklung nach dem Entwicklungsrechner-Prinzip (vgl. Abschnitt 6.6.4) möglich.

Alternative 4:
Variante von Alternative 3, in der die Entwicklung der Programme, die Programmabläufe und die Verwaltung der Datenbestände teilweise und ohne zentrale Steuerung auf dezentrale Rechner verlagert werden. Beispiele bilden weitgehend selbständige Geschäftsbereiche von Konzernen oder große Fachbereiche von Hochschulen.

Alternative 5:
Typischer Teilhaberbetrieb (Transaktionsverarbeitung) in Banken, Meldeämtern, Reisebüros usw. Die Benutzer arbeiten an Terminals mit zentral entwickelten und bereitgestellten Anwendungsprogrammen sowie gemeinsamen (zentralen) Datenbeständen.

Alternative 6:
Variante von Alternative 5. Die Datenbestände werden weiterhin zentral geführt. Für Vorverarbeitungsfunktionen sind aber dezentrale Rechner installiert.

Alternative 7:
Weitere Variante zu den Alternativen 5 bzw. 6. Die Datenbestände werden je nach lokalen Anforderungen dezentralisiert (verteilte Dateien bzw. Datenbanken). Prinzip der redundanten Datenhaltung unter zentraler Steuerung.

Alternativen 8, 9 und 10 (Endbenutzerkonzept):
In Alternative 8 arbeitet der Endbenutzer mit Endbenutzersprachen (Planungssprachen, Abfragesprachen), die auf dem Großrechner implementiert sind. In Alternative 9 werden Planungssprachen und integrierte Softwarepakete ausschließlich auf Mikrocomputern genutzt, die zugehörige Datenhaltung liegt in der dezentralen Verantwortlichkeit. Alternative 10 kombiniert die Möglichkeiten der Alternativen 8 und 9 durch den Host-

Anschluß. Diese sogenannte Mikro-/Mainframe-Kopplung kann u.a. genutzt werden

- als Terminal-Emulation (PC fungiert lediglich wie ein Terminal),
- für den Dateitransfer (vom Host werden im sogenannten *down load* komplette Dateien auf den PC übertragen),
- für den direkten Zugriff auf Host-Daten (Selektion) zur Weiterverarbeitung auf dem PC.

In der betrieblichen Praxis existieren zahlreiche Mischformen der 10 aufgezählten Alternativen. Das schon wiederholt angeführte dreistufige Konzept der verteilten Verarbeitung (z.B. in Handelsunternehmen, Kreditinstituten u.a.) läßt sich etwa wie folgt der Abbildung 8.2 zuordnen:

- Dezentral arbeiten Sachbearbeiter an PCs, die an einen Filialrechner angeschlossen sind, mit zentral entwickelten Dialogprogrammen sowie zentral und/oder dezentral bereitgehaltenen Daten (Alternative 7).
- Gleichzeitig haben die Sachbearbeiter die Möglichkeit, nach dem Endbenutzerkonzept zentral verfügbare Programme zu nutzen oder dezentral einfache Anwendungen selbständig zu entwickeln (Alternative 10).

Nicht berücksichtigt sind in Abbildung 8.2 unter anderem

- der RJE-Betrieb (vgl. Abschnitt 3.2),
- geschlossene Bürosysteme (vgl. Abschnitt 7.2.4) sowie
- die Vernetzung durch lokale Netzwerke (vgl. Abschnitt 4.4.3).

Das modernste und allgemeinste Konzept der DV-Verteilung ist die *client-server-Architektur* (vgl. Abschnitt 7.3.1.4), bei der Rechner beliebiger Größenklassen und Nutzungsformen (zentrale Großrechner, Abteilungsrechner, PCs/Workstations, Prozeßrechner) untereinander (primär lokal) vernetzt sind und wechselseitig Dateien bzw. Datenbanken und Anwendungsprogramme als *server* bereit halten und als *client* nutzen. Voraussetzung sind u.a.

- umfassende Verzeichnisse (directories) über die jeweils verfügbaren Leistungen,
- eine möglichst einheitliche Benutzeroberfläche und
- Dienstleistungsprogramme der systemnahen Software, die die Übergänge zwischen verschiedenen Betriebssystemen herstellen.

Die client-server-Architektur ist als umfassendes idealtypisches Konzept anzusehen. Da die bereits vorhandenen DV-Systeme zu integrieren sind, kann die Realisierung nur in Teilschritten erfolgen.

Bei Einbindung eines PCs in die client-server-Architektur gibt es beispielsweise folgende Realisierungsformen:

- aktiver Dialog: PC fungiert als Terminal, das auf einen anderen Rechner zugreift;

- passiver Dialog: PC fungiert als server, zu dem ein anderer Rechner Zugriff im Dialog ausübt (z.B. bei Fernwartung);
- aktiver file transfer: Abruf einer in einem anderen Rechner vorhandenen Datei;
- passiver file transfer: Abruf einer im PC vorhandenen Datei durch einen anderen Rechner;
- aktiver RJE-Betrieb: Versenden eines Stapelauftrags an einen (Groß-)Rechner und Empfang der Ergebnisse von diesem Rechner.

Die Entscheidung, welche DV-Anwendungen in Kompetenz der Fachabteilungen entwickelt und gepflegt werden sollen bzw. dürfen (Alternativen 8, 9 und 10), wird in unternehmensinternen Regelungen über die Individuelle Datenverarbeitung (siehe Abschnitt 8.2.2) festgelegt. Im folgenden wird zunächst nur die Verteilung der traditionellen DV-Ressourcen (Systementwicklung, Rechenzentrum und zugehöriges DV-Personal) behandelt.

Zweckmäßigerweise muß man die Frage nach der Verteilung für jedes DV-Anwendungssystem einzeln stellen und dann eine Gesamtbeurteilung vornehmen. Die Wirtschaftsinformatik kann Wege zeigen, die richtige Entscheidung zu finden. Auch hier läßt sich wieder die Nutzwertanalyse (vgl. Abschnitt 6.9.4) anwenden, und zwar wie folgt:

Schritt 1: Die für die Verteilung relevanten Kriterien werden zusammengestellt und gewichtet.

Schritt 2: Die in Betracht kommenden Alternativen bezüglich der Datenhaltung, der Systementwicklung, des Rechnereinsatzes und der Vernetzung werden ermittelt.

Schritt 3: Jede Alternative wird hinsichtlich der einzelnen Kriterien mit Punkten bewertet. Daraus wird ein Nutzwert errechnet. Der Vergleich aller Nutzwerte bildet eine Basis für die Entscheidung der Unternehmensleitung.

Argumente **für** *zentrale Lösungen* sind:
- zentrale Planung und Kontrolle im Unternehmen,
- zentrale oder zentral genutzte Abrechnungssysteme, insbesondere in den Bereichen Finanz- und Rechnungswesen sowie Personalwesen (vgl. Abschnitte 7.2.1 und 7.2.2),
- gemeinsame Nutzung von teuren Spezial- und Lizenzprogrammen (z.B. Compiler, Datenbankverwaltungssysteme, Software zur computergestützten Planung) durch mehrere zentrale und dezentrale Stellen,
- Teilhaberbetrieb mit zentralen Dateien und Datenbanken für den Zugriff durch viele zentrale und dezentrale Stellen (z.B. bei Banken, Transport- und Touristikunternehmen),
- zentrales Netzmanagement,
- zentral organisierter Zugriff auf Online-Datenbanken (vgl. Abschnitt 7.6),
- einheitliche, zentral organisierte Informationssysteme,

- einheitliche Programmentwicklung nach verbindlichen Richtlinien, insbesondere im Hinblick auf die Wartbarkeit,
- Vermeidung von Doppel- und Mehrfacharbeit,
- besserer Datenschutz durch zentrale Datensicherungsmaßnahmen und Kontrollen,
- an zentraler Stelle konzentriertes DV-Fachwissen mit hoher Spezialisierung,
- Zufriedenheit mit der bisherigen zentralen Lösung,
- niedrigere Gesamtkosten, insbesondere für Software-Lizenzen und Hardware-Wartung.

Das derzeitige Preis-/Leistungsverhältnis für Zentraleinheiten spräche zwar nach dem Grosch'schen Gesetz (vgl. Abschnitt 2.4.2) dafür, einen Großrechner durch mehrere kleinere Rechner zu ersetzen. Die dann aber wesentlich höheren Kosten für Räume, Personal und vor allem für die Lizenzgebühren der Systemsoftware würden diesen Vorteil jedoch mehr als kompensieren.

Argumente **gegen** *zentrale Lösungen* sind:
- dezentrale Organisationsstruktur mit rechtlich selbständigen, d.h. selbst abrechnenden und bilanzierenden Unternehmenseinheiten,
- instabile Organisation in Teilbereichen (z.B. im Vertrieb), der sich eine zentrale Lösung nicht flexibel anpassen kann,
- hochspezialisierte dezentrale DV-Anwendungen, insbesondere im technischen Bereich (Forschung/Entwicklung, CAD/CAM, Prozeßrechnereinsatz),
- elektronischer Datenaustausch von dezentralen Stellen mit fremden Unternehmen (z.B. dezentrale Produktionsstätte mit Zulieferbetrieben),
- hohe Kosten für Datenübertragung bei ausschließlicher DV-Versorgung durch eine zentrale Stelle,
- schnellere Realisierung von neuen DV-Anwendungen durch dezentrale Entwicklungsabteilungen,
- flexible Änderbarkeit von DV-Anwendungssystemen gegenüber Benutzerwünschen der dezentralen Fachabteilungen,
- bessere Zuordnung der Verantwortlichkeit für die Daten,
- höhere Verfügbarkeit bei der Hardware (siehe Abschnitt 8.4.1) sowie über die Kapazität der Programmierung, auch hinsichtlich des Bereitschaftsdienstes,
- Ungerechtigkeiten in der Weiterbelastung der Kosten für zentrale DV-Leistungen,
- engere Kontakte der dezentralen Stellen zu Hardware-Herstellern, Software-Firmen, Ausbildungsinstituten usw.,
- generelle Unabhängigkeit von zentralen Entscheidungskompetenzen.

Mit zunehmender Vernetzung, insbesondere aber durch die client-server-Architektur, schwächen sich diejenigen Argumente für zentrale Lösungen ab, die durch die gemeinsame Nutzung zentraler Dateien, Datenbanken und Programme begründet sind. Generell treffen nicht alle Argumente für jedes Unternehmen zu. Das wichtigste Argument gegen eine nachträgliche Dezentralisierung bestehender zentraler personeller Ressourcen ist, daß man - ganz abgesehen von der Gehaltsstruktur - Mitarbeiter nicht in grösserer Anzahl beliebig von Ort zu Ort hin- und herschieben kann.

Das Ergebnis der Entscheidung der Unternehmensleitung ist in DV-Richtlinien festzulegen. Beispielsweise könnte eine solche Entscheidung (*DV-Konzept*) wie folgt lauten:

- zentrale Entwicklung (bzw. bei Standardsoftware zentrale Auswahl) gleichartiger DV-Anwendungssysteme, insbesondere Abrechnungssysteme,
- Abwicklung aller Anwendungssysteme des Teilhaberbetriebs und/oder mit bereichsübergreifenden Daten im zentralen Rechenzentrum,
- bei den übrigen Anwendungssystemen zentrale oder dezentrale Datenverwaltung je nach fallweisem Kosten-/Nutzen-Vergleich,
- dezentraler Betrieb eindeutig dezentraler Anwendungen,
- zentrale oder dezentrale Systementwicklung spezifischer Anwendungen durch fallweise Entscheidung je nach Problem, Fachwissen und personellen Kapazitäten unter Berücksichtigung der in Betracht kommenden Programmiersprachen und Software-Entwicklungswerkzeuge,
- zentral koordinierte Form der Programmentwicklung (Richtlinien, Standards, Werkzeugauswahl) und zentral organisierte Schulung,
- zentrale Einrichtung und Koordination einer unternehmensweiten Kommunikationsstruktur.

In solchen Richtlinien sind auch

- die Entscheidungskompetenzen über die Realisierung des beschlossenen DV-Konzepts,
- die Zuständigkeiten für die Auswahl und die Beschaffung von Hardware, Systemsoftware und Standard- bzw. Branchensoftware,
- die Repräsentanz gegenüber Fremdfirmen, Fachverbänden, der Bundespost usw. einschließlich der Befugnis zur Beantwortung externer Anfragen und Fragebögen sowie
- die Form der Zusammenarbeit mit den Hardware-Lieferanten, z.B. in Gestalt einer zentralen Betreuung durch **eine** Niederlassung des Herstellers (außer für Wartung und Reparaturen),

zu regeln.

In die Richtlinien müssen auch alle Vorschriften über die Individuelle Datenverarbeitung (siehe Abschnitt 8.2.2) aufgenommen werden. Der Komplex der Fragen, über die Richtlinien erlassen werden müssen, geht weit über die klassischen Aufgaben der DV-Abteilung und über die Individuelle Datenverarbeitung hinaus, weil wegen der Vernetzung der Arbeitsplätze durch lokale Netze und/oder Kommunikationsanlagen und wegen der damit verbundenen Integration der Datenverarbeitung mit der Text-, Sprach- und Bildkommunikation auch der größte Teil derjenigen Aufgaben einbezogen werden muß, die früher von anderen Abteilungen (Organisation, Allgemeine Verwaltung/Hausverwaltung einschließlich

Schreib- und Botendienst, Hausdruckerei, Telefonzentrale usw.) wahrgenommen worden sind.

8.2.2 Individuelle Datenverarbeitung

Individuelle Datenverarbeitung, abgekürzt IDV, bezeichnet die Nutzung des Computers als "persönliches Arbeitsmittel", d.h. die selbständige Entwicklung von (einfachen) DV-Anwendungssystemen durch die Fachabteilung mit Hilfe von

- Endbenutzer- und Planungssprachen,
- integrierten PC-Softwarepaketen oder
- Einzelanwendungen wie Textverarbeitung, Präsentationsgrafik, Tabellenkalkulation usw.

Die Bezeichnung *Individuelle Datenverarbeitung* ist die von IBM Deutschland eingeführte Übersetzung des amerikanischen Ausdrucks *Personal Computing*. Die Bezeichnungen Personal Computing und Personal Computer sind **nicht** identisch, weil Personal Computing auch auf dem Großrechner betrieben werden kann. Entscheidendes Merkmal ist die Anwendungsentwicklung durch die **Fachabteilung** mit Hilfe der genannten speziellen Software.

IDV ist kein Ersatz für die traditionelle Datenverarbeitung, sondern eine zweckmäßige Ergänzung. Insbesondere kann die Massendatenverarbeitung der Administrations- und Dispositionssysteme (vgl. Abschnitte 7.2 und 7.3) nicht durch die IDV abgelöst werden, wogegen sinnvolle Anwendungsmöglichkeiten für die computergestützte Planung (vgl. Abschnitt 7.5) und für partielle Informationssysteme (vgl. Abschnitt 7.6) bestehen. Die Informationen müssen dabei auf arbeitsplatzbezogene (gegenüber unternehmens- bzw. bereichsbezogenen) Daten beschränkt werden, weil sonst zu viele Datensicherungsprobleme (siehe Abschnitt 8.5.1) auftreten würden.

Der oft zitierte "Wildwuchs" in den Fachabteilungen hinsichtlich der Beschaffung von Mikrocomputern und von Software hat in vielen Großunternehmen zum Erlaß von Richtlinien für die IDV geführt (vgl. Abschnitt 8.2.1). Als praktikabel hat sich beispielsweise folgende Regelung erwiesen:

- zentrale Auswahl und Beschaffung von Hardware und Software durch die DV-Abteilung,
- in Grundsatzfragen Beratung durch die DV-Abteilung,
- Einsatz von Programmpaketen, Endbenutzersprachen usw. in Kompetenz der Fachabteilung, aber keine eigenständige Programmentwicklung mit höheren Programmiersprachen,

- im Einzelfall keine Unterstützung durch die zentrale Systementwicklung und Programmierung, insbesondere nicht für "Feuerwehrarbeiten",
- Beschränkung der Datenhaltung auf arbeitsplatzbezogene Daten und
- Verantwortlichkeit für die (genehmigte) eigenständige Datenhaltung einschließlich der Gewährleistung des Datenschutzes.

Weitere Vorschriften betreffen u.a.:

- die Zugriffsberechtigungen zu zentralen Datenbeständen,
- die Dokumentation der Anwendungssysteme,
- die Beschaffung von Zubehör (Kabel, Erweiterungskarten, Disketten) und von Verbrauchsmaterial (Papier, Toner),
- allgemeine Wartungsarbeiten (Gerätereinigung),
- Maßnahmen bei Hardware-Ausfällen und
- die (verbotene) private Nutzung der Geräte und Programme.

Die meisten Großunternehmen haben die Auswahl und die Beschaffung der Hardware und der Software für die IDV, die Beratung und Schulung der Benutzer und die Kontrolle über die Gewährleistung des Datenschutzes einer selbständigen, der DV-Leitung direkt unterstellten Abteilung übertragen, die als *Benutzer-Servicezentrum*, teilweise auch als Informationszentrum (information center) bezeichnet wird. Von den Mitarbeitern dieser Abteilung werden in ganz besonderem Maße

- Fachwissen über Hardware und Software,
- Erfahrungen mit DV-Projekten und -Anwendungssystemen,
- didaktisches Geschick sowie
- Kontaktfähigkeit und Kooperationsbereitschaft

verlangt.

8.3 Aufbauorganisation der DV-Abteilung

8.3.1 Organisationsstruktur

Die Einordnung der Informatik-Abteilung in die Unternehmensorganisation und die interne Struktur der DV-Abteilung hängen von den Entscheidungen über die DV-Verteilung (vgl. Abschnitt 8.2.1) ab. Dieser Abschnitt und der Abschnitt 8.4 beziehen sich auf große DV-Abteilungen, die in der Regel an zentraler Stelle im Unternehmen "aufgehängt" sind. Jede solche DV-Abteilung fungiert als Dienstleistungsbetrieb für das gesamte Unternehmen.

DV-Abteilungen sind meistens in den 60er Jahren aus einer Fachabteilung hervorgegangen, in der Regel aus dem Finanz- und Rechnungswesen, in einzelnen Fällen auch aus dem Produktionsbereich oder einer ingenieurwissenschaftlichen Abteilung. Je nach Branche, Größe und Struktur des Unternehmens sind sie

- als Linienabteilung, z.B. als Hauptabteilung gleichrangig zum Finanz- und Rechnungswesen, oder als Abteilung innerhalb des Finanz- und Rechnungswesens, z.B. gleichrangig neben den Abteilungen Finanzen, Steuern usw., oder
- als Stabsabteilung bzw. zentrale Dienstleistungsstelle, z.B. gleichrangig neben den Abteilungen Planung, Revision usw.,

in die Unternehmenshierarchie eingeordnet. Die Bedeutung, die der Datenverarbeitung im Unternehmen beigemessen wird, läßt sich teilweise aus der Distanz der DV-Abteilung zur Unternehmensleitung (Vorstandsebene) ablesen.

Die Informatik-Abteilung besteht intern zunächst aus den beiden traditionellen Bereichen Rechenzentrum und Systementwicklung (Abb. 8.3). Mit der Einführung zentraler Datenbanksysteme haben Großunternehmen Ende der 70er Jahre einen dazu gleichrangigen Bereich *Daten(bank)-verwaltung* (data base administration) eingerichtet und dafür das Tätigkeitsbild des *Datenbankadministrators* geschaffen (vgl. Abschnitt 5.4.4.2). Dem Datenbankadministrator obliegt vor allem die Festlegung der physischen Datenorganisation, also die interne Datensicht (vgl. Abschnitt 5.4.3), einschließlich der zugehörigen Datenschutzvorkehrungen (siehe Abschnitt 8.5.1). Die Einführung der Individuellen Datenverarbeitung brachte Mitte der 80er Jahre die Einrichtung des *Benutzer-Servicezentrums* als weiteren

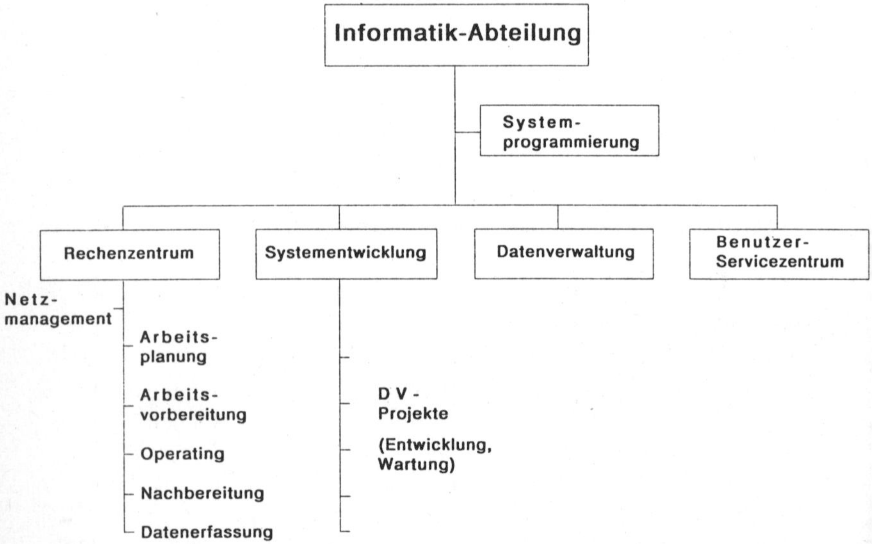

Abb. 8.3: *Organisationsstruktur der Informatik-Abteilung*

Bereich (vgl. Abschnitt 8.2.2). Selbstverständlich gibt es je nach Organisationsform, Branche und Größe des Unternehmens individuelle Abweichungen von diesem Grundschema.

Innerhalb des *Rechenzentrums* besteht eine Unterteilung in die Arbeitsgebiete Arbeitsplanung, Arbeitsvorbereitung, Operating und Nachbereitung (siehe Abschnitt 8.4.1) sowie Datenerfassung. Immer mehr an Bedeutung gewinnt das Arbeitsgebiet *Netzmanagement*. Dazu gehören u.a. die Festlegung auf eine oder mehrere Netzstrukturen, die Auswahl der geeigneten öffentlichen Netze oder Mehrwertdienste, die Einholung aller Genehmigungen durch die Bundespost, die Einrichtung des gesamten Netzbetriebs (WAN, LAN, Kommunikationsanlagen) einschließlich aller Verkabelungsarbeiten, die Beschaffung und Schulung des Operating-Personals, die Leistungsmessung (Leitungsbelastung, Störungen, Antwortzeiten u.a.) und die Kostenüberwachung (vgl. auch Abschnitt 4.5).

Die *Systementwicklung* (siehe Abschnitt 8.4.2) wird häufig anwendungsbezogen in Gruppen untergliedert, die sich mit mathematisch-technischen und mit betriebswirtschaftlichen Anwendungen befassen. Eine Unterteilung der Systementwicklung in "Systemanalyse" und "Programmierung/ Test" war noch bei der Programmierung in Assemblersprachen zweckmäßig, ist aber beim Einsatz von höheren Programmiersprachen und vor allem von Software-Entwicklungswerkzeugen (vgl. Abschnitt 6.6.5) nicht mehr angebracht.

Die Gruppe *Systembetreuung* (oder *Systemprogrammierung*), deren Aufgabe die Betreuung der Systemsoftware in Zusammenarbeit mit den Lieferanten der Hardware, der Systemsoftware und der systemnahen Software ist, gehört aufgabenmäßig weitgehend zum Rechenzentrum, wird aber wegen der Gehaltsstruktur*) häufig direkt dem Leiter der Informatik-Abteilung unterstellt. Dasselbe gilt für die Gruppe Netzmanagement.

Einige Großunternehmen in der (alten) Bundesrepublik haben in der Vergangenheit, erstmals bereits in den 60er Jahren, ihre DV-Abteilungen als selbständige Tochtergesellschaften (meistens in der Rechtsform einer GmbH) ausgegliedert.

Vorteile der *Ausgliederung* von DV-Dienstleistungen sind u.a.:
- eindeutig zugeordnete Verantwortlichkeit für Wirtschaftlichkeit bzw. Gewinn,
- klare Abgrenzung der DV-Kosten der Muttergesellschaft durch Leistungsabrechnung der Tochtergesellschaft,
- bessere Auslastung der DV-Mitarbeiter und der DV-Anlagen durch zusätzliche Fremdaufträge,
- Möglichkeiten, vorhandene Programme auch anderen Firmen zur Nutzung anzubieten,
- interessantere Aufgaben sowie neue Positionen (Aufstiegsmöglichkeiten) für die Mitarbeiter und
- (bedingte) Unabhängigkeit von der Gehaltspolitik der Muttergesellschaft.

---

*) Ein Mitarbeiter darf niemals mehr verdienen als sein Vorgesetzter.

Nachteile bestehen u.a.:
- für die Muttergesellschaft in der nicht immer gewährleisteten Bevorzugung gegenüber Fremdkunden bei der Inanspruchnahme von DV-Leistungen und damit starke Abhängigkeit von der Tochtergesellschaft (auch bei Service- und Wartungsarbeiten),
- für die Tochtergesellschaft in der Notwendigkeit, einen eigenen Verwaltungsapparat zu betreiben,
- in der Gefahr, daß DV-Anwendungssysteme, die überwiegend qualitative Nutzenpotentiale besitzen (Informationssysteme, Expertensysteme usw.), in der Muttergesellschaft nicht eingesetzt werden, weil deren (relativ) hohe Entwicklungskosten von der Tochtergesellschaft voll in Rechnung gestellt werden müssen,
- im Entstehen von Konkurrenzsituationen gegenüber anderen Dienstleistungsabteilungen der Muttergesellschaft, die zu unnötigen Kosten führen können, sowie
- im sozialen Bereich (schlechtere Sozialleistungen, kein Mitarbeiterschutz durch Betriebsrat der Muttergesellschaft).

In der Regel handelt es sich bei Ausgliederungen um Betriebsänderungen im Sinne von §111 Betriebsverfassungsgesetz, die mit dem Betriebsrat zu beraten sind (vgl. Abschnitt 8.7). Die Entscheidungen müssen außerordentlich sorgfältig getroffen werden, weil sich Ausgliederungen nur unter erheblichen Schwierigkeiten wieder rückgängig machen lassen.

Ausgehend von Entwicklungen in den USA wird in der letzten Zeit unter dem Schlagwort *Outsourcing* (als Kombination von outside und resource) die Frage diskutiert, DV-Dienstleistungen teilweise oder ganz auszulagern. Im Rahmen der generellen Privatisierung von Dienstleistungen (z.B. für Gebäudereinigungen oder Transportdienste) wird unter der Bezeichnung *Facilities Management* die Möglichkeit erwogen, sogar das gesamte Informatik-Management an fremde DV-Unternehmen zu vergeben. Outsourcing (*Auslagerung*) muß nicht mit einer Ausgliederung verbunden sein, wird aber stets Auswirkungen auf das vorhandene DV-Personal haben.

8.3.2 DV-Berufe

Die Datenverarbeitung bietet ein breites Spektrum von Tätigkeiten und Berufsbildern. Traditionelle Berufe innerhalb der DV-Abteilung sind:
- im Rechenzentrum: Arbeitsplaner, Arbeitsvorbereiter, Archivverwalter; Konsoloperator, Operator für periphere Geräte (device operator); Datentypistin; Techniker (sofern eigene Wartung);
- in der Systementwicklung: DV-Organisator, Systemanalytiker; Programmierer, Organisations-, Anwendungsprogrammierer;
- in der Systembetreuung: Systemprogrammierer;
- in der Datenverwaltung: Datenbankadministrator.

Führungsaufgaben haben neben dem DV-Leiter, dem RZ-Leiter und dem Leiter der Systementwicklung die Maschinensaal- und Schichtleiter im

Rechenzentrum und die Projektleiter in der Systementwicklung wahrzunehmen.

Besondere Anforderungen werden in Zukunft an den *Informationsmanager* gestellt, dem sowohl das Informationssystem-Management als auch das Informatik-Management übertragen sind (vgl. Abschnitt 8.1). Er muß neben den allgemeinen Fähigkeiten zum Manager und außer DV-Fachwissen auch sehr gute betriebswirtschaftliche Kenntnisse besitzen, um aus den allgemeinen Unternehmenszielen die Anforderungen an die Informationsstruktur ableiten zu können.

Wegen des Übergangs von der indirekten zur halbdirekten und direkten Dateneingabe und wegen der zunehmenden Automatisierung des Rechenzentrums-Betriebs sind die Berufe der Datentypistin und des Operators nur noch von befristeter Dauer. Umgekehrt sind in den letzten Jahren Tätigkeiten entstanden, die möglicherweise zu neuen DV-Berufen führen können. Dazu gehören u.a.:

- der Benutzer-Berater im Benutzer-Servicezentrum (vgl. Abschnitt 8.2.2),
- der Netzmanager (und das zugeordnete Operating-Personal) für die Planung, den Betrieb und die Überwachung der gesamten Kommunikationseinrichtungen (vgl. Abschnitt 4.5),
- der CIM-Organisator für die Realisierung des CIM-Konzepts (vgl. Abschnitt 7.3.1.4) und
- der Wissensingenieur (knowledge engineer) für die Entwicklung betrieblicher Expertensysteme (vgl. Abschnitt 7.7).

Außerhalb der DV-Abteilung werden DV-Kenntnisse

- von denjenigen Mitarbeitern der Fachabteilungen, die DV-Anwendungen im Rahmen der Individuellen Datenverarbeitung entwickeln,
- vom betrieblichen Datenschutzbeauftragten (siehe Abschnitt 8.5.2),
- vom DV-Revisor in der Revisionsabteilung (vgl. Abschnitt 7.2.1) und
- vom DV-Kontaktmann, der in der Fachabteilung die Zusammenarbeit mit der DV-Abteilung koordiniert (siehe Abschnitt 8.4.2),

verlangt. Weitere DV-Berufe sind:

- der Vertriebsbeauftragte und der Systemspezialist bei Hardware-Herstellern und Software-Firmen und
- der Informationsvermittler (Information Broker), der mit dem Aufkommen von Online-Datenbanken entstanden ist (vgl. Abschnitt 7.6).

Schließlich gehören zu den DV-Berufen noch die Dozenten an allen Arten von Ausbildungseinrichtungen für Datenverarbeitung oder Informatik einschließlich der Wirtschaftsinformatik.

Für alle DV-Berufe gilt im besonderen Maße die "3L-Forderung" des *Life Long Learning*.

Die *Bundesanstalt für Arbeit* teilt die mit der Datenverarbeitung befaßten Tätigkeiten in die folgenden drei Gruppen ein:

Kernberufe:
Die Datenverarbeitung spielt eine dominierende Rolle. Die Fachkräfte benötigen zu ihrer Berufsausbildung intensive Kenntnisse über Datenverarbeitung und arbeiten vorwiegend an oder mit Computern. Sie sind organisatorisch meistens in der DV-Abteilung oder im Rechenzentrum angesiedelt.

Mischberufe:
Fachaufgaben und Datenverarbeitungsaufgaben sind etwa gleichgewichtig gemischt. Sie benötigen auf beiden Gebieten eine entsprechende Ausbildung und müssen in ihrer Berufstätigkeit die Aspekte beider Bereiche ausgeglichen berücksichtigen. Hierzu gehören beispielsweise Sachbearbeiter, die soviel DV-Kenntnisse haben, daß sie Elemente der von ihnen genutzten Programme variieren und verändern können.

Randberufe:
Datenverarbeitungstätigkeiten treten nur vereinzelt auf und bleiben im Hintergrund.

Die Aufgaben der Kernberufe bestehen nach Auffassung der Bundesanstalt in der Wahrnehmung folgender Tätigkeiten: Software-Entwicklung, Wartung von DV-Anlagen, Vertrieb von Hardware und Software einschließlich Beratung, Ausbildung, Gewährleistung des Datenschutzes, Datenerfassung. Nicht dazu werden die Herstellung von Hardware und die Bedienung der DV-Anlagen (Operating) gerechnet.

Der Wirtschaftsinformatiker wird je nach Qualifikation und betrieblichem Einsatz in den Kernberufen, im starken Maße in den Mischberufen und zum geringen Teil in den Randberufen tätig werden.

Ausbildungsmöglichkeiten in Wirtschaftsinformatik bestehen mit unterschiedlichen Konzepten, Anforderungen und Abschlußgraden

- an wissenschaftlichen Hochschulen (Universitäten) im Rahmen betriebswirtschaftlicher Studiengänge mit einem Wahlpflichtfach oder Vertiefungsfach Wirtschaftsinformatik (Abschluß Diplom-Kaufmann) oder eines eigenständigen Studiengangs Wirtschaftsinformatik (Abschluß Diplom-Wirtschaftsinformatiker),
- an Fachhochschulen mit den Abschlüssen Diplom-Informatiker (FH) mit Schwerpunkt Wirtschaftsinformatik oder Diplom-Wirtschaftsinformatiker (FH),
- an Berufsakademien mit den Abschlüssen Diplom-Betriebswirt (BA), Fachrichtung Datenverarbeitung oder Fachrichtung Wirtschaftsinformatik, und
- an Verwaltungs- und Wirtschaftsakademien mit dem Abschluß Informatik-Betriebswirt (VWA).

Ferner kann an Industrie- und Handelskammern der Titel "Geprüfter Wirtschaftsinformatiker" (in Erweiterung des schon seit längerem vergebenen Titels "DV-Kaufmann") erworben werden. Grundvoraussetzungen sind eine abgeschlossene kaufmännische Berufsausbildung und Berufspraxis mit hohen Anteilen an DV-bezogenen Tätigkeiten. Die Prüfungsvorbereitung übernehmen private Ausbildungseinrichtungen.

8.4 Ablauforganisation der DV-Abteilung

8.4.1 Rechenzentrum

Rechenzentren (RZ) gibt es als "betriebliche" Rechenzentren in Unternehmen und Behörden, als Gemeinschaftsrechenzentren (z.B. bei Sparkassen oder kommunalen Einrichtungen), als Service-Rechenzentren und als Hochschul-Rechenzentren.

Betriebsarten von Rechenzentren sind:

- der offene Betrieb (open shop) und
- der geschlossene Betrieb (closed shop).

Beim *offenen Betrieb* bedienen die Programmierer die DV-Anlagen selbst. Diese bei Klein- und Mikrocomputern übliche Betriebsart ist für Großrechenzentren wegen der Unkontrollierbarkeit der Arbeitsabläufe und aus Sicherheitsgründen nicht geeignet, außerdem wäre sie völlig unwirtschaftlich. Dort wird im *geschlossenen Betrieb* gearbeitet, bei dem nur das RZ-Personal Zutritt zu den Rechnerräumen und den DV-Anlagen besitzt.

Große Rechenzentren arbeiten häufig mit mehreren DV-Anlagen, und zwar aus Kapazitäts- und/oder Sicherheitsgründen oder zur getrennten Abwicklung

- zwischen lokalen und entfernten Anwendungen,
- zwischen dem Produktions- und dem Testbetrieb oder
- zwischen dem Stapel- und dem Dialogbetrieb.

Rechenzentren haben nach außen die Aufgabe,

- Hardware-Kapazitäten einschließlich der Systemsoftware für alle Online-Anwendungen im Teilhaber- und Teilnehmerbetrieb zur Verfügung zu stellen,
- Dateien und Datenbanksysteme zu verwalten und für den Zugriff durch die (berechtigten) Benutzer bereit zu halten,
- Produktionsarbeiten im Stapelbetrieb (einschließlich Aufträgen im RJE-Betrieb, vgl. Abschnitt 3.2) korrekt und termingerecht auszuführen und
- den Netzbetrieb im Rahmen der unternehmensinternen Kommunikation zu gewährleisten und - falls erforderlich, z.B. im Rahmen des elektronischen Datenaustauschs - den Zugang zu öffentlichen Datennetzen sicherzustellen.

Man kann die Aufgaben des Rechenzentrums auch in die drei Gruppen

- systemorientierte Aufgaben (Hardware, Systemsoftware),
- anwendungsorientierte Aufgaben (Daten, Anwendungsprogramme) und

- transportorientierte Aufgaben (Netzbetrieb)

gliedern.

Abbildung 8.4 zeigt tabellarisch die Hauptaufgaben, die heute in Rechenzentren wahrzunehmen sind. Die planenden, steuernden und überwachenden Aufgaben werden häufig unter der Bezeichnung *Kapazitätsmanagement* zusammengefaßt.

- **Planung**
  Konfigurationsplanung, Kapazitätsplanung
- **Beschaffung**
  Hardware, System- und Netzsoftware;
  Personal
- **Produktion**
  Auftragsannahme, Arbeitsvorbereitung, Operating;
  Datenerfassung
- **Überwachung, Kontrolle**
  Nachbereitung, Qualitätskontrolle;
  Termin- und Betriebsüberwachung;
  Leistungsmessung
- **Verwaltung, Abrechnung**
  Datenträgerverwaltung;
  Speicherplatz- und Bibliotheksverwaltung;
  Kosten- und Leistungsrechnung
- **Netzmanagement**
  Planung, Entwurf, Einführung;
  Betrieb, Steuerung und Überwachung;
  Tuning, Optimierung
- **Sicherung**
  Daten- und Ablaufsicherung;
  Back up-Vorkehrungen

Abb. 8.4: *Aufgaben des Rechenzentrums*

Im einzelnen werden zum Kapazitätsmanagement gerechnet:

- Servicemanagement: Ermittlung der Anforderungen und Festlegung des Servicegrades;
- Lastmanagement (workload management): Belastungsmessungen und -prognosen;
- Systemmanagement: Bereitstellung von Hardware und Software;
- Kostenmanagement: Kosten- und Leistungsmessung, Abrechnung;
- Ressourcenplanung: Planung des zukünftigen Hard- und Softwarebedarfs;

- Berichtswesen: Erstellen von Berichten mit Soll/Ist-Vergleichen über Servicegrade, Lastprofile.

Die Hauptkriterien für die *Leistungsbeurteilung* von Rechenzentren sind:

- der *Servicegrad*, d.h.
  - im Dialogbetrieb die *Systemverfügbarkeit* (im Verhältnis zur Arbeitszeit der Benutzer) und die *Antwortzeiten*, insbesondere bei Transaktionen, sowie
  - im Stapelbetrieb die *Bearbeitungszeiten* (Durchlaufzeiten) der Produktionsjobs,
- die Gewährleistung des Datenschutzes und der Sicherheit der Arbeitsabläufe und
- die *Performance*, d.h. die Auslastung der Hardware-Komponenten nach gerätespezifischen Meßgrößen.

Gefordert werden Verfügbarkeiten nahe 100% und Antwortzeiten zwischen 0,5 und 2,5 Sekunden je nach DV-Anwendungssystem. Weitere Kriterien zur Leistungsbeurteilung sind die Anzahl der "Systemzusammenbrüche" pro Zeiteinheit und die Zeitdauer der Wiederanläufe in Störungsfällen.

Abbildung 8.5 zeigt die wichtigsten Kennzahlen eines Rechenzentrums in Form eines Polarkoordinaten-Diagramms, das (nach dem Amerikaner KIVIAT) auch als Kiviat-Graph bezeichnet wird. Bei dieser Darstellungsform ist folgendes zu beachten:

- Die Anzahl der Merkmale, für die der Idealwert 100% ist (z.B. Auslastung), muß gleich der Anzahl der Merkmale sein, für die der Idealwert 0 ist (z.B. Anzahl Programmabbrüche). Das ist immer zu erreichen, notfalls durch Umdefinition.
- In der grafischen Darstellung müssen sich ringsherum Merkmale mit den Idealwerten 0 und 100% abwechseln.
- In einem gut gesteuerten System hat der Kiviat-Graph Sternform. Im Idealzustand würde er bei geeigneter Normierung aus alternierenden Radien der Längen 0 und 1 bestehen.

In großen Rechenzentren sind alle Aufgaben und Arbeitsabläufe in *RZ-Benutzungsordnungen* (andere Bezeichnungen: RZ-Ordnungen, RZ-Richtlinien, RZ-Dienstanweisungen) schriftlich fixiert, um einen ordnungsgemäßen RZ-Betrieb zu gewährleisten. Beispielsweise haben in Rechenzentren der Firma Siemens die Rechenzentrums-Benutzer-Ordnungen (RZBO) folgenden Inhalt: RZ-Organisation, Zutritts- und Aufenthaltsregelungen, RZ-Betriebsablauf, Wartung und Pflege von Anlagen und Geräten, Verhalten bei Not- und Unfällen, RZ-Notbetrieb ("Katastrophenplan").

Die RZ-Arbeitsabläufe im engeren Sinne, d.h. die Aufgaben Produktion und Überwachung sowie Kontrolle aus Abbildung 8.4, sind vergleichbar mit den Arbeitsabläufen in Fertigungsbetrieben. Daher wird das Rechenzentrum unternehmensintern häufig als *RZ-Betrieb* bezeichnet. Während im Fertigungsbetrieb aus Einzelteilen oder Werkstücken auf Werkzeug-

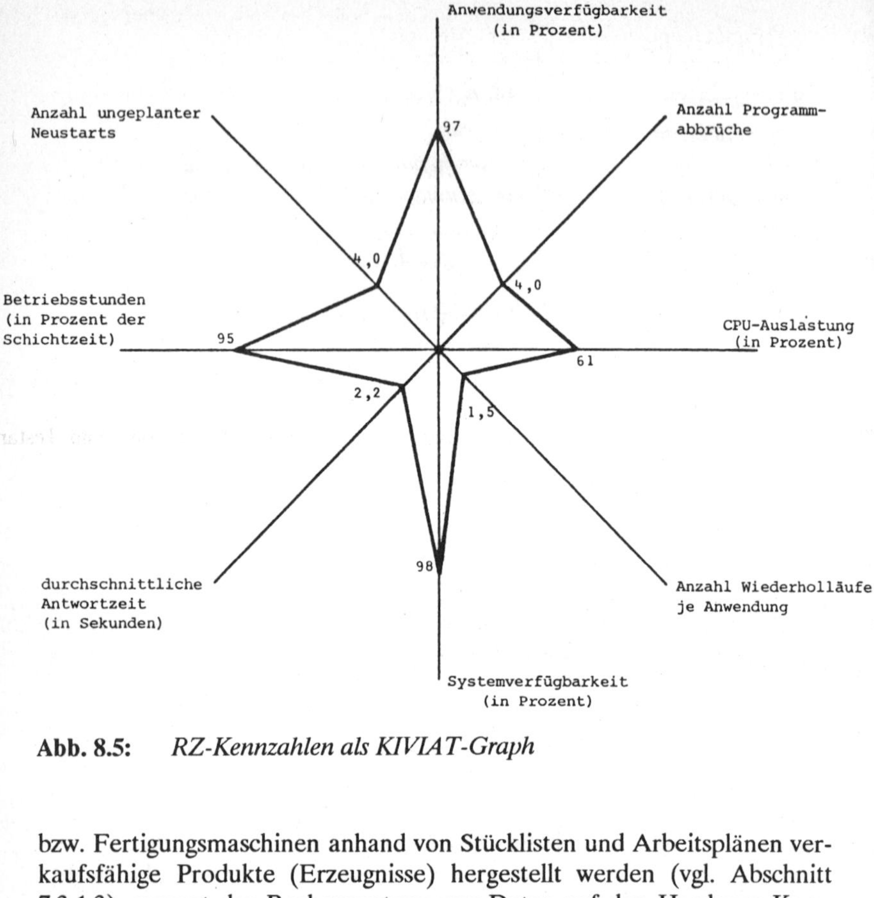

Abb. 8.5: *RZ-Kennzahlen als KIVIAT-Graph*

bzw. Fertigungsmaschinen anhand von Stücklisten und Arbeitsplänen verkaufsfähige Produkte (Erzeugnisse) hergestellt werden (vgl. Abschnitt 7.3.1.3), erzeugt das Rechenzentrum aus Daten auf den Hardware-Komponenten der DV-Anlagen anhand von Datenstrukturen und Programmen benutzerbezogene Informationen (Abb. 8.6).

Wegen dieser Vergleichbarkeit von Fertigungs- und RZ-Betrieben sind die Prinzipien der Produktionsplanungs- und -steuerungssysteme (vgl. Abschnitt 7.3.1.3) auch auf den RZ-Betrieb übertragbar. Darüber hinaus läßt sich eine stärkere Integration zwischen Systementwicklung und RZ-Betrieb durch die Übertragung des CIM-Konzepts (vgl. Abschnitt 7.3.1.4) auf die DV-Abteilung erreichen.

Abbildung 8.7 zeigt den Arbeitsablauf im Rechenzentrum mit den Schnittstellen sowohl zu den Fachabteilungen als auch zur Systementwicklung. In den einzelnen Stufen sind folgende Tätigkeiten zu erbringen:

Fertigungsbetrieb	RZ – Betrieb
Einzelteile	Input – Daten
Werkzeugmaschinen	DV – Anlage
Stücklisten	Datenstrukturen
Arbeitspläne	DV – Programme
Erzeugnisse	Informationen

Abb. 8.6: *Fertigungsbetrieb Rechenzentrum*

Produktionsplanung:
Terminplanung, Vergabe von Auftragsnummern für alle Produktions- und Testarbeiten.

Auftragsannahme:
Annahme der Belege (zur Datenerfassung), Datenträger und Programm-Aufträge von den Benutzern, Kontrolle auf Vollständigkeit und Richtigkeit.

Arbeitsvorbereitung:
Zusammenstellen der Jobs (Programme, Dateien, Datenträger, Ablauffolgen), Auftragserteilung und Übergabe an das Operating.

Produktion (Operating):
Gerätebedienung, Durchführung von Systemarbeiten, Ausführung von Wiederholungsläufen, Technikerverständigung bei Hardware-Ausfällen, Gerätepflege.

Ergebniskontrolle:
Prüfung des Druck-Outputs auf Vollständigkeit und formale Richtigkeit, Veranlassung von Wiederholungsläufen, Weitergabe der Ergebnisse.

Nachbereitung:
Separieren, Schneiden, Reißen des Druck-Outputs.

Versand:
Falten, Kuvertieren, Verpacken, Frankieren, Versenden.

Beim Dialogbetrieb entfällt ein großer Teil dieser Arbeiten.

Aufgabe der *Datenträgerverwaltung* ist die Verwaltung der freien und beschriebenen Datenträger (hauptsächlich Magnetbänder) im sogenannten Datenträgerarchiv. Dazu gehören auch die technische Qualitätsprüfung und die Etikettierung neu beschaffter sowie die Reinigung benutzter Datenträger.

Für die Magnetbandverwaltung ist es üblich, Verzeichnisse in Dateiform für alle Spulen (nach Bandnummern) mit Angabe der darauf gespeicherten Dateien und für alle Dateien (nach Dateinamen) mit Angabe der zugehörigen Spulen zu führen. Die

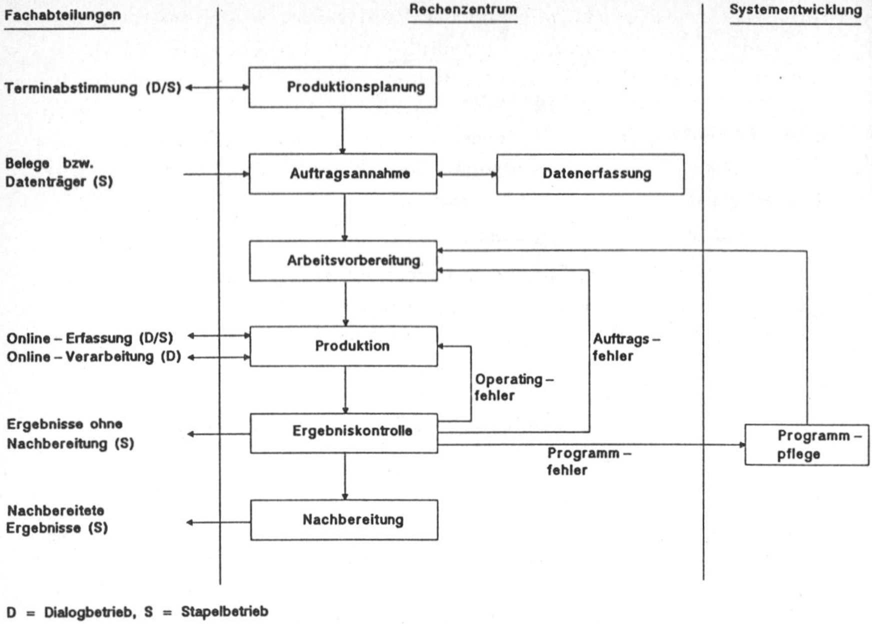

Abb. 8.7: *Arbeitsablauf im Rechenzentrum*

physische Aufbewahrung erfolgt in Regalen (mit Pendelvorrichtung bei großen Bandbeständen)

- entweder nach laufenden Spulennummern (Vorteil: bessere Regalausnutzung, erhöhter Datenschutz; Nachteil: längere Transportwege bei großen Archiven)
- oder nach Arbeitsgebieten, z.B. Lohnabrechnung (Vorteil: einfachere Datensicherung nach dem Generationsprinzip, siehe Abschnitt 8.5.1; Nachteil: Lücken im Regal).

Da sich die Verwendung von Magnetbändern in den letzten Jahren immer mehr auf die Sicherung von Plattendateien reduziert, haben sich in vielen Rechenzentren die Bandarchive stark verkleinert. Ein weiterer Abbau der Archive für herkömmliche Magnetbänder erfolgt durch den Übergang zu Magnetbandkassetten und durch die Einführung von Robotersystemen (vgl. Abschnitt 2.6.2).

Aufgabe der *Speicherplatzverwaltung* ist die Verwaltung der freien und belegten Speicherbereiche auf den Plattenlaufwerken. Die *Bibliotheksverwaltung* befaßt sich mit der getrennten Verwaltung der Programme für den Produktions- und den Testbetrieb (vgl. Abschnitt 6.6.4).

Wie schon erwähnt, hat sich in Rechenzentren wegen der Umstellung von Wechsel- auf Festplatten, der Reduzierung der Magnetbandverarbeitung auf die Datensicherung und der Verwendung von Robotersystemen der schrittweise Übergang zum operatorlosen (bedienungslosen) Betrieb vollzogen (Ausnahme: Druckerbedienung). Hinzu kommt, daß die Arbeitsabläufe im RZ-Betrieb durch systemnahe Software, die von Hardware-Herstellern und von Software-Firmen angeboten wird, immer mehr automatisiert werden. Im einzelnen übernehmen solche Programme folgende Aufgaben:

- Terminplanung für die Aufträge,
- Auftragsgenerierung (Tätigkeiten der Arbeitsvorbereitung),
- Programmstart und Job-Steuerung anhand von Job-Netzen,
- Produktionsüberwachung (Monitorfunktion),
- Ablaufsteuerung von Druckarbeiten,
- automatischer Restart (bei Abbrüchen),
- automatisches back up (Datensicherung durch Duplizieren),
- Netzsteuerung und -kontrolle,
- Datenträgerverwaltung sowie
- Plattenplatz- und Bibliotheksverwaltung.

Die Bedienung dieser Programme erfolgt durch die Arbeitsvorbereitung im Dialogbetrieb an Bildschirm-Terminals oder angeschlossenen Mikrocomputern mit grafischen Bildschirmen. Die klassischen Aufgaben des Operating-Personals werden durch überwachende Tätigkeiten abgelöst.

Unter einem *Job-Netz* versteht man die Darstellung aller Abhängigkeiten zwischen den einzelnen Jobs (vgl. Abschnitt 3.3.1) eines Programms (Datenbeziehungen, Ablauffolgen usw.) in Form eines Netzes (Abb. 8.8).

Um eine verursachungsgerechte Kostenzuordnung zu erreichen und um Basisdaten für die Kostenplanung zu bekommen, wird in Rechenzentren die Inanspruchnahme der Hardware-Komponenten und teilweise der systemnahen Software mit Accounting-Routinen (vgl. Abschnitt 3.1) erfaßt, mit Kostensätzen bewertet und im Wege der *innerbetrieblichen Kostenverrechnung* an die Benutzer weiterbelastet. Man unterscheidet dabei die Begriffe *Logging* (Messen bzw. Registrieren) und *Accounting* (Auswerten und Abrechnen). Messen lassen sich

- direkt die CPU- und andere Prozessorzeiten, die zeitliche Belegung des Hauptspeichers und die Anzahl gedruckter Seiten oder Zeilen, ferner die Anzahl der Transaktionen (vgl. Abschnitt 3.3.1) und der Datenbankzugriffe;
- indirekt (z.B. über Kanalbefehle, sogenannte EXCPs = executed channel programs) die Plattenzugriffe und die Bandbelegungszeiten.

Hinzu kommt eine direkte Kostenweiterbelastung für die ständige Zuordnung von Geräten (z.B. Bildschirm-Terminals) und Leitungsverbindungen sowie für die permanente Reservierung von Plattenspeicherbereichen für

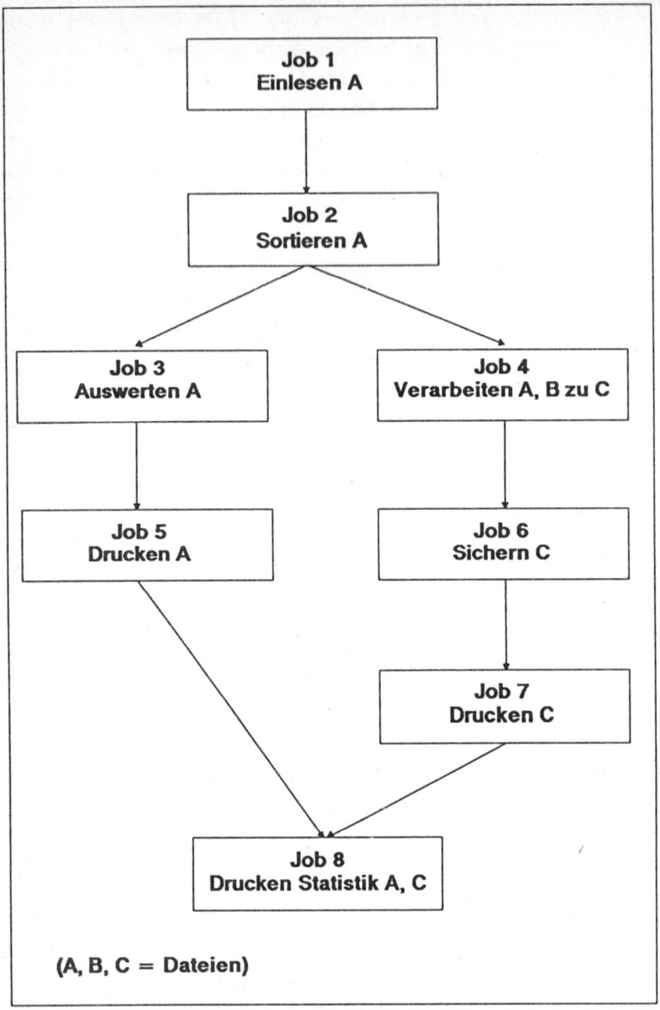

Abb. 8.8: *Job-Netz eines RZ-Produktionslaufs*

bestimmte Anwender. Auf der Basis geplanter Auslastungswerte werden aus den Mieten bzw. Abschreibungsbeträgen Kostensätze für die Hardware-Komponenten ermittelt. Die fixen Kosten (für Personal, Räume, Energie u.a.) werden dann häufig mit Hilfe einer Zuschlagskalkulation darauf "umgelegt".

Ein Problem besteht darin, daß die Kosten nicht unabhängig von der Hardware-Konfiguration, von der eingesetzten Systemsoftware, von der

Multiprogramming-Umgebung und von der (beim Stapelbetrieb) vom Operator vergebenen Dispatching-Priorität (vgl. Abschnitt 3.3.1) sind. So kann der Fall eintreten, daß dieselbe Leistung in zwei Abrechnungsperioden zu unterschiedlichen Kostenweiterbelastungen führt. Aus diesem Grund und wegen der besseren Verständlichkeit wird häufig angestrebt, die Accounting-Daten auf solche Kostenträger zu beziehen, die für den Anwender transparent sind (z.B. Kosten für eine Druckliste, eine Buchung in der Finanzbuchhaltung, einen Produktionslauf in der Kostenrechnung, eine Personalabrechnung je Lohn- oder Gehaltsempfänger, eine Programmumwandlung je Modul, eine Datenbankabfrage, einen Optimierungslauf für ein Planungsmodell usw.). Da die laufende Anwendung dieses Verrechnungsprinzips wiederum sehr aufwendig ist, wird die Kostenverrechnung oft nur auf wenige Bezugsgrößen (CPU-Zeit, Anzahl Transaktionen, Betriebsstunden von Geräten) beschränkt oder durch ein ganz simples Umlageverfahren ersetzt.

8.4.2 Systementwicklung

Die Entwicklung von neuen DV-Anwendungssystemen und größere Änderungen an bestehenden Anwendungssystemen erfolgen in Projekten. Die Definition des Begriffs *DV-Projekt* wurde bereits in Abschnitt 6.1 gegeben. Ein Entwicklungsvorhaben wird in manchen Unternehmen schon dann als Projekt bezeichnet, wenn es nur mehrere Manntage beansprucht, in anderen erst ab der Größenordnung eines Mannjahres. Am häufigsten ist die Bemessung nach Mannmonaten.

Projektteams werden interdisziplinär aus Mitarbeitern der Fachabteilungen und der DV-Abteilung zusammengesetzt, häufig unter Hinzuziehung von Beratungsunternehmen oder von Software-Firmen. Ein Projektteam sollte - nach den üblichen Regeln für die maximale Kontrollspanne von Führungskräften - aus höchstens 7 Mitarbeitern bestehen. Größere Projekte sind in Teilprojekte aufzuteilen.

Der *Projektleiter* stammt aus einer der beiden Gruppen, meistens aus der DV-Abteilung, weil die Mitarbeiter aus der Fachabteilung oft nur für begrenzte Zeit im Projekt arbeiten. Neben der erforderlichen fachlichen Qualifikation muß er Organisationstalent, Motivationsfähigkeit und Führungseigenschaften besitzen, von allen Seiten im Unternehmen anerkannt werden und belastbar sein.

Für die *organisatorische Einordnung* von Projektteams bestehen mehrere Möglichkeiten. Bei der reinen Projektorganisation bilden die Projektbearbeiter eine selbständige Gruppe bei fachlicher und disziplinarischer Unterstellung unter den Projektleiter. Vorteile sind eine starke Identifizierung mit dem Projekt und schnelle Reaktionsfähigkeit bei Störungen im

Projektablauf. Nachteile sind die Isolierung von den Nachbarabteilungen und Schwierigkeiten bei der Wiedereingliederung der Projektbearbeiter nach Abschluß des Projekts.

Bei der üblichen Linienorganisation sind die Bearbeiter nur ihrem Vorgesetzten in der Unternehmenshierarchie unterstellt. Dem Vorteil einer schnelleren Wiedereingliederung stehen als Nachteile die mangelnde Identifizierung mit dem Projekt und nicht eindeutig geregelte Zuständigkeiten hinsichtlich des Projekts gegenüber.

Zu bevorzugen ist eine Matrix-Organisation als Kombination aus reiner Projektorganisation und Linienorganisation. Vorausgesetzt ist die genaue (schriftliche!) Festlegung aller Kompetenzen. Abbildung 8.9 zeigt das Beispiel einer *Verantwortungsmatrix*.

Phase	Unternehmens-leitung	Fach-abteilung	System-entwicklung	Rechen-zentrum
Projektbegründung - Vorschlag - Auftrag	 E	 B	 B	 B
Ist-Analyse		B	V	
Grobkonzept - Konzeptentwicklung - Entscheidung	 E	 B B	 V	 B
Detailentwurf		B	V	
Programmierung Test		 B	V V	B B
Systemeinführung	B	B	V	B

E = Entscheidung, V = Verantwortung und Durchführung, B = Beteiligung

Abb. 8.9: *Verantwortungsmatrix der Projektentwicklung*

Der Projektleiter ist für das *Projektmanagement* verantwortlich. Darunter versteht man alle Aufgaben der Projektplanung und der Projektsteuerung. Die *Projektplanung* beinhaltet

- in der Phase Grobkonzept die Abschätzung des Aufwands an Zeit, Mitarbeitern, Sachmitteln und Kosten sowie die Erarbeitung von Terminvorschlägen,
- in den folgenden Projektphasen die Planung des Mitarbeitereinsatzes und der Termine,
- nach Abschluß des Projekts eine Gegenüberstellung des tatsächlich benötigten Aufwands und des geplanten Aufwands in Form einer Nachkalkulation.

Die *Projektsteuerung* hat für die Einhaltung

- der inhaltlichen Vorgaben (Spezifikationen) der Phasen Grobkonzept bzw. Detailentwurf (*Projektziele*),
- der geplanten Termine und
- der Vorgaben über den Personaleinsatz, die Sachmittel und die Projektkosten

zu sorgen, indem das Projekt laufend überwacht wird und ggf. korrigierende Maßnahmen eingeleitet werden.

Als problematisch erweist sich bei der Projektplanung immer wieder die Abschätzung des Aufwands an Arbeitszeit (manpower) und an Kosten. Meistens wird zu optimistisch geschätzt. Als formale Hilfsmittel für die *Aufwandschätzung* existieren Rechenverfahren in Form einfacher mathematischer Funktionen, die als unabhängige Variable (Bezugsgrößen) u.a.

- die Programmgröße in Zeilen (LOC = lines of code),
- die Anzahl der Eingabe- und Ausgabedateien (bei Stapelverarbeitung),
- die Anzahl der Eingabe- und Ausgabeformate am Bildschirm (bei Dialogverarbeitung),
- die Anzahl der Dateien mit Stamm- bzw. Bestandsdaten,
- die Anzahl der Testfälle,
- den Umfang der Programmdokumentation (z.B. in DIN A4-Seiten),
- den Schwierigkeitsgrad des Anwendungssystems und
- die Qualifikation und die Problemkenntnisse der Projektbearbeiter (*Skill-Faktoren*)

berücksichtigen. Sehr umstritten ist dabei die Bezugsgröße LOC, weil sie von der Programmiersprache, ggf. dem Software-Entwicklungswerkzeug, dem Programmierstil, dem Kommentarumfang u.a. abhängt.

Von IBM wird seit 1981 die *Function Point-Methode* propagiert. Als Bezugsgrößen werden dabei sogenannte anwenderbezogene "Geschäftsvorfälle" benutzt, und zwar folgende Positionen, sofern sie sich qualitativ unterscheiden:

- zu verarbeitende Eingaben (z.B. verschiedene Rechnungszeilen),
- zu erstellende Ausgaben (z.B. verschiedene Rechnungsformulare) und
- zu verwaltende Datenbestände (Dateien, z.B. für Stammdaten, bzw. logische Datengruppen innerhalb von Datenbanken).

Die Umrechnungskoeffizienten von den Geschäftsvorfällen auf den Projektaufwand muß jedes Unternehmen für seine individuellen Projektumgebungen empirisch ermitteln.

Das Problem bei allen derartigen formalen Verfahren besteht darin,

- geeignete Bezugsgrößen zu finden und laufend zu erfassen bzw. zu messen und vor allem,
- realistische Produktivitätsmaße hinsichtlich dieser Bezugsgrößen (z.B. LOC oder Dokumentationsseiten pro Arbeitstag) festzulegen.

Da solche Rechenverfahren außerdem sehr ungenau sind, werden sie von der betrieblichen Praxis kaum akzeptiert. Praktiziert wird nach wie vor folgendes Verfahren:

- Das Anwendungssystem wird in überschaubare Strukturblöcke bzw. Module zerlegt (vgl. Abschnitte 6.5.1 und 6.6.2).
- Aufgrund von Erfahrungswerten für die "Programmiererproduktivität" aus früheren Projekten wird der Aufwand für jedes Modul geschätzt (*Analogie-Methode*).
- Die Einzelschätzungen werden - unter Verwendung von Zuschlagsfaktoren für den Schwierigkeitsgrad des Projekts oder für die Qualifikation und die Erfahrung der Projektbearbeiter - zu einer Abschätzung für den Projektaufwand in der Phase Programmierung/Test addiert.
- Das Verfahren wird mit fortschreitender Projektdauer mehrmals wiederholt.
- Die Hochrechnung auf die gesamte Projektdauer erfolgt mit Hilfe der prozentualen Anteile der einzelnen Projektphasen am Gesamtprojekt (*Prozentsatz-Methode*). Die Werte sind unternehmensindividuell zu ermitteln. Der Anteil der Phase Programmierung/Test an der gesamten Projektdauer liegt erfahrungsgemäß zwischen 50 und 60%.

Für die Planung der Projekttermine (Meilensteine) und des Einsatzes der Projektbearbeiter können als Hilfsmittel Betriebskalender, Balkendiagramme (Abb. 8.10) und - bei sehr komplexen Projekten - die Netzplantechnik benutzt werden.

Die *Projektüberwachung* erfolgt durch:

- Projektbesprechungen in festen Zeitabständen,

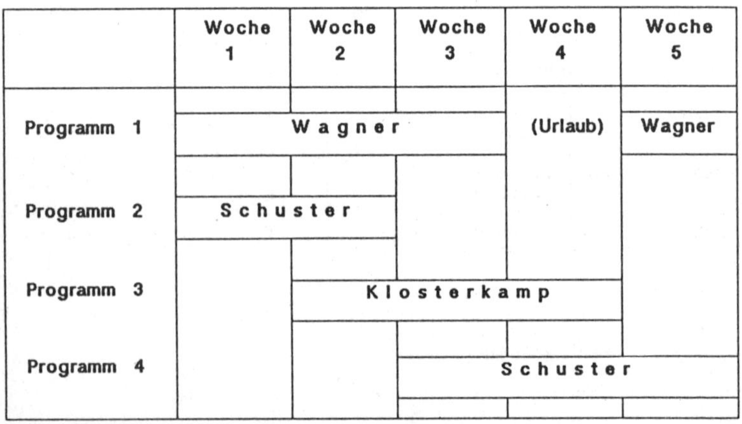

Abb. 8.10: *Balkendiagramm für den Mitarbeitereinsatz*

- mündliche Berichterstattung in Ausnahmesituationen,
- regelmäßige schriftliche Projektberichte oder
- Anzeige des Projektstatus am Bildschirm auf Anforderung.

Die Berichterstattung durch schriftlichen Bericht oder Bildschirm-Anzeige kann *zeitorientiert* zu festen Zeitpunkten (Projekt-Fortschrittsbericht) bzw. auf Anforderung (Projekt-Zwischenbericht, Abb. 8.11) oder *ereignisorien-*

PROJEKT-ZWISCHENBERICHT

(STAND: 30.05.89)

```
************************************************************
*                                                          *
*                                                          *
*         80 % der Gesamtlaufzeit überschritten            *
*                                                          *
*                                                          *
************************************************************
```

PROJEKT: XYZ3029

ERWEITERUNG DES PROGRAMMSYSTEMS XYZ

PROJEKTLEITER: SCHMITZ

SACHGEBIET : 517

STUFEN	T E R M I N SOLL ANFANG ENDE	IST ANFANG ENDE	AUFWAND SOLL MT	IST MT/H	PROZENT
ANALYSE					
ENTWURF	16.05.89 19.05.89	16.05.89	2	1 4	75 %
REALISIERUNG	22.05.89 26.05.89		4	0 0	0 %
FREIGABE	29.05.89 31.05.89		1	0 0	0 %
SUMME PROJEKT	16.05.89 31.05.89	16.05.89	7	1 4	21 %

Abb. 8.11: *Projekt-Zwischenbericht*

tiert bei Abschluß einzelner Projektstufen (Projekt-Statusbericht) erfolgen. Der Projekt-Abschlußbericht (Abb. 8.12) wird Bestandteil der Systemdokumentation (vgl. Abschnitt 6.7).

PROJEKT-ABSCHLUSSBERICHT

(STAND: 12.05.89)

PROJEKT: XYZ2980KLM

SICHERUNGSKONZEPT, UMSTELLUNG AUF DYNAMISCHE DATEI

PROJEKTLEITER: HINZ, K.

SACHGEBIET : 777

STUFEN	T E R M I N SOLL ANFANG ENDE	IST ANFANG ENDE	AUFWAND SOLL MT	IST MT/H	PROZENT
ANALYSE					
ENTWURF	16.01.89 14.07.89	24.01.89 17.02.89	35	28 3	81 %
REALISIERUNG	07.02.89 21.07.89	28.02.89 23.03.89	45	48 0	107 %
FREIGABE	31.03.89 31.07.89	08.05.89 11.05.89	10	5 4	55 %
SUMME PROJEKT	16.01.89 31.07.89	24.01.89 11.05.89	90	81 7	91 %

Abb. 8.12: *Projekt-Abschlußbericht*

Voraussetzung für die regelmäßige Berichterstattung sind Tätigkeits- oder Arbeitsfortschrittsberichte der Projektbearbeiter, die unter Verwendung eines phasenorientierten Tätigkeitsschlüssels erstattet werden. Die Tätigkeitsberichte dienen gleichzeitig

- als Basis für die Weiterbelastung der Kosten der Systementwicklung und

- als Datenmaterial für zukünftige Projektplanungen (*Softwarefaktorenbibliothek*).

Die Auswertung der Tätigkeitsberichte wird in der Regel per Programm vorgenommen. Die Dateneingabe erfolgt
- anhand von Vordrucken, die von den Projektbearbeitern im festen Rhythmus (z.B. dekadisch) ausgefüllt und anschließend erfaßt werden (Abb. 8.13), oder
- durch direkte Dateneingabe der Projektbearbeiter mit Hilfe von Bildschirm-Masken.

Tätigkeitsbericht

Name: Emsig, Fridolin
Zeitraum: 11. - 20. 07. 1989

Datum			Projekt									Tätigkeitsschlüssel			Aufwand (Std.)		
TT	MM	JJ	Nummer						Phase		Kurzbezeichnung						
11	07	89	P	0	5	8	1	2	0	4	Lohn	1	7	0	0	7	5
12	07	89	P	0	5	8	1	2	0	4	"	1	7	0	0	4	5
12	07	89	W	0	3	6	1	0	1	1	Fuhrpark	2	7	0	0	3	0
13	07	89									Schulung pass.	3	2	0	1	0	5
14	07	89	P	0	5	8	1	2	0	4	Lohn	1	7	0	0	8	0
17	07	89	W	0	3	6	1	0	1	1	Fuhrpark	2	7	0	0	5	5
18	07	89	P	0	5	8	1	2	0	4	Lohn	1	7	0	0	6	5
19	07	89	P	0	5	8	1	2	0	4	"	1	7	0	0	8	5
20	07	89	P	0	5	8	1	2	0	4	"	1	7	0	0	3	0

Abb. 8.13: *Tätigkeitsbericht für Projektbearbeiter*

Würden Tätigkeitsberichte nur für projektbezogene Arbeiten und nur für Entwicklungsprojekte ausgefüllt, erhielte das DV-Management keinen Überblick über

- das Verhältnis der produktiven Arbeitszeit zur gesamten Arbeitszeit und
- den Anteil der Wartungsarbeiten an der produktiven Arbeitszeit.

Außerdem würden die Mitarbeiter ungleichmäßig behandelt. Daher ist das regelmäßige Ausfüllen von Tätigkeitsberichten über Entwicklungs- und Wartungsarbeiten **und** alle sonstigen Aktivitäten (z.B. aktive oder passive Schulung) durch **alle** Mitarbeiter des Bereichs Systementwicklung angebracht (siehe jedoch auch Abschnitt 8.7). Der Tätigkeitsschlüssel sollte sich allerdings auf wenige Haupttätigkeiten beschränken.

Maßnahmen der Projektsteuerung bei Plan/Ist-Abweichungen sind:

- Terminverschiebung des Gesamtprojekts,
- Verstärkung des Projektteams (Maßnahme mit zweifelhaftem Erfolg) und
- Abspalten von Teilprojekten, die erst später realisiert werden.

Die *Weiterbelastung* der Kosten für die zur DV-Abteilung gehörenden Projektbearbeiter an die Fachabteilungen erfolgt in der Regel mit vorkalkulierten Stunden- oder Tagessätzen anhand der Tätigkeitsberichte. Manchmal werden auch Festpreise je Projekt vereinbart.

Zu den Management-Aufgaben des Leiters der Systementwicklung gehören:

- die Koordination aller geplanten Projekte, insbesondere hinsichtlich der verfügbaren Mitarbeiter, der Termine und der Kosten, und
- die Einordnung aller Projekte in mittel- und langfristige Jahrespläne.

Er muß beachten, daß die Projekte verteilt über das Kalenderjahr beginnen und enden und daß die Anzahl der beteiligten Mitarbeiter aus der Systementwicklung im Verlauf der Projektdauer schwankt. Eine frühzeitige gemeinsame Planung mit allen Fachabteilungen, zweckmäßigerweise als fester Bestandteil der Unternehmensplanung, ist zwingend erforderlich. Bewährt haben sich dabei DV-Kontaktleute (vgl. Abschnitt 8.3.2), die Mitarbeiter der Fachabteilungen sind und in ständiger enger Verbindung zur DV-Abteilung stehen.

Probleme bereitet der hohe Anteil des Wartungsaufwands für die im laufenden Einsatz befindlichen Programme, und zwar sowohl hinsichtlich der Durchführung der Wartung als auch der Kostenweiterbelastung. Rechnet man, daß maximal 75% der Arbeitszeit produktiv sind (Rest: Urlaub, Krankheit, Schulung, Besprechungen) und daß mindestens 60% der produktiven Arbeitszeit für die Programmwartung gebraucht werden, so bleiben im Mittel je Mitarbeiter nur 3,6 Mannmonate pro Kalenderjahr für reine Entwicklungsarbeiten übrig.

Auch zur Unterstützung des Projektmanagements gibt es ein umfangreiches Angebot an Programmpaketen von Hardware-Herstellern und Software-Firmen, und zwar sowohl für Großrechner als auch für Mikrocomputer. Einige Software-Entwicklungswerkzeuge (vgl. Abschnitt 6.6.5) enthalten Programme zum Projektmanagement. Die Programme unterstützen

- die Projektplanung durch Projektstrukturanalyse (hierarchische Zerlegung des Projekts in Teilprojekte ähnlich wie beim strukturierten Systementwurf, vgl. Abschnitt 6.5.1), Ablauf- und Terminplanung, Kapazitäts- und Kostenplanung,
- die Projektsteuerung durch Projektberichterstattung und Kontrollen (Plan/Ist-Vergleiche) sowie

- das Konfigurationsmanagement (Verwaltung der gesamten Projektdokumentation, vgl. Abschnitt 6.1) durch die Einrichtung von Projektbibliotheken.

Sofern eine Entwicklungsdatenbank (repository) angelegt wird (vgl. Abschnitt 6.6.5), müssen die Programme zum Projektmanagement dazu Schnittstellen besitzen.

8.5 Datenschutz und Datensicherung

8.5.1 Begriffe und Maßnahmen

Die Begriffe *Datenschutz* und *Datensicherung* lassen sich nicht streng voneinander trennen. Unter *Datenschutz* versteht man den Schutz

- von Daten (privacy = Datenschutz im engeren Sinn) und
- von DV-Anlagen und Programmen

vor mißbräuchlicher Benutzung. Derartiger *Computer-Mißbrauch* (Computer-Kriminalität) kann bestehen

- in der unberechtigten Benutzung von Hardware und/oder Programmen,
- in der Einsichtnahme in geschützte Daten und
- in der Verfälschung von Daten oder Programmen.

Das Bundesdatenschutzgesetz regelt ausschließlich den Schutz *personenbezogener* Daten. Es wird in Abschnitt 8.5.2 behandelt.

Als *Datensicherung* (security) bezeichnet man die Sicherung

- ordnungsgemäßer Arbeitsabläufe im gesamten DV-Bereich,
- der Daten und Programme vor Verlust, Zerstörung oder Verfälschung und
- der DV-Anlagen und Nebeneinrichtungen (Klimaanlage, Datenträgerarchiv usw.) vor Beschädigung oder Zerstörung.

Allgemein gliedert man nach den zu schützenden Gegenständen in:

- Objektschutz (Betriebsgelände, Gebäude, Räume),
- Hardwareschutz (DV-Anlagen mit der gesamten Peripherie),
- Softwareschutz (Programme einschließlich der Dokumentation) und
- Datenschutz (Dateien und Datenträger).

Die Maßnahmen zur Datensicherung gewährleisten weitgehend auch den Datenschutz. Sie werden als *Datensicherungsmaßnahmen* bezeichnet und sind eine der wichtigsten Aufgaben des Informatik-Managements.

Um wirkungsvolle Maßnahmen festlegen zu können, müssen erst die Risiken und Gefahren erkannt werden. Solche sind:

a) Katastrophen und höhere Gewalt (Ursachen: Feuer, Wasser, Blitzschlag, Erdbeben, Explosion, Umwelteinflüsse; Streik, Aufruhr);
b) technische Störungen (Stromausfall oder -unterbrechung, Defekte von Hardware-Komponenten, Ausfall der Klimaanlage, Leitungsstörungen);
c) menschliche Handlungen, und zwar:
   - unbeabsichtigte (zufällige) Handlungen durch Unwissenheit, mangelnde Sorgfalt (hierzu rechnen auch Bedienungs- und Programmfehler sowie Fehler in der Netzsteuerung);
   - beabsichtigte (vorsätzliche) Handlungen wie Terrorakte oder der Mißbrauch von Daten, Programmen und DV-Anlagen zum Zwecke der Schädigung des Betroffenen (Sabotage, Spionage) oder der persönlichen Bereicherung (z.B. "Zeitdiebstahl").

Datensicherungsmaßnahmen konzentrieren sich darauf, Risiken zu erkennen und Störungen zu verhindern. Die Bedeutung des Problems wird durch Ergebnisse von Umfragen unterstrichen, wonach deutsche Unternehmen bei einem Totalausfall der Datenverarbeitung durchschnittlich höchstens 4,8 Tage überleben würden.

Um die Kosten für Datensicherungsmaßnahmen zu begrenzen, ist es zweckmäßig,

- die Wirkungen der einzelnen Risiken zu analysieren,
- davon ausgehend die Risiken zu gewichten und
- anschließend die Maßnahmen hinsichtlich der Eindämmung der einzelnen Risiken in Form einer Nutzwertanalyse (vgl. Abschnitt 6.9.4) zu bewerten.

Insgesamt ergibt sich dann eine Rangfolge der verschiedenen Datensicherungsmaßnahmen. Gleichzeitig ist eine Rangfolge für die Kosten der einzelnen Maßnahmen aufzustellen. Anhand einer Gegenüberstellung der beiden Rangfolgen kann eine Entscheidung getroffen werden, welche Maßnahmen durchgeführt werden sollen. Selbstverständlich gibt es Datensicherungsmaßnahmen, die unter allen Umständen vorzunehmen sind und deswegen nicht in das Bewertungsverfahren einbezogen werden dürfen.

Zu unterscheiden sind bauliche, technische, personelle und organisatorische Maßnahmen.

Bauliche Maßnahmen:
Wahl eines geeigneten RZ-Standorts, feuerfestes Mauerwerk, fensterlose Räume oder Panzerglasscheiben, Personalschleusen, räumliche Trennung der RZ-Bereiche, Brandabschnittstüren, Zentraleingang.

Technische Maßnahmen:
Ionisationsmelder, Sprinkler-Anlage, Feuerlöscher, Notrufeinrichtungen, Zugangskontrollen durch Ausweisleser oder Spracherkennungssysteme (jeweils mit automa-

tischer Protokollierung), unterbrechungsfreie Stromversorgung (Batterien, Notstromaggregat), Überwachungseinrichtungen (Alarmanlagen, Raumkameras).

Personelle Maßnahmen:
Kritische Personalauswahl, Werksausweise, Besucherausweise, Anwesenheitsbuch (auch "elektronisches"), Schlüsselregelungen, Taschenkontrolle, Rauchverbot, Strafandrohungen.

Aus der Vielzahl der *organisatorischen Maßnahmen*, die praktisch alle Arbeitsabläufe der DV-Abteilung betreffen, sollen beispielhaft einige herausgegriffen und näher erläutert werden, und zwar:

- die Prüfungen und Kontrollen bei der Datenerfassung und -eingabe,
- das Generationsprinzip bei der Magnetbandverarbeitung,
- die Sicherung von Plattendateien,
- das Katastrophen-Handbuch,
- das Back up-Rechenzentrum,
- Maßnahmen zur Zugriffskontrolle und
- kryptographische Verfahren.

Prüfziffernverfahren beziehen sich ausschließlich auf die Prüfung des Ordnungsbegriffs (Primärschlüssel) in logischen Datensätzen. Fehlerarten sind Übertragungsfehler beim Abschreiben sowie einfache und mehrfache Vertauschungen, Auslassungen, Einfügungen und Verschiebungen von Ziffern. Fehlerquellen sind Verwechslungen durch unkorrekte oder amerikanische Schreibweise, Hör-, Lese- und Eintastfehler, allgemeines menschliches Versagen aufgrund von persönlichen Bedingungen (z.B. Müdigkeit) oder Umwelteinflüssen (Lärm, Blendung).

Das Prinzip aller Prüfziffern ist wie folgt:

- Der Ordnungsbegriff wird durch eine aus den Ziffern des Schlüssels errechnete Ziffer (Prüfziffer, Kontrollziffer, selbstprüfende Nummer) ergänzt, die ständig mit dem Schlüssel mitgeführt und stets mit erfaßt bzw. eingegeben wird.
- Mit oder nach jeder Dateneingabe wird die Prüfziffer maschinell neu errechnet und mit der eingegebenen Prüfziffer verglichen (Gültigkeitskontrolle). Bei Nichtübereinstimmung erfolgt eine Fehlermeldung.

Abbildung 8.14 erläutert das häufig benutzte 11er-Verfahren zur Berechnung der Prüfziffer am Beispiel der auf der Rückseite dieses Buches angegebenen Internationalen Standard-Buchnummer (ISBN, vgl. Abschnitt 5.2). Nach demselben Prinzip arbeiten das 9er-Verfahren (= Quersummen-Verfahren) und das 10er-Verfahren.

Programmierte Kontrollen beziehen sich auf den Inhalt von Datensätzen. Üblich sind

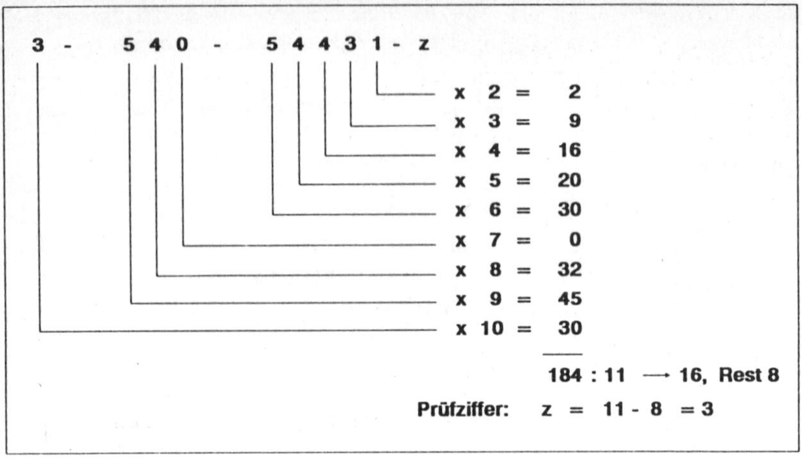

Abb. 8.14: *Prüfziffernverfahren am Beispiel der ISBN*

- Zeichenprüfungen (Vorzeichen, Leerstellen),
- Datenformatprüfungen,
- Vollständigkeitsprüfungen (Felder des Datensatzes),
- Ausschlußprüfungen (z.B. Zulässigkeit von Artikel- oder Kontennummern) und
- Plausibilitätsprüfungen (z.B. keine Kirchensteuer bei Konfessionslosen, kein Kindergeld für 90jährige).

In der kommerziellen Datenverarbeitung werden außerdem folgende Kontrollmaßnahmen angewandt:

- Kontrollsummen: Innerhalb vorgewählter Abstimmkreise (z.B. Kontengruppen) werden über alle einzugebenden Datensätze (z.B. Buchungssätze) die Beträge in bestimmten Datenfeldern vor der Datenerfassung bzw. -eingabe manuell addiert. Die Summen werden mit eingegeben, maschinell nachgerechnet und verglichen. Beispielsweise arbeiten Banken beim Belegleseeinsatz für Überweisungsformulare mit Kontrollsummen, die sich über jeweils 100 Formulare erstrecken.
- Nullkontrolle (der doppelten Buchführung): Summe Soll-Buchungen ./. Summe Haben-Buchungen = 0.
- Querprüfung (der Fakturierung): Summe Umsatz + Summe Mehrwertsteuer = Summe Rechnungsendbeträge bei Addition über alle Ausgangsrechnungen.

Das *Generationsprinzip* stammt von der früher ausschließlich praktizierten Magnetbandverarbeitung. Es wird auch als "Großvater-Vater-Sohn-Prinzip" bezeichnet (Abb. 8.15). Das "Großvater-Band" darf erst freigegeben werden, wenn das "Sohn-Band" der vorangegangenen Generation als "Vater-Band" weiterverarbeitet worden ist. Das Prinzip gilt aber ebenso bei

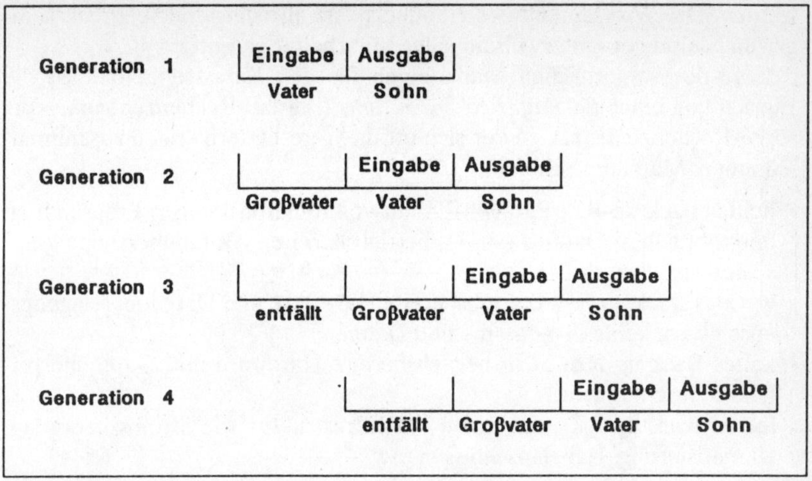

Abb. 8.15: *Generationsprinzip der Dateifortschreibung*

der Fortschreibung von Plattendateien und damit auch bei der Datensicherung innerhalb von Datenbanksystemen. Die Bewegungsdaten (bzw. die Änderungsdaten) und die Bestandsdaten sind **vor** der Fortschreibung zu sichern. Sie dürfen erst nach der nächsten Fortschreibung gelöscht werden.

Plattendateien einschließlich der Programmbibliotheken werden in festen Zeitabständen, z.B. einmal täglich, durch Kopieren oder Duplizieren (back up) gesichert (*Plattensicherung*). In der Regel erfolgt die Sicherung auf Magnetbändern, bei Klein- und Mikrocomputern auf Disketten oder Magnetbandkassetten. Bei Erreichen des "Freigabetermins" können die Sicherungsbänder gelöscht und wiederverwendet werden.

Nach DIN 44300, Teil 8, bedeutet *Kopieren*, daß Ursprungsdaten gelesen und als Zieldaten an einen anderen Platz geschrieben werden. Die Ursprungsdaten bleiben erhalten. Beim Schreiben kann aber das Format durch Blocken, Entblocken, Umgruppieren usw. geändert werden. *Duplizieren* dagegen bedeutet Kopieren **ohne** Änderung des Formats. Zu unterscheiden ist weiterhin zwischen dem *image-back up*, bei dem der Platteninhalt als Ganzes dupliziert wird, und dem *file-back up*, bei dem jede Plattendatei einzeln gesichert wird.

Große Rechenzentren führen ein *Katastrophen-Handbuch*, in dem

- vorsorgliche Maßnahmen für den Katastrophenfall festgelegt,
- das Verhalten im Katastrophenfall geregelt und
- die einzelnen Schritte für den Wiederanlauf **nach** dem Katastrophenfall beschrieben

werden. Die Wirksamkeit des Handbuchs ist allerdings nur bei rechtzeitiger und ständiger Unterweisung aller Mitarbeiter garantiert.

Eine der vorsorglichen Maßnahmen für den Katastrophenfall ist die Einrichtung eines *Back up-Rechenzentrums* (Ausfall-Rechenzentrum, Vorsorge-Rechenzentrum), zu der sich oft mehrere Unternehmen zusammenschließen. Man unterscheidet:

- heißes Back up-RZ: Parallel-RZ mit voll funktionsfähigen Programmen und aktuellen Dateien sowie betriebsbereiten Datenübertragungsanschlüssen;
- warmes Back up-RZ: betriebsbereite Hardware und Datenübertragungsanschlüsse, keine Programme und Dateien;
- kaltes Back up-RZ: nicht betriebsbereite Hardware und Datenübertragungseinrichtungen;
- leeres Back up-RZ: nur Raum mit Infrastruktur wie Stromversorgung, Klimatisierung, Kabelanschlüssen usw.

Neben diesen *stationären* Back up-Rechenzentren gibt es noch *mobile* Back up-Rechenzentren. Dabei handelt es sich um DV-Anlagen, die in Containern bereitstehen und im Katastrophenfall zum Anwender gefahren werden. Das Problem bei allen Back up-Rechenzentren ist weniger die Bereitstellung der Hardware als vielmehr die kurzfristige Realisierung aller Netzverbindungen.

Mit dem Anschluß von Terminals und Mikrocomputern an die DV-Anlagen und mit der Einbindung der DV-Anlagen in die öffentlichen Netze für die Datenübertragung ist es erforderlich geworden, zur Prüfung der *Zugriffsberechtigung* strenge Zugriffskontrollen einzuführen. Bei der Dialogverarbeitung muß beispielsweise für jeden Benutzer individuell festgelegt werden,

- welche Daten er lesen, löschen oder verändern und
- welche Programme er ändern oder starten

darf. Die *Zugriffskontrollen* verlaufen in folgenden Schritten:

- Identifizierung des Benutzers,
- Überprüfung der Zugriffsrechte,
- Protokollierung des Benutzerzugriffs.

Dabei wird zwischen der *Authentifizierung* (authentication), d.h. dem Nachweis der Identität eines Benutzers, und der *Autorisierung* (authorization), d.h. der Zuweisung von Zugriffsrechten nach der Identifizierung, unterschieden.

Maßnahmen für die Zugriffskontrolle sind: Schlüssel für die Geräte, ferner in die Geräte eingebaute Ausweisleser und vor allem Kennworte (passwords), die über die Tastatur eingegeben und softwaremäßig überprüft werden. Die unterschiedlichen

Zugriffsrechte können durch ein hierarchisch aufgebautes Kennwortsystem geregelt werden, das - wegen der Analogie zu den konzentrischen Wällen einer Burg - als *Ring-Konzept* bezeichnet wird. Die interne Speicherung aller Zugriffsrechte kann in Form einer Liste (*Zugriffsliste*) oder einer Tabelle erfolgen. In den Zeilen der Tabelle stehen die Namen bzw. Personalnummern der Zugriffsberechtigten, in den Spalten die Namen der schutzbedürftigen Objekte (Daten, Programme) und in den Feldern sämtliche Zugriffsrechte, die einem bestimmten Berechtigten im Hinblick auf ein bestimmtes Objekt zugewiesen werden. Eine solche Tabelle wird als *Sicherheitsmatrix* bezeichnet.

Vor allem bei der Datenübertragung (auch in lokalen Netzen) kommt die *Kryptographie* zur Anwendung. Dabei werden die Zeichen durch komplizierte und damit von anderen Personen kaum nachvollziehbare Algorithmen verschlüsselt. Die Kryptographie unterscheidet zwischen

- symmetrischer Verschlüsselung, wenn die Schlüssel zur Chiffrierung und zur Dechiffrierung übereinstimmen oder voneinander abgeleitet werden können, und
- asymmetrischer Verschlüsselung, wenn das nicht der Fall ist.

Zur asymmetrischen Verschlüsselung gehört das *Public Key-Verfahren*, bei dem die Nachrichten vom Absender nach einem allgemein bekannten öffentlichen Schlüssel chiffriert werden, während die Dechiffrierung durch den Empfänger nur mit Hilfe eines geheimen Schlüssels möglich ist.

Als zunehmende Gefahr, insbesondere im PC-Bereich, werden die sogenannten *Computer-Viren* angesehen. Dabei handelt es sich um "unselbständige" Programme, die in bestehende Programme ("Wirtsprogramme") eingeschleust (kopiert) werden. Sie werden beim Start des Wirtsprogramms aktiv, indem sie z.B. das Wirtsprogramm oder andere Programme überschreiben bzw. löschen, Programme "infizieren" oder Dateien und Programmbibliotheken verändern. Einen Spezialfall der Viren bilden *trojanische Pferde*. Dabei handelt es sich um Programme, die zwar eine vorgesehene Funktion ausführen, daneben aber zerstörende Wirkungen ausüben. Inzwischen sind weit über 100 verschiedene Viren bekannt.

Den besten Schutz gegen Computer-Viren versprechen verstärkte Sicherungsmaßnahmen, insbesondere hinsichtlich der Zugriffsberechtigung. Ein hardwaremäßiger Schutz wird mit diskettenlosen Arbeitsplatzrechnern angestrebt. In der Wirkung umstritten sind sogenannte "Anti-Viren", die von Software-Firmen vertrieben werden. Dabei handelt es sich um Programme, die das Auftreten von Computer-Viren frühzeitig erkennen und anzeigen sollen, z.B. durch die permanente Überprüfung des Inhalts oder des Umfangs aller gespeicherten Programme hinsichtlich ungewollter Veränderungen.

Zur Abdeckung der Risiken im DV-Bereich werden verschiedene *Versicherungen* angeboten, die teilweise generelle Anwendbarkeit besitzen

(Feuerschutz-, Vertrauensschaden-Versicherung), teilweise aber unmittelbar für die Datenverarbeitung eingerichtet worden sind.

Spezielle DV-Versicherungen sind:

Elektronik-Sachversicherung:
Versicherung von DV-Anlagen (Hardware) gegen Zerstörung oder Beschädigung.

Datenträgerversicherung:
Versicherung von Datenträgern gegen Zerstörung oder Beschädigung durch unvorhergesehene Ereignisse oder Entwendung (nicht durch fehlerhafte Datenerfassung oder Löschen). Zusatz: Software-Versicherung (Ersatz von Schäden an gespeicherten Daten).

Betriebsunterbrechungs-/Mehrkostenversicherung:
Versicherung des Schadens bzw. der Mehrkosten, die durch Unterbrechung oder technischen Ausfall der DV-Anlage infolge eines Sachschadens entstehen.

Computer-Mißbrauchversicherung:
Versicherung gegen Vermögensschäden durch vorsätzliche Handlungen (Löschen von Daten oder Programmen, Vernichten von Datenträgern u.a.) von eigenen Mitarbeitern. Zusatz: Daten-Mißbrauchversicherung (Ersatz von Schäden durch illegale Bereicherung).

DV-Vermögensschaden-Versicherung:
Versicherung gegen (große) Vermögensschäden durch fehlerhafte Programme und durch Operatingfehler.

PC-Kaskoversicherung:
Versicherung gegen Schäden an PCs durch innere und äußere Gefahren, auch Alterungs- und Verschleißschäden.

8.5.2 Personenbezogene Daten

Mit dem Schutz ausschließlich personenbezogener Daten befaßt sich das *Bundesdatenschutzgesetz* (BDSG). Die erste Fassung stammte aus dem Jahr 1977. Eine novellierte Fassung ist Ende 1990 als Artikel 1 des "Gesetzes zur Fortentwicklung der Datenverarbeitung und des Datenschutzes" in Kraft getreten. Unter *personenbezogenen Daten* werden dabei Einzelangaben über persönliche oder sachliche Verhältnisse von natürlichen Personen (Bezeichnung im BDSG: *Betroffene*) verstanden. Das Gesetz legt die Rechte der Bürger an der Verarbeitung personenbezogener Daten durch unterschiedliche Institutionen (öffentliche, nicht-öffentliche Stellen) fest.

Die Rechte der Betroffenen sind indirekt Pflichten für die verarbeitenden Stellen. Im einzelnen handelt es sich dabei um das Recht

- zur Benachrichtigung bei erstmaliger Speicherung personenbezogener Daten,

- zur (kostenlosen) Auskunft über gespeicherte Daten,
- zur Berichtigung unrichtiger Daten,
- zur Löschung bzw. Sperrung unzulässiger, nicht beweisbarer oder nicht mehr erforderlicher Daten und
- zur Sperrung strittiger Daten.

Im Prinzip schützt das BDSG keine Daten, sondern Personen vor dem Mißbrauch ihrer persönlichen Daten. Das BDSG schreibt

- für die unternehmensinterne Kontrolle die Einsetzung eines Datenschutzbeauftragten und
- für die Fremdkontrolle die Einrichtung einer Landesbehörde (Landesdatenschutzbeauftragter)

vor. Verstöße gegen das BDSG werden je nach Schwere als Straftaten oder Ordnungswidrigkeiten geahndet.

Bei dem Umgang mit personenbezogenen Daten unterscheidet das BDSG zwischen

- der Erhebung (Beschaffung),
- der Verarbeitung und
- der Nutzung

der Daten. Die Verarbeitung wiederum umfaßt das Speichern, das Verändern, das Übermitteln, das Sperren und das Löschen personenbezogener Daten.

Um die Ausführung der Vorschriften des Gesetzes zu gewährleisten, sind in der Anlage zu §9 BDSG insgesamt 10 Kontrollmaßnahmen ("10 Gebote des Datenschutzes") aufgeführt, und zwar:

1) Zugangskontrolle (zu DV-Anlagen),
2) Datenträgerkontrolle (unbefugte Benutzung von Datenträgern),
3) Speicherkontrolle (unbefugte Eingabe, Kenntnisnahme, Veränderung, Löschung gespeicherter Daten),
4) Benutzerkontrolle (unbefugte Benutzung von DV-Anlagen mit Hilfe der Datenübertragung),
5) Zugriffskontrolle (Beschränkung der Zugriffe entsprechend der Berechtigung),
6) Übermittlungskontrolle (Überprüfung der Möglichkeiten zur Datenübermittlung),
7) Eingabekontrolle (nachträgliche Kontrolle, wann von wem Daten eingegeben worden sind),
8) Auftragskontrolle (Einhaltung der Weisungen des Auftraggebers),
9) Transportkontrolle (Verhinderung unbefugten Lesens, Veränderns, Löschens bei der Datenübertragung oder dem Transport von Datenträgern),
10) Organisationskontrolle (interne Organisation muß den Anforderungen des Datenschutzes gerecht werden).

Die meisten dieser Kontrollen gehören zu den routinemäßigen Datensicherungsmaßnahmen (vgl. Abschnitt 8.5.1). Für die Realisierung der vom BDSG vorgeschriebenen Eingabekontrolle (Punkt 7) müssen Kompromisse gefunden werden, weil eine vollständige Protokollierung beträchtlichen Aufwand erfordern würde.

8.6 DV-Rechtsfragen

Außer dem Datenschutz führt eine Reihe weiterer Aspekte des Informatik-Managements auf juristische Fragen. Auf die wichtigsten Rechtsfragen soll im folgenden kurz eingegangen werden. Sie sind gleichzeitig Gegenstand der Rechtsinformatik (vgl. Abschnitt 1.2). Im einzelnen handelt es sich dabei um:

- Computer-Kriminalität,
- Vertragsgestaltung,
- Produkthaftung für Software,
- Urheber- und Patentschutz.

Weiterhin gehören hierzu die arbeitsrechtlichen Fragen zur Mitbestimmung, die separat in Abschnitt 8.7 behandelt werden.

Hinsichtlich der *Computer-Kriminalität* (vgl. Abschnitt 8.5.1) sind 1986 in das Strafgesetzbuch die Begriffe Computerbetrug (§263a), Datenveränderung (§303a) und Computersabotage (§303b) aufgenommen worden. Danach können für die persönliche Bereicherung durch Programm- bzw. Datenmanipulation, für die rechtswidrige Veränderung von Daten und für die Störung des DV-Betriebs durch Datenveränderung oder durch Beschädigung von DV-Anlagen bzw. Datenträgern Freiheitsstrafen bis zu fünf Jahren verhängt werden.

Die *Vertragsgestaltung* betrifft den Kauf, die Miete und die Wartung von Hardware und Software sowie die Erstellung von Individualsoftware (vgl. Abschnitt 6.1) im Rahmen von Werkverträgen. Zu regeln sind die Lieferbedingungen (einschließlich Transport, Aufstellung, Versicherung usw.), Gewährleistungsansprüche, Rücktrittsrechte usw. Zu diesen Fragen existiert eine umfangreiche Rechtsprechung. Der Anwender muß sich vor allem absichern, daß Unklarheiten in den Verträgen nicht nach den gesetzlichen Regelungen über Allgemeine Geschäftsbedingungen (AGB-Gesetz) zu seinen Lasten gehen. Orientierungshilfen bieten die im Bereich der öffentlichen Verwaltung benutzten *Besonderen Vertragsbedingungen* (BVB) für die genannten Vertragsgegenstände. Der Bundesgerichtshof hat allerdings 1991 entschieden, daß speziell die "Besonderen Vertragsbedingungen für die Überlassung von DV-Programmen" teilweise gegen das AGB-Gesetz verstoßen und hinsichtlich ihrer einzelnen Klauseln an den Bestimmungen des AGBG zu messen sind.

In den Verträgen müssen vor allem die Mängelansprüche und die damit verbundene Haftung festgelegt werden. Haftungsfragen werden gegenstandslos, wenn die Software-Firma insolvent wird und sich auflöst. Diese schon wiederholt aufgetretene Situation hat dazu geführt, daß sich verschiedene Arbeitskreise mit der Ausarbeitung von Regelungen über die *Hinterlegung* von Quellprogrammen an treuhänderischer Stelle befassen.

Zur Frage der *Produkthaftung* (Produzentenhaftung) für Software konnte bisher nur §459 BGB herangezogen werden. Danach haftet der Verkäufer einer Sache dem Käufer dafür, daß diese nicht fehlerbehaftet ist. Als Softwarefehler gelten beispielsweise mangelhafte Erfüllung der Programmspezifikation, lückenhafte Dokumentation oder ungewöhnliches Antwortzeitverhalten. Gewährleistungsansprüche bestehen allerdings nur, wenn nachweislich die vertraglich vereinbarten Anforderungen nicht erfüllt sind. Umstritten ist, wie weit das nach EG-einheitlichen Richtlinien erlassene Produkthaftungsgesetz anwendbar ist, das dann greift, wenn fehlerhafte Produkte zu einer Verletzung von Leben, Gesundheit oder Privateigentum, nicht jedoch zu Sach- oder Vermögensschäden, führen.

Mit der wachsenden Verbreitung von Standard- und Branchensoftware für Mikrocomputer nimmt das Problem der sogenannten Raubkopien zu. Der *Urheberschutz* von Computerprogrammen regelt sich nach dem Urheberrechtsgesetz (UrhG), in das unter die Liste der schutzfähigen Werte (§2 UrhG) auch "Programme für die Datenverarbeitung" aufgenommen worden sind. Nach der einschlägigen Rechtsprechung, die durch ein Urteil des Bundesgerichtshofs vom 9.5.1985 bestätigt worden ist, sind Programme urheberrechtlich geschützt,

- wenn es sich nicht um einfache Programme handelt, d.h., wenn die Programmvorgaben mehrere Realisierungsmöglichkeiten zulassen, und
- wenn gegenüber dem allgemeinen Durchschnitt bedeutende schöpferische Gestaltungsmerkmale des Urhebers zu erkennen sind.

Leider läßt der breite Interpretationsspielraum dieser Formulierung keine eindeutige Aussage zu.

Computerprogramme genießen bisher keinen *Patentschutz*. Aufgrund von Entscheidungen des europäischen und des deutschen Patentamts ist mit einer Änderung der Rechtslage zu rechnen.

8.7 DV-Akzeptanz und Mitbestimmungsrechte

Die "Computerisierung" der Arbeitsplätze hat schon in den 70er Jahren zu einer intensiven Beschäftigung mit Fragen der Wirkungs- und Akzeptanzforschung geführt.

Die *Wirkungsforschung* befaßt sich generell mit den gesellschaftlichen Auswirkungen der Datenverarbeitung, insbesondere mit der Rationalisierung von Arbeitsabläufen, dem Verlust von Arbeitsplätzen und der Schaffung neuer Tätigkeitsfelder.

Die *Akzeptanzforschung* beschäftigt sich mit der Bereitschaft der Beschäftigten, die Möglichkeiten der Datenverarbeitung zu nutzen, und mit dem Grad ihrer Beteiligung an der Einführung neuer DV-Anwendungssysteme.

Generell verändert der DV-Einsatz

- die *Arbeitsabläufe*, z.B. durch die Notwendigkeit, streng nach einer Bedienerführung vorzugehen,
- die *Arbeitsmittel*, z.B. durch den Übergang von Formularen zu Bildschirm-Masken, und teilweise
- die *Arbeitsinhalte*, z.B. durch die Möglichkeit zur selbständigen Entwicklung von DV-Anwendungen nach dem Endbenutzerkonzept.

Positive Auswirkungen des DV-Einsatzes können für die Beschäftigten

- in der Befreiung von Routinearbeiten,
- in der Erweiterung des Aufgabengebiets und
- in der Schaffung neuer Arbeitsinhalte

bestehen. Mögliche negative Auswirkungen sind u.a.:

- eine stärkere, systembedingte Regelung der Arbeitsabläufe,
- die Zunahme der Arbeitsanforderungen und der Arbeitsbelastung,
- der Verlust des Arbeitsplatzes oder
- der Verlust an zwischenmenschlichen Kontakten (Entpersönlichung).

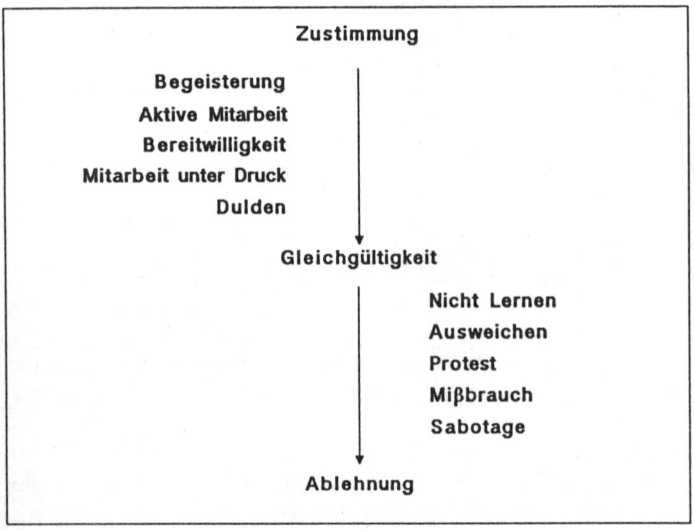

Abb. 8.16: *Akzeptanz-Skala*

Unter *DV-Akzeptanz* versteht man die freiwillige Bereitschaft, von den durch die Datenverarbeitung gebotenen Nutzungsmöglichkeiten "aufgabenbezogen", d.h. im Hinblick auf die Anwendung am eigenen Arbeitsplatz, Gebrauch zu machen. Die sogenannte Akzeptanzskala (Abb. 8.16) reicht von Zustimmung über Gleichgültigkeit bis zur Ablehnung.

Gründe für mangelnde Akzeptanz sind zum einen die verbreitete Einstellung, organisatorische Veränderungen grundsätzlich erst einmal abzulehnen, zum anderen die Angst vor den schon genannten negativen Auswirkungen und schließlich die Angst,

- in der persönlichen Freiheit durch den Verlust an Selbständigkeit eingeengt und durch den Computer verstärkt überwacht zu werden oder
- den neuen Anforderungen durch die Datenverarbeitung nicht gewachsen zu sein (*Schwellenangst*).

Wege zum Abbau von Akzeptanzproblemen bestehen auf der *Arbeitgeberseite*

- in der Berücksichtigung von Mitarbeitervorschlägen zur Gestaltung der Arbeitsabläufe,
- in der rechtzeitigen Information aller Mitarbeiter,
- in der intensiven Mitarbeiterschulung im Hinblick auf die geplanten Veränderungen,
- in finanziellen Anreizen und
- vor allem in der Benutzerbeteiligung bei der Einführung neuer Arbeitsverfahren (*partizipative Innovationsgestaltung*).

Die *Arbeitnehmerseite* hat die Möglichkeit, sich auf gesetzlich gesicherte Mitspracherechte zu berufen. Solche Mitspracherechte werden von den Personalvertretungen

- sowohl für diejenigen Beschäftigten außerhalb des DV-Bereichs, die vom DV-Einsatz betroffen werden,
- als auch für die Beschäftigten des DV-Bereichs selbst

geltend gemacht. Dazu ist im Betriebsverfassungsgesetz von 1972 (BetrVG), im Bundespersonalvertretungsgesetz von 1974 (BPersVG) und in den Länderpersonalvertretungsgesetzen - teilweise unterschiedlich - festgelegt, ob unter dem Oberbegriff *Mitsprache* die Mitbestimmung, die Mitwirkung oder nur die Unterrichtung und gemeinsame Beratung (BetrVG) oder die Anhörung (BPersVG) zu verstehen ist. Schwerpunktmäßig konzentriert sich die Wahrnehmung dieser Rechte

- auf personelle Einzelmaßnahmen wie Einstellung, Ein-/Umgruppierung, Versetzung/Umsetzung, Kündigung,
- auf die Gestaltung der Arbeitsplätze,
- auf die Regelung der Arbeitszeit und der Entlohnung,
- auf die Gestaltung von Arbeitsverfahren,

- auf Maßnahmen zur Aus- und Fortbildung,
- auf strukturelle Veränderungen wie Betriebsstillegung, -verlegung und
- auf die Behandlung von Personaldaten (vgl. Abschnitt 7.6).

Bei der *Gestaltung der DV-Arbeitsplätze* spielen ergonomische Fragen eine entscheidende Rolle. Die DV-Ergonomie kann man einteilen in (Abb. 8.17):

- Hardware-Ergonomie,
- Umgebungs-Ergonomie und
- Software-Ergonomie.

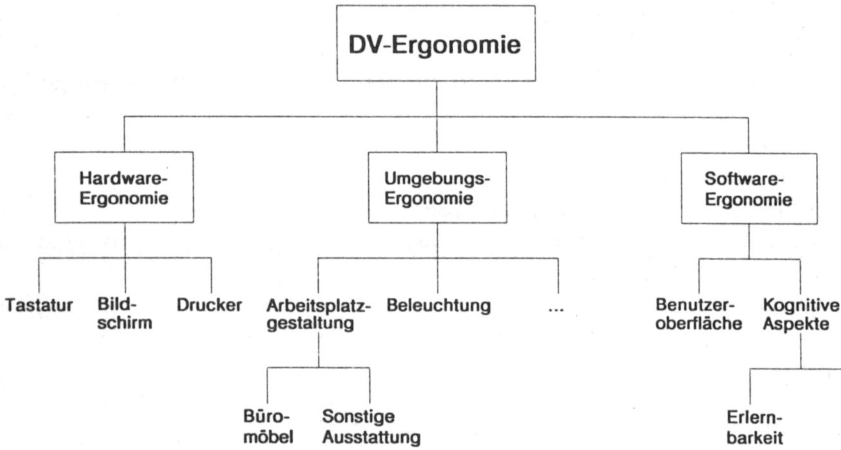

Abb. 8.17: *DV-Ergonomie*

Auf Fragen der *Hardware-Ergonomie* wurde schon in Kapitel 2 bei der Besprechung der Geräte (Bildschirme, Drucker) eingegangen, ebenso auf die *Umgebungs-Ergonomie*, so weit sie die Beleuchtungsverhältnisse an Bildschirm-Arbeitsplätzen betrifft. Zur Umgebungsergonomie gehören ferner die Arbeitsplatzgestaltung (Abmessungen, Mobiliar), die Umgebungsakustik sowie das Raumklima. Zu den ergonomischen Fragen gehört auch der Schutz vor gesundheitlichen Schäden, insbesondere durch Strahlung (Bildschirme, Mobilfunk).

Die *Software-Ergonomie* befaßt sich vor allem mit der Gestaltung der Arbeitsabläufe im Dialogbetrieb. Dazu gehören sowohl angemessene Antwortzeiten (1 bis 2 Sekunden; kürzere Zeiten wirken antreibend und führen zu Fehlern, längere Zeiten beeinträchtigen die Konzentration) als auch eine bedienerfreundliche Gestaltung der Dialogführung (vgl. Abschnitt 6.6.6) Zu den *kognitiven Aspekten* gehört in erster Linie die *Erlernbarkeit*.

Die Erlernbarkeit kann durch die Zeiten ausgedrückt werden, die ein durchschnittlicher Benutzer nacheinander braucht, um sich mit einem Programm vertraut zu machen, um damit eine erste Aufgabe zu behandeln und um schließlich völlig selbständig damit umzugehen. Die Erlernbarkeit wird durch die schon genannten Dialogtechniken (angepaßter Wortschatz, positiv formulierte Systemmeldungen, Quittierung von Eingaben u.a.) gefördert, ferner durch Übungsfälle (z.B. eine Scheinfirma oder eine Testbuchhaltung) oder computergestützte Lernsysteme (*Teachware*).

Die *Gestaltung von Arbeitsverfahren* betrifft auch die Einführung neuer DV-Anwendungssysteme. Dabei ist immer eine frühzeitige Beteiligung der Personalvertretung zu empfehlen, weil es sich

- entweder um die Einführung grundlegend neuer Arbeitsmethoden gemäß §111,5 BetrVG
- oder um die Planung oder Änderung von Arbeitsverfahren und -abläufen gemäß §90,3 BetrVG

handeln kann. §80(2),2 BetrVG schreibt vor, daß dem Betriebsrat die zur Durchführung seiner Aufgaben erforderlichen Unterlagen zur Verfügung zu stellen sind. Je nach Interpretation können dazu die gesamte Systemdokumentation mit Programm- und Dateibeschreibungen, alle Regelungen über Benutzungs- und Zugriffsrechte, die Benutzerhandbücher usw. gehören.

Die Mitsprache **innerhalb** des DV-Bereichs konzentriert sich

- bei den personellen Einzelmaßnahmen: auf die Eingruppierung in die bestehenden Tarifverträge und auf Freisetzungen (z.B. in der Datenerfassung beim Übergang zur halbdirekten oder direkten Dateneingabe und im Rechenzentrum bei Einführung des operatorlosen Betriebs),
- bei der Regelung der Arbeitszeit: auf die Festlegung des Schichtbetriebs im Rechenzentrum,
- bei der Entlohnung: auf Überstundenregelungen in der Systementwicklung (z.B. bei Terminüberschreitungen in der Projektbearbeitung),
- bei den strukturellen Veränderungen: auf die Ausgliederung (Outsourcing) des DV-Bereichs (vgl. Abschnitt 8.3.1).

Zur *Regelung der Arbeitszeit* gehört auch die umstrittene Arbeit an Wochenenden (z.B. bei Chip-Herstellern), von der teilweise auch die Rechenzentren betroffen sind.

Zu Mitbestimmungsfragen führt die *Telearbeit*, mit der Mitarbeitern aus Gründen der Rationalisierung (z.B. flexibler Personaleinsatz, Einsparung von Raumkosten) und der Humanisierung (z.B. größere Freizügigkeit, keine Anfahrt) die Möglichkeit eingerichtet wird, die Arbeit an Bildschirm-Terminals in der Wohnung (Heimarbeitsplätze) oder in Nachbarschafts- bzw. Satellitenbüros zu verrichten. In Betracht kommen vor allem Programmierung ("Teleprogrammierung") und Textverarbeitung. Telearbeit hat allerdings bisher keine Verbreitung gefunden.

Mitbestimmungsrechte ergeben sich nach § 87(1) BetrVG bei der Einführung und Anwendung von technischen Anlagen, die dazu bestimmt sind, das Verhalten oder die Leistung der Beschäftigten zu überwachen. Solche Anlagen können z.B. Datenkassen, Betriebsdatenerfassungsgeräte oder generell Bildschirm-Terminals sein. Als ein brisantes, schon in zahlreichen Fällen von der Rechtsprechung der Arbeits- und Verwaltungsgerichte behandeltes Thema gehört hierzu auch die computergestützte *Projektüberwachung*, die das Ausfüllen von Tätigkeitsberichten durch die Projektbearbeiter erfordert (vgl. Abschnitt 8.4.2). Obwohl die daraus gewonnenen Informationen ausschließlich dazu dienen sollen, das DV-Management bei der Projektsteuerung zu unterstützen und Unterlagen für spätere Projektplanungen zu schaffen, wird dennoch die Mitsprache gefordert, weil eine Leistungsüberwachung befürchtet wird. Da § 87(1) BetrVG insgesamt nur gilt "... soweit eine gesetzliche oder tarifliche Regelung nicht besteht", sind die Unternehmen dazu übergegangen, für die Maßnahmen zur Projektkontrolle eindeutige Regelungen außerhalb des Betriebsverfassungsgesetzes zu treffen.

Überhaupt ist in der betrieblichen Praxis festzustellen, daß arbeitsrechtliche Konflikte im Zusammenhang mit dem DV-Einsatz in der Regel durch Tarifverträge und durch den Abschluß von Betriebs- bzw. Dienstvereinbarungen gelöst bzw. durch rechtzeitige Information und Beteiligung der Personalvertretungen von vornherein verhindert werden.

9 Geschichtlicher Abriß

9.1 Datenverarbeitung

Zählradmaschinen

1623 SCHICKARD (1592-1635) entwirft in Tübingen eine Maschine ("Rechenuhr"), die die Zehnerübertragung des Dezimalsystems mit Hilfe von Zahnrädern ausführt.

1641 PASCAL (1623-1662) konstruiert nach demselben Prinzip eine Addiermaschine für 6-stellige Dezimalzahlen.

1673 LEIBNIZ (1646-1716) baut eine Vierspezies-Maschine nach dem Prinzip der "Staffelwalze".

Wegen der noch ungenügenden technischen Realisierungsmöglichkeiten erlangten alle Zählradmaschinen keine Betriebsreife.

Lochkartenmaschinen

1805 JACQUARD (1752-1834) verwendet gelochte Pappkarten für die Steuerung von Webstühlen.

1885 HOLLERITH (1860-1929) baut die erste elektromechanische Lochkartenmaschine zum Einsatz bei der 11. amerikanischen Volkszählung im Jahr 1890. Für die Daten werden Lochkarten aus Karton in der Größe der damaligen Eindollar-Note benutzt. Die Programmablaufsteuerung erfolgt mit Schalttafeln und Steckverbindungen.

In Deutschland wurde 1896 der Einsatz solcher Anlagen von der Reichsregierung in Berlin abgelehnt, u.a. mit der Begründung, durch die Beschäftigung von 1.000 Hilfskräften (Invaliden, Unterstützungsempfänger) für die Auszählung einen Beitrag zur Bekämpfung der Arbeitslosigkeit zu leisten.

Mit Lochkartenmaschinen, nach ihrem Erfinder auch als *Hollerithmaschinen* bezeichnet, wurde bis in die 60er Jahre des 20. Jahrhunderts *konventionelle Datenverarbeitung* betrieben. Die Grundausrüstung einer Lochkartenanlage bestand aus dem Kartenlocher und dem Kartenprüfer für die Datenerfassung und aus der Sortiermaschine und der Tabelliermaschine für die Dateneingabe, -verarbeitung und -ausgabe.

Die *Lochkarte* (vgl. Abschnitt 2.5.2) diente, insbesondere in Form der Ziffernlochkarte (Abb. 9.1), bei den späteren DV-Anlagen noch bis in die 60er Jahre zur externen Datenspeicherung (Ablösung durch Magnetbänder) und bis in die 80er Jahre zur indirekten Dateneingabe (Ablösung zunächst durch indirekte Dateneingabe mit Magnetbändern, Magnetbandkassetten oder Disketten, später durch halbdirekte und vor allem direkte Dateneingabe). Neben dem Kartenlocher und dem Kartenprüfer als Geräten für die Datenerfassung kamen für die Dateneingabe der Kartenleser (Arbeitsweise fotoelektrisch, durch die Stanzlöcher fallendes Licht wird in elektrische Impulse umgewandelt, maximale Lesegeschwindigkeit 2.000 Karten pro Minute) und für die Datenausgabe der Kartenstanzer (Arbeitsweise mechanisch, in ungelochte Lochkarten werden Löcher gestanzt, maximale Stanzgeschwindigkeit 500 Karten pro Minute) zum Einsatz.

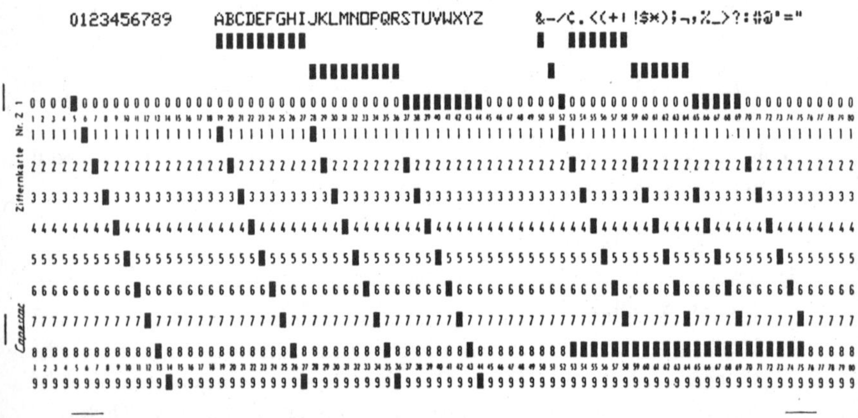

Abb. 9.1: *Ziffernlochkarte*

Rechenautomaten

1833 BABBAGE (1792-1871) konzipiert als erster einen Rechenautomaten ("analytical engine"), der alle Bestandteile einer heutigen DV-Anlage enthält, nämlich Rechen- und Steuerwerk, Zentralspeicher sowie Ein- und Ausgabegeräte.

Das Konzept ließ sich technisch nicht realisieren. Statt mit einem Automaten wurde beispielsweise 1843 in Wien das Voigtländer-Objektiv manuell von Oberfeuerwerkern des k.k. Bombardierkorps berechnet.

1934 ZUSE (geb. 1910) konstruiert in Berlin den programmgesteuerten Rechenautomaten Z1, in dem gestanzte Bleche die Funktionen des Steuer- und Rechenwerks sowie des Speicherwerks übernehmen.

1941 ZUSE baut (nach einer Zwischenlösung mit dem Modell Z2) die Z3, den ersten funktionsfähigen programmgesteuerten Rechenautomaten der Welt. Sowohl das Rechenwerk als auch das Speicherwerk bestehen aus elektromagnetischen Relais. Zahlen und Befehle werden rein dual dargestellt.

1944 AIKEN übergibt den von ihm - ohne Kenntnis der Arbeiten Zuses - mit Unterstützung der Firma IBM gebauten Rechenautomaten MARK I an die Harvard University. Es handelte sich um einen riesigen Relaisrechner aus über 700.000 Einzelteilen mit einem Gewicht von 15 t.

1946 ECKERT, MAUCHLY und GOLDSTINE bauen in Philadelphia mit Unterstützung der Firma REMINGTON RAND den ersten Röhrenrechner der Welt, genannt ENIAC (Electronic Numerical Integrator And Computer). Die Rechenprogramme werden von 18.000 *Elektronenröhren* ausgeführt. Für die Programmspeicherung werden noch Schalttafeln mit Steckverbindungen benutzt. ENIAC beanspruchte eine Aufstellungsfläche von 150 m^2, wog 30 t und hatte einen Energieverbrauch von 174 kW bei hoher Wärmeentwicklung.

Relais- und Röhrenrechner wurden nach dem 2. Weltkrieg in Europa an verschiedenen Universitäten und Technischen Hochschulen entwickelt, so in Darmstadt, Göttingen, München, Wien und Zürich. Die Rechengeschwindigkeit lag im Bereich von Millisekunden (10^{-3}s).

Die Röhrenrechner werden als *1. Computergeneration* bezeichnet.

Elektronische Datenverarbeitungsanlagen

1944 v. NEUMANN (1903-1957) entwickelt das Grundkonzept moderner Datenverarbeitungsanlagen (vgl. Abschnitt 2.2.1):

1. Das Programm wird ebenso wie die Daten (binär) codiert und intern gespeichert.
2. Jedes Programm besteht aus einer Folge von Befehlen. Durch bedingte Befehle wird eine automatische Programmablaufsteuerung aufgrund logischer Entscheidungen möglich.

1955 Beginn der 2. *Computergeneration*. Die Elektronenröhren werden durch *Transistoren* ersetzt. Vorteile sind geringere Wärmeentwicklung, niedrigere Störanfälligkeit und kleinere Abmessungen.

Als Hauptspeicher werden *Ferritkernspeicher* (Magnetkernspeicher) benutzt. Solche Kernspeicher (Abb. 9.2) bestanden aus ringförmigen Ferritkernen von ca. 1 mm Durchmesser, wobei jeder Kern ein Bit repräsentierte. Die Kerne wurden zunächst in Form einer Matrix angeordnet. Anschließend wurden (bei Bytemaschinen) 9 Matrizen übereinandergelegt und miteinander verbunden, so daß die genau übereinanderliegenden Bit jeweils ein Byte zuzüglich eines Prüfbits darstellten.

Das Schreiben von Daten in den Kernspeicher erfolgte durch Magnetisieren der Kerne mit Hilfe von Stromstößen, ebenso das Lesen. Zur Stromführung und zur Befestigung mußten durch jeden Kern mehrere Drähte gezogen werden, eine aufwendige, als "Fädeln" bezeichnete manuelle Tätigkeit.

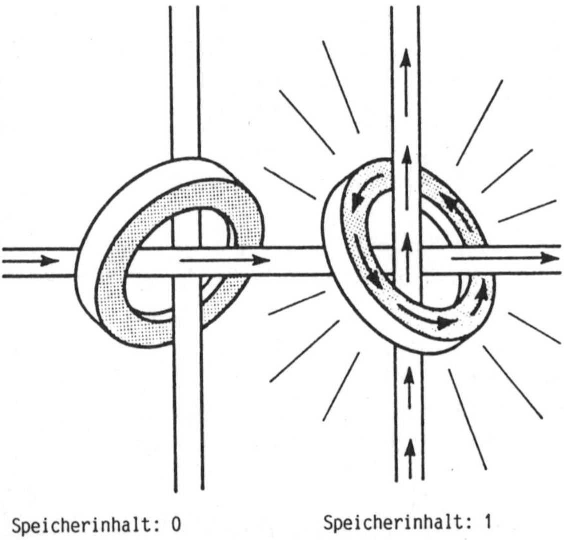

Abb. 9.2: *Prinzip des Ferritkernspeichers*

Die Rechengeschwindigkeiten der 2. Computergeneration unterscheiden sich nur unwesentlich von denen der 1. Generation. Prototyp der 2. Generation ist die ab 1959 in Europa in 1.250 Exemplaren installierte IBM 1401. Magnetbänder als periphere Speicher werden seit 1952 (UNIVAC I von Remington Rand), Magnetplatten seit 1956 (305 RAMAC von IBM) angeboten.

1962 Beginn der *3. Computergeneration*. Die Transistortechnik wird schrittweise zur *integrierten Schaltkreistechnik* weiterentwickelt. Mehrere Transistoren und Widerstände werden zu Schaltgruppen, mehrere Schaltgruppen zu Schalttafeln zusammengefaßt (MSI = medium scale integration). Vorteile sind eine kompakte, raumsparende Bauweise und höhere Rechengeschwindigkeiten (Mikrosekunden = 10^{-6}s). Als Hauptspeicher werden weiterhin Magnetkernspeicher benutzt.

Weitere Merkmale der 3. Computergeneration sind der Bau von Computerfamilien (IBM/360, UNIVAC 9000 u.a.) und die Steuerung durch Betriebssysteme. In den kommerziellen Anwendungen dominiert die integrierte Verarbeitung nach dem Prinzip der Dateiorganisation (vgl. Abschnitt 5.3).

1970 Beginn der *4. Computergeneration*. Die weitere Integration von Transistoren und Widerständen führt über integrierte zu hochintegrierten (LSI = large scale integration) Schaltkreisen in Form von *Logikchips*. Parallel dazu werden für den Hauptspeicher anstelle von Ferritkernen *Speicherchips* in MOS- bzw. MOSFET-Bauweise (vgl. Abschnitt 2.2.2) benutzt. Die Rechengeschwindigkeiten werden erneut um den Faktor 10^{-3}, d.h. auf Nanosekunden (10^{-9}s), verkürzt. Hardwaremäßig ist der Übergang von der 3. zur 4. Computergeneration mehr quantitativer als qualitativer Natur.

Die weitere Entwicklung der Datenverarbeitung ist stärker durch die Softwareentwicklung und die DV-Anwendungen geprägt:

- Verwendung von Methoden des strukturierten System- und Programmentwurfs (vgl. Abschnitte 6.5.1 und 6.6.2),
- Entwicklung und Einsatz von Standardprogrammen für betriebliche Anwendungssysteme (vgl. Abschnitt 6.8),
- Übergang von der Stapel- zur Dialogverarbeitung (vgl. Abschnitt 3.2),
- Aufbau von Informationssystemen mit Hilfe von Datenbankverwaltungssystemen (vgl. Abschnitt 7.6).

Die Nutzungsmöglichkeiten von öffentlichen Netzen für die Datenübertragung führen zum Aufbau von Datennetzen und Rechnerverbundsystemen (vgl. Abschnitt 4.4.2). Die ersten weltweiten Verbundnetze wurden 1971 in Betrieb genommen.

1975 Der erste *Mikrocomputer* (ATARI 8800) kommt auf den Markt. Er besitzt einen 8-Bit-Prozessor. Die Entwicklung der Mikroprozessortechnik (Beginn 1971 mit 4-Bit-Prozessoren von INTEL) führt in der Folge zum Bau von 16- und 32-Bit-Prozessoren, die zusammen mit diversen peripheren Geräten, insbesondere Winchesterplatten, die Basis für die Konstruktion leistungsfähiger Mikrocomputer bilden. Für Mikrocomputer werden spezielle Betriebssysteme (CP/M, MS-DOS u.a.) entwickelt. Integrierte Softwarepakete eröffnen die autonome Nutzung in Fachabteilungen (Individuelle Datenverarbeitung) mit PC-typischen Anwendungen (Textverarbeitung, Tabellenkalkulation, Präsentationsgrafik u.a.).

Etwa zur gleichen Zeit beginnt die Entwicklung lokaler Netzwerke (vgl. Abschnitt 4.4.3), mit denen später auch Mikrocomputer zu internen Rechnerverbundsystemen zusammengeschlossen werden.

1984 Der offizielle Start des in Großbritannien schon Mitte der 70er Jahre eingeführten *Bildschirmtext-Systems* (vgl. Abschnitt 4.3.4) in der Bundesrepublik Deutschland soll die Voraussetzungen für neue Wege in der Kommunikation, auch unter Einbezug privater Teilnehmer, schaffen. Die Akzeptanz bleibt hinter den Erwartungen zurück.

1985 Zwei Schwerpunkte in der DV-Anwendung, die durch die Integration von Geräten, Netzdiensten, Anwendungssoftware und Benutzern gekennzeichnet sind, zeichnen sich deutlich ab, nämlich

- das *Büro der Zukunft*, in dem Büroautomations- und -kommunikationssysteme zum Einsatz gelangen sollen, die alle Bürotätigkeiten umfassen (vgl. Abschnitt 7.2.4), und
- die *Fabrik der Zukunft*, in der nach dem CIM-Konzept die technischen Anwendungen CAD, CAP, CAM u.a. und die betriebswirtschaftlichen PPS-Systeme integriert werden sollen (vgl. Abschnitt 7.3.1).

Initiiert von den Firmen Boeing und General Motors setzen Bemühungen ein, unter den Abkürzungen TOP bzw. MAP Standards (Protokolle) für die Vernetzung durch lokale Netze im Büro bzw. im Fertigungsbereich festzulegen.

1989 Die Deutsche Bundespost startet in acht deutschen Großstädten das Dienste-integrierende Netz ISDN (vgl. Abschnitt 4.3.2), das als "Daten-Autobahn" gleichzeitig der digitalen Übertragung von Sprache, Daten, Text und Bildern dienen soll. Bis 1992 ist der Ausbau zu einem "flächendeckenden" Netz vorgesehen. Mit der Ausweitung auf die Breitbandkommunikation mit Hilfe von Glasfaserkabeln soll ab 1998 auch die generelle Übertragung von Bewegtbildern möglich werden. Erprobungen werden auf mehreren Versuchsstrecken unter der Abkürzung BIGFON schon seit 1983 durchgeführt.

1990 Für dieses Jahr hatten die Japaner bereits Mitte der 80er Jahre den Start der *5. Computergeneration* angekündigt. Sie soll aus neuartigen Rechnerarchitekturen (Parallelrechner-Prinzip, vgl. Abschnitt 2.4.4) bestehen, die sich am Datenfluß orientieren, bis zu 10.000 Prozessoren (neuronale Netze) enthalten und Rechengeschwindigkeiten im Bereich von 10^{-10}s besitzen sollen. Anwendungsschwerpunkte sind vor allem auf dem Gebiet der Künstlichen Intelligenz mit den Teilgebieten automatische Sprachverarbeitung, Bildinterpretation, Robotik sowie Deduktionssysteme und Expertensysteme vorgesehen (vgl. Abschnitt 7.7). Die Entwicklung dürfte das ganze Jahrzehnt beanspruchen.

9.2 Wirtschaftsinformatik

Lochkartenanlagen wurden seit Mitte der 20er Jahre für die Bewältigung von Massenarbeiten bei betrieblichen Abrechnungsvorgängen benutzt. 1953 entwickelte die englische Teefirma Lyons den Rechner LEO eigens für die Lohnabrechnung und die betriebswirtschaftliche Steuerung ihrer Ladenkette. Seit Beginn der 2. Computergeneration werden Computer praktisch für alle kommerziellen Anwendungsgebiete (vgl. Abschnitt 7.1) eingesetzt. Trotz des in Kapitel 7 beschriebenen langjährigen und intensiven DV-Einsatzes für betriebswirtschaftliche Anwendungen etabliert sich die *Wirtschaftsinformatik* (bzw. Betriebsinformatik) als selbständiges Fachgebiet (neben der Medizinischen Informatik, der Rechtsinformatik usw.) erst relativ spät.

1963 Gründung des Betriebswirtschaftlichen Instituts für Organisation und Automation an der Universität zu Köln (BIFOA) durch E. GROCHLA (1921 - 1986).

1970 Einrichtung des ersten *Lehrstuhls* für betriebswirtschaftliche Datenverarbeitung in Deutschland an der Universität Erlangen-Nürnberg. Stiftung eines Lehrstuhls für Organisationstheorie und Datenverarbeitung (Mittlere Datentechnik) an der Universität Karlsruhe durch die Firmen Akkord, Hohner, Kienzle Apparate, RUF Buchhaltung, später auch Philips.

1975 Gründung der Wissenschaftlichen Kommission (WK) *Betriebsinformatik* im Verband der Hochschullehrer für Betriebswirtschaft e.V.

1978 Gründung des Fachausschusses *Betriebliche Anwendungen der Informatik* in der Gesellschaft für Informatik e.V. mit Unterausschüssen für Datenverarbeitung im Finanz- und Rechnungswesen, in Produktion und Materialwirtschaft, in Logistik und Marketing und im Personalwesen sowie für das Management betrieblicher Informationsbereiche.

1980 Beginn einer wissenschaftlichen Diskussion in der "Zeitschrift für Betriebswirtschaft" (ZfB) über den Begriff "Betriebsinformatik". Die Diskussion wird in den folgenden Jahren mehrfach fortgesetzt und kontrovers geführt.

1981 Herausgabe der 1. Auflage des *Studienführers* Betriebs- und Wirtschaftsinformatik durch die Wissenschaftliche Kommission Betriebsinformatik. Danach ist Betriebs-/Wirtschaftsinformatik an vielen wissenschaftlichen Hochschulen in Deutschland, Österreich und der Schweiz ein eigenständiges Fach (teilweise unter anderen Bezeichnungen wie "ADV" oder "Betriebswirtschaftliche Datenverarbeitung") im Rang einer speziellen Betriebswirtschaftslehre oder eines Wahlpflichtfachs bzw. eines Wahlfachs innerhalb des wirtschaftswissenschaftlichen Studiums. Stark vertreten ist die Wirtschaftsinformatik an mehreren Fachhochschulen, insbesondere in Furtwangen.

1983 Gründung des Fachbereichs *Informatik in der Wirtschaft* in der Gesellschaft für Informatik e.V. (anstelle des früheren Fachausschusses Betriebliche Anwendungen der Informatik) mit 6 wirtschaftswissenschaftlich orientierten Fachausschüssen. Der Fachbereich ist der zweitgrößte aller acht Fachbereiche der Gesellschaft, die 1991 ca. 18.000 Mitglieder besitzt.

1984 Herausgabe der 2. Auflage des *Studienführers* Betriebs- und Wirtschaftsinformatik.

Eine paritätisch aus Hochschullehrern und DV-Praktikern gebildete Fachkommission "Ausbildungsfragen im Bereich der betrieblichen Datenverarbeitung" der Schmalenbach-Gesellschaft/Deutsche Gesellschaft für Betriebswirtschaft e.V. veröffentlicht in Zusammenarbeit mit dem Verband der Hochschullehrer für Betriebswirtschaft e.V. und der Gesellschaft für Informatik e.V. ein *Anforderungsprofil für die Hochschulausbildung im Bereich der betrieblichen Datenverarbeitung (Betriebsinformatik)*.

Nach einem am 01.04.1984 in Kraft getretenen Gesetz kann durch eine Prüfung vor der Industrie- und Handelskammer der Titel *Staatlich geprüfter Wirtschaftsinformatiker* erworben werden. Vorbereitende Ausbildungsgänge werden an einer Reihe von privaten Datenverarbeitungsschulen eingerichtet (vgl. Abschnitt 8.3.2).

1986 Beginn der Vernetzung von 10 Wirtschaftsinformatik-Lehrstühlen in der Bundesrepublik Deutschland über das Deutsche Forschungsnetz (DFN) mit dem Ziel, in die Ausbildung den Umgang mit Kommunikationssystemen im betriebswirtschaftlichen Anwendungsbereich einzubeziehen.

1987 Die Wissenschaftliche Kommission Betriebsinformatik im Verband der Hochschullehrer für Betriebswirtschaft e.V. benennt sich in WK *Wirtschaftsinformatik* um.

Mehrere *Berufsakademien*, zunächst in Baden-Württemberg, später auch in anderen Bundesländern, richten Studiengänge für Wirtschaftsinformatik ein.

1988 Herausgabe der 3. Auflage des *Studienführers* Betriebs- und Wirtschaftsinformatik durch die WK Wirtschaftsinformatik. Inzwischen ist Wirtschaftsinformatik als Fach an ca. 40 wirtschaftswissenschaftlichen Fakultäten der (alten) Bundesrepublik vertreten. An etwa 10 wissenschaftlichen Hochschulen sind oder werden eigenständige Studiengänge "Wirtschaftsinformatik" mit dem Abschluß "Diplom-Wirtschaftsinformatiker" eingerichtet.

1989 Eine neue Fachkommission von Hochschullehrern und DV-Praktikern gibt im Auftrag der Schmalenbach-Gesellschaft/Deutsche Gesellschaft für Betriebswirtschaft e.V. und des Verbands der Hochschullehrer für Betriebswirtschaft e.V. ein aktualisiertes *Anforderungsprofil* für die Hochschulausbildung im Fach Wirtschaftsinformatik heraus. Darin wird dem Fortschritt der Entwicklung bei der Hardware, der Software und den Kommunikationssystemen, vor allem aber auf dem Gebiet der betriebswirtschaftlichen Informatik-Anwendungen Rechnung getragen.

1991 Die WK Wirtschaftsinformatik beschließt, eine Neuauflage des *Studienführers* Wirtschaftsinformatik herauszubringen, in der erstmals auch die Wirtschaftsinformatik-Ausbildung in den neuen Bundesländern berücksichtigt wird.

Anhang 2: DIN-Normen

Aufgeführt sind die wichtigsten Normen, die sich auf den in diesem Buch behandelten Stoff beziehen. Die Normen werden nicht immer im Text zitiert. Vornormen und Norm-Entwürfe sind nicht berücksichtigt. Zahlreiche Normen bestehen aus mehreren Teilen.

Zuordnung der Normen zu den Abschnitten des Buches

1.2	Definitionen und Abgrenzungen DIN 40146, 44300, 44301
2.1.2	Zahlensysteme und Codes DIN 66003, 66004, 66203, 66250, 66303
2.2.2	Hauptspeicher DIN 44476
2.2.3	Zentralprozessor DIN 44300
2.4.3	Mikrocomputer DIN 32748
2.5.2	Indirekte Dateneingabe DIN 66016, 66018, 66218
2.5.3	Halbdirekte Dateneingabe DIN 9752, 9781, 9785, 66008, 66009, 66223, 66225, 66226, 66236
2.5.4.2	Datensichtgeräte DIN 2137, 2139, 2145, 2148, 9753, 9758, 33400, 66233, 66234
2.6.2	Magnetbänder DIN 66010, 66011, 66012, 66014, 66015, 66017, 66029, 66211, 66212
2.6.3	Magnetplatten DIN 66205, 66206
2.6.4	Disketten DIN 66237, 66238, 66239, 66247, 66248, 66287, 66288, 66289
2.7.2	Drucker DIN 9784
2.7.3	Mikroverfilmung DIN 19054

Sinnbild	Benennung und Bemerkung
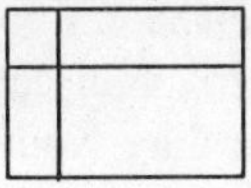	a) Daten im Zentralspeicher b) Zentralspeicher
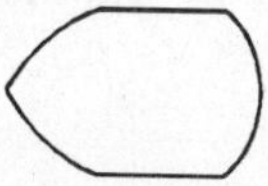	a) Maschinell erzeugte optische oder akustische Daten b) Optische oder akustische Ausgabeeinheit
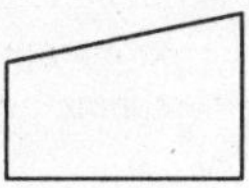	a) Manuelle optische oder akustische Eingabedaten b) Eingabeeinheit
	Verbindung: a) Verarbeitungsfolge, Zugriffsmöglichkeit b) Zugriffsweg
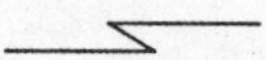	a) Verbindung zur Darstellung der Datenübertragung b) Datenübertragungsweg Bei den Verbindungen gilt die Vorzugsrichtung von links nach rechts bzw. von oben nach unten. Abweichungen sind durch Pfeilspitzen zu kennzeichnen.
	Grenzstelle (terminator)
	Verbindungsstelle (connector)
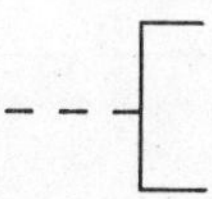	Bemerkung (annotation) Mit diesem Sinnbild kann jedem anderen Sinnbild erläuternder Text zugeordnet werden.

Anhang 1: Sinnbilder nach DIN 66001

DIN 66001 in der Fassung vom Dezember 1983 legt 26 *Sinnbilder* für folgende sieben *Darstellungsarten* fest: Datenflußplan, Programmablaufplan, Programmnetz, Datennetz, Programmhierarchie, Datenhierarchie, Konfigurationsplan. Die Sinnbilder sind in vier Gruppen eingeteilt, und zwar: Verarbeitungen/Verarbeitungseinheiten, Daten, Verbindungen, Darstellungshilfen. Nachstehend werden die wichtigsten Sinnbilder mit ihren Benennungen wiedergegeben.

Sinnbild	Benennung und Bemerkung
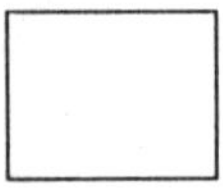	a) Verarbeitung, allgemein (process) (einschließlich Ein-/Ausgabe) b) Verarbeitungseinheit, allgemein
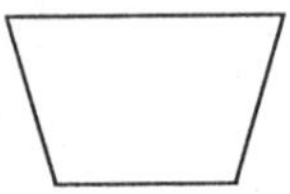	a) Manuelle Verarbeitung (einschließlich Ein-/Ausgabe) b) Manuelle Verarbeitungsstelle
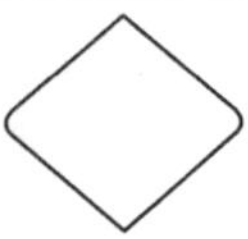	a) Verzweigung b) Auswahleinheit (z.B. Schalter)
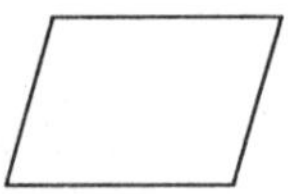	a) Daten allgemein b) Datenträgereinheit, allgemein
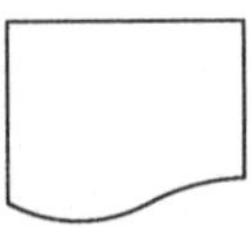	a) Daten auf Schriftstück, z.B. auf Belegen, Mikrofilm b) Ein-/Ausgabeeinheit für Schriftstück, z.B. Belegleser, Drucker
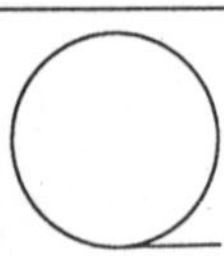	a) Daten auf Speicher mit nur sequentiellem Zugriff b) Datenträgereinheit mit nur sequentiellen Zugriff
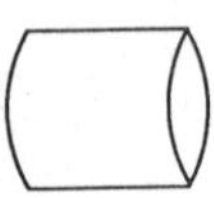	a) Daten auf Speicher mit auch direktem Zugriff b) Datenträgereinheit mit auch direktem Zugriff

2.8	Hardware-Konfigurationen DIN 9762, 66001
3.1.1	Systemsoftware DIN 44300
3.1.4	Programmiersprachen DIN 44300, 66026, 66027, 66028, 66253, 66255, 66256, 66284
3.2	Betriebsarten und Nutzungsformen von DV-Anlagen DIN 44300, 66200
4.1	Kommunikationssysteme DIN 40146, 44302
4.2	Datenübertragung DIN 9762, 44302, 66020, 66021, 66221
4.3.3	Mehrwertdienste DIN 32742
4.3.4	Bildschirmtext DIN 33853
5.2	Verschlüsselung DIN 6763
5.3.1	Anforderungen an die Speicherungsform DIN 66232
5.4.4	Datenbankverwaltungssysteme DIN 44300
5.5	Information Retrieval-Systeme DIN 1463, DIN 31623
6.2	Projektbegründung DIN 69901
6.3.2.3	Darstellungstechniken DIN 44300, 66001, 66241, 66261
6.5.1	Programmspezifikation DIN 66230, 66231, 66232
6.6.2	Programmentwicklung DIN 44300, 66001, 66261, 66262
6.6.3	Programmabläufe mit fortlaufender Verarbeitung DIN 66220, 66260, 66263
6.6.6	Softwarequalität DIN 66234
6.7	Systemeinführung DIN 66230, 66231
7.2.4	Büroautomation und -kommunikation DIN 2140, 9762, 32743, 32748
7.3.1.2	Fertigungsindustrie; Technische Komponenten DIN 66025, 66201, 66215, 66246, 66257
7.3.2	Handelsunternehmen DIN 9752, 9781, 66236
7.3.3	Kreditinstitute DIN 9752, 9774, 9781, 9785, 32744, 32786, 66008, 66009, 66225, 66226

7.4	Elektronischer Datenaustausch DIN 66029, 66239, 66250, 66289
8.4.2	Systementwicklung DIN 69900, 69901
8.7	DV-Akzeptanz und Mitbestimmungsrechte DIN 33400, 66234

Bezeichnungen (Inhalte) der Normen

1463	Erstellung und Weiterentwicklung von Thesauri
2137	Alphanumerische Tastaturen
2139	Alphanumerische Tastaturen; Tastenanordnung für Dateneingabe
2140	Textsysteme
2145	Funktionstasten in Tastaturen
2148	Tastaturen; Begriffe und Einteilung
6763	Nummerung; Grundbegriffe
9752	Identifikationskarten; Begriffe
9753	Numerische Tastaturen; Zehner-Blocktastatur
9758	Numerische Tastaturen; Tastenanordnung für den numerischen Bereich
9762	Datenendgeräte; Klassifikation, Begriffe
9774	Klarschriftcodierer
9781	Identifikationskarten aus Kunststoff
9784	Drucker
9785	Identifikationskarten aus Kunststoff mit Magnetstreifen
19054	Mikroplanfilm (Microfiche)
31623	Indexierung zur inhaltlichen Erschließung von Dokumenten
32742	Fernkopierer
32743	Endgeräte für die Textkommunikation
32744	Magnetstreifen auf Sparbüchern; Eigenschaften, Lage und Aufzeichnung
32748	Arbeitsplatz-Computer
32786	Bankdokumente; Magnetstreifen auf Sparbüchern; Aufbau und Inhalt der Magnetspur
33400	Gestalten von Arbeitssystemen nach arbeitswissenschaftlichen Erkenntnissen
33853	Endgeräte für Bildschirmtext
40146	Begriffe der Nachrichtenübertragung
44300	Informationsverarbeitung; Begriffe Teil 1: Allgemeine Begriffe Teil 2: Informationsdarstellung Teil 3: Datenstrukturen Teil 4: Programmierung Teil 5: Aufbau digitaler Rechensysteme Teil 6: Speicherung Teil 7: Zeiten Teil 8: Verarbeitungsfunktionen Teil 9: Verarbeitungsabläufe

44301	Informationstheorie; Begriffe
44302	Datenübertragung, Datenübermittlung; Begriffe
44476	Integrierte Speicherschaltungen
66001	Sinnbilder für Datenfluß- und Programmablaufpläne
66003	7-Bit-Code
66004	Codierung auf Datenträgern
66008	Schrift A für die maschinelle optische Zeichenerkennung
66009	Schrift B für die maschinelle optische Zeichenerkennung
66010	Magnetbandtechnik für Informationsverarbeitung; Begriffe
66011	Magnetbänder zur Speicherung digitaler Daten
66012	Spulen für Magnetband 12 zur Speicherung digitaler Daten
66014	Auf 9 Spuren mit Wechselschrift beschriebenes Magnetband zur Speicherung digitaler Daten
66015	Auf 9 Spuren mit Richtungstaktschrift beschriebenes Magnetband zur Speicherung digitaler Daten
66016	Lochstreifen
66017	Schreibring für Magnetbänder zur Speicherung digitaler Daten
66018	Lochkarten für Informationsverarbeitung
66020	Funktionelle Anforderungen an die Schnittstelle zwischen DEE und DÜE
66021	Schnittstelle zwischen DE- und DÜ-Einrichtungen
66025	Programmaufbau für numerisch gesteuerte Arbeitsmaschinen
66026	Programmiersprache ALGOL
66027	Programmiersprache FORTRAN
66028	Programmiersprache COBOL
66029	Kennsätze und Dateianordnung auf Magnetbändern für den Datenaustausch
66200	Betrieb von Rechensystemen; Begriffe
66201	Prozeßrechensysteme; Begriffe
66203	7-Bit-Code; Regeln zur Erweiterung
66205	Sechsplattenstapel für magnetische Datenspeicherung
66206	Elfplattenstapel für magnetische Datenspeicherung
66211	Magnetbandkassette 3,8 für Informationsverarbeitung
66212	Magnetbandkassette 3,8 für Informationsverarbeitung; Beschriebenes Magnetband
66218	Lochstreifentechnik für Informationsverarbeitung; Begriffe
66220	Programmablauf für die Verarbeitung von Dateien nach Satzgruppen
66221	Bitorientierte Steuerungsverfahren zur Datenübermittlung; HDLC
66223	Schriften für die maschinelle optische Zeichenerkennung
66225	Schrift H für die maschinelle optische Zeichenerkennung
66226	Codierung maschinell lesbarer Zeichen; MICR und OCR
66230	Programmdokumentation
66231	Programmentwicklungsdokumentation
66232	Datendokumentation
66233	Bildschirmarbeitsplätze; Begriffe
66234	Bildschirmarbeitsplätze

66236	Schrift SC für maschinelle Zeichenerkennung
66237	Ein- oder zweiseitig verwendbare Diskette 200
66238	Aufzeichnungsverfahren und Formatierung für Diskette 200
66239	Kennsätze und Dateianordnung auf Disketten für den Datenaustausch
66241	Entscheidungstabelle
66246	Programmierung numerisch gesteuerter Arbeitsmaschinen
66247	Ein- oder zweiseitig verwendbare Diskette 130
66248	Aufzeichnungsverfahren und Formatierung für Diskette 130
66250	Zahlendarstellung für den Datenaustausch
66253	Programmiersprache PEARL
66255	Programmiersprache PL/1
66256	Programmiersprache PASCAL
66257	Numerisch gesteuerte Arbeitsmaschinen; Begriffe
66260	Hierarchisch strukturierter Programmablauf für die Verarbeitung von Dateien nach Satzgruppen
66261	Sinnbilder für Struktogramme nach Nassi-Shneiderman
66262	Programmkonstrukte zur Bildung von Programmen mit abgeschlossenen Zweigen
66263	Bearbeitungsfunktionen für linear geordnete Datenbestände
66284	Programmiersprache Elementar-BASIC
66287	Diskette 90, zweiseitig verwendbar; Eigenschaften
66288	Diskette 90, zweiseitig verwendbar; Aufzeichnungsverfahren und Formatierung
66289	Kennsätze und Dateianordnung auf Diskette 130 und 90 für den Datenaustausch
66303	8-Bit-Code
69900	Netzplantechnik
69901	Projektmanagement; Begriffe

Literatur

1. Bücher

Einführungen, Gesamtdarstellungen, Nachschlagewerke

Biethahn, J.: Einführung in die EDV für Wirtschaftswissenschaftler, 6. erg. Auflage. R. Oldenbourg Verlag, 1989

Dworatschek, S.: Grundlagen der Datenverarbeitung, 8. Auflage. Walter de Gruyter, 1989

Hansen, H.R.: Wirtschaftsinformatik I, 5. Auflage. Gustav Fischer Verlag, 1986

Heinrich, L.J./Roithmayr, F.: Wirtschaftsinformatik-Lexikon, 3. Auflage. R. Oldenbourg Verlag, 1989

Kurbel, K./Strunz, H. (Hrsg.): Handbuch Wirtschaftsinformatik. Poeschel Verlag, 1990

Mertens, P. u.a. (Hrsg.): Lexikon der Wirtschaftsinformatik, 2. Auflage. Springer-Verlag, 1990

Scheer, A.-W.: EDV-orientierte Betriebswirtschaftslehre, 4. Auflage. Springer-Verlag, 1990

Scheer, A.-W.: Wirtschaftsinformatik, 3. Auflage. Springer-Verlag, 1990

Schneider, H.-J. (Hrsg.): Lexikon der Informatik und Datenverarbeitung, 3. Auflage. R. Oldenbourg Verlag, 1991

Schulze, H.H.: Das rororo Computer-Lexikon. Rowohlt Taschenbuch Verlag, 1988

Schulze, H.H.: rororo Computer Enzyklopädie. Rowohlt Taschenbuch Verlag, 1989

Stahlknecht, P.: Arbeitsbuch Wirtschaftsinformatik. Springer-Verlag, 1991

Thome, R. Wirtschaftliche Informationsverarbeitung. Verlag Vahlen, 1990

Zu Kapitel 2: Computer-Hardware

Proebster, W.E.: Peripherie von Informationssystemen.
Springer-Verlag, 1987

Quinn, M.J.: Algorithmen und Parallelcomputer.
McGraw-Hill Book Company, 1988

Regenspurg, G.: Hochleistungsrechner-Architekturprinzipien.
McGraw-Hill Book Company, 1987

Der Stoff zu diesem Kapitel ist vorwiegend in Fachzeitschriften und Herstellerunterlagen zu finden.

Zu Kapitel 3: Systembetrieb

Gerken, W.: Datenverarbeitung im Dialog.
Bibliographisches Institut, 1986

Ludewig, J.: Sprachen für die Programmierung. Eine Übersicht.
Bibliographisches Institut, 1985

Meyer-Wegener, K.: Transaktionssysteme.
B.G. Teubner, 1988

Richter, L.: Betriebssysteme, 2. Auflage.
B.G. Teubner, 1985

Shirota, Y./Kunii, T.L.: UNIX für Führungskräfte.
Springer-Verlag, 1987

Weck, G.: Prinzipien und Realisierung von Betriebssystemen, 3. Auflage.
B.G. Teubner, 1989

Wettstein, H.: Architektur von Betriebssystemen, 3. Auflage.
Carl Hanser Verlag, 1987

Zu Kapitel 4: Kommunikationssysteme

Breinlinger, G./Gusbeth, H.: Bildschirmtext und seine Anwendung, 12. Ergänzungslieferung (Loseblattsammlung).
Verlag R.S. Schulz, Stand Juni 1991

Bundesminsterium für das Post- und Fernmeldewesen (Hrsg.): Telekommunikationsordnung.
Druckschrift, 1987

Fernmeldetechnisches Zentralamt, Darmstadt (Hrsg.): Datel-Handbuch, 2. Auflage.
Loseblattsammlung, Stand Juli 1990

Franck, R.: Rechnernetze und Datenkommunikation.
Springer-Verlag, 1986

Kauffels, F.-J.: Lokale Netze, 4. Auflage.
Datacom-Verlag, 1989

Kauffels, F.-J.: Rechnernetzwerk-Systemarchitekturen und Datenkommunikation, 3. Auflage.
Bibliographisches Institut, 1991

Kropp, H.: DFÜ - Sämtliche Einsatzmöglichkeiten der Fernsprech- und Datex-Dienste (Loseblattsammlung), 2 Bände.
WEKA-Fachverlag, Stand April 1991

Schicker, P.: Datenübertragung und Rechnernetze, 3. Auflage.
B.G. Teubner, 1988

Zu Kapitel 5: Datenorganisation

Jahnke, B.: Gestaltung leistungsfähiger Nummern-Systeme für die DV-Organisation.
Minerva Publikation, 1979

Lockemann, P./Schmidt, J. (Hrsg.): Datenbank-Handbuch.
Springer-Verlag, 1987

Martin, J.: Einführung in die Datenbanktechnik, 4. Nachdruck.
Carl Hanser Verlag, 1987

Niemeyer, G.: Dateiorganisation und -verarbeitung.
Verlag Vahlen, 1975

Salton, G., McGill, M.J.: Information Retrieval - Grundlagen für Informationswissenschaftler.
McGraw-Hill Book Company, 1987

Schlageter, G./Stucky, W.: Datenbanksysteme, Konzepte und Modelle, 2. Auflage.
B.G. Teubner, 1983

Vetter, M.: Informationssysteme in der Unternehmung.
B.G. Teubner, 1990

Wedekind, H.: Datenbanksysteme I, 2. Auflage.
Bibliographisches Institut, 1981

Wiederhold, G.: Dateiorganisation in Datenbanken.
McGraw-Hill Book Company, 1989

Wirth, N.: Algorithmen und Datenstrukturen mit Modula 2, 4. Auflage.
B.G. Teubner, 1986

Zehnder, C.A.: Informationssysteme und Datenbanken, 5. Auflage.
B.G. Teubner, 1989

Zu Kapitel 6: Systementwicklung

Balzert, H.: Die Entwicklung von Software-Systemen.
Bibliographisches Institut, 1982

Balzert, H. (Hrsg.): CASE - Systeme und Werkzeuge, 2. Auflage.
Wissenschaftsverlag, 1990

End, W./Gotthardt, H./Winkelmann, R.: Softwareentwicklung, 7. Auflage.
Siemens AG Verlag, 1990

Frank, J.: Standard-Software, 2. Auflage.
Verlagsgesellschaft Rudolf Müller, 1980

Gerken, W.: Grundlagen systematischer Programmentwicklung, 2. Auflage.
Bibliographisches Institut, 1989

Gutzwiller, T./Österle, H. (Hrsg.): Anleitung zu einer praxisorientierten Software-Entwicklungsumgebung, Band 2.
Angewandte InformationsTechnik-Verlag, 1988

Hausen, H.L./Müllerburg, M./Sneed, H.M.: Software-Produktionsumgebungen.
Verlagsgesellschaft Rudolf Müller, 1985

Heinrich, L.J./Burgholzer, P.: Systemplanung I, 5. Auflage.
R. Oldenbourg Verlag, 1991

Heinrich, L.J./Burgholzer, P.: Systemplanung II, 4. Auflage.
R. Oldenbourg Verlag, 1990

Jackson, M.A.: Grundsätze des Programmentwurfs, 7. Auflage.
S. Toeche-Mittler Verlag, 1986

Jordan, W./Sahlmann, D./Urban, H.: Strukturierte Programmierung, 2. Auflage.
Springer-Verlag, 1984

Kurbel, K.: Programmentwicklung, 5. Auflage.
Betriebswirtschaftlicher Verlag Dr. Th. Gabler, 1990

Kurbel, K.: Programmierstil in Pascal, Cobol, Fortran, Basic, PL/1.
Springer-Verlag, 1985

Österle, H. (Hrsg.): Anleitung zu einer praxisorientierten Software-Entwicklungsumgebung, Band 1.
Angewandte InformationsTechnik-Verlag, 1988

Österle, H. (Hrsg.): Integrierte Standardsoftware. Entscheidungshilfen für den Einsatz von Softwarepaketen, 2 Bände.
Angewandte InformationsTechnik-Verlag, 1990

Schmidt, G.: Methode und Techniken der Organisation, 9. Auflage.
Verlag Dr. Götz Schmidt, 1991

Schulz, A.: Software-Entwurf.
R. Oldenbourg Verlag, 1988

Sneed, H.M.: Software-Entwicklungsmethodik, 5. Auflage.
Verlagsgesellschaft Rudolf Müller, 1986

Steinbuch, P.A.: Organisation, 8. Auflage.
Friedrich Kiel Verlag, 1990

Zu Kapitel 7: Betriebliche DV-Anwendungssysteme

Harmon, P./King, D.: Expertensysteme in der Praxis, 3. Auflage.
Oldenbourg Verlag, 1989

Horváth, P./Petsch, M./Weihe, M.: Standard-Anwendungssoftware für das Rechnungswesen, 2. Auflage.
Verlag Vahlen, 1986

Huch, B./Stahlknecht, P. (Hrsg.): EDV-Anwendungen im Unternehmen.
Frankfurter Allgemeine Zeitung/Blick durch die Wirtschaft, 1987

Kurbel, K.: Entwicklung und Einsatz von Expertensystemen.
Springer-Verlag, 1989

Mertens, P.: Integrierte Informationsverarbeitung I, Administrations- und Dispositionssysteme in der Industrie, 8. Auflage.
Betriebswirtschaftlicher Verlag Dr. Th. Gabler, 1991

Mertens, P./Griese, J.: Integrierte Informationsverarbeitung II, Planungs- und Kontrollsysteme in der Industrie, 6. Auflage.
Betriebswirtschaftlicher Verlag Dr. Th. Gabler, 1991

Mertens, P./Borkowski, V./Geis, W.: Betriebliche Expertensystem-Anwendungen. Eine Materialsammlung, 2. Auflage.
Springer-Verlag, 1990

Pape, U. (Hrsg.): Desktop Publishing.
Springer-Verlag, 1988

Savory, S.E. (Hrsg.): Expertensysteme: Nutzen für Ihr Unternehmen, 2. Auflage.
R. Oldenbourg Verlag, 1989

Scheer, A.-W.: CIM - Der computergesteuerte Industriebetrieb, 4. Auflage.
Springer-Verlag, 1990

Scheer, A.-W.: Architektur betrieblicher Informationssysteme.
Springer-Verlag, 1991

Schnupp, P./Leibrandt, U.: Expertensysteme - Nicht nur für Informatiker, 2. Auflage.
Springer-Verlag, 1988

Scholz, B.: CIM-Schnittstellen.
R. Oldenbourg-Verlag, 1988

Schwaiger, L.: CAD-Begriffe. Ein Lexikon. Korrigierter Nachdruck.
Springer-Verlag, 1988

Sinzig, W.: Datenbankorientiertes Rechnungswesen, 3. Auflage.
Springer-Verlag, 1990

Stahlknecht, P. (Hrsg.): EDV-Systeme im Finanz- und Rechnungswesen.
Springer-Verlag, 1982

Stahlknecht, P./Ohmann, R.: Lineare Programmierung auf dem PC.
R. Oldenbourg Verlag, 1987

Wedekind, H./Ortner, E.: Systematisches Konstruieren von Datenbankanwendungen.
Carl Hanser Verlag, 1980

Zentes, J. (Hrsg.): Moderne Warenwirtschaftssysteme im Handel.
Springer-Verlag, 1985

Zu Kapitel 8: Informatik-Management

Kanngießer, J.: Die Abrechnung von ADV-Systemleistungen.
Friedr. Vieweg & Sohn, 1980

Mertens, P.: Aufbauorganisation der Datenverarbeitung.
Betriebswirtschaftlicher Verlag Dr. Th. Gabler, 1985

Mertens, P. u.a. (Hrsg.): Studien- und Forschungsführer Wirtschaftsinformatik, 4. Auflage.
Springer-Verlag, 1991

Müller-Böling, D./Müller, M.: Akzeptanzfaktoren der Bürokommunikation.
R. Oldenbourg Verlag, 1986

Nonhoff, J.: Entwicklung eines Expertensystems für das DV-Controlling.
Springer-Verlag, 1989

Selig, J.: EDV-Management.
Springer-Verlag, 1986

Surböck, E.K.: Management von EDV-Projekten.
Walter de Gruyter, 1978

Zu Kapitel 9: Geschichtlicher Abriß

Ganzhorn, K./Walter, W.: Die geschichtliche Entwicklung der Datenverarbeitung, 5. Auflage.
IBM Deutschland GmbH, 1975

Zuse, K.: Der Computer - Mein Lebenswerk, 2. Auflage.
Springer-Verlag, 1986

2. Jahrbücher/Serien

DIN-Taschenbücher zur Informationstechnik
Nr. 25: Begriffe
Nr. 125: Datenträger: Magnetband
Nr. 165: Büromaschinen

Nr. 166: Software-Entwurf, Programmierung
Nr. 194: Bildschirmarbeitsplätze
Nr. 200: NC-Maschinen
Nr. 206: Datenübertragung, Rechensysteme
Nr. 207: Datenträger: Diskette, Magnetbandkassette
Nr. 208: Datenträger: Lochkarte, Lochstreifen, Magnetplatte, Mikrofilm
Nr. 210: Zeichenvorräte und Codierung für den Text- und Datenbestand, Maschinelle Zeichenerkennung
Nr. 216: Bürokommunikation: Endgeräte, Textverarbeitende Systeme, Schreibmaschinen
Beuth Verlag

Druckschriftenverzeichnis Datentechnik
Siemens AG
Erscheinungsweise: zweimal jährlich

Fachliteratur Informationsverarbeitung
IBM Deutschland GmbH
Erscheinungsweise: einmal jährlich

ISIS Firmen Report, ISIS Software Report, ISIS Engineering Report, ISIS Personal Computer Report, ISIS UNIX Report
Nomina Gesellschaft für Wirtschafts- und Verwaltung-Register mbH
Erscheinungsweise: halbjährlich

3. Zeitschriften

Deutschsprachige Fachzeitschriften

bit (büro + informationstechnik)
Chip*
CIM Management
Computer Magazin
Computerwoche
Datenschutz und Datensicherung
Datenverarbeitung, Steuer, Wirtschaft, Recht (DSWR)
Diebold Management Report
Die Computer-Zeitung
Handbuch der Modernen Datenverarbeitung (HMD)
Information Management
Informatik - Forschung und Entwicklung
Informatik-Spektrum
IO Management Zeitschrift
IT (Informationstechnik)
LOG IN - Informatik in Schule und Ausbildung
Office Management
Online
PC Welt*

Personal Computer*
Praxis der Informationsverarbeitung und Kommunikation (PIK)
Wirtschaftsinformatik
Das Zeitschriften-Angebot für den Mikrocomputer-Bereich ist gekennzeichnet durch unterschiedliche Qualität und ständige Veränderung. Hier sind bewußt nur drei (mit * versehene) Zeitschriften angeführt.
Beiträge zu Themen der Wirtschaftsinformatik erscheinen auch in den betriebswirtschaftlichen Fachzeitschriften "Die Betriebswirtschaft" (DBW), "Zeitschrift für Betriebswirtschaft" (ZfB) und "Zeitschrift für betriebswirtschaftliche Forschung" (ZfbF).

Englischsprachige Fachzeitschriften

Communications of the ACM
Computer
Datamation
IEEE Transactions on Computers
IEEE Transactions on Software Engineering
The Computer Journal

Firmenzeitschriften

Hardware-Hersteller, Software-Firmen und Forschungseinrichtungen geben teils periodisch, teils in zwangloser Folge Zeitschriften heraus, und zwar größtenteils kostenlos. Der regelmäßige Bezug durch Hochschulinstitute ist nach den Erfahrungen des Autors allerdings nur bei folgenden Zeitschriften (einigermaßen) garantiert:

BULL Magazin
DECinfo (Digital Equipment)
DFN-Mitteilungen (DFN-Verein, Berlin)
DIALOG (Siemens/Nixdorf)
GMD-Spiegel (Gesellschaft für Mathematische Datenverarbeitung mbH, Bonn)
IBM Nachrichten
IBM Systems Journal
Software Engineering Newsletter (SES)

Namen- und Sachverzeichnis